弹塑性力学

陈明祥　编著

科学出版社
北　京

内 容 简 介

本书是作者在近几年来为武汉大学土木、水利水电等专业的研究生开设“弹塑性力学”课程的基础上编写而成的。全书分3篇共17章。上篇为应力和应变分析的基本理论。中篇为弹性力学，内容包括：弹性本构关系、弹性力学边值问题的提法与求解方法、平面问题、薄板弯曲问题、温度应力问题、能量原理及其数值方法。下篇为塑性力学，内容包括：塑性力学的基本概念、屈服条件和塑性本构关系、塑性力学边值问题的提法与简单实例分析、塑性流动与破坏问题的理论与“严格”解法，以及极限分析定理与应用、岩土材料的屈服条件与本构关系、塑性力学问题的有限元方法。

本书可作为土木工程、水利水电工程、机械工程等非力学专业的研究生教材和工程力学专业的高年级本科生教材，也可作为科研人员和工程技术人员的参考书。

图书在版编目(CIP)数据

弹塑性力学/陈明祥编著. —北京：科学出版社，2007

ISBN 978-7-03-018758-1

Ⅰ. 弹…　Ⅱ. 陈…　Ⅲ. ①弹性力学-研究生-教材②塑性力学-研究生-教材　Ⅳ. O34

中国版本图书馆CIP数据核字（2007）第038687号

责任编辑：吴凡洁/责任校对：张　琪
责任印制：吴兆东/封面设计：陈　敬

科学出版社 出版
北京东黄城根北街16号
邮政编码：100717
http://www.sciencep.com
北京凌奇印刷有限责任公司 印刷
科学出版社发行　各地新华书店经销
*
2007年4月第一版　开本：B5（720×1000）
2023年9月第八次印刷　印张：27
字数：540 000

定价：125.00元

（如有印装质量问题，我社负责调换）

前　言

本书是作者在近几年来为武汉大学土木、水利水电等专业的研究生开设“弹塑性力学”课程的基础上编写而成的。随着计算机技术和软件技术的不断发展，数值方法的应用越来越普遍。作为一本工科类专业的基础教材，作者编写本书的基本想法是，在系统介绍弹塑性力学的基本概念、基本理论和分析方法的基础上，适当地侧重本构理论、能量原理和数值方法等方面的内容。主要考虑到，本构理论刻画了材料的力学行为，是分析弹塑性力学问题的物理基础；能量原理描述了整个物体所处状态的能量关系，是数值方法的理论基础；而合适的数值方法结合计算机平台能够帮助我们有效地分析工程实际中各种各样的弹塑性力学问题。基于上述想法，对于有关问题的解析求解方法及实例分析，本书只介绍了其中的基本内容。

本书分为 3 篇共 17 章。上篇第 1、2 章介绍了应力应变的基本理论，其中包括平衡和变形协调的基本方程，它是弹塑性力学的基础。

中篇第 3～9 章为弹性力学部分。第 3 章介绍了从一般各向异性到各向同性的线弹性本构关系；基于弹性应变能的可逆性，描述了超弹性的概念。第 4 章介绍了弹性力学边值问题的提法、基本解法以及解的基本性质。针对平面问题，第 5 章介绍了它的解析求解方法及其一些常见实例分析。关于薄板弯曲问题，第 6 章介绍了基于 Kirchhoff 附加假定的近似理论与应用，还简要介绍了考虑横向剪切的 Mindlin 板近似理论。由于温度应力问题在土木、水电工程中经常遇到，第 7 章介绍了热传导的基本知识和温度应力分析的基本方法。第 8 章按照从一般到特殊的方式，描述了从可能功原理到其他各种能量原理的导出过程，介绍了所有这些原理的物理本质、它们之间的关系和各自的使用范围；以能量原理为基础，还介绍了稳定性的基本概念以及解的唯一性问题。第 9 章介绍了主要数值方法的基本内容，其中包括有限元方法的基本思想。

下篇第 10～17 章为塑性力学部分。第 10～12 章介绍塑性本构关系，是本书的重要内容之一，按照从一维到三维、由浅入深的方式，对屈服面、加卸载、内变量、硬化、Drucker 公设与流动法则等一系列基本概念给出了系统和全面的阐述；还介绍了全量理论，其中包括它的基本假定和使用范围，以及它与增量理论的比较；为加强概念的理解，这几章给出了较多具有针对性的例题。第 13 章介绍塑性力学边值问题的提法与简单实例求解分析，其中应用能量原理讨论了增量解的唯一性和极值性。第 14、15 章针对塑性流动与破坏问题，介绍了相关的理论和分析方法，主要包括滑移线理论和塑性极限分析方法，还以平面问题和薄板弯曲问题为例，介绍了它们的应用。将岩土类材料的塑性本构关系单独作为第16章，主要是体现它有别于金属材料的特点，强调它的土木、水利水电等专业的重要性。最后，第17章介绍了塑性力学有限元的非线性特征与基本求解方法。

本书将弹性力学和塑性力学分开编写是为了体现它们之间的不同特点。一些带“*”的内空和附录中的有关内容往往涉及较复杂的数学推演或更深入的理论，供有兴趣的读者在提高时参考，跳过这些内容并不会影响对弹塑性力学基本内容的理解和掌握。在数学表达方面，同目前大多数教科书一样，引入了张量的指标记号法，简洁明了。为了一些对张量指标记法不熟悉的读者便于阅读，本书在上篇和中篇将常规表示方法和张量指标记号法对照使用，以便读者逐步习惯张量指标记法。

陈明祥

2006 年 11 月

目　录

中篇 弹性力学

下篇　塑性力学

绪　论

0.1　弹塑性力学的研究对象和内容

物体受外部荷载作用所产生的形状和大小的改变，称之为变形或形变，通常考虑的外部荷载包括机械外力、温度、电磁力等各种物理因素。如果将引起变形的外部荷载移去后，物体能完全恢复到原来的形状和大小，这种变形称之为弹性变形。当作用在物体上的外部荷载超过一定范围时，若再将外部荷载移去，物体不能完全恢复到原来的形状和大小，而残留下来一部分永久的变形，这种变形称之为塑性变形。物体整个变形过程可以看成由两个不同的阶段组成，即弹性变形阶段和塑性变形阶段。

将仅产生弹性变形的物体称之为弹性体，弹性体内的应力与变形始终存在一一对应的单值关系，且在许多情况下可以近似地按线性关系处理。绝大多数由工程材料制成的工程结构，在一定荷载范围内，都可以看作弹性体。弹性体在几何上既可以是杆状构件（一维）、也可以是板壳结构（二维）或是块体结构（三维）。弹性力学的主要任务是研究弹性体受外部荷载时其内部所产生的应力和变形规律。在弹性力学问题中，一般认为外部荷载施加是缓慢的，不会产生动能和热效应，外部荷载在其作用位置的变形上所做的功将转换为变形能储存在弹性体内，当外部荷载移去时，变形能将全部释放。因此，弹性变形是一个没有能量耗散的可逆过程。

物体进入塑性变形阶段以后，物体内的应力与变形并不存在一一对应的单值关系，与加载历史有关，且两者是非线性关系。从物理上看，塑性变形属于不可逆过程，必然伴随着能量的耗散，因此塑性变形过程比弹性变形过程要复杂得多。研究物体处于塑性变形阶段的应力与变形规律的学科，称为塑性力学。

采用弹塑性力学研究分析结构内部的变形和应力分布规律，其主要目的是为结构设计提供理论依据。在结构设计中，将结构内部变形限制在弹性变形的范围内，则称为弹性设计。对于某些实际工程问题，按弹性设计确保结构的安全是必要的，但是在有些情况下，弹性设计将造成材料在一定程度上的浪费。因此，允许结构内部局部区域出现一定的塑性变形是合理的，这样可以更好地发挥材料的作用，从而提高整个结构的承载力。那么，结构在一定的外荷载作用下，其内部的塑性区域和相应的塑性变形有多大？对结构的安全性影响如何？要回答这些问题就需要应用弹塑性力学的理论和方法。

0.2　弹塑性力学的分析方法和体系

无论是弹性力学还是塑性力学均由两部分组成：即基本理论部分和问题求解部分。

1. 基本理论

将物体视为无数个物质点所组成，物质点之间是连续的，没有任何空隙，这就是所谓的连续性假定，即假定物体是连续介质。组成连续介质的每个物质点从宏观尺度上看它无限小，在数学推导中可当作无限小的几何点处理，这样可以使用连续函数、微分运算等数学工具；但微观尺度上看它无限大，它包含大量稀疏分布的分子、原子，物质点的力学行为是这些大量分子、原子力学行为的统计平均。

使用微六面体代表物质点，考虑微六面体的平衡，可得出一组应力平衡微分方程，但未知应力数总是超出微分方程数，因此弹塑性力学问题总是超静定的，必须考虑变形条件。由于物体在变形之后仍保持连续，那么每个微六面体之间的变形必须是协调的，这样可得到一组表示变形连续性的微分方程，还需要考虑应力与变形之间的关系，因这种关系取决于材料性质，故称为本构关系，描述本构关系的方程称为本构方程，或称为物理方程。

总而言之，弹塑性力学从 3 个方面着手，即：静力学平衡；变形协调；本构关系，建立弹塑性力学的三大基本方程，即①描述物体平衡状态的平衡方程；②描述物体变形（位移与应变关系）的几何方程；③刻画物体应力与变形关系的本构方程。前两类方程与材料性质无关，因此是普遍适用的。塑性力学与弹性力学的主要区别是在于第三类方程不同。建立弹性本构关系相对较简单，而建立塑性本构关系要复杂得多，这构成了塑性力学基本理论的主要内容。

弹塑性力学的三大基本方程和边界条件构成了问题的微分提法。如果直接从整个物体着手，考虑它的能量，建立相应的能量原理（这些能量原理是由积分方程所表达的），则问题转化为相应的积分提法。两种提法之间存在相互等价关系，积分提法为应用有效的数值方法求解弹塑性力学提供了基础。因此，能量原理构成了弹塑性力学基本理论的重要内容之一。

2. 问题求解

弹塑性力学问题最后归结为在给定边界条件下求解这三大基本方程，或者基于等效的积分提法进行求解。

(1) 弹性力学问题求解。这些基本方程是偏微分方程，由于数学上的困难，只有少数一些简单问题可以求出精确的解析解，大多数工程实践中的弹性力学问题，则必须通过数值解法获得其近似解。这些数值方法包括：差分方法、有限元方法和加权残数法等，而有限元方法则在所有数值方法中应用得最多、最广泛。

(2) 塑性力学问题求解。由于塑性本构关系具有非线性和非单值一一对应（取决于加载历史）等特点，因而塑性力学问题比起弹性力学问题要复杂得多，更难求出精确的解析解。只有在一些几何形体简单、边界条件简单和塑性本构方程大大简化的极少数情况下，可以用理论解析的方法求解，如理想刚塑性平面问题，绝大多数工程问题，需要应用数值方法如非线性有限元方法进行求解。

0.3 弹塑性力学的基本假定

与许多其他自然学科一样，弹塑性力学将其研究对象的物理几何性质进行抽象，提出若干假定作为研究的前提。这些假定不仅简化了分析问题的数学难度，而且被广泛的实验和工程实践证明是可行的。

(1) 连续性。物体由无数个互相连续的物质点组成，是一种完全密实的连续介质，没有任何空隙，且它在整个变形过程中始终保持其连续性不变。这样物体内的应力、变形和位移等物理量是连续的，可由坐标的连续函数表示。

为了简化，引进如下辅助假定：

(2) 均匀性。物体中不同点处的弹塑性性质相同，这样表征弹塑性性质的材料常数不随空间坐标变化。

(3) 各向同性。物体在同一点处所有各个方向上的力学性质都相同，与考察的方向无关。绝大多数的金属（晶体）材料宏观上都是各向同性的。例如钢材是一种晶体材料，它由微小的晶粒组成，每个晶粒内部的分子、原子按照一定的方向排列，因而是各向异性的，但材料质点中包含有许多排列方向各不相同的晶粒，就统计平均行为而言，可以认为钢材是各向同性的。但是木材、复合材料等必须考虑各向异性。

(4) 小变形。物体的变形相对物体的结构尺寸非常微小，称之为小变形，否则称之为大变形或有限变形。对于小变形的情况，在研究物体受荷载作用后的平衡状态时，可以不考虑物体尺寸的改变；在研究物体的变形时，可以略去变形的乘积项，应变与位移导数之间的几何关系是线性的，这种线性称之为几何线性。

(5) 与时间无关。在建立弹性和塑性本构关系时，忽略时间因素的影响，即不考虑应变率的影响，忽略蠕变和松弛的效应。这个假定在应变率不大、温度不高和时间不太长的情况下是适用的。有了这个假定，在分析弹塑性力学问题时，物体内每一点的应力、变形与外荷载之间总是按照某一关系（与时间无关）同步地从初始状态变化到最终状态。因此，度量这一力学过程的时间绝对值对问题的分析没有影响。

(6) 弹性本构关系是线性的。弹性体变形与应力的单值函数关系可以是线性的或非线性的。大多数工程材料在应力小于某一极限(通常称之为弹性极限)时应力与变形的关系是线性的,这种线性关系称之为材料线性,该材料称之为线弹性体;也有少数材料的弹性应力-应变关系是非线性的,称之为非线性弹性体。本书中篇主要讨论线弹性体的小变形情况,即材料线性和几何线性的情况。由于表征微六面体平衡的平衡微分方程总是线性的,因此,在这种情况下,弹性理论中所有的方程都将是线性的,弹性力学问题就成为一个线性问题。以上述假定为依据的弹性力学,称为线弹性力学,这就是本书中篇所要阐述的内容。下篇塑性力学仍采用线弹性假定,不考虑塑性变形对弹性性质的影响,但是由于塑性本构关系是非线性的,塑性力学问题是非线性问题。

上篇　应力应变分析

第1章 应　　力

1.1 应力矢量

考察一物体受外力作用，根据作用域的不同，外力可分为体积力和表面力。所谓体积力，是分布在物体内部体积上的外力，例如重力和电磁力等；所谓表面力，是作用在物体表面上的外力，例如液体或气体的压力、固体间的接触力等。

物体受外力作用后，其内部不同部分之间将产生相互作用的力，即内力。为了描述内力场，Cauchy 引进了应力的重要概念。对于处于平衡状态的物体，为研究其内部任意一点 P 的内力，假想使用一个过 P 点的平面 C 将其截开成 A 和 B 两部分。如将 B 部分移去，则 B 对 A 的作用应以分布的内力代替。考察平面 C 上包括 P 点在内的微小面积，如图 1.1 所示。

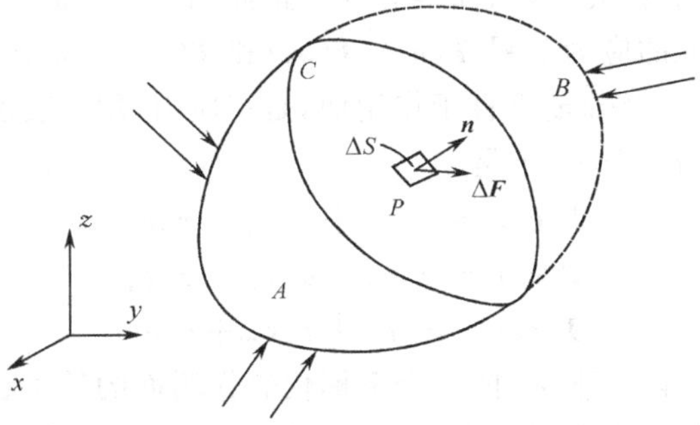

图 1.1　应力矢量定义

设平面 C 的外法线(微面外法线)为 $\boldsymbol{n}$，微面面积为 ΔS，作用在微面上的内力合力为 $\Delta\boldsymbol{F}$，则该微面上的平均内力集度为 $\Delta\boldsymbol{F}/\Delta S$，于是，$P$ 点的内力集度可使用如下式定义的应力矢量 $\boldsymbol{T}(\boldsymbol{n})$描述

$$\boldsymbol{T}(\boldsymbol{n}) = \lim_{\Delta s\to 0}\frac{\Delta\boldsymbol{F}}{\Delta S}$$

在笛卡儿坐标系下，使用 $\boldsymbol{e}_x$、$\boldsymbol{e}_y$ 和 $\boldsymbol{e}_z$ 表示坐标轴的单位基矢量，应力矢量可以表示为

$$\boldsymbol{T}(\boldsymbol{n}) = T_x\boldsymbol{e}_x + T_y\boldsymbol{e}_y + T_z\boldsymbol{e}_z \tag{1.1}$$

式中 T_x、T_y和 T_z 是应力矢量沿坐标轴的分量。

除进行公式推导外，通常很少使用应力矢量的坐标分量 T_x、T_y和 T_z。实际应用中，往往需要知道应力矢量沿微面法线方向和切线方向的分量，沿法线方向的应力分量称为正应力，沿切线方向的应力分量称为剪应力。

显而易见，应力矢量的大小和方向不仅取决于 P 点的空间位置，而且还与所取截面的外法线方向 $\boldsymbol{n}$ 有关。作用同一点所有不同外法线方向微面上的应力矢量构成该点的应力状态。

在图 1.1 中若取物体的 B 部分作为考察对象，对于同一点 P，微面的外法线为 $-\boldsymbol{n}$。由应力矢量的定义并结合作用力与反作用力定律，该微面上的应力矢量为

$$\boldsymbol{T}(-\boldsymbol{n}) = -\boldsymbol{T}(\boldsymbol{n}) \tag{1.2}$$

1.2 应力张量

人们讨论问题常常是在笛卡儿坐标系中进行，因此，我们使用 6 个与坐标面平行的平面从图 1.1 中 P 点的邻域截取一个微六面体，如图 1.2 所示。在这个微六面体中，若微面的外法线方向与坐标轴正方向一致，则称为正面；若与坐标轴正方向相反，则称为负面。因此，微六面体有 3 个正面和 3 个负面。

考察 3 个正面上的应力矢量 $\boldsymbol{T}(\boldsymbol{e}_x)$、$\boldsymbol{T}(\boldsymbol{e}_y)$和 $\boldsymbol{T}(\boldsymbol{e}_z)$。每个应力矢量沿空间坐标轴的 3 个分量中，一个分量垂直于作用面，是正应力，用 σ 表示，两个分量平行于作用面，是剪应力，用 τ 表示，于是

$$\begin{aligned}
\boldsymbol{T}(\boldsymbol{e}_x) &= \sigma_{xx}\boldsymbol{e}_x + \tau_{xy}\boldsymbol{e}_y + \tau_{xz}\boldsymbol{e}_z \\
\boldsymbol{T}(\boldsymbol{e}_y) &= \tau_{yx}\boldsymbol{e}_x + \sigma_{yy}\boldsymbol{e}_y + \tau_{yz}\boldsymbol{e}_z \\
\boldsymbol{T}(\boldsymbol{e}_z) &= \tau_{zx}\boldsymbol{e}_x + \tau_{zy}\boldsymbol{e}_y + \sigma_{zz}\boldsymbol{e}_z
\end{aligned} \tag{1.3}$$

式中每个应力分量有两个下标，前一个下标代表作用面的外法线方向，后一个下标代表应力的作用方向。为简便起见，以后正应力的两个相同下标只保留一个。式(1.3)中的 3 个应力矢量共 9 个分量，构成应力张量在笛卡儿坐标系下的 9 个分量

$$\begin{bmatrix} \sigma_x & \tau_{xy} & \tau_{xz} \\ \tau_{yx} & \sigma_y & \tau_{yz} \\ \tau_{zx} & \tau_{zy} & \sigma_z \end{bmatrix}$$

使用张量的指标记法，9 个应力分量记为

$$[\sigma_{ij}] = \begin{bmatrix} \sigma_{11} & \sigma_{12} & \sigma_{13} \\ \sigma_{21} & \sigma_{22} & \sigma_{23} \\ \sigma_{31} & \sigma_{32} & \sigma_{33} \end{bmatrix}$$

应力正、负号规定是：正面上的应力若指向坐标轴正方向为正，否则为负；负面的应力若指向坐标轴负方向为正，否则为负。图 1.2 中的应力均为正值。式(1.3)使用张量指标记法可以表示为

$$\boldsymbol{T}(\boldsymbol{e}_i) = \sigma_{ik}\,\boldsymbol{e}_k \tag{1.4}$$

应力张量 σ_{ij} 代表了物体中某一确定点的 3 个相互垂直微面上的应力矢量。显然,应力张量取决于点的空间位置,应为空间坐标 x、y、z 的函数。从 1.3 节中我们将知道,一点的应力张量 σ_{ij} 完全确定了这一点的应力状态。

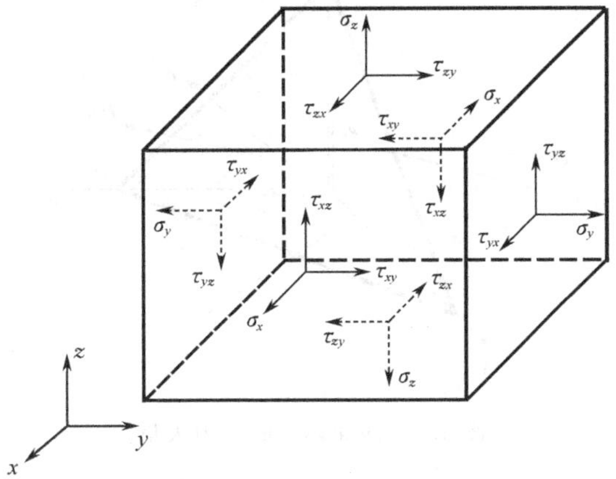

图 1.2 一点的应力状态

1.3 Cauchy 公式(斜面应力公式)

一点的应力状态中,若已知 3 个互相垂直面上的应力矢量,其他任意一斜面上的应力矢量可根据该点的平衡条件导出。

图 1.3 所示的微四面体由 3 个负面和 1 个斜面组成,设斜面的外法线单位矢量为 $\boldsymbol{n}$,它在 3 个坐标轴上的投影分量分别是 l、m 和 n,斜面 ΔABC 的面积为 $\mathrm{d}S$,3 个负面的面积分别是

$$\Delta BOC = l\mathrm{d}S, \qquad \Delta AOC = m\mathrm{d}S, \qquad \Delta AOB = n\mathrm{d}S$$

四面体的体积为 $\mathrm{d}V = \dfrac{1}{3}\mathrm{d}h\mathrm{d}S$,其中 $\mathrm{d}h$ 是 O 点到斜面 ΔABC 的距离,即四面体的高。

由微四面体的平衡条件得

$$\boldsymbol{T}(\boldsymbol{n})\mathrm{d}S + \boldsymbol{T}(-\boldsymbol{e}_x)l\mathrm{d}S + \boldsymbol{T}(-\boldsymbol{e}_y)m\mathrm{d}S + \boldsymbol{T}(-\boldsymbol{e}_z)n\mathrm{d}S + \boldsymbol{F}\,\frac{1}{3}\mathrm{d}h\mathrm{d}S = 0$$

式中 $\boldsymbol{F}$ 是单位体积力矢量,$\boldsymbol{T}(-\boldsymbol{e}_x)$、$\boldsymbol{T}(-\boldsymbol{e}_y)$ 和 $\boldsymbol{T}(-\boldsymbol{e}_z)$ 分别是外法线方向为 $-\boldsymbol{e}_x$、$-\boldsymbol{e}_y$ 和 $-\boldsymbol{e}_z$ 的 3 个负面上的应力矢量。上式中的最后一项是比前面项高一阶的小量,可忽略不计,考虑到式(1.2),上式可表示为

$$\boldsymbol{T}(\boldsymbol{n}) = \boldsymbol{T}(\boldsymbol{e}_x)l + \boldsymbol{T}(\boldsymbol{e}_y)m + \boldsymbol{T}(\boldsymbol{e}_z)n \tag{1.5}$$

这就是著名的 Cauchy 公式,又称为斜面应力公式,其实质是微四面体的平衡条件。

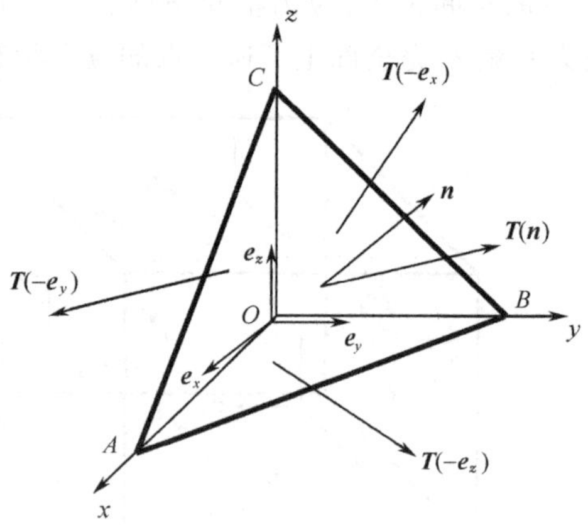

图 1.3　四面体上的应力矢量

考虑到式(1.3)和式(1.1),式(1.5)可用分量的形式表示为

$$\begin{aligned} T_x &= \sigma_x l + \tau_{yx} m + \tau_{zx} n \\ T_y &= \tau_{xy} l + \sigma_y m + \tau_{zy} n \\ T_z &= \tau_{xz} l + \tau_{yz} m + \sigma_z n \end{aligned} \tag{1.6}$$

使用张量指标记法,式(1.5)和式(1.6)可分别表示为

$$\boldsymbol{T}(\boldsymbol{n}) = n_i \boldsymbol{T}(\boldsymbol{e}_i) \tag{1.7a}$$

$$T_j = n_i \sigma_{ij} \tag{1.7b}$$

Cauchy 公式有两个重要的应用。

(1) 求斜面的各种应力。斜面上的正应力 σ_n 是应力矢量 $\boldsymbol{T}(\boldsymbol{n})$ 在其外法线方向上的投影,因此有

$$\sigma_n = \boldsymbol{T}(\boldsymbol{n}) \cdot \boldsymbol{n} = T_x l + T_y m + T_z n$$

将式(1.6)(或式(1.7))代入上式得

$$\sigma_n = \sigma_x l^2 + \sigma_y m^2 + \sigma_z n^2 + 2\tau_{xy} lm + 2\tau_{yz} mn + 2\tau_{zx} nl = \sigma_{ij} n_i n_j \tag{1.8}$$

式中使用了后面的剪应力互等定理式(1.11)。

斜面应力矢量的大小,为

$$\|\boldsymbol{T}(\boldsymbol{n})\| = \sqrt{T_x^2 + T_y^2 + T_z^2}$$

则斜面上的剪应力分量大小是

$$\tau_n = \sqrt{\|\boldsymbol{T}(\boldsymbol{n})\|^2 - \sigma_n^2} \tag{1.9}$$

(2) 确定力边界条件(见 1.5 节)。

【例 1.1】 在物体内的一点,应力张量是

$$[\sigma_{ij}]=\begin{bmatrix}1 & 0 & -4\\ 0 & 3 & 0\\ -4 & 0 & 5\end{bmatrix}$$

求在 $\boldsymbol{n}=\frac{1}{2}\boldsymbol{e}_1-\frac{1}{2}\boldsymbol{e}_2+\frac{1}{\sqrt{2}}\boldsymbol{e}_3$ 面上的正应力和剪应力。

解 利用式(1.7)求该斜面上应力矢量的 3 个坐标分量是

$$T_1=n_1\sigma_{11}+n_2\sigma_{21}+n_3\sigma_{31}=\frac{1}{2}\times 1-\frac{1}{2}\times 0+\frac{1}{\sqrt{2}}\times(-4)=\frac{1}{2}-2\sqrt{2}$$

$$T_2=n_1\sigma_{12}+n_2\sigma_{22}+n_3\sigma_{32}=\frac{1}{2}\times 0-\frac{1}{2}\times 3+\frac{1}{\sqrt{2}}\times 0=-\frac{3}{2}$$

$$T_3=n_1\sigma_{13}+n_2\sigma_{23}+n_3\sigma_{33}=\frac{1}{2}\times(-4)-\frac{1}{2}\times 0+\frac{1}{\sqrt{2}}\times 5=-2+\frac{5\sqrt{2}}{2}$$

该斜面上的正应力为

$$\begin{aligned}\sigma_n&=T_1n_1+T_2n_2+T_3n_3\\&=\frac{1}{2}\times\left(\frac{1}{2}-2\sqrt{2}\right)-\frac{1}{2}\times\left(-\frac{3}{2}\right)+\frac{1}{\sqrt{2}}\times\left(-2+\frac{5\sqrt{2}}{2}\right)=\frac{7}{2}-2\sqrt{2}\end{aligned}$$

该斜面上的剪应力为

$$\tau_n=\sqrt{T_1^2+T_2^2+T_3^2-\sigma_n^2}=\frac{1}{2}\sqrt{27+48\sqrt{2}}$$

1.4 平衡微分方程

物体处在平衡状态,其内部的每一点都应处在平衡状态。使用一个微六面体代表物体内的一点,则作用在该微六面体上的所有力应满足平衡条件,由此我们可推导平衡微分方程。

如图 1.4 所示的微六面体,取直角坐标系的坐标轴与其边重合,各边的长度分别为 $\mathrm{d}x$、$\mathrm{d}y$、$\mathrm{d}z$。在微六面体 $x=0$ 的面上,应力分量是 σ_x、τ_{xy}、τ_{xz};在 $x=\mathrm{d}x$ 面上的应力分量,根据应力函数的连续性并按 Taylor 级数相对 $x=0$ 的面展开,略去高阶项,它们应分别是

$$\sigma_x+\frac{\partial\sigma_x}{\partial x}\mathrm{d}x,\quad \tau_{xy}+\frac{\partial\tau_{xy}}{\partial x}\mathrm{d}x,\quad \tau_{xz}+\frac{\partial\tau_{xz}}{\partial x}\mathrm{d}x$$

同理,可由 $y=0$,$z=0$ 面上的应力分量表示 $y=\mathrm{d}y$,$z=\mathrm{d}z$ 面上的应力分量。最后,所有各面上的应力分量如图 1.4 所示。

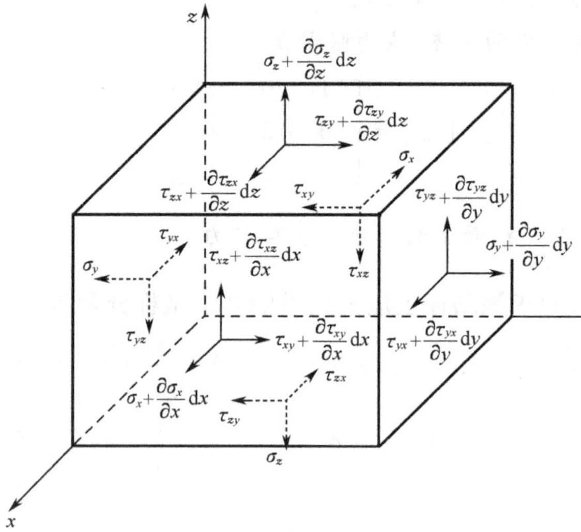

图 1.4　微单元体的平衡

使用 F_x、F_y、F_z 表示单位体积力矢量 $\boldsymbol{F}$ 沿 x、y、z 方向上的分量，考虑微单元体沿 x 方向的平衡，可得

$$\left(\sigma_x+\frac{\partial\sigma_x}{\partial x}dx\right)dydz-\sigma_x dydz+\left(\tau_{yx}+\frac{\partial\tau_{yx}}{\partial y}dy\right)dxdz-\tau_{yx}dxdz$$

$$+\left(\tau_{zx}+\frac{\partial\tau_{zx}}{\partial z}dz\right)dxdy-\tau_{zx}dxdy+F_x dxdydz=0$$

整理上式并除以微单元体的体积 $dxdydz$，得

$$\frac{\partial\sigma_x}{\partial x}+\frac{\partial\tau_{yx}}{\partial y}+\frac{\partial\tau_{zx}}{\partial z}+F_x=0 \tag{1.10a}$$

同理，建立 y、z 方向的平衡条件，可得

$$\frac{\partial\tau_{xy}}{\partial x}+\frac{\partial\sigma_y}{\partial y}+\frac{\partial\tau_{zy}}{\partial z}+F_y=0 \tag{1.10b}$$

$$\frac{\partial\tau_{xz}}{\partial x}+\frac{\partial\tau_{yz}}{\partial y}+\frac{\partial\tau_z}{\partial z}+F_z=0 \tag{1.10c}$$

式(1.10)就是弹性力学的平衡微分方程。

考察图 1.4 中微单元体的力矩平衡。对通过形心点平行于 z 方向的轴取矩，凡作用线通过形心点或方向与 z 轴平行的应力和体力分量对该轴的力矩均为零，于是力矩平衡方程在略去高阶项后只剩两项

$$(\tau_{xy}dydz)dx-(\tau_{yx}dxdz)dy=0$$

由此可得

$$\tau_{xy}=\tau_{yx} \tag{1.11a}$$

同理，对通过形心点平行于 x 和 y 方向的轴取矩，得

$$\tau_{yz} = \tau_{zy}, \qquad \tau_{xz} = \tau_{zx} \tag{1.11b}$$

这就是剪应力互等定理。这个定理以后将经常被使用，使用时不再具体说明。

剪应力互等定理说明应力张量是对称的，即

$$\sigma_{ij} = \sigma_{ji} \tag{1.12}$$

平衡方程的张量表示是

$$\sigma_{ij,i} + F_j = 0 \tag{1.13}$$

式中

$$\sigma_{ij,i} = \frac{\partial \sigma_{1j}}{\partial x_1} + \frac{\partial \sigma_{2j}}{\partial x_2} + \frac{\partial \sigma_{3j}}{\partial x_3}$$

1.5 力边界条件

当物体的一部分边界上给定了分布的表面力，称这部分边界为力边界，使用 S_σ 表示。力边界条件指力边界上各点的应力与已知表面力应满足的关系。如图1.5中的 A 点，已知该点的外法线为 $\boldsymbol{n}$，在其上作用的表面力矢量为 $\overline{\boldsymbol{T}}$，该点应力分量 σ_{ij} 的值尚为未知。对于该点，相当于其应力状态中已知一斜面上的应力矢量，即 $\boldsymbol{T}(\boldsymbol{n}) = \overline{\boldsymbol{T}}$。使用 $\overline{T}_x$、$\overline{T}_y$、$\overline{T}_z$ 表示 $\overline{\boldsymbol{T}}$ 沿3个坐标轴的分量，对照 Cauchy 公式(1.6)，则该点的应力分量应满足下式

$$\sigma_x l + \tau_{yx} m + \tau_{zx} n = \overline{T}_x \tag{1.14a}$$

$$\tau_{xy} l + \sigma_y m + \tau_{zy} n = \overline{T}_y \tag{1.14b}$$

$$\tau_{xz} l + \tau_{yz} m + \sigma_z n = \overline{T}_z \tag{1.14c}$$

式中 l、m 和 n 是法线矢量 $\boldsymbol{n}$ 在3个坐标轴上的投影分量。

使用张量指标记法，对照式(1.7)，边界条件式(1.14)可表示为

$$n_i \sigma_{ij} = \overline{T}_j \tag{1.15}$$

力边界条件实质上是物体边界点的平衡条件。

【例1.2】 如图1.6所示的楔形体受水压力作用，水的容重为 γ，试写出边界条件。

解 在直边 $x=0$ 上

$$l=-1, \quad m=0, \quad n=0, \quad \overline{T}_x = \gamma y, \quad \overline{T}_y = 0, \quad \overline{T}_z = 0$$

代入边界条件式(1.14)

$$(\sigma_x)_{x=0} \times (-1) + (\tau_{yx})_{x=0} \times 0 + (\tau_{zx})_{x=0} \times 0 = \gamma y$$

$$(\tau_{xy})_{x=0} \times (-1) + (\sigma_y)_{x=0} \times 0 + (\tau_{zx})_{x=0} \times 0 = 0$$

得

$$(\sigma_x)_{x=0} = -\gamma y, \qquad (\tau_{xy})_{x=0} = 0$$

在斜边上

$$l=\cos\alpha,\quad m=-\sin\alpha,\quad n=0,\quad \overline{T}_x=0,\quad \overline{T}_y=0,\quad \overline{T}_z=0$$

代入式(1.14),得斜边的边界条件是

$$(\sigma_x)_{x=y\tan\alpha}\times\cos\alpha-(\tau_{yx})_{x=y\tan\alpha}\times\sin\alpha=0$$
$$(\tau_{xy})_{x=y\tan\alpha}\times\cos\alpha-(\sigma_y)_{x=y\tan\alpha}\times\sin\alpha=0$$

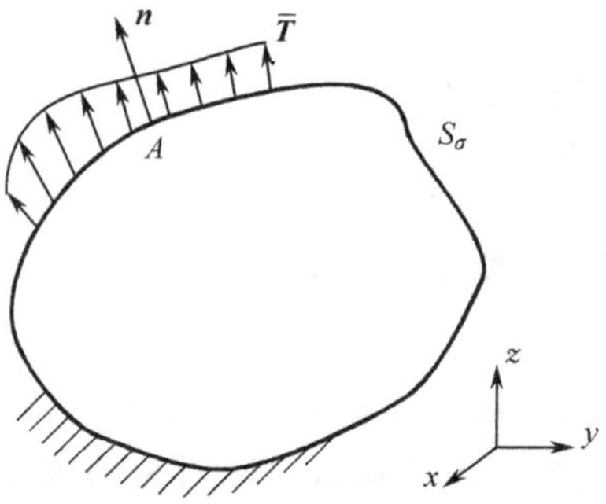

图 1.5 力边界条件

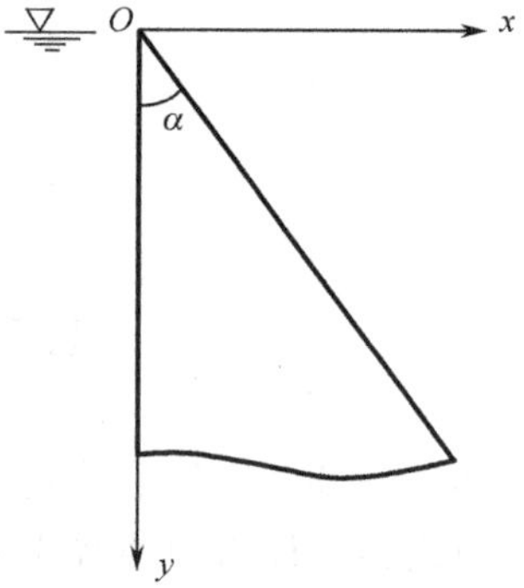

图 1.6 楔形体受水压力作用

1.6 应力分量的坐标变换

新、旧坐标系的单位基矢量分别用 $e'_{x'}$、$e'_{y'}$、$e'_{z'}$ 和 e_x、e_y、e_z 表示,设新坐标系基矢量 $e'_{x'}$ 在旧坐标系 3 个坐标轴上的投影(即与 3 个坐标轴之间的夹角余弦)分别为 l_1、m_1 和 n_1,$e'_{y'}$ 的投影分别为 l_2、m_2 和 n_2,$e'_{z'}$ 的投影分别为 l_3、m_3 和 n_3,则两套坐标系的单位基矢量具有如下关系

$$\begin{aligned}\boldsymbol{e}'_{x'}&=l_1\boldsymbol{e}_x+m_1\boldsymbol{e}_y+n_1\boldsymbol{e}_z\\ \boldsymbol{e}'_{y'}&=l_2\boldsymbol{e}_x+m_2\boldsymbol{e}_y+n_2\boldsymbol{e}_z\\ \boldsymbol{e}'_{z'}&=l_3\boldsymbol{e}_x+m_3\boldsymbol{e}_y+n_3\boldsymbol{e}_z\end{aligned}\tag{1.16}$$

把新坐标系中的 3 个正面分别看作是旧坐标系中的斜面,应用斜面公式(1.6),就可以导出新、旧坐标中应力分量的变换关系。例如,对于新坐标系中某一个正面,其外法线矢量为 $e'_{x'}$,应用斜面公式(1.6),该面上的应力矢量 $\boldsymbol{T}(\boldsymbol{e}'_{x'})$ 在旧坐标下的 3 个分量为

$$\begin{aligned}T_x&=\sigma_x l_1+\tau_{yx}m_1+\tau_{zx}n_1\\ T_y&=\tau_{xy}l_1+\sigma_y m_1+\tau_{zy}n_1\\ T_z&=\tau_{xz}l_1+\tau_{yz}m_1+\sigma_z n_1\end{aligned}\tag{1.17}$$

$\boldsymbol{T}(\boldsymbol{e}'_{x'})$ 在新坐标下的 3 个分量分别就是外法线为 $e'_{x'}$ 的面上的正应力和剪应力分量,使用式(1.17)和式(1.16)的第一式,有

$$\sigma_{x'} = \boldsymbol{T}(\boldsymbol{e}'_{x'}) \cdot \boldsymbol{e}'_{x'} = T_x l_1 + T_y m_1 + T_z n_1$$
$$\tau_{x'y'} = \boldsymbol{T}(\boldsymbol{e}'_{x'}) \cdot \boldsymbol{e}'_{y'} = T_x l_2 + T_y m_2 + T_z n_2$$
$$\tau_{x'z'} = \boldsymbol{T}(\boldsymbol{e}'_{x'}) \cdot \boldsymbol{e}'_{z'} = T_x l_3 + T_y m_3 + T_z n_3$$

具体为

$$\begin{aligned} \sigma_{x'} &= \sigma_x l_1^2 + \sigma_y m_1^2 + \sigma_z n_1^2 + 2\tau_{xy} l_1 m_1 + 2\tau_{yz} m_1 n_1 + 2\tau_{zx} n_1 l_1 \\ \tau_{x'y'} &= \sigma_x l_1 l_2 + \sigma_y m_1 m_2 + \sigma_z n_1 n_2 + \tau_{xy}(l_1 m_2 + l_2 m_1) + \tau_{yz}(m_1 n_2 + m_2 n_1) \\ &\quad + \tau_{zx}(n_1 l_2 + n_2 l_1) \\ \tau_{x'z'} &= \sigma_x l_1 l_3 + \sigma_y m_1 m_3 + \sigma_z n_1 n_3 + \tau_{xy}(l_1 m_3 + l_3 m_1) + \tau_{yz}(m_1 n_3 \\ &\quad + m_3 n_1) + \tau_{zx}(n_1 l_3 + n_3 l_1) \end{aligned} \tag{1.18}$$

式(1.18)的3个式子用矩阵可表示为

$$(\sigma_{x'}\ \tau_{x'y'}\ \tau_{x'z'}) = (l_1\ m_1\ n_1)\,[\sigma][\beta]^{\mathrm{T}} \tag{1.19a}$$

式中

$$[\sigma] = \begin{bmatrix} \sigma_x & \tau_{xy} & \tau_{xz} \\ \tau_{yx} & \sigma_y & \tau_{yz} \\ \tau_{zx} & \tau_{zy} & \sigma_z \end{bmatrix}, \qquad [\beta] = \begin{bmatrix} l_1 & m_1 & n_1 \\ l_2 & m_2 & n_2 \\ l_3 & m_3 & n_3 \end{bmatrix} \tag{1.19b}$$

后者是新旧坐标的变换矩阵。式(1.19a)中的T代表矩阵的转置。

采用类似的方法,可导出新坐标系其他两个正面上的应力,为

$$(\tau_{y'x'}\ \sigma_{y'}\ \tau_{y'z'}) = (l_2\ m_2\ n_2)[\sigma][\beta]^{\mathrm{T}}$$
$$(\tau_{z'x'}\ \tau_{z'y'}\ \sigma_{z'}) = (l_3\ m_3\ n_3)[\sigma][\beta]^{\mathrm{T}}$$

最后,新旧坐标的应力可表示为

$$[\sigma'] = \begin{bmatrix} \sigma_{x'} & \tau_{x'y'} & \tau_{x'z'} \\ \tau_{y'x'} & \sigma_{y'} & \tau_{y'z'} \\ \tau_{z'x'} & \tau_{z'y'} & \sigma_{z'} \end{bmatrix} = [\beta][\sigma][\beta]^{\mathrm{T}} \tag{1.20}$$

上述推导过程使用张量将变得非常简洁。基矢量的坐标变换关系式(1.16)简记为

$$\boldsymbol{e}'_{n'} = \beta_{n'j}\boldsymbol{e}_j$$

式中 $\beta_{n'j} = \boldsymbol{e}'_{n'} \cdot \boldsymbol{e}_j$ 是 $\boldsymbol{e}'_{n'}$ 在 $\boldsymbol{e}_j$ 上的投影。应用Cauchy公式(1.7),并考虑到式(1.4),新旧坐标系下应力矢量之间的关系为

$$\boldsymbol{T}(\boldsymbol{e}'_{m'}) = \beta_{m'i}\boldsymbol{T}(\boldsymbol{e}_i) = \beta_{m'i}\sigma_{ik}\boldsymbol{e}_k \tag{1.21}$$

考虑到式(1.21),新坐标下的应力分量写为

$$\sigma_{m'n'} = \boldsymbol{T}(\boldsymbol{e}'_{m'}) \cdot \boldsymbol{e}'_{n'} = \boldsymbol{T}(\boldsymbol{e}'_{m'}) \cdot \beta_{n'j}\boldsymbol{e}_j = \beta_{m'i}\beta_{n'j}\sigma_{ik}\boldsymbol{e}_k \cdot \boldsymbol{e}_j$$

注意到 $\boldsymbol{e}_k \cdot \boldsymbol{e}_j = \delta_{kj}$,$\sigma_{ik}\delta_{kj} = \sigma_{ij}$,其中 δ_{kj} 是Kronecker符号,也称二阶单位张量,见附录A1.2节,故有

$$\sigma_{m'n'} = \beta_{m'i}\beta_{n'j}\sigma_{ij} \tag{1.22}$$

式(1.22)是应力分量在坐标变换时应遵守的法则。顺便指出:凡是一组 9 个分量,在坐标变换时服从式(1.22)给出的法则,就称为二阶张量。

1.7 主应力、应力张量不变量

根据斜面公式,给定一点的应力状态,即 σ_{ij} 已知,各斜面上的应力矢量 $\boldsymbol{T}(\boldsymbol{n})$ 随斜面外法线方向 $\boldsymbol{n}$ 而改变。根据材料力学知识,在所有的斜面中存在这样的面,该面上只有正应力作用,而剪应力为零,即该面上的应力矢量 $\boldsymbol{T}(\boldsymbol{n})$ 只有沿法线方向的分量。下面求这个斜面的单位法线矢量 $\boldsymbol{n}$ 以及该面上的正应力 σ。

根据上面的描述,应有

$$\boldsymbol{T}(\boldsymbol{n}) = \sigma \boldsymbol{n}$$

或用分量的形式表示为

$$T_x = \sigma l, \quad T_y = \sigma m, \quad T_z = \sigma n$$

将上式代入式(1.6)并整理,得

$$\begin{aligned} &(\sigma_x - \sigma) l + \tau_{yx} m + \tau_{zx} n = 0 \\ &\tau_{xy} l + (\sigma_y - \sigma) m + \tau_{zy} n = 0 \\ &\tau_{xz} l + \tau_{yz} m + (\sigma_z - \sigma) n = 0 \end{aligned} \tag{1.23}$$

式(1.23)是关于 l、m、n 的齐次方程,由于 $l^2 + m^2 + n^2 = 1$,因此,l、m、n 不可能同时为零,即方程式(1.23)应有非零解。非零解的条件是其系数矩阵行列式应为零

$$\begin{vmatrix} \sigma_x - \sigma & \tau_{xy} & \tau_{xz} \\ \tau_{yx} & \sigma_y - \sigma & \tau_{yz} \\ \tau_{zx} & \tau_{zy} & \sigma_z - \sigma \end{vmatrix} = 0$$

展开可得一个一元三次方程,该方程数学上称为特征方程

$$\sigma^3 - I_1 \sigma^2 + I_2 \sigma - I_3 = 0 \tag{1.24}$$

式中 I_1、I_2、I_3 分别为

$$I_1 = \sigma_x + \sigma_y + \sigma_z = \sigma_{kk}$$

$$I_2 = \sigma_x\sigma_y + \sigma_x\sigma_z + \sigma_y\sigma_z - (\tau_{xy}^2 + \tau_{yz}^2 + \tau_{zx}^2) = \begin{vmatrix} \sigma_x & \tau_{xy} \\ \tau_{yx} & \sigma_y \end{vmatrix} + \begin{vmatrix} \sigma_y & \tau_{yz} \\ \tau_{zy} & \sigma_z \end{vmatrix} + \begin{vmatrix} \sigma_z & \tau_{zx} \\ \tau_{xz} & \sigma_x \end{vmatrix}$$

$$I_3 = \sigma_x\sigma_y\sigma_z - (\sigma_x\tau_{yz}^2 + \sigma_y\tau_{zx}^2 + \sigma_z\tau_{xy}^2) + 2\tau_{xy}\tau_{yz}\tau_{zx} = \begin{vmatrix} \sigma_x & \tau_{xy} & \tau_{xz} \\ \tau_{yx} & \sigma_y & \tau_{yz} \\ \tau_{zx} & \tau_{zy} & \sigma_z \end{vmatrix} \tag{1.25}$$

使用张量记法,I_1、I_2、I_3 可表示为

$$
\begin{aligned}
I_1 &= \sigma_{kk} \\
I_2 &= \frac{1}{2}(I_1^2 - \sigma_{ij}\sigma_{ij}) \\
I_3 &= \frac{1}{3}(3I_1I_2 - I_1^3 + \sigma_{ij}\sigma_{jk}\sigma_{ki})
\end{aligned}
\tag{1.26}
$$

解特征方程式(1.24)，可得 3 个特征根 σ_1、σ_2、σ_3，这 3 个特征根被称之为主应力。将这 3 个主应力分别代回方程式(1.23)，由于系数矩阵的行列式为零，方程式(1.23)中最多只有两个方程是独立的，结合 $l^2+m^2+n^2=1$，可求得 3 组解 $l^{(i)}$、$m^{(i)}$、$n^{(i)}$($i=1,2,3$)。这 3 组解分别代表 3 个主应力所在斜面的外法线方向，这 3 个方向称为主方向，这 3 个斜面称为主平面。沿 3 个主方向的直线通常称为主轴。

下面证明主应力的 3 个重要性质。

1) 极值性

最大(最小)主应力是该点任意面上正应力的最大(最小)者。其证明可参见第 1.9 节 Mohr 应力圆。

2) 主方向相互垂直

考虑两个不同的主应力 $\sigma^{(l)}$ 和 $\sigma^{(k)}$，对应的主方向分别为 $l^{(l)}$、$m^{(l)}$、$n^{(l)}$ 和 $l^{(k)}$、$m^{(k)}$、$n^{(k)}$，由方程式(1.23)有

$$
\begin{aligned}
\sigma_x l^{(l)} + \tau_{yx} m^{(l)} + \tau_{zx} n^{(l)} &= \sigma^{(l)} l^{(l)} \\
\tau_{xy} l^{(l)} + \sigma_y m^{(l)} + \tau_{zy} n^{(l)} &= \sigma^{(l)} m^{(l)} \\
\tau_{xz} l^{(l)} + \tau_{yz} m^{(l)} + \sigma_z n^{(l)} &= \sigma^{(l)} n^{(l)}
\end{aligned}
\tag{1.27a}
$$

以及

$$
\begin{aligned}
\sigma_x l^{(k)} + \tau_{yx} m^{(k)} + \tau_{zx} n^{(k)} &= \sigma^{(k)} l^{(k)} \\
\tau_{xy} l^{(k)} + \sigma_y m^{(k)} + \tau_{zy} n^{(k)} &= \sigma^{(k)} m^{(k)} \\
\tau_{xz} l^{(k)} + \tau_{yz} m^{(k)} + \sigma_z n^{(k)} &= \sigma^{(k)} n^{(k)}
\end{aligned}
\tag{1.27b}
$$

将方程式(1.27a)3 个方程的两边分别乘以 $l^{(k)}$、$m^{(k)}$、$n^{(k)}$ 后对应相加，再将方程式(1.27b)3 个方程的两边分别乘以 $l^{(l)}$、$m^{(l)}$、$n^{(l)}$ 后对应相加，最后将两个结果相减，得

$$
(\sigma^{(l)} - \sigma^{(k)})(l^{(l)}l^{(k)} + m^{(l)}m^{(k)} + n^{(l)}n^{(k)}) = 0
$$

由于 $\sigma^{(l)} - \sigma^{(k)} \neq 0$，故要求

$$
l^{(l)}l^{(k)} + m^{(l)}m^{(k)} + n^{(l)}n^{(k)} = 0
$$

因此得证。对于主应力相等的情况，可参考有关文献。

3) I_1、I_2、I_3 的坐标不变性

由任意其他坐标系下的应力分量求主应力。该任意坐标系使用“′”标识，则可得到类似于式(1.24)的特征方程，其中的系数 I'_1、I'_2、I'_3 仍由式(1.25)给出，只是其中的应力分量用带“′”坐标系下的应力分量替换。由于问题的特征根即主应力

σ 与坐标系选择无关,两套坐标系下的特征方程应有相同解,因此要求它们的系数相同

$$I'_1 = I_1, \quad I'_2 = I_2, \quad I'_3 = I_3$$

上式说明:I_1、I_2、I_3的大小与坐标系的选取无关,因此是坐标不变量。

在以 3 个主轴为坐标轴的坐标系下,应力张量可表示为

$$[\sigma_{ij}] = \begin{bmatrix} \sigma_1 & 0 & 0 \\ 0 & \sigma_2 & 0 \\ 0 & 0 & \sigma_3 \end{bmatrix}$$

使用式(1.25),3 个不变量用主应力表示为

$$\begin{aligned} I_1 &= \sigma_1 + \sigma_2 + \sigma_3 \\ I_2 &= \sigma_1\sigma_2 + \sigma_2\sigma_3 + \sigma_3\sigma_1 \\ I_3 &= \sigma_1\sigma_2\sigma_3 \end{aligned} \tag{1.28}$$

【例 1.3】 证明 $\boldsymbol{T}(\boldsymbol{e}_x) \cdot \boldsymbol{T}(\boldsymbol{e}_x) + \boldsymbol{T}(\boldsymbol{e}_y) \cdot \boldsymbol{T}(\boldsymbol{e}_y) + \boldsymbol{T}(\boldsymbol{e}_z) \cdot \boldsymbol{T}(\boldsymbol{e}_z) = I_1^2 - 2I_2$

证 将式(1.3)代入等式左边,得

$$\begin{aligned} \text{等式左边} &= \sigma_x^2 + \tau_{xy}^2 + \tau_{xz}^2 + \tau_{yx}^2 + \sigma_y^2 + \tau_{yz}^2 + \tau_{zx}^2 + \tau_{zy}^2 + \sigma_z^2 \\ &= \sigma_x^2 + \sigma_y^2 + \sigma_z^2 + 2\tau_{xy}^2 + 2\tau_{yz}^2 + 2\tau_{zx}^2 \end{aligned}$$

利用式(1.25),则得

$$\begin{aligned} \text{等式右边} &= (\sigma_x + \sigma_y + \sigma_z)^2 - 2[\sigma_x\sigma_y + \sigma_x\sigma_z + \sigma_y\sigma_z - (\tau_{xy}^2 + \tau_{yz}^2 + \tau_{zx}^2)] \\ &= \sigma_x^2 + \sigma_y^2 + \sigma_z^2 + 2\tau_{xy}^2 + 2\tau_{yz}^2 + 2\tau_{zx}^2 \end{aligned}$$

因此得证。

【例 1.4】 设物体内某一点的应力张量是

$$[\sigma_{ij}] = \begin{bmatrix} 3 & 1 & 1 \\ 1 & 0 & 2 \\ 1 & 2 & 0 \end{bmatrix}$$

求主应力和主方向。

解 使用式(1.25),求得该应力张量的 3 个不变量分别为

$$I_1 = 3 + 0 + 0 = 3$$

$$I_2 = \begin{vmatrix} 3 & 1 \\ 1 & 0 \end{vmatrix} + \begin{vmatrix} 0 & 2 \\ 2 & 0 \end{vmatrix} + \begin{vmatrix} 0 & 1 \\ 1 & 3 \end{vmatrix} = -6$$

$$I_3 = \begin{vmatrix} 3 & 1 & 1 \\ 1 & 0 & 2 \\ 1 & 2 & 0 \end{vmatrix} = -8$$

代入主应力的特征方程式(1.24),有

$$\sigma^3 - 3\sigma^2 - 6\sigma + 8 = 0$$

解得 3 个主应力分别为

$$\sigma_1 = 4,\quad \sigma_2 = 1,\quad \sigma_3 = -2$$

求 $\sigma_1 = 4$ 对应的主方向，使用式(1.23)，有

$$\begin{bmatrix} -1 & 1 & 1 \\ 1 & -4 & 2 \\ 1 & 2 & -4 \end{bmatrix}\begin{bmatrix} l^{(1)} \\ m^{(1)} \\ n^{(1)} \end{bmatrix} = \begin{bmatrix} 0 \\ 0 \\ 0 \end{bmatrix}$$

上面的方程组中只有 2 个是独立的，但同时 $(l^{(1)})^2 + (m^{(1)})^2 + (n^{(1)})^2 = 1$，联合求解得

$$l^{(1)} = \frac{2}{\sqrt{6}},\quad m^{(1)} = \frac{1}{\sqrt{6}},\quad n^{(1)} = \frac{1}{\sqrt{6}}$$

同理可求出对应于 $\sigma_2 = 1$ 和 $\sigma_3 = -2$ 的主方向分别为

$$l^{(2)} = -\frac{1}{\sqrt{3}},\qquad m^{(2)} = \frac{1}{\sqrt{3}},\qquad n^{(2)} = \frac{1}{\sqrt{3}}$$

$$l^{(3)} = 0,\qquad m^{(3)} = -\frac{1}{\sqrt{2}},\qquad n^{(3)} = \frac{1}{\sqrt{2}}$$

根据上面的结果，很容易证明这 3 个方向是相互垂直的。

1.8 最大剪应力

设 3 个主应力及主方向已知，求最大剪应力。以 3 个主方向为坐标轴方向，其单位矢量是 $\boldsymbol{e}_1$、$\boldsymbol{e}_2$、$\boldsymbol{e}_3$，如图 1.7 所示，3 个主平面上的应力矢量分别为

$$\boldsymbol{T}(\boldsymbol{e}_1) = \sigma_1 \boldsymbol{e}_1,\quad \boldsymbol{T}(\boldsymbol{e}_2) = \sigma_2 \boldsymbol{e}_2,\quad \boldsymbol{T}(\boldsymbol{e}_3) = \sigma_3 \boldsymbol{e}_3$$

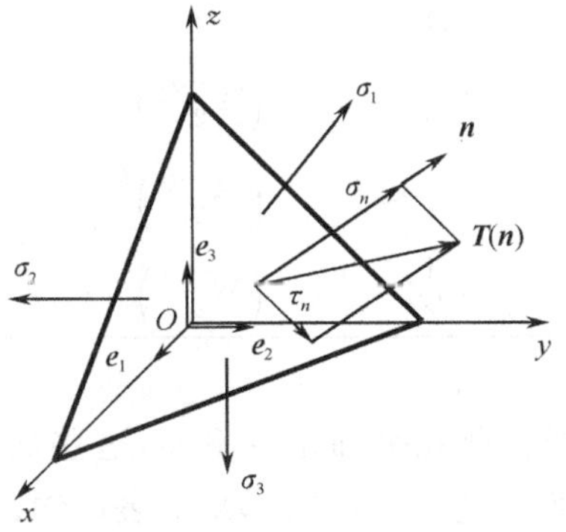

图 1.7 斜面上的应力

根据斜面公式(1.5)，在外法线为 $\boldsymbol{n}$ 的斜面上，其应力矢量为

$$\boldsymbol{T}(\boldsymbol{n})=\boldsymbol{T}(\boldsymbol{e}_1)l+\boldsymbol{T}(\boldsymbol{e}_2)m+\boldsymbol{T}(\boldsymbol{e}_3)n=l\sigma_1\boldsymbol{e}_1+m\sigma_2\boldsymbol{e}_2+n\sigma_3\boldsymbol{e}_3 \tag{1.29}$$

该斜面上的正应力是

$$\sigma_n=\boldsymbol{T}(\boldsymbol{n})\cdot\boldsymbol{n}=l^2\sigma_1+m^2\sigma_2+n^2\sigma_3 \tag{1.30}$$

而应力矢量的模为

$$\|\boldsymbol{T}\|^2=(l\sigma_1)^2+(m\sigma_2)^2+(n\sigma_3)^2 \tag{1.31}$$

利用式(1.30)和式(1.31),得斜面上的剪应力为

$$\tau_n^2=\|\boldsymbol{T}\|^2-\sigma_n^2=(l\sigma_1)^2+(m\sigma_2)^2+(n\sigma_3)^2-(l^2\sigma_1+m^2\sigma_2+n^2\sigma_3)^2$$

经整理

$$\tau_n^2=l^2m^2(\sigma_1-\sigma_2)^2+m^2n^2(\sigma_2-\sigma_3)^2+n^2l^2(\sigma_3-\sigma_1)^2 \tag{1.32}$$

当斜面方向 l、m、n 变化时,剪应力 τ_n 随之变化。求上式的极值可得最大剪应力,注意 l、m、n 应满足约束条件 $l^2+m^2+n^2=1$。引进 Lagrange 乘子 λ,上述条件极值就等价于求函数

$$F=\tau_n^2-\lambda(l^2+m^2+n^2-1)$$

的极值,相应的极值条件为

$$\frac{\partial F}{\partial l}=0,\quad \frac{\partial F}{\partial m}=0,\quad \frac{\partial F}{\partial n}=0,\quad \frac{\partial F}{\partial \lambda}=0$$

由此可得 τ_n^2 的 6 个极值和所在面的外法线方向以及所在面上的正应力,见表 1.1。

表 1.1 剪应力极值及所在的平面

l	m	n	τ_n^2	λ	σ_n
± 1	0	0	0	0	σ_1
0	± 1	0	0	0	σ_2
0	0	± 1	0	0	σ_3
0	$\pm\frac{1}{\sqrt{2}}$	$\pm\frac{1}{\sqrt{2}}$	$\left(\frac{\sigma_2-\sigma_3}{2}\right)^2$	$2\tau_n^2$	$\frac{\sigma_2+\sigma_3}{2}$
$\pm\frac{1}{\sqrt{2}}$	$\pm\frac{1}{\sqrt{2}}$	0	$\left(\frac{\sigma_1-\sigma_2}{2}\right)^2$	$2\tau_n^2$	$\frac{\sigma_1+\sigma_2}{2}$
$\pm\frac{1}{\sqrt{2}}$	0	$\pm\frac{1}{\sqrt{2}}$	$\left(\frac{\sigma_1-\sigma_3}{2}\right)^2$	$2\tau_n^2$	$\frac{\sigma_1+\sigma_3}{2}$

从上表可知,前 3 个极值所在平面是主平面,这些面上的剪应力为 0,τ_n^2 取最小值,这并不是我们关心的。设 $\sigma_1\geqslant\sigma_2\geqslant\sigma_3$,从上表可知,最大剪应力是

$$\tau_{\max}=\frac{\sigma_1-\sigma_3}{2} \tag{1.33}$$

所在的平面与中主应力 σ_2 平行而与最大主应力 σ_1 和最小主应力 σ_3 的角度分别为 45°。

1.9 Mohr 应力圆

根据式(1.30)和式(1.32),任一斜面上的正应力 σ_n 和剪应力 τ_n 随斜面外法线方向余弦 l、m、n 而变化,将每一个斜面上的 σ_n 和 τ_n 使用 $\sigma\sim\tau$ 坐标系上的坐标点表示,所有这些坐标点所组成的图形称之为 Mohr 图。下面讨论 Mohr 图的规律。

根据 1.8 节的推导,在以主方向为坐标轴的坐标系里,外法线为 l、m、n 的任一斜面上的正应力 σ_n 和剪应力 τ_n 应满足下面关系式

$$\tau_n^2+\sigma_n^2=\|\boldsymbol{T}\|^2=(l\sigma_1)^2+(m\sigma_2)^2+(n\sigma_3)^2 \tag{1.34}$$

联立式(1.34)和式(1.30)以及 $l^2+m^2+n^2=1$ 求解 l^2、m^2、n^2,则有

$$l^2=\frac{\tau_n^2+(\sigma_n-\sigma_2)(\sigma_n-\sigma_3)}{(\sigma_1-\sigma_2)(\sigma_1-\sigma_3)}\geqslant 0$$

$$m^2=\frac{\tau_n^2+(\sigma_n-\sigma_3)(\sigma_n-\sigma_1)}{(\sigma_2-\sigma_3)(\sigma_2-\sigma_1)}\geqslant 0$$

$$n^2=\frac{\tau_n^2+(\sigma_n-\sigma_1)(\sigma_n-\sigma_2)}{(\sigma_3-\sigma_1)(\sigma_3-\sigma_2)}\geqslant 0$$

设 $\sigma_1\geqslant\sigma_2\geqslant\sigma_3$,上面 3 个式子可变为

$$\tau_n^2+\left(\sigma_n-\frac{\sigma_2+\sigma_3}{2}\right)^2\geqslant\left(\frac{\sigma_2-\sigma_3}{2}\right)^2$$

$$\tau_n^2+\left(\sigma_n-\frac{\sigma_3+\sigma_1}{2}\right)^2\leqslant\left(\frac{\sigma_3-\sigma_1}{2}\right)^2$$

$$\tau_n^2+\left(\sigma_n-\frac{\sigma_1+\sigma_2}{2}\right)^2\geqslant\left(\frac{\sigma_1-\sigma_2}{2}\right)^2$$

由上面 3 个不等式可知:任意一斜面的应力 σ_n、τ_n 在 $\sigma\sim\tau$ 坐标系中,均落在 σ_1、σ_2、σ_3 决定的 3 个圆上或者圆之间的阴影面积内,如图 1.8 所示。这 3 个圆称之为 Mohr 应力圆,简称为 Mohr 圆或应力圆。一个应力圆(例如 σ_1、σ_3 决定的应力圆)

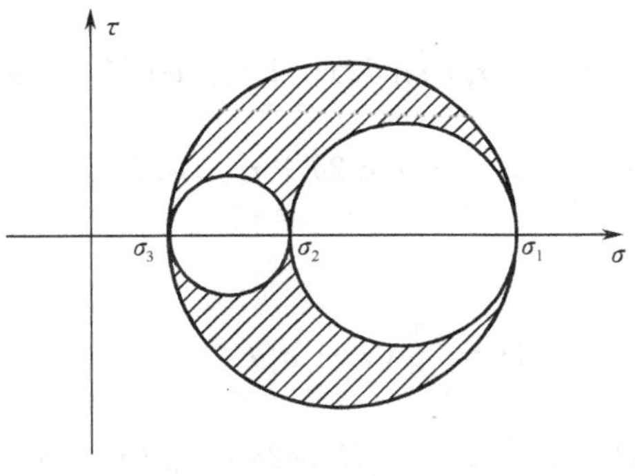

图 1.8 应力圆

上各点的坐标则代表与某个主应力(σ_2)方向平行面上的应力。因此,Mohr 圆直观地描述了一点的应力状态及其主应力、最大应力的情况。

下面我们考虑一种特殊的应力状态,即平面应力状态

$$[\sigma_{ij}]=\begin{bmatrix}\sigma_x & \tau_{xy} & 0\\ \tau_{yx} & \sigma_y & 0\\ 0 & 0 & 0\end{bmatrix}$$

显然,z 轴是主轴,且该方向的主应力为零。考察微单元体中与 xy 坐标平面垂直的任意面上的应力情况,这个面的外法线与 z 轴垂直,为 $\boldsymbol{n}=l_1\boldsymbol{e}_x+m_1\boldsymbol{e}_y$,如图 1.9 所示,有

$$l_1=\cos\theta,\quad m_1=\sin\theta,\quad n_1=0$$

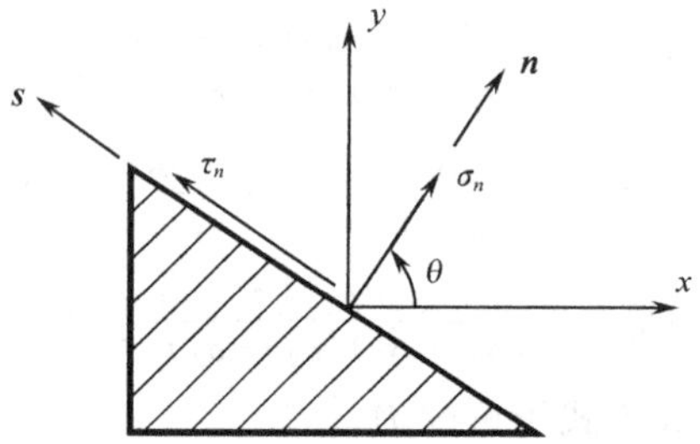

图 1.9 平面应力状态中斜面上的应力

在 xy 平面内与 $\boldsymbol{n}$ 方向垂直的矢量为 $\boldsymbol{s}=l_2\boldsymbol{e}_x+m_2\boldsymbol{e}_y$,有

$$l_2=-\sin\theta,\quad m_2=\cos\theta,\quad n_2=0$$

在 $\boldsymbol{n}$、$\boldsymbol{s}$ 和 z 轴组成的新坐标系中,使用式(1.18)的前两个式子,可得

$$\begin{aligned}\sigma_n&=\sigma_x\cos^2\theta+\sigma_y\sin^2\theta+2\tau_{xy}\sin\theta\cos\theta\\&=\frac{1}{2}(\sigma_x+\sigma_y)+\frac{1}{2}(\sigma_x-\sigma_y)\cos2\theta+\tau_{xy}\sin2\theta\end{aligned}\tag{1.35a}$$

$$\begin{aligned}\tau_n&=-(\sigma_x-\sigma_y)\sin\theta\cos\theta+\tau_{xy}(\cos^2\theta-\sin^2\theta)\\&=-\frac{1}{2}(\sigma_x-\sigma_y)\sin2\theta+\tau_{xy}\cos2\theta\end{aligned}\tag{1.35b}$$

设

$$H=\frac{1}{2}(\sigma_x+\sigma_y)\tag{1.36a}$$

$$R\sin2\alpha=\tau_{xy},\quad R\cos2\alpha=\frac{1}{2}(\sigma_x-\sigma_y)\tag{1.36b}$$

于是,式(1.35)变成

$$\sigma_n = H + R\cos(2\alpha - 2\theta) \tag{1.37a}$$

$$\tau_n = R\sin(2\alpha - 2\theta) \tag{1.37b}$$

从上面两个式中消去 $2\alpha-2\theta$,我们得到

$$(\sigma_n - H)^2 + \tau_n^2 = R^2$$

这就是平面应力状态的 Mohr 圆,该圆的圆心为(H,0),而半径为 R,由式(1.36b)得

$$R = \sqrt{\left(\frac{\sigma_x - \sigma_y}{2}\right)^2 + \tau_{xy}^2}$$

如图 1.10 所示,从中我们可以总结以下两点规律:

(1) 图 1.9 所示微单元体中任意一个斜面上的两个应力分量(σ_n,τ_n)对应应力圆上某一点的两个坐标(注意:τ_n 使微单元体逆时针转为正)。

(2) 当微单元体上斜面的外法线矢量 $\boldsymbol{n}$ 逆时针转 θ,它们在应力圆上对应的点应顺时针转 2θ。

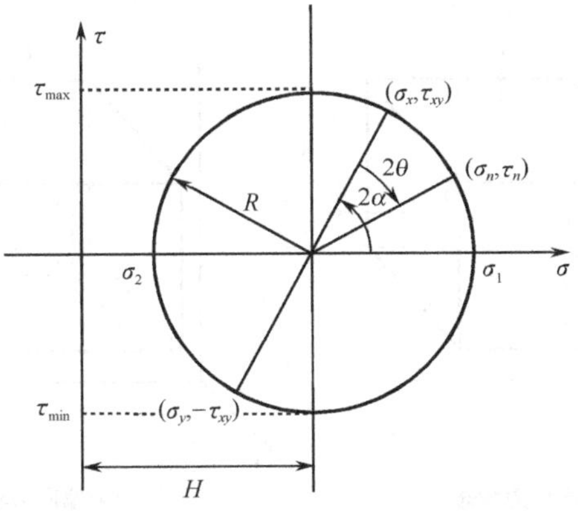

图 1.10　平面状态的应力圆

使用式(1.35b)可知,在

$$\theta = \frac{1}{2}\arctan\frac{2\tau_{xy}}{\sigma_x - \sigma_y} \tag{1.38}$$

的斜面上 $\tau_n=0$,根据式(1.35a),在该斜面上正应力取极值,因此,上式给出了主方向的夹角。将式(1.38)代入式(1.35a)得主应力为

$$\sigma_{1,2} = \frac{\sigma_x + \sigma_y}{2} \pm \sqrt{\left(\frac{\sigma_x - \sigma_y}{2}\right)^2 + \tau_{xy}^2} \tag{1.39}$$

以上两式给出的结果可以很容易从图 1.10 中应力圆的几何关系获得。从图

中还可得知：最大剪应力就是 Mohr 圆的半径，且与主方向夹 45°角。

1.10 偏应力张量及其不变量

1.10.1 应力状态的分解

一点的应力状态可分解为：静水压力状态和偏应力状态之和。静水压力状态是指微六面体的每个面上只有正应力作用，正应力大小均为平均应力

$$\sigma_0 = \frac{1}{3}(\sigma_x + \sigma_y + \sigma_z) \tag{1.40}$$

而剪应力为零，如图 1.11(a)所示，即

$$[\sigma_0 \delta_{ij}] = \begin{bmatrix} \sigma_0 & 0 & 0 \\ 0 & \sigma_0 & 0 \\ 0 & 0 & \sigma_0 \end{bmatrix}$$

式中 δ_{ij} 是 Kronecker 符号。$\sigma_0 \delta_{ij}$ 称为球形张量。

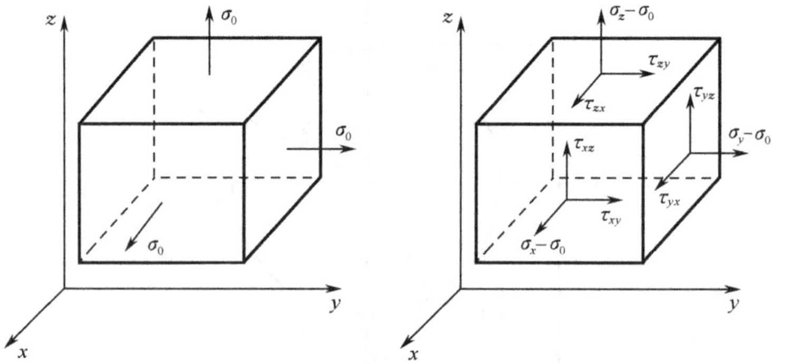

(a) 静水压力状态　　(b) 偏应力状态

图 1.11　应力状态的分解

偏应力状态是从应力状态中扣除静水压力后剩下的部分，如图 1.11(b)所示，表示为

$$[s_{ij}] = \begin{bmatrix} \sigma_x - \sigma_0 & \tau_{xy} & \tau_{xz} \\ \tau_{yx} & \sigma_y - \sigma_0 & \tau_{yz} \\ \tau_{zx} & \tau_{zy} & \sigma_z - \sigma_0 \end{bmatrix} \tag{1.41}$$

偏应力 s_{ij} 也是一个对称的二阶张量。

上述应力分解使用张量形式表示为

$$\sigma_{ij} = s_{ij} + \sigma_0 \delta_{ij}$$

1.10.2 静水压力状态的特点

对于静水压力状态 $\sigma_0\delta_{ij}$ 而言，可以很容易通过式(1.30)和式(1.32)证明：任意一个斜面上的剪应力为零，正应力均为 σ_0，因此，每一个面都是主平面，每个面上的正应力 σ_0 都是主应力，对应的 Mohr 应力圆退化为 σ 轴上的一点。由此可见，静水压力是一种各个面上应力都相同的应力状态。

1.10.3 偏应力的主值和不变量

下面讨论偏应力张量 s_{ij} 所代表的应力状态。将式(1.24)和式(1.25)中的 σ_{ij} 用 s_{ij} 替代，则得求偏应力主值的特征方程为

$$s^3 - J_1 s^2 - J_2 s - J_3 = 0 \tag{1.42}$$

式中

$$J_1 = \sigma_x - \sigma_0 + \sigma_y - \sigma_0 + \sigma_z - \sigma_0 = s_{kk} = 0$$

$$J_2 = -\begin{vmatrix} \sigma_x - \sigma_0 & \tau_{xy} \\ \tau_{yx} & \sigma_y - \sigma_0 \end{vmatrix} - \begin{vmatrix} \sigma_y - \sigma_0 & \tau_{yz} \\ \tau_{zy} & \sigma_z - \sigma_0 \end{vmatrix} - \begin{vmatrix} \sigma_z - \sigma_0 & \tau_{zx} \\ \tau_{xz} & \sigma_x - \sigma_0 \end{vmatrix}$$

$$= \frac{1}{6}[(\sigma_x - \sigma_y)^2 + (\sigma_y - \sigma_z)^2 + (\sigma_z - \sigma_x)^2 + 6(\tau_{xy}^2 + \tau_{yz}^2 + \tau_{zx}^2)] = \frac{1}{2}s_{ij}s_{ij}$$

$$J_3 = \begin{vmatrix} \sigma_x - \sigma_0 & \tau_{xy} & \tau_{xz} \\ \tau_{yx} & \sigma_y - \sigma_0 & \tau_{yz} \\ \tau_{zx} & \tau_{zy} & \sigma_z - \sigma_0 \end{vmatrix} = \frac{1}{3}s_{ij}s_{jk}s_{ki} \tag{1.43}$$

是偏应力 s_{ij} 的 3 个不变量，其中，第一不变量为零，第二不变量 J_2 使用最多，后面 1.12 节将介绍一些与 J_2 有关的量。

解偏应力的特征方程式(1.42)，得偏应力的 3 个主值 s_1、s_2 和 s_3 为

$$\begin{aligned} s_1 &= \frac{2\sqrt{J_2}}{\sqrt{3}}\sin\left(\theta_\sigma + \frac{2\pi}{3}\right) \\ s_2 &= \frac{2\sqrt{J_2}}{\sqrt{3}}\sin\theta_\sigma \\ s_3 &= \frac{2\sqrt{J_2}}{\sqrt{3}}\sin\left(\theta_\sigma - \frac{2\pi}{3}\right) \end{aligned} \tag{1.44}$$

式中 θ_σ 称为 Lode 角，为

$$\theta_\sigma = \frac{1}{3}\sin^{-1}\left[\frac{-\sqrt{27}J_3}{2(J_2)^{3/2}}\right] \tag{1.45}$$

式(1.44)的导出和 Lode 角的意义见 1.12 节。

根据静水压力状态的特点可知，偏应力张量 s_{ij} 的主方向与应力张量 σ_{ij} 的主方向相同，且它们的主值具有如下关系

$$s_1 = \sigma_1 - \sigma_0, \quad s_2 = \sigma_2 - \sigma_0, \quad s_3 = \sigma_3 - \sigma_0 \tag{1.46}$$

于是主应力可方便地由下式给出

$$\begin{aligned}
\sigma_1 &= \frac{2\sqrt{J_2}}{\sqrt{3}}\sin\left(\theta_\sigma + \frac{2\pi}{3}\right) + \sigma_0 \\
\sigma_2 &= \frac{2\sqrt{J_2}}{\sqrt{3}}\sin\theta_\sigma + \sigma_0 \\
\sigma_3 &= \frac{2\sqrt{J_2}}{\sqrt{3}}\sin\left(\theta_\sigma - \frac{2\pi}{3}\right) + \sigma_0
\end{aligned} \tag{1.47}$$

在式(1.43)中若将 x、y、z 轴取为主轴，则偏应力的 3 个不变量可使用偏应力主值表示，进一步地使用式(1.46)和式(1.28)，可以得到它们与应力不变量的关系，最后有

$$\begin{aligned}
J_1 &= s_1 + s_2 + s_3 = 0 \\
J_2 &= \frac{1}{2}(s_1^2 + s_2^2 + s_3^2) = -I_2 + \frac{1}{3}I_1^2 \\
J_3 &= s_1 s_2 s_3 = I_3 - \frac{1}{3}I_1 I_2 + \frac{2}{27}I_1^3
\end{aligned} \tag{1.48}$$

【例 1.5】 已知应力状态

$$\sigma_{ij} = \begin{bmatrix} -10 & 9 & 5 \\ 9 & 0 & 0 \\ 5 & 0 & 7 \end{bmatrix}$$

求偏应力张量和它的 3 个主值。

解　平均应力为　$\sigma_{kk} = \frac{1}{3}(-10+0+7) = -1$

$$[s_{ij}] = \begin{bmatrix} -10-(-1) & 9 & 5 \\ 9 & -(-1) & 0 \\ 5 & 0 & 7-(-1) \end{bmatrix} = \begin{bmatrix} -9 & 9 & 5 \\ 9 & 1 & 0 \\ 5 & 0 & 8 \end{bmatrix}$$

$$J_2 = \frac{1}{2}s_{ij}s_{ij} = \frac{1}{2}[(-9)^2 + 1^2 + 8^2 + 2\times 9^2 + 2\times 5^2] = 179$$

$$J_3 = \begin{vmatrix} -9 & 9 & 5 \\ 9 & 1 & 0 \\ 5 & 0 & 8 \end{vmatrix} = -745$$

将 J_2 和 J_3 的值代入式(1.45)，得 Lode 角为

$$\sin 3\theta_\sigma = \frac{-\sqrt{27}}{2\times(179)^{3/2}} \times (-745) = 0.808$$

$$\theta_\sigma = 17.97°$$

将上面的结果代入式(1.44)，得偏应力的 3 个主值为

$$s_1 = \frac{2\sqrt{179}}{\sqrt{3}}\sin(17.97° + 120°) = 10.34$$

$$s_2 = \frac{2\sqrt{179}}{\sqrt{3}}\sin(17.97°) = 4.77$$

$$s_3 = \frac{2\sqrt{179}}{\sqrt{3}}\sin(17.97° - 120°) = -15.11$$

1.11　八面体上的应力和等效应力

1.11.1　八面体上的剪应力与正应力

考虑物体中的一点，过该点作一外法线 **n** 与 3 个应力主方向有相同角度的斜面，它的 3 个方向余弦是

$$(l, m, n) = \left(\pm\frac{1}{\sqrt{3}}, \pm\frac{1}{\sqrt{3}}, \pm\frac{1}{\sqrt{3}}\right)$$

这样的斜面我们称为等倾面，一共有 8 个，由这 8 个等倾面所构成的微单元体，称为八面体，如图 1.12 所示，其中 3 个坐标轴沿着 3 个应力主方向。

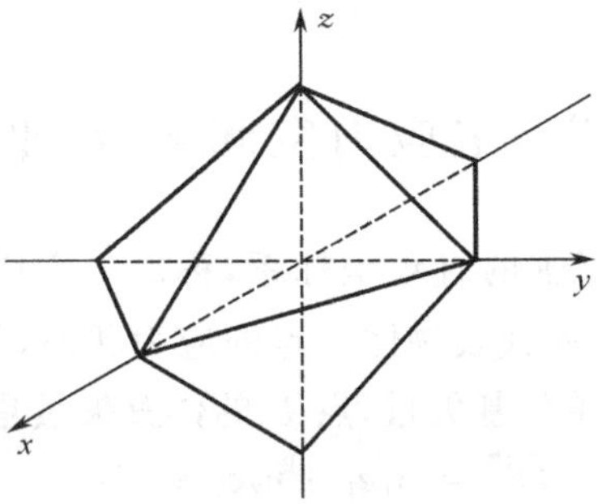

图 1.12　八面体

使用式(1.32)和式(1.30)，很容易求得八面体等倾面上的剪应力和正应力分别为

$$\tau_0 = \frac{1}{3}\sqrt{(\sigma_1 - \sigma_2)^2 + (\sigma_2 - \sigma_3)^2 + (\sigma_3 - \sigma_1)^2}$$

$$\sigma_0 = \frac{1}{3}(\sigma_1 + \sigma_2 + \sigma_3)$$

前者与偏应力第二不变量成比例，而后者就是该微单元体的平均应力。考虑到后面的式(1.51)，则八面体剪应力还可表示为

$$\tau_0 = \sqrt{\frac{2}{3}J_2} = \sqrt{\frac{1}{3}s_{ij}s_{ij}} \tag{1.49}$$

可以证明

$$1 \leqslant \sqrt{\frac{3}{2}}\frac{\tau_0}{\tau_{\max}} \leqslant \frac{2}{\sqrt{3}} \quad 或 \quad 1 \leqslant \frac{\sqrt{J_2}}{\tau_{\max}} \leqslant \frac{2}{\sqrt{3}}$$

1.11.2 等效应力

等效应力定义为

$$\bar{\sigma} = \sqrt{\frac{3}{2}s_{ij}s_{ij}} = \sqrt{3J_2} \tag{1.50}$$

在式(1.43)中若将 x、y、z 轴取为主轴，则 J_2 可由主应力表示为

$$J_2 = \frac{1}{6}[(\sigma_1 - \sigma_2)^2 + (\sigma_2 - \sigma_3)^2 + (\sigma_3 - \sigma_1)^2] \tag{1.51}$$

于是，等效应力用主应力表示为

$$\bar{\sigma} = \frac{1}{\sqrt{2}}\sqrt{(\sigma_1 - \sigma_2)^2 + (\sigma_2 - \sigma_3)^2 + (\sigma_3 - \sigma_1)^2} \tag{1.52}$$

单轴拉伸时，应力状态为 $\sigma_1 = \sigma, \sigma_2 = \sigma_3 = 0$，代入式(1.52)，得

$$\bar{\sigma} = \sigma$$

1.12 主应力空间与 π 平面

建立由 σ_1、σ_2、σ_3 为坐标轴的直角坐标系，称之为主应力空间。主应力空间中任意一坐标点 $P(\sigma_1、\sigma_2、\sigma_3)$就代表物体一点的应力状态，使用 $\boldsymbol{e}_1$、$\boldsymbol{e}_2$、$\boldsymbol{e}_3$ 表示主应力空间中 3 个坐标轴方向的单位基矢量，点 P 的位置矢量是

$$\overrightarrow{OP} = \sigma_1\boldsymbol{e}_1 + \sigma_2\boldsymbol{e}_2 + \sigma_3\boldsymbol{e}_3$$

在主应力空间，过原点 O 作一条与 3 个坐标轴具有相同夹角的直线，该直线上任意一点所代表的应力状态有

$$\sigma_1 = \sigma_2 = \sigma_3$$

为静水压力状态，称该直线为静水压力轴。

过原点 O 以静水压力轴为法线作一个平面，称为 π 平面，该平面上任意一点所代表的应力状态有

$$\sigma_1 + \sigma_2 + \sigma_3 = 0$$

为偏应力状态。

几何上，代表任意一应力状态的矢量$\overrightarrow{OP}$可分解为在静水压力轴上的投影和在 π 平面上投影的矢量和，这就直观地给出了任意应力状态可分解为偏应力部分与

静水压力部分之和。实际上

$$\begin{aligned}\overrightarrow{OP} &= (s_1+\sigma_0)\boldsymbol{e}_1+(s_2+\sigma_0)\boldsymbol{e}_2+(s_3+\sigma_0)\boldsymbol{e}_3\\ &= (s_1\boldsymbol{e}_1+s_2\boldsymbol{e}_2+s_3\boldsymbol{e}_3)+(\sigma_0\boldsymbol{e}_1+\sigma_0\boldsymbol{e}_2+\sigma_0\boldsymbol{e}_3)\\ &= \overrightarrow{OQ}+\overrightarrow{ON}\end{aligned}$$

式中 s_i 是主偏应力；σ_0 是平均应力。如图 1.13 所示，$\overrightarrow{OQ}$ 代表主偏应力矢量，位于 π 平面上；$\overrightarrow{ON}$ 代表静水压力矢量，位于静水压力轴线上。

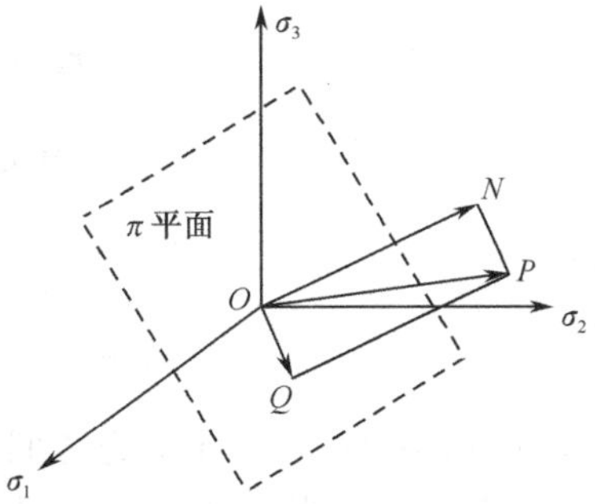

图 1.13　π 平面

顺着静水压力轴方向看 π 平面，$\boldsymbol{e}_1$、$\boldsymbol{e}_2$、$\boldsymbol{e}_3$ 在 π 平面上的投影为 $\boldsymbol{e}'_1$、$\boldsymbol{e}'_2$、$\boldsymbol{e}'_3$，这 3 个投影轴相互间的夹角为 $\frac{2\pi}{3}$。在 π 平面上建立直角坐标系，其中 y 轴与 $\boldsymbol{e}'_2$ 轴重合，如图 1.14。下面建立 π 平面上任意一点的平面坐标 (x,y) 与其空间坐标 $(\sigma_1,\sigma_2,\sigma_3)$ 之间的关系。

3 个空间坐标轴 $\boldsymbol{e}_1$、$\boldsymbol{e}_2$、$\boldsymbol{e}_3$ 与 π 平面的夹角相同，首先确定之。如图 1.15 所示，斜面 ABC 是与 π 平面平行的平面，过 $\boldsymbol{e}_2$ 轴作垂直于斜面 ABC 的平面，交线为 CD，OC 与 CD 的夹角就是 $\boldsymbol{e}_2$ 与 π 平面的夹角，也就是 $\boldsymbol{e}_2$ 与 $\boldsymbol{e}'_2$ 的夹角，记为 β。根据几何关系可得

$$\cos\beta=\frac{OC}{CD}=\frac{1}{\sqrt{3/2}}=\sqrt{\frac{2}{3}}$$

由前所述，主偏应力在主应力空间中的矢量是 $s_1\boldsymbol{e}_1+s_2\boldsymbol{e}_2+s_3\boldsymbol{e}_3$，该矢量在 π 平面上的投影为 $s_1\cos\beta\boldsymbol{e}'_1+s_2\cos\beta\boldsymbol{e}'_2+s_3\cos\beta\boldsymbol{e}'_3$，注意到 $\boldsymbol{e}'_1$、$\boldsymbol{e}'_3$ 与 x 轴的夹角分别为 30° 和 −30°，而 $\boldsymbol{e}'_2$ 与 y 轴重合。所以，主偏应力矢量在 π 平面上投影的 x、y 坐标为

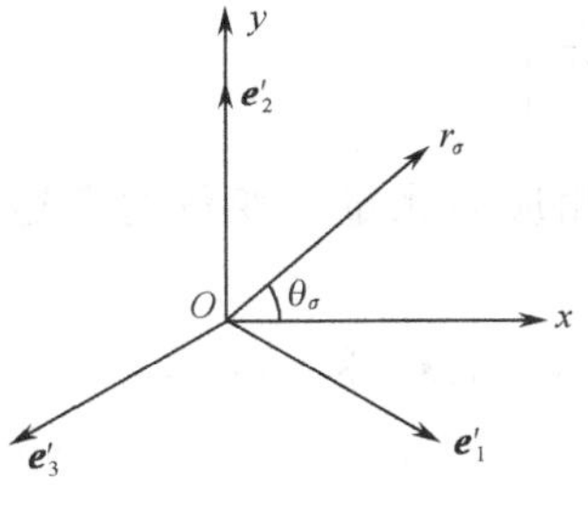

图 1.14　π 平面上的坐标系

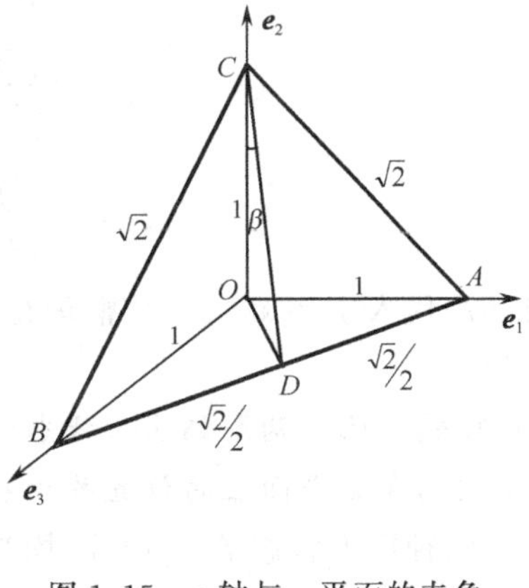

图 1.15　$\boldsymbol{e}_2$ 轴与 π 平面的夹角

$$x = \frac{\sqrt{2}}{2}(s_1 - s_3) = \frac{\sqrt{2}}{2}(\sigma_1 - \sigma_3) \tag{1.53a}$$

$$y = \frac{1}{\sqrt{6}}(2s_2 - s_1 - s_3) = \frac{1}{\sqrt{6}}(2\sigma_2 - \sigma_1 - \sigma_3) \tag{1.53b}$$

它的极坐标是

$$r_\sigma = \sqrt{x^2 + y^2} = \sqrt{2J_2} \tag{1.54a}$$

$$\tan\theta_\sigma = \frac{y}{x} = \frac{1}{\sqrt{3}}\mu_\sigma \tag{1.54b}$$

式中

$$\mu_\sigma = \frac{2s_2 - s_1 - s_3}{s_1 - s_3} = \frac{2\sigma_2 - \sigma_1 - \sigma_3}{\sigma_1 - \sigma_3} \tag{1.55}$$

称为 Lode 参数,表示主应力之间的相对比值关系,θ_σ称为 Lode 角。

在简单应力状态下,μ_σ的值分别为:①单轴拉伸 $\mu_\sigma = -1$;②纯剪 $\mu_\sigma = 0$;③单轴压缩 $\mu_\sigma = 1$。若规定 $\sigma_1 \geqslant \sigma_2 \geqslant \sigma_3$,则

$$-1 \leqslant \mu_\sigma \leqslant 1, \quad -\frac{\pi}{6} \leqslant \theta_\sigma \leqslant \frac{\pi}{6}$$

使用式(1.53),并注意到 $s_1 + s_2 + s_3 = 0$,可以将偏应力的主值 s_1、s_2、s_3 由 π 平面的直角坐标 x、y 表示

$$s_1 = \frac{1}{\sqrt{2}}x - \frac{1}{\sqrt{6}}y, \quad s_2 = \sqrt{\frac{2}{3}}y, \quad s_3 = -\frac{1}{\sqrt{2}}x - \frac{1}{\sqrt{6}}y \tag{1.56}$$

再使用式(1.54),将直角坐标 x、y 由极坐标 r_σ、θ_σ表示,最后得到 s_1、s_2、s_3 由 J_2、θ_σ 表示的表达式(1.44),即

$$\begin{aligned} s_1 &= \frac{2\sqrt{J_2}}{\sqrt{3}}\sin\left(\theta_\sigma + \frac{2\pi}{3}\right) \\ s_2 &= \frac{2\sqrt{J_2}}{\sqrt{3}}\sin\theta_\sigma \\ s_3 &= \frac{2\sqrt{J_2}}{\sqrt{3}}\sin\left(\theta_\sigma - \frac{2\pi}{3}\right) \end{aligned} \tag{1.57}$$

将式(1.57)代入 $J_3 = s_1 s_2 s_3$,经整理得 Lode 角使用应力张量不变量的表达式,即式(1.45)。

【例 1.6】 已知两个偏应力状态$(s_1, s_2, s_3) = (s_a, s_b, s_c)$和$(s_1, s_2, s_3) = (s_a, s_c, s_b)$,证明它们在 π 平面上的位置关于 $\boldsymbol{e}'_1$ 轴对称。

证 两种应力状态的 J_2相等,均为

$$J_2 = \frac{1}{2}(s_a^2 + s_b^2 + s_c^2)$$

根据式(1.54a)，这两个应力状态在 π 平面上的极半径 r_σ 相等。设它们的 Lode 角分别为 θ_{σ_1} 和 θ_{σ_2}，将两个应力状态分别代入式(1.57)的第二式和第三式，则根据已知条件有

$$\sin\theta_{\sigma_1} = \sin\left(\theta_{\sigma_2} - \frac{2\pi}{3}\right)$$

从而有

$$\pi - \theta_{\sigma_1} = \theta_{\sigma_2} - \frac{2\pi}{3}$$

从 π 平面可知，极角满足上式且极半径相等的两点关于 $\boldsymbol{e}'_1$ 对称。

习　　题

1. 物体中一点的应力张量为

$$\begin{bmatrix} 0 & 1 & 2 \\ 1 & 2 & 0 \\ 2 & 0 & 1 \end{bmatrix}$$

求作用在平面 $\boldsymbol{n}=\frac{1}{\sqrt{11}}\boldsymbol{e}_1+\frac{3}{\sqrt{11}}\boldsymbol{e}_2+\frac{1}{\sqrt{11}}\boldsymbol{e}_3$ 上的应力矢量及其法向和切向分量。

2. 一点的应力张量为

$$\begin{bmatrix} 50a & 50a & 80a \\ 50a & 0 & -75a \\ 80a & -75a & -30a \end{bmatrix}$$

试求主应力、主方向和最大剪应力。

3. 若 I_1、I_2、I_3 是应力张量的第一、第二、第三不变量，而 J_1、J_2、J_3 是偏应力张量的第一、第二、第三不变量，证明

$$J_2 = \frac{1}{3}I_1^2 - I_2, \qquad J_3 = I_3 - \frac{1}{3}I_1 I_2 + \frac{2}{27}I_1^3$$

4. 已知一点的应力张量为

$$\begin{bmatrix} 10 & 0 & 15 \\ 0 & 20 & -15 \\ 15 & -15 & 0 \end{bmatrix}$$

试将它分解为静水压力和偏应力张量，求偏应力张量第二、第三不变量，并求等效应力和八面体剪应力。

5. 图1.16所示为三角形截面的坝体，其容重为 ρ，在右侧承受比重为 γ 的水体作用，已知应力分量为

$$\sigma_x = ax + by, \quad \sigma_y = cx + dy - \rho g y, \quad \tau_{xy} = -dx - ay$$

试根据边界条件确定应力分量中的常数 a、b、c、d。

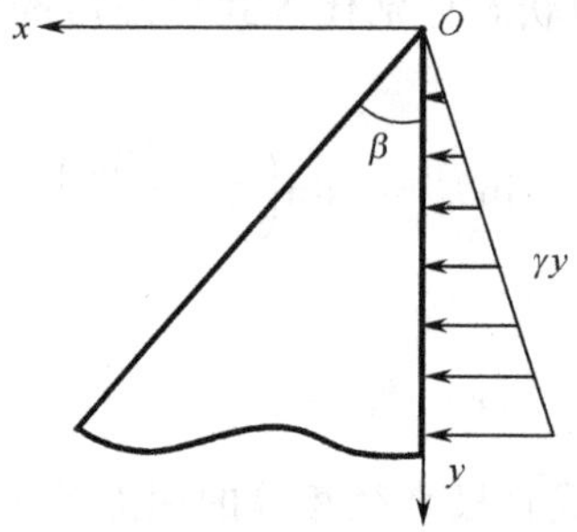

图 1.16

6. 图 1.17 所示矩形截面梁，受均布荷载，按材料力学计算得到

$$\sigma_x = \frac{3pl^2}{2h^3}\left(1 - \frac{4x^2}{l^2}\right)y$$

利用平衡方程与边界条件，求梁中其余的应力分量 τ_{xy}、σ_y 的分布规律（$\sigma_z = \tau_{yz} = \tau_{zx} = 0$）。

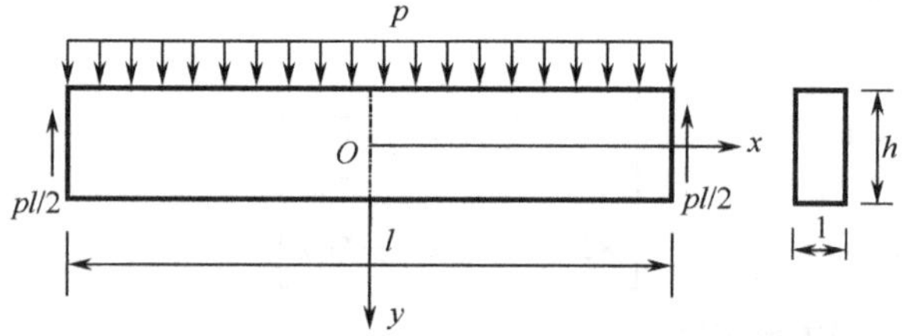

图 1.17

7. 证明两种应力状态 $(s_1, s_2, s_3) = (s_a, s_b, s_c)$ 和 $(s_1, s_2, s_3) = (-s_a, -s_c, -s_b)$ 在 π 平面上的位置是关于 $\boldsymbol{e}'_1$ 的垂直线对称。

第2章 应　　变

2.1 变形和应变的概念

在外力或温度的作用下，物体内每一物质点的空间位置会发生改变，即产生位移。如图 2.1 所示，建立一套固定的笛卡儿坐标系，考察一物质点 A 点，它在初始状态所处的空间位置矢量是 $\boldsymbol{r}=x\boldsymbol{e}_x+y\boldsymbol{e}_y+z\boldsymbol{e}_z$，受外力作用后到达 A'，其位置矢量变为 $\boldsymbol{R}=x'\boldsymbol{e}_x+y'\boldsymbol{e}_y+z'\boldsymbol{e}_z$，两位置矢量之差就是 A 点的位移 $\boldsymbol{u}$，即

$$\boldsymbol{u}=\boldsymbol{R}-\boldsymbol{r}$$

或者用 3 个分量 u_x、u_y、u_z 表示为

$$u_x=x'-x,\quad u_y=y'-y,\quad u_z=z'-z$$

一般来说，各物质点的位移是不同的。由于位置矢量 $\boldsymbol{r}$ 可用来标识物质点，则称 x、y、z 为物质坐标，因此，位移是 $\boldsymbol{r}$ 的函数，即为 $\boldsymbol{u}(\boldsymbol{r})$ 或 $u_x(x,y,z)$，$u_y(x,y,z)$，$u_z(x,y,z)$，各点位移矢量的集合确定了物体的位移场。在弹塑性力学中，通常假定位移场足够光滑，存在三阶以上的连续导数。

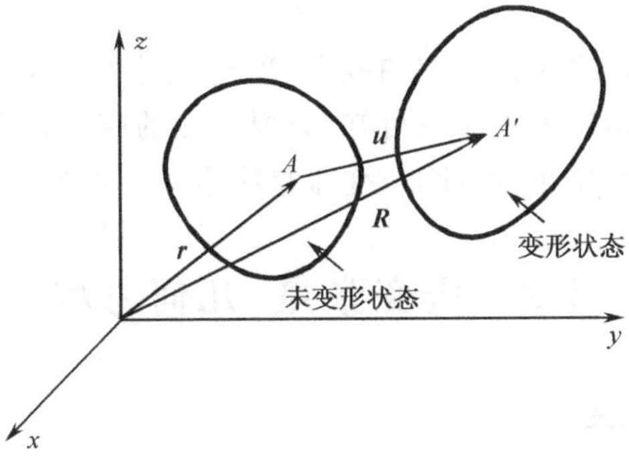

图 2.1 物体位移

物体经过位移后，由于其内部每一点的位移一般不相同，因此，除刚体平移和转动外，物体的大小和形状将会发生改变，这种改变称为变形，变形包括体积改变和形状畸变。当位移比物体的最小尺寸小得多时，我们称之为小变形。本书的讨论限定在小变形情况。

为描述物体内一点的变形，考察过这点的任意一微小线段即线元，变形前后线元的长度相对改变和方向相对改变是关键量。如图 2.2 中过 A 点的线元 AB，变

形前长度为 l_0,变形后长度为 l,变形前后线元长度的相对改变定义为正应变

$$\varepsilon = \frac{l - l_0}{l_0} \tag{2.1a}$$

为描述线元 AB 的方向相对改变,以过同一点且与线元 AB 垂直的另一线元 AC 作为参照,变形后两线元之间的夹角为 α,变形前后的夹角改变定义为剪应变

$$\gamma = \frac{\pi}{2} - \alpha \tag{2.1b}$$

从应变的定义可知:正应变以伸长为正,缩短为负,而剪应变以锐化(直角减少)为正,钝化(直角增加)为负。

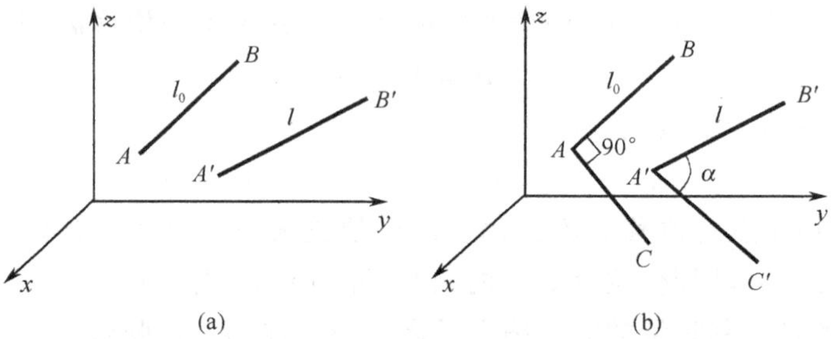

图 2.2 正应变与剪应变

过一点可作无穷多个不同方向的线元,所有这些线元的正应变和剪应变就构成该点的应变状态。从下面的分析可知,只要一点的应变张量已知,过这一点的任意线元的应变均可由它给出,因此,应变张量决定了一点的应变状态。

2.2 应变张量 几何方程

2.2.1 任意线元的应变

考察任意线元的变形情况。如图 2.3 所示,任意一线元 AB 在初始状态 A 点的空间位置坐标是 (x, y, z),B 点的空间位置坐标是 $(x + \mathrm{d}x, y + \mathrm{d}y, z + \mathrm{d}z)$,变形后到达新的位置 $A'B'$。位移是物质点空间位置坐标的连续函数,A 点位移是

$$u_x(x, y, z), \quad u_y(x, y, z), \quad u_z(x, y, z)$$

而 B 点位移是

$$u_x(x + \mathrm{d}x, y + \mathrm{d}y, z + \mathrm{d}z), \quad u_y(x + \mathrm{d}x, y + \mathrm{d}y, z + \mathrm{d}z),$$
$$u_z(x + \mathrm{d}x, y + \mathrm{d}y, z + \mathrm{d}z)$$

B 点和 A 点之间的相对位移矢量 $\mathrm{d}\boldsymbol{u}$,如图 2.3 中的 $B'B''$所示(其中 B''点是 B

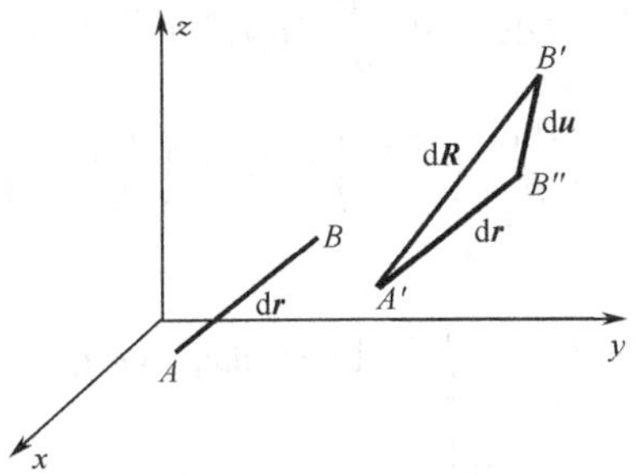

图 2.3 线元的变形

点经历与 A 点相同位移到达的位置)，利用 Taylor 级数将 B 点位移相对 A 点展开，略去二阶以上的高阶项，得相对位移的分量为

$$\mathrm{d}u_x = (u_x)_B - (u_x)_A = \frac{\partial u_x}{\partial x}\mathrm{d}x + \frac{\partial u_x}{\partial y}\mathrm{d}y + \frac{\partial u_x}{\partial z}\mathrm{d}z \tag{2.2a}$$

$$\mathrm{d}u_y = (u_y)_B - (u_y)_A = \frac{\partial u_y}{\partial x}\mathrm{d}x + \frac{\partial u_y}{\partial y}\mathrm{d}y + \frac{\partial u_y}{\partial z}\mathrm{d}z \tag{2.2b}$$

$$\mathrm{d}u_z = (u_z)_B - (u_z)_A = \frac{\partial u_z}{\partial x}\mathrm{d}x + \frac{\partial u_z}{\partial y}\mathrm{d}y + \frac{\partial u_z}{\partial z}\mathrm{d}z \tag{2.2c}$$

使用张量指标记法，式(2.2)写成

$$\mathrm{d}u_i = (u_i)_B - (u_i)_A = u_{i,j}\mathrm{d}x_j \tag{2.3}$$

式中

$$[u_{i,j}] = \left[\frac{\partial u_i}{\partial x_j}\right] = \begin{bmatrix} \frac{\partial u_x}{\partial x} & \frac{\partial u_x}{\partial y} & \frac{\partial u_x}{\partial z} \\ \frac{\partial u_y}{\partial x} & \frac{\partial u_y}{\partial y} & \frac{\partial u_y}{\partial z} \\ \frac{\partial u_z}{\partial x} & \frac{\partial u_z}{\partial y} & \frac{\partial u_z}{\partial z} \end{bmatrix} \tag{2.4}$$

是位移梯度张量，一般来说它是不对称的。

如图 2.3 所示，变形前后线元长度的改变为

$$\|\mathrm{d}\boldsymbol{R}\|^2 - \|\mathrm{d}\boldsymbol{r}\|^2 = (\mathrm{d}u_x + \mathrm{d}x)^2 + (\mathrm{d}u_y + \mathrm{d}y)^2 + (\mathrm{d}u_z + \mathrm{d}z)^2 - (\mathrm{d}x^2 + \mathrm{d}y^2 + \mathrm{d}z^2)$$

将式(2.2)代入上式并展开，考虑到小变形假定，位移梯度张量的分量都是小量，即偏导数的绝对值

$$\left|\frac{\partial u_i}{\partial x_j}\right| \ll 1$$

它们的乘积项均可被忽略，则最后可得

$$\frac{1}{2}(\|d\boldsymbol{R}\|^2 - \|d\boldsymbol{r}\|^2) = \frac{\partial u_x}{\partial x}(dx)^2 + \frac{\partial u_y}{\partial y}(dy)^2 + \frac{\partial u_z}{\partial z}(dz)^2 + \left(\frac{\partial u_x}{\partial y} + \frac{\partial u_y}{\partial x}\right)dxdy + \left(\frac{\partial u_y}{\partial z} + \frac{\partial u_z}{\partial y}\right)dydz + \left(\frac{\partial u_z}{\partial x} + \frac{\partial u_x}{\partial z}\right)dzdx \tag{2.5a}$$

或使用张量记法，有

$$\frac{1}{2}(\|d\boldsymbol{R}\|^2 - \|d\boldsymbol{r}\|^2) = \frac{1}{2}[(du_i + dx_i)(du_i + dx_i) - dx_i dx_i] = \frac{1}{2}(u_{i,j} + u_{j,i})dx_i dx_j \tag{2.5b}$$

变形前，线元 AB 的方向余弦用 l、m、n 表示，则有

$$(l,m,n) = \left(\frac{dx}{\|d\boldsymbol{r}\|}, \frac{dy}{\|d\boldsymbol{r}\|}, \frac{dz}{\|d\boldsymbol{r}\|}\right) \tag{2.6}$$

考虑小变形假定，$\|d\boldsymbol{R}\| - \|d\boldsymbol{r}\|$ 与 $\|d\boldsymbol{r}\|$ 相比是小量，因此有

$$\frac{1}{2}(\|d\boldsymbol{R}\|^2 - \|d\boldsymbol{r}\|^2) = \frac{1}{2}(\|d\boldsymbol{R}\| - \|d\boldsymbol{r}\|)(\|d\boldsymbol{R}\| + \|d\boldsymbol{r}\|) \approx (\|d\boldsymbol{R}\| - \|d\boldsymbol{r}\|)\|d\boldsymbol{r}\| \tag{2.7}$$

按照定义式(2.1)，线元 AB 的正应变应是

$$\varepsilon_n = \frac{\|d\boldsymbol{R}\| - \|d\boldsymbol{r}\|}{\|d\boldsymbol{r}\|}$$

将式(2.7)代入式(2.5a)，两边同除 $\|d\boldsymbol{r}\|^2$，考虑到上式，得任意方向的线应变为

$$\varepsilon_n = \frac{\partial u_x}{\partial x}l^2 + \frac{\partial u_y}{\partial y}m^2 + \frac{\partial u_z}{\partial z}n^2 + \left(\frac{\partial u_x}{\partial y} + \frac{\partial u_y}{\partial x}\right)lm + \left(\frac{\partial u_y}{\partial z} + \frac{\partial u_z}{\partial y}\right)mn + \left(\frac{\partial u_z}{\partial x} + \frac{\partial u_x}{\partial z}\right)nl \tag{2.8}$$

式(2.8)也可以按照图 2.4 所示的几何直观建立。如图 2.4 所示，变形前线元 AB 的方向用 $\boldsymbol{n}$ 表示，考虑小变形假定，变形后的线元 $A'B'$ 与其在 $\boldsymbol{n}$ 方向上投影 $A'D$ 的差别可以忽略，B'' 点是 B 点经历与 A 点相同位移到达的位置，因此，线元 AB 的伸长量就可认为是 $B''D$，即 $d\boldsymbol{u}$ 在 $\boldsymbol{n}$ 方向上的投影，于是有

$$\varepsilon_n = \frac{d\boldsymbol{u} \cdot \boldsymbol{n}}{\|d\boldsymbol{r}\|} = \boldsymbol{E}(\boldsymbol{n}) \cdot \boldsymbol{n} \tag{2.9}$$

其中 $\boldsymbol{E}(\boldsymbol{n})$ 称为应变矢量，它是方向为 $\boldsymbol{n}$ 的单位长度线元的相对位移矢量，与应力矢量的概念类似。利用式(2.2)和式(2.6)，应变矢量的分量为

$$\begin{aligned} E_x &= \frac{du_x}{\|d\boldsymbol{r}\|} = \frac{\partial u_x}{\partial x}l + \frac{\partial u_x}{\partial y}m + \frac{\partial u_x}{\partial z}n \\ E_y &= \frac{du_y}{\|d\boldsymbol{r}\|} = \frac{\partial u_y}{\partial x}l + \frac{\partial u_y}{\partial y}m + \frac{\partial u_y}{\partial z}n \\ E_z &= \frac{du_z}{\|d\boldsymbol{r}\|} = \frac{\partial u_z}{\partial x}l + \frac{\partial u_z}{\partial y}m + \frac{\partial u_z}{\partial z}n \end{aligned} \tag{2.10}$$

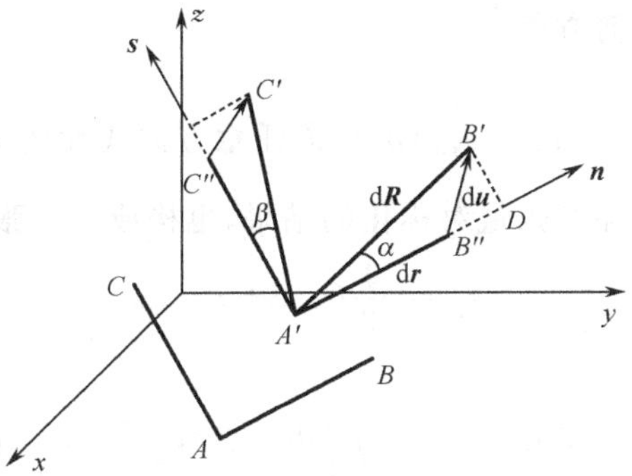

图 2.4 线元的应变

将式(2.10)代入式(2.9),将得到与式(2.8)相同的结果。

为导出按照式(2.1)定义的剪应变,考察与 $\boldsymbol{n}$ 方向垂直的线元 AC,该线元的单位方向矢量是 $\boldsymbol{s}$,其方向余弦为 l^*、m^*、n^*,$B'D$ 是 $\mathrm{d}\boldsymbol{u}$ 在 $\boldsymbol{s}$ 方向上的投影 $\mathrm{d}\boldsymbol{u}\cdot\boldsymbol{s}$,如图 2.4 所示,考虑到小变形假定,线元 AB 变形到 $A'B'$ 产生的转角是

$$\alpha \approx \frac{\mathrm{d}\boldsymbol{u}\cdot\boldsymbol{s}}{\|\mathrm{d}\boldsymbol{R}\|} \approx \frac{\mathrm{d}\boldsymbol{u}\cdot\boldsymbol{s}}{\|\mathrm{d}\boldsymbol{r}\|} = \boldsymbol{E}(\boldsymbol{n})\cdot\boldsymbol{s}$$

同理可求出线元 AC 变形到线元 $A'C'$ 产生的转角是

$$\beta = \boldsymbol{E}(\boldsymbol{s})\cdot\boldsymbol{n}$$

式中 $\boldsymbol{E}(\boldsymbol{s})$ 是 $\boldsymbol{s}$ 方向线元的应变矢量,其分量表达式可通过将式(2.10)中 $\boldsymbol{n}$ 的方向余弦用 $\boldsymbol{s}$ 的方向余弦替换来得到。因此,剪应变 γ_{ns} 是

$$\gamma_{ns} = \alpha + \beta = \boldsymbol{E}(\boldsymbol{n})\cdot\boldsymbol{s} + \boldsymbol{E}(\boldsymbol{s})\cdot\boldsymbol{n} \tag{2.11}$$

将 $\boldsymbol{E}(\boldsymbol{n})$、$\boldsymbol{E}(\boldsymbol{s})$ 等的表达式代入式(2.11)并进行整理可得

$$\begin{aligned}\gamma_{ns} =& 2\frac{\partial u_x}{\partial x}ll^* + 2\frac{\partial u_y}{\partial y}mm^* + 2\frac{\partial u_z}{\partial z}nn^* + \left(\frac{\partial u_x}{\partial y} + \frac{\partial u_y}{\partial x}\right)(lm^* + l^*m) \\ &+ \left(\frac{\partial u_y}{\partial z} + \frac{\partial u_z}{\partial y}\right)(mn^* + m^*n) + \left(\frac{\partial u_z}{\partial x} + \frac{\partial u_x}{\partial z}\right)(nl^* + n^*l)\end{aligned} \tag{2.12}$$

使用张量记法,式(2.6)和式(2.10)中的方向余弦和应变矢量可表示为

$$n_i = \frac{\mathrm{d}x_i}{\|\mathrm{d}\boldsymbol{r}\|},\quad E_i = \frac{\mathrm{d}u_i}{\|\mathrm{d}\boldsymbol{r}\|} = u_{i,j}n_j \tag{2.13}$$

因此,在式(2.9)和式(2.11)中利用上式,得其张量表示形式是

$$\varepsilon_n = E_i n_i = u_{i,j}n_i n_j = \frac{1}{2}(u_{i,j} + u_{j,i})n_i n_j \tag{2.14a}$$

$$\frac{1}{2}\gamma_{ns} = \frac{1}{2}(u_{i,j}s_i n_j + u_{i,j}n_i s_j) = \frac{1}{2}(u_{i,j} + u_{j,i})s_i n_j \tag{2.14b}$$

2.2.2 应变张量与几何方程

从式(2.14)可知,$\frac{1}{2}(u_{i,j}+u_{j,i})$定义了任意方向线元的应变,决定了一点的应变状态,而且它是位移梯度张量对称化的结果,也构成一个张量,即应变张量

$$\varepsilon_{ij}=\frac{1}{2}(u_{i,j}+u_{j,i}) \tag{2.15a}$$

用矩阵表示为

$$[\varepsilon_{ij}]=\begin{bmatrix} \dfrac{\partial u_x}{\partial x} & \dfrac{1}{2}\left(\dfrac{\partial u_x}{\partial y}+\dfrac{\partial u_y}{\partial x}\right) & \dfrac{1}{2}\left(\dfrac{\partial u_x}{\partial z}+\dfrac{\partial u_z}{\partial x}\right) \\ \dfrac{1}{2}\left(\dfrac{\partial u_y}{\partial x}+\dfrac{\partial u_x}{\partial y}\right) & \dfrac{\partial u_y}{\partial y} & \dfrac{1}{2}\left(\dfrac{\partial u_y}{\partial z}+\dfrac{\partial u_z}{\partial y}\right) \\ \dfrac{1}{2}\left(\dfrac{\partial u_z}{\partial x}+\dfrac{\partial u_x}{\partial z}\right) & \dfrac{1}{2}\left(\dfrac{\partial u_z}{\partial y}+\dfrac{\partial u_y}{\partial z}\right) & \dfrac{\partial u_z}{\partial z} \end{bmatrix} \tag{2.15b}$$

同应力张量一样,应变张量也是对称张量。式(2.15)定义了应变张量分量与位移分量之间的关系,称之为几何方程。

取平行于坐标轴 x 方向的线元 $l=1,m=n=0$,代入式(2.8),则线元的正应变为

$$\varepsilon_x=\frac{\partial u_x}{\partial x} \tag{2.16a}$$

同理导出

$$\varepsilon_y=\frac{\partial u_y}{\partial y},\quad \varepsilon_z=\frac{\partial u_z}{\partial z} \tag{2.16b}$$

考察两个相互垂直的线元,一个平行于坐标轴 x 方向 $l=1,m=n=0$,另一平行于坐标轴 y 方向 $m^*=1,l^*=n^*=0$,代入式(2.12),得剪应变是

$$\gamma_{xy}=\gamma_{yx}=\frac{\partial u_x}{\partial y}+\frac{\partial u_y}{\partial x} \tag{2.16c}$$

同理可导出

$$\gamma_{yz}=\gamma_{zy}=\frac{\partial u_y}{\partial z}+\frac{\partial u_z}{\partial y},\quad \gamma_{zx}=\gamma_{xz}=\frac{\partial u_x}{\partial z}+\frac{\partial u_z}{\partial x} \tag{2.16d}$$

将式(2.15b)与式(2.16)对照,有

$$[\varepsilon_{ij}]=\begin{bmatrix} \varepsilon_x & \dfrac{1}{2}\gamma_{xy} & \dfrac{1}{2}\gamma_{xz} \\ \dfrac{1}{2}\gamma_{yx} & \varepsilon_y & \dfrac{1}{2}\gamma_{yz} \\ \dfrac{1}{2}\gamma_{zx} & \dfrac{1}{2}\gamma_{zy} & \varepsilon_z \end{bmatrix}$$

这说明，应变分量($\varepsilon_x,\varepsilon_y,\varepsilon_z,\gamma_{xy},\gamma_{yx},\gamma_{yz},\gamma_{zy},\gamma_{zx}$和$\gamma_{xz}$)并不构成张量的分量，应变张量的非对角分量$\varepsilon_{ij}(i\neq j)$是$i$轴方向和$j$轴方向之间的剪应变的一半。

几何方程的6个关系式是线性的，称之为几何线性。当物体的位移分量完全确定时(表示成坐标的确定函数时)，根据几何方程，应变分量可完全确定。反之，如果给出应变分量求位移分量，则问题比较复杂，我们将在2.6节对这一问题进行专门的分析。

根据式(2.14)，任意线元的应变用应变张量表示为

$$\varepsilon_n = \varepsilon_{ij} n_i n_j \tag{2.17a}$$

$$\frac{1}{2}\gamma_{ns} = \varepsilon_{ij} s_i n_j \tag{2.17b}$$

【例2.1】 物体内部一点的应变张量为

$$\varepsilon_{ij} = \begin{bmatrix} 500 & 300 & 0 \\ 300 & 400 & -100 \\ 0 & -100 & 200 \end{bmatrix} \times 10^{-6}$$

试求：(1)在$\boldsymbol{n}=2\boldsymbol{e}_1+2\boldsymbol{e}_2+\boldsymbol{e}_3$方向上的正应变。

(2)$\boldsymbol{n}=2\boldsymbol{e}_1+2\boldsymbol{e}_2+\boldsymbol{e}_3$和$\boldsymbol{s}=3\boldsymbol{e}_1-6\boldsymbol{e}_3$两垂直方向之间的剪应变。

解 (1) 根据式(2.17a)，$\boldsymbol{n}$方向的正应变为

$$\varepsilon_n = \varepsilon_{ij} n_i n_j = \left(\frac{2}{3}\ \frac{2}{3}\ \frac{1}{3}\right) \begin{bmatrix} 500 & 300 & 0 \\ 300 & 400 & -100 \\ 0 & -100 & 200 \end{bmatrix} \begin{pmatrix} 2/3 \\ 2/3 \\ 1/3 \end{pmatrix} \times 10^{-6}$$

$$= 644 \times 10^{-6}$$

(2) 根据式(2.17b)，两垂直方向的剪应变是

$$\gamma_{ns} = 2\varepsilon_{ij} n_i s_j = 2 \times \left(\frac{2}{3}\ \frac{2}{3}\ \frac{1}{3}\right) \begin{bmatrix} 500 & 300 & 0 \\ 300 & 400 & -100 \\ 0 & -100 & 200 \end{bmatrix} \begin{pmatrix} 1/\sqrt{5} \\ 0 \\ -2/\sqrt{5} \end{pmatrix} \times 10^{-6}$$

$$= 477 \times 10^{-6}\ \text{rad}$$

2.3 刚体转动 转动张量

若物体仅产生刚体转动，任意线元的长度均保持不变，对于任意的线元dx_i，式(2.5b)都应为零，因此必须有

$$u_{i,j} = -u_{j,i}$$

这就是说，对于刚体转动，位移梯度张量必须是反对称的。

任意一个二阶张量可以分解为一个对称张量与一个反对称张量之和，因此，位移梯度张量可分解为

$$u_{i,j}=\frac{1}{2}(u_{i,j}+u_{j,i})+\frac{1}{2}(u_{i,j}-u_{j,i}) \tag{2.18}$$

对称张量(式(2.18)右边第一项)就是应变张量 ε_{ij}，反对称张量(式(12.8)右边第二项)称为转动张量，记为

$$\Omega_{ij}=\frac{1}{2}(u_{i,j}-u_{j,i}) \tag{2.19}$$

展开表示为

$$\Omega_{ij}=\begin{bmatrix}\Omega_{11} & \Omega_{12} & \Omega_{13}\\ \Omega_{21} & \Omega_{22} & \Omega_{23}\\ \Omega_{31} & \Omega_{32} & \Omega_{33}\end{bmatrix}=\begin{bmatrix}0 & \frac{1}{2}\left(\frac{\partial u_x}{\partial y}-\frac{\partial u_y}{\partial x}\right) & \frac{1}{2}\left(\frac{\partial u_x}{\partial z}-\frac{\partial u_z}{\partial x}\right)\\ \frac{1}{2}\left(\frac{\partial u_y}{\partial x}-\frac{\partial u_x}{\partial y}\right) & 0 & \frac{1}{2}\left(\frac{\partial u_y}{\partial z}-\frac{\partial u_z}{\partial y}\right)\\ \frac{1}{2}\left(\frac{\partial u_z}{\partial x}-\frac{\partial u_x}{\partial z}\right) & \frac{1}{2}\left(\frac{\partial u_z}{\partial y}-\frac{\partial u_y}{\partial z}\right) & 0\end{bmatrix}$$

于是，式(2.18)可以写成

$$u_{i,j}=\varepsilon_{ij}+\Omega_{ij} \tag{2.20}$$

将式(2.20)代入式(2.3)，则有

$$\mathrm{d}u_i=\Omega_{ij}\,\mathrm{d}x_j+\varepsilon_{ij}\,\mathrm{d}x_j \tag{2.21}$$

根据反对称张量的性质，转动张量只有 3 个独立的分量

$$\Omega_{11}=\Omega_{22}=\Omega_{33}=0$$

$$\Omega_{12}=-\Omega_{21}=-\omega_z,\quad \Omega_{23}=-\Omega_{32}=-\omega_x,\quad \Omega_{31}=-\Omega_{13}=-\omega_y$$

式中

$$\omega_x=\frac{1}{2}\left(\frac{\partial u_z}{\partial y}-\frac{\partial u_y}{\partial z}\right),\quad \omega_y=\frac{1}{2}\left(\frac{\partial u_x}{\partial z}-\frac{\partial u_z}{\partial x}\right),\quad \omega_z=\frac{1}{2}\left(\frac{\partial u_y}{\partial x}-\frac{\partial u_x}{\partial y}\right) \tag{2.22}$$

于是，式(2.21)使用矩阵形式表示为

$$\begin{bmatrix}u_x\\ u_y\\ u_z\end{bmatrix}_B=\begin{bmatrix}u_x\\ u_y\\ u_z\end{bmatrix}_A+\begin{bmatrix}0 & -\omega_z & \omega_y\\ \omega_z & 0 & -\omega_x\\ -\omega_y & \omega_x & 0\end{bmatrix}\begin{bmatrix}\mathrm{d}x\\ \mathrm{d}y\\ \mathrm{d}z\end{bmatrix}+\begin{bmatrix}\varepsilon_x & \frac{1}{2}\gamma_{xy} & \frac{1}{2}\gamma_{xz}\\ \frac{1}{2}\gamma_{yx} & \varepsilon_y & \frac{1}{2}\gamma_{yz}\\ \frac{1}{2}\gamma_{zx} & \frac{1}{2}\gamma_{zy} & \varepsilon_z\end{bmatrix}\begin{bmatrix}\mathrm{d}x\\ \mathrm{d}y\\ \mathrm{d}z\end{bmatrix} \tag{2.23}$$

式(2.23)表明线元 AB 的位移由 3 部分组成，第一部分是随 A 点的平动；第二部分是转动张量 Ω_{ij} 引起的绕 A 点的刚体转动；第三部分是应变张量 ε_{ij} 引起的纯变形。

关于转动张量 Ω_{ij} 和它引起的刚体转动，下面进一步具体说明。以 ω_x、ω_y、ω_z

为分量构造一个转动矢量

$$\boldsymbol{\omega}=\omega_x\boldsymbol{e}_x+\omega_y\boldsymbol{e}_y+\omega_z\boldsymbol{e}_z$$

被称为转动张量 Ω_{ij} 的反偶矢量。式(2.23)右边第二项可看作是矢量 $\boldsymbol{\omega}$ 与 AB 线元矢量 $\mathrm{d}\boldsymbol{r}$($\mathrm{d}\boldsymbol{r}=\mathrm{d}x\boldsymbol{e}_x+\mathrm{d}y\boldsymbol{e}_y+\mathrm{d}z\boldsymbol{e}_z$)的矢量积,即

$$\Omega_{ij}\mathrm{d}x_j=\begin{bmatrix}0 & -\omega_z & \omega_y\\ \omega_z & 0 & -\omega_x\\ -\omega_y & \omega_x & 0\end{bmatrix}\begin{bmatrix}\mathrm{d}x\\ \mathrm{d}y\\ \mathrm{d}z\end{bmatrix}=\begin{bmatrix}(\boldsymbol{\omega}\times\mathrm{d}\boldsymbol{r})_x\\ (\boldsymbol{\omega}\times\mathrm{d}\boldsymbol{r})_y\\ (\boldsymbol{\omega}\times\mathrm{d}\boldsymbol{r})_z\end{bmatrix}\tag{2.24}$$

建立新的坐标系,其中一个坐标轴(z'轴)沿 $\boldsymbol{\omega}$ 方向,基矢量用 $\boldsymbol{e}_{z'}$ 表示,其他两个坐标轴(x'轴和 y'轴)位于与 $\boldsymbol{\omega}$ 垂直的平面内,基矢量分别用 $\boldsymbol{e}_{x'}$ 和 $\boldsymbol{e}_{y'}$ 表示,如图 2.5 所示,则转动矢量和线元矢量可表示为

$$\boldsymbol{\omega}=\|\boldsymbol{\omega}\|\boldsymbol{e}_{z'},\quad \mathrm{d}\boldsymbol{r}=\mathrm{d}x'\boldsymbol{e}_{x'}+\mathrm{d}y'\boldsymbol{e}_{y'}+\mathrm{d}z'\boldsymbol{e}_{z'}$$

式中 $\|\boldsymbol{\omega}\|$ 是 $\boldsymbol{\omega}$ 的模。在该坐标系下,有

$$\boldsymbol{\omega}\times\mathrm{d}\boldsymbol{r}=\|\boldsymbol{\omega}\|(\mathrm{d}x'\boldsymbol{e}_{y'}-\mathrm{d}y'\boldsymbol{e}_{x'})$$

垂直于 ABB' 平面,其大小为

$$\|\boldsymbol{\omega}\times\mathrm{d}\boldsymbol{r}\|=\sqrt{(\boldsymbol{\omega}\times\mathrm{d}\boldsymbol{r})\cdot(\boldsymbol{\omega}\times\mathrm{d}\boldsymbol{r})}=\|\boldsymbol{\omega}\|\sqrt{(\mathrm{d}x')^2+(\mathrm{d}y')^2}$$

式中 $\sqrt{(\mathrm{d}x')^2+(\mathrm{d}y')^2}$ 就是线元在 $x'y'$ 平面上的投影 BB'。设 B 点绕 $\boldsymbol{\omega}$ 轴位移的角度为 φ,于是

$$\tan\varphi=\frac{\|\boldsymbol{\omega}\times\mathrm{d}\boldsymbol{r}\|}{BB'}=\|\boldsymbol{\omega}\|$$

经位移后线元的长度变为

$$\|\mathrm{d}\boldsymbol{r}+\boldsymbol{\omega}\times\mathrm{d}\boldsymbol{r}\|=\sqrt{\|\mathrm{d}\boldsymbol{r}\|^2+\|\boldsymbol{\omega}\times\mathrm{d}\boldsymbol{r}\|^2}=\sqrt{\|\mathrm{d}\boldsymbol{r}\|^2+\|\boldsymbol{\omega}\|^2[(dx')^2+(dy')^2]}$$

对于小变形,$\|\boldsymbol{\omega}\|\ll1$,由上面两个式子可得

$$\varphi\approx\|\boldsymbol{\omega}\|$$

$$\|\mathrm{d}\boldsymbol{r}+\boldsymbol{\omega}\times\mathrm{d}\boldsymbol{r}\|\approx\|\mathrm{d}\boldsymbol{r}\|$$

因此,$\boldsymbol{\omega}\times\mathrm{d}\boldsymbol{r}$ 代表的位移就是:线元 $\mathrm{d}\boldsymbol{r}$ 的末端 B 点,以 $\boldsymbol{\omega}$ 方向的直线为转轴,绕始端 A 点的刚体转动,转动角度的值就为转动矢量的模 $\|\boldsymbol{\omega}\|$,如图 2.5 所示。

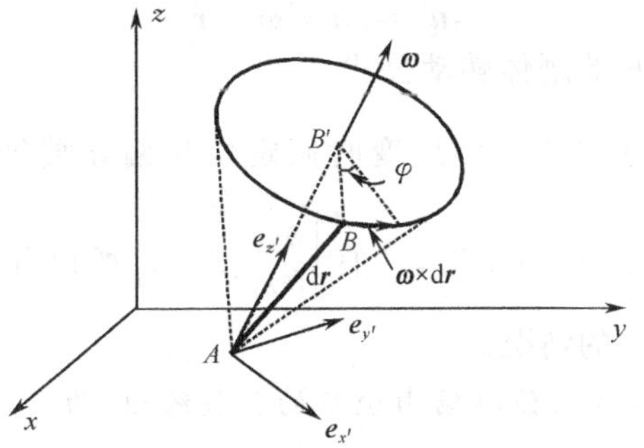

图 2.5　刚体转动

下面以二维问题为例说明变形的分解。二维问题中，位移分量 u_x 和 u_y 是 x 和 y 的函数，而 $u_z=0$。因此，转动分量中只有 $\omega_z\neq0$。根据上面的讨论，物体中任意线元的转动应是绕 z 轴，其转角为 ω_z。

如图 2.6 所示，线元 OA 和 OB 随 O 点平移后，沿 x 轴和 y 轴的平移位移分别为 u_x 和 u_y，然后绕 z 轴刚度转动，其转角为 ω_z，到达 $O'A'_0$ 和 $O'B'_0$，再经历正应变 ε_x、ε_y 和剪应变 γ_{xy}，最后到达 $O'A'$ 和 $O'B'$。应当指出：在经历剪应变 γ_{xy} 时，$O'A'_0$ 和 $O'B'_0$ 产生的转角相同，即 $\varepsilon_{12}=\varepsilon_{21}=\gamma_{xy}/2$，但转动的方向相反。

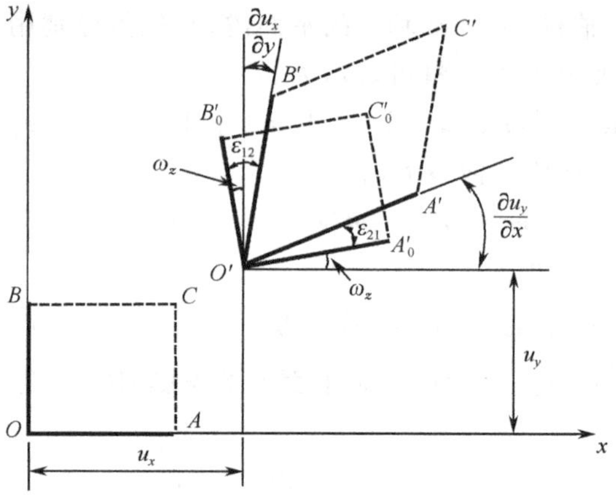

图 2.6　平面问题中线元变形的分解

最后指出两点：

(1) 本节讨论的过一点任意线元的刚体转动，也就是该点微单元体的刚体转动。对整个变形体来说，转动矢量是随点而异的。若考虑整个物体作刚体运动($\boldsymbol{\omega}$=常数，$\boldsymbol{\varepsilon}=0$)的情况，积分式(2.21)，并考虑式(2.24)，则可得任意一点的位移用矢量表示为

$$\boldsymbol{u}'=\boldsymbol{u}+\boldsymbol{\omega}\times\boldsymbol{r}$$

这就是理论力学中熟知的刚体转动公式。

(2) 前面求任意方向线元的应变时假定位移偏导数绝对值 $\left|\frac{\partial u_i}{\partial x_j}\right|\ll1$，由式(2.20)，只有当 $\varepsilon_{ij}\ll1$ 且 $\Omega_{ij}\ll1$ 时，才有 $\left|\frac{\partial u_i}{\partial x_j}\right|\ll1$。所以几何方程式(2.15)仅适用于应变和转动都很小的情况。

【例 2.2】 物体内部的位移场由坐标的函数给出，为

$$u_x=(3x^2y+6)\times10^{-3},\quad u_y=(y^2+6xz)\times10^{-3}$$
$$u_z=(6z^2+2yz+10)\times10^{-3}$$

求点 $P(1,0,2)$ 处微单元的应变张量 ε_{ij}、转动张量 Ω_{ij} 和转动矢量 ω_i。

解 首先求出 P 点的位移梯度张量

$$\left[\frac{\partial u_i}{\partial x_j}\right]=\begin{bmatrix}\dfrac{\partial u_x}{\partial x} & \dfrac{\partial u_x}{\partial y} & \dfrac{\partial u_x}{\partial z}\\ \dfrac{\partial u_y}{\partial x} & \dfrac{\partial u_y}{\partial y} & \dfrac{\partial u_y}{\partial z}\\ \dfrac{\partial u_z}{\partial x} & \dfrac{\partial u_z}{\partial y} & \dfrac{\partial u_z}{\partial z}\end{bmatrix}=\begin{bmatrix}6xy & 3x^2 & 0\\ 6z & 2y & 6x\\ 0 & 2z & 12z+2y\end{bmatrix}\times 10^{-3}$$

$$=\begin{bmatrix}0 & 3 & 0\\ 12 & 0 & 6\\ 0 & 4 & 24\end{bmatrix}\times 10^{-3}$$

将它分解成对称张量和反对称张量之和

$$\begin{bmatrix}0 & 3 & 0\\ 12 & 0 & 6\\ 0 & 4 & 24\end{bmatrix}\times 10^{-3}=\begin{bmatrix}0 & 7.5 & 0\\ 7.5 & 0 & 5\\ 0 & 5 & 24\end{bmatrix}\times 10^{-3}$$

$$+\begin{bmatrix}0 & -4.5 & 0\\ 4.5 & 0 & 1\\ 0 & -1 & 0\end{bmatrix}\times 10^{-3}=\varepsilon_{ij}+\Omega_{ij}$$

转动矢量的分量为

$$\omega_x=\Omega_{32}=-0.001\ \text{rad},\quad \omega_y=\Omega_{13}=0\ \text{rad},\quad \omega_z=\Omega_{21}=0.0045\ \text{rad}$$

该点处微单元体的转动角度为

$$\varphi=\sqrt{(-0.001)^2+(0.0045)^2}=0.0046\ \text{rad}$$

2.4 体积应变

下面讨论图 2.7 所示微六面体的体积变化。设微六面体的边长分别是 $\mathrm{d}x$、$\mathrm{d}y$、$\mathrm{d}z$，变形前的体积是 $V_0=\mathrm{d}x\mathrm{d}y\mathrm{d}z$。

变形后各边长沿坐标轴的投影分别是

$$\overrightarrow{M'A'}=\left[\left(1+\frac{\partial u_x}{\partial x}\right)\mathrm{d}x,\frac{\partial u_y}{\partial x}\mathrm{d}x,\frac{\partial u_z}{\partial x}\mathrm{d}x\right]$$

$$\overrightarrow{M'B'}=\left[\frac{\partial u_x}{\partial y}\mathrm{d}y,\left(1+\frac{\partial u_y}{\partial y}\right)\mathrm{d}y,\frac{\partial u_z}{\partial y}\mathrm{d}y\right]$$

$$\overrightarrow{M'C'}=\left[\frac{\partial u_x}{\partial z}\mathrm{d}z,\frac{\partial u_y}{\partial z}\mathrm{d}z,\left(1+\frac{\partial u_z}{\partial z}\right)\mathrm{d}z\right]$$

微六面体变形后的体积是

$$V=\overrightarrow{M'A'}\times\overrightarrow{M'B'}\cdot\overrightarrow{M'C'}=\begin{vmatrix}\left(1+\dfrac{\partial u_x}{\partial x}\right)\mathrm{d}x & \dfrac{\partial u_y}{\partial x}\mathrm{d}x & \dfrac{\partial u_z}{\partial x}\mathrm{d}x\\ \dfrac{\partial u_x}{\partial y}\mathrm{d}y & \left(1+\dfrac{\partial u_y}{\partial y}\right)\mathrm{d}y & \dfrac{\partial u_z}{\partial y}\mathrm{d}y\\ \dfrac{\partial u_x}{\partial z}\mathrm{d}z & \dfrac{\partial u_y}{\partial z}\mathrm{d}z & \left(1+\dfrac{\partial u_z}{\partial z}\mathrm{d}z\right)\end{vmatrix}$$

计算上述行列式，考虑到小变形下，位移梯度张量的分量都是小量，它们的乘积项可以略去，得

$$\begin{aligned}V&=\left(1+\frac{\partial u_x}{\partial x}+\frac{\partial u_y}{\partial y}+\frac{\partial u_z}{\partial z}\right)\mathrm{d}x\mathrm{d}y\mathrm{d}z\\&=(1+\varepsilon_x+\varepsilon_y+\varepsilon_z)\mathrm{d}x\mathrm{d}y\mathrm{d}z\end{aligned}$$

体积应变是

$$\varepsilon_v=\frac{V-V_0}{V_0}=\varepsilon_x+\varepsilon_y+\varepsilon_z \tag{2.25}$$

式(2.25)说明：体积应变与剪切应变分量无关，即剪切变形不改变物体的体积。

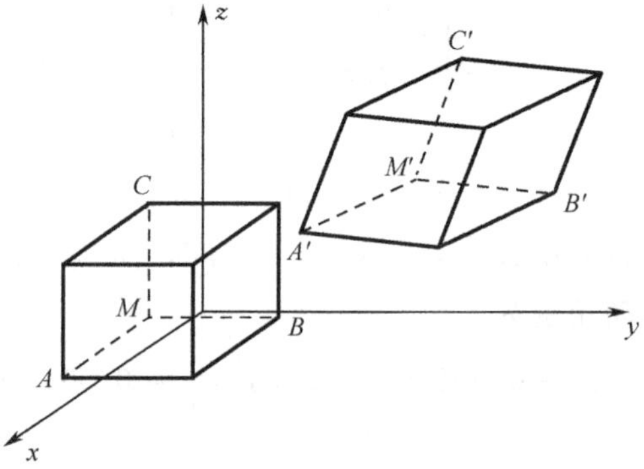

图 2.7　微单元体的体积变形

2.5　应变张量的性质

应变张量与应力张量都是二阶张量，因而具有与应力张量完全类似的性质，我们可以直接根据二阶张量的性质，给出新旧坐标下应变张量分量的变换关系和求主应变的特征方程以及不变量等的表达式。为了概念清晰起见，下面则根据应变的几何意义给出。

2.5.1 应力张量的坐标变换

使用式(2.17)求新坐标系中3个坐标轴方向的正应变和剪应变。对于任意两个新坐标轴如1′轴和2′轴，使用$\beta_{1'i}$和$\beta_{2'i}$分别代表这两个轴在旧坐标系下的方向余弦，则有

$$\varepsilon_{1'1'} = \varepsilon_{ij}\beta_{1'i}\beta_{1'j}, \quad \varepsilon_{2'2'} = \varepsilon_{ij}\beta_{2'i}\beta_{2'j}, \quad \varepsilon_{1'2'} = \frac{1}{2}\gamma_{1'2'} = \varepsilon_{ij}\beta_{1'i}\beta_{2'j}$$

同理可给出新坐标轴下的其他应变分量，然后结合起来，则得

$$\varepsilon_{m'n'} = \beta_{m'i}\beta_{n'j}\varepsilon_{ij} \tag{2.26}$$

2.5.2 主应变和应变不变量

同应力张量类似，应变张量中也存在3个互相垂直的方向，这些方向上只有正应变，而没有剪应变。这3个方向称之为应变主方向或应变主轴，其应变值称之为主值或主应变。

设应变主方向为$\boldsymbol{n}$，沿该方向取线元。根据前面关于变形分解的分析，可认为线元首先经过纯变形，然后发生刚体转动而到达最终的位置。在纯变形中，由于主方向没有剪应变，线元的相对位移矢量 d$\boldsymbol{u}$ 必然沿主方向$\boldsymbol{n}$，因此，该线元的应变矢量也应沿主方向$\boldsymbol{n}$，大小为主应变，即

$$\boldsymbol{E}(\boldsymbol{n}) = \varepsilon\boldsymbol{n} \tag{2.27a}$$

或

$$E_x = \varepsilon l, \quad E_y = \varepsilon m, \quad E_z = \varepsilon n \tag{2.27b}$$

在纯变形中，转动张量$\Omega_{ij}=0$，由式(2.20)，位移梯度张量与应变张量相等$\varepsilon_{ij}=u_{i,j}$，根据式(2.13)的第二个式子，应变矢量可表示为

$$E_i = u_{i,j}n_j = \varepsilon_{ij}n_j = \begin{bmatrix} \varepsilon_x & \frac{1}{2}\gamma_{xy} & \frac{1}{2}\gamma_{xz} \\ \frac{1}{2}\gamma_{yx} & \varepsilon_y & \frac{1}{2}\gamma_{yz} \\ \frac{1}{2}\gamma_{zx} & \frac{1}{2}\gamma_{zy} & \varepsilon_z \end{bmatrix} \begin{Bmatrix} l \\ m \\ n \end{Bmatrix} \tag{2.28}$$

结合式(2.27)和(2.28)，可得到

$$\begin{aligned} &(\varepsilon_x-\varepsilon)l + \frac{1}{2}\gamma_{xy}m + \frac{1}{2}\gamma_{xz}n = 0 \\ &\frac{1}{2}\gamma_{yx}l + (\varepsilon_y-\varepsilon)m + \frac{1}{2}\gamma_{yz}n = 0 \\ &\frac{1}{2}\gamma_{zx}l + \frac{1}{2}\gamma_{zy}m + (\varepsilon_z-\varepsilon)n = 0 \end{aligned} \tag{2.29}$$

式(2.29)中l、m、n非零解条件导致的特征方程将类似于应力的式(1.24)，为

$$\varepsilon^3 - D_1\varepsilon^2 + D_2\varepsilon - D_3 = 0 \tag{2.30}$$

式中 D_1、D_2、D_3分别为

$$D_1 = \varepsilon_x + \varepsilon_y + \varepsilon_z = \varepsilon_{kk}$$

$$D_2 = \varepsilon_x\varepsilon_y + \varepsilon_x\varepsilon_z + \varepsilon_y\varepsilon_z - \frac{1}{4}\gamma_{xy}^2 - \frac{1}{4}\gamma_{xz}^2 - \frac{1}{4}\gamma_{yz}^2 = \frac{1}{2}(D_1^2 - \varepsilon_{ij}\varepsilon_{ij})$$

$$D_3 = \begin{vmatrix} \varepsilon_x & \frac{1}{2}\gamma_{xy} & \frac{1}{2}\gamma_{xz} \\ \frac{1}{2}\gamma_{yx} & \varepsilon_y & \frac{1}{2}\gamma_{yz} \\ \frac{1}{2}\gamma_{zx} & \frac{1}{2}\gamma_{zy} & \varepsilon_z \end{vmatrix} = \frac{1}{3}(3D_1D_2 - D_1^3 + \varepsilon_{ij}\varepsilon_{jk}\varepsilon_{ki}) \tag{2.31}$$

是应变张量的第一、第二和第三坐标不变量。注意:第一不变量是体积应变,它当然与坐标系的选择无关。

解特征方程式(2.30)可求出 3 个根,即 3 个主应变 ε_1、ε_2、ε_3,再代回式(2.29)求出 3 个主方向。

【例 2.3】 电阻应变计是一种量测物体表面一点沿一定方向相对伸长的装置,通常利用它可以量测得到一点的平面应变状态。如图 2.8 所示,在一点的 3 个方向分别粘贴应变片,若测得这 3 个应变片的相对伸长为,$\varepsilon_{0^\circ} = 0.0005$,$\varepsilon_{90^\circ} = 0.0008$,$\varepsilon_{45^\circ} = 0.0003$,求该点的主应变和主方向。

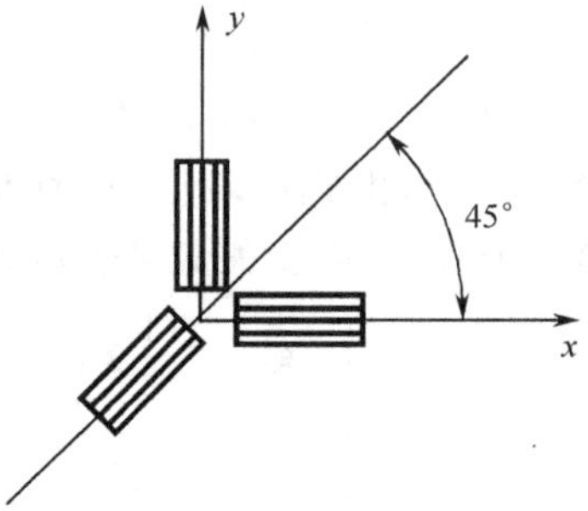

图 2.8　应变片布置

解　先求出剪应变 γ_{xy}。使用式(2.17a)考察 45°方向线元的线应变,将 $\varepsilon_n = \varepsilon_{45^\circ}$,$l = m = \frac{\sqrt{2}}{2}$,$n = 0$,$\varepsilon_x = \varepsilon_{0^\circ}$,$\varepsilon_y = \varepsilon_{90^\circ}$,$\varepsilon_z = \gamma_{yz} = \gamma_{zx} = 0$ 代入其中,可得

$$\gamma_{xy} = 2\varepsilon_{xy} = 2\varepsilon_{45^\circ} - \varepsilon_{0^\circ} - \varepsilon_{90^\circ} = -700 \times 10^{-6}$$

代入式(2.29)求主应变,有

$$\begin{vmatrix} 500 - \varepsilon & -350 \\ -350 & 800 - \varepsilon \end{vmatrix} \times 10^{-6} = 0$$

解得主应变 $\varepsilon_1 = 1031 \times 10^{-6}$，$\varepsilon_2 = 269 \times 10^{-6}$，$\varepsilon_3 = 0$。将最大主应变 ε_1 代回式(2.29)

$$10^{-6} \times \begin{bmatrix} 500 - 1031 & -350 \\ -350 & 800 - 1031 \end{bmatrix} \begin{Bmatrix} l \\ m \end{Bmatrix} = 0$$

上式只有1个方程是独立的，可解得 ε_1 与 x 轴的夹角为

$$\tan\alpha_1 = \frac{m}{l} = -\frac{531}{350} = -1.5165$$

于是有 $\alpha_1 = -56.6°$，同理，可解得 ε_2 与 x 轴的夹角为 $\alpha_1 = 33.4°$。

2.5.3 应变张量的分解

同应力张量类似，一点的应变张量可分解为两个张量之和

$$\begin{bmatrix} \varepsilon_x & \frac{1}{2}\gamma_{xy} & \frac{1}{2}\gamma_{xz} \\ \frac{1}{2}\gamma_{yx} & \varepsilon_y & \frac{1}{2}\gamma_{yz} \\ \frac{1}{2}\gamma_{zx} & \frac{1}{2}\gamma_{zy} & \varepsilon_z \end{bmatrix} = \begin{bmatrix} \varepsilon_0 & 0 & 0 \\ 0 & \varepsilon_0 & 0 \\ 0 & 0 & \varepsilon_0 \end{bmatrix} + \begin{bmatrix} \varepsilon_x - \varepsilon_0 & \frac{1}{2}\gamma_{xy} & \frac{1}{2}\gamma_{xz} \\ \frac{1}{2}\gamma_{yx} & \varepsilon_y - \varepsilon_0 & \frac{1}{2}\gamma_{yz} \\ \frac{1}{2}\gamma_{zx} & \frac{1}{2}\gamma_{zy} & \varepsilon_z - \varepsilon_0 \end{bmatrix} \tag{2.32}$$

式中

$$\varepsilon_0 = \frac{1}{3}(\varepsilon_x + \varepsilon_y + \varepsilon_z) \tag{2.33}$$

为平均应变。

式(2.32)右边第一个张量表示为 $\varepsilon_0\delta_{ij}$，是球形张量，式(2.32)右边第二个张量称为偏应变张量，使用 e_{ij} 表示，式(2.32)可写成

$$\varepsilon_{ij} = \varepsilon_0\delta_{ij} + e_{ij} \tag{2.34}$$

类似于有关静水压力状态的讨论，可以证明：若物体一点所产生的应变仅为球形张量 $\varepsilon_{ij} = \varepsilon_0\delta_{ij}$，则每个方向上都具有相同的正应变 ε_0，而没有剪应变。因此，球形张量对应的应变状态只有体积等向膨胀或收缩，而没有形状畸变。若物体一点所产生的应变仅为偏应变张量 $\varepsilon_{ij} = e_{ij}$，则其体积应变 $\varepsilon_{kk} = e_{kk} = 0$。因此，偏应变张量对应的应变状态，只有形状畸变而没有体积改变。

偏应变张量 e_{ij} 也是一个对称的二阶张量，同样存在3个主值及其相应的主方向，对照求偏应力主值的特征方程式(1.42)，很容易建立求偏应变主值的特征方程，为

$$e^3 - D'_1 e^2 - D'_2 e - D'_3 = 0 \tag{2.35}$$

式中

$$D'_1 = \varepsilon_x - \varepsilon_0 + \varepsilon_y - \varepsilon_0 + \varepsilon_z - \varepsilon_0 = e_{kk} = 0$$

$$D'_2 = \frac{1}{6}\left[(\varepsilon_x - \varepsilon_y)^2 + (\varepsilon_y - \varepsilon_z)^2 + (\varepsilon_z - \varepsilon_x)^2 + \frac{3}{2}(\gamma_{xy}^2 + \gamma_{yz}^2 + \gamma_{zx}^2)\right] = \frac{1}{2}e_{ij}e_{ij}$$

$$D'_3 = \begin{vmatrix} \varepsilon_x - \varepsilon_0 & \frac{1}{2}\gamma_{xy} & \frac{1}{2}\gamma_{xz} \\ \frac{1}{2}\gamma_{yx} & \varepsilon_y - \varepsilon_0 & \frac{1}{2}\gamma_{yz} \\ \frac{1}{2}\gamma_{zx} & \frac{1}{2}\gamma_{zy} & \varepsilon_z - \varepsilon_0 \end{vmatrix} = \frac{1}{3}e_{ij}e_{jk}e_{ki} \tag{2.36}$$

是偏应变 e_{ij} 的 3 个不变量。

求特征方程式(2.35)得偏应变的主值 e_1、e_2、e_3，对照式(1.44)，应为

$$e_1 = \frac{2\sqrt{D'_2}}{\sqrt{3}}\sin\left(\theta_\varepsilon + \frac{2\pi}{3}\right)$$

$$e_2 = \frac{2\sqrt{D'_2}}{\sqrt{3}}\sin\theta_\varepsilon \tag{2.37}$$

$$e_3 = \frac{2\sqrt{D'_2}}{\sqrt{3}}\sin\left(\theta_\varepsilon - \frac{2\pi}{3}\right)$$

式中 θ_ε 称为应变 ε 的 Lode 角，类似于式(1.45)为

$$\theta_\varepsilon = \frac{1}{3}\sin^{-1}\left[\frac{-\sqrt{27}D'_3}{2(D'_2)^{3/2}}\right] \tag{2.38}$$

同样地，偏应变张量与应变张量的主方向一致，而主值之间相差平均应变，即

$$e_1 = \varepsilon_1 - \varepsilon_0,\quad e_2 = \varepsilon_2 - \varepsilon_0,\quad e_3 = \varepsilon_3 - \varepsilon_0$$

类似于等效应力，定义等效应变为

$$\bar{\varepsilon} = \sqrt{\frac{2}{3}e_{ij}e_{ij}} = \sqrt{\frac{2}{9}[(\varepsilon_1 - \varepsilon_2)^2 + (\varepsilon_2 - \varepsilon_3)^2 + (\varepsilon_3 - \varepsilon_1)^2]} \tag{2.39}$$

单轴拉伸时，设拉伸方向的应变为 $\varepsilon_1 = \varepsilon$，若假定材料是体积不可压缩的，即体积应变为零，则应有 $\varepsilon_2 = \varepsilon_3 = -\varepsilon/2$，代入式(2.39)，得

$$\bar{\varepsilon} = \varepsilon \tag{2.40}$$

2.6　变形协调方程

设想物体内给定应变场，各点的同一应变分量是单值连续的，但同一点的各应变分量之间是任意的，物体将会出现怎样的情形。从数学角度看，根据几何方程去求位移分量，由于几何方程是 6 个，而待求的位移分量是 3 个，方程数目多于未知函数的数目，显然有许多组位移解满足方程，也就是物体内的一点存在多个位移。从几何角度看，物体各点可以想像成微小六面体，它们各自发生上面所描述的应变

分量,微单元体之间就会出现"裂缝"或者相互"嵌入",即产生不连续现象。而实际物体在变形后应保持连续,因此,6 个应变分量不能任意给定,必须满足一定的协调关系,否则,就会导致位移不单值、不连续现象产生。

应变分量满足下面的 6 个方程是位移单值连续的必要条件,对于单连通体来说,它同时还是其充分条件。

$$
\begin{aligned}
&\frac{\partial^2 \varepsilon_x}{\partial y^2}+\frac{\partial^2 \varepsilon_y}{\partial x^2}=\frac{\partial^2 \gamma_{xy}}{\partial x \partial y}, \quad \frac{\partial}{\partial x}\left(\frac{\partial \gamma_{zx}}{\partial y}+\frac{\partial \gamma_{xy}}{\partial z}-\frac{\partial \gamma_{yz}}{\partial x}\right)=2 \frac{\partial^2 \varepsilon_x}{\partial y \partial z} \\
&\frac{\partial^2 \varepsilon_y}{\partial z^2}+\frac{\partial^2 \varepsilon_z}{\partial y^2}=\frac{\partial^2 \gamma_{yz}}{\partial y \partial z}, \quad \frac{\partial}{\partial y}\left(\frac{\partial \gamma_{xy}}{\partial z}+\frac{\partial \gamma_{yz}}{\partial x}-\frac{\partial \gamma_{xz}}{\partial y}\right)=2 \frac{\partial^2 \varepsilon_y}{\partial x \partial z} \qquad (2.41) \\
&\frac{\partial^2 \varepsilon_z}{\partial x^2}+\frac{\partial^2 \varepsilon_x}{\partial z^2}=\frac{\partial^2 \gamma_{xz}}{\partial x \partial z}, \quad \frac{\partial}{\partial z}\left(\frac{\partial \gamma_{yz}}{\partial x}+\frac{\partial \gamma_{zx}}{\partial y}-\frac{\partial \gamma_{xy}}{\partial z}\right)=2 \frac{\partial^2 \varepsilon_z}{\partial x \partial y}
\end{aligned}
$$

以上 6 个方程称为变形协调方程,有些文献称之为相容方程。

对于多连通体,除应变分量满足上述变形协调方程外,还应满足一定的附加条件才能保证位移单值连续。下面分别予以证明和说明。

(1) **必要性**　若位移单值连续,则应变分量一定满足变形协调方程式(2.41)。

证　仅以第一式的证明为例。由几何方程

$$
\varepsilon_x=\frac{\partial u_x}{\partial x}, \quad \varepsilon_y=\frac{\partial u_y}{\partial y}, \quad \gamma_{xy}=\frac{\partial u_x}{\partial y}+\frac{\partial u_y}{\partial x}
$$

显然,当位移单值连续,并存在三阶以上的导数时,根据偏导数与求导顺序无关,很容易导出

$$
\frac{\partial^2 \varepsilon_x}{\partial y^2}+\frac{\partial^2 \varepsilon_y}{\partial x^2}=\frac{\partial^3 u_x}{\partial x \partial y^2}+\frac{\partial^3 u_y}{\partial x^2 \partial y}=\frac{\partial^2}{\partial x \partial y}\left(\frac{\partial u_x}{\partial y}+\frac{\partial u_y}{\partial x}\right)=\frac{\partial^2 \gamma_{xy}}{\partial x \partial y}
$$

(2) **充分性**　若应变分量满足协调方程,对于单连通体,由此求得的位移一定单值连续。

证　将位移梯度分解式(2.20)由应变分量和转动分量展开表示为

$$
\begin{aligned}
&\frac{\partial u_x}{\partial x}=\varepsilon_x, && \frac{\partial u_y}{\partial x}=\frac{1}{2}(\gamma_{xy}+2\omega_z), && \frac{\partial u_z}{\partial x}=\frac{1}{2}(\gamma_{zx}-2\omega_y) \\
&\frac{\partial u_x}{\partial y}=\frac{1}{2}(\gamma_{xy}-2\omega_z), && \frac{\partial u_y}{\partial y}=\varepsilon_y, && \frac{\partial u_z}{\partial y}=\frac{1}{2}(\gamma_{yz}+2\omega_x) \qquad (2.42) \\
&\frac{\partial u_x}{\partial z}=\frac{1}{2}(\gamma_{zx}+2\omega_y), && \frac{\partial u_y}{\partial z}=\frac{1}{2}(\gamma_{yz}-2\omega_x), && \frac{\partial u_z}{\partial z}=\varepsilon_z
\end{aligned}
$$

式(2.42)可以视为位移分量的一组偏微分方程,若应变分量和转动分量(即式中右边项)已知,积分式(2.42),就可求得位移分量 u_x、u_y、u_z。现在我们证明为获得单值连续的位移分量,应变分量必须满足变形协调方程式(2.41)。

以求位移分量 u_x 为例。我们知道,u_x 单值的条件是下面积分与路径无关,即 $\mathrm{d}u_x$ 为全微分

$$u_x=\int \mathrm{d}u_x=\int \frac{\partial u_x}{\partial x}\mathrm{d}x+\int \frac{\partial u_x}{\partial y}\mathrm{d}y+\int \frac{\partial u_x}{\partial z}\mathrm{d}z=\int A\mathrm{d}x+\int B\mathrm{d}y+\int C\mathrm{d}z$$

式中

$$\frac{\partial u_x}{\partial x}=A,\quad \frac{\partial u_x}{\partial y}=B,\quad \frac{\partial u_x}{\partial z}=C \tag{2.43}$$

对单连通体而言,这就要求:

(1) 函数 A、B、C 之间应满足下列关系

$$\frac{\partial A}{\partial y}=\frac{\partial B}{\partial x},\quad \frac{\partial B}{\partial z}=\frac{\partial C}{\partial y},\quad \frac{\partial A}{\partial z}=\frac{\partial C}{\partial x}$$

将式(2.43)并结合式(2.42)一起代入上式并整理,得

$$\frac{\partial \omega_x}{\partial x}=\frac{1}{2}\left(\frac{\partial \gamma_{zx}}{\partial y}-\frac{\partial \gamma_{xy}}{\partial z}\right),\quad \frac{\partial \omega_y}{\partial x}=-\frac{1}{2}\frac{\partial \gamma_{zx}}{\partial x}+\frac{\partial \varepsilon_x}{\partial z},\quad \frac{\partial \omega_z}{\partial x}=\frac{1}{2}\frac{\partial \gamma_{xy}}{\partial x}-\frac{\partial \varepsilon_x}{\partial y} \tag{2.44a}$$

式中应用了下面的恒等式

$$\frac{\partial \omega_x}{\partial x}+\frac{\partial \omega_y}{\partial y}+\frac{\partial \omega_z}{\partial z}=0$$

同理,其他两个位移分量 u_y、u_z 单值则要求

$$\frac{\partial \omega_x}{\partial y}=\frac{1}{2}\frac{\partial \gamma_{yz}}{\partial y}-\frac{\partial \varepsilon_y}{\partial z},\quad \frac{\partial \omega_y}{\partial y}=\frac{1}{2}\left(\frac{\partial \gamma_{xy}}{\partial z}-\frac{\partial \gamma_{yz}}{\partial x}\right),\quad \frac{\partial \omega_z}{\partial y}=-\frac{1}{2}\frac{\partial \gamma_{xy}}{\partial y}+\frac{\partial \varepsilon_y}{\partial x} \tag{2.44b}$$

$$\frac{\partial \omega_z}{\partial z}=\frac{1}{2}\left(\frac{\partial \gamma_{yz}}{\partial x}-\frac{\partial \gamma_{zx}}{\partial y}\right),\quad \frac{\partial \omega_y}{\partial z}=\frac{1}{2}\frac{\partial \gamma_{zx}}{\partial z}-\frac{\partial \varepsilon_z}{\partial x},\quad \frac{\partial \omega_x}{\partial z}=-\frac{1}{2}\frac{\partial \gamma_{yz}}{\partial z}+\frac{\partial \varepsilon_z}{\partial y} \tag{2.44c}$$

(2) 函数 A、B、C 即位移的导数本身必须单值。若已知单值的应变分量,由式(2.42),位移的导数 A、B、C 单值就要求 ω_x、ω_y、ω_z 必须单值。根据式(2.44),可由应变分量求转动分量 ω_x、ω_y、ω_z 的导数,积分这些式子,就可求 ω_x、ω_y、ω_z,它们单值的条件与位移 u_x、u_y、u_z 单值条件相同,例如 ω_x 单值要求

$$\omega_x=\int \frac{\partial \omega_x}{\partial x}\mathrm{d}x+\int \frac{\partial \omega_x}{\partial y}\mathrm{d}y+\int \frac{\partial \omega_x}{\partial z}\mathrm{d}z=\int D\mathrm{d}x+\int E\mathrm{d}y+\int F\mathrm{d}z$$

积分与路径无关,式中

$$\frac{\partial \omega_x}{\partial x}=D,\quad \frac{\partial \omega_x}{\partial y}=E,\quad \frac{\partial \omega_x}{\partial z}=F$$

这要求

$$\frac{\partial D}{\partial y}=\frac{\partial E}{\partial x},\quad \frac{\partial E}{\partial z}=\frac{\partial F}{\partial y},\quad \frac{\partial D}{\partial z}=\frac{\partial F}{\partial x}$$

将式(2.44)代入上式并整理,可导出 3 个方程

$$\frac{\partial}{\partial y}\left(\frac{\partial \gamma_{xy}}{\partial z}+\frac{\partial \gamma_{yz}}{\partial x}-\frac{\partial \gamma_{xz}}{\partial y}\right)=2\frac{\partial^2 \varepsilon_y}{\partial x \partial z}$$

$$\frac{\partial^2 \varepsilon_y}{\partial z^2}+\frac{\partial^2 \varepsilon_z}{\partial y^2}=\frac{\partial^2 \gamma_{yz}}{\partial y \partial z}$$

$$\frac{\partial}{\partial z}\left(\frac{\partial \gamma_{yz}}{\partial x}+\frac{\partial \gamma_{zx}}{\partial y}-\frac{\partial \gamma_{xy}}{\partial z}\right)=2\frac{\partial^2 \varepsilon_z}{\partial x \partial y}$$

同理ω_y、ω_z的单值条件可各导出3个方程，共导出9个方程，其中只有6个不相同，这些方程就是变形协调方程式(2.41)。

对于单连通体，协调方程是保证由几何方程积分出单值连续位移的充分条件。对多连通体情况，可设想选择适当的切口剪开，将其变为单连通体。根据以上的讨论，只要满足协调方程，就能保证在切开后的区域上位移场的单值连续性。但变形后，在切口处仍可能出现开裂或重叠现象。所以对于多连通体，除满足协调方程外，还应补充保证切口处位移单值连续的附加条件。

变形协调方程式(2.41)的张量表示是

$$\varepsilon_{ij,kl}+\varepsilon_{kl,ij}-\varepsilon_{ik,jl}-\varepsilon_{jl,ik}=0$$

式中

$$\varepsilon_{ij,kl}=\frac{\partial^2 \varepsilon_{ij}}{\partial x_k \partial x_l}$$

应当指出，应变分量只确定物体中各点间的相对位置，而刚体位移并不能从应变分量之中导出。物体在无应变状态下，可以产生任意的刚体移动。另一方面，如果能正确地求出物体各点的位移函数，根据几何方程就能求出各应变分量，则变形协调方程可自然满足，因为变形协调方程本身是从几何方程中推导出的。从几何意义上来看：如果位移函数是单值连续的，就意味着变形协调，因而在以后使用位移法解题时，变形协调方程自然满足；而使用应力法解题时，则需考虑变形协调方程。

【例 2.4】 已知下列应变分量是物体变形时产生的，试求系数之间的关系。

$$\varepsilon_x=A_0+A_1(x^2+y^2)+x^4+y^4,\quad \varepsilon_y=B_0+B_1(x^2+y^2)+x^4+y^4$$

$$\gamma_{xy}=C_0+C_1xy(x^2+y^2+C_2),\quad \varepsilon_z=\gamma_{yz}=\gamma_{xz}=0$$

解 由于已知应变分量是实际物体变形所产生的，则它们一定满足变形协调方程式(2.41)。将它们代入其中的第一式

$$\frac{\partial^2 \varepsilon_x}{\partial y^2}+\frac{\partial^2 \varepsilon_y}{\partial x^2}=\frac{\partial^2 \gamma_{xy}}{\partial x \partial y}$$

得

$$2A_1+12y^2+2B_1+12x^2=3C_1y^2+3C_1x^2+C_1C_2$$

比较两边的系数得

$$C_1 = 4,\quad A_1 + B_1 = 2C_2$$

将应变分量代入其他 5 个协调方程,均自然满足。

2.7　应变率和应变增量

塑性力学中经常使用到速度、应变率和应变增量等的概念,下面进行说明。首先对 2.1 节的变形描述作简单的补充。

通常将任意时刻 t 物体所占据的区域称为构形。未变形状态($t=0$)所占据的区域称为初始构形。初始构形中,建立一个固定的笛卡儿坐标系,物质点的位置矢量用 $\boldsymbol{r}=x\boldsymbol{e}_x+y\boldsymbol{e}_y+z\boldsymbol{e}_z$ 描述,正如 2.1 节定义的那样,x、y、z 称为物质坐标,也称 Lagrangian 坐标,它们是用来标识物质点的。变形后的当前时刻所占据的区域称为即时构形或者当前构形。即时构形中,建立与初始构形相同的笛卡儿坐标系,物质点在变形后占据的空间位置使用矢量 $\boldsymbol{R}=x'\boldsymbol{e}_x+y'\boldsymbol{e}_y+z'\boldsymbol{e}_z$ 描述,其中 x'、y'、z' 称为空间坐标或 Euler 坐标。物体在变形过程中,对于每一个物质点,它的物质坐标将保持不变,而它的空间坐标将不断变化,或者换一种方式来说,对于一个空间固定的坐标点,经过它的物质点总是变化的。在变形描述时,若以物质坐标作为基本变量,即始终跟踪每一个物质点,或者说,所考察的体积元、面积元、线元始终由同样一些物质点组成,则称为 Lagrangian 描述或者物质描述。若以空间坐标作为基本变量,即始终着眼于空间中每一个固定的点,或者说,所考察的体积元、面积元、线元在空间中固定,但占据它们的物质点在不断变化,则称为 Euler 描述或者空间描述。固体力学主要采用前一种方法,而后一种方法主要应用于流体力学。

本书采用了 Lagrangian 描述方法。应当强调,我们说到物体在体积元、面积元、线元、应力和应变等物理量时都必须相对某一固定的参考构形,通常选取初始构形或者即时构形作为参考构形。选取不同的参考构形,将导致同一基本物理量的不同定义。由于本书的讨论主要限定在小变形情况,即位移是微小的,则 Lagrangian 和 Euler 坐标之间的差别可以忽略。因此,许多初始构形上的物理量可近似当作即时构形上的物理量使用,不加以区别。

如果位移场取决于时间,表示为 $\boldsymbol{u}(x,y,z,t)$,物体内一个物质点的运动速度就是物质点的位移相对时间的变化率,在直角坐标下它的 3 个分量可表示为

$$v_x = \frac{\partial u_x}{\partial t},\quad v_y = \frac{\partial u_y}{\partial t},\quad v_z = \frac{\partial u_z}{\partial t}$$

上述偏导是针对固定的物质点而言的,即求导中物质坐标 x、y、z 不变,因此,又称为物质时间导数,通常在物理量上加点号“·”表示,于是,上式简写记成

$$v_x = \dot{u}_x,\quad v_y = \dot{u}_y,\quad v_z = \dot{u}_z$$

在时刻 t，已知物体的即时构形，考察一个微小的时间间隔 $\mathrm{d}t$ 内，物质点产生的位移分量是 $v_x\mathrm{d}t$、$v_y\mathrm{d}t$ 和 $v_z\mathrm{d}t$，若此时以即时构形作为参考构形，根据式(2.15)可计算得应变张量的各分量，将它们分别除以 $\mathrm{d}t$，得单位时间所产生的应变，称为变形率，用矩阵表示为

$$[d_{ij}]=\begin{bmatrix}\dfrac{\partial v_x}{\partial x'} & \dfrac{1}{2}\left(\dfrac{\partial v_x}{\partial y'}+\dfrac{\partial v_y}{\partial x'}\right) & \dfrac{1}{2}\left(\dfrac{\partial v_x}{\partial z'}+\dfrac{\partial v_z}{\partial x'}\right)\\ \dfrac{1}{2}\left(\dfrac{\partial v_y}{\partial x'}+\dfrac{\partial v_x}{\partial y'}\right) & \dfrac{\partial v_y}{\partial y'} & \dfrac{1}{2}\left(\dfrac{\partial v_y}{\partial z'}+\dfrac{\partial v_z}{\partial y'}\right)\\ \dfrac{1}{2}\left(\dfrac{\partial v_z}{\partial x'}+\dfrac{\partial v_x}{\partial z'}\right) & \dfrac{1}{2}\left(\dfrac{\partial v_z}{\partial y'}+\dfrac{\partial v_y}{\partial z'}\right) & \dfrac{\partial v_z}{\partial z'}\end{bmatrix} \tag{2.45}$$

应当说明，变形率是相对即时构形的物理量。它在大变形的情况下仍然适用，因为当 $\mathrm{d}t$ 是微小时，$v_x\mathrm{d}t$、$v_y\mathrm{d}t$ 和 $v_z\mathrm{d}t$ 必然是小变形。

对前面定义的应变张量(仅适用于小变形假定)，求物质时间导数，所得结果称为应变率张量。使用几何方程式(2.16)，可得各分量由速度表示为

$$\dot{\varepsilon}_x=\frac{\partial \varepsilon_x}{\partial t}=\frac{\partial v_x}{\partial x},\quad \dot{\gamma}_{xy}=\frac{\partial \gamma_{xy}}{\partial t}=\frac{\partial v_y}{\partial x}+\frac{\partial v_x}{\partial y}$$

$$\dot{\varepsilon}_y=\frac{\partial \varepsilon_y}{\partial t}=\frac{\partial v_y}{\partial y},\quad \dot{\gamma}_{yz}=\frac{\partial \gamma_{yz}}{\partial t}=\frac{\partial v_z}{\partial y}+\frac{\partial v_y}{\partial z}$$

$$\dot{\varepsilon}_z=\frac{\partial \varepsilon_z}{\partial t}=\frac{\partial v_z}{\partial z},\quad \dot{\gamma}_{zx}=\frac{\partial \gamma_{zx}}{\partial t}=\frac{\partial v_x}{\partial z}+\frac{\partial v_z}{\partial x}$$

在建立上面的关系式时，因物质坐标 x、y、z 不随时间变化，使用了求偏导数可以交换顺序，例如对于 $\dot{\varepsilon}_x$，有

$$\dot{\varepsilon}_x=\frac{\partial}{\partial t}(\varepsilon_x)=\frac{\partial}{\partial t}\left(\frac{\partial u_x}{\partial x}\right)=\frac{\partial}{\partial x}\left(\frac{\partial u_x}{\partial t}\right)=\frac{\partial v_x}{\partial x}$$

应变率张量表示为

$$[\dot{\varepsilon}_{ij}]=\begin{bmatrix}\dfrac{\partial v_x}{\partial x} & \dfrac{1}{2}\left(\dfrac{\partial v_x}{\partial y}+\dfrac{\partial v_y}{\partial x}\right) & \dfrac{1}{2}\left(\dfrac{\partial v_x}{\partial z}+\dfrac{\partial v_z}{\partial x}\right)\\ \dfrac{1}{2}\left(\dfrac{\partial v_y}{\partial x}+\dfrac{\partial v_x}{\partial y}\right) & \dfrac{\partial v_y}{\partial y} & \dfrac{1}{2}\left(\dfrac{\partial v_y}{\partial z}+\dfrac{\partial v_z}{\partial y}\right)\\ \dfrac{1}{2}\left(\dfrac{\partial v_z}{\partial x}+\dfrac{\partial v_x}{\partial z}\right) & \dfrac{1}{2}\left(\dfrac{\partial v_z}{\partial y}+\dfrac{\partial v_y}{\partial z}\right) & \dfrac{\partial v_z}{\partial z}\end{bmatrix} \tag{2.46}$$

或简记为

$$\dot{\varepsilon}_{ij}=\frac{1}{2}(v_{i,j}+v_{j,i})$$

应变率张量是相对初始构形的。在小变形假定下，正如前面指出的那样，Lagrangian 坐标(x,y,z)和 Euler 坐标(x',y',z')之间的差别可以忽略，变形率张量近似地等于应变率张量。于是，用张量表示就有

$$d_{ij}=\dot{\varepsilon}_{ij}=\frac{1}{2}(v_{i,j}+v_{j,i}) \tag{2.47}$$

类似于应变张量 ε_{ij}，针对应变率张量 $\dot{\varepsilon}_{ij}$，也可以求主方向、主应变率和不变量以及进行张量分解，只需要在前面讨论的有关方程式(2.30)～式(2.34)中将应变张量分量上面加上点号即可。应当强调指出：应变率张量的主方向与应变张量的主方向一般是不重合的，它的不变量和主应变率也不等于应变张量的不变量和主应变求时间率，例如

$$\dot{\bar{\varepsilon}}=\sqrt{\frac{2}{3}\dot{e}_{ij}\dot{e}_{ij}}=\sqrt{\frac{2}{9}[(\dot{\varepsilon}_1-\dot{\varepsilon}_2)^2+(\dot{\varepsilon}_2-\dot{\varepsilon}_3)^2+(\dot{\varepsilon}_3-\dot{\varepsilon}_1)^2]} \tag{2.48}$$

是应变率张量的不变量，式中 $\dot{e}_{ij}$ 是偏应变率，而 $\dot{\varepsilon}_i\,(i=1,2,3)$ 是主应变率，一般来说，

$$\dot{\bar{\varepsilon}}\neq\frac{\partial}{\partial t}(\bar{\varepsilon}),\quad \dot{\varepsilon}_i\neq\frac{\partial}{\partial t}(\varepsilon_i),\quad i=1,2,3$$

即

$$\int_0^t\dot{\bar{\varepsilon}}\mathrm{d}t\neq\bar{\varepsilon},\quad \int_0^t\dot{\varepsilon}_i\mathrm{d}t\neq\varepsilon_i,\qquad i=1,2,3$$

后面的例 2.5 将证明只有在应变各分量之间的比例在整个变形过程中始终保持不变时，上面式子才能成为等式。

一些变形固体，在温度不高和缓慢变形时，其力学性质与应力率关系不大，我们称为率无关材料。在这种情况下，dt 只是来表示加载或变形的过程，可以不代表真实的时间，因此，人们经常使用应变增量的概念来代替应变率，这样更能表示应变不受时间参数的影响，应变增量记作 $\mathrm{d}\varepsilon_{ij}$，则有

$$\mathrm{d}\varepsilon_{ij}=\dot{\varepsilon}_{ij}\mathrm{d}t \tag{2.49}$$

式中的 $\mathrm{d}\varepsilon_{ij}$ 并不代表应变的微分，它是加载过程中的应变改变量。使用式(2.46)，它还可写成

$$\mathrm{d}\varepsilon_{ij}=\frac{1}{2}\left(\frac{\partial}{\partial x_j}(\mathrm{d}u_i)+\frac{\partial}{\partial x_i}(\mathrm{d}u_j)\right) \tag{2.50}$$

【例 2.5】 设物体内一点的应变各分量在整个变形过程中始终按同一比例变化，即可表示成

$$\frac{\varepsilon_x}{\varepsilon_x^0}=\frac{\varepsilon_y}{\varepsilon_y^0}=\frac{\varepsilon_z}{\varepsilon_z^0}=\frac{\gamma_{xy}}{\gamma_{xy}^0}=\frac{\gamma_{yz}}{\gamma_{yz}^0}=\frac{\gamma_{zx}}{\gamma_{zx}^0}=\mu \tag{a}$$

式中 ε_x^0、ε_y^0、γ_{xy}^0…为常量，代表应变各分量之间的比例关系，μ 表示大小，随时间变化。证明：应变张量的主方向不变，应变率张量与应变张量的主方向(主轴)重合，且有下式成立

$$\dot{\bar{\varepsilon}}=\frac{\partial}{\partial t}(\bar{\varepsilon}) \tag{b}$$

证　使用张量记法，式(a)可表示为

$$\varepsilon_{ij} = \mu\varepsilon_{ij}^{0} \tag{c}$$

对式(c)两边求时间导数，得应变率张量为

$$\dot{\varepsilon}_{ij} = \dot{\mu}\varepsilon_{ij}^{0} \tag{d}$$

由式(c)和式(d)可知：应变张量和应变率张量的主轴均取决于 ε_{ij}^{0}，而 ε_{ij}^{0} 是常张量，因此，它们两者的主轴重合且保持不变。

偏应变率和偏应变为

$$\dot{e}_{ij} = \dot{\mu}\varepsilon_{ij}^{0} - \frac{1}{3}(\dot{\mu}\varepsilon_{kk}^{0})\delta_{ij} = \dot{\mu}e_{ij}^{0} \tag{e}$$

$$e_{ij} = \mu\varepsilon_{ij}^{0} - \frac{1}{3}(\mu\varepsilon_{kk}^{0})\delta_{ij} = \mu e_{ij}^{0} \tag{f}$$

式中

$$e_{ij}^{0} = \varepsilon_{ij}^{0} - \frac{1}{3}\varepsilon_{kk}^{0}\delta_{ij}$$

将式(e)代入式(2.48)，式(f)代入式(2.39)，则有

$$\dot{\bar{\varepsilon}} = \sqrt{\frac{2}{3}\dot{\mu}^{2}e_{ij}^{0}e_{ij}^{0}} = \dot{\mu}\sqrt{\frac{2}{3}e_{ij}^{0}e_{ij}^{0}} \tag{g}$$

$$\bar{\varepsilon} = \sqrt{\frac{2}{3}\mu^{2}e_{ij}^{0}e_{ij}^{0}} = \mu\sqrt{\frac{2}{3}e_{ij}^{0}e_{ij}^{0}} \tag{h}$$

式(h)中根号内的量是常数，对式(h)求时间导数，并与式(g)比较，则可得式(b)成立。

习　题

1. 假定体积不可压缩，位移 $u_x(x,y)$ 与 $u_y(x,y)$ 很小，$u_z=0$。在区域内已知

$$u_x = (1-y^2)(a+bx+cx^2), \quad \gamma_{xy} = 2d$$

式中 a、b、c、d 为常数，求 $u_y(x,y)$。

2. 已知一点的应变张量为

$$\begin{bmatrix} -0.006 & -0.002 & 0 \\ -0.002 & -0.004 & 0 \\ 0 & 0 & 0.009 \end{bmatrix}$$

求(1)主应变及主方向；(2)应变张量的不变量；(3)等效应变。

3. 应变片的布置方式如图 2.9，测得应变片的相对伸长值为

$$\varepsilon_{30^\circ} = 0.003, \quad \varepsilon_{90^\circ} = -0.003, \quad \varepsilon_{150^\circ} = -0.006$$

求应变分量 ε_x、ε_y 和 γ_{xy}。

4. 已知如图 2.10 所示的四面体处于均匀应变状态，其应变张量为

$$\begin{bmatrix} 0.002 & -0.003 & 0 \\ -0.003 & 0.001 & 0.002 \\ 0 & 0.002 & 0.001 \end{bmatrix}$$

(1)求线元 AC 和 BD 的相对伸长；

(2)求直角 ADB 的改变量。

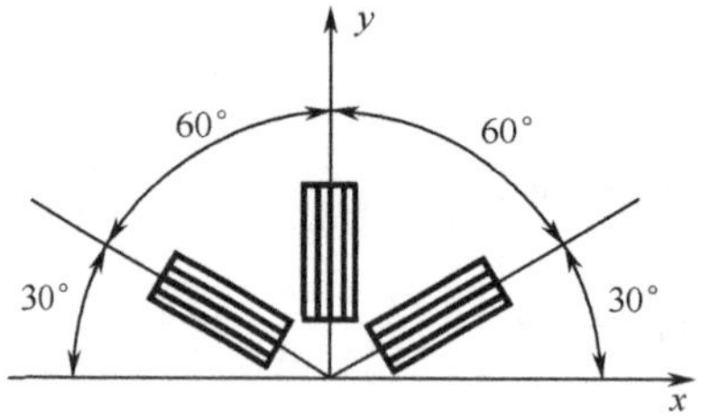

图 2.9

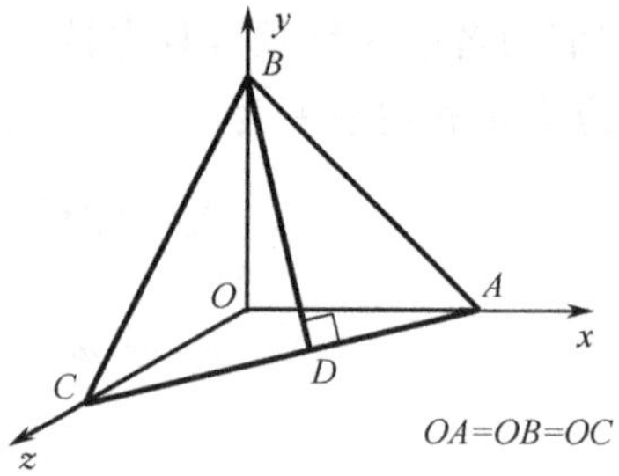

图 2.10

5. 设一物体内的位移场为 $\boldsymbol{u}=a(x_1-x_3)^2\boldsymbol{e}_1+a(x_2+x_3)^2\boldsymbol{e}_2-ax_1x_2\boldsymbol{e}_3$，其中 a 为远小于 1 的常数。确定在 $P(0,2,-1)$ 点的应变张量分量、转动张量分量、转动矢量分量和转动轴的方向。

6. 已知平面应变状态为

$$\varepsilon_x=a_1+a_2x+a_3y,\quad \varepsilon_y=b_1+b_2x+b_3y,\quad \gamma_{xy}=c_1+c_2x+c_3y$$

$$\varepsilon_z=\gamma_{yz}=\gamma_{zx}=0$$

(1) 校核上述应变状态是否满足变形协调方程；

(2) 若满足变形协调方程，试求位移 u_x 和 u_y 的表达式；

(3) 已知位移边界条件是

$$x=y=0,\quad u_x=0,\quad u_y=0;\quad x=l,\quad y=0,\quad u_y=0$$

确定上述位移表达式中的待定常数。

7. 图 2.11 所示圆截面杆件扭转时的位移分量为

$$u_x=-\theta yz+ay+bz+c,\quad u_y=\theta xz+ez-ax+f,\quad u_z=-bx-ey+k$$

式中 θ 为单位长度扭转角，试按如下边界条件确定常数 a、b、c、e、f、k。

(1) O 点固定；

(2) O 点附近线元 $\mathrm{d}z$ 在 xz 及 yz 平面内不能转动；

(3) 端部截面内线元 $\mathrm{d}x$ 在 xy 平面内不能转动。

8. 已知柱形杆(杆轴方向为 z)受均匀自重作用，杆截面关于 x、y 轴对称，如图 2.12 所示，杆中应变分量为

$$\varepsilon_x=\frac{\rho gz}{E},\quad \varepsilon_y=\varepsilon_z=-\nu\frac{\rho gz}{E},\quad \gamma_{xy}=\gamma_{yz}=\gamma_{zx}=0$$

式中 ρ 为材料密度，E、ν 是材料弹性常数。求：

(1) 应变分量是否满足变形协调方程；

(2) 若杆件在 $x=y=0, z=l$ 处固定，满足

$$u_x = u_y = u_z = 0, \quad \omega_z = 0$$

求位移分量 u_x、u_y、u_z 表达式。

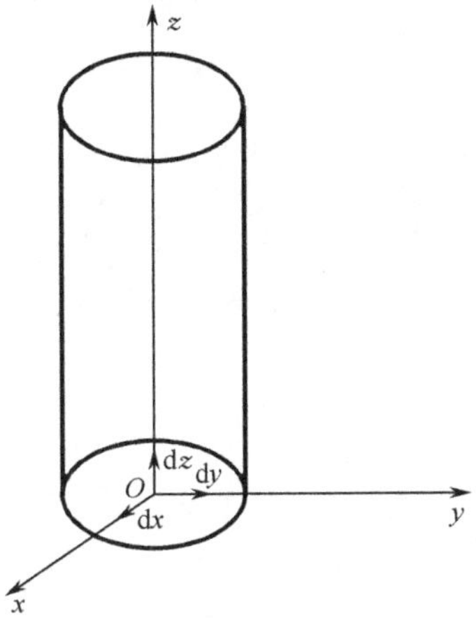

图 2.11

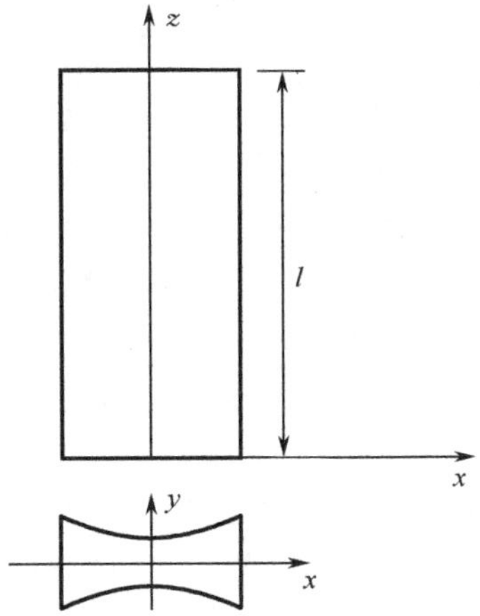

图 2.12

中篇　弹 性 力 学

第3章　弹性本构方程

3.1　应力-应变关系的一般表达

上篇从静力学和几何学的角度对物体的应力和变形进行了分析，并导出了平衡方程、几何方程和变形协调方程。这些方程都不涉及物体的材料性质，适用于任何连续物体，所以既适用于弹性力学，也适用于塑性力学。但仅有这些方程还不能解决问题，我们还需要进一步地研究应力与应变之间的物理关系，即本构关系，建立相应的物理方程，即本构方程。

对于大多数工程材料而言，在单轴应力状态下，当应力小于材料的弹性极限时（即 $\sigma<\sigma_s$，其中 σ_s 为弹性极限），材料的变形是弹性的，且一般认为其应力与应变之间存在简单的线性关系，如图 3.1(a)所示

$$\sigma = E\varepsilon \tag{3.1}$$

式中 E 是弹性模量，这就是人们所熟悉的 Hooke 定律，这类材料称之为线弹性体。但也有一些材料例如橡胶材料，应力-应变之间的关系从一开始就是非线性的，在应力小于弹性极限时卸载，它将沿着原来的加载曲线返回到初始状态，如图 3.1(b)所示，这类材料称之为非线性弹性体。

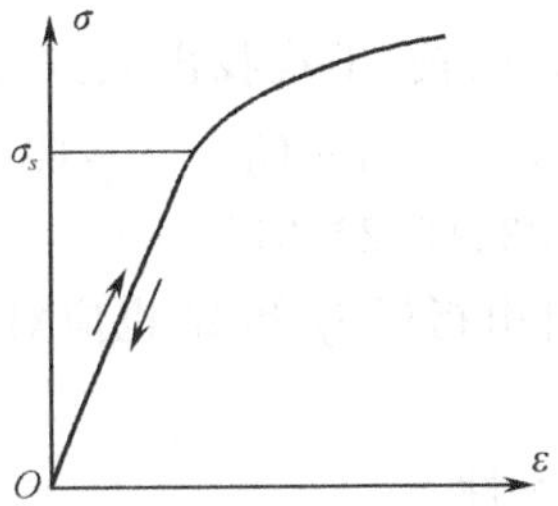

(a) 线性弹性

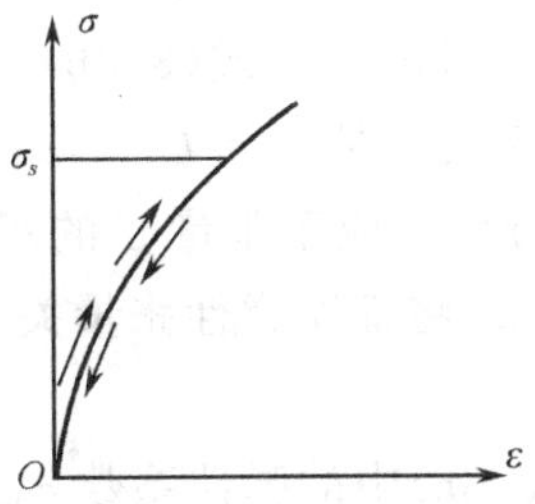

(b) 非线性弹性

图 3.1　弹性体单轴应力-应变关系

在一般三维应力状态下，对于弹性体，一点的应力应取决于该点的应变状态，即应力是应变的函数。由于应力张量与应变张量的对称性 $\sigma_{ij}=\sigma_{ji}$ 和 $\varepsilon_{ij}=\varepsilon_{ji}$，只需要讨论 6 个应力分量与 6 个应变分量的关系。在数学上，弹性体的本构方程可一般地表示为

$$
\begin{aligned}
\sigma_x &= \sigma_x(\varepsilon_x, \varepsilon_y, \varepsilon_z, \gamma_{xy}, \gamma_{yz}, \gamma_{zx}) \\
\sigma_y &= \sigma_y(\varepsilon_x, \varepsilon_y, \varepsilon_z, \gamma_{xy}, \gamma_{yz}, \gamma_{zx}) \\
&\cdots \\
\tau_{zx} &= \tau_{zx}(\varepsilon_x, \varepsilon_y, \varepsilon_z, \gamma_{xy}, \gamma_{yz}, \gamma_{zx})
\end{aligned}
\tag{3.2}
$$

对于线弹性材料,式(3.2)的函数关系应为线性关系,可一般地表示成

$$
\begin{aligned}
\sigma_x &= c_{11}\varepsilon_x + c_{12}\varepsilon_y + c_{13}\varepsilon_z + c_{14}\gamma_{xy} + c_{15}\gamma_{yz} + c_{16}\gamma_{zx} \\
\sigma_y &= c_{21}\varepsilon_x + c_{22}\varepsilon_y + c_{23}\varepsilon_z + c_{24}\gamma_{xy} + c_{25}\gamma_{yz} + c_{26}\gamma_{zx} \\
\sigma_z &= c_{31}\varepsilon_x + c_{32}\varepsilon_y + c_{33}\varepsilon_z + c_{34}\gamma_{xy} + c_{35}\gamma_{yz} + c_{36}\gamma_{zx} \\
\tau_{xy} &= c_{41}\varepsilon_x + c_{42}\varepsilon_y + c_{43}\varepsilon_z + c_{44}\gamma_{xy} + c_{45}\gamma_{yz} + c_{46}\gamma_{zx} \\
\tau_{yz} &= c_{51}\varepsilon_x + c_{52}\varepsilon_y + c_{53}\varepsilon_z + c_{54}\gamma_{xy} + c_{55}\gamma_{yz} + c_{56}\gamma_{zx} \\
\tau_{zx} &= c_{61}\varepsilon_x + c_{62}\varepsilon_y + c_{63}\varepsilon_z + c_{64}\gamma_{xy} + c_{65}\gamma_{yz} + c_{66}\gamma_{zx}
\end{aligned}
\tag{3.3a}
$$

式中 $c_{mn}(m,n=1\sim6)$是取决于材料弹性性质的一组系数,共 36 个。

式(3.3a)使用张量形式给出,为

$$\sigma_{ij} = C_{ijkl}\varepsilon_{kl} \tag{3.3b}$$

式中 C_{ijkl} 称为弹性张量,它是一个四阶常张量,共 81 个分量。根据应力张量和应变张量的对称性,C_{ijkl} 关于指标 i 和 j 对称,关于指标 k 和 l 也对称,即

$$C_{ijkl} = C_{jikl}, \quad C_{ijkl} = C_{ijlk} \tag{3.4}$$

于是,独立的分量也是 36 个。

按张量记号法展开式(3.3b),再与式(3.3a)比较,不难找出 $c_{mn}(m,n=1\sim6)$ 和 C_{ijkl} 的对应关系是 $c_{11}=C_{1111}, c_{12}=C_{1122}, c_{13}=C_{1133}, c_{14}=C_{1112}, \cdots$,即 c 的下标 1、2、3、4、5、6 分别对应于张量 C 的双指标 11、22、33、12、23、31。

在 3.4 节,将证明弹性张量关于前后两个自由指标 ij 和 kl 也应对称,即

$$C_{ijkl} = C_{klij} \tag{3.5a}$$

相应地,式(3.3a)中的弹性系数 c_{mn} 也应具有对称性

$$c_{mn} = c_{nm} \tag{3.5b}$$

因此,线弹性体在最一般的各向异性情况下,独立的弹性常数共有 21 个。

本构方程式(3.3a)和式(3.3b)用矩阵表示为

$$\{\sigma\} = [D]\{\varepsilon\} \tag{3.6}$$

式中

$$
\begin{aligned}
\{\sigma\} &= \{\sigma_x, \sigma_y, \sigma_z, \tau_{xy}, \tau_{yz}, \tau_{zx}\}^{\mathrm{T}} \\
\{\varepsilon\} &= \{\varepsilon_x, \varepsilon_y, \varepsilon_z, \gamma_{xy}, \gamma_{yz}, \gamma_{zx}\}^{\mathrm{T}}
\end{aligned}
$$

而$[D]$是弹性矩阵,为

$$[D]=\begin{bmatrix} c_{11} & c_{12} & c_{13} & c_{14} & c_{15} & c_{16} \\ c_{21} & c_{22} & c_{23} & c_{24} & c_{25} & c_{26} \\ c_{31} & c_{32} & c_{33} & c_{34} & c_{35} & c_{36} \\ c_{41} & c_{42} & c_{43} & c_{44} & c_{45} & c_{46} \\ c_{51} & c_{52} & c_{53} & c_{54} & c_{55} & c_{56} \\ c_{61} & c_{62} & c_{63} & c_{64} & c_{65} & c_{66} \end{bmatrix}=\begin{bmatrix} C_{1111} & C_{1122} & C_{1133} & C_{1112} & C_{1123} & C_{1131} \\ C_{2211} & C_{2222} & C_{2233} & C_{2212} & C_{2223} & C_{2231} \\ C_{3311} & C_{3322} & C_{3333} & C_{3312} & C_{3323} & C_{3331} \\ C_{1211} & C_{1222} & C_{1233} & C_{1212} & C_{1223} & C_{1231} \\ C_{2311} & C_{2322} & C_{2333} & C_{2312} & C_{2323} & C_{2331} \\ C_{3111} & C_{3122} & C_{3133} & C_{3112} & C_{3123} & C_{3131} \end{bmatrix}$$

将式(3.6)求逆，得应力表示应变的逆本构关系

$$\{\varepsilon\}=[D]^{-1}\{\sigma\} \tag{3.7}$$

其中$[D]^{-1}$是$[D]$的逆矩阵。式(3.7)的张量表示形式是

$$\varepsilon_{ij}=L_{ijkl}\sigma_{kl} \tag{3.8}$$

式中L_{ijkl}称为弹性柔度张量，它是弹性张量C_{ijkl}的逆，或者说它们两者互为逆张量，即满足下式

$$L_{ijkl}C_{klpq}=\frac{1}{2}(\delta_{ip}\delta_{jq}+\delta_{iq}\delta_{jp})$$

应当指出：一般地，式(3.3a)和式(3.3b)表示的本构方程，在不同坐标系下的形式将有变化，也就是说，式(3.3a)中的系数c_{mn}和式(3.3b)中的分量C_{ijkl}与坐标系选取有关，在不同坐标系下，它们的大小将不同。但是，本构方程所描述的物理关系是物体的客观规律，应与坐标系的选取无关，即本构方程本质上应具有坐标不变性。当不同坐标系下的弹性张量分量C_{ijkl}之间服从四阶张量的坐标变换定律时，则不变性就能得到满足，这就是表征物理规律的方程使用张量表示的优越性。

3.2　各向异性线弹性体

针对一些具有某些对称性的各向异性弹性体，下面给出一般性关系式(3.3)的简化。

3.2.1　具有一个弹性对称面的材料

如果材料内存在这样一个面，相对于该面对称的任意两个方向具有相同的弹性关系，则该平面称为材料的弹性对称面，垂直该对称面的方向，称为弹性主方向。

若把坐标轴x、y取在弹性对称面内，z轴沿弹性主方向。当坐标系由x、y、z改为x、y、$-z$时，材料的弹性关系应保持不变。坐标变换后，应力分量τ_{zx}、τ_{zy}和应变分量γ_{zx}、γ_{zy}反号，而其他分量保持不变。于是，将本构关系式(3.3a)中的应力分量τ_{yz}、τ_{zx}用$-\tau_{yz}$、$-\tau_{zx}$代替，而应变分量γ_{yz}、γ_{zx}用$-\gamma_{yz}$、$-\gamma_{zx}$代替，该式应保持不变，这就要求：反号应力(或应变)分量和不变应变(或应力)分量间的弹性常数必须为零。以式(3.3 a)中的最后一式为例，由于τ_{zx}是反号应力分量，而ε_x、ε_y、

ε_z和γ_{xy}是不变应变分量，因此，它们前面的弹性系数应为零，即 $c_{61}=c_{62}=c_{63}=c_{64}=0$。最后，独立的弹性常数减少到13个，弹性矩阵为

$$\begin{bmatrix} c_{11} & c_{12} & c_{13} & c_{14} & 0 & 0 \\ c_{12} & c_{22} & c_{23} & c_{24} & 0 & 0 \\ c_{13} & c_{23} & c_{33} & c_{34} & 0 & 0 \\ c_{14} & c_{24} & c_{34} & c_{44} & 0 & 0 \\ 0 & 0 & 0 & 0 & c_{55} & c_{56} \\ 0 & 0 & 0 & 0 & c_{56} & c_{66} \end{bmatrix} \tag{3.9}$$

上面描述的对称性可理解为：在相同的坐标系下，对于同一点给定两种状态$(\sigma_x,\sigma_y,\sigma_z,\tau_{xy},\tau_{yz},\tau_{zx})$和$(\sigma_x,\sigma_y,\sigma_z,\tau_{xy},-\tau_{yz},-\tau_{zx})$，若前者产生的应变是$(\varepsilon_x,\varepsilon_y,\varepsilon_z,\gamma_{xy},\gamma_{yz},\gamma_{zx})$，后者产生的应变必定是$(\varepsilon_x,\varepsilon_y,\varepsilon_z,\gamma_{xy},-\gamma_{yz},-\gamma_{zx})$。

3.2.2 正交各向异性材料

这类材料具有3个相互正交的弹性对称面，各种增强纤维复合材料和木材等属于这类材料。取弹性主方向为坐标轴方向，根据上述弹性对称面的性质可证明：独立弹性常数减少到9个，弹性矩阵为

$$\begin{bmatrix} c_{11} & c_{12} & c_{13} & 0 & 0 & 0 \\ c_{12} & c_{22} & c_{23} & 0 & 0 & 0 \\ c_{13} & c_{23} & c_{33} & 0 & 0 & 0 \\ 0 & 0 & 0 & c_{44} & 0 & 0 \\ 0 & 0 & 0 & 0 & c_{55} & 0 \\ 0 & 0 & 0 & 0 & 0 & c_{66} \end{bmatrix} \tag{3.10}$$

求式(3.10)的逆，使用应力表示应变，对弹性常数适当变换，可以得到如下矩阵形式

$$\begin{Bmatrix} \varepsilon_x \\ \varepsilon_y \\ \varepsilon_z \\ \gamma_{xy} \\ \gamma_{yz} \\ \gamma_{zx} \end{Bmatrix} = \begin{bmatrix} \dfrac{1}{E_x} & -\dfrac{\nu_{yx}}{E_y} & -\dfrac{\nu_{zx}}{E_z} & 0 & 0 & 0 \\ -\dfrac{\nu_{xy}}{E_x} & \dfrac{1}{E_y} & -\dfrac{\nu_{zy}}{E_z} & 0 & 0 & 0 \\ -\dfrac{\nu_{xz}}{E_x} & -\dfrac{\nu_{yz}}{E_y} & \dfrac{1}{E_z} & 0 & 0 & 0 \\ 0 & 0 & 0 & \dfrac{1}{G_{xy}} & 0 & 0 \\ 0 & 0 & 0 & 0 & \dfrac{1}{G_{yz}} & 0 \\ 0 & 0 & 0 & 0 & 0 & \dfrac{1}{G_{zx}} \end{bmatrix} \begin{Bmatrix} \sigma_x \\ \sigma_y \\ \sigma_z \\ \tau_{xy} \\ \tau_{yz} \\ \tau_{zx} \end{Bmatrix} \tag{3.11}$$

下面给出矩阵中弹性常数的意义。在 x 轴方向进行单轴拉伸实验，应力状态为 $\sigma_x \neq 0$，而其余应力分量为零，使用关系式(3.11)，有

$$E_x = \frac{\sigma_x}{\varepsilon_x}, \quad \nu_{xy} = -\frac{\varepsilon_y}{\varepsilon_x}, \quad \nu_{xz} = -\frac{\varepsilon_z}{\varepsilon_z}$$

所以，E_x 是 x 方向的弹性模量，ν_{xy}、ν_{xz} 分别是 x 方向作用应力引起 y 方向和 z 方向应变的泊松比。

同理可得出，E_y、E_z 分别是 y 方向和 z 方向的弹性模量，ν_{yx}、ν_{yz} 分别是 y 方向作用应力引起 x 方向和 z 方向应变的泊松比，ν_{zx}、ν_{zy} 分别是 z 方向作用应力引起 x 方向和 y 方向应变的泊松比。

若在 xy 平面进行纯剪实验，应力状态为 $\tau_{xy} = \tau_{yx} \neq 0$，其余应力分量为零，使用关系式(3.11)，有

$$G_{xy} = \frac{\tau_{xy}}{\gamma_{xy}}$$

所以，G_{xy} 是 xy 平面的剪切模量。同理，G_{yz} 和 G_{zx} 分别是 yz 平面和 zx 平面的剪切模量。

根据式(3.10)，式(3.11)中的矩阵是对称的，因此

$$\frac{\nu_{yx}}{E_y} = \frac{\nu_{xy}}{E_x} \quad \frac{\nu_{zx}}{E_z} = \frac{\nu_{xz}}{E_x} \quad \frac{\nu_{zy}}{E_z} = \frac{\nu_{yz}}{E_y} \tag{3.12}$$

应当指出：式(3.11)表明正应力只产生正应变；剪应力只产生剪应变，但这个结论只在坐标轴沿弹性主方向的坐标系下成立，在其他坐标系下一般不成立。

3.2.3　横观各向同性材料

这类材料内每一点都存在一个弹性对称轴，相对于该轴对称的任意两个方向上的弹性关系相同。显然，在与弹性对称轴垂直的平面内的各个方向都相对于该对称轴对称，因此，弹性关系相同。这就是说，在这个平面内材料是各向同性的。层状结构的岩体，可以认为是横观各向同性的。

我们取 z 轴与弹性对称轴一致，坐标轴 x、y 建立在各向同性平面内，如图 3.2 所示。当坐标系由 x、y、z 改为 y、x、z，即将 x、y 轴互换时，材料弹性关系不变，就必须有

$$c_{11} = c_{22}, \quad c_{13} = c_{23}, \quad c_{55} = c_{66}$$

将坐标系绕 z 轴旋转 45°，为保证 x、y 平面内的剪切应力-应变关系不变，则有

$$c_{44} = \frac{1}{2}(c_{11} - c_{12}) \tag{3.13}$$

于是，独立的弹性常数减少到 5 个，弹性矩阵为

$$\begin{bmatrix} c_{11} & c_{12} & c_{13} & 0 & 0 & 0 \\ c_{12} & c_{11} & c_{13} & 0 & 0 & 0 \\ c_{13} & c_{13} & c_{33} & 0 & 0 & 0 \\ 0 & 0 & 0 & \frac{1}{2}(c_{11}-c_{12}) & 0 & 0 \\ 0 & 0 & 0 & 0 & c_{55} & 0 \\ 0 & 0 & 0 & 0 & 0 & c_{55} \end{bmatrix} \tag{3.14}$$

对式(3.14)的弹性矩阵求逆，使用应力表示应变，可以写成如下矩阵形式

$$\begin{Bmatrix} \varepsilon_x \\ \varepsilon_y \\ \varepsilon_z \\ \gamma_{xy} \\ \gamma_{yz} \\ \gamma_{zx} \end{Bmatrix} = \begin{bmatrix} \frac{1}{E} & -\frac{\nu}{E} & -\frac{\nu'}{E'} & 0 & 0 & 0 \\ -\frac{\nu}{E} & \frac{1}{E} & -\frac{\nu'}{E} & 0 & 0 & 0 \\ -\frac{\nu'}{E'} & -\frac{\nu'}{E'} & \frac{1}{E'} & 0 & 0 & 0 \\ 0 & 0 & 0 & \frac{1}{G} & 0 & 0 \\ 0 & 0 & 0 & 0 & \frac{1}{G'} & 0 \\ 0 & 0 & 0 & 0 & 0 & \frac{1}{G'} \end{bmatrix} \begin{Bmatrix} \sigma_x \\ \sigma_y \\ \sigma_z \\ \tau_{xy} \\ \tau_{yz} \\ \tau_{zx} \end{Bmatrix} \tag{3.15}$$

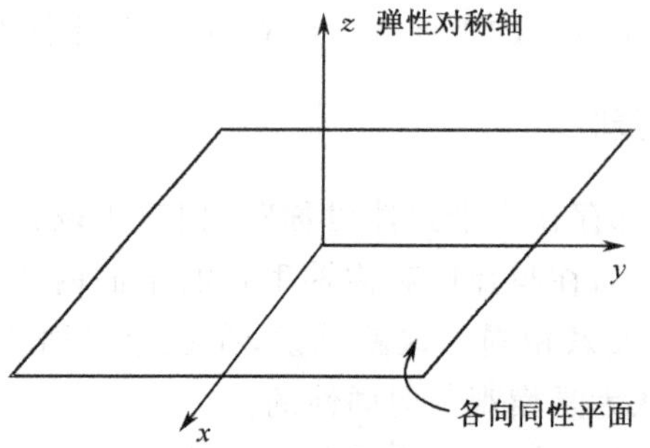

图 3.2　横观各向同性材料的坐标轴

采用前面相同的方法，可以得出矩阵中弹性常数的物理意义：

E、ν、G 分别是各向同性平面的弹性模量、泊松比和剪切模量，由式(3.14)和式(3.15)建立 E、ν、G 与 c_{11}、c_{12}、c_{44} 的关系，再利用式(3.13)，则可导出

$$G = \frac{E}{2(1+\nu)} \tag{3.16}$$

式(3.15)中，E' 是弹性对称轴方向的弹性模量；ν' 是弹性对称轴方向作用引起各向同性平面内应变的泊松比；G' 是包含弹性对称轴在内的任意平面内的剪切模量。

式(3.15)可以通过在式(3.11)中令 x 方向与 y 方向的弹性性质无差别并使用式(3.12)而直接得到。

【例 3.1】 由两个相互垂直方向碳纤维丝编织而成的碳纤维布，具有平面正交各向异性的线弹性性质，碳纤维丝编织方向为弹性主方向。若将平面坐标轴设在主方向，它的应力-应变关系可通过式(3.11)表示为

$$\begin{Bmatrix}\varepsilon_x\\ \varepsilon_y\\ \gamma_{xy}\end{Bmatrix}=\begin{bmatrix}\dfrac{1}{E_x} & -\dfrac{\nu_{yx}}{E_y} & 0\\ -\dfrac{\nu_{xy}}{E_x} & \dfrac{1}{E_y} & 0\\ 0 & 0 & \dfrac{1}{G}\end{bmatrix}\begin{Bmatrix}\sigma_x\\ \sigma_y\\ \tau_{xy}\end{Bmatrix} \tag{a}$$

已知 x 方向和 y 方向的弹性模量 $E_x=E_y=235\text{GPa}$，与 x 轴夹 45°角方向的弹性模量 $E_{45°}=49.6\text{GPa}$，剪切模量 $G=13.7\text{GPa}$。试求：(1)泊松比 ν_{xy} 和 ν_{yx}；(2)分别与 x 轴夹 30°角和 60°角方向的弹性模量。

解　首先导出与 x 轴夹 θ 角方向的弹性模量。为此，对于一材料试件，在 θ 方向施加单轴应力 σ_n，找出在 θ 方向产生的应变 ε_n。

仅在 σ_n 作用下(σ_n 是第一主应力)，应力的坐标分量由图 1.10 中的 Mohr 圆，为

$$\begin{aligned}\sigma_x &= \frac{\sigma_n}{2}+\frac{\sigma_n}{2}\cos2\theta=\sigma_n\cos^2\theta\\ \sigma_y &= \frac{\sigma_n}{2}-\frac{\sigma_n}{2}\cos2\theta=\sigma_n\sin^2\theta\\ \tau_{xy} &= \frac{\sigma_n}{2}\sin2\theta\end{aligned} \tag{b}$$

将式(b)代入本题的应力-应变关系式(a)，得应变的坐标分量为

$$\begin{aligned}\varepsilon_x &= \frac{\sigma_n\cos^2\theta}{E_x}-\frac{\nu_{yx}\sigma_n\sin^2\theta}{E_y}\\ \varepsilon_y &= \frac{\sigma_n\sin^2\theta}{E_y}-\frac{\nu_{xy}\sigma_n\cos^2\theta}{E_x}\\ \gamma_{xy} &= \frac{\sigma_n}{2G}\sin2\theta\end{aligned} \tag{c}$$

由式(2.8)结合几何方程，得 θ 方向产生的应变 ε_n 与其坐标分量的关系为

$$\varepsilon_n=\varepsilon_x\cos^2\theta+\varepsilon_y\sin^2\theta+\gamma_{xy}\sin\theta\cos\theta \tag{d}$$

将式(c)代入式(d)，并考虑到式(3.12)的第一式，得

$$\frac{1}{E_n}=\frac{\varepsilon_n}{\sigma_n}=\frac{\cos^4\theta}{E_x}+\frac{\sin^4\theta}{E_y}+\left(\frac{1}{G}-\frac{2\nu_{xy}}{E_x}\right)\sin^2\theta\cos^2\theta \tag{e}$$

在式(e)中令 $\theta=45°$，经整理得

$$\nu_{xy} = \frac{1}{2}E_x\left(\frac{1}{E_x} + \frac{1}{E_y} + \frac{1}{G} - \frac{4}{E_{45^\circ}}\right) \tag{f}$$

代入已知条件，由于 $E_x = E_y$，根据式(3.12)的第一式 $\nu_{xy} = \nu_{yx}$，由式(f)求得

$$\nu_{xy} = \nu_{yx} = 0.12$$

将式(f)代入式(e)，得

$$\frac{1}{E_n} = \left(\frac{\cos^2\theta}{E_x} - \frac{\sin^2\theta}{E_y}\right)\cos 2\theta + \frac{\sin^2 2\theta}{E_{45^\circ}} = \frac{\cos^2 2\theta}{E_x} + \frac{\sin^2 2\theta}{E_{45^\circ}} \tag{g}$$

在式(g)中使用了 $E_x = E_y$。根据上式，很容易求 E_n 的极值及所在的方向，结果是：在 x 方向和 y 方向弹性模量最大，在 45°弹性模量最小。令 $\theta = 30^\circ$，$\theta = 60^\circ$，得

$$E_{30^\circ} = E_{60^\circ} = 61.8\ \text{GPa}$$

3.3 各向同性线弹性体

所谓各向同性线弹性体，指线弹性体在各个方向上的弹性性质完全相同，在数学上，就是应力与应变之间的关系式在各个不同方位的坐标系中都一样，即与选取的坐标系无关。

3.3.1 广义 Hooke 定律

将 x 轴与 z 轴互换，或将 y 轴与 z 轴互换时，材料弹性关系不变，就必须有

$$c_{11} = c_{33}, \quad c_{12} = c_{13}, \quad c_{55} = c_{66} = \frac{1}{2}(c_{11} - c_{12})$$

于是，独立的弹性常数减少到 2 个，根据剪切模量的定义，$c_{11} - c_{12} = 2G$，记

$$c_{12} = \lambda$$

式中 λ、G 称为 Lame 弹性常数。弹性矩阵为

$$\begin{bmatrix} \lambda + 2G & \lambda & \lambda & 0 & 0 & 0 \\ \lambda & \lambda + 2G & \lambda & 0 & 0 & 0 \\ \lambda & \lambda & \lambda + 2G & 0 & 0 & 0 \\ 0 & 0 & 0 & G & 0 & 0 \\ 0 & 0 & 0 & 0 & G & 0 \\ 0 & 0 & 0 & 0 & 0 & G \end{bmatrix} \tag{3.17}$$

于是，弹性本构关系为

$$\sigma_x = 2G\varepsilon_x + \lambda\varepsilon_v, \quad \tau_{xy} = G\gamma_{xy} \tag{3.18a}$$

$$\sigma_y = 2G\varepsilon_y + \lambda\varepsilon_v, \quad \tau_{yz} = G\gamma_{yz} \tag{3.18b}$$

$$\sigma_z = 2G\varepsilon_z + \lambda\varepsilon_v, \quad \tau_{zx} = G\gamma_{zx} \tag{3.18c}$$

式中 $\varepsilon_v = \varepsilon_x + \varepsilon_y + \varepsilon_z$ 是体积应变。上式就是各向同性线弹性体的广义 Hooke 定律。

由式(3.18)可知,当某个面上的剪切应力为零时,剪应变也为零,这说明应力的主方向与应变的主方向重合。

注意应变张量的剪切分量($\varepsilon_{12},\varepsilon_{23},\varepsilon_{31}$)与剪切应变分量($\gamma_{xy},\gamma_{yz},\gamma_{zx}$)的关系,广义 Hooke 定律式(3.18)的张量形式是

$$\sigma_{ij} = \lambda\varepsilon_{kk}\delta_{ij} + 2G\varepsilon_{ij} \tag{3.19}$$

与式(3.3b)对照,得弹性张量为

$$C_{ijkl} = \lambda\delta_{ij}\delta_{kl} + G(\delta_{ik}\delta_{jl} + \delta_{il}\delta_{jk}) \tag{3.20}$$

对于各向同性线弹性体,式(3.3b)应是坐标无关的。具体来说,考虑物体内同一物质点,在任意两套坐标系下取出两个不同的微六面体(每个面平行于坐标平面),分别作用应力分量 σ_{ij} 和 $\sigma_{i'j'}$,产生的应变分量分别为 ε_{ij} 和 $\varepsilon_{i'j'}$,若应力大小相等 $\sigma_{ij}=\sigma_{i'j'}$,按照各向同性的要求,应变分量的大小也应相等 $\varepsilon_{i'j'}=\varepsilon_{ij}$。因此,任意两套坐标下的弹性张量应具有相同的分量,即

$$C_{i'j'k'l'} = C_{ijkl} \tag{3.21}$$

满足式(3.21)的张量称为各向同性张量。

由于在任意两套坐标系下 $\delta_{ij}=\delta_{i'j'}$,很容易证明式(3.20)给出的弹性张量满足式(3.21),因此是各向同性张量,从而保证了式(3.3b)是坐标无关的。

3.3.2　体积应力与体积应变关系

将式(3.18a)、(3.18b)和式(3.18c)左边的等式对应相加,得平均应力与体积应变的关系

$$3\sigma_0 = (2G + 3\lambda)\varepsilon_v \tag{3.22}$$

式中 $\sigma_0=(\sigma_x+\sigma_y+\sigma_z)/3$ 是平均应力。式(3.22)通常写成

$$\sigma_0 = K\varepsilon_v \tag{3.23a}$$

式中

$$K = \frac{1}{3}(3\lambda + 2G) \tag{3.23b}$$

是体积变形模量。

3.3.3　偏应力与偏应变关系

利用式(3.18)还可得到偏应力-偏应变关系。例如,由式(3.18a)左边的式子,我们有

$$s_x + \sigma_0 = 2G\left(e_x + \frac{1}{3}\varepsilon_v\right) + \lambda\varepsilon_v$$

式中 s_x、e_x分别是 x 方向的偏应力与偏应变。将式(3.23)代入上式,得

$$s_x = 2Ge_x$$

同理得

$$s_y = 2Ge_y, \quad s_z = 2Ge_z$$

以上 3 个式子结合式(3.18)右边的 3 个式子,可将偏应力-偏应变关系使用张量形式表示为

$$s_{ij} = 2Ge_{ij} \tag{3.24}$$

从式(3.23)和式(3.24)可知:在线弹性范围内,偏应力只产生偏应变,即只产生形状改变,体积应力只产生体积应变,即只产生体积改变。

3.3.4 线弹性常数之间的关系

广义 Hooke 定律通常由弹性模量 E 和泊松比 ν 两个常数表示。下面根据单轴拉伸实验确定 Lame 常数 G、λ 与 E、ν 的关系。

在 x 轴方向进行单轴拉伸实验,应力状态为 $\sigma_x \neq 0$,而其余应力分量为零,使用关系式(3.18),有

$$\sigma_x = 2G\varepsilon_x + \lambda(\varepsilon_x + \varepsilon_y + \varepsilon_z)$$
$$0 = 2G\varepsilon_y + \lambda(\varepsilon_x + \varepsilon_y + \varepsilon_z)$$
$$\varepsilon_y = \varepsilon_z$$

对上面的式子进行整理,得

$$E = \frac{\sigma_x}{\varepsilon_x} = \frac{G(2G + 3\lambda)}{G + \lambda} \tag{3.25a}$$

$$\nu = -\frac{\varepsilon_y}{\varepsilon_x} = \frac{\lambda}{2(G + \lambda)} \tag{3.25b}$$

于是,λ 由 E、ν 表示为

$$\lambda = \frac{E\nu}{(1 + \nu)(1 - 2\nu)} \tag{3.26}$$

结合式(3.23b)、(3.25)、(3.26)和式(3.16),G、λ、K、E 和 ν 共 5 个弹性常数,但只有 2 个独立。它们的关系列于表 3.1。

表 3.1　弹性常数之间的关系

	基本弹性常数		
	E、ν	λ、G	K、G
E		$\frac{G(2G+3\lambda)}{G+\lambda}$	$\frac{9KG}{3K+G}$
ν		$\frac{\lambda}{2(G+\lambda)}$	$\frac{3K-2G}{6K+2G}$
λ	$\frac{E\nu}{(1+\nu)(1-2\nu)}$		$K-\frac{2}{3}G$
G	$\frac{E}{2(1+\nu)}$		
K	$\frac{E}{3(1-2\nu)}$	$\lambda+\frac{2}{3}G$	

3.3.5 由应力表示应变

将式(3.23)中的体积应变表达式代入式(3.18)，并利用式(3.26)，得由应力表示应变的广义 Hooke 定律为

$$\begin{aligned} \varepsilon_x &= \frac{\sigma_x}{E} - \frac{\nu(\sigma_y + \sigma_z)}{E}, \quad \gamma_{xy} = \frac{1}{G}\tau_{xy} \\ \varepsilon_y &= \frac{\sigma_y}{E} - \frac{\nu(\sigma_z + \sigma_x)}{E}, \quad \gamma_{yz} = \frac{1}{G}\tau_{yz} \\ \varepsilon_z &= \frac{\sigma_z}{E} - \frac{\nu(\sigma_x + \sigma_y)}{E}, \quad \gamma_{zx} = \frac{1}{G}\tau_{zx} \end{aligned} \tag{3.27}$$

式(3.27)可通过在式(3.15)中令 $E=E'$，$G=G'$，$\nu=\nu'$ 而直接得到。

考虑到式(3.16)，式(3.27)的张量表示形式是

$$\varepsilon_{ij} = \left(\frac{1+\nu}{E}\right)\sigma_{ij} - \frac{\nu}{E}\sigma_{kk}\delta_{ij}$$

对照式(3.8)，得柔度张量为

$$L_{ijkl} = -\frac{\nu}{E}\delta_{ij}\delta_{kl} + \left(\frac{1+\nu}{2E}\right)(\delta_{ik}\delta_{jl} + \delta_{il}\delta_{jk}) \tag{3.28}$$

3.4 弹性应变能

弹性体受外力作用后将产生变形，外力在其作用位置的变形上做功。在弹性力学问题中，一般认为外力缓慢施加到物体上，不会引起物体产生加速度，可视为静力，因此可忽略不计物体的动能，同时略去考虑物体与外界的热交换和温度的变化。于是，外力所做的功全部转换为应变能储存在物体的内部。下面给出单位体积应变能的表达式。

3.4.1 一维情况

一细长直杆，长度为 L，横截面积为 S，两端受拉力 P 作用，所产生的伸长量为 ΔL，外力在该杆件上所作的功为

$$U = \int_0^{\Delta L} P\mathrm{d}(\Delta L)$$

由于应力 $\sigma_x = P/S$，应变 $\varepsilon_x = \Delta L/L$，上式变成

$$U = SL\int_0^{\varepsilon_x} \sigma_x \mathrm{d}\varepsilon_x$$

外力所做功将转化为应变能储存，于是，单位体积的应变能 W 为

$$W = \frac{U}{SL} = \int_0^{\varepsilon_x} \sigma_x \mathrm{d}\varepsilon_x \tag{3.29}$$

它就是图 3.3(a)所示应力-应变关系曲线中阴影部分的面积。

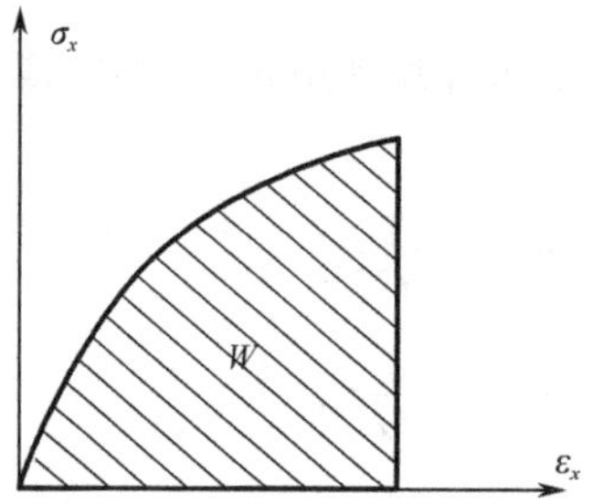

(a) 非线弹性

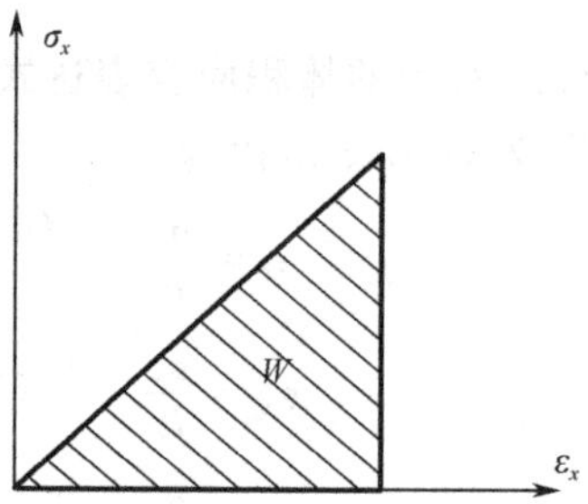

(b) 线弹性

图 3.3 应变能

若材料为线弹性，$\sigma_x = E\varepsilon_x$，代入式(3.29)，则有

$$W = \frac{1}{2}E\varepsilon_x^2 = \frac{1}{2}\sigma_x\varepsilon_x \tag{3.30}$$

即图 3.3(b)所示阴影部分的面积。

利用式(3.30)，求应变能相对应变的偏导，有

$$\sigma_x = \frac{\partial W}{\partial \varepsilon_x} \tag{3.31}$$

3.4.2 三维情况

从物体中取出如图 1.2 所示的微六面体，在上面作用的应力分量为(σ_x，σ_y，σ_z，τ_{xy}，τ_{yz}，τ_{zx})，产生的应变分量为(ε_x，ε_y，ε_z，γ_{xy}，γ_{yz}，γ_{zx})。对于微单元体，应力就是作用在其表面上的外力，根据能量平衡，它所做功应全部转化为应变能储存。各应力分量所形成的合力都只在与它指标相同的应变分量所引起的变形位移上做功，例如作用在微单元体上两侧的一对应力分量 σ_x 的合力只在应变分量 ε_x 所引起的伸长上做功，形成的单位体积内应变能的大小由式(3.29)给出。因此，在微单元体上外力所做功应是各应力分量在相应应变分量上所做功之和，于是，单位体积的应变能为

$$W = \int_0^{\varepsilon_{ij}} (\sigma_x \mathrm{d}\varepsilon_x + \sigma_y \mathrm{d}\varepsilon_y + \sigma_z \mathrm{d}\varepsilon_z + \tau_{xy}\mathrm{d}\gamma_{xy} + \tau_{yz}\mathrm{d}\gamma_{yz} + \tau_{zx}\mathrm{d}\gamma_{zx})$$

上式使用张量简记为

$$W = \int_0^{\varepsilon_{ij}} \sigma_{ij}\mathrm{d}\varepsilon_{ij} = \int_0^{\varepsilon_{ij}} \mathrm{d}W \tag{3.32}$$

式中

$$\mathrm{d}W = \sigma_{ij}\mathrm{d}\varepsilon_{ij} \tag{3.33}$$

是应变能增量，它是产生应变增量 $d\varepsilon_{ij}$ 所引起的应变能增加。

对于弹性体，若存在应变能只取决于应变状态，而与达到该应变状态的路径无关，即是应变状态的单值函数 $W=W(\varepsilon_{ij})$。这就要求式(3.32)的积分与路径无关，因此，应变能增量 dW 必须是全微分

$$dW = \frac{\partial W}{\partial \varepsilon_{ij}} d\varepsilon_{ij} \tag{3.34}$$

比较式(3.33)和式(3.34)，对于任意的应变增量 $d\varepsilon_{ij}$ 都应成立，因此我们有

$$\sigma_{ij} = \frac{\partial W}{\partial \varepsilon_{ij}} \tag{3.35}$$

满足式(3.35)的弹性材料称为超弹性或Green弹性材料。这种材料的特点是在任意的加载-卸载循环下，材料都不产生能量耗散。

式(3.35)表明：超弹性材料的弹性应变能相对任意应变分量的改变，就等于相应的应力分量，这是弹性本构方程的另一种形式。

对应变能求二次导数，由于求偏导可以交换顺序，所以有

$$\frac{\partial}{\partial \varepsilon_{kl}}\left(\frac{\partial W}{\partial \varepsilon_{ij}}\right) = \frac{\partial}{\partial \varepsilon_{ij}}\left(\frac{\partial W}{\partial \varepsilon_{kl}}\right) \tag{3.36}$$

根据式(3.35)，显然有

$$\frac{\partial \sigma_{ij}}{\partial \varepsilon_{kl}} = \frac{\partial \sigma_{kl}}{\partial \varepsilon_{ij}}$$

在线弹性的情况下，将本构方程式(3.3b)代入上式，则导出如下对称性

$$C_{ijkl} = C_{klij} \tag{3.37}$$

再将本构方程 $\sigma_{ij}=C_{ijkl}\varepsilon_{kl}$ 代入式(3.33)，并考虑到式(3.37)表示的对称性，则有

$$dW = C_{ijkl}\varepsilon_{kl}\,d\varepsilon_{ij} = \frac{1}{2}C_{ijkl}\,d\varepsilon_{ij}\varepsilon_{kl} + \frac{1}{2}C_{ijkl}\varepsilon_{ij}\,d\varepsilon_{kl} = d\left(\frac{1}{2}C_{ijkl}\varepsilon_{ij}\varepsilon_{kl}\right)$$

设初始状态无应变，则应变能为零，因此

$$W = \frac{1}{2}C_{ijkl}\varepsilon_{ij}\varepsilon_{kl} = \frac{1}{2}\sigma_{ij}\varepsilon_{ij} \tag{3.38}$$

式(3.38)就是线弹性体在一般情况下的应变能表达式。

对于各向同性线弹性材料，利用本构方程，将式(3.38)展开表示为

$$\begin{aligned} W &= \frac{1}{2}(\sigma_x\varepsilon_x + \sigma_y\varepsilon_y + \sigma_z\varepsilon_z + \tau_{xy}\gamma_{xy} + \tau_{yz}\gamma_{yz} + \tau_{zx}\gamma_{zx}) \\ &= \frac{E}{2(1+\nu)}\left[\frac{\nu}{1-2\nu}(\varepsilon_x+\varepsilon_y+\varepsilon_z)^2 + \varepsilon_x^2 + \varepsilon_y^2 + \varepsilon_z^2 + \frac{1}{2}(\gamma_{xy}^2 + \gamma_{yz}^2 + \gamma_{zx}^2)\right] \end{aligned} \tag{3.39}$$

应当指出：本构关系式(3.35)和式(3.2)有差别。通常将式(3.2)定义的弹性材料称为Cauchy弹性材料。虽然式(3.2)所描述的弹性性质也为既可逆又与路径无关，即应力仅由当前的应变状态所决定，与达到该状态的历史无关，但是将式

(3.2)代入式(3.32)求应变能,则一般不能保证其积分是路径无关的,即使是在线性情况下,若弹性张量不满足式(3.37)表示的对称性,也是这样。这就是说,在沿某一路径加载而沿另一路径卸载的循环下,材料可能会产生能量耗散,这与热力学定律相违背。

【例 3.2】 在平面情况下,设 Cauchy 线弹性材料的应力-应变关系是

$$\varepsilon_x = a_{11}\sigma_x + a_{12}\sigma_y, \quad \varepsilon_y = a_{21}\sigma_x + a_{22}\sigma_y$$

式中 a_{11}、a_{12}、a_{21}和 a_{22}是弹性常数,且 $a_{12}\neq a_{21}$。计算两种应力路径下达到相同应力状态时的应变能。

路径(1):先增加 σ_x从 $0\to\sigma_x^*$,然后保持 $\sigma_x=\sigma_x^*$ 不变,增加 σ_y从 $0\to\sigma_y^*$;

路径(2):先增加 σ_y从 $0\to\sigma_y^*$,然后保持 $\sigma_y=\sigma_y^*$ 不变,增加 σ_x从 $0\to\sigma_x^*$。

解 在平面情况下,应变能的积分表达式(3.32)可简化为

$$W = \int_0^{\varepsilon_{ij}} (\sigma_x \mathrm{d}\varepsilon_x + \sigma_y \mathrm{d}\varepsilon_y)$$

使用分部积分方法,得

$$W = (\sigma_x\varepsilon_x + \sigma_y\varepsilon_y)\Big|_0^{\sigma_{ij}} - \int_0^{\sigma_{ij}} (\varepsilon_x \mathrm{d}\sigma_x + \varepsilon_y \mathrm{d}\sigma_y)$$

将本题给出的本构方程代入上式,得

$$W = [a_{11}\sigma_x^2 + (a_{12}+a_{21})\sigma_x\sigma_y + a_{22}\sigma_y^2]\Big|_0^{\sigma_{ij}} - \int_0^{\sigma_{ij}} [(a_{11}\sigma_x + a_{12}\sigma_y)\mathrm{d}\sigma_x + (a_{21}\sigma_x + a_{22}\sigma_y)\mathrm{d}\sigma_y]$$

对于路径(1),上式的积分分两步进行:

第一步积分,$\sigma_y=0(\mathrm{d}\sigma_y=0)$;$\sigma_x$从 $0\to\sigma_x^*$;

第二步积分,$\sigma_x=\sigma_x^*(\mathrm{d}\sigma_x=0)$;$\sigma_y$从 $0\to\sigma_y^*$。

因此

$$W^{(1)} = a_{11}\sigma_x^{*2} + (a_{12}+a_{21})\sigma_x^*\sigma_y^* + a_{22}\sigma_y^{*2} - \int_0^{\sigma_x^*} a_{11}\sigma_x \mathrm{d}\sigma_x - \int_0^{\sigma_y^*} (a_{21}\sigma_x^* + a_{22}\sigma_y)\mathrm{d}\sigma_y$$

进行积分运算,我们得到

$$W^{(1)} = \frac{1}{2}a_{11}\sigma_x^{*2} + a_{12}\sigma_x^*\sigma_y^* + \frac{1}{2}a_{22}\sigma_y^{*2}$$

对于路径(2),使用上面相同的步骤得

$$W^{(2)} = \frac{1}{2}a_{11}\sigma_x^{*2} + a_{21}\sigma_x^*\sigma_y^* + \frac{1}{2}a_{22}\sigma_y^{*2}$$

显然,应变能是与积分路径相关的,只有当 $a_{12}=a_{21}$,才与积分路径无关。

若按照其中的路径(1)加载而按路径(2)卸载到初始状态,则整个应力循环所耗散的应变能为

$$W = W^{(1)} - W^{(2)} = (a_{12} - a_{21})\sigma_x^* \sigma_y^*$$

3.4.3 应变能分解

应变能可分解为体积改变能和形状改变能。将应力和应变的分解式代入应变能表达式(3.38),有

$$W = \frac{1}{2}\sigma_{ij}\varepsilon_{ij} = \frac{1}{2}(s_{ij} + \sigma_0\delta_{ij})(e_{ij} + \frac{1}{3}\varepsilon_{kk}\delta_{ij})$$

利用

$$s_{ij}\delta_{ij} = s_{11} + s_{22} + s_{33} = 0$$
$$e_{ij}\delta_{ij} = e_{11} + e_{22} + e_{33} = 0$$
$$\delta_{ij}\delta_{ij} = \delta_{11}\delta_{11} + \delta_{22}\delta_{22} + \delta_{33}\delta_{33} = 3$$

则有

$$W = \frac{1}{2}\sigma_0\varepsilon_{kk} + \frac{1}{2}s_{ij}e_{ij} \tag{3.40}$$

式(3.40)右边的第一项是体积应力在体积应变上做的功,称为体积改变能;第二项是偏应力在偏应变上做的功,称为形状改变能。

在各向同性情况下,在式(3.40)中代入式(3.23a)和式(3.24),将应变能由应变表示为

$$W = \frac{1}{2}K(\varepsilon_{kk})^2 + \frac{1}{2}(2G)e_{ij}e_{ij} \tag{3.41}$$

或者用应力表示为

$$W = \frac{1}{2K}\sigma_0^2 + \frac{1}{2G}\,\frac{1}{2}s_{ij}s_{ij}$$

进一步地用应力的不变量表示为

$$W = \frac{1}{18K}I_1^2 + \frac{1}{2G}J_2 \tag{3.42}$$

式中 I_1 是应力的第一不变量,J_2 是偏应力的第二不变量。从物理意义上讲,弹性体的应变能是客观物理量,与坐标系的选择无关,因此必然是应力不变量的函数。

3.4.4 应变能函数非负与弹性常数的取值限制

应变能函数 $W(\varepsilon_{ij})$ 是非负的,即

$$W(\varepsilon_{ij}) \geqslant 0 \tag{3.43}$$

且只有当 $\varepsilon_{ij}=0$ 时,$W=0$。这个条件实际上就是要求使材料从零应变状态产生变形达到某一应变状态外力必须做正功。否则,若外力做负功,就表明在变形过程中外部从材料中获取能量,这与能量原理相违背。更简单地说,在材料某一方向施加单轴拉应力,则必然引起同一方向上的伸长变形;若施加纯剪应力,则引起的剪应

变必然与剪应力在同一方向上；若施加静水压力，则必然引起体积减小；任何一种情况不满足，则外力将做负功。因此，结合式(3.42)以及式(3.30)，弹性常数 E，G 和 K 必须恒为正，即

$$E > 0, \quad G > 0, \quad K > 0 \tag{3.44}$$

以保证应变能函数 W 在任何状态下都是非负的。弹性体的材料试验也证实了这一结论。

根据 3.3 节表中所列弹性常数之间的关系

$$G = \frac{E}{2(1+\nu)}, \quad K = \frac{E}{3(1-2\nu)}$$

结合式(3.44)，很容易导出

$$-1 < \nu < \frac{1}{2} \tag{3.45}$$

绝大多数工程材料的实际泊松比 $\nu>0$，几乎还没有发现材料泊松比 $\nu<0$。当 $\nu=0.5$ 时，$G=1/3$，$K\to\infty$，弹性体积是不可压缩的。橡胶材料接近体积不可压缩，它的泊松比 $\nu\approx0.48$。

线弹性应变能表达式(3.38)用矩阵表达成

$$W = \frac{1}{2}\{\varepsilon\}^{\mathrm{T}}[D]\{\varepsilon\}$$

根据上面的说明，应变能恒为正，除非 $\{\varepsilon\}=0$，它才为零。因此，线弹性矩阵 $[D]$ 是正定的，或者说，线弹性张量 C_{ijkl} 是正定的。若将应变能表达成应力的函数，同样可以说明柔度矩阵 $[D]^{-1}$ 是正定的，或者说，柔度张量 L_{ijkl} 是正定的。

3.5 弹性应变余能

三维情况下应变余能定义为

$$W^c = \int_0^{\varepsilon_{ij}} (\varepsilon_x \mathrm{d}\sigma_x + \varepsilon_y \mathrm{d}\sigma_y + \varepsilon_z \mathrm{d}\sigma_z + \gamma_{xy} \mathrm{d}\tau_{xy} + \gamma_{yz} \mathrm{d}\tau_{yz} + \gamma_{zx} \mathrm{d}\tau_{zx})$$

或简记为

$$W^c = \int_0^{\sigma_{ij}} \varepsilon_{ij} \mathrm{d}\sigma_{ij} \tag{3.46}$$

对式(3.46)进行分部积分，显然有

$$W^c = \sigma_{ij}\varepsilon_{ij} - \int_0^{\varepsilon_{ij}} \sigma_{ij} \mathrm{d}\varepsilon_{ij} = \sigma_{ij}\varepsilon_{ij} - W \tag{3.47}$$

对于超弹性体，由于应变能 W 是取决于应变状态的单值函数，考虑到式(3.47)，应变余能也是取决于(应力)状态的单值函数，因此，式(3.46)是积分路径无关的，类似前面的推导，这要求

$$\varepsilon_{ij} = \frac{\partial W^c}{\partial \sigma_{ij}} \tag{3.48}$$

上式表明:超弹性体的应变余能相对应力分量的改变,就等于相应的应变分量。

在线弹性的情况下,将应变能表达式(3.38)代入式(3.47),有

$$W^c = W = \frac{1}{2}\sigma_{ij}\varepsilon_{ij} \tag{3.49}$$

应变余能是一个重要的概念。虽然它不像应变能那样具有明确的物理意义,但引进余能的概念后,可以使讨论的范围扩大,见第 8 章。

习　题

1. 对于各向同性线弹性材料,一点的应变状态为

$$[\varepsilon_{ij}] = 10^{-4} \times \begin{bmatrix} -70 & 40 & 0 \\ 40 & -100 & 0 \\ 0 & 0 & -100 \end{bmatrix}$$

(a)试求该点的应力状态;

(b)计算该应变状态下的应变能和应变余能。

2. 各向同性线弹性体的弹性模量 E 和泊松比 ν 为已知,其位移场为

$$u_x = cx,\quad u_y = -c\nu y,\quad u_z = -c\nu z$$

式中 c 是常数。试找出应力场、应变场和体积力场。

3. 试证明各向同性线弹性体的正应力之差与正应变之差满足以下关系

$$\sigma_x - \sigma_y = 2G(\varepsilon_x - \varepsilon_y),\quad \sigma_y - \sigma_z = 2G(\varepsilon_y - \varepsilon_z),\quad \sigma_z - \sigma_x = 2G(\varepsilon_z - \varepsilon_x)$$

4. 在柱状弹性体的轴向施加均匀外力,若横向变形完全被限制住,试求轴向应力与轴向应变的比值,即名义弹性模量。

5. 证明:对于正交各向异性线弹性材料,如果应力的主轴垂直于材料的弹性对称面,则应变的主轴与应力的主轴重合。

6. 根据例 3.2 给定的材料应力-应变关系,若按照其中的路径(1)加载而按路径(2)卸载到初始状态,计算最终的应变余能。

第 4 章　弹性力学边值问题的微分提法与求解方法

4.1　弹性力学的基本方程

前 3 章我们从静力、几何和物理 3 个方面建立了线弹性体内任意一微小单元体，即物质点，应满足的基本方程，它们是

平衡方程

$$
\begin{aligned}
&\frac{\partial \sigma_x}{\partial x}+\frac{\partial \tau_{yx}}{\partial y}+\frac{\partial \tau_{zx}}{\partial z}+F_x=0\\
&\frac{\partial \tau_{xy}}{\partial x}+\frac{\partial \sigma_y}{\partial y}+\frac{\partial \tau_{zy}}{\partial z}+F_y=0\\
&\frac{\partial \tau_{xz}}{\partial x}+\frac{\partial \tau_{yz}}{\partial y}+\frac{\partial \sigma_z}{\partial z}+F_z=0
\end{aligned}
\tag{4.1}
$$

几何方程

$$
\begin{aligned}
&\varepsilon_x=\frac{\partial u_x}{\partial x}, &&\gamma_{xy}=\frac{\partial u_x}{\partial y}+\frac{\partial u_y}{\partial x}\\
&\varepsilon_y=\frac{\partial u_y}{\partial y}, &&\gamma_{yz}=\frac{\partial u_y}{\partial z}+\frac{\partial u_z}{\partial y}\\
&\varepsilon_z=\frac{\partial u_z}{\partial z}, &&\gamma_{zx}=\frac{\partial u_z}{\partial x}+\frac{\partial u_x}{\partial z}
\end{aligned}
\tag{4.2}
$$

本构方程

$$
\begin{aligned}
&\sigma_x=2G\varepsilon_x+\lambda\varepsilon_v, &&\tau_{xy}=G\gamma_{xy}\\
&\sigma_y=2G\varepsilon_y+\lambda\varepsilon_v, &&\tau_{yz}=G\gamma_{yz}\\
&\sigma_z=2G\varepsilon_z+\lambda\varepsilon_v, &&\tau_{zx}=G\gamma_{zx}
\end{aligned}
\tag{4.3}
$$

以上 3 组方程共 15 个方程，包含 15 个未知函数(空间坐标的函数)：6 个应力分量；6 个应变分量；3 个位移分量。基本方程的数目恰好等于未知函数的数目，因此，在恰当的边界条件下，可从上面的基本方程求解出未知函数。

弹性力学中的边界问题有下列 3 种情况：

(1)力边界问题：力边界 S_σ 上每一点给定了分布的表面力 $\overline{T}_x$、$\overline{T}_y$、$\overline{T}_z$，相应的边界条件是，在 S_σ 上

$$
\begin{aligned}
&\sigma_x l+\tau_{yx}m+\tau_{zx}n=\overline{T}_x\\
&\tau_{xy}l+\sigma_y m+\tau_{zy}n=\overline{T}_y\\
&\tau_{xz}l+\tau_{yz}m+\sigma_z n=\overline{T}_z
\end{aligned}
\tag{4.4}
$$

当 $\overline{T}_x=0,\overline{T}_y=0、\overline{T}_z=0$ 时称为自由表面，它是力边界的特殊情况。

(2)位移边界问题：边界上每一点给定位移约束，该边界记作 S_u，相应的边界条件是，在 S_u 上

$$u_x=\bar{u}_x,\quad u_y=\bar{u}_y,\quad u_z=\bar{u}_z \tag{4.5}$$

式中 $\bar{u}_x$、$\bar{u}_y$、$\bar{u}_z$ 为已知位移，对于固定约束边界，它们是零。

(3)混合边界问题：它的边界 S 由两部分组成，一部分边界 S_σ 上给定表面力 $\overline{T}_x$、$\overline{T}_y$、$\overline{T}_z$ 作用，另一部分边界 S_u 上给定已知位移 $\bar{u}_x$、$\bar{u}_y$、$\bar{u}_z$ 约束。

弹性力学问题归结为求解偏微分方程组的边值问题。具体来说，对于已知几何形状和材料性质的弹性体，在其内部受体积力 F_x、F_y、F_z 作用，在力边界 S_σ 上受表面力 $\overline{T}_x$、$\overline{T}_y$、$\overline{T}_z$ 作用，在位移边界 S_u 上给定已知位移 $\bar{u}_x$、$\bar{u}_y$、$\bar{u}_z$，求偏微分方程组(4.1)～(4.3)并满足边界条件式(4.4)和式(4.5)的解。

上述方程的最大特点是，它们都是线性方程。因此，线弹性力学问题是线性问题。线性问题的求解比起非线性问题要容易得多，这就是工程界常使用线弹性力学对工程问题进行初步分析的原因之一。

4.2　求解方法

求解弹性力学问题有二种方法：以位移作为基本未知数求解的位移解法；以应力作为基本未知数求解的应力解法。

4.2.1　位移解法

将本构方程式(4.3)中的应变通过几何方程式(4.2)由位移表示，再将所得的应力表达式代入平衡方程式(4.1)，得到由位移表示的平衡方程为

$$\begin{aligned}
&G\nabla^2 u_x+(\lambda+G)\frac{\partial\varepsilon_v}{\partial x}+F_x=0\\
&G\nabla^2 u_y+(\lambda+G)\frac{\partial\varepsilon_v}{\partial y}+F_y=0\\
&G\nabla^2 u_z+(\lambda+G)\frac{\partial\varepsilon_v}{\partial z}+F_z=0
\end{aligned}\tag{4.6}$$

式中

$$\nabla^2=\frac{\partial^2}{\partial x^2}+\frac{\partial^2}{\partial y^2}+\frac{\partial^2}{\partial z^2}$$

是 Laplace 算子。上式的张量形式是

$$G\nabla^2 u_i+(\lambda+G)u_{j,ji}+F_i=0$$

力边界条件也由位移表示成

$$\lambda\varepsilon_v l + G\left(\frac{\partial u_x}{\partial x}l + \frac{\partial u_x}{\partial y}m + \frac{\partial u_x}{\partial z}n\right) + G\left(\frac{\partial u_x}{\partial x}l + \frac{\partial u_y}{\partial x}m + \frac{\partial u_z}{\partial x}n\right) - \overline{T}_x = 0$$

$$\lambda\varepsilon_v l + G\left(\frac{\partial u_y}{\partial x}l + \frac{\partial u_y}{\partial y}m + \frac{\partial u_y}{\partial z}n\right) + G\left(\frac{\partial u_x}{\partial y}l + \frac{\partial u_y}{\partial y}m + \frac{\partial u_z}{\partial y}n\right) - \overline{T}_y = 0 \quad (4.7)$$

$$\lambda\varepsilon_v l + G\left(\frac{\partial u_z}{\partial x}l + \frac{\partial u_z}{\partial y}m + \frac{\partial u_z}{\partial z}n\right) + G\left(\frac{\partial u_x}{\partial z}l + \frac{\partial u_y}{\partial z}m + \frac{\partial u_z}{\partial z}n\right) - \overline{T}_z = 0$$

或使用张量表示成

$$\lambda u_{k,k} n_i + G n_j (u_{j,i} + u_{i,j}) - \overline{T}_i = 0$$

3 个由位移表示的平衡方程式(4.6)(体积应变 ε_v 可通过几何方程看作是位移的函数)中包含 3 个位移未知数,结合边界条件式(4.5)和式(4.7),可进行求解。得出位移后,由几何方程求应变,再由本构方程求应力。

4.2.2 应力解法

将由应力表示应变的本构方程式(3.27)代入协调方程式(2.41),在体积力为常数的情况下,得由应力表示的协调方程为

$$\begin{aligned}
&\nabla^2\sigma_x + \frac{1}{1+\nu}\frac{\partial^2 I_1}{\partial x^2} = 0, \quad \nabla^2\tau_{xy} + \frac{1}{1+\nu}\frac{\partial^2 I_1}{\partial x\partial y} = 0 \\
&\nabla^2\sigma_y + \frac{1}{1+\nu}\frac{\partial^2 I_1}{\partial y^2} = 0, \quad \nabla^2\tau_{yz} + \frac{1}{1+\nu}\frac{\partial^2 I_1}{\partial y\partial z} = 0 \\
&\nabla^2\sigma_z + \frac{1}{1+\nu}\frac{\partial^2 I_1}{\partial z^2} = 0, \quad \nabla^2\tau_{zx} + \frac{1}{1+\nu}\frac{\partial^2 I_1}{\partial z\partial x} = 0
\end{aligned} \quad (4.8)$$

式中 $I_1=\sigma_x+\sigma_y+\sigma_z$ 是体积应力。式(4.8)的张量形式是

$$\nabla^2\sigma_{ij} + \frac{1}{1+\nu}\sigma_{kk,ij} = 0$$

上述由应力表示的协调方程式(4.8),加上应力表示的平衡方程式(4.1)以及力边界条件式(4.4)就可求解应力。

若一组应力仅满足平衡方程和力边界条件,由它根据本构方程求应变,然后由几何方程求位移,所得位移一般不能单值连续。只有当应力除满足平衡微分方程和力边界条件外,还满足应力表示的协调方程式(4.8),才能保证位移单值连续。此外,还应注意以下几点:

(1)在单连通体的情况下,按上述应力解法求解力边界问题,可得到完全确定的应力分量;然而在多连通体的情况下,应力解中还包含有待定常数或函数,必须在满足附加的位移单值条件后,才能确定这些待定常数或函数,从而完全确定应力分量。

(2)无论是单连通还是多连通体的情况,按上述应力解法求解出的位移中必然包含有刚体位移,必须通过边界位移约束去确定。因此,对于力边界问题,位移解

不唯一,解与解之间相差一个刚体位移。

(3)位移边界条件一般不能用应力分量及其导数表示,因此对于位移边界问题和混合边界问题,一般不宜按应力求解。

4.3　解的基本性质

4.3.1　解的叠加原理

如图 4.1,设物体在表面力 $\bar{\boldsymbol{T}}'$ 和体力 $\boldsymbol{F}'$ 作用下,产生的应力和位移场分别为 σ'_{ij} 和 u'_i,又设同一物体在另一组表面力 $\bar{\boldsymbol{T}}''$ 和体力 $\boldsymbol{F}''$ 作用下,产生的应力和位移场分别为 σ''_{ij} 和 u''_i。则在共同表面力 $\bar{\boldsymbol{T}}'+\bar{\boldsymbol{T}}''$ 和共同体力 $\boldsymbol{F}'+\boldsymbol{F}''$ 作用下,产生的应力和位移场为 $\sigma'_{ij}+\sigma''_{ij}$ 和 $u'_i+u''_i$,即将同一物体上两组不同外力分别作用给出的解叠加在一起,等于这两组外力共同作用的解,这就是所谓的叠加原理。它还可叙述为:两组不同外力同时作用在同一物体上的解,等于这两组外力分别单独作用时的解的叠加,且与作用顺序无关。该原理很容易通过线弹性力学基本方程与边界条件的线性性质进行证明。

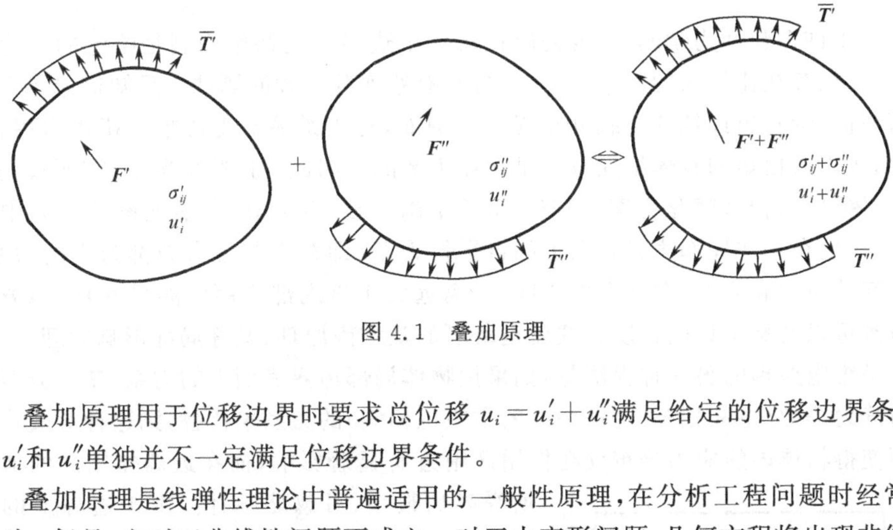

图 4.1　叠加原理

叠加原理用于位移边界时要求总位移 $u_i=u'_i+u''_i$ 满足给定的位移边界条件,而 u'_i 和 u''_i 单独并不一定满足位移边界条件。

叠加原理是线弹性理论中普遍适用的一般性原理,在分析工程问题时经常会用到。但是,它对于非线性问题不成立。对于大变形问题,几何方程将出现非线性项,平衡条件也将受到大变形的影响,因此,叠加原理不再适用。常见的例子包括:同时受轴力和横向力作用的梁的纵横弯曲问题,薄壁结构的弹性稳定性问题,板壳结构的大挠度问题等。对于非线性弹性体和弹塑性体,本构方程是非线性的;对于用非线性弹簧支承的约束情况,边界条件是非线性的,叠加原理在这些情况下都将失效。

4.3.2 解的唯一性

无论是使用位移解法还是应力解法求解弹性力学问题，都会得到唯一的解答。为了证明解的唯一性，假定对于受一定体力作用并具有一定边界条件的一个弹性力学问题同时存在两组解，将两组解所满足的所有方程和边界条件分别对应相减，由于这些方程和边界条件是线性的，相减所得到的结果可看作是两组解之差(作为一组物理变量)应满足的方程和边界条件，由此确定两组解之差所对应的力学状态是，体内不受体力作用，而且在力边界 S_σ 上表面力为零，在位移边界 S_u 上位移为零。显然，该状态要求两组解之差为零，即解是唯一的，这就是所谓的唯一性定理。严格证明见 8.8 节。

解的唯一性定理告诉我们，无论采用什么方法得到的解，只要能满足所有的基本方程和边界条件，就一定是问题的解。这是弹性力学中各种试凑解法的理论基础。

4.4 圣维南原理

对于许多弹性力学问题，要使解在每一个边界点上都精确满足给定的力边界条件，往往存在比较大的困难。另一方面，有些实际工程问题往往只知道边界上总的荷载值，给不出详细的荷载分布规律。例如，对于梁端部受弯矩或扭矩作用，实际中，弯矩或扭矩的具体施加方式是含糊不清的。因此在这些情况下，需要找到一种边界条件的合理简化方案。1855 年圣维南(St. Venant)在梁理论的研究中提出：由作用在物体局部边界表面上的自平衡力系(即合力与合力矩都为零的力系)所引起的应力和应变，在远离作用区(距离远大于该局部作用区的尺寸)的地方将衰减到可以忽略不计的程度。这就是著名的圣维南原理，又称局部影响原理。

圣维南原理的另一种提法是：如果把物体局部边界表面上的力系，使用分布不同但静力等效(主矢相等、绕任一点的主矩也相等)的力系来代替，则这种等效代换处理使得物体内的应力分布仅在作用区附近有显著影响，而在远离作用区的地方所受影响很小，可忽略不计。由于边界上的外力和其等效力系之差是一个自平衡力系，所以上述两种提法完全等价。

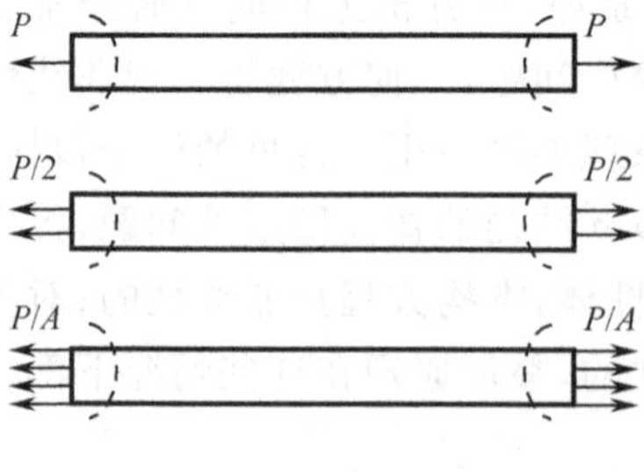

图 4.2 圣维南原理

如图 4.2 所示的 3 种情况，它们在端部的力是静力等效的，因此按照圣维南原理，它们所产生的应力分布只是在端部不同，而在远离端部的地方，其差别可忽略不计。

受集中力作用的情况在求解时边界条件不

宜得到满足，而受分布表面力作用的情况，边界条件相对容易满足。因此，在处理集中力作用的边界时，往往用静力等效的分布表面力代替。

圣维南原理还可以把位移边界转化为等效的力边界。例如对于悬臂梁，其固定端是属于位移边界，但可以静力等效成力边界处理，虽然固定端的应力分布并不知道，我们可根据总体平衡条件算出合力和合力矩的大小，然后换算成静力等效的、沿梁高度线性分布的力边界，这种处理的影响区尺寸与梁横截面的最小尺寸同量级。

4.5　简单空间问题求解实例

4.5.1　半无限空间体受均布荷载作用

设有半无限空间体，密度为 ρ，在水平边界上受均匀分布压力 q 作用，如图 4.3。已知半空间体的水平位移 $u_x=u_y=0$，假定在 $z=h$ 处 $u_z=0$，使用位移法求半无限空间体中的位移与应力。

根据问题的对称性，位移应只是 z 的函数

$$u_z = w(z)$$

体积应变为

$$\varepsilon_v = \frac{\partial u_x}{\partial x} + \frac{\partial u_y}{\partial y} + \frac{\partial u_z}{\partial z} = \frac{\mathrm{d}w}{\mathrm{d}z}$$

代入位移表示的平衡微分方程式(4.6)，前两个式子自然满足，而第三式变为

$$(\lambda + 2G)\frac{\mathrm{d}^2 w}{\mathrm{d}z^2} + \rho g = 0$$

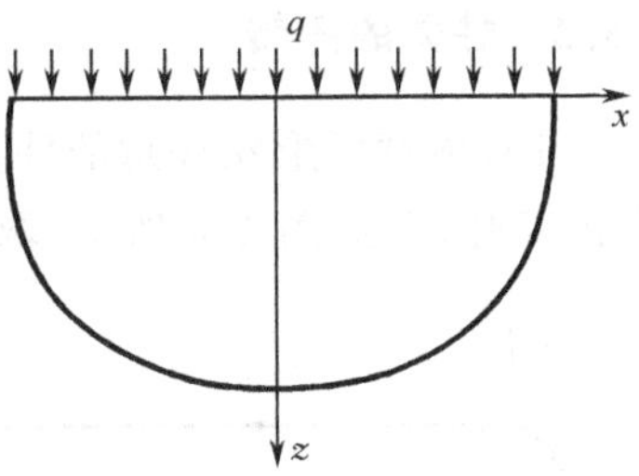

图 4.3　半无限体受均布荷载

利用弹性常数之间的关系，整理后得

$$\frac{\mathrm{d}^2 w}{\mathrm{d}z^2} = -\frac{(1+\nu)(1-2\nu)}{E(1-\nu)}\rho g$$

积分后得

$$w = -\frac{(1+\nu)(1-2\nu)}{2E(1-\nu)}\rho g(z+A)^2 + B$$

式中 A 和 B 是积分常数。

确定积分常数需要应用边界条件。由位移计算应力得

$$\sigma_x = \sigma_y = -\frac{\nu}{1-\nu}\rho g(z+A)$$

$$\sigma_z = -\rho g(z+A)$$

$$\tau_{xy} = \tau_{yz} = \tau_{zx} = 0$$

在半空间体的表面边界上有力边界条件

$$l = m = 0, \quad \overline{T}_x = \overline{T}_y = 0, \quad \overline{T}_z = q$$

代入力边界条件式(4.4),前两个式子自然满足,而第三式要求

$$-(\sigma_z)_{z=0} = q$$

求得

$$A = q/\rho g$$

将它代入位移 u_z 的表达式,并利用位移约束条件 $(u_z)_{z=h}=0$,便得

$$B = \frac{(1+\nu)(1-2\nu)}{2E(1-\nu)}\rho g\left(h + \frac{q}{\rho g}\right)^2$$

将常数 A 和 B 的值代回位移和应力的表达式中,则位移和应力完全确定。

应力分量中,$\sigma_x=\sigma_y$ 是垂直面上的水平应力,σ_z 是水平截面上的垂直正应力,它们的比值是

$$\frac{\sigma_x}{\sigma_z} = \frac{\sigma_y}{\sigma_z} = \frac{\nu}{1-\nu}$$

这个比值在土力学中称为侧压力系数。

4.5.2　柱体的扭转

设有横截面形状任意的柱体,不计体力,在两端面上受大小相等而转向相反的扭矩 M 作用,如图 4.4 所示,取杆的一端面为 xy 平面,z 轴沿杆的轴向。

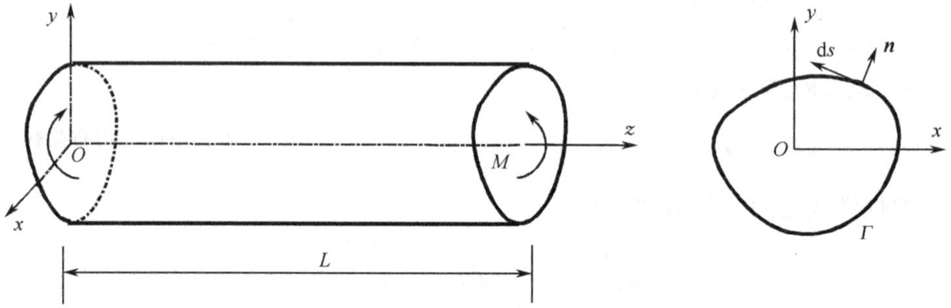

图 4.4　柱体受扭转作用

1. 位移解法

对于圆截面柱体,根据材料力学知识,变形前的横截面在扭转变形后仍保持为平面,即 z 方向的位移分量 $u_z=0$,而 x 方向和 y 方向的位移分量为

$$u_x = -\beta yz, \quad u_y = \beta xz \tag{4.9a}$$

本问题横截面形状任意,并非圆截面,扭转变形后,横截面会产生翘曲,假设为

$$u_z = \beta\phi(x, y) \tag{4.9b}$$

而 x 方向和 y 方向的位移分量假设与圆柱体扭转时一样,这里 β 是常数,$\phi(x, y)$

称为圣维南扭转翘曲函数，反映了横截面翘曲情况。

将式(4.9)代入式(2.22)，求得 $\omega_z=\beta z$，因此 $\partial\omega_z/\partial z=\beta$，$\beta$ 是单位长度的扭转角。将式(4.9)代入几何方程(4.2)，得应变为

$$\varepsilon_x=\varepsilon_y=\varepsilon_z=\gamma_{xy}=0$$

$$\gamma_{yz}=\beta\left(\frac{\partial\phi}{\partial y}+x\right),\quad \gamma_{zx}=\beta\left(\frac{\partial\phi}{\partial x}-y\right)$$

对应的应力分量是

$$\sigma_x=\sigma_y=\sigma_z=\tau_{xy}=0 \tag{4.10a}$$

$$\tau_{yz}=\beta G\left(\frac{\partial\phi}{\partial y}+x\right),\quad \tau_{zx}=\beta G\left(\frac{\partial\phi}{\partial x}-y\right) \tag{4.10b}$$

由上式可知横截面只有剪应力 τ_{yz} 和 τ_{zx}，且它们与坐标 z 无关。

将式(4.10)代入平衡微分方程(4.1)，前两式已经满足，而最后一式变成

$$\nabla^2\phi=0 \tag{4.11}$$

考察柱侧面的边界条件。由于在侧面上不受外力作用，即 $\overline{T}_x=\overline{T}_y=\overline{T}_z=0$，如图 4.4 所示，侧面的外法线方向余弦中的 $n=0$，而 l 和 m 分别为

$$l=\frac{\mathrm{d}y}{\mathrm{d}s},\quad m=-\frac{\mathrm{d}x}{\mathrm{d}s} \tag{4.12}$$

使用式(4.10)，显然边界条件式(4.4)的前两个条件自然满足，而最后一式变为

$$\left(\frac{\partial\phi}{\partial x}-y\right)l+\left(\frac{\partial\phi}{\partial y}+x\right)m=0\quad(\text{在横截面周边 }\Gamma) \tag{4.13}$$

式(4.13)可改写为

$$\frac{\partial\phi}{\partial n}=\frac{\partial\phi}{\partial x}l+\frac{\partial\phi}{\partial y}m=yl-xm$$

式中 $\dfrac{\partial\phi}{\partial n}$ 为扭转翘曲函数 ϕ 在边界处的法向导数。

再考察两端面的边界条件。根据圣维南原理，杆两端面的表面力 $(\tau_{zx})_{z=0\text{或}z=l}$、$(\tau_{zy})_{z=0\text{或}z=l}$ 所形成的合力应为零，而合力矩应为扭矩 M，因此应有

$$\iint\tau_{zx}\,\mathrm{d}x\mathrm{d}y=0,\qquad \iint\tau_{zy}\,\mathrm{d}x\mathrm{d}y=0 \tag{4.14a}$$

$$\iint(x\tau_{zy}-y\tau_{zx})\,\mathrm{d}x\mathrm{d}y=M \tag{4.14b}$$

将应力表达式(4.10)代入式(4.14a)，可以证明这两个式子恒满足，例如

$$\begin{aligned}\iint\tau_{zx}\,\mathrm{d}x\mathrm{d}y&=\beta G\iint\left(\frac{\partial\phi}{\partial x}-y\right)\mathrm{d}x\mathrm{d}y\\&=\beta G\iint\left\{\frac{\partial}{\partial x}\left[x\left(\frac{\partial\phi}{\partial x}-y\right)\right]+\frac{\partial}{\partial y}\left[x\left(\frac{\partial\phi}{\partial y}+x\right)\right]\right\}\mathrm{d}x\mathrm{d}y\\&=\beta G\oint_\Gamma x\left[\left(\frac{\partial\phi}{\partial x}-y\right)l+\left(\frac{\partial\phi}{\partial y}+x\right)m\right]\mathrm{d}\Gamma=0\end{aligned}$$

上式的推导中使用了式(4.11)$\nabla^2\phi=0$ 和附录 A2.5 节中的散度定理式(A2.20)和式(4.13)。再将式(4.10)代入式(4.14b)给出

$$\beta=\frac{M}{D}$$

式中

$$D=G\iint(x^2+y^2)\mathrm{d}x\mathrm{d}y+G\iint\left(x\frac{\partial\phi}{\partial y}-y\frac{\partial\phi}{\partial x}\right)\mathrm{d}x\mathrm{d}y \tag{4.15}$$

称为扭转刚度。可以看出,其中第一项是截面无翘曲时的扭转刚度 GI_ρ(I_ρ 是极惯性矩),第二项反映了截面翘曲的影响。由于截面自由翘曲相对于无翘曲状态放松了约束,起到降低刚度的作用,所有第二项恒为负。

柱体扭转的位移解法,归结为在边界条件下由式(4.13)求解方程(4.11),求出扭转翘曲函数 ϕ,再分别由式(4.9b)和式(4.10)求位移和应力。但方程求解比较复杂,下面介绍数学求解相对容易的应力解法。

2. *应力解法*

以应力作为基本变量求解扭转问题,假设

$$\sigma_x=\sigma_y=\sigma_z=\tau_{xy}=0$$

引入函数 $\psi(x,y)$,使

$$\tau_{zx}=\beta G\frac{\partial\psi}{\partial y},\quad \tau_{zy}=-\beta G\frac{\partial\psi}{\partial x} \tag{4.16}$$

式中函数 $\psi(x,y)$称为 Prandtl 应力函数。显然,式(4.16)给出的应力满足平衡微分方程式(4.1)。

由应力表示的变形协调方程(4.8)简化为

$$\nabla^2\tau_{zx}=0,\quad \nabla^2\tau_{zy}=0$$

将式(4.16)代入,交换求导次序,得

$$\frac{\partial}{\partial x}(\nabla^2\psi)=0,\quad \frac{\partial}{\partial y}(\nabla^2\psi)=0$$

因此有

$$\nabla^2\psi=C \tag{4.17}$$

式中 C 为常数,下面证明它等于-2。对照式(4.16)和式(4.10b),有

$$-\frac{\partial\psi}{\partial x}=\frac{\partial\phi}{\partial y}+x,\quad \frac{\partial\psi}{\partial y}=\frac{\partial\phi}{\partial x}-y \tag{4.18}$$

对上面第一式求 x 的偏导数,第二式求 y 的偏导数,然后结果相减,则得 $C=-2$。

下面导出 $\psi(x,y)$在侧面上所需满足的边界条件。由于在侧面上不受外力作用,即 $\overline{T}_x=\overline{T}_y=\overline{T}_z=0$,侧面的外法线方向余弦中的 $n=0$,使用式(4.16),则边界条件式(4.4)的前两个条件自然满足,注意到式(4.12),最后一式变为

$$\frac{\partial \psi}{\partial x}\frac{\mathrm{d}x}{\mathrm{d}s}+\frac{\partial \psi}{\partial y}\frac{\mathrm{d}y}{\mathrm{d}s}=\frac{\mathrm{d}\psi}{\mathrm{d}s}=0 \quad (\text{在横截面周边 } \Gamma)$$

式中$\frac{\mathrm{d}\psi}{\mathrm{d}s}$是应力函数 ψ 在边界处的切向导数。因此要求

$$\psi = k \quad (\text{在横截面周边 } \Gamma) \tag{4.19}$$

式中 k 为常数。

对于横截面为单连通区域的情况，可取 $k=0$，可以证明这将不影响应力求解结果。此时，对柱端面的边界条件应用圣维南原理，即使用式(4.14)，将式(4.16)代入其中，则有

$$\begin{aligned} M &= \iint (x\tau_{zy} - y\tau_{zx})\mathrm{d}x\mathrm{d}y \\ &= \beta G\iint\left(-x\frac{\partial \psi}{\partial x} - y\frac{\partial \psi}{\partial y}\right)\mathrm{d}x\mathrm{d}y \\ &= \beta G\iint\left(-\frac{\partial}{\partial x}(x\psi) - \frac{\partial \phi}{\partial y}(y\psi) + 2\psi\right)\mathrm{d}x\mathrm{d}y \\ &= -\beta G\oint_{\Gamma}\psi(xl+ym)\mathrm{d}\Gamma + 2\beta G\iint \psi \mathrm{d}x\mathrm{d}y \end{aligned} \tag{4.20}$$

式(4.20)中使用了散度定理式(A2.20)，考虑到横截面周边 Γ 上 $\psi=0$，因此得扭矩为

$$M = 2\beta G\iint \psi \mathrm{d}x\mathrm{d}y$$

显然，抗扭刚度 D 为

$$D = 2G\iint \psi \mathrm{d}x\mathrm{d}y$$

例如，对于椭圆杆$\frac{x^2}{a^2}+\frac{y^2}{b^2}=1$ 的扭转问题，设应力函数为

$$\psi = m\left(\frac{x^2}{a^2}+\frac{y^2}{b^2}-1\right) \tag{4.21}$$

显然满足边界条件式(4.19)，代入方程(4.17)，得

$$m = -\frac{a^2b^2}{a^2+b^2} \tag{4.22}$$

将应力函数代入式(4.20)进行积分，得

$$M = -G\beta\pi mab$$

将式(4.22)代入上式得扭转角 β，进而得扭转刚度 D，它们分别为

$$\beta = \frac{a^2+b^2}{G\pi a^3b^3}M, \quad D = \frac{M}{\beta} = \frac{G\pi a^3b^3}{a^2+b^2}$$

将式(4.21)代入式(4.16)，得剪应力分布为

$$\tau_{zx} = \beta G \frac{\partial \psi}{\partial y} = -\frac{2M}{\pi a b^3} y$$

$$\tau_{zy} = -\beta G \frac{\partial \psi}{\partial x} = \frac{2M}{\pi a^3 b} x$$

$$\tau = \sqrt{\tau_{zx}^2 + \tau_{zy}^2} = \frac{2M}{\pi a b} \sqrt{\frac{x^2}{a^4} + \frac{y^2}{b^4}}$$

沿$\dfrac{y}{x}=\text{const}$的直线，剪应力$\tau$是线性分布的，最大剪应力发生自离截面形心最近的边界点，其值为

$$\tau_{\max} = \left| \tau_{zx(y=\pm b)} \right| = \frac{2M}{\pi a b^2}$$

积分式(4.18)求得扭转翘曲函数ϕ为

$$\phi = \frac{b^2 - a^2}{b^2 + a^2} xy$$

习　　题

1. 如图 4.5 所示，将橡皮方块放在与它同样尺寸的铁盒腔内，在铁盖上作用均匀压力p。假设铁盒与铁盖可以视为刚体，在橡皮与铁之间没有摩擦。使用位移法求橡皮块中的位移、应变与应力。

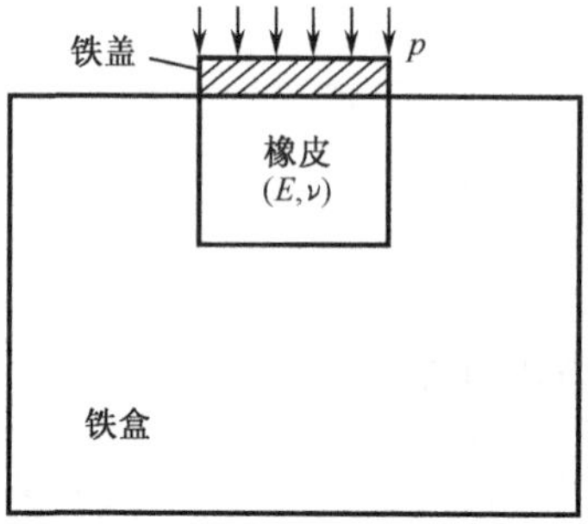

图　4.5

2. 下列应力场是否为无体力时弹性体中可能存在的应力场？如果是，它们在什么条件下存在？

(1) $\sigma_x = ax + by$；$\sigma_y = cx + dy$；$\sigma_z = 0$；$\tau_{xy} = fx + gy$；$\tau_{yz} = \tau_{zx} = 0$；

(2) $\sigma_x = ax^2y^2 + bx$；$\sigma_y = cy^2$；$\sigma_z = 0$；$\tau_{xy} = dxy$；$\tau_{yz} = \tau_{zx} = 0$；

其中a、b、c、d、f和g均为常数。

3. 证明扭转翘曲函数

$$\phi = \frac{b^2 - a^2}{b^2 + a^2} xy$$

能用来解椭圆杆$\dfrac{x^2}{a^2} + \dfrac{y^2}{b^2} = 1$的扭转问题，并且扭矩为$M = \beta \dfrac{G\pi a^3 b^3}{a^2 + b^2}$。

第5章　平面问题

5.1　平面问题分类

任何一个弹性体都是空间物体，所承受的外力一般都是空间力系。严格来说，所有的弹性力学问题都是空间问题。但是，当所研究的弹性体具有某种特殊的几何形状，并且承受某些特殊的外力时，就可以把空间问题简化为近似的平面问题进行分析处理，这样可以使得求解的工作量大大减少。

5.1.1　平面应变

工程实践中，常存在一类弹性力学问题具有如下特征：

(1)物体是一柱体，且轴向尺寸比横截面尺寸大得多，即轴向方向很长，可近似看作无限长，如图5.1所示。

(2)所有外力(体积力和表面力)都平行于横截面作用，且沿轴向保持不变。

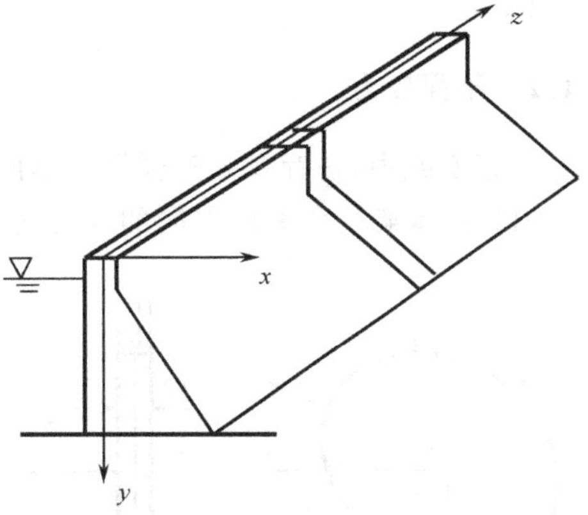

图5.1　大坝受上游水压力作用

任取一个垂直于轴向(z方向)的横截面，若轴向无限长，则该横截面为对称面，3个位移都应相对它对称。因此，可以推断位移分量应是：

$u_x = u_x(x,y)$，$u_y = u_y(x,y)$，$u_z = 0$

由几何方程可得，应变分量应是：

①平面内应变分量不为零，ε_x、ε_y、$\gamma_{xy} \neq 0$，且均为x、y的函数；

②平面外应变分量为零，$\varepsilon_z = \gamma_{xz} = \gamma_{yz} = 0$。

可见变形仅发生在与横截面平行的平面内，因此这类问题我们称之为平面应变问题。例如受土压力作用的长挡土墙、涵洞或隧道，长圆柱形管受内水压力等，都属于平面应变问题。

根据线弹性应力-应变关系：

$$\varepsilon_x = \frac{1}{E}[\sigma_x - \nu(\sigma_y + \sigma_z)] \tag{5.1a}$$

$$\varepsilon_y = \frac{1}{E}[\sigma_y - \nu(\sigma_z + \sigma_x)] \tag{5.1b}$$

$$\gamma_{xy} = \frac{1}{G}\tau_{xy} = \frac{2(1+\nu)}{E}\tau_{xy} \tag{5.1c}$$

$$\varepsilon_z = \frac{1}{E}[\sigma_z - \nu(\sigma_x + \sigma_y)] = 0 \tag{5.1d}$$

$$\tau_{zx} = \tau_{zy} = 0 \tag{5.1e}$$

由式(5.1d),则有

$$\sigma_z = \nu(\sigma_x + \sigma_y)$$

将 σ_z 的表达式代入式(5.1a)和式(5.1b),则得平面内应变分量与应力分量的关系

$$\varepsilon_x = \frac{\sigma_x}{E'} - \nu'\frac{\sigma_y}{E'}, \quad \varepsilon_y = -\nu'\frac{\sigma_x}{E'} + \frac{\sigma_y}{E'}, \quad \gamma_{xy} = \frac{2(1+\nu')}{E'}\tau_{xy} \tag{5.2a}$$

式中

$$E' = \frac{E}{1-\nu^2}, \quad \nu' = \frac{\nu}{1-\nu} \tag{5.2b}$$

由于应变 ε_x、ε_y、γ_{xy} 仅为 x 和 y 的函数,根据式(5.2),平面应变问题的应力分量 σ_x、σ_y、τ_{xy} 显然也仅为 x 和 y 的函数,而其他应力分量是 $\sigma_z=\nu(\sigma_x+\sigma_y)\neq 0$,$\tau_{zx}=\tau_{zy}=0$。

5.1.2 平面应力

工程实践中,还存在一类弹性力学问题具有如下特征:

(1) 物体某一个坐标方向的尺寸远小于其他两个坐标方向的尺寸,如图 5.2 所示的平板,沿 z 方向的厚度 t 均匀且很小。

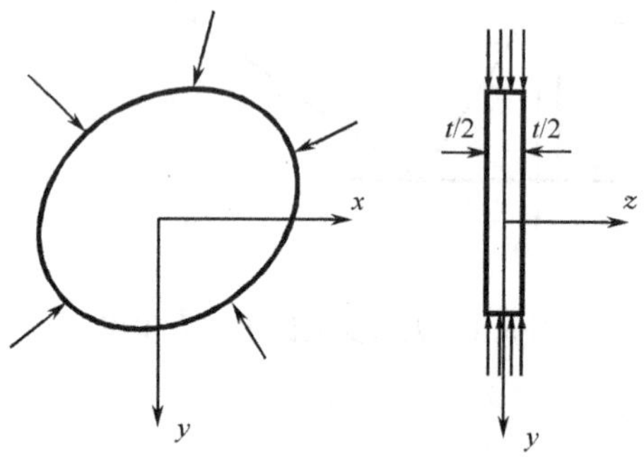

图 5.2 平板受面内荷载作用

(2)在板的 2 个表面上不受外力作用,所有外力(体积力和表面力)均作用在板的周边和板内。这些外力都平行于板面作用,没有垂直于板面的分量,且沿厚度不变。

因此,在 $z=\pm\frac{t}{2}$ 的面上各点有

$$\sigma_z = \tau_{zx} = \tau_{zy} = 0$$

在板内可能有上述应力,但一定很小,可以不计,这是因为:板的厚度很小,而这些应力沿厚度的分布又必须是连续的。于是,在板内仅剩下应力分量

$$\sigma_x、\sigma_y、\tau_{xy} \neq 0$$

这些应力分量可以认为与 z 无关,而仅是 x 和 y 的函数。于是,这类问题的平面外应力分量全为零,而平面内的应力分量不为零,因此称之为平面应力问题。

由于 $\sigma_z=\tau_{zx}=\tau_{zy}=0$,平面应力问题的本构方程是

$$\varepsilon_x = \frac{\sigma_x}{E} - \nu\frac{\sigma_y}{E}, \quad \varepsilon_y = -\nu\frac{\sigma_x}{E} + \frac{\sigma_y}{E}, \quad \gamma_{xy} = \frac{2(1+\nu)}{E}\tau_{xy} \tag{5.3}$$

$$\varepsilon_z = -\frac{\nu}{E}(\sigma_x + \sigma_y), \quad \gamma_{xz} = \gamma_{yz} = 0 \tag{5.4}$$

因此，平面应力问题的应变是：ε_x、ε_y、ε_z、$\gamma_{xy} \neq 0$ 均为 x、y 的函数；$\gamma_{xz} = \gamma_{yz} = 0$。而位移应是

$$u_x = u_x(x, y), \quad u_x = u_y(x, y), \quad u_z \neq 0$$

比较式(5.2)和式(5.3)可知，两类平面问题有关面内分量之间的本构方程在形式上一致，但平面应变问题使用常数 E'、ν' 作为弹性模量和泊松比，而平面应力问题直接使用材料本身的弹性常数 E、ν。平面应力问题和平面应变问题，统称为平面问题。

平面应力问题的本构方程(5.3)使用应变表示应力可写成

$$\sigma_x = \frac{E}{1-\nu^2}(\varepsilon_x + \nu\varepsilon_y), \quad \sigma_y = \frac{E}{1-\nu^2}(\nu\varepsilon_x + \varepsilon_y), \quad \tau_{xy} = \frac{E}{2(1+\nu)}\gamma_{xy} \tag{5.5a}$$

而后一式又可以写成

$$\tau_{xy} = \frac{E}{2(1+\nu)}2\varepsilon_{xy} = \frac{E}{1-\nu^2}(1-\nu)\varepsilon_{xy} \tag{5.5b}$$

规定希腊字母 α、β 等表示的下指标从 1 到 2 变化，式(5.5)使用张量形式表示为

$$\sigma_{\alpha\beta} = \frac{E}{1-\nu^2}\left[(1-\nu)\varepsilon_{\alpha\beta} + \nu\varepsilon_{\gamma\gamma}\delta_{\alpha\beta}\right]$$

式中 $\varepsilon_{\gamma\gamma} = \varepsilon_{11} + \varepsilon_{22} = \varepsilon_x + \varepsilon_y$。

5.2　平面问题的基本方程

前面介绍了平面问题的分类及其各自的特点，给出了应力与应变平面分量之间的本构方程，下面介绍平面问题的其他弹性力学方程。

5.2.1　平衡方程

将 $\sigma_z = \tau_{zx} = \tau_{zy} = 0$(平面应力)或者 $\sigma_z = \sigma_z(x, y)$，$\tau_{zx} = \tau_{zy} = 0$(平面应变)代入空间问题的平衡方程式(4.1)，得平面问题的平衡方程为

$$\frac{\partial\sigma_x}{\partial x} + \frac{\partial\tau_{yx}}{\partial y} + F_x = 0 \tag{5.6a}$$

$$\frac{\partial\tau_{xy}}{\partial x} + \frac{\partial\sigma_y}{\partial y} + F_y = 0 \tag{5.6b}$$

规定希腊字母下标仅从 1 到 2 变化，则上式用张量形式表示为

$$\sigma_{\alpha\beta,\alpha} + F_\beta = 0$$

5.2.2 几何方程

无论是平面应力还是平面应变，几何方程都是

$$\varepsilon_x = \frac{\partial u_x}{\partial x}, \quad \varepsilon_y = \frac{\partial u_y}{\partial y}, \quad \gamma_{xy} = \frac{\partial u_x}{\partial y} + \frac{\partial u_y}{\partial x} \tag{5.7}$$

用张量形式表示为

$$\varepsilon_{\alpha\beta} = \frac{1}{2}(u_{\alpha,\beta} + u_{\beta,\alpha}) \tag{5.8}$$

5.2.3 协调方程

对于平面应变情况，变形协调方程式(2.41)中的后面 5 个式子自动满足，仅剩关于面内分量的第一式，即

$$\frac{\partial^2 \varepsilon_x}{\partial y^2} + \frac{\partial^2 \varepsilon_y}{\partial x^2} = \frac{\partial^2 \gamma_{xy}}{\partial x \partial y} \tag{5.9}$$

但对于平面应力情况，式(2.41)中的第二、第三和第六式不能自动满足，它们分别简化成

$$\frac{\partial^2 \varepsilon_z}{\partial y^2} = 0, \quad \frac{\partial^2 \varepsilon_z}{\partial x^2} = 0, \quad \frac{\partial^2 \varepsilon_z}{\partial x \partial y} = 0 \tag{5.10}$$

这 3 个方程的解是

$$\varepsilon_z = Ax + By + C \quad (A、B、C\text{ 为常数}) \tag{5.11a}$$

将式(5.11a)代入式(5.4)的第一式，得

$$\sigma_x + \sigma_y = ax + by + c \quad (a、b、c\text{ 为常数}) \tag{5.11b}$$

由此得出结论：对于平面应变问题，只要应变分量满足面内协调方程式(5.9)，则平面应变状态一定存在。但对平面应力问题，除满足式(5.9)外，还必须满足线性条件式(5.11)，否则平面应力状态不存在。对于厚度很小的薄板，即使是式(5.11)不能满足，也可近似地按平面应力状态来处理。因此，在分析中式(5.11)不予考虑。

使用应力求解问题往往需要由应力表示的变形协调方程。利用平面问题的本构方程式(5.3)，将式(5.9)用应力表示为

$$\frac{\partial^2}{\partial y^2}(\sigma_x - \nu\sigma_y) + \frac{\partial^2}{\partial x^2}(\sigma_y - \nu\sigma_x) = 2(1+\nu)\frac{\partial^2 \tau_{xy}}{\partial x \partial y}$$

对于平面应变问题，上式的 ν 应由 ν' 代替。

利用平衡微分方程式(5.6)可导出

$$2\frac{\partial^2\tau_{xy}}{\partial x\partial y}=-\frac{\partial^2\sigma_x}{\partial x^2}-\frac{\partial^2\sigma_y}{\partial y^2}-\frac{\partial F_x}{\partial x}-\frac{\partial F_y}{\partial y}$$

利用上面的两个式子,得由应力表示的变形协调方程为

$$\left(\frac{\partial^2}{\partial x^2}+\frac{\partial^2}{\partial y^2}\right)(\sigma_x+\sigma_y)=-(1+\nu)\left(\frac{\partial F_x}{\partial x}+\frac{\partial F_y}{\partial y}\right)$$

当体积力为常数时,上式简化为

$$\nabla^2(\sigma_x+\sigma_y)=0 \tag{5.12}$$

式中

$$\nabla^2=\frac{\partial^2}{\partial x^2}+\frac{\partial^2}{\partial y^2}$$

是平面条件下的 Laplace 算子。注意式(5.12)中不包含弹性常数。

5.2.4　边界条件

对于平面问题的侧面力边界条件,由于边界法线与 z 轴垂直 $n=0$,且 $\overline{T}_z=0$,显然,力边界条件式(4.4)的第三式自然满足,而其他两个式子变成

$$\sigma_x l+\tau_{yx}m=\overline{T}_x \tag{5.13a}$$

$$\tau_{xy}l+\sigma_y m=\overline{T}_y \tag{5.13b}$$

平面问题的位移边界条件可写为

$$u_x=\bar{u}_x,\quad u_y=\bar{u}_y \tag{5.14}$$

式中 $\bar{u}_x$、$\bar{u}_y$ 为位移边界上的已知位移,对于固定约束边界它是零。

5.3　平面问题的应力解法

综上所述,平面应变问题与平面应力问题有关面内分量的基本方程,除本构方程外其余均相同。本构方程的形式也相同,只是前者使用弹性常数 E'、ν',后者使用弹性常数 E、ν。同空间问题一样,平面问题也可使用位移和应力两种解法进行求解。

若以应力作为基本未知数,则应力应满足:平衡微分方程式(5.6)和应力表示的变形协调方程式(5.12),共 3 个方程,3 个未知数($\sigma_x,\sigma_y,\tau_{xy}$),结合力边界条件式(5.13)可解得应力。

首先考察平衡微分方程式(5.6),它是非齐次微分方程组。这组方程的通解等于相应的齐次方程组($F_x=0,F_y=0$)的通解与它本身的特解之和,其特解很容易得到,例如取

$$\sigma_x=-F_x x,\quad \sigma_y=-F_y y,\quad \tau_{xy}=0 \tag{5.15a}$$

或者

$$\sigma_x = 0,\quad \sigma_y = 0,\quad \tau_{xy} = -F_x y - F_y x \tag{5.15b}$$

对于齐次方程组($F_x=0, F_y=0$)的通解,可取

$$\sigma_x = \frac{\partial A}{\partial y},\quad \tau_{yx} = -\frac{\partial A}{\partial x} \tag{5.16a}$$

$$\tau_{xy} = \frac{\partial B}{\partial y},\quad \sigma_y = -\frac{\partial B}{\partial x} \tag{5.16b}$$

式中 $A(x,y)$ 和 $B(x,y)$ 是两个任意函数。根据剪应力互等定理 $\tau_{yx}=\tau_{xy}$,因此要求

$$-\frac{\partial A}{\partial x} = \frac{\partial B}{\partial y}$$

欲使上式满足,可取

$$A = \frac{\partial \varphi}{\partial y},\quad B = -\frac{\partial \varphi}{\partial x} \tag{5.17}$$

式中 $\varphi(x,\ y)$ 也是任意函数,称之为应力函数。

将式(5.17)分别代入式(5.16)并加上特解式(5.15a)(或式(5.15b)),得平衡方程的通解为

$$\begin{aligned} \sigma_x &= \frac{\partial^2 \varphi}{\partial y^2} - F_x x \\ \sigma_y &= \frac{\partial^2 \varphi}{\partial x^2} - F_y y \\ \tau_{xy} &= -\frac{\partial^2 \varphi}{\partial x \partial y} \end{aligned} \tag{5.18}$$

应当指出:无论取式(5.15a)或式(5.15b)哪一组特解,对最终结果都没有影响。

对于体积力为常数的情况,将式(5.18)中的 σ_x 和 σ_y 代入由应力表示的协调方程式(5.12),得

$$\nabla^2 \nabla^2 \varphi = 0 \tag{5.19}$$

或写成

$$\left(\frac{\partial^2}{\partial x^2} + \frac{\partial^2}{\partial y^2}\right)\left(\frac{\partial^2}{\partial x^2} + \frac{\partial^2}{\partial y^2}\right)\varphi = 0 \tag{5.20}$$

将式(5.18)中的应力分量表达式代入力边界条件式(5.13),得由应力函数表示的力边界条件

$$\left(\frac{\partial^2 \varphi}{\partial y^2} - F_x x\right) l - \frac{\partial^2 \varphi}{\partial x \partial y} m = \overline{T}_x \tag{5.21a}$$

$$-\frac{\partial^2 \varphi}{\partial x \partial y} l + \left(\frac{\partial^2 \varphi}{\partial x^2} - F_y y\right) m = \overline{T}_y \tag{5.21b}$$

最后,平面问题归结为求解由应力函数 φ 表示的变形协调方程式(5.19)并满

足相应的边界条件式(5.21)。由于方程、边界条件以及应力分量表达式(5.18)中都不包含弹性常数,因此,平面问题的应力解与材料的弹性性质无关。这就是说,对于几何形状相同,所受外荷载相同,但材料不同的两个弹性体,无论是平面应力问题还是平面应变问题,它们内部的应力分布都相同。

给定边界条件的情况下直接求解上述方程一般比较困难,只有对于一些比较简单的问题才有可能。因此,对一些具体问题往往采用全逆解法和半逆解法进行求解,而解的唯一性定理为弹性力学问题的逆解法提供了理论依据。

逆解法 根据具体问题的边界条件和受力特点,通过分析,凑出一部分应力分量的函数形式,由此找出应力函数 φ 的形式,或者直接凑出应力函数 φ 的形式。它们中包含有待定的函数或常数,然后通过满足应力函数表示的变形协调方程和所有的边界条件,确定这些待定的函数或常数。若不能满足,则需修改原来所设的函数形式,直到它们满足为止。

5.4 使用直角坐标系求解的几个实例

5.4.1 悬臂梁一端受集中力作用

悬臂梁一端受集中力作用,梁高为 h,跨度为 L,如图 5.3 所示,若不考虑体积力,求问题的应力解,下面使用应力函数 $\varphi=dxy^3+bxy$ 求解。

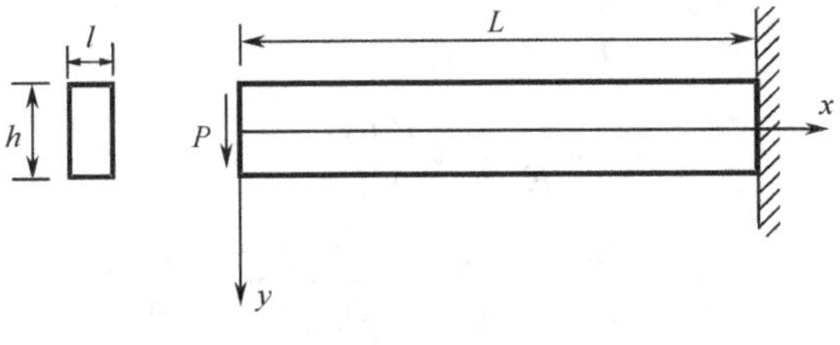

图 5.3 悬臂梁受集中荷载

将 φ 代入协调方程 $\nabla^2\nabla^2\varphi=0$,显然满足。由应力函数求应力分量,得

$$\sigma_x=\frac{\partial^2\varphi}{\partial y^2}=6dxy,\quad \sigma_y=\frac{\partial^2\varphi}{\partial x^2}=0,\quad \tau_{xy}=-\frac{\partial^2\varphi}{\partial x\partial y}=-3dy^2-b \tag{a}$$

应力分量 $\sigma_{\alpha\beta}$ 应满足力边界条件:

在 $y=\pm\dfrac{h}{2}$ 时, $(\sigma_y)_{y=\pm h/2}=0$, $(\tau_{xy})_{y=\pm h/2}=0$ (b)

将式(a)分别代入式(b),得

$$-3d\left(\frac{h}{2}\right)^2-b=0 \tag{c}$$

在 $x=0$ 的边界($l=-1,m=0$)上,力边界条件要求

$$\overline{T}_x = l\sigma_x + m\tau_{yx} = -1 \cdot \sigma_x = -6dxy\big|_{x=0} = 0 \tag{d}$$

$$\overline{T}_y = l\tau_{xy} + m\sigma_y = -1 \cdot \tau_{xy} = 3dy^2 + b \tag{e}$$

显然,式(d)能精确满足,式(e)要求端部截面作用分布面力,而实际作用的是集中力,因此,不能精确满足,需应用圣维南原理近似满足

$$P = \int \overline{T}_y \mathrm{d}y \cdot 1 = (dy^3 + by)\Big|_{-\frac{h}{2}}^{\frac{h}{2}} = \frac{1}{4}dh^3 + bh \tag{f}$$

联立方程(f)和方程(c),解得

$$b = \frac{3}{2}\frac{P}{h}, \quad d = -\frac{2P}{h^3} \tag{g}$$

将常数代入式(a),得所求的应力分量为

$$\sigma_x = -\frac{12P}{h^3}xy, \quad \sigma_y = 0, \quad \tau_{xy} = -\frac{3}{2}\frac{P}{h} + \frac{6P}{h^3}y^2$$

单位宽度的矩形截面梁,其惯性矩为 $I = \frac{h^3}{12}$,面积矩是 $S = \frac{h^2}{8} - \frac{y^2}{2}$,本题集中力 P 对任意截面的弯矩为 $M = -Px$,于是应力分量又可以表示为

$$\sigma_x = \frac{M}{I}y, \quad \sigma_y = 0, \quad \tau_{xy} = -\frac{PS}{I}$$

这一结果与材料力学的结果完全一样。

下面使用本构方程和几何方程求位移。对于本题的问题,我们有

$$\frac{\partial u_x}{\partial x} = \frac{\sigma_x}{E} = -\frac{Pxy}{EI} \tag{h}$$

$$\frac{\partial u_y}{\partial y} = -\nu\frac{\sigma_x}{E} = \nu\frac{Pxy}{EI} \tag{i}$$

$$\frac{\partial u_x}{\partial y} + \frac{\partial u_y}{\partial x} = \frac{\tau_{xy}}{G} = \frac{P}{2GI}\left(y^2 - \frac{h^2}{4}\right) \tag{j}$$

积分式(h)和式(i)得

$$u_x = -\frac{Px^2y}{2EI} + f(y), \quad u_y = \frac{\nu Pxy^2}{2EI} + g(x) \tag{k}$$

式中 $f(y)$ 和 $g(x)$ 分别是 y 和 x 的任意函数。将式(k)代入式(j),得

$$-\frac{Px^2}{2EI} + \frac{\mathrm{d}f}{\mathrm{d}y} + \frac{\nu Py^2}{2EI} + \frac{\mathrm{d}g}{\mathrm{d}x} = \frac{P}{2GI}\left(y^2 - \frac{h^2}{4}\right) \tag{l}$$

对式(l)进行分离变量处理,将方程写成

$$C_1 + C_2 = -\frac{Ph^2}{8GI} \tag{m}$$

式中

$$C_1 = \frac{\mathrm{d}f}{\mathrm{d}y} + \frac{\nu Py^2}{2EI} - \frac{Py^2}{2GI}, \quad C_2 = -\frac{Px^2}{2EI} + \frac{\mathrm{d}g}{\mathrm{d}x}$$

必须是常数。对上式积分将导致

$$f(y) = \left(\frac{1}{G} - \frac{\nu}{E}\right)\frac{Py^3}{6I} + C_1 y + D_1$$

$$g(x) = \frac{Px^3}{6EI} + C_2 x + D_2$$

将上式代入式(k),并考虑到式(m),于是有

$$u_x = -\frac{Px^2 y}{2EI} + \left(\frac{1}{G} - \frac{\nu}{E}\right)\frac{Py^3}{6I} + C_1 y + D_1$$

$$u_y = \frac{\nu P x y^2}{2EI} + \frac{Px^3}{6EI} - \left(C_1 + \frac{Ph^2}{8GI}\right)x + D_2$$

右端固定边界条件要求

$$(u_x)_{(x=L,y=0)} = 0, \quad (u_y)_{(x=L,y=0)} = 0$$

由此解得积分常数为

$$D_1 = 0, \quad D_2 = -\frac{PL^3}{6EI} + \left(C_1 + \frac{Ph^2}{8GI}\right)L$$

约束右端转动的方式可以有以下3种:

(a) $$\left(\frac{\partial u_x}{\partial y}\right)_{(x=L,y=0)} = 0$$

(b) $$\left(\frac{\partial u_y}{\partial x}\right)_{(x=L,y=0)} = 0$$

(c) $$(u_x)_{(x=L,y=\pm h/2)} = 0$$

每一种约束方式将给出不同的积分常数 C_1,最后的位移结果列出如下:

(a) $$u_x = \frac{PL^2 y}{2EI}\left(1 - \frac{x^2}{L^2}\right) + \frac{(2+\nu)Py^3}{6EI}$$

$$u_y = \frac{PL^3}{6EI}\left(2 - 3\frac{x}{L} + \frac{x^3}{L^3}\right) + \frac{Ph^2 L}{8GI}\left(1 - \frac{x}{L}\right) + \frac{\nu P x y^2}{2EI}$$

(b) $$u_x = \frac{PL^2 y}{2EI}\left(1 - \frac{x^2}{L^2}\right) + \frac{(2+\nu)Py^3}{6EI} - \frac{Ph^2 y}{8GI}$$

$$u_y = \frac{PL^3}{6EI}\left(2 - 3\frac{x}{L} + \frac{x^3}{L^3}\right) + \frac{\nu P x y^2}{2EI}$$

(c) $$u_x = \frac{PL^2 y}{2EI}\left(1 - \frac{x^2}{L^2}\right) + \frac{(2+\nu)P}{6EI}\left(y^3 - \frac{h^2 y}{4}\right)$$

$$u_y = \frac{PL^3}{6EI}\left(2 - 3\frac{x}{L} + \frac{x^3}{L^3}\right) + \frac{(4+5\nu)}{6(1+\nu)}\frac{Ph^2 L}{8GI}\left(1 - \frac{x}{L}\right) + \frac{\nu P x y^2}{2EI}$$

无论哪一种约束方式,位移 u_y 表达式的第一项都相同,它们就是材料力学中关于梁轴线的挠度曲线方程,因此,其他各项可认为是弹性力学的修正项。

5.4.2 简支梁受均布荷载作用

如图 5.4 所示，简支梁受均匀分布荷载作用，梁的高度为 h，跨度为 $2L$，试求应力分量和跨中的挠度。

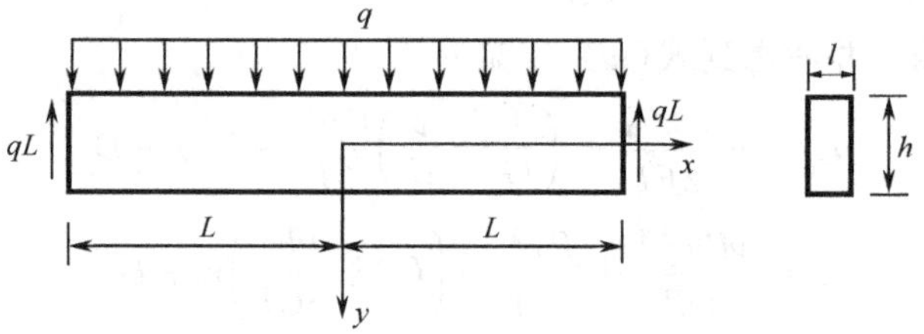

图 5.4 简支梁受均匀分布荷载作用

设 σ_y 仅是 y 的函数，据此找出应力函数 φ 的表达式

$$\sigma_y = f(y), \quad 即 \quad \sigma_y = \frac{\partial^2 \varphi}{\partial x^2} = f(y)$$

式中 $f(y)$是待定函数。积分后面的式子得

$$\varphi = \frac{1}{2}x^2 f(y) + x f_1(y) + f_2(y)$$

式中 $f_1(y)$和 $f_2(y)$是待定函数。代入协调方程$\nabla^2\nabla^2\varphi=0$，得

$$\frac{1}{2}x^2 \frac{\mathrm{d}^4 f}{\mathrm{d}y^4} + x\frac{\mathrm{d}^4 f_1}{\mathrm{d}y^4} + \frac{\mathrm{d}^4 f_2}{\mathrm{d}y^4} + 2\frac{\mathrm{d}^2 f}{\mathrm{d}y^2} = 0$$

对于$-L\leqslant x\leqslant L$，上面方程都应成立，因此有

$$\frac{\mathrm{d}^4 f}{\mathrm{d}y^4} = 0, \quad \frac{\mathrm{d}^4 f_1}{\mathrm{d}y^4} = 0, \quad \frac{\mathrm{d}^4 f_2}{\mathrm{d}y^4} + 2\frac{\mathrm{d}^2 f}{\mathrm{d}y^2} = 0$$

经积分得

$$f(y) = Ay^3 + By^2 + Cy + D$$

$$f_1(y) = Ey^3 + Fy^2 + Gy + R$$

$$f_2(y) = -\frac{A}{10}y^5 - \frac{B}{6}y^4 + Hy^3 + Ky^2 + Ly + M$$

因此有

$$\varphi = \frac{1}{2}x^2(Ay^3 + By^2 + Cy + D) + x(Ey^3 + Fy^2 + Gy) + \left(-\frac{A}{10}y^5 - \frac{1}{6}By^4 + Hy^3 + Ky^2\right)$$

注意在应力函数表达式中的线性函数被略去，因为它不影响应力计算。

使用上面的应力函数求得应力分量为

$$\sigma_x = \frac{\partial^2 \varphi}{\partial y^2} = x^2(3Ay + B) + x(6Ey + 2F) - 2Ay^3 - 2By^2 + 6Hy + 2K$$

$$\sigma_y = \frac{\partial^2 \varphi}{\partial x^2} = Ay^3 + By^2 + Cy + D \tag{a}$$

$$\tau_{xy} = -\frac{\partial^2 \varphi}{\partial x \partial y} = -x(3Ay^2 + 2By + C) - (3Ey^2 + 2Fy + G)$$

下面利用边界条件求待定常数。在考虑边界条件之前，先考虑问题的对称性。现在的问题关于 y 轴对称，所以应力分布应当关于 y 轴对称。因此，σ_x 和 σ_y 应当是 x 的偶函数，而 τ_{xy} 应当是 x 的奇函数，于是由式(a)就有

$$E = F = G = 0$$

考虑上下两边的边界条件，它们是

$$\begin{aligned}(\sigma_y)_{y=-h/2} = -q, \quad (\tau_{xy})_{y=-h/2} = 0 \\ (\sigma_y)_{y=h/2} = 0, \quad (\tau_{xy})_{y=h/2} = 0\end{aligned} \tag{b}$$

将式(a)代入式(b)求得

$$A = -\frac{2q}{h^3}, \quad B = 0, \quad C = \frac{3}{2}\frac{q}{h}, \quad D = -\frac{q}{2}$$

再考虑两端边界条件，由于问题的对称性，只需考虑一端的边界条件，例如右端 $x=L(l=1, m=0)$ 上，力边界条件要求

$$\overline{T}_x = l\sigma_x + m\tau_{yx} = 1 \cdot (\sigma_x)_{x=L} = 0 \tag{c}$$

$$\overline{T}_y = l\tau_{xy} + m\sigma_y = 1 \cdot (\tau_{xy})_{x=L} = -L\left(-\frac{6q}{h^3}y^2 + \frac{3q}{2h}\right) \tag{d}$$

显然，式(c)不能精确满足，式(d)要求端部截面作用分布面力，而实际作用的是集中力，因此，也不能精确满足。通常梁的跨度远大于梁的高度时，可以应用圣维南原理近似满足，即要求

$$\begin{aligned}\int_{-h/2}^{h/2} \overline{T}_x \mathrm{d}y = \int_{-h/2}^{h/2} (\sigma_x)_{x=L} \mathrm{d}y = 0 \\ \int_{-h/2}^{h/2} \overline{T}_y \mathrm{d}y = \int_{-h/2}^{h/2} (\tau_{xy})_{x=L} \mathrm{d}y = -qL \\ \int_{-h/2}^{h/2} \overline{T}_x y \mathrm{d}y = \int_{-h/2}^{h/2} (\sigma_x)_{x=L} y \mathrm{d}y = 0\end{aligned} \tag{e}$$

将应力表达式(a)代入式(e)，得

$$H = \frac{qL^2}{h^3} - \frac{q}{10h}, \quad K = 0$$

将上面的常数代入应力分量的表达式(a),并整理得应力解为

$$\begin{aligned}\sigma_x &= \frac{M}{I}y + q\,\frac{y}{h}\left(4\,\frac{y^2}{h^2} - \frac{3}{5}\right)\\ \sigma_y &= -\frac{q}{2}\left(1+\frac{y}{h}\right)\left(1-\frac{2y}{h}\right)^2\\ \tau_{xy} &= \frac{QS}{I}\end{aligned} \tag{5.22}$$

分布力 q 对任意截面的弯矩为 $M=\frac{q}{2}(L^2-x^2)$,剪力为 $Q=-qx$。

从应力的解答式(5.22)容易看出,在跨度远大于高度即($L\gg h$)的梁中,各应力分量中每项的数量级是:弯应力 σ_x 的第一项与 $q\left(\frac{L}{h}\right)^2$ 同阶大小,为主要应力;剪切应力 τ_{xy} 与 $q\,\frac{L}{h}$ 同阶大小,为次要应力;而挤压应力 σ_y 及弯应力 σ_x 的第二项均与 q 同阶大小,为更次要应力。

现在将上述应力解答式(5.22)与材料力学的结果比较。在弯应力 σ_x 的表达式中,第一项是主要项,和材料力学中的解答相同,第二项则是弹性力学提出的修正项。对于通常的浅梁($h\ll L$),修正项很小,可以忽略不计。

用所求得的应力,利用几何方程和位移边界条件求得 $y=0$(梁轴线)的位移 u_{y_0},即挠曲线方程为

$$u_{y_0} = -\frac{q}{2EI}\left[\frac{L^2x^2}{2} - \frac{x^4}{12} - \frac{h^2x^2}{5} + \left(1+\frac{\nu}{2}\right)h^2x^2\right]$$

挠曲线曲率为

$$\frac{\mathrm{d}^2u_{y_0}}{\mathrm{d}x^2} = \frac{q}{EI}\left[\frac{L^2-x^2}{2} + \left(\frac{4}{5}+\frac{\nu}{2}\right)h^2\right]$$

上式方括号中的第二项为材料力学结果的修正项。

5.4.3 三角形水坝

图 5.5 所示三角形水坝只受水压力和自重作用,大坝的密度为 γ,水的密度为 ρ,大坝很长,沿坝轴线的各截面相等,属平面应变问题。用纯三次多项式的应力函数求解,设应力函数为

$$\varphi = ax^3 + bx^2y + cxy^2 + dy^3$$

将 φ 代入协调方程 $\nabla^2\nabla^2\varphi=0$,显然满足。使用应力函数求得应力分量为

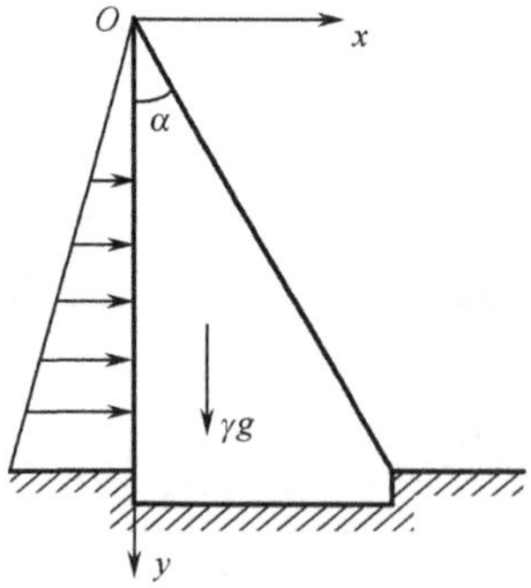

图 5.5 水坝受水压力作用

$$\sigma_x = \frac{\partial^2 \varphi}{\partial y^2} - F_x x = 2cx + 6dy$$

$$\sigma_y = \frac{\partial^2 \varphi}{\partial x^2} - F_y y = 6ax + 2by - \gamma g y$$

$$\tau_{xy} = -\frac{\partial^2 \varphi}{\partial x \partial y} = -2bx - 2cy$$

利用边界条件求其中的常数。在 $x=0$ 上的边界上

$$(\sigma_x)_{x=0} = -\rho g y, \quad (\tau_{xy})_{x=0} = 0$$

代入应力分量表达式，得

$$c = 0, \quad d = -\frac{1}{6}\rho g$$

在斜面 $x = y\tan\alpha$ 的边界上，$l = \cos\alpha, m = -\sin\alpha$

$$(\sigma_x)_{x=y\tan\alpha}\cos\alpha + (\tau_{xy})_{x=y\tan\alpha}(-\sin\alpha) = 0$$

$$(\tau_{xy})_{x=y\tan\alpha}\cos\alpha + (\sigma_y)_{x=y\tan\alpha}(-\sin\alpha) = 0$$

代入应力表达式，得

$$a = \frac{1}{6}\gamma g\cot\alpha - \frac{1}{3}\rho g\cot^3\alpha$$

$$b = \frac{1}{2}\rho g\cot^2\alpha$$

将上面的常数代入应力分量的表达式，得应力解为

$$\sigma_x = -\rho g y$$

$$\sigma_y = (\gamma g\cot\alpha - 2\rho g\cot^3\alpha)x + \rho g y\cot^2\alpha - \gamma g y$$

$$\tau_{xy} = -\rho g x\cot^2\alpha$$

由此可见，沿着任一水平截面上 $y=\text{const}$，应力 σ_x 为常数；应力 σ_y 按直线变化，它与材料力学中偏心受压公式求得的结果相同；应力 τ_{xy} 也按直线变化，在材料力学中，τ_{xy} 按抛物线变化，这与现在的正确解答不符。

5.5　极坐标表示的基本方程

在实际工程问题中，物体的几何形状和受力情况是复杂的，选用合适的坐标系可使求解问题变得容易。例如对圆筒、圆环和楔形体等构成的平面问题使用极坐标则显得特别方便。在极坐标下，弹性力学基本方程的形式将发生改变，但它们所描述的物理本质不变，这是物理本质的客观性所决定的。推导极坐标下的基本方程有两种方法：①是对张量形式表示的基本方程利用张量的坐标变换规律推导，见附录 A2.6 节；②同直角坐标一样取微单元体使用平衡条件和几何关系直接推导。为物理直观起见，下面的推导采用后面一种方法。

5.5.1 平衡方程

沿弹性体的径向方向和环向方向截取一微单元体，这个微单元体的中心角为 $d\theta$，内半径为 r，外半径为 $r+dr$，该单元体上的受力情况如图 5.6 所示。下面根据静力平衡条件，导出径向方向和环向方向的平衡微分方程。

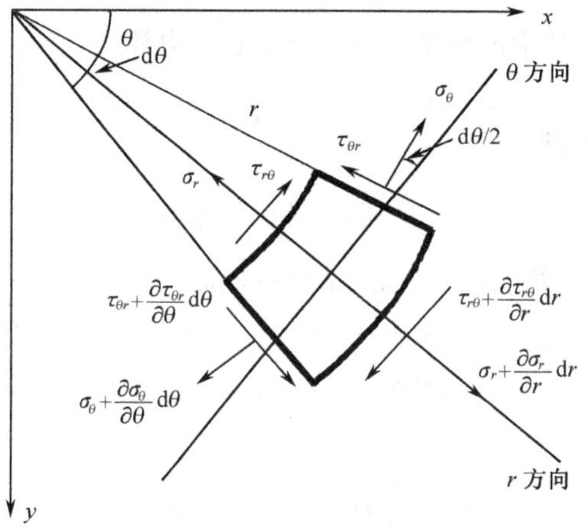

图 5.6 平面极坐标微单元体

1. 径向方向的平衡

$$\left(\sigma_r+\frac{\partial\sigma_r}{\partial r}dr\right)(r+dr)d\theta-\sigma_r r\,d\theta-\left(\sigma_\theta+\frac{\partial\sigma_\theta}{\partial\theta}d\theta\right)dr\,\frac{d\theta}{2}$$
$$-\sigma_\theta dr\,\frac{d\theta}{2}+\left(\tau_{\theta r}+\frac{\partial\tau_{\theta r}}{\partial\theta}d\theta\right)dr-\tau_{\theta r}dr+F_r r\,d\theta dr=0$$

2. 环向方向的平衡

$$\left(\sigma_\theta+\frac{\partial\sigma_\theta}{\partial\theta}d\theta\right)dr-\sigma_\theta dr+\left(\tau_{r\theta}+\frac{\partial\tau_{r\theta}}{\partial r}dr\right)(r+dr)d\theta$$
$$-\tau_{r\theta}r\,d\theta+\left(\tau_{\theta r}+\frac{\partial\tau_{\theta r}}{\partial\theta}d\theta\right)dr\,\frac{d\theta}{2}+\tau_{\theta r}dr\,\frac{d\theta}{2}+F_\theta r\,d\theta dr=0$$

式中 F_θ、F_r 分别是单位体积力在环向和径向上的分量，式中还使用了 $\sin(d\theta/2)\approx d\theta/2$，$\cos(d\theta/2)\approx1$。将上面两个式子整理得极坐标下的平衡微分方程

$$\frac{\partial\sigma_r}{\partial r}+\frac{1}{r}\frac{\partial\tau_{\theta r}}{\partial\theta}+\frac{\sigma_r-\sigma_\theta}{r}+F_r=0 \tag{5.23a}$$

$$\frac{\partial\tau_{r\theta}}{\partial r}+\frac{1}{r}\frac{\partial\sigma_\theta}{\partial\theta}+\frac{2\tau_{r\theta}}{r}+F_\theta=0 \tag{5.23b}$$

与直角坐标中的平衡微分方程式(5.6)相比,式(5.23)增多了两项$\frac{\sigma_r-\sigma_\theta}{r}$及$\frac{2\tau_{r\theta}}{r}$,这是因为图5.6所示的微单元体对边微段"平行不相等,相等不平行"所致。这也反映了极坐标的特点。

微单元体的力矩平衡将导出

$$\tau_{r\theta}=\tau_{\theta r}$$

5.5.2 几何方程

通过任一点$P(r,\theta)$,分别作径向和环向的线元,然后分析线元上的应变分量和位移分量之间的关系,分两步进行。

(1)仅产生径向位移,线元PA位移到$P'A'$,线元PB位移到$P'B'$,如图5.7(a)所示,则应变为

$$\varepsilon_r=\frac{P'A'-PA}{PA}=\frac{\left(u_r+\frac{\partial u_r}{\partial r}\mathrm{d}r\right)-u_r}{\mathrm{d}r}=\frac{\partial u_r}{\partial r}$$

$$\varepsilon_\theta=\frac{P'B'-PB}{PB}=\frac{(u_r+r)\mathrm{d}\theta-r\mathrm{d}\theta}{r\mathrm{d}\theta}=\frac{u_r}{r}$$

PA的转角$\alpha=0$,PB的转角记为β,有

$$\beta=\frac{BB'-PP'}{PB}=\frac{\left(u_r+\frac{\partial u_r}{\partial\theta}\mathrm{d}\theta\right)-u_r}{r\mathrm{d}\theta}=\frac{1}{r}\frac{\partial u_r}{\partial\theta}$$

$$\gamma_{r\theta}=\alpha+\beta=\frac{1}{r}\frac{\partial u_r}{\partial\theta}$$

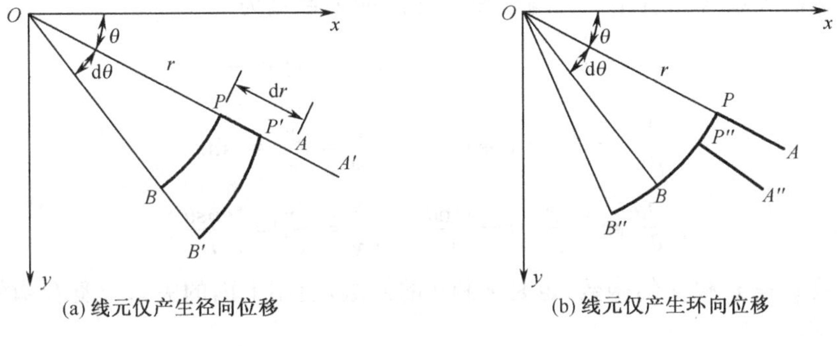

图5.7 沿极坐标轴方向线元的位移

(2)仅产生环向位移,线元PA位移到$P''A''$,线元PB位移到$P''B''$,如图5.7(b)所示,则应变为

$$PP''=u_\theta,\quad BB''=u_\theta+\frac{\partial u_\theta}{\partial\theta}\mathrm{d}\theta,\quad AA''=u_\theta+\frac{\partial u_\theta}{\partial r}\mathrm{d}r$$

$$\varepsilon_\theta=\frac{B''P''-BP}{BP}=\frac{BB''-PP''}{BP}=\frac{\left(u_\theta+\frac{\partial u_\theta}{\partial\theta}\mathrm{d}\theta\right)-u_\theta}{r\mathrm{d}\theta}=\frac{1}{r}\frac{\partial u_\theta}{\partial\theta}$$

PA 的转角为 α，PB 的转角为 β，它们分别为

$$\alpha = \frac{AA'' - PP''}{PA} = \frac{\left(u_\theta + \frac{\partial u_\theta}{\partial r}\mathrm{d}r\right) - u_\theta}{\mathrm{d}r} = \frac{\partial u_\theta}{\partial r}$$

$$\beta = -\angle POP'' = -\frac{u_\theta}{r}$$

当既有径向位移又有环向位移时，几何方程为上述两种情况的叠加，即

$$\begin{aligned} \varepsilon_r &= \frac{\partial u_r}{\partial r} \\ \varepsilon_\theta &= \frac{u_r}{r} + \frac{1}{r}\frac{\partial u_\theta}{\partial \theta} \\ \gamma_{r\theta} &= \frac{1}{r}\frac{\partial u_r}{\partial \theta} + \frac{\partial u_\theta}{\partial r} - \frac{u_\theta}{r} \end{aligned} \tag{5.24}$$

由于极坐标也是正交坐标系，本构方程在极坐标下的形式同直角坐标，即可表示为

$$\varepsilon_r = \frac{\sigma_r}{E} - \nu\frac{\sigma_\theta}{E}, \quad \varepsilon_\theta = \frac{\sigma_\theta}{E} - \nu\frac{\sigma_r}{E}, \quad \gamma_{\theta r} = \frac{\tau_{\theta r}}{G} \tag{5.25}$$

5.5.3 变形协调方程

平面问题最后归结为求解由应力函数 φ 表示的变形协调方程及其相应的边界条件。使用极坐标求解，需要得到极坐标系下的变形协调方程及应力分量由应力函数表达的关系式。直角坐标与极坐标之间的关系式为

$$r^2 = x^2 + y^2, \qquad \theta = \arctan\frac{y}{x}$$

$$\frac{\partial r}{\partial x} = \frac{x}{r} = \cos\theta, \qquad \frac{\partial r}{\partial y} = \frac{y}{r} = \sin\theta$$

$$\frac{\partial \theta}{\partial x} = -\frac{y}{r^2} = -\frac{\sin\theta}{r}, \quad \frac{\partial \theta}{\partial y} = \frac{x}{r^2} = \frac{\cos\theta}{r}$$

应力函数 φ 是 x 和 y 的函数，也是 r 和 θ 的函数，使用上面的关系及复合函数求偏导公式，得

$$\frac{\partial \varphi}{\partial x} = \frac{\partial \varphi}{\partial r}\frac{\partial r}{\partial x} + \frac{\partial \varphi}{\partial \theta}\frac{\partial \theta}{\partial x} = \frac{\partial \varphi}{\partial r}\cos\theta - \frac{\partial \varphi}{\partial \theta}\frac{\sin\theta}{r}$$

$$\frac{\partial \varphi}{\partial y} = \frac{\partial \varphi}{\partial r}\frac{\partial r}{\partial y} + \frac{\partial \varphi}{\partial \theta}\frac{\partial \theta}{\partial y} = \frac{\partial \varphi}{\partial r}\sin\theta + \frac{\partial \varphi}{\partial \theta}\frac{\cos\theta}{r}$$

以及

$$\frac{\partial^2 \varphi}{\partial x^2} = \frac{\partial}{\partial x}\left(\frac{\partial \varphi}{\partial x}\right) = \cos^2\theta\frac{\partial^2 \varphi}{\partial r^2} + \sin^2\theta\left(\frac{1}{r}\frac{\partial \varphi}{\partial r} + \frac{1}{r^2}\frac{\partial^2 \varphi}{\partial \theta^2}\right) + \sin 2\theta\left(\frac{1}{r^2}\frac{\partial \varphi}{\partial \theta} - \frac{1}{r}\frac{\partial^2 \varphi}{\partial r \partial \theta}\right)$$

$$\frac{\partial^2\varphi}{\partial y^2}=\frac{\partial}{\partial y}\left(\frac{\partial\varphi}{\partial y}\right)=\sin^2\theta\frac{\partial^2\varphi}{\partial r^2}+\cos^2\theta\left(\frac{1}{r}\frac{\partial\varphi}{\partial r}+\frac{1}{r^2}\frac{\partial^2\varphi}{\partial\theta^2}\right)-\sin2\theta\left(\frac{1}{r^2}\frac{\partial\varphi}{\partial\theta}-\frac{1}{r}\frac{\partial^2\varphi}{\partial r\partial\theta}\right)$$

$$\frac{\partial^2\varphi}{\partial x\partial y}=\frac{\partial}{\partial x}\left(\frac{\partial\varphi}{\partial y}\right)=\sin\theta\cos\theta\left(\frac{\partial^2\varphi}{\partial r^2}-\frac{1}{r}\frac{\partial\varphi}{\partial r}-\frac{1}{r^2}\frac{\partial^2\varphi}{\partial\theta^2}\right)$$

$$-(\cos^2\theta-\sin^2\theta)\left(\frac{1}{r^2}\frac{\partial\varphi}{\partial\theta}-\frac{1}{r}\frac{\partial^2\varphi}{\partial r\partial\theta}\right)$$

(5.26)

将式(5.26)的前面两个式子相加,可得

$$\nabla^2\varphi=\frac{\partial^2\varphi}{\partial x^2}+\frac{\partial^2\varphi}{\partial y^2}=\frac{\partial^2\varphi}{\partial r^2}+\frac{1}{r}\frac{\partial\varphi}{\partial r}+\frac{1}{r^2}\frac{\partial^2\varphi}{\partial^2\theta}$$

因此,Laplace 算子在极坐标下为

$$\nabla^2=\frac{\partial^2}{\partial r^2}+\frac{1}{r}\frac{\partial}{\partial r}+\frac{1}{r^2}\frac{\partial^2}{\partial\theta^2}$$

于是,极坐标系下的协调方程为

$$\left(\frac{\partial^2}{\partial r^2}+\frac{1}{r}\frac{\partial}{\partial r}+\frac{1}{r^2}\frac{\partial^2}{\partial\theta^2}\right)\left(\frac{\partial^2}{\partial r^2}+\frac{1}{r}\frac{\partial}{\partial r}+\frac{1}{r^2}\frac{\partial^2}{\partial\theta^2}\right)\varphi=0$$

或写成

$$\left(\frac{\partial^2}{\partial r^2}+\frac{1}{r}\frac{\partial}{\partial r}+\frac{1}{r^2}\frac{\partial^2}{\partial\theta^2}\right)^2\varphi=0 \tag{5.27}$$

使用式(1.35),可导出极坐标与直角坐标之间的应力分量坐标变换式具有如下形式

$$\begin{aligned}\sigma_r&=\sigma_x\cos^2\theta+\sigma_y\sin^2\theta+2\tau_{xy}\sin\theta\cos\theta\\\sigma_\theta&=\sigma_x\sin^2\theta+\sigma_y\cos^2\theta-2\tau_{xy}\sin\theta\cos\theta\\\tau_{r\theta}&=-(\sigma_x-\sigma_y)\sin\theta\cos\theta+\tau_{xy}(\cos^2\theta-\sin^2\theta)\end{aligned} \tag{5.28}$$

将式(5.26)代入式(5.18),再将所得结果代入式(5.28),在不计体积力的情况下,整理可得

$$\begin{aligned}\sigma_r&=\frac{1}{r}\frac{\partial\varphi}{\partial r}+\frac{1}{r^2}\frac{\partial^2\varphi}{\partial\theta^2}\\\sigma_\theta&=\frac{\partial^2\varphi}{\partial r^2}\\\tau_{r\theta}&=-\frac{1}{r}\frac{\partial^2\varphi}{\partial r\partial\theta}+\frac{1}{r^2}\frac{\partial\varphi}{\partial\theta}=-\frac{\partial}{\partial r}\left(\frac{1}{r}\frac{\partial\varphi}{\partial\theta}\right)\end{aligned} \tag{5.29}$$

在不计体积力的情况下,式(5.29)就是极坐标下由应力函数表示的应力分量,也就是平衡微分方程式(5.23)的通解。

5.6　使用极坐标求解的几个问题

5.6.1　厚壁圆筒受均匀压力

下面考察一厚壁圆筒，如图 5.8 所示，圆筒内半径为 a，外半径为 b，内壁作用均匀压力 q_a，外壁作用均布压力 q_b，圆筒很长，沿筒轴向可以假定没有位移，属平面应变问题。

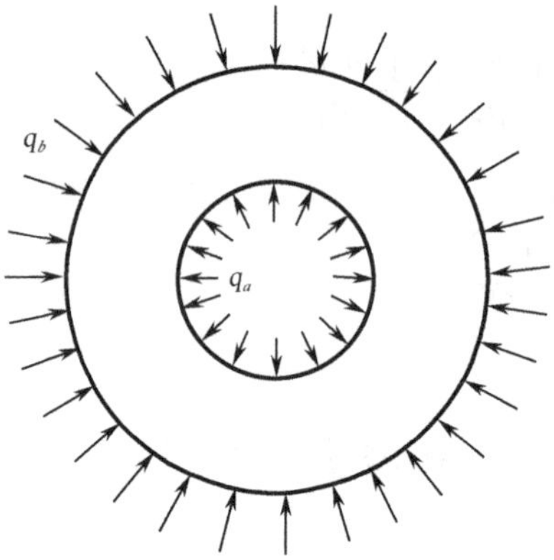

图 5.8　圆筒受内外均布压力

这是一个轴对称问题。当弹性体的几何形状和外荷载为轴对称时，应力与应变也都应是轴对称的，它们仅是 r 的函数，与 θ 无关。因此，应力函数也仅是 r 的函数 $\varphi = \varphi(r)$，应力分量为

$$\sigma_r = \frac{1}{r}\frac{\mathrm{d}\varphi}{\mathrm{d}r}, \quad \sigma_\theta = \frac{\mathrm{d}^2\varphi}{\mathrm{d}r^2}, \quad \tau_{\theta r} = \tau_{r\theta} = 0$$

变形协调方程简化为

$$\left(\frac{\mathrm{d}^2}{\mathrm{d}r^2} + \frac{1}{r}\frac{\mathrm{d}}{\mathrm{d}r}\right)^2 \varphi = 0$$

协调方程的通解是

$$\varphi = A\ln r + Br^2\ln r + Cr^2 + D$$

于是应力是

$$\sigma_r = \frac{A}{r^2} + B(1 + 2\ln r) + 2C$$

$$\sigma_\theta = -\frac{A}{r^2} + B(3 + 2\ln r) + 2C$$

对于平面应变问题，应用本构方程和几何方程求位移

$$\varepsilon_r = \frac{\partial u_r}{\partial r} = \frac{1}{E'}\left[(1+\nu')\frac{A}{r^2} + (1-3\nu')B + 2(1-\nu')B\ln r + 2(1-\nu')C\right]$$

$$\varepsilon_\theta = \frac{u_r}{r} + \frac{1}{r}\frac{\partial u_\theta}{\partial \theta} = \frac{1}{E'}\left[-(1+\nu')\frac{A}{r^2} + (3-\nu')B\right.$$
$$\left. + 2(1-\nu')B\ln r + 2(1-\nu')C\right]$$

$$\gamma_{r\theta} = \gamma_{\theta r} = \frac{1}{r}\frac{\partial u_r}{\partial \theta} + \frac{\partial u_\theta}{\partial r} - \frac{u_\theta}{r} = 0$$

解上面 3 个偏微分方程，得到位移的解为

$$u_r = \frac{1}{E'}\left[-(1+\nu')\frac{A}{r} + 2(1-\nu')Br(\ln r - 1) + (1-3\nu')Br + 2(1-\nu')Cr\right]$$
$$+ I\cos\theta + K\sin\theta$$

$$u_\theta = \frac{4Br\theta}{E'} + Hr - I\sin\theta + K\cos\theta$$

上述解中包含 A、B、C 共 3 个常数，通过边界条件以及位移单值条件确定。

力边界条件

$$(\sigma_r)_{r=a}=-q_a,\quad (\sigma_r)_{r=b}=-q_b$$
$$(\tau_{r\theta})_{r=a}=0,\quad (\tau_{r\theta})_{r=b}=0$$

前面两个边界条件可求出 A、C，后两个条件自然满足。

位移单值条件要求，$B=0$。若 $B\neq 0$，则从 u_θ 的表达式可知：r 相同，但极角为 θ，$\theta+2n\pi$ 不等时，u_θ 不相等，其实这是同一点。位移表达式中的常数 H、I、K 代表刚体位移，由位移约束条件求得。

最后应力解是

$$\sigma_r=\frac{a^2}{b^2-a^2}\left(1-\frac{b^2}{r^2}\right)q_a-\frac{b^2}{b^2-a^2}\left(1-\frac{a^2}{r^2}\right)q_b \tag{5.30a}$$

$$\sigma_\theta=\frac{a^2}{b^2-a^2}\left(1+\frac{b^2}{r^2}\right)q_a-\frac{b^2}{b^2-a^2}\left(1+\frac{a^2}{r^2}\right)q_b \tag{5.30b}$$

这组应力解也可作为相同情况下（平面几何形状和受力条件均相同）平面应力问题的解。

5.6.2　小圆孔对矩形薄板应力分布的影响

1）小圆孔矩形薄板的等向拉伸

对于带小圆孔矩形薄板的等向拉伸问题，如图 5.9 所示，属平面应力问题，可以使用上述应力解求解。该问题可以简化为壁厚很大（$b\gg a$）的圆环，其内壁压力为零，而外壁受均匀径向拉力，即 $q_a=0$，$q_b=-q$，代入式(5.30)，则得问题的解是

$$\sigma_r=\left(1-\frac{a^2}{r^2}\right)q,\quad \sigma_\theta=\left(1+\frac{a^2}{r^2}\right)q,\quad \tau_{r\theta}=0 \tag{5.31}$$

最大环向拉应力发生在孔边，$(\sigma_\theta)_{\max}=2q$，是无圆孔时矩形薄板内应力的 2 倍，这就是说，因圆孔引起的应力集中系数为 2。

2）小圆孔矩形薄板双向等值拉压

已知有一带小圆孔的薄板，在 x 轴方向承受均匀拉力 q，而 y 轴方向受均匀压力 q 作用，如图 5.10 所示，试分析小圆孔附近的应力集中情况。

按圣维南原理，圆孔附近产生的应力集中影响在距圆孔较远处将明显减小。若取一个半径为 b 的大圆，当 b 足够大时，其周边以外应力集中现象已很

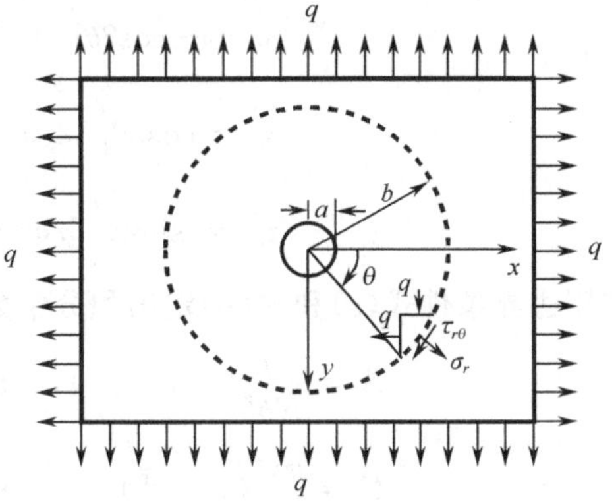

图 5.9　带小圆孔矩形薄板双向等拉

小，因此，在 $r=b$ 处的应力状态可以认为是 $\sigma_x=q, \sigma_y=-q, \tau_{xy}=0$，通过应力状态的坐标变换得极坐标方向的应力分量为

$$(\sigma_r)_{r=b}=q\cos 2\theta, \quad (\tau_{r\theta})_{r=b}=-q\sin 2\theta \tag{a}$$

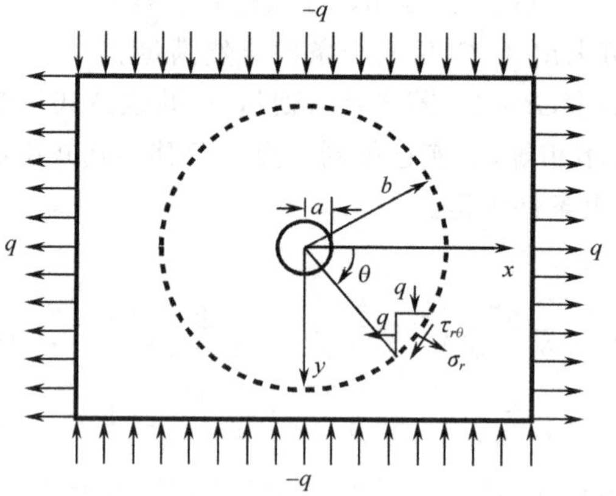

图 5.10　带小圆孔矩形薄板双向等值拉压

而内孔处的力边界条件是

$$(\sigma_r)_{r=a}=0, \quad (\tau_{r\theta})_{r=a}=0 \tag{b}$$

根据边界上应力的分布规律，设应力函数为

$$\varphi=f(r)\cos 2\theta \tag{c}$$

代入协调方程并求解，得

$$f(r)=Ar^4+Br^2+C+\frac{D}{r^2}$$

将上式代入式(c)，使用式(5.29)，求得应力分量为

$$\begin{aligned}
\sigma_r &= -\cos 2\theta\left(2B+\frac{4C}{r^2}+\frac{6D}{r^4}\right)\\
\sigma_\theta &= \cos 2\theta\left(12Ar^2+2B+\frac{6D}{r^4}\right)\\
\tau_{r\theta} &= \sin 2\theta\left(6Ar^2+2B-\frac{2C}{r^2}-\frac{6D}{r^4}\right)
\end{aligned} \tag{d}$$

利用边界条件式(a)和式(b)定出积分常数

$$A=\frac{q}{Nb^2}\beta^2(1-\beta^2), \quad B=-\frac{q}{2N}(1+3\beta^4-6\beta^6)$$

$$C=\frac{qa^2}{N}(1-\beta^6), \qquad D=-\frac{qa^4}{2N}(1-\beta^4)$$

式中 $N=(1-\beta^2)^4$；$\beta=\frac{a}{b}<1$。

对于无限大板小圆孔情况，$\beta \to 0, N \to 1$，各常数简化为

$$A = 0,\quad B = -\frac{q}{2},\quad C = qa^2,\quad D = -\frac{qa^4}{2}$$

代入式(d)得等值拉压无限大板中小圆孔附近的应力，为

$$\begin{aligned}\sigma_r &= q\left(1-\frac{a^2}{r^2}\right)\left(1-3\frac{a^2}{r^2}\right)\cos 2\theta \\ \sigma_\theta &= -q\left(1+3\frac{a^4}{r^4}\right)\cos 2\theta \\ \tau_{r\theta} &= -q\left(1-\frac{a^2}{r^2}\right)\left(1+3\frac{a^2}{r^2}\right)\sin 2\theta\end{aligned} \tag{5.32}$$

在孔边 $r=a$ 处，当 $\theta=\pi/2$ 和 $\theta=3\pi/2$ 时，或 $\theta=0$ 和 $\theta=\pi$ 时，σ_θ 达到极值，它们是

$$(\sigma_\theta)_{r=a,\theta=\pi/2和\theta=3\pi/2} = 4q$$

$$(\sigma_\theta)_{r=a,\theta=0和\theta=\pi} = -4q$$

上式表明：因小圆孔而引起的应力比原来提高了4倍，即应力集中系数为4。

3)小圆孔矩形薄板的不等向拉伸

我们可根据叠加原理，利用本题的解答(5.32)和矩形薄板等向拉伸的解答(5.31)，解决一些实际问题。例如带小孔薄板双向不等值的均匀拉压情况。如图5.11所示，矩形薄板两边分别受均匀荷载 q_1、q_2 作用。令

$$q' = \frac{q_1+q_2}{2},\quad q'' = \frac{q_1-q_2}{2}$$

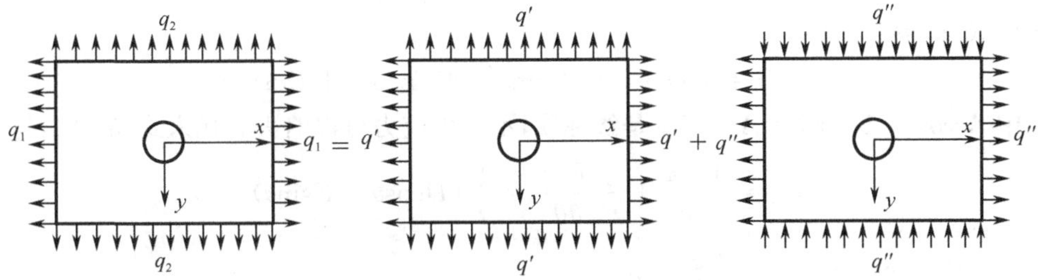

图5.11 双向不等值的均匀拉压的分解

则原问题转化为等值拉伸和等值拉压两个问题之和，它的解可将式(5.31)和式(5.32)叠加后得到

$$\begin{aligned}\sigma_r &= \left(1-\frac{a^2}{r^2}\right)\frac{q_1+q_2}{2} + \left(1-\frac{a^2}{r^2}\right)\left(1-3\frac{a^2}{r^2}\right)\frac{q_1-q_2}{2}\cos 2\theta \\ \sigma_\theta &= \left(1+\frac{a^2}{r^2}\right)\frac{q_1+q_2}{2} - \left(1+3\frac{a^4}{r^4}\right)\frac{q_1-q_2}{2}\cos 2\theta \\ \tau_{r\theta} &= -\left(1-\frac{a^2}{r^2}\right)\left(1+3\frac{a^2}{r^2}\right)\frac{q_1-q_2}{2}\sin 2\theta\end{aligned} \tag{5.33}$$

令 $q_2=0$,得带小孔薄板单向拉伸情况下的应力分布,由式(5.33)的第二式得:在 $r=a,\theta=\pi/2,\sigma_\theta$ 达到最大,为 $3q_1$。因此,应力集中系数为 3。

5.6.3 半无限体受集中荷载作用

考虑顶端受集中力 P 作用的楔形体,楔形体的顶角为 2α,集中力的作用方向与楔形体轴线的夹角为 β。取楔形体的厚度为 1,P 是单位厚度上均匀作用的力。求应力分量。

用因次分析方法来设应力函数。应力分量的因次是[力]/[长度]$^{-2}$,集中力的因次是[力]/[长度]$^{-1}$(对空间而言,它是沿厚度方向分布的力),而 θ 是无因次的,因此应力分量的表达式应取下面的形式

$$\sigma_{\alpha\beta}=\sigma_{\alpha\beta}(P,\ r,\theta)=\frac{P}{r}f(\theta)$$

应力函数 φ 的因次是[应力][长度]^2,于是可设为

$$\varphi=rf(\theta) \tag{a}$$

代入变形协调方程,便有

$$\frac{1}{r^3}\left[\frac{\mathrm{d}^4 f(\theta)}{\mathrm{d}\theta^4}+2\frac{\mathrm{d}^2 f(\theta)}{\mathrm{d}\theta^2}+f(\theta)\right]=0$$

上面微分方程的通解是

$$f(\theta)=A\cos\theta+B\sin\theta+\theta(C\cos\theta+D\sin\theta)$$

代回式(a)得

$$\varphi(r,\theta)=Ar\cos\theta+Br\sin\theta+\theta(Cr\cos\theta+Dr\sin\theta) \tag{b}$$

式中 $Ar\cos\theta+Br\sin\theta=Ax+By$ 是线性项,不产生应力可以略去。代入式(5.29),得

$$\sigma_r=\frac{1}{r}\frac{\partial\varphi}{\partial r}+\frac{1}{r^2}\frac{\partial^2\varphi}{\partial\theta^2}=\frac{2}{r}(D\cos\theta-C\sin\theta)$$

$$\sigma_\theta=\frac{\partial^2\varphi}{\partial r^2}=0 \tag{c}$$

$$\tau_{\theta r}=\tau_{r\theta}=-\frac{\partial}{\partial r}\left(\frac{1}{r}\frac{\partial\varphi}{\partial\theta}\right)=0$$

下面检验力边界条件

$$(\sigma_\theta)_{r\neq 0,\theta=\pm\alpha}=0,\quad (\tau_{r\theta})_{r\neq 0,\theta=\pm\alpha}=0$$

这个条件显然满足,但 $r=0$ 集中力作用处应力解出现奇异性,为无穷大。弹性力学的处理方法是:把集中力转化成作用点附近任意一圆柱面 mn 的力边界条件,如图 5.12 所示,该柱面上的应力与 P 合成为平衡力系,x 和 y 方向的平衡条件导致

$$\int_{-\alpha}^{\alpha}\sigma_r r\,\mathrm{d}\theta\cos\theta+P\cos\beta=0$$

$$\int_{-\alpha}^{\alpha}\sigma_r r\,\mathrm{d}\theta\sin\theta + P\sin\beta = 0$$

把应力解式(c)代入上式得积分常数为

$$C = \frac{P\sin\beta}{2\alpha - \sin2\alpha},\quad D = -\frac{P\cos\beta}{2\alpha + \sin2\alpha}$$

因此,得应力解为

$$\sigma_r = -\frac{2P\cos\beta\cos\theta}{r(2\alpha + \sin2\alpha)} - \frac{2P\sin\beta\sin\theta}{r(2\alpha - \sin2\alpha)}$$

$$\sigma_\theta = 0$$

$$\tau_{r\theta} = 0$$

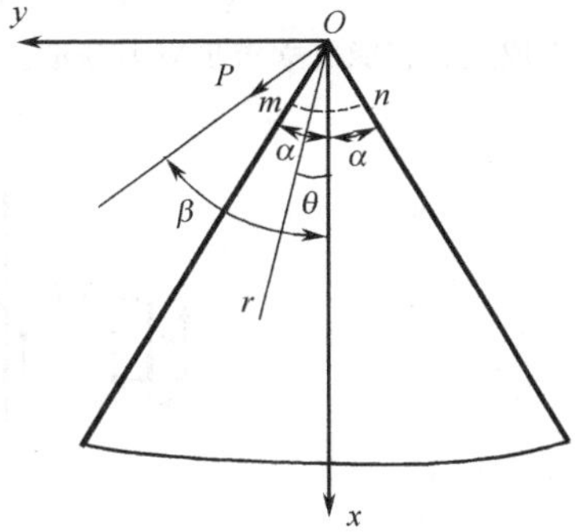

图 5.12　楔形体受集中荷载作用

利用上面的解答,可以求半无限体受集中力作用的应力解答。当集中力为垂直力的解答最为有用,此时,$\alpha=\pi/2$,$\beta=0$,如图 5.13,代入上面的式子,得

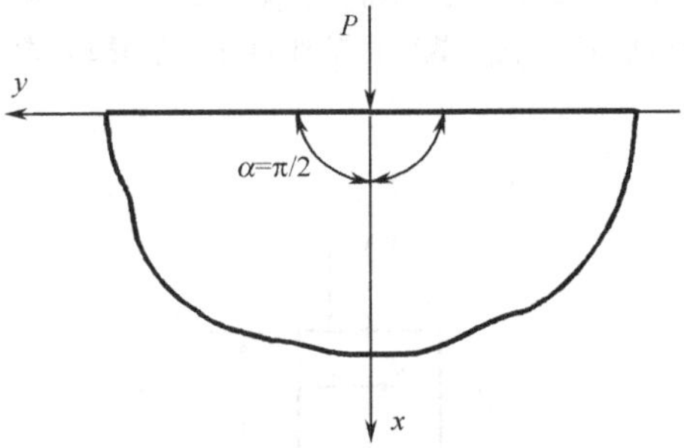

图 5.13　半无限体受集中荷载作用

$$\sigma_r = -\frac{2P}{\pi}\frac{\cos\theta}{r},\quad \sigma_\theta = 0,\quad \tau_{r\theta} = 0$$

下面应用几何方程和本构方程求位移

$$\varepsilon_r = \frac{\partial u_r}{\partial r} = \frac{\sigma_r}{E} = -\frac{2P}{\pi E}\frac{\cos\theta}{r}$$

$$\varepsilon_\theta = \frac{u_r}{r} + \frac{1}{r}\frac{\partial u_\theta}{\partial\theta} = -\nu\varepsilon_r = -\frac{2\nu P}{\pi E}\frac{\cos\theta}{r}$$

$$\gamma_{r\theta} = \frac{1}{r}\frac{\partial u_r}{\partial\theta} + \frac{\partial u_\theta}{\partial r} - \frac{u_\theta}{r} = 0$$

解上面的方程可得

$$u_r = -\frac{2P}{\pi E}\cos\theta\ln r - \frac{(1-\nu)P}{\pi E}\theta\sin\theta + I\cos\theta + K\sin\theta$$

$$u_\theta = \frac{2P}{\pi E}\sin\theta\ln r - \frac{(1-\nu)P}{\pi E}\theta\cos\theta + \frac{(1+\nu)P}{\pi E}\sin\theta + Hr - I\sin\theta + K\cos\theta$$

式中 H、I、K 都是待定常数。根据问题对称性可知,反对称的位移应为零$(u_\theta)_{\theta=0}=0$,因此有 $H=K=0$。

利用上面式子可求边界上任意一点向下的铅直位移,即工程中所谓的沉降量

$$-(u_\theta)_{\theta=\frac{\pi}{2}} = -\frac{2P}{\pi E}\ln r - \frac{(1+\nu)P}{\pi E} + I$$

式中 I 代表刚体位移,应由半无限体的位移约束条件确定。上式可使用来确定边界上任意两点的相对沉降量。

习　题

1. 图 5.14 所示矩形截面梁受三角形分布荷载作用,试检验应力函数

$$\varphi = Ax^3y^3 + Bxy^5 + Cx^3y + Dxy^3 + Ex^3 + Fxy$$

能否成立。若能成立求出应力分量。

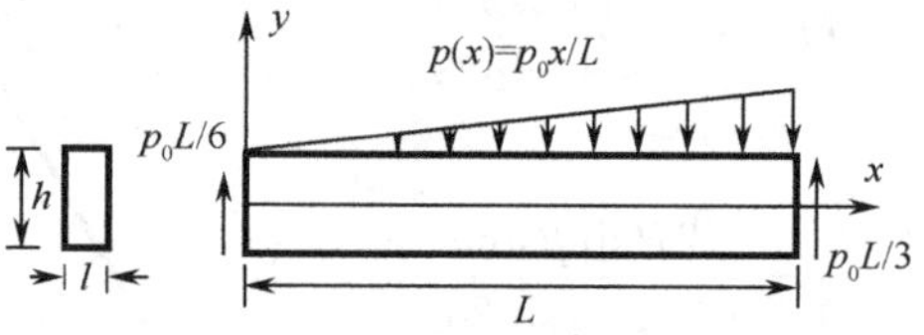

图 5.14

2.设有矩形截面的竖柱，密度为 ρ，在右边侧面上受均匀剪力 q，如图 5.15，试求应力分量。提示：可假定 $\sigma_x=0$。

3.已知如图 5.16 所示矩形截面柱，承受偏心荷载 P 的作用。若应力函数为$\varphi=Ax^3+Bx^2$。试求：①各应力分量；②应变分量；③假设 O 点不移动，且该点处截面内的线单元不能转动，求其位移分量。

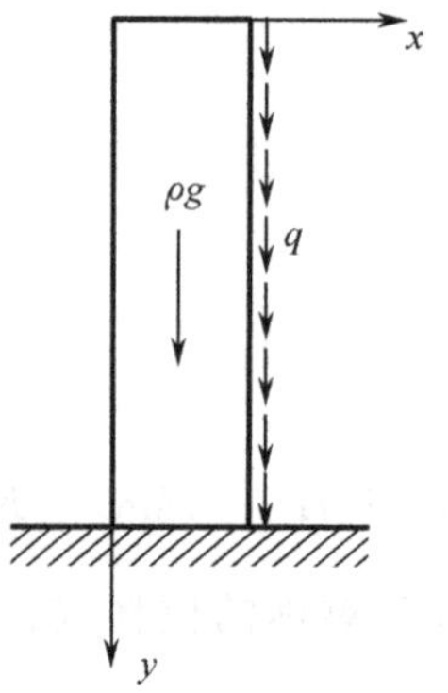

图 5.15

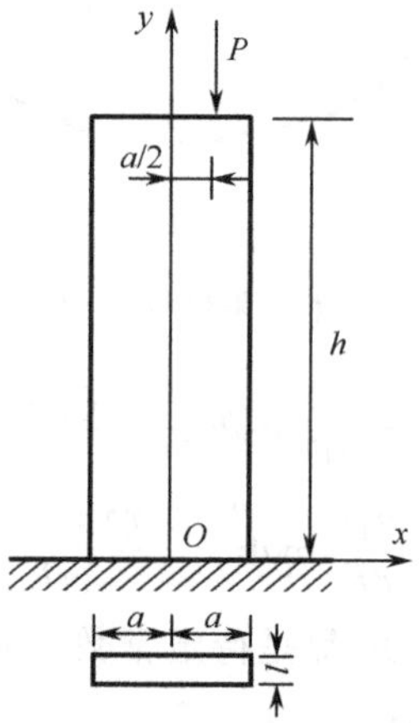

图 5.16

4.如图 5.17 所示很长的矩形柱体，材料的密度为 ρ，将其放入形状相同的刚性槽内，若不考虑摩擦力，使用应力函数

$$\varphi = Ax^2y + By^3 + Cy^2 + Dx^2$$

求应力分量、应变分量以及上表面的位移值(材料弹性模量为 E，泊松比为 ν)。

5.如图 5.18 所示，楔形体两边受均匀分布的切向荷载作用，求其中的应力分布。

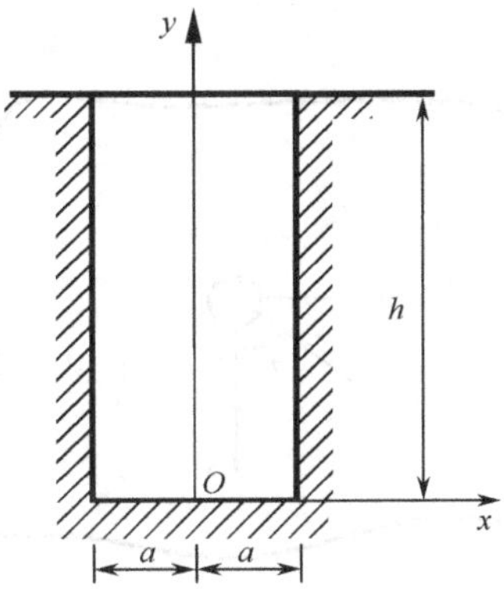

图 5.17

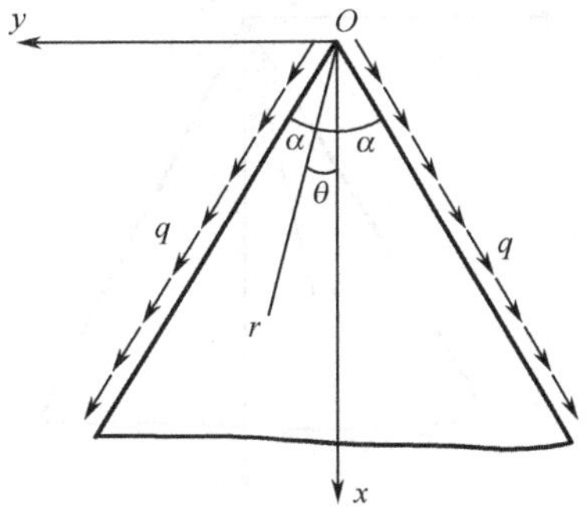

图 5.18

6. 图 5.19 所示为一圆环，在 $r=b$ 的周边上固定，在 $r=a$ 的内边界上作用有均匀分布的剪力 τ_0，试用应力函数 $\varphi=A\theta$，求解圆环的应力和位移。

7. 矩形薄板在边界上受分布剪切荷载 q 作用。薄板内有一小圆孔，其半径为 a，它远离边界，如图 5.20，试求孔边最大与最小应力。

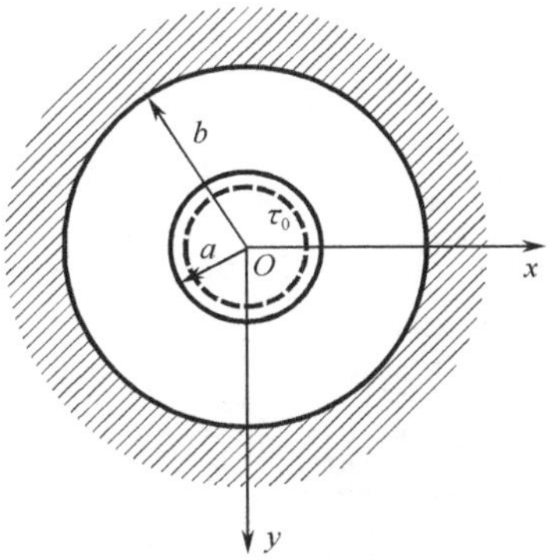

图 5.19　圆环内受均匀剪切

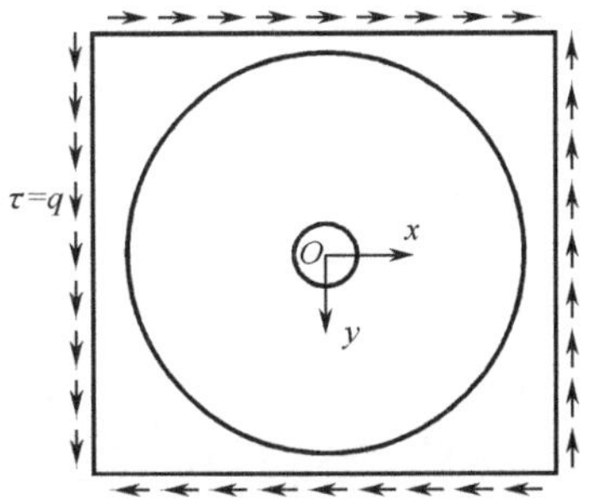

图 5.20　带小孔矩形板四周受均匀剪切

8. 如图 5.21 所示，单位厚度的楔形体尖端承受集中力偶 M 作用时，试求应力分量。

9. 如图 5.22 所示，无限平面体内有一小圆孔，小圆孔的半径为 a，孔内作用一集中力 P，试用如下应力函数

$$\varphi = Ar\ln r\cos\theta + Br\theta\sin\theta$$

求体内各点应力分量和位移分量。

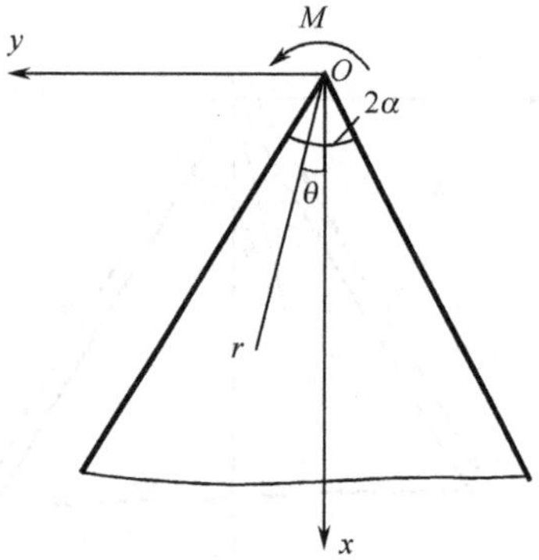

图 5.21　楔形体受集中力偶作用

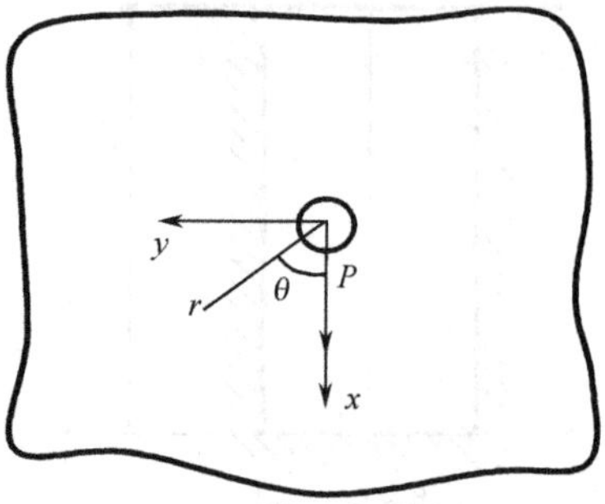

图 5.22　带小孔无限大板受集中力作用

第6章 薄板弯曲

6.1 基本概念与基本假定

由两个平行面和垂直于这两个平行面的柱面所围成的物体，称为平板，简称为板，如图6.1所示。这两个平行面称为板面，两个板面之间的距离 t 称为板的厚度，平分板厚度的平面称为板的中面。板按照其厚度与板中面最小尺寸 b 之比通常分成以下3种类型：

薄膜：$t/b<(1/80\sim1/100)$；

薄板：$(1/80\sim1/100)<t/b<(1/5\sim1/8)$；

厚板：$t/b>(1/5\sim1/8)$。

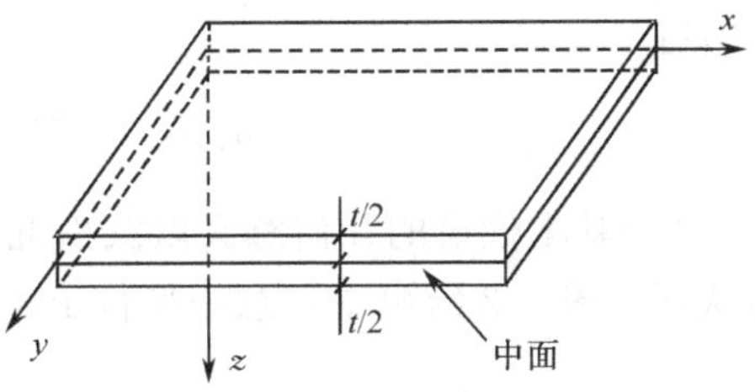

图6.1 平板

板所承受的荷载可分为平行于中面的面内载荷和垂直于中面的横向荷载。只受面内荷载作用的问题是典型的平面问题。在横向荷载作用下，板将产生弯曲，板的中面将变形成为一个曲面，垂直于中面的位移称为挠度。若板中面的最大挠度远小于板厚，则称为板的小挠度横向弯曲问题。板在面内荷载与横向荷载同时作用时，必须考虑中面面内轴向力对板横向弯曲的影响。如果轴向力是压力，则还必须考虑板的稳定性。本章主要讨论板在横向荷载作用下的小挠度弯曲问题。

厚度很小的薄膜，其抗弯的能力很低，可认为其抗弯刚度为零，横向荷载由板面内的轴向力和板面内的剪切力来承担；厚度足够大的厚板，其内部任意点的应力状态与三维物体类似，难以进行简化，应按照三维问题处理；对于厚度比较小的薄板，则可以引入类似于材料力学梁弯曲理论中的基本假定建立其近似理论。下面这些基本假定是由Kirchhoff针对薄板提出的，描述如下：

(1)板中面法线变形前是直线，变形后仍保持直线，且与变形后的中面保持垂直；

(2)中面法线既不伸长也不缩短；

(3)中面各点没有平行于中面的位移。

建立如图6.1所示的坐标系，中面位于 $z=0$ 处。假定(2)与梁弯曲问题的互不挤压假定相似，该假定要求

$$\varepsilon_z = \frac{\partial u_z}{\partial z} = 0 \quad \Rightarrow \quad u_z = w(x, y) \tag{6.1}$$

假定(1)与梁弯曲问题的平截面假定相似，由该假定得

$$\gamma_{zx} = \gamma_{zy} = 0 \tag{6.2}$$

即忽略横向剪切，根据几何方程，有

$$\frac{\partial w}{\partial x} + \frac{\partial u_x}{\partial z} = 0, \quad \frac{\partial w}{\partial y} + \frac{\partial u_y}{\partial z} = 0$$

解这两个偏微分方程，得

$$u_x = -z\frac{\partial w}{\partial x} + f_1(x,y), \quad u_y = -z\frac{\partial w}{\partial y} + f_2(x,y)$$

在上式中使用假定(3)，即$(u_x)_{z=0} = 0$，$(u_y)_{z=0} = 0$，得

$$f_1(x,y) = 0, \quad f_2(x,y) = 0$$

最后有

$$u_x = -z\frac{\partial w}{\partial x}, \quad u_y = -z\frac{\partial w}{\partial y} \tag{6.3}$$

3个基本假定的几何意义以及由此导出的位移关系，可从图6.2中得到直观的认识。图6.2给出了任意一平行于xz平面的横截面的变形情况。OAK是中面与横截面的交线，B点是中面在A点的法线上的一点，变形后的OAK和AB在xz平面的投影分别是$OA'K'$和$A'B'$。按照前面的假定，法线$A'B'$长度没有改变，且仍与变形后的中面垂直，即与$OA'K'$垂直，这就是说，法线仅产生"刚体"转动，转角是$\partial w/\partial x$；中面上的A点没有水平位移，只产生z方向的变形w，即挠度。因此，板中面以外的各点产生的水平位移都是由该点所在中面法线的"刚体"转动所致。

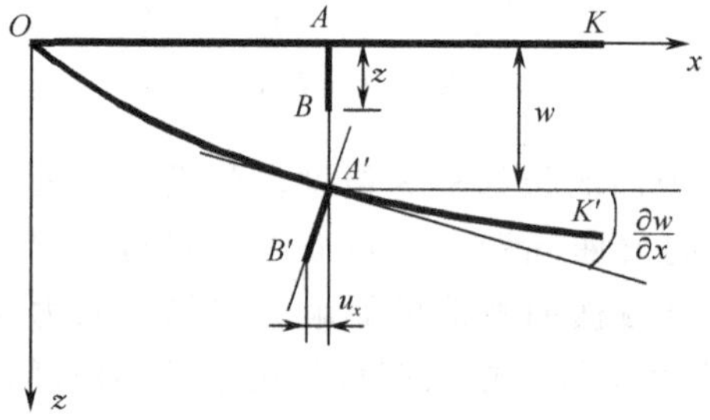

图6.2 基本假定的几何意义

通过引入上面3个基本假定，薄板弯曲问题只剩下一个位移未知数w，且它只是x、y的函数，这样将原来的三维问题简化为二维问题，求解变得容易许多。一旦w求出，u_x、u_y便已知。

6.2 应力应变与挠度的关系

应用弹性力学的几何方程、本构方程和平衡微分方程，结合6.1节的3个基本假定，可以将薄板内任意点的应变分量和应力分量，都由挠度w来表示。

6.2.1 薄板的应变分量

将式(6.3)代入几何方程,可得应变由 w 表示如下

$$
\begin{aligned}
\varepsilon_x &= \frac{\partial u_x}{\partial x} = -z\frac{\partial^2 w}{\partial x^2} \\
\varepsilon_y &= \frac{\partial u_y}{\partial y} = -z\frac{\partial^2 w}{\partial y^2} \\
\gamma_{xy} &= \frac{\partial u_y}{\partial x} + \frac{\partial u_x}{\partial y} = -2z\frac{\partial^2 w}{\partial x \partial y}
\end{aligned} \tag{6.4}
$$

式(6.4)中的3个二阶偏导数,各有其几何意义。考察中面沿 x 方向的弯曲程度,使用平行于 xz 平面的面截取变形后的中面,得其交线为 abc,如图6.3所示。由于 abc 是轻微弯曲的平坦曲线,二阶导数$\frac{\partial^2 w}{\partial x^2}$就近似地等于它的曲率。规定板向下凸的曲率为正,则变形后的中面沿 x 方向的曲率 K_x 为

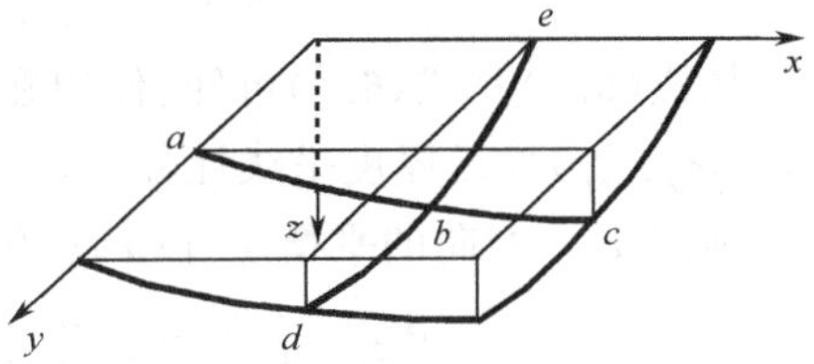

图6.3 中面弯曲描述

$$
K_x = -\frac{\partial^2 w}{\partial x^2} \tag{6.5a}
$$

同理,变形后的中面沿 y 方向的曲率 K_y 为

$$
K_y = -\frac{\partial^2 w}{\partial y^2} \tag{6.5b}
$$

导数$\frac{\partial^2 w}{\partial x \partial y}$是倾角$\frac{\partial w}{\partial x}$沿 y 方向的变化,或者是倾角$\frac{\partial w}{\partial y}$沿 x 方向的变化,它表示中面的扭曲程度,几何上通常称之为扭率,记作

$$
K_{xy} = -\frac{\partial^2 w}{\partial x \partial y} \tag{6.5c}
$$

所以,几何方程(6.4)使用曲率可表示为

$$
\varepsilon_x = K_x z, \quad \varepsilon_y = K_y z, \quad \gamma_{xy} = 2K_{xy} z \tag{6.6}
$$

根据6.1节假定所得的结果式(6.1)和式(6.2),其他几个应变分量为零,即

$$
\varepsilon_z = \gamma_{zx} = \gamma_{zy} = 0
$$

6.2.2 薄板的应力分量

若直接将上面的6个应变分量代入三维问题的本构方程,求6个应力分量,则有 $\tau_{zx} = \tau_{zy} = 0$ 和 $\sigma_z \neq 0$。可以证明:这6个应力分量不满足平衡微分方程。这是因为:应力分量($\sigma_z, \tau_{zx}, \tau_{zy}$)尽管相对面内应力分量($\sigma_x, \sigma_y, \tau_{xy}$)很小,它们对应的

应变分量($\varepsilon_z,\gamma_{zx},\gamma_{zy}$)很小可略去不计，但应力本身由于是平衡所必须的(在平衡微分方程中，它们的偏导数具有一定大小)而不能忽略不计。处理方法是，面内应力分量($\sigma_x,\sigma_y,\tau_{xy}$)直接通过平面问题的本构方程由应变($\varepsilon_x,\varepsilon_y,\gamma_{xy}$)求出，而其他分量($\sigma_z,\tau_{zx},\tau_{zy}$)则由3个平衡微分方程求解给出。

根据平面问题的本构方程式(5.3)，结合板的几何方程式(6.4)，得面内应力分量($\sigma_x,\sigma_y,\tau_{xy}$)由挠度表示为

$$\begin{aligned}\sigma_x &= -\frac{Ez}{1-\nu^2}\left(\frac{\partial^2 w}{\partial x^2}+\nu\frac{\partial^2 w}{\partial y^2}\right)\\ \sigma_y &= -\frac{Ez}{1-\nu^2}\left(\frac{\partial^2 w}{\partial y^2}+\nu\frac{\partial^2 w}{\partial x^2}\right)\\ \tau_{xy} &= -\frac{Ez}{1+\nu}\frac{\partial^2 w}{\partial x\partial y}\end{aligned} \tag{6.7}$$

从式(6.4)和式(6.7)可知：作用在板平面内的应变分量($\varepsilon_x,\varepsilon_y,\gamma_{xy}$)和应力分量($\sigma_x,\sigma_y,\tau_{xy}$)均沿厚度呈线性分布，在中面处为零，在板的上、下板面达到最大。

利用x、y方向的平衡条件(x、y方向无体积力作用)求横向剪应力τ_{zx}和τ_{zy}

$$\frac{\partial\tau_{zx}}{\partial z}=-\frac{\partial\sigma_x}{\partial x}-\frac{\partial\tau_{yx}}{\partial y},\quad \frac{\partial\tau_{zy}}{\partial z}=-\frac{\partial\sigma_y}{\partial y}-\frac{\partial\tau_{xy}}{\partial x}$$

将应力表达式(6.7)代入上面式子的右边，两边对z进行积分，然后使用薄板上、下板面的边界条件

$$(\tau_{zx})_{z=\pm t/2}=0,\quad (\tau_{zy})_{z=\pm t/2}=0$$

确定其中的积分函数，最后得横向剪应力为

$$\tau_{zx}=\frac{E}{2(1-\nu^2)}\left(z^2-\frac{t^2}{4}\right)\frac{\partial}{\partial x}\nabla^2 w \tag{6.8a}$$

$$\tau_{zy}=\frac{E}{2(1-\nu^2)}\left(z^2-\frac{t^2}{4}\right)\frac{\partial}{\partial y}\nabla^2 w \tag{6.8b}$$

从上式可知，τ_{zx}、τ_{zy}沿板厚度方向呈抛物线分布，在板的上、下板面为零，在板中面最大。

利用z方向的平衡条件求σ_z

$$\frac{\partial\sigma_z}{\partial z}=-\frac{\partial\tau_{xz}}{\partial x}-\frac{\partial\tau_{yz}}{\partial y}-F_z \tag{6.9}$$

将作用在z方向的所有表面力和体积力都等效移置到板面上($z=-t/2$)，因此，板上、下表面的边界条件变成

$$(\sigma_z)_{z=t/2}=0,\quad (\sigma_z)_{z=-t/2}=-q \tag{6.10}$$

式中

$$q=(\overline{T}_z)_{z=-t/2}+\int_{-t/2}^{t/2}F_z\,\mathrm{d}t$$

这样等效移置处理只会对最次要的应力分量σ_z引起误差，对其他的应力分量则几

乎没有影响。材料力学中梁理论也是采用的这种处理方法。

将式(6.8)代入式(6.9)，并注意到体积力 $F_z=0$，得

$$\frac{\partial \sigma_z}{\partial z}=\frac{E}{2(1-\nu^2)}\left(\frac{t^2}{4}-z^2\right)\nabla^2\nabla^2 w$$

上式两边对 z 进行积分，并利用边界条件(6.10)的第一式，确定其中的积分函数，最后得

$$\sigma_z=-\frac{Et^3}{6(1-\nu^2)}\left(\frac{1}{2}-\frac{z}{t}\right)^2\left(1+\frac{z}{t}\right)\nabla^2\nabla^2 w \tag{6.11}$$

显然，σ_z 沿板厚度方向呈三次方变化，最大值发生在板面为 q，最小值在板底为 0。

6.3　薄板弯曲的基本微分方程

现在导出关于挠度 w 的微分方程。将式(6.11)代入边界条件式(6.10)的第二式，得 w 应满足

$$\frac{Et^3}{12(1-\nu^2)}\nabla^2\nabla^2 w=q \tag{6.12a}$$

这就是薄板弯曲的基本微分方程。通常记

$$D=\frac{Et^3}{12(1-\nu^2)} \tag{6.12b}$$

称为板的弯曲刚度，它与板厚的三次方成正比，与弹性模量成正比，同梁的弯曲刚度类似。于是，薄板弯曲的基本微分方程可写成

$$D\nabla^2\nabla^2 w=q \tag{6.13}$$

在上面的推导过程中，已经考虑并完全满足了平衡微分方程、几何方程和本构方程，以及薄板上、下板面的力边界条件，由此得到了求解弯曲挠度 w 的基本微分方程。剩下的工作就是结合薄板侧面(即板边)上的边界条件，具体求解。

6.4　薄板横截面上的内力和应变能

6.4.1　横截面上的内力

薄板横截面上的内力，是指横截面的每单位宽度上，由应力沿厚度合成的合力和合力矩。由于在薄板的侧面上，通常很难使应力分量精确地满足力边界条件，考虑到它是板的次要边界，可应用圣维南原理，用内力的边界条件来代替应力的边界条件。

在 x 截面(板垂直于 x 轴的横截面)上，作用的应力分量是 σ_x、τ_{xy} 和 τ_{xz}，考察 y 方向单位宽度的范围内，沿板厚，σ_x 合成弯矩 M_x，τ_{xy} 合成扭矩 M_{xy}，τ_{xz} 合成剪力 Q_x，即

$$M_x = \int_{-t/2}^{t/2} z\sigma_x \mathrm{d}z, \quad M_{xy} = \int_{-t/2}^{t/2} z\tau_{xy} \mathrm{d}z, \quad Q_x = \int_{-t/2}^{t/2} \tau_{xz} \mathrm{d}z \tag{6.14}$$

同样，在 y 截面上作用的应力分量是 σ_y、τ_{yx} 和 τ_{yz}，合成的内力分别是弯矩 M_y、扭矩 M_{yx} 和剪力 Q_y，即

$$M_y = \int_{-t/2}^{t/2} z\sigma_y \mathrm{d}z, \quad M_{yx} = \int_{-t/2}^{t/2} z\tau_{yx} \mathrm{d}z, \quad Q_y = \int_{-t/2}^{t/2} \tau_{yz} \mathrm{d}z \tag{6.15}$$

由于剪应力互等定理 $\tau_{xy}=\tau_{yx}$，因此有

$$M_{xy} = M_{yx}$$

每个截面上作用 3 个内力，即弯矩、扭矩和剪力。根据内力的计算式(6.14)和式(6.15)，在 z 为正值处(中面以下)，若应力分量为正，则由该应力分量所合成的截面内力为正，反之为负。图 6.4 中的应力分量在 z 为正值处都是正值，所以合成的内力均为正。为清楚起见，图 6.5 画出了正值内力的方向。应当指出：内力是作用在薄板每单位宽度上的力，例如，弯矩和扭矩的量纲应是[力]，而不是通常的[力][长度]。

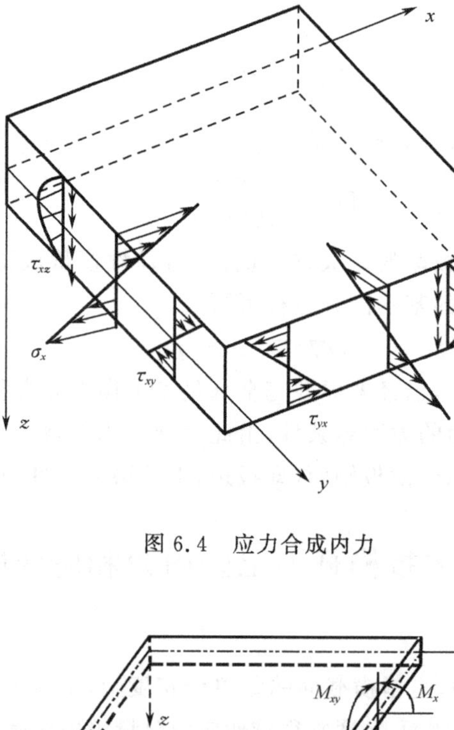

图 6.4　应力合成内力

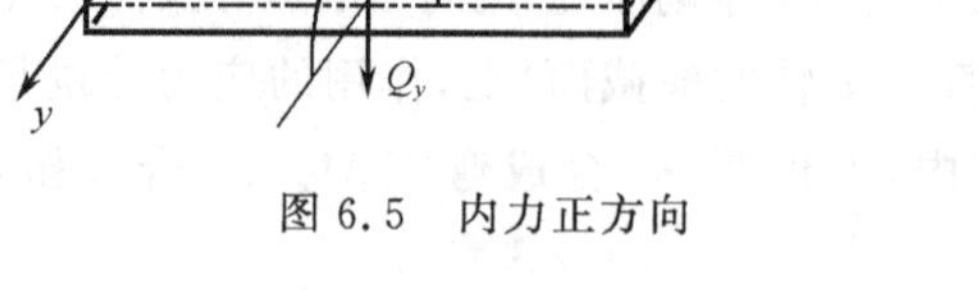

图 6.5　内力正方向

下面给出内力与挠度的关系表达式。将式(6.7)、(6.8)和式(6.11)代入式(6.14)和式(6.15),得

$$
\begin{aligned}
M_x &= -D\left(\frac{\partial^2 w}{\partial x^2}+\nu\frac{\partial^2 w}{\partial y^2}\right)\\
M_y &= -D\left(\frac{\partial^2 w}{\partial y^2}+\nu\frac{\partial^2 w}{\partial x^2}\right)\\
M_{xy} &= M_{yx} = -D(1-\nu)\frac{\partial^2 w}{\partial x\partial y}\\
Q_x &= -D\frac{\partial}{\partial x}\nabla^2 w\\
Q_y &= -D\frac{\partial}{\partial y}\nabla^2 w
\end{aligned}
\tag{6.16}
$$

对比内力-挠度关系式(6.16)与应力-挠度关系式(6.7)、(6.8)和式(6.11),可得应力与内力的关系

$$\sigma_x = \frac{12z}{t^3}M_x,\quad \sigma_y = \frac{12z}{t^3}M_y,\quad \tau_{xy} = \frac{12z}{t^3}M_{xy} \tag{6.17a}$$

$$\tau_{yz} = \frac{6}{t^3}\left(\frac{t^2}{4}-z^2\right)Q_y,\quad \tau_{zx} = \frac{6}{t^3}\left(\frac{t^2}{4}-z^2\right)Q_x \tag{6.17b}$$

$$\sigma_z = -2q\left(\frac{1}{2}-\frac{z}{t}\right)^2\left(1+\frac{z}{t}\right) \tag{6.17c}$$

一般来说,M_x、M_y 和 M_{xy} 是 qb^2 的量级(b 是板中面的特征尺寸),Q_x 和 Q_y 是 qb 的量级。因此,各应力分量的量级为

$$
\begin{aligned}
&(\sigma_x,\sigma_y,\tau_{xy}) \sim qb^2/t^2\\
&(\tau_{yz},\tau_{zx}) \sim qb/t\\
&\sigma_z \sim q
\end{aligned}
$$

对于薄板而言,$b/t \gg 1$,所以

$$(\sigma_x,\sigma_y,\tau_{xy}) \gg (\tau_{yz},\tau_{xz}) \gg \sigma_z$$

即平面内应力分量($\sigma_x,\sigma_y,\tau_{xy}$)最大,是主要的应力;横向剪应力($\tau_{yz},\tau_{xz}$)较小,是次要的应力;$z$ 方向的挤压应力 σ_z 最小,是更次要的应力。因此,在计算薄板的内力时,主要是计算弯矩和扭矩,横向剪力一般无需计算。

6.4.2 内力表示的平衡方程

从薄板中沿板厚度方向截取一平行微六面体,其三边的长度分别为 $\mathrm{d}x$,$\mathrm{d}y$ 和板的厚度 t。微六面体 4 个侧面上的内力及板面的横向分布荷载将构成 1 个平衡力系,根据平衡条件可导出内力应满足的平衡微分方程。下面则使用对应力平衡微分方程沿厚度积分来导出内力平衡微分方程。

对应力平衡微分方程式(4.1)的第三式中的每一项进行沿厚度积分

$$\int_{-t/2}^{t/2}\left(\frac{\partial \tau_{xz}}{\partial x}+\frac{\partial \tau_{yz}}{\partial y}\right)\mathrm{d}z+\int_{-t/2}^{t/2}\frac{\partial \sigma_z}{\partial z}\mathrm{d}z=0 \tag{6.18}$$

式(6.18)左边中的后一项积分为

$$\int_{-t/2}^{t/2}\frac{\partial \sigma_z}{\partial z}\mathrm{d}z=\sigma_z\left(\frac{t}{2}\right)-\sigma_z\left(-\frac{t}{2}\right)=q$$

由于积分与求导可以交换次序,并考虑到剪力的定义和上式,式(6.18)可写成

$$\frac{\partial Q_x}{\partial x}+\frac{\partial Q_y}{\partial y}+q=0 \tag{6.19}$$

对应力平衡方程(4.1)第一式的每一项进行积分 $\int_{-t/2}^{t/2}\cdots z\mathrm{d}z$,导致

$$\int_{-t/2}^{t/2}\left(\frac{\partial \sigma_x}{\partial x}+\frac{\partial \tau_{yx}}{\partial y}\right)z\,\mathrm{d}z+\int_{-t/2}^{t/2}\frac{\partial \tau_{zx}}{\partial z}z\,\mathrm{d}z=0 \tag{6.20}$$

上式中的后一项积分使用分部积分,得到

$$\int_{-t/2}^{t/2}\frac{\partial \tau_{zx}}{\partial z}z\,\mathrm{d}z=(\tau_{zx}z)\Big|_{z=-t/2}^{z=t/2}-\int_{-t/2}^{t/2}\tau_{zx}\,\mathrm{d}z=-Q_x$$

上式中应用了板的上、下板面边界条件$(\tau_{zx})_{z=\pm t/2}=0$,即板面上没有剪应力作用。由于积分与求导可以交换次序,考虑到内力的定义和上式,式(6.20)可写成

$$\frac{\partial M_x}{\partial x}+\frac{\partial M_{yx}}{\partial y}-Q_x=0 \tag{6.21a}$$

同理,对应力平衡微分方程(4.1)的第二式中的每一项进行积分 $\int_{-t/2}^{t/2}\cdots z\mathrm{d}z$,得

$$\frac{\partial M_{xy}}{\partial x}+\frac{\partial M_y}{\partial y}-Q_y=0 \tag{6.21b}$$

内力平衡方程式(6.19)和式(6.21)可用张量形式表示为

$$Q_{\alpha,\alpha}+q=0 \tag{6.22a}$$

$$M_{\alpha\beta,\alpha}-Q_\beta=0 \tag{6.22b}$$

应当指出:上面的推导中并没有使用有关薄板的基本假定,它适用于薄板,同时也适用于后面考虑横向剪切的 Mindlin 板。

利用式(6.21),在式(6.19)中消去剪力 Q_x 和 Q_y,得

$$\frac{\partial^2 M_x}{\partial x^2}+2\frac{\partial^2 M_{xy}}{\partial x\partial y}+\frac{\partial^2 M_y}{\partial y^2}+q=0 \tag{6.23}$$

将内力与挠度关系式(6.16)代入式(6.23),则又可导出薄板弯曲的基本微分方程式(6.13)。

6.4.3 薄板的应变能

在式(6.16)中代入式(6.5),得面内弯矩、扭矩与曲率的关系

$$M_x = D(K_x + \nu K_y), \quad M_y = D(K_y + \nu K_x), \quad M_{xy} = D(1-\nu)K_{xy} \tag{6.24}$$

比较式(6.24)和平面问题的本构方程(5.5)，两者形式完全相同，内力(M_x，M_y，M_{xy})与应力(σ_x，σ_y，τ_{xy})对应，曲率(K_x，K_y，K_{xy})与应变(ε_x，ε_y，ε_{xy})对应，抗弯刚度D与$\dfrac{E}{1-\nu^2}$对应。因此称M_x、M_y和M_{xy}为广义力，而K_x、K_y和K_{xy}为广义变形。

广义力和广义变形分别构成两个平面二阶张量，它们的分量分别是

$$[M_{\alpha\beta}] = \begin{bmatrix} M_x & M_{xy} \\ M_{yx} & M_y \end{bmatrix}, \quad [K_{\alpha\beta}] = \begin{bmatrix} K_x & K_{xy} \\ K_{yx} & K_y \end{bmatrix}$$

式(6.24)使用张量形式表示为

$$M_{\alpha\beta} = D[(1-\nu)K_{\alpha\beta} + \nu K_{\gamma\gamma}\delta_{\alpha\beta}] \tag{6.25}$$

式中$K_{\gamma\gamma} = K_{11} + K_{22} = K_x + K_y$。

广义力和广义变形的乘积有明确的物理意义，它是薄板单位面积的应变能。实际上，薄板单位面积的应变能可通过单位体积的应变能沿板厚度积分得到。根据薄板的基本假定，不考虑横向剪切和法线的伸长，$\gamma_{zx} = \gamma_{zy} = 0$，$\varepsilon_z = 0$，使用式(3.39)，则它是

$$W = \int_{-t/2}^{t/2} \frac{1}{2}(\sigma_x\varepsilon_x + \sigma_y\varepsilon_y + \tau_{xy}\gamma_{xy})\mathrm{d}z$$

将应变与曲率的关系式(6.6)代入，并使用广义力的定义式(6.14)和式(6.15)，则有

$$W = \frac{1}{2}(M_xK_x + M_yK_y + 2M_{xy}K_{xy}) = \frac{1}{2}M_{\alpha\beta}K_{\alpha\beta} \tag{6.26}$$

将式(6.25)代入上式，然后相对广义变形求偏导，得

$$M_{\alpha\beta} = \frac{\partial W}{\partial K_{\alpha\beta}}$$

这与应力与应变的关系式(3.35)完全类似。

6.5 薄板的柱面弯曲

考察一种特殊情况，如果矩形板的一个方向(比如y方向)足够长，分布荷载沿y方向不变化，而只是沿x方向变化，即$q=q(x)$，且沿y方向两条边的边界支承条件也沿y方向不变，则板的挠度变形w只是x的函数

$$w = w(x)$$

板将弯曲成柱形曲面，柱面母线与y轴平行。这样，可取板某一沿y方向为单位宽度的窄条(如图 6.6 中的DE)来分析。这时，不为零的曲率和应变分量只有K_x和ε_x，它们分别为

$$K_x = -\frac{\mathrm{d}^2 w}{\mathrm{d}x^2}$$

$$\varepsilon_x = K_x z$$

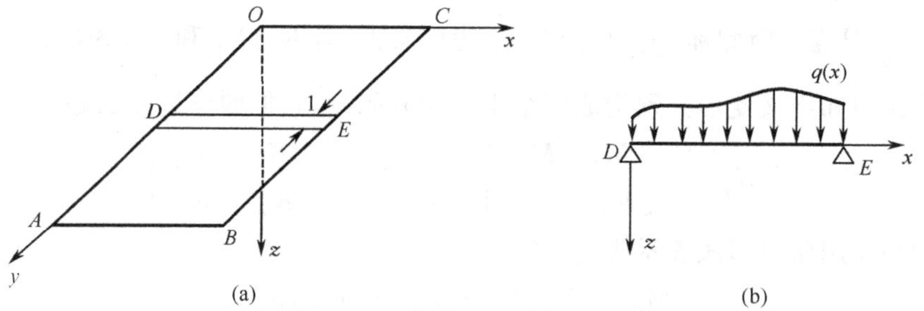

图 6.6 板的柱形弯曲

使用上面的关系，前面薄板有关挠度、应力和内力的一系列表达式将得到简化，为了与材料力学中的梁理论比较，下面只给出了 xz 平面内的有关分量。应力的表达式退化为

$$\sigma_x = -\frac{Ez}{(1-\nu^2)}\frac{\mathrm{d}^2 w}{\mathrm{d}x^2}, \quad \tau_{zx} = \frac{E}{2(1-\nu^2)}\left(z^2 - \frac{t^2}{4}\right)\frac{\mathrm{d}^3 w}{\mathrm{d}x^3}$$

薄板弯曲的基本微分方程式(6.13)退化为

$$\frac{\mathrm{d}^4 w}{\mathrm{d}x^4} = (1-\nu^2)\frac{q}{EI}$$

式中 $I=\frac{1}{12}t^3$ 为单宽窄条横截面的惯性矩，内力与挠度的关系式退化为

$$M_x = -\frac{EI}{(1-\nu^2)}\frac{\mathrm{d}^2 w}{\mathrm{d}x^2}, \quad Q_x = -\frac{EI}{(1-\nu^2)}\frac{\mathrm{d}^3 w}{\mathrm{d}x^3}$$

应力由内力的表达式退化为

$$\sigma_x = \frac{M_x z}{I}, \quad \tau_{zx} = \frac{Q_x S}{I}$$

式中 S 是单宽窄条横截面的面积矩。由内力表示的平衡方程退化为

$$\frac{\mathrm{d}M_x}{\mathrm{d}x} = Q_x, \quad \frac{\mathrm{d}Q_x}{\mathrm{d}x} = -q$$

将上面的表达式与材料力学中梁理论的相应表达式比较，不难发现：所有不包含弹性模量 E 的表达式与梁理论一样；而在所有包含弹性模量 E 的表达式中多出了一项 $(1-\nu^2)$。造成这的原因是：板单位宽度的窄条处于平面应变状态(因为根据对称性，在 y 轴方向位移 $u_y=0$，$\varepsilon_y=0$)，而梁是平面应力状态，根据第 5 章内容，平面应变时的弹性模量应使用 $\frac{E}{(1-\nu^2)}$ 来代替，这样，就多出了一项 $(1-\nu^2)$。

6.6　薄板的边界条件

薄板弯曲归结为求解基本微分方程 $D\nabla^2\nabla^2 w=q$ 并满足侧边边界条件。下面以矩形薄板为例，讨论板侧边的几种边界条件。

在任意一截面上有 3 个内力作用，它们是弯矩、扭矩和横向剪力，可以列出 3 个边界条件，但对于薄板弯曲的四阶微分方程式(6.13)而言，每个边界上只需要两个边界条件就可以求解，因此有一个边界条件是多余的。为解决这一问题，将薄板任意边界上的扭矩代换为等效的横向剪力，再与原来的横向剪力相加合并成为一个剪力，这样扭矩和横向剪力合成为一个边界条件。

板边界截面上的分布扭矩，如图 6.7(a)所示。取平行于 x 轴的边界截面进行扭矩的等效代换，如图 6.7(b)所示，作用在宽度为 $\mathrm{d}x$ 的微小单元上的扭矩 $M_{yx}\mathrm{d}x$，可用 2 个大小相等为 M_{yx}，方向相反，相距 $\mathrm{d}x$ 的垂直力代替。显然，这种代换是静力等效的，根据圣维南原理，这一代换只会影响这一边界附近处的应力。同样，在相邻微小单元(宽度为 $\mathrm{d}x$)上的扭矩为 $\left(M_{yx}+\dfrac{\partial M_{yx}}{\partial x}\mathrm{d}x\right)\mathrm{d}x$，可用 2 个大小相等为 $M_{yx}+\dfrac{\partial M_{yx}}{\partial x}\mathrm{d}x$，方向相反，相距 $\mathrm{d}x$ 的垂直力代替。在这两个微单元的交界线上，上、下两个垂直力合成为向下的集中力 $\dfrac{\partial M_{yx}}{\partial x}\mathrm{d}x$。将此集中力化为 $\mathrm{d}x$ 宽度上的分布横向剪力，即为 $\dfrac{\partial M_{yx}}{\partial x}$。这样，边界上的分布扭矩 M_{yx} 就代换为分布剪力 $\dfrac{\partial M_{yx}}{\partial x}$。因此，该边界上总的分布剪力为

$$V_y=Q_y+\frac{\partial M_{yx}}{\partial x} \tag{6.27a}$$

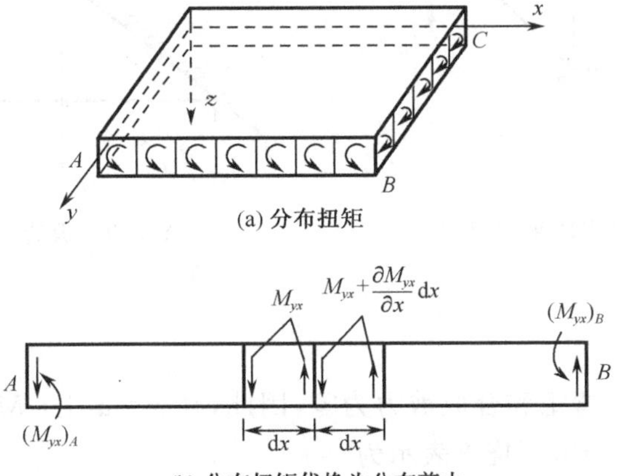

(a) 分布扭矩

(b) 分布扭矩代换为分布剪力

图 6.7　分布扭矩的等效代换

此外,还有两端未抵消的集中剪力

$$R_A = (M_{yx})_A, \quad R_B = (M_{yx})_B$$

同理,在平行于 y 轴的边界上,M_{xy} 和 Q_x 合成为

$$V_x = Q_x + \frac{\partial M_{xy}}{\partial y} \tag{6.27b}$$

及两端的集中力

$$R_B = (M_{xy})_B, \quad R_C = (M_{xy})_C$$

最终角点 B 出现未抵消的的集中力应是

$$R_B = (M_{yx})_B + (M_{xy})_B = 2(M_{yx})_B$$

各角点的集中力如图 6.8 所示。

在式(6.27)中代入内力与挠度的关系式(6.16),合成的剪力及集中力可由挠度表示为

$$V_x = -D\left[\frac{\partial^3 w}{\partial x^3} + (2-\nu)\frac{\partial^3 w}{\partial x \partial y^2}\right] \tag{6.28a}$$

$$V_y = -D\left[\frac{\partial^3 w}{\partial y^3} + (2-\nu)\frac{\partial^3 w}{\partial x^2 \partial y}\right] \tag{6.28b}$$

$$R_B = -\left[2D(1-\nu)\frac{\partial^2 w}{\partial x \partial y}\right]_B \tag{6.28c}$$

板的边界一般有自由边、简支边和固支边 3 种条件。图 6.9 所示的 AB 边、BC 边为自由边界,OC 边为简支边界,OA 边为固支边界。下面分别给出它们的边界条件,并使用挠度表示。

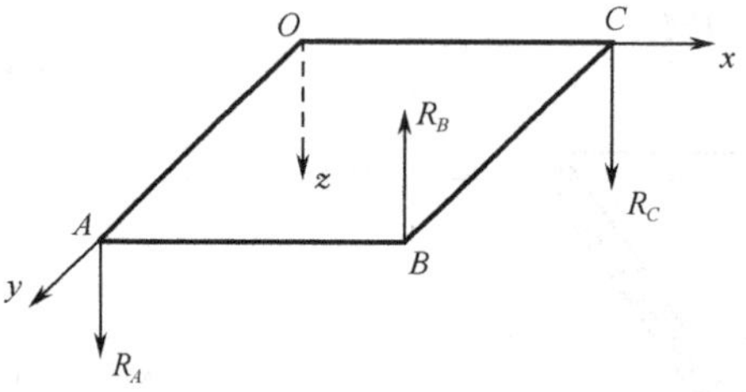

图 6.8 角点上的集中剪力

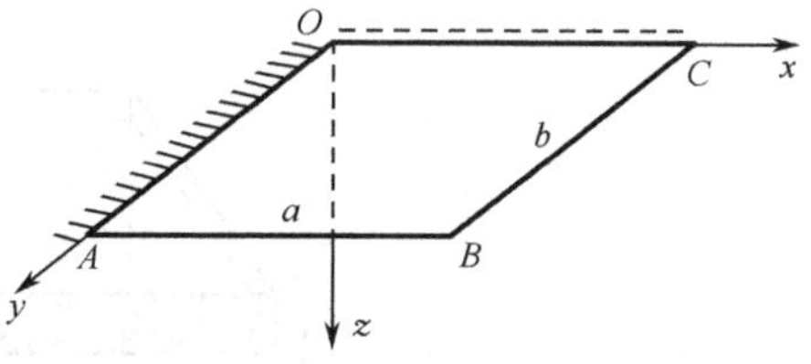

图 6.9 板的三种边界条件

1. 自由边

在自由边界上,弯矩和合成剪力为零,因此,在 $x=a$ 上, $M_x=0, V_x=0$,而在 $y=b$ 上,$M_y=0, V_y=0$,用挠度表示为

$$\left(\frac{\partial^2 w}{\partial x^2} + \nu\frac{\partial^2 w}{\partial y^2}\right)_{x=a} = 0, \quad \left[\frac{\partial^3 w}{\partial x^3} + (2-\nu)\frac{\partial^3 w}{\partial x \partial y^2}\right]_{x=a} = 0$$

$$\left(\frac{\partial^2 w}{\partial y^2}+\nu\frac{\partial^2 w}{\partial x^2}\right)_{y=b}=0,\quad \left[\frac{\partial^3 w}{\partial y^3}+(2-\nu)\frac{\partial^3 w}{\partial x^2\partial y}\right]_{y=b}=0$$

2. 简支边

在 $y=0$ 的简支边界上，挠度和弯矩应为零，即

$$(w)_{y=0}=0,\quad (M_y)_{y=0}=\left(\frac{\partial^2 w}{\partial y^2}+\nu\frac{\partial^2 w}{\partial x^2}\right)_{y=0}=0$$

由于 $(w)_{y=0}=0$ 表示沿 x 轴，w 无变化，必然有 $\left(\frac{\partial w}{\partial x}\right)_{y=0}=0$，$\left(\frac{\partial^2 w}{\partial x^2}\right)_{y=0}=0$。所以，简支边的边界条件可写成

$$(w)_{y=0}=0,\quad \left(\frac{\partial^2 w}{\partial y^2}\right)_{y=0}=0$$

3. 固定边

在 $x=0$ 的固定边上，挠度和转角为零，故边界条件可写成

$$(w)_{x=0}=0,\quad \left(\frac{\partial w}{\partial x}\right)_{x=0}=0$$

4. 角点条件

如上所述，当沿板边的分布扭矩代换为分布剪力后，在板的角点将出现一个集中力，如图 6.9 中的 O 点，这个集中力就是支座对板角点的集中反力。在求得挠度后，这个集中力由该点的扭矩确定。对于无支座支承的角点，例如图 6.9 中的两自由边界的交点 B，则集中力应为零，即

$$R_B=2(M_{yx})_{x=a,\ y=b}=0\quad \text{或}\quad \left(\frac{\partial^2 w}{\partial x\partial y}\right)_{x=a,y=b}=0$$

大多数的板边，是支承在梁上而且与梁相连，成为薄板的所谓弹性支承边。显然，如果梁的弯曲刚度和扭转刚度都很大，则板边可以当作固定边；如果两者都很小，则板边可以当作自由边；如果梁的弯曲刚度很大而扭转刚度很小，则板边可以当作简支边。

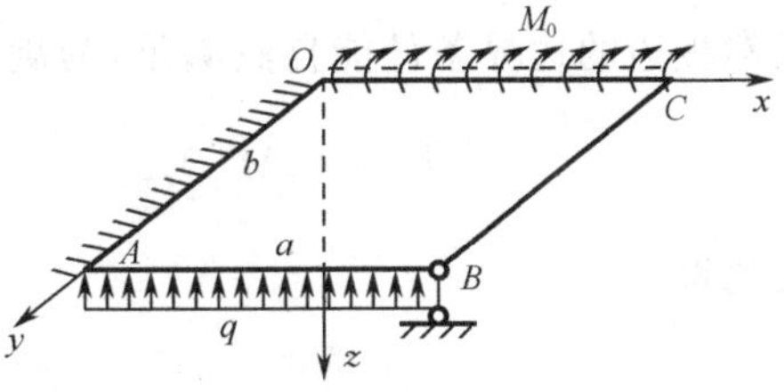

图 6.10 矩形板边受分布荷载

【例 6.1】 假定矩形板的支承条件与所承受荷载如图 6.10 所示，试写出 AB 边和 OC 边以及角点 B 的边界条件，并用挠度表示。

解 (1) 简支边 OC 的边界条件是

$$(w)_{y=0}=0,\quad (M_y)_{y=0}=-D\left(\frac{\partial^2 w}{\partial y^2}+\nu\frac{\partial^2 w}{\partial x^2}\right)_{y=0}=-M_0$$

(2) 自由边 AB 的边界条件是

$$(M_y)_{y=b}=\left(\frac{\partial^2 w}{\partial y^2}+\nu\frac{\partial^2 w}{\partial x^2}\right)_{x=b}=0,$$

$$(V_y)_{y=b}=-D\left[\frac{\partial^3 w}{\partial y^3}+(2-\nu)\frac{\partial^3 w}{\partial x^2\partial y}\right]_{y=b}=-q$$

(3) 两自由边的交点 B

$$(w)_{x=a,y=b}=0$$

$(2M_{xy})_{x=a,y=b}=R_B$ 是 B 点支座的被动反力。

【例 6.2】 如图 6.11 所示，矩形板在 4 个角点分别作用大小为 F 的集中力，其中 A 点和 C 点的集中力向上，B 点和 D 点的集中力向下，四条边均为自由，求板的挠度。

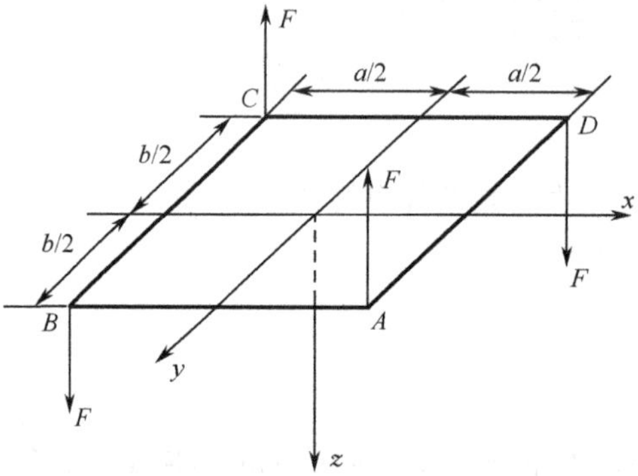

图 6.11　矩形板角点受集中力作用

解　板边的边界条件为

$$(M_x)_{x=\pm\frac{a}{2}}=0,\quad (V_x)_{x=\pm\frac{a}{2}}=0$$

$$(M_y)_{y=\pm\frac{b}{2}}=0,\quad (V_y)_{y=\pm\frac{b}{2}}=0$$

4 个角点的边界条件均为

$$(2M_{xy})_{x=\pm\frac{a}{2},y=\pm\frac{b}{2}}=F$$

由于横向分布荷载 $q=0$，因此基本微分方程变为

$$\nabla^2\nabla^2 w=0$$

假定坐标圆点的挠度为零，上式的解是

$$w=\beta xy$$

式中的 β 是待定常数。使用式(6.16)和式(6.28)，则有

$$M_x=M_y=0,\quad M_{xy}=-D(1-\nu)\beta$$

$$Q_x=Q_y=0,\quad V_x=V_y=0$$

显然板边的边界条件能自然满足，为满足角点的边界条件，应有

$$F=(2M_{xy})_{x=\pm\frac{a}{2},y=\pm\frac{b}{2}}=-\frac{Et^3\beta}{6(1+\nu)}=-\frac{Gt^3\beta}{3}$$

因此得

$$\beta=-\frac{3F}{Gt^3}$$

挠度解就是

$$w=-\frac{3F}{Gt^3}xy$$

【例 6.3】 如图 6.12 所示，矩形板受分布为 $q(x, y)$ 的横向荷载作用，板四周边均为简支，求板的挠度和横截面内力。

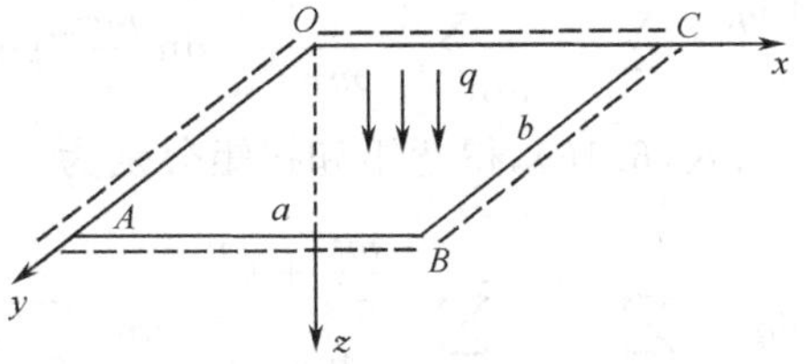

图 6.12 四边简支板受分布横向荷载作用

解 设挠度为三角级数形式

$$w=\sum_{m=1}^{\infty}\sum_{n=1}^{\infty}A_{mn}\sin\frac{m\pi x}{a}\sin\frac{n\pi y}{b}$$

它能满足所有的边界条件，即

$$(w)_{x=0}=0,\quad \left(\frac{\partial^2 w}{\partial x^2}\right)_{x=0}=0,\quad (w)_{x=a}=0,\quad \left(\frac{\partial^2 w}{\partial x^2}\right)_{x=a}=0$$

$$(w)_{y=0}=0,\quad \left(\frac{\partial^2 w}{\partial y^2}\right)_{y=0}=0,\quad (w)_{y=b}=0,\quad \left(\frac{\partial^2 w}{\partial y^2}\right)_{y=b}=0$$

将 q 展开表示成三角级数

$$q(x,y)=\sum_{m=1}^{\infty}\sum_{n=1}^{\infty}c_{mn}\sin\frac{m\pi x}{a}\sin\frac{n\pi y}{b} \tag{6.29a}$$

利用三角级数的正交性，求得

$$c_{mn}=\frac{4}{ab}\int_0^a\int_0^b q(x,y)\sin\frac{m\pi x}{a}\sin\frac{n\pi y}{b}\mathrm{d}x\mathrm{d}y$$

代入方程 $D\nabla^2\nabla^2 w=q$

$$A_{mn}=\frac{c_{mn}}{Df_{mn}}$$

式中 f_{mn} 为

$$f_{mn}=\pi^4\left(\frac{m^2}{a^2}+\frac{n^2}{b^2}\right)^2 \tag{6.29b}$$

于是，挠度为

$$w=\frac{1}{D}\sum_{m=1}^{\infty}\sum_{n=1}^{\infty}\frac{c_{mn}}{f_{mn}}\sin\frac{m\pi x}{a}\sin\frac{n\pi y}{b} \tag{6.30}$$

当 $q(x, y)=q_0$ 为常数时，则有

$$c_{mn} = \frac{4q_0}{\pi^2 mn}(1-\cos m\pi)(1-\cos n\pi) = \begin{cases} \dfrac{16q_0}{\pi^2 mn} & m,n=1,3,5 \\ 0 & m,n=2,4,6 \end{cases}$$

因此，挠度可以表示为

$$w = \frac{16q_0}{\pi^2 D}\sum_{m=1,3,5,\cdots}^{\infty}\sum_{n=1,3,5,\cdots}^{\infty}\frac{1}{mnf_{mn}}\sin\frac{m\pi x}{a}\sin\frac{n\pi y}{b}$$

将上面的挠度表达式代入式(6.16)，得弯矩和扭矩分别为

$$M_x = 16q_0\sum_{m=1,3,5,\cdots}^{\infty}\sum_{n=1,3,5,\cdots}^{\infty}\frac{\dfrac{m^2}{a^2}+\nu\dfrac{n^2}{b^2}}{mnf_{mn}}\sin\frac{m\pi x}{a}\sin\frac{n\pi y}{b}$$

$$M_y = 16q_0\sum_{m=1,3,5,\cdots}^{\infty}\sum_{n=1,3,5,\cdots}^{\infty}\frac{\nu\dfrac{m^2}{a^2}+\dfrac{n^2}{b^2}}{mnf_{mn}}\sin\frac{m\pi x}{a}\sin\frac{n\pi y}{b}$$

$$M_{xy} = -\frac{16(1-\nu)q_0}{ab}\sum_{m=1,3,5,\cdots}^{\infty}\sum_{n=1,3,5,\cdots}^{\infty}\frac{\cos\dfrac{m\pi x}{a}\cos\dfrac{n\pi y}{b}}{f_{mn}}$$

由上面的式子可知，在板的中心 $x=a/2, y=b/2$ 处，挠度最大，弯矩 M_x 和 M_y 最大，而 M_{xy} 为零；在板边 M_x 和 M_y 为零，而 M_{xy} 最大。

通过上面式子的计算可以证明：当 $b/a>1$ 时，板中心的 $M_x>M_y$，即短边方向的最大弯矩大于长边方向的最大弯矩；随 b/a 增大，M_x 比 M_y 大得越来越多，趋向于以短边弯曲为主；当 $b/a\geqslant 3$ 时，板的最大弯矩和最大挠度接近于沿短边截取的单位宽度板条计算所得的值，即接近于柱形弯曲；在当 $b/a=3$ 时，两者的挠度相差约 6.5%；在当 $b/a=5$ 时，两者的挠度相差约 0.5%。由此可见，当 $b/a\geqslant 3$ 时，板的计算可以用沿短边的单位宽度板条计算来代替，而不致于有很大的误差。在土建结构中，通常将 $b/a\geqslant 3$ 的板称为单向板；否则，称为双向板。

6.7　圆形薄板的弯曲

6.7.1　基本方程

1. 圆板弯曲的基本微分方程

求解圆形薄板的弯曲问题时，采用极坐标比较方便。这时，我们把挠度 w 和横向荷载 q 都看作是极坐标 r 和 θ 的函数，即 $w=w(r,\theta)$，$q=q(r,\theta)$。

由第 5 章可知，极坐标系下的 Laplace 算子为

$$\nabla^2 = \frac{\partial^2}{\partial r^2}+\frac{1}{r}\frac{\partial}{\partial r}+\frac{1}{r^2}\frac{\partial^2}{\partial \theta^2}$$

于是基本微分方程可写成

$$D\left(\frac{\partial^2}{\partial r^2}+\frac{1}{r}\frac{\partial}{\partial r}+\frac{1}{r^2}\frac{\partial^2}{\partial\theta^2}\right)\left(\frac{\partial^2}{\partial r^2}+\frac{1}{r}\frac{\partial}{\partial r}+\frac{1}{r^2}\frac{\partial^2}{\partial\theta^2}\right)w=q \tag{6.31}$$

2. 挠度表示的截面内力

对式(5.28)第一式的每一项进行积分 $\int_{-t/2}^{t/2}\cdots z\mathrm{d}z$，定义

$$M_r=\int_{-t/2}^{t/2}\sigma_r z\mathrm{d}z,\quad M_\theta=\int_{-t/2}^{t/2}\sigma_\theta z\mathrm{d}z,\quad M_{r\theta}=\int_{-t/2}^{t/2}\tau_{r\theta}z\mathrm{d}z$$

导致

$$\begin{aligned}M_r&=M_x\cos^2\theta+M_y\sin^2\theta+2M_{xy}\sin\theta\cos\theta\\M_\theta&=M_x\sin^2\theta+M_y\cos^2\theta-2M_{xy}\sin\theta\cos\theta\\M_{r\theta}&=-(M_x-M_y)\sin\theta\cos\theta+M_{xy}(\cos^2\theta-\sin^2\theta)\end{aligned} \tag{6.32}$$

$(\tau_{z\theta},\tau_{zr})$与$(\tau_{zx},\tau_{zy})$分别是板中一点以 z 为法线的面上的剪应力沿极坐标和平面直角坐标系的分量，可看作一个平面矢量在不同坐标系下的分量。因此，它们之间满足平面矢量的坐标变换关系式，为

$$\tau_{zr}=\tau_{zx}\cos\theta+\tau_{zy}\sin\theta,\quad \tau_{z\theta}=-\tau_{zx}\sin\theta+\tau_{zy}\cos\theta$$

对上式的每一项进行积分 $\int_{-t/2}^{t/2}\cdots\mathrm{d}z$，定义

$$Q_r=\int_{-t/2}^{t/2}\tau_{rz}\mathrm{d}z,\quad Q_\theta=\int_{-t/2}^{t/2}\tau_{\theta z}\mathrm{d}z$$

导致

$$Q_r=Q_x\cos\theta+Q_y\sin\theta,\quad Q_\theta=-Q_x\sin\theta+Q_y\cos\theta \tag{6.33}$$

采用与 5.5 节中相同的运算，可以得到如下的坐标变换式

$$\frac{\partial w}{\partial x}=\frac{\partial w}{\partial r}\cos\theta-\frac{\partial w}{\partial\theta}\frac{\sin\theta}{r} \tag{6.34a}$$

$$\frac{\partial w}{\partial y}=\frac{\partial w}{\partial r}\sin\theta+\frac{\partial w}{\partial\theta}\frac{\cos\theta}{r} \tag{6.34b}$$

以及

$$\begin{aligned}\frac{\partial^2 w}{\partial x^2}&=\frac{\partial}{\partial x}\left(\frac{\partial w}{\partial x}\right)=\cos^2\theta\frac{\partial^2 w}{\partial r^2}+\sin^2\theta\left(\frac{1}{r}\frac{\partial w}{\partial r}+\frac{1}{r^2}\frac{\partial^2 w}{\partial\theta^2}\right)+\sin2\theta\left(\frac{1}{r^2}\frac{\partial w}{\partial\theta}-\frac{1}{r}\frac{\partial^2 w}{\partial r\partial\theta}\right)\\\frac{\partial^2 w}{\partial y^2}&=\frac{\partial}{\partial y}\left(\frac{\partial w}{\partial y}\right)=\sin^2\theta\frac{\partial^2 w}{\partial r^2}+\cos^2\theta\left(\frac{1}{r}\frac{\partial w}{\partial r}+\frac{1}{r^2}\frac{\partial^2 w}{\partial\theta^2}\right)-\sin2\theta\left(\frac{1}{r^2}\frac{\partial w}{\partial\theta}-\frac{1}{r}\frac{\partial^2 w}{\partial r\partial\theta}\right)\\\frac{\partial^2 w}{\partial x\partial y}&=\frac{\partial}{\partial x}\left(\frac{\partial w}{\partial y}\right)=\sin\theta\cos\theta\left(\frac{\partial^2 w}{\partial r^2}-\frac{1}{r}\frac{\partial w}{\partial r}-\frac{1}{r^2}\frac{\partial^2 w}{\partial\theta^2}\right)\\&\quad-(\cos^2\theta-\sin^2\theta)\left(\frac{1}{r^2}\frac{\partial w}{\partial\theta}-\frac{1}{r}\frac{\partial^2 w}{\partial r\partial\theta}\right)\end{aligned} \tag{6.35}$$

将式(6.35)代入式(6.16)的前 3 个式子，式(6.34)中的 w 换作$\nabla^2 w$ 后代入式(6.16)的后两个式子，再将所得结果分别代入式(6.32)和式(6.33)，经整理得

$$M_r = -D\left[\frac{\partial^2 w}{\partial r^2} + \nu\left(\frac{1}{r}\frac{\partial w}{\partial r} + \frac{1}{r^2}\frac{\partial^2 w}{\partial \theta^2}\right)\right]$$

$$M_\theta = -D\left[\left(\frac{1}{r}\frac{\partial w}{\partial r} + \frac{1}{r^2}\frac{\partial^2 w}{\partial \theta^2}\right) + \nu\frac{\partial^2 w}{\partial r^2}\right]$$

$$M_{r\theta} = M_{\theta r} = -D(1-\nu)\left(\frac{1}{r}\frac{\partial^2 w}{\partial r \partial \theta} - \frac{1}{r^2}\frac{\partial w}{\partial \theta}\right) \tag{6.36}$$

$$Q_r = -D\frac{\partial}{\partial r}(\nabla^2 w)$$

$$Q_\theta = -D\frac{1}{r}\frac{\partial}{\partial \theta}(\nabla^2 w)$$

3. 内力表示的平衡方程

根据附录 A2.6 中的式(A2.24),若不考虑体积力,柱坐标下径向和沿 z 方向(板厚度方向)的平衡微分方程分别为

$$\frac{\partial \sigma_r}{\partial r} + \frac{\sigma_r - \sigma_\theta}{r} + \frac{1}{r}\frac{\partial \tau_{\theta r}}{\partial \theta} + \frac{\partial \tau_{zr}}{\partial z} = 0$$

$$\frac{\partial \tau_{rz}}{\partial r} + \frac{\tau_{rz}}{r} + \frac{1}{r}\frac{\partial \tau_{\theta z}}{\partial \theta} + \frac{\partial \sigma_z}{\partial z} = 0$$

对上面第一个式子的每一项进行积分 $\int_{-t/2}^{t/2} \cdots z\mathrm{d}z$,对第二个式子的每一项进行积分 $\int_{-t/2}^{t/2} \cdots \mathrm{d}z$,并考虑到内力的定义,导致

$$\frac{\partial M_r}{\partial r} + \frac{M_r - M_\theta}{r} + \frac{1}{r}\frac{\partial M_{\theta r}}{\partial \theta} - Q_r = 0 \tag{6.37a}$$

$$\frac{\partial Q_r}{\partial r} + \frac{Q_r}{r} + \frac{1}{r}\frac{\partial Q_\theta}{\partial \theta} + q = 0 \tag{6.37b}$$

4. 边界条件

类似于 6.6 节中的讨论,可将板横截面上的分布扭矩和横向分布剪力合成为总的横向分布剪力。在圆形薄板的圆柱面(r=const)和径向面(θ=const),总的横向分布剪力可分别表示为

$$V_r = Q_r + \frac{1}{r}\frac{\partial M_{r\theta}}{\partial \theta}, \quad V_\theta = Q_\theta + \frac{\partial M_{\theta r}}{\partial r}$$

圆形薄板的边界条件也与矩形板相似。取圆板中心为坐标原点,在半径为 a 的板边处,边界条件有以下 3 种形式

1)固支边

$$(w)_{r=a}=0,\quad \left(\frac{\partial w}{\partial r}\right)_{r=a}=0$$

2)简支边

$$(w)_{r=a}=0,\quad (M_r)_{r=a}=-D\left[\frac{\partial^2 w}{\partial r^2}+\nu\left(\frac{1}{r}\frac{\partial w}{\partial r}+\frac{1}{r^2}\frac{\partial^2 w}{\partial\theta^2}\right)\right]_{r=a}=\overline{M}_r$$

式中 $\overline{M}_r$ 是边界上的外加弯矩,若没有外加弯矩作用,则 $\overline{M}_r=0$。

3)自由边

$$(M_r)_{r=a}=\left[\frac{\partial^2 w}{\partial r^2}+\nu\left(\frac{1}{r}\frac{\partial w}{\partial r}+\frac{1}{r^2}\frac{\partial^2 w}{\partial\theta^2}\right)\right]_{r=a}=0$$

$$(V_r)_{r=a}=\left(Q_r+\frac{1}{r}\frac{\partial M_{r\theta}}{\partial\theta}\right)_{r=a}=0$$

由于圆板边界是光滑连续的闭合曲线,所以在将分布扭矩代换为等效的横向分布剪力后,不存在集中力。

6.7.2 圆形薄板的轴对称弯矩

如果圆形薄板的边界条件和所受的横向荷载为轴对称,则为轴对称问题。这时,挠度 w 只是 r 的函数,与 θ 无关。基本微分方程式(6.31)简化为

$$\left(\frac{\mathrm{d}^2}{\mathrm{d}r^2}+\frac{1}{r}\frac{\mathrm{d}}{\mathrm{d}r}\right)\left(\frac{\mathrm{d}^2 w}{\mathrm{d}r^2}+\frac{1}{r}\frac{\mathrm{d}w}{\mathrm{d}r}\right)=\frac{q}{D}$$

为了便于积分,上式可以表示成

$$\frac{1}{r}\frac{\mathrm{d}}{\mathrm{d}r}\left\{r\frac{\mathrm{d}}{\mathrm{d}r}\left[\frac{1}{r}\frac{\mathrm{d}}{\mathrm{d}r}\left(r\frac{\mathrm{d}w}{\mathrm{d}r}\right)\right]\right\}=\frac{q}{D} \tag{6.38}$$

上述方程的通解为

$$w=C_1+C_2r^2+C_3\ln r+C_4r^2\ln r+w_1 \tag{6.39}$$

式中 C_1、C_2、C_3、C_4 是积分常数,由边界条件求出,w_1 是方程(6.38)的特解,与荷载 q 有关,若板面荷载为均布荷载 $q=q_0$,则 $w_1=\dfrac{q_0r^4}{64D}$。

若圆板在中心处有圆孔,圆板成为环形板,这时,在内外边界上共有 4 个边界条件,可以确定 4 个积分常数;若圆板在中心处无圆孔,在圆板中心处,挠度和弯矩应为有限值,即 $\lim\limits_{r\to 0}w(r)$ 为有限值;$\lim\limits_{r\to 0}M_r(r)$ 为有限值。这就要求:$C_3=C_4=0$,于是,式(6.39)退化为

$$w=C_1+C_2r^2+w_1$$

剩下的两个积分常数通过外边界的两个边界条件确定。

轴对称情况下,$M_{\theta r}=Q_\theta=0$,内力表示的平衡微分方程表示为

$$\frac{\mathrm{d}M_r}{\mathrm{d}r} + \frac{M_r - M_\theta}{r} - Q_r = 0$$

$$\frac{\mathrm{d}Q_r}{\mathrm{d}r} + \frac{Q_r}{r} + q = 0$$

后面一个方程的解是

$$Q_r = -\frac{1}{r}\int_0^r rq\,\mathrm{d}r$$

因此有

$$\frac{\mathrm{d}M_r}{\mathrm{d}r} + \frac{M_r - M_\theta}{r} + \frac{1}{r}\int_0^r rq\,\mathrm{d}r = 0 \tag{6.40}$$

【例 6.4】 半径为 a 的圆板，周边简支，受均布横向荷载作用，求挠度和弯矩分布。

解 根据上面的分析，挠度的通解是

$$w = C_1 + C_2 r^2 + \frac{q_0 r^4}{64D} \tag{a}$$

简支边的边界条件是

$$(w)_{r=a} = 0,\quad (M_r)_{r=a} = \left[\frac{\partial^2 w}{\partial r^2} + \nu\left(\frac{1}{r}\frac{\partial w}{\partial r} + \frac{1}{r^2}\frac{\partial^2 w}{\partial \theta^2}\right)\right]_{r=a} = 0$$

将式(a)代入上述边界条件，求得

$$C_1 = \frac{(5+\nu)qa^4}{64(1+\nu)D},\quad C_2 = -\frac{(3+\nu)qa^2}{32(1+\nu)D}$$

代回式(a)，得挠度为

$$w = \frac{q}{64D}\left[r^4 - \frac{2(3+\nu)}{(1+\nu)}a^2 r^2 + \frac{5+\nu}{1+\nu}a^4\right] \tag{b}$$

代入式(6.36)得内力的表达式为

$$M_r = \frac{q}{16}(3+\nu)(a^2 - r^2)$$

$$M_\theta = \frac{q}{16}[(3+\nu)a^2 - (3\nu+1)r^2]$$

$$Q_r = -\frac{qr}{2}$$

最大挠度和最大弯矩发生在圆板的中心处，分别为

$$w_{\max} = \frac{qa^4}{64D}\frac{5+\nu}{1+\nu}$$

$$M_{r\max} = M_{\theta\max} = \frac{qa^2}{16}(3+\nu)$$

6.8* 考虑横向剪切的 Mindlin 板理论

前面采用 Kirchhoff 假定分析薄板弯曲问题时，忽略了横向剪应变，但是考虑了对应的横向剪应力。这相当于假定在垂直于板中面的各个截面内，剪切模量 G 为无穷大，这种处理对厚度较小的薄板是有效的，能使问题的分析大大简化，同时不会引起明显的误差。随着板厚与板中面的特征尺寸之比 t/b 增加，所引起的误差将增加，当 $t/b>1/5$ 时就必须考虑横向剪切变形对板弯曲的影响。横向剪切变形使得原来垂直于中面的法线变形后不再与中面垂直，且发生屈曲。考虑横向剪切的 Mindlin 板理论（也称 Reissner 板理论），在保留 Kirchhoff 假定(2)和假定(3)的基础上，将假定(1)修改为：板中面法线变形后仍保持直线（不考虑法线的屈曲），但与变形后的中面不再保持垂直。下面具体讨论 Mindlin 板理论的变形几何。

设变形后的中面法线绕 y 轴的转角为 θ_x，而绕 x 轴的转角为 θ_y，如图 6.13 所示，根据 Mindlin 板的假定，它们和挠度 w 都应是 x，y 的函数，任意一点的位移分量则为

$$u_x = z\theta_x(x, y), \quad u_y = z\theta_y(x, y), \quad u_z = w(x, y)$$

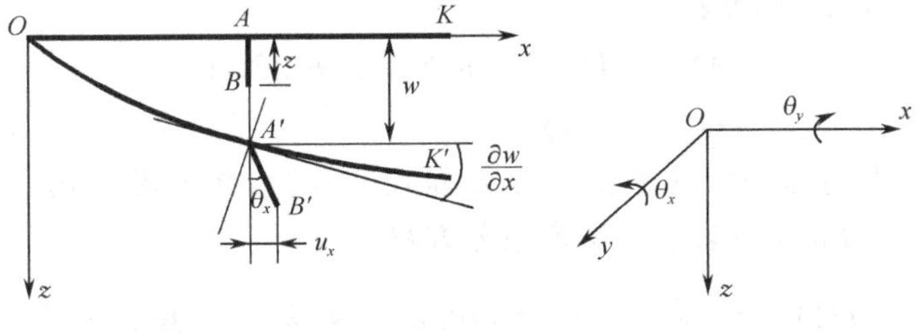

图 6.13　Mindlin 板的变形

代入几何方程，则板任意一点的应变分量可以表示为

$$\varepsilon_x = zK_x, \qquad \varepsilon_y = zK_y, \qquad \gamma_{xy} = 2zK_{xy}$$

$$\gamma_{zx} = \frac{\partial w}{\partial x} + \theta_x, \quad \gamma_{zy} = \frac{\partial w}{\partial y} + \theta_y, \quad \varepsilon_z = 0$$

式中

$$K_x = \frac{\partial \theta_x}{\partial x}, \quad K_y = \frac{\partial \theta_y}{\partial y}, \quad K_{xy} = \frac{1}{2}\left(\frac{\partial \theta_x}{\partial y} + \frac{\partial \theta_y}{\partial x}\right)$$

它们不代表曲率，而应理解为板的广义变形。应变分量和广义变形使用张量形式表示为

$$\varepsilon_{\alpha\beta} = zK_{\alpha\beta}, \quad \varepsilon_{\alpha z} = \frac{1}{2}\gamma_{\alpha z}, \quad \varepsilon_z = 0 \tag{6.41a}$$

式中

$$K_{\alpha\beta}=\frac{1}{2}(\theta_{\alpha,\beta}+\theta_{\beta,\alpha}),\quad \gamma_{\alpha z}=\theta_{\alpha}+w_{,\alpha} \tag{6.41b}$$

将应变分量式(6.41a)代入广义 Hooke 定律，得板任意一点的应力，使用张量表示为

$$\sigma_{\alpha\beta}=\frac{Ez}{1-\nu^2}[(1-\nu)K_{\alpha\beta}+\nu K_{\gamma\gamma}\delta_{\alpha\beta}]+\frac{\nu}{1-\nu}\sigma_z\delta_{\alpha\beta} \tag{6.42a}$$

$$\sigma_{\alpha z}=G\gamma_{\alpha z} \tag{6.42b}$$

将应力分量的表达式(6.42)代入式(6.14)和式(6.15)，得内力为

$$M_{\alpha\beta}=D[(1-\nu)K_{\alpha\beta}+\nu K_{\gamma\gamma}\delta_{\alpha\beta}]+\frac{\nu}{1-\nu}\delta_{\alpha\beta}\int_{-t/2}^{t/2}z\sigma_z\,\mathrm{d}z \tag{6.43a}$$

$$Q_{\alpha}=Gt\gamma_{\alpha z} \tag{6.43b}$$

对式(6.43)作两个方面的修改：①考虑到 σ_z 与其他应力分量相比很小，将式(6.43a)中的最后一项略去。②式(6.43b)是在横向剪应变 $\gamma_{\alpha z}$ 沿板厚度均匀分布的假定下由式(6.42b)积分导出的。实际上，它们沿板厚度是非均匀分布，在中面处最大，在板的上、下边为零(因为上、下板面剪应力为零，再结合剪应力双生互等定理和广义 Hooke 定律，可得剪应变为零)。为此，引入校正系数 k，使用 k^2G 来代替 G。精确的分析表明，k^2 是泊松比 ν 的近似线性函数，对于 $0<\nu<0.5$，$0.874<k^2<0.955$。因此得

$$M_{\alpha\beta}=D[(1-\nu)K_{\alpha\beta}+\nu K_{\gamma\gamma}\delta_{\alpha\beta}] \tag{6.44a}$$

$$Q_{\alpha}=k^2Gt\gamma_{\alpha z} \tag{6.44b}$$

将式(6.44)代入内力表示的平衡微分方程式(6.22)，并考虑到式(6.41b)，得到 Mindlin 板用转角和挠度表示的平衡微分方程

$$\frac{1}{2}D[(1-\nu)\theta_{\alpha,\beta\beta}+(1+\nu)\theta_{\beta,\beta\alpha}]-k^2Gt(\theta_{\alpha}+w_{,\alpha})=0 \tag{6.45a}$$

$$k^2Gt(\theta_{\alpha,\alpha}+w_{,\alpha\alpha})+q=0 \tag{6.45b}$$

应当指出：Mindlin 板理论中有 3 个独立的变量，因此在板边界的每一点上应有 3 个边界条件(前面只有 1 个独立变量的薄板理论中每一点只要求有 2 个边界条件)。Mindlin 板理论中 3 种类型的边界条件表述如下：

1)自由边

$$Q_n=\bar{Q}_n,\quad M_n=\bar{M}_n,\quad M_{ns}=\bar{M}_{ns}$$

2)简支边

$$w=\bar{w},\quad M_n=\bar{M}_n,\quad \theta_s=\bar{\theta}_s$$

2)固定边

$$w=\bar{w},\quad \theta_n=\bar{\theta}_n,\quad \theta_s=\bar{\theta}_s$$

式中下标 n 和 s 分别表示边界横截面的法向和切向，θ_s 是中面法线绕边界横截面

法向的转角；θ_n 则是中面法线绕边界横截面切向的转角，而上面带"—"的量表示由边界给定的值。

采用与上面类似的方法，很容易导出考虑横向剪应力的梁理论的基本方程，请读者自行推导。考虑横向剪应力的梁称之为 Timoshenko 梁。

【例 6.5】 如图 6.12 所示的四边简支矩形板，受如下横向分布荷载的作用，求问题的转角和挠度解。

$$q(x,y)=c_{mn}\sin\frac{m\pi x}{a}\sin\frac{n\pi y}{b} \tag{a}$$

其中 c_{mn} 是常数，而 m、$n=1,2,3,\cdots$。

解 问题的边界条件是

$$\begin{aligned}
&在\ x=0\ 的边上：(w)_{x=0}=0,(M_x)_{x=0}=0,(\theta_y)_{x=0}=0\ ;\\
&在\ x=a\ 的边上：(w)_{x=a}=0,(M_x)_{x=a}=0,(\theta_y)_{x=a}=0;\\
&在\ y=0\ 的边上：(w)_{y=0}=0,(M_y)_{y=0}=0,(\theta_x)_{y=0}=0;\\
&在\ y=b\ 的边上：(w)_{y=b}=0,(M_y)_{y=b}=0,(\theta_x)_{y=b}=0。
\end{aligned} \tag{b}$$

问题的解可以设为

$$\begin{aligned}
w&=A\sin\frac{m\pi x}{a}\sin\frac{n\pi y}{b}\\
\theta_x&=B\cos\frac{m\pi x}{a}\sin\frac{n\pi y}{b}\\
\theta_y&=C\sin\frac{m\pi x}{a}\cos\frac{n\pi y}{b}
\end{aligned} \tag{c}$$

式中 A、B 和 C 是常数。显然它们能满足上面所有边界条件。将这组解式(c)和荷载式(a)代入方程(6.45)，则得

$$A=\frac{c_{mn}}{Df_{mn}}+\frac{c_{mn}}{k^2Gt\ \sqrt{f_{mn}}},\quad B=-\frac{c_{mn}}{Df_{mn}}\frac{m\pi}{a},\quad C=-\frac{c_{mn}}{Df_{mn}}\frac{n\pi}{b}$$

式中 f_{mn} 由式(6.29b)给出。

对于受任意横向荷载 $q(x,\ y)$ 作用的情况，利用上面的结果和叠加原理可得到问题的解。将荷载函数 $q(x,\ y)$使用三角级数展开成如式(6.29a)表示，上面的解就是级数中的一项单独作用产生的结果。因此，根据叠加原理，所有级数项共同作用产生的挠度和转角应为

$$\begin{aligned}
w&=\sum_{m=1}^{\infty}\sum_{n=1}^{\infty}\left(\frac{c_{mn}}{Df_{mn}}+\frac{c_{mn}}{k^2Gt\ \sqrt{f_{mn}}}\right)\sin\frac{m\pi x}{a}\sin\frac{n\pi y}{b}\\
\theta_x&=-\sum_{m=1}^{\infty}\sum_{n=1}^{\infty}\frac{c_{mn}}{Df_{mn}}\frac{m\pi}{a}\cos\frac{m\pi x}{a}\sin\frac{n\pi y}{b}\\
\theta_y&=-\sum_{m=1}^{\infty}\sum_{n=1}^{\infty}\frac{c_{mn}}{Df_{mn}}\frac{n\pi}{b}\sin\frac{m\pi x}{a}\cos\frac{n\pi y}{b}
\end{aligned}$$

根据上面的解可知：当剪切模量 $G\rightarrow\infty$ 时，则这里的挠度解与不考虑横向剪切的薄板理论解式(6.30)一致，而转角为

$$\theta_x = -\frac{\partial w}{\partial x},\quad \theta_y = -\frac{\partial w}{\partial y}$$

与不考虑横向剪切的薄板理论也是一致的。

习　题

1. 试证明下列形式的挠度函数

$$w(x,y) = C(x^2 - a^2)^2(y^2 - b^2)^2$$

满足四边固支矩形板的边界条件，并讨论此挠度函数对应于什么荷载。

2. 沿 x 方向边长为 a，沿 y 方向边长为 b 的矩形板，抗弯刚度为 D，其挠度函数如下式表示

$$w(x,y) = Cxy(a-x)(b-y)$$

求板所承受的荷载及其支承条件和支反力。

3. 四边简支矩形板($0\leqslant x\leqslant a, 0\leqslant y\leqslant b$)，承受横向荷载为

(1) $p = p_a\dfrac{x}{a}$；　(2) $p = p_0 + p_a\dfrac{x}{a} + p_b\dfrac{y}{b}$

求板的挠度、弯矩与边界处的反力。

4. 图 6.14 所示矩形薄板 $OABC$，OA 边与 BC 边为简支边，OC 边与 AB 边为自由边。板不受横向荷载，但在两个简支边上受大小相等而方向相反的均布弯矩 M。试证，为了将薄板弯成柱面，即 $w=f(x)$，必须在自由边上施加均布弯矩 νM。并求挠度、内力和反力。

5. 已知三边简支一边固定的方板，边长为 a，如图 6.15 所示，承受均布横向荷载，求板的中心挠度。

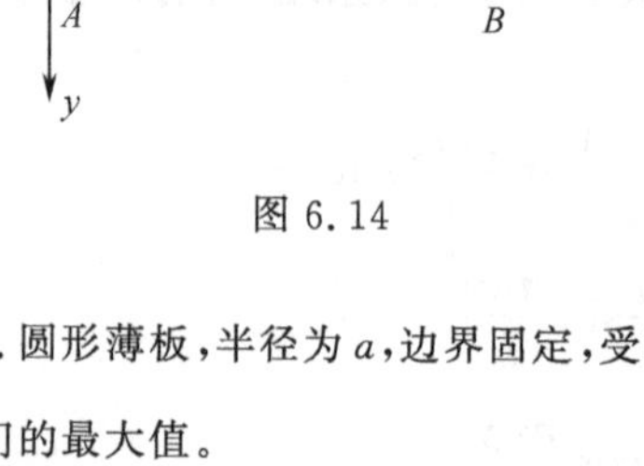

图 6.14

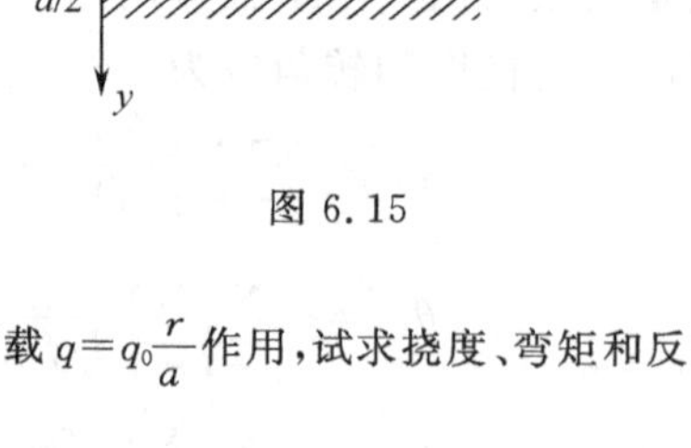

图 6.15

6. 圆形薄板，半径为 a，边界固定，受轴对称横向荷载 $q=q_0\dfrac{r}{a}$ 作用，试求挠度、弯矩和反力以及它们的最大值。

第 7 章　温度应力问题

在前面各章中，我们仅考虑了弹性体在外加荷载作用下引起的变形及应力。我们知道，当弹性体温度改变时，它的每一部分将会因为温度升高而发生膨胀，因温度降低而收缩，但由于弹性体受到外部约束以及各部分之间的变形协调要求，这种膨胀或收缩不能自由发生，于是就产生了应力，这种应力就是温度应力或热应力。混凝土结构特别是大体积混凝土结构例如水坝，由于施工期混凝土凝固过程中形成的水化热和运行期外界环境温度变化，常常会产生一定的温度应力，当温度应力为拉应力时，由于混凝土抗拉性能差，很容易导致裂缝，对结构造成危害。因此，温度应力分析与控制对大体积混凝土结构来说显得十分重要。

通常，温度变化会引起材料力学性能的改变，例如改变材料的弹性常数和破坏性质。同时，在变形速率较大时，物体变形时也要产生温度变化，压缩变形部位温度升高，膨胀变形部位温度降低，这种温度梯度的出现影响物体中的热传导。因此，力、变形和热是相互耦合而密不可分的，这种耦合使得实际的热弹性问题的计算非常复杂。本章我们假定物体的温度在常温附近变化不大，对材料性能的影响可以忽略，还假定变形的速率很慢，变形对热传导的影响也可以忽略。这样，温度和变形不再相互耦合，可以作为两个独立的问题分别进行计算分析，即①由热传导方程计算在给定的热力学条件下物体内各点任意时间的温度分布，②将温度变化所产生的变形考虑在弹性力学方程中，计算最终的变形和应力分布。

7.1　热传导基本概念

7.1.1　基本概念

当两个温度不同的物体相接触时，热量会从高温物体向低温物体传递；对于同一物体，若每一点的温度不全一样，则温度较高的部位的热量就会向较低的部位传递，这种热量的传递现象称热传导。

在热传导过程中，物体内各点的温度除与空间位置有关外，还与时间有关，即

$$T = T(x,y,z,t) \tag{7.1a}$$

在任一瞬时，物体内所有各点的温度值的总体，称为温度场。

一个温度场，如果它的温度随时间变化，如式(7.1a)所示，则称为不稳定温度场或非定常温度场。如果它的温度不随时间变化，称为稳定温度场或定常温度场。在稳定温度场中，温度仅是坐标位置的函数，即

$$T = T(x,y,z) \tag{7.1b}$$

温度场中温度相同的所有各点所构成的曲面称为等温面。由于热量总是由温度高的地方向温度低的地方传递，因而沿着等温面的切线方向没有热量流动，热流的传递方向必然沿等温面的法线方向。在单位时间内通过等温面单位面积的热量称为热流密度。由于热流的传递具有方向性，因而热流密度是一个矢量，用 $\boldsymbol{q}$ 表示，它与等温面的法向方向一致。温度梯度∇T沿着等温面的法线，指向温度增加的方向。在各向同性材料中，热流密度 $\boldsymbol{q}$ 与温度梯度∇T成正比，而方向相反，即

$$\boldsymbol{q} = -\lambda \nabla T \tag{7.2a}$$

式中 λ 为导热系数，它是一个与温度无关的比例系数。式(7.2a)为热传导基本定律，称为 Fourier 热传导定律，它用分量的形式表示为

$$q_x = -\lambda \frac{\partial T}{\partial x}, \quad q_y = -\lambda \frac{\partial T}{\partial y}, \quad q_z = -\lambda \frac{\partial T}{\partial z} \tag{7.2b}$$

7.1.2 热传导方程

在物体内任取一闭合曲面 S，它所包围的区域记作 Ω。考察时间从 t 到 $t+\Delta t$ 内区域 Ω 的热平衡。

1. 通过区域 Ω 的边界 S 流入的热量 Q_1

对于外法线单位矢量为 $\boldsymbol{n}$ 的面积微元 $\mathrm{d}S$，根据热流密度 $\boldsymbol{q}$ 的定义，在单位时间内沿 $\boldsymbol{n}$ 方向流过此微元的热量 $\mathrm{d}Q$ 为

$$\mathrm{d}Q = \boldsymbol{q} \cdot \boldsymbol{n}\mathrm{d}S$$

因此，通过区域的边界 S 流入的热量 Q_1 应为

$$Q_1 = \left(-\int_S \boldsymbol{q} \cdot \boldsymbol{n}\mathrm{d}S\right)\Delta t$$

2. 温度升高所需要的热量 Q_2

流入的热量使区域 Ω 内的温度发生变化，在 Δt 时间内区域 Ω 内各点温度从 $T(x,y,z,t)$ 变化到 $T(x,y,z,t+\Delta t)$，则温度升高所需要的热量是

$$\begin{aligned} Q_2 &= \int_\Omega c\rho\,[T(x,y,z,t+\Delta t) - T(x,y,z)]\,\mathrm{d}\Omega = \int_\Omega c\rho \frac{\partial T}{\partial t}\Delta t \mathrm{d}\Omega \\ &= \left(\int_\Omega c\rho \frac{\partial T}{\partial t}\mathrm{d}\Omega\right)\Delta t \end{aligned}$$

式中 c 为比热，它是单位质量每升高 1°C 所需热量；ρ 为物体的密度。在上式的推导中使用了 Taylor 级数展开并略去了二次以上的高阶项。

3. 区域 Ω 内的热源产生的热量 Q_3

设单位时间内物体单位体积的热源发热量为 $W(x,y,z,t)$，它通常称为热源

函数。则有

$$Q_3 = \left(\int_\Omega W \mathrm{d}\Omega\right)\Delta t$$

根据区域 Ω 内的热平衡，有

$$\left(-\int_S \boldsymbol{q} \cdot \boldsymbol{n} \mathrm{d}S\right)\Delta t + \left(\int_\Omega W \mathrm{d}\Omega\right)\Delta t = \left(\int_\Omega c\rho \frac{\partial T}{\partial t} \mathrm{d}\Omega\right)\Delta t \tag{7.3}$$

式(7.3)左边的第一个积分，可根据散度定理式(A2.20)转化为体积分，即有

$$\int_S \boldsymbol{q} \cdot \boldsymbol{n} \mathrm{d}S = \int_\Omega \mathrm{div}\boldsymbol{q} \mathrm{d}\Omega = \int_\Omega \left(\frac{\partial q_x}{\partial x} + \frac{\partial q_y}{\partial y} + \frac{\partial q_z}{\partial z}\right)\mathrm{d}\Omega$$

将上式代入式(7.3)，由于区域 Ω 是任取的，被积函数应相等，因而得到热传导微分方程，为

$$c\rho \frac{\partial T}{\partial t} = -\left(\frac{\partial q_x}{\partial x} + \frac{\partial q_y}{\partial y} + \frac{\partial q_z}{\partial z}\right) + W \tag{7.4a}$$

使用式(7.2b)，式(7.4a)变为

$$\frac{\partial T}{\partial t} - \frac{\lambda}{c\rho} \nabla^2 T = \frac{W}{c\rho} \tag{7.4b}$$

式中 ∇^2 为 Laplace 算子。

作为特例，若物体温度 T 只和 x、t 有关，即一维热传导问题，式(7.4)变成

$$\frac{\partial T}{\partial t} - \frac{\lambda}{c\rho} \frac{\partial^2 T}{\partial x^2} = \frac{W}{c\rho}$$

若物体温度 T 只和 x、y、t 有关，即二维热传导问题，式(7.4)变成

$$\frac{\partial T}{\partial t} - \frac{\lambda}{c\rho}\left(\frac{\partial^2 T}{\partial x^2} + \frac{\partial^2 T}{\partial y^2}\right) = \frac{W}{c\rho}$$

若考虑稳定温度场，这时温度与时间无关，且物体内无热源，式(7.4)变成

$$\nabla^2 T = 0 \tag{7.5}$$

7.1.3 初始条件与边界条件

为了能够求解方程(7.4)，从而获得物体的温度场，必须已知物体在初始 $t=0$ 时刻的温度分布，即所谓初始条件；同时还必须已知 $t>0$ 以后物体表面与周围介质之间进行热交换的规律，即所谓边界条件。初始条件和边界条件合称为边值条件。初始条件可以表示为如下形式

$$T(x,y,z,t)\big|_{t=0} = T_0(x,y,z) \tag{7.6}$$

常见的边界条件有如下3种形式：

(1)给定边界处的温度 T_S，即

$$T(x,y,z,t)\big|_S = T_S(x,y,z,t) \tag{7.7}$$

式中(x,y,z)为边界点的坐标。

(2)给定边界处的法向热流密度 q_{nS}，即

$$-\lambda \frac{\partial T}{\partial n}\bigg|_S = q_{nS}(x,y,z,t) \tag{7.8a}$$

式中$\frac{\partial T}{\partial n}\Big|_S$ 为温度沿边界法向的方向导数，以流出表面为正。在绝热的边界上，由于没有热流入与流出，因此

$$\frac{\partial T}{\partial n}\bigg|_S = 0 \tag{7.8b}$$

(3)对流换热边界条件，即物体通过边界与周围温度不同的流体介质进行热交换。设物体表面温度为 T_S，周围介质的温度为 T_a，按热交换规律，通过边界表面的法向热流密度 q_n 正比于物体与周围介质的温度差，即

$$q_n|_S = \beta(T_S - T_a) \tag{7.9a}$$

或

$$-\lambda \frac{\partial T}{\partial n}\bigg|_S = \beta(T_S - T_a) \tag{7.9b}$$

式中β为散热系数，它表示了热流通过边界表面传入周围介质的能力，其值越小，散热条件越差。当$\beta \to 0$时，由式(7.9)可知$\frac{\partial T}{\partial n}\Big|_S \to 0$，这就是上面的绝热边界条件式(7.8b)。当$\beta \to \infty$时，由式(7.9)可知 $T_S = T_a$，即物体表面的温度与周围介质的温度相等，此时就是边界条件式(7.7)。

【例 7.1】 设圆管的内外半径分别为 a 和 b，物体内各点的初始温度均为 T_0。若经过热传导过程后，内外壁上分别保持均匀常温 T'_a和 T'_b，两端平面完全绝热，求管体内的定常温度分布。

解 由轴对称和两端的温度条件，且物体内的初始温度是均匀的，可知温度只是径向距离 r 的函数，即有

$$T = T(r)$$

于是式(7.5)可以写成

$$\nabla^2 T = \frac{\mathrm{d}^2 T}{\mathrm{d}r^2} + \frac{1}{r}\frac{\mathrm{d}T}{\mathrm{d}r} = \frac{1}{r}\frac{\mathrm{d}}{\mathrm{d}r}\left(r\frac{\mathrm{d}T}{\mathrm{d}r}\right) = 0$$

其通解为

$$T = C_1 \ln r + C_2$$

这里的边界条件分别为

$$(T)_{r=a} = T'_a - T_0 = T_a,\quad (T)_{r=b} = T'_b - T_0 = T_b$$

由此求得积分常数分别为

$$C_1 = \frac{T_b - T_a}{\ln(b/a)},\quad C_2 = \frac{T_a \ln b - T_b \ln a}{\ln(b/a)}$$

因此通解为

$$T = \frac{1}{\ln(b/a)}[T_a \ln(b/r) + T_b \ln(r/a)]$$

7.2 热弹性基本方程

热弹性基本方程同样包括平衡方程、几何方程和本构方程。由于平衡条件和应变位移的几何关系与温度无关,同等温情况一样,若不考虑外荷载作用,设体积力为零,平衡方程为

$$\begin{aligned}
&\frac{\partial \sigma_x}{\partial x} + \frac{\partial \tau_{yx}}{\partial y} + \frac{\partial \tau_{zx}}{\partial z} = 0 \\
&\frac{\partial \tau_{xy}}{\partial x} + \frac{\partial \sigma_y}{\partial y} + \frac{\partial \tau_{zy}}{\partial z} = 0 \\
&\frac{\partial \tau_{xz}}{\partial x} + \frac{\partial \tau_{yz}}{\partial y} + \frac{\partial \sigma_z}{\partial z} = 0
\end{aligned} \tag{7.10}$$

几何方程为

$$\begin{aligned}
&\varepsilon_x = \frac{\partial u_x}{\partial x}, \quad \gamma_{xy} = \frac{\partial u_x}{\partial y} + \frac{\partial u_y}{\partial x} \\
&\varepsilon_y = \frac{\partial u_y}{\partial y}, \quad \gamma_{yz} = \frac{\partial u_y}{\partial z} + \frac{\partial u_z}{\partial y} \\
&\varepsilon_z = \frac{\partial u_z}{\partial z}, \quad \gamma_{zx} = \frac{\partial u_z}{\partial x} + \frac{\partial u_x}{\partial z}
\end{aligned} \tag{7.11}$$

热弹性的本构方程同等温情况有所不同。考虑热效应后,弹性体内的应变应为下面两部分之和,一部分是因温度改变物体内各点自由膨胀(或自由收缩)所引起的应变 $\varepsilon_{ij}^{(T)}$,另一部分是由于弹性体内各部分之间的相互约束所引起的,即温度应力所引起的应变 $\varepsilon_{ij}^{(S)}$,因此有

$$\varepsilon_{ij} = \varepsilon_{ij}^{(S)} + \varepsilon_{ij}^{(T)} \tag{7.12}$$

应变 $\varepsilon_{ij}^{(T)}$ 应是各向同性的,即同一点的每个方向产生的压缩和伸长线应变一样,且没有剪应变。若温度改变为 ΔT,物体的热膨胀系数为 α,则该应变为

$$\varepsilon_x^{(T)} = \varepsilon_y^{(T)} = \varepsilon_z^{(T)} = \alpha \Delta T, \quad \gamma_{xy}^{(T)} = \gamma_{yz}^{(T)} = \gamma_{zx}^{(T)} = 0 \tag{7.13a}$$

或简记为

$$\varepsilon_{ij}^{(T)} = \alpha \Delta T \delta_{ij} \tag{7.13b}$$

应变 $\varepsilon_{ij}^{(S)}$ 和温度应力之间服从广义 Hooke 定律,使用式(3.27),有

$$\begin{aligned}
\varepsilon_x^{(S)} &= \frac{\sigma_x}{E} - \frac{\nu(\sigma_y + \sigma_z)}{E}, \quad \gamma_{xy}^{(S)} = \frac{1}{G}\tau_{xy} \\
\varepsilon_y^{(S)} &= \frac{\sigma_y}{E} - \frac{\nu(\sigma_z + \sigma_x)}{E}, \quad \gamma_{yz}^{(S)} = \frac{1}{G}\tau_{yz} \\
\varepsilon_z^{(S)} &= \frac{\sigma_z}{E} - \frac{\nu(\sigma_x + \sigma_y)}{E}, \quad \gamma_{zx}^{(S)} = \frac{1}{G}\tau_{zx}
\end{aligned} \tag{7.14}$$

将式(7.13)和式(7.14)代入式(7.12)，得到热弹性本构方程，用张量简记为

$$\varepsilon_{ij} = \left(\frac{1+\nu}{E}\right)\sigma_{ij} - \frac{\nu}{E}\sigma_{kk}\delta_{ij} + \alpha\Delta T\delta_{ij} \tag{7.15}$$

对式(7.15)求逆，得到由应变分量表示应力分量的热弹性本构方程为

$$\sigma_{ij} = 2G\varepsilon_{ij} + \lambda\varepsilon_{kk}\delta_{ij} - \frac{\alpha E\Delta T}{1-2\nu}\delta_{ij}$$

展开表示为

$$\begin{aligned}
\sigma_x &= 2G\varepsilon_x + \lambda\varepsilon_v - \frac{\alpha E\Delta T}{1-2\nu}, \quad \tau_{xy} = G\gamma_{xy} \\
\sigma_y &= 2G\varepsilon_y + \lambda\varepsilon_v - \frac{\alpha E\Delta T}{1-2\nu}, \quad \tau_{yz} = G\gamma_{yz} \\
\sigma_z &= 2G\varepsilon_z + \lambda\varepsilon_v - \frac{\alpha E\Delta T}{1-2\nu}, \quad \tau_{zx} = G\gamma_{zx}
\end{aligned} \tag{7.16}$$

不考虑外荷载作用，在力边界 S_σ 上，应满足表面力为零的条件

$$\begin{aligned}
\sigma_x l + \tau_{yx} m + \tau_{zx} n &= 0 \\
\tau_{xy} l + \sigma_y m + \tau_{zy} n &= 0 \\
\tau_{xz} l + \tau_{yz} m + \sigma_z n &= 0
\end{aligned} \tag{7.17}$$

在位移边界 S_u 上，位移应满足给定位移约束，

$$u_i = \bar{u}_i \tag{7.18}$$

式中 $\bar{u}_i$ 为边界上的已知位移，对于固定约束边界，它是零。

7.3 求解方法

7.3.1 按位移法求解

以位移作为基本未知数，将式(7.16)代入平衡微分方程(7.10)，并考虑到几何方程(7.11)，得到由位移表示的热弹性平衡微分方程

$$\begin{aligned}
G\nabla^2 u_x + (\lambda + G)\frac{\partial\varepsilon_v}{\partial x} - \frac{\alpha E}{1-2\nu}\frac{\partial\Delta T}{\partial x} &= 0 \\
G\nabla^2 u_y + (\lambda + G)\frac{\partial\varepsilon_v}{\partial y} - \frac{\alpha E}{1-2\nu}\frac{\partial\Delta T}{\partial y} &= 0 \\
G\nabla^2 u_z + (\lambda + G)\frac{\partial\varepsilon_v}{\partial z} - \frac{\alpha E}{1-2\nu}\frac{\partial\Delta T}{\partial z} &= 0
\end{aligned} \tag{7.19}$$

式(7.19)的张量形式是

$$G\nabla^2 u_i + (\lambda + G)u_{k,ki} - \frac{\alpha E}{1-2\nu}\Delta T_{,i} = 0$$

力边界条件也由位移表示成

$$\lambda\varepsilon_v l + G\left(\frac{\partial u_x}{\partial x}l + \frac{\partial u_x}{\partial y}m + \frac{\partial u_x}{\partial z}n\right) + G\left(\frac{\partial u_x}{\partial x}l + \frac{\partial u_y}{\partial x}m + \frac{\partial u_z}{\partial x}n\right) - \frac{\alpha E\Delta T}{1-2\nu}l = 0$$

$$\lambda\varepsilon_v m + G\left(\frac{\partial u_y}{\partial x}l + \frac{\partial u_y}{\partial y}m + \frac{\partial u_y}{\partial z}n\right) + G\left(\frac{\partial u_x}{\partial y}l + \frac{\partial u_y}{\partial y}m + \frac{\partial u_z}{\partial y}n\right) - \frac{\alpha E\Delta T}{1-2\nu}m = 0$$

$$\lambda\varepsilon_v n + G\left(\frac{\partial u_z}{\partial x}l + \frac{\partial u_z}{\partial y}m + \frac{\partial u_z}{\partial z}n\right) + G\left(\frac{\partial u_x}{\partial z}l + \frac{\partial u_y}{\partial z}m + \frac{\partial u_z}{\partial z}n\right) - \frac{\alpha E\Delta T}{1-2\nu}n = 0$$

(7.20)

或表示成

$$\lambda u_{k,k}n_i + Gn_j(u_{j,i} + u_{i,j}) - \frac{\alpha E\Delta T}{1-2\nu}n_i = 0$$

将式(7.19)和式(4.6)比较,式(7.20)与式(4.7)比较,不难看出:在热弹性下,由变温所产生的位移场,等于等温情况下作用假想的体积力

$$F_x = -\frac{\alpha E}{1-2\nu}\frac{\partial\Delta T}{\partial x},\quad F_y = -\frac{\alpha E}{1-2\nu}\frac{\partial\Delta T}{\partial y},\quad F_z = -\frac{\alpha E}{1-2\nu}\frac{\partial\Delta T}{\partial z} \tag{7.21}$$

和力边界上作用假想的表面积力

$$\overline{T}_x = \frac{\alpha E\Delta T}{1-2\nu}l,\quad \overline{T}_y = \frac{\alpha E\Delta T}{1-2\nu}m,\quad \overline{T}_z = \frac{\alpha E\Delta T}{1-2\nu}n \tag{7.22}$$

所产生的位移场。这种将热弹性问题与等温弹性问题进行类比来求解的方法称为 Duhamel-Neumann 原理。应当指出:式(7.22)中假想的面积力分量合成后的面积力矢量将垂直于作用边界,其大小为$\frac{\alpha E\Delta T}{1-2\nu}$。

在位移求得后,应力可根据式(7.16)给出。由式(7.16)可知,温度应力由二部分组成:①由应变给出的部分;②相当于在这点作用"静水压力"$\frac{\alpha E\Delta T}{1-2\nu}$而引起的。

上述热弹性问题也可以使用应力法求解。应力不仅应满足平衡方程式(7.10)和力边界条件(7.17),还应满足由应力表示的变形协调方程,这个方程可通过将热弹性本构方程式(7.15)代入式(2.41)得到。

7.3.2 引入热弹性位移势求解

方程(7.19)是非齐次微分方程,可分两步求解:①找出该方程的任意一组特解,这组特解并不一定满足问题的边界条件;②找出方程的某一组齐次解(令方程(7.19)中的非齐次项为零,即令 $\Delta T=0$ 后所得的齐次方程的解),该解就等于等温情况下无体积力作用的弹性问题解,最后使这组解与前面的特解叠加后所得的解

满足边界条件。

1. 非齐次方程的特解

为了找到非齐次方程(7.19)的特解，引入热弹性位移势 Φ，使得

$$u'_x = \frac{\partial \Phi}{\partial x}, \quad u'_y = \frac{\partial \Phi}{\partial y}, \quad u'_z = \frac{\partial \Phi}{\partial z} \tag{7.23}$$

将式(7.23)代入式(7.19)，并注意弹性常数之间的关系，则有

$$\begin{aligned} \frac{\partial}{\partial x} \nabla^2 \Phi &= \frac{1+\nu}{1-\nu} \alpha \frac{\partial(\Delta T)}{\partial x} \\ \frac{\partial}{\partial y} \nabla^2 \Phi &= \frac{1+\nu}{1-\nu} \alpha \frac{\partial(\Delta T)}{\partial y} \\ \frac{\partial}{\partial z} \nabla^2 \Phi &= \frac{1+\nu}{1-\nu} \alpha \frac{\partial(\Delta T)}{\partial z} \end{aligned} \tag{7.24}$$

显然，若函数 Φ 满足下面的微分方程

$$\nabla^2 \Phi = \frac{1+\nu}{1-\nu} \alpha \Delta T \tag{7.25}$$

则式(7.24)必然满足，从而由式(7.23)给出的位移场必然满足式(7.19)，因此可以作为方程(7.19)的特解。在式(7.16)中使用几何方程和式(7.23)，并考虑到式(7.25)，则得到与位移特解对应的应力为

$$\begin{aligned} \sigma'_x &= -2G\left(\frac{\partial^2 \Phi}{\partial y^2} + \frac{\partial^2 \Phi}{\partial z^2}\right), \quad \tau'_{xy} = 2G \frac{\partial^2 \Phi}{\partial x \partial y} \\ \sigma'_y &= -2G\left(\frac{\partial^2 \Phi}{\partial z^2} + \frac{\partial^2 \Phi}{\partial x^2}\right), \quad \tau'_{yz} = 2G \frac{\partial^2 \Phi}{\partial y \partial z} \\ \sigma'_z &= -2G\left(\frac{\partial^2 \Phi}{\partial x^2} + \frac{\partial^2 \Phi}{\partial y^2}\right), \quad \tau'_{zx} = 2G \frac{\partial^2 \Phi}{\partial z \partial x} \end{aligned} \tag{7.26}$$

2. 齐次方程的解

若方程(7.19)的齐次解使用 u''_x、u''_y、u''_z 表示，利用几何方程和等温情况下的本构方程可求得应力分量，使用 σ''_x、σ''_y、τ''_{xy}…表示。

最后问题的位移和应力解是上述两组解之和，还应要求它们满足力边界条件和位移边界条件。

7.3.3 平面热弹性问题使用极坐标求解

对于平面应力热弹性问题，在极坐标下，温度变化及温度应力共同引起的应变分量是

$$\varepsilon_r = \frac{1}{E}(\sigma_r - \nu\sigma_\theta) + \alpha\Delta T, \quad \varepsilon_\theta = \frac{1}{E}(\sigma_\theta - \nu\sigma_r) + \alpha\Delta T, \quad \gamma_{r\theta} = \frac{2(1+\nu)}{E}\tau_{r\theta} \tag{7.27}$$

使用热弹性位移势 Φ 表示径向位移和环向位移的特解为

$$u_r' = \frac{\partial \Phi}{\partial r}, \quad u_\theta' = \frac{1}{r}\frac{\partial \Phi}{\partial \theta} \tag{7.28}$$

使用 7.3.2 节的方法,可以导出位移势 Φ 应满足的方程为

$$\nabla^2 \Phi = (1+\nu)\alpha\Delta T \tag{7.29}$$

式中 Laplace 算子为

$$\nabla^2 = \left(\frac{\partial^2}{\partial r^2} + \frac{1}{r}\frac{\partial}{\partial r} + \frac{1}{r^2}\frac{\partial^2}{\partial \theta^2}\right)$$

式(7.29)就是方程(7.25)在平面应力问题极坐标下的具体形式。将式(7.28)代入极坐标下的几何方程,并使用本构方程式(7.27),得相应于位移特解的应力分量为

$$\begin{aligned}
\sigma_r' &= -\frac{E}{1+\nu}\left(\frac{1}{r}\frac{\partial \Phi}{\partial r} + \frac{1}{r^2}\frac{\partial^2 \Phi}{\partial \theta^2}\right) \\
\sigma_\theta' &= -\frac{E}{1+\nu}\frac{\partial^2 \Phi}{\partial r^2} \\
\tau_{r\theta}' &= \frac{E}{1+\nu}\frac{\partial}{\partial r}\left(\frac{1}{r}\frac{\partial \Phi}{\partial \theta}\right)
\end{aligned} \tag{7.30}$$

对于轴对称的变温问题,$\Delta T = \Delta T(r)$ 仅是的 r 函数,则位移 $u_\theta = 0$,$u_r = u_r(r)$ 也仅是 r 的函数,因此位移势必然也仅是 r 的函数,即 $\Phi(r)$。位移与热弹性位移势变为

$$u_r = \frac{\mathrm{d}\Phi}{\mathrm{d}r}$$

位移势 Φ 应满足的方程变为

$$\frac{\mathrm{d}^2\Phi}{\mathrm{d}r^2} + \frac{1}{r}\frac{\mathrm{d}\Phi}{\mathrm{d}r} = (1+\nu)\alpha\Delta T \tag{7.31}$$

相应于位移特解的应力分量与位移势的关系式(7.30)变为

$$\begin{aligned}
\sigma_r' &= -\frac{E}{1+\nu}\frac{1}{r}\frac{\mathrm{d}\Phi}{\mathrm{d}r} \\
\sigma_\theta' &= -\frac{E}{1+\nu}\frac{\mathrm{d}^2\Phi}{\mathrm{d}r^2}
\end{aligned} \tag{7.32}$$

对于平面应变的热弹性问题,可以表明,其平面内应力应变分量的本构方程形式上与平面应力相同,只需将其中的 E 换为 $\frac{E}{1-\nu^2}$,ν 换为 $\frac{\nu}{1-\nu}$,α 换为 $\alpha(1+\nu)$ 即可。因此,将上述方程式(7.27)~(7.32)中的 E,ν 和 α 作如此替换,就可以用来解平面应变问题。至于应力分量 σ_z,则可根据 $\varepsilon_z = 0$ 的条件导出为

$$\sigma_z = \nu(\sigma_r + \sigma_\theta) - \alpha E\Delta T \tag{7.33}$$

【例 7.2】 设长圆管的内外半径分别为 a 和 b,内壁温度升高 T_a,外壁温度保持不变,两端平面完全绝热,求管体内所产生的温度应力。

解 使用例 7.1 的结果，管内的温度变化分布应为

$$\Delta T=\frac{\ln b-\ln r}{\ln b-\ln a}T_a$$

本题属平面应变问题，考虑到问题的轴对称性，热弹性位移势应满足式(7.31)，注意 ν 应换为 $\frac{\nu}{1-\nu}$，α 换成 $\alpha(1+\nu)$，于是有

$$\frac{\mathrm{d}^2\Phi}{\mathrm{d}r^2}+\frac{1}{r}\frac{\mathrm{d}\Phi}{\mathrm{d}r}=\frac{1+\nu}{1-\nu}\alpha\Delta T$$

这个方程的特解为

$$\Phi=\frac{\zeta}{\ln b-\ln a}r^2(\ln b-\ln r+1)$$

式中

$$\zeta=\frac{1+\nu}{4(1-\nu)}\alpha T_a$$

将上述特解代入(7.32)，得特解对应的应力分量为

$$\sigma_r'=-\frac{2G\zeta}{\ln b-\ln a}(2\ln b-2\ln r+1)$$

$$\sigma_\theta'=-\frac{2G\zeta}{\ln b-\ln a}(2\ln b-2\ln r-1)$$

这组解并不满足圆筒内外壁面力为零的边界条件，它们在内外壁处给出的面力分别为

$$(\sigma'_r)_{r=a}=-2G\zeta\left(2+\frac{1}{\ln b-\ln a}\right)=-q_1$$

$$(\sigma'_r)_{r=b}=-\frac{2G\zeta}{\ln b-\ln a}=-q_2$$

下面我们要找出一组与方程式的齐次解相对应的应力分量，使得它们与特解叠加后能满足内外壁面力为零的边界条件。不难看出，这个齐次解正好是圆筒内外壁分别受均匀拉力 q_1 和 q_2 时的解，可借助于前面的式(5.30)得到。这两组解叠加后得最终解为

$$\sigma_r=-\frac{\alpha ET_a}{2(1-\nu)}\left[\frac{\ln b-\ln r}{\ln b-\ln a}-\frac{b^2-r^2}{b^2-a^2}\left(\frac{a}{r}\right)^2\right]$$

$$\sigma_\theta=-\frac{\alpha ET_a}{2(1-\nu)}\left[\frac{\ln b-\ln r-1}{\ln b-\ln a}+\frac{b^2+r^2}{b^2-a^2}\left(\frac{a}{r}\right)^2\right]$$

根据上面的应力表达式可知：对于内壁温升的情况，即 $T_a>0$，环向应力在内壁受压，在外壁受拉；而径向应力在管内均为压应力，在内外壁边界上为零，如图 7.1 所示。

【例 7.3】 设有一顶角为 2β 的楔形坝体，如图 7.2，考虑一种特殊的温度变化

情况，即坝体中心线的温度变化为 T_0，两侧的温度变化为零，内部变化按下列公式的规律而变化

$$\Delta T = \frac{\cos\theta - \cos\beta}{1 - \cos\beta} T_0 \tag{a}$$

求温度变化产生的温度应力。

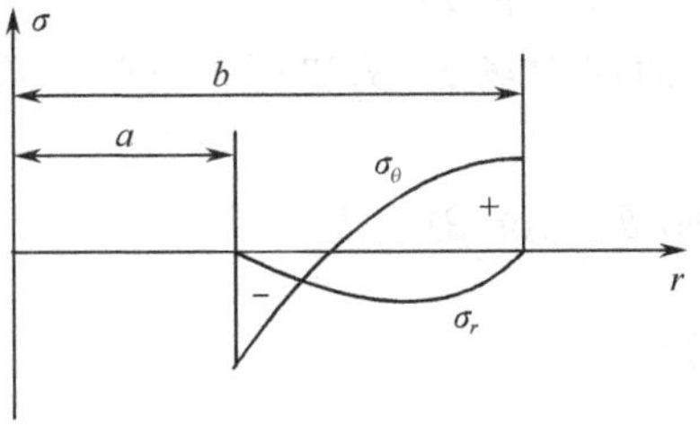

图 7.1　温度应力沿壁厚的分布

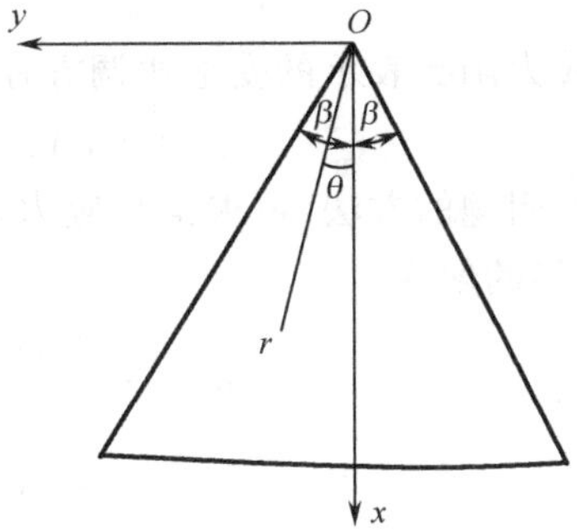

图 7.2　楔形坝体内的温度应力

解　若坝体在坝轴线方向设有伸缩缝，可按平面应力问题处理，将给定的温度变化式(a)代入式(7.29)，则具体有

$$\left(\frac{\partial^2}{\partial r^2} + \frac{1}{r}\frac{\partial}{\partial r} + \frac{1}{r^2}\frac{\partial^2}{\partial \theta^2}\right)\Phi = (1+\nu)\alpha T_0 \frac{\cos\theta - \cos\beta}{1 - \cos\beta} \tag{b}$$

取势函数为

$$\Phi = r^2(C_1\cos\theta + C_2) \tag{c}$$

将式(c)代入式(b)，得

$$3C_1\cos\theta + 4C_2 = (1+\nu)\alpha T_0 \frac{\cos\theta - \cos\beta}{1 - \cos\beta}$$

由此可得

$$C_1 = \frac{(1+\nu)\alpha T_0}{3(1-\cos\beta)}, \quad C_2 = -\frac{(1+\nu)\alpha T_0\cos\beta}{4(1-\cos\beta)}$$

代回式(c)，则

$$\Phi = \frac{(1+\nu)\alpha T_0 r^2}{(1-\cos\beta)}\left(\frac{1}{3}\cos\theta - \frac{1}{4}\cos\beta\right) \tag{d}$$

将式(d)代入式(7.30)，得特解的应力分量

$$\sigma'_r = k_1\left(\frac{1}{3}\cos\theta - k_2\right), \quad \sigma'_\theta = k_1\left(\frac{2}{3}\cos\theta - k_2\right), \quad \tau'_{r\theta} = k_1\left(\frac{1}{3}\sin\theta\right) \tag{e}$$

式中

$$k_1 = -\frac{E\alpha T_0}{(1-\cos\beta)}, \quad k_2 = \frac{1}{2}\cos\beta$$

这组应力解在边界上为

$$(\sigma_r')_{\theta=\pm\beta} = \frac{1}{3}k_1 k_2, \quad (\tau_{r\theta}')_{\theta=\pm\beta} = \pm\frac{k_1\sin\beta}{3} \tag{f}$$

显然不能满足面力为零的边界条件。为了消除不满足边界条件的应力分量，在边界上施加与式(f)相反的面力，这相当求解等温平面问题，为此考虑使用应力函数

$$\varphi = r^2 f(\theta)$$

代入应力函数表示的变形协调方程，则有

$$\varphi = r^2(A\cos 2\theta - B\sin 2\theta + C\theta + D)$$

按平面问题的方法，可求得与应力函数 φ 相应的应力场 σ_r''、σ_θ'' 和 $\tau_{r\theta}''$，与式(e)叠加后，最终的解为

$$\sigma_r = -\frac{k_1(\sin^2\theta - \cos\beta\cos\theta + \cos^2\beta)}{6k_2}$$

$$\sigma_\theta = -\frac{k_1(\cos\theta - \cos\beta)^2}{6k_2}$$

$$\tau_{r\theta} = -\frac{k_1\sin\theta(\cos\theta - \cos\beta)}{6k_2}$$

最大拉应力发生在边界上，其值为

$$(\sigma_r)_{\theta=\pm\beta} = -\frac{k_1}{6k_2}\sin^2\beta$$

习　题

1. 钢管的内外半径分别为 10cm 和 25cm，在稳定温度场下，内壁温度较外壁高 150°C。材料的 $\nu=0.3$，$E=210\text{GPa}$，$\alpha=1.76\times10^{-6}$，求内外周界上的最大环向应力。

2. 将一弹性体均匀加热，温度分布为 $T=T(x, y, z)$，若弹性体各单元热膨胀不受约束，则应变分量将为

$$\varepsilon_x = \varepsilon_y = \varepsilon_z = 0, \quad \gamma_{xy} = \gamma_{yz} = \gamma_{zx} = 0$$

求证，只有在 $T=T(x, y, z)$ 为坐标的线性函数时，这种应变状态才是可能的。

3. 设图 7.2 所示的楔形坝体中发生温度改变分布为

$$\Delta T = \frac{\cos 2\theta - \cos 2\beta}{1 - \cos 2\beta}T_0$$

试求坝体内的温度应力，并求出最大拉应力。

4. 如图 7.3 所示，一矩形截面的简支梁，梁高为 $2h$，承受非线性温差作用，设温度只沿梁高变化，取梁高方向为 y 方向，即

$$T = T(y)$$

求在梁内产生的温度应力。

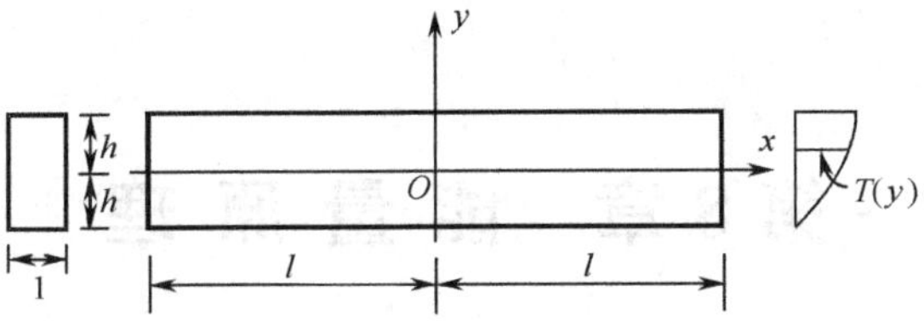

图 7.3

第 8 章　能 量 原 理

前面各章集中讨论了弹性力学问题的微分提法与解法。微分提法从研究弹性体内的一个微单元体入手,考虑它的静力平衡、变形几何和材料物理性质,建立起一组弹性力学的基本微分方程,它把弹性力学问题归结为在给定边界条件下求解这组偏微分方程的边值问题。

本章介绍研究弹性力学问题的能量分析方法。它直接从整个系统着手,考虑该系统的能量,建立相应的能量原理,这些能量原理由积分方程所表达,问题转化为相应的积分提法。对于弹性体来说,外力在物体上所做的功全部转化为应变能储存在物体内,没有能量耗散,若所作用的外力为保守力系,则能量原理可以表达为积分型泛函的变分形式,于是弹性力学问题归结为在给定约束条件下求泛函极值的变分问题。

弹性力学的能量原理与微分提法之间存在着相互等价关系。能量原理可以很方便地应用来导出各种曲线坐标下的弹性力学基本方程,以及杆、梁、板和壳等一系列近似理论的微分方程和边界条件,更重要的是,能量原理为建立数值求解弹性力学边值问题的系统方法提供了理论基础。目前应用最广泛的、最有效的数值求解方法——有限单元法就是以能量原理为基础的,关于数值求解方法的问题将在第 9 章介绍。需要指出,本章介绍的一些能量原理,由于没有涉及到材料的本构关系,对塑性力学也仍然适用。

8.1　可能功原理

对于同一物体 Ω,定义两种不同的状态。

1. 静力可能状态

物体 Ω,在内部受体力(F_x,F_y,F_z)作用;在力边界 S_σ 上受表面力($\overline{T}_x,\overline{T}_y,\overline{T}_z$)作用;在位移边界 S_u 上,受约束反力作用。为说明问题方便,约束反力仍用($\overline{T}_x$,$\overline{T}_y,\overline{T}_z$)表示,不过取值不同,如图 8.1(a)所示。假设应力($\sigma_x^0,\sigma_y^0,\cdots,\tau_{zx}^0$)在物体 Ω 内满足平衡微分方程

$$\frac{\partial \sigma_x^0}{\partial x}+\frac{\partial \tau_{yx}^0}{\partial y}+\frac{\partial \tau_{zx}^0}{\partial z}+F_x=0,\quad \frac{\partial \tau_{xy}^0}{\partial x}+\frac{\partial \sigma_y^0}{\partial y}+\frac{\partial \tau_{zy}^0}{\partial z}+F_y=0$$

$$\frac{\partial \tau_{xz}^0}{\partial x}+\frac{\partial \tau_{yz}^0}{\partial y}+\frac{\partial \sigma_z^0}{\partial z}+F_z=0 \tag{8.1}$$

在力边界 S_σ 上，满足边界条件

$$
\begin{aligned}
\sigma_x^0 l + \tau_{yx}^0 m + \tau_{zx}^0 n &= \overline{T}_x \\
\tau_{xy}^0 l + \sigma_y^0 m + \tau_{zy}^0 n &= \overline{T}_y \\
\tau_{xz}^0 l + \tau_{yz}^0 m + \sigma_z^0 n &= \overline{T}_z
\end{aligned}
\tag{8.2}
$$

在位移边界 S_u 上，将这组应力代入式(8.2)，从而给出所对应的约束反力。这就是说，式(8.2)对所有边界都适用。

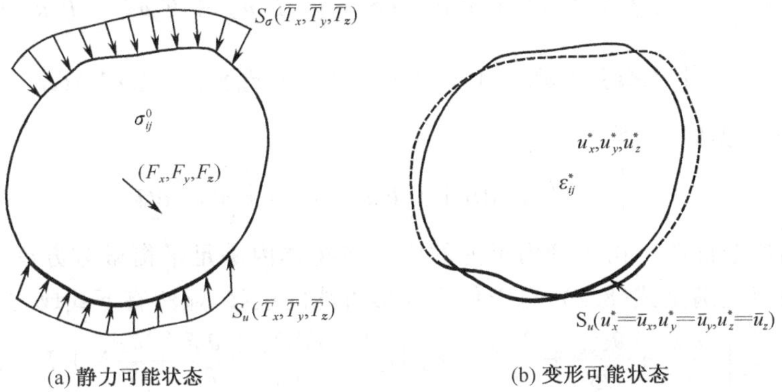

图 8.1　同一物体的两种不同状态

体力 $\boldsymbol{F}$，所有边界上的面力 $\overline{\boldsymbol{T}}$(包括位移边界上的约束反力)与应力($\sigma_x^0,\sigma_y^0,\cdots,\tau_{zx}^0$)满足上述条件式(8.1)和式(8.2)，则表明在物体内部和边界上外力与内力(应力)之间处处满足静力平衡关系，我们称物体所处的状态为静力可能状态，其中的应力场称之为静力可能的应力场。一般来说，这组应力给出的应变和位移一般不满足变形协调条件和位移边界条件，若满足，它就是真实的应力。

2. 变形可能状态

考虑同一物体，假设一组位移 u_x^*、u_y^* 和 u_z^*，它在物体内处处单值连续，与之相对应的应变由几何方程定义为

$$
\begin{aligned}
\varepsilon_x^* &= \frac{\partial u_x^*}{\partial x}, &\quad \gamma_{xy}^* &= \frac{\partial u_x^*}{\partial y} + \frac{\partial u_y^*}{\partial x} \\
\varepsilon_y^* &= \frac{\partial u_y^*}{\partial y}, &\quad \gamma_{yz}^* &= \frac{\partial u_y^*}{\partial z} + \frac{\partial u_z^*}{\partial y} \\
\varepsilon_z^* &= \frac{\partial u_z^*}{\partial z}, &\quad \gamma_{zx}^* &= \frac{\partial u_z^*}{\partial x} + \frac{\partial u_x^*}{\partial z}
\end{aligned}
\tag{8.3}
$$

在位移边界 S_u 上，满足位移边界条件

$$
u_x^* = \bar{u}_x, \qquad u_y^* = \bar{u}_y, \qquad u_z^* = \bar{u}_z \tag{8.4}
$$

满足上述条件的位移和应变代表物体中一种可能的协调变形，对应的状态称之为变形可能状态，如图 8.1(b)，其中的位移称为变形可能的位移，应变称为变形可能的应变。一般来说，由它们通过本构方程给出的应力一般不满足平衡方程和力边界条件，若满足，它们就是真实的变形。

可能功原理表明：外力（体力和面力，包括位移边界上的反力）在变形可能的位移上所做功应等于静力可能的应力（内力）在变形可能的应变上所做功，即

$$\int_{S_\sigma+S_u}(\overline{T}_x u_x^* + \overline{T}_y u_y^* + \overline{T}_z u_z^*)\mathrm{d}S + \int_\Omega (F_x u_x^* + F_y u_y^* + F_z u_z^*)\mathrm{d}\Omega$$
$$= \int_\Omega (\sigma_x^0\varepsilon_x^* + \sigma_y^0\varepsilon_y^* + \sigma_z^0\varepsilon_z^* + \tau_{xy}^0\gamma_{xy}^* + \tau_{yz}^0\gamma_{yz}^* + \tau_{zx}^0 r_{zx}^*)\mathrm{d}\Omega \tag{8.5a}$$

或使用张量记法简写为

$$\int_{S_\sigma+S_u}\overline{T}_i u_i^*\,\mathrm{d}S + \int_\Omega F_i u_i^*\,\mathrm{d}\Omega = \int_\Omega \sigma_{ij}^0\varepsilon_{ij}^*\,\mathrm{d}\Omega \tag{8.5b}$$

下面给予证明。由于静力可能的应力在物体内满足平衡微分方程式(8.1)和在所有边界上满足式(8.2)，对于任意变形可能的位移，显然有下式成立

$$\int_\Omega\Big[\Big(\frac{\partial\sigma_x^0}{\partial x}+\frac{\partial\tau_{yx}^0}{\partial y}+\frac{\partial\tau_{zx}^0}{\partial z}+F_x\Big)u_x^* + \Big(\frac{\partial\tau_{xy}^0}{\partial x}+\frac{\partial\sigma_y^0}{\partial y}+\frac{\partial\tau_{zy}^0}{\partial z}+F_y\Big)u_y^*$$
$$+\Big(\frac{\partial\tau_{xz}^0}{\partial x}+\frac{\partial\tau_{yz}^0}{\partial y}+\frac{\partial\sigma_z^0}{\partial z}+F_z\Big)u_z^*\Big]\mathrm{d}\Omega$$
$$-\int_{S_\sigma+S_u}[(\sigma_x^0 l+\tau_{yx}^0 m+\tau_{zx}^0 n-\overline{T}_x)u_x^*$$
$$+(\tau_{xy}^0 l+\sigma_y^0 m+\tau_{zy}^0 n-\overline{T}_y)u_y^*$$
$$+(\tau_{xz}^0 l+\tau_{yz}^0 m+\sigma_z^0 n-\overline{T}_z)u_z^*]\mathrm{d}S = 0 \tag{8.6a}$$

或简写为

$$\int_\Omega(\sigma_{ij,i}^0+F_j)u_j^*\,\mathrm{d}\Omega - \int_{S_\sigma+S_u}(\sigma_{ij}^0 n_i - \overline{T}_j)u_j^*\,\mathrm{d}S = 0 \tag{8.6b}$$

根据复合求导法则，并使用式(8.3)，有

$$\int_\Omega\Big[\Big(\frac{\partial\sigma_x^0}{\partial x}+\frac{\partial\tau_{yx}^0}{\partial y}+\frac{\partial\tau_{zx}^0}{\partial z}\Big)u_x^* + \Big(\frac{\partial\tau_{xy}^0}{\partial x}+\frac{\partial\sigma_y^0}{\partial y}+\frac{\partial\tau_{zy}^0}{\partial z}\Big)u_y^* + \Big(\frac{\partial\tau_{xz}^0}{\partial x}+\frac{\partial\tau_{yz}^0}{\partial y}+\frac{\partial\sigma_z^0}{\partial z}\Big)u_z^*\Big]\mathrm{d}\Omega$$
$$=\int_\Omega\Big[\frac{\partial}{\partial x}(\sigma_x^0 u_x^*+\tau_{xy}^0 u_y^*+\tau_{xz}^0 u_z^*)+\frac{\partial}{\partial y}(\tau_{yx}^0 u_x^*+\sigma_y^0 u_y^*+\tau_{yz}^0 u_z^*)$$
$$+\frac{\partial}{\partial z}(\tau_{zx}^0 u_x^*+\tau_{zy}^0 u_y^*+\sigma_z^0 u_z^*)\Big]\mathrm{d}\Omega$$
$$-\int_\Omega(\sigma_x^0\varepsilon_x^*+\sigma_y^0\varepsilon_y^*+\sigma_z^0\varepsilon_z^*+\tau_{xy}^0\gamma_{xy}^*+\tau_{yz}^0\gamma_{yz}^*+\tau_{zx}^0\gamma_{zx}^*)\mathrm{d}\Omega \tag{8.7}$$

应用附录 A2.5 中的散度定理式(A2.20)，式(8.7)等号右边第一项积分则变为

$$\int_{S_\sigma+S_u}[(\sigma_x^0 u_x^*+\tau_{xy}^0 u_y^*+\tau_{xz}^0 u_z^*)l+(\tau_{yx}^0 u_x^*+\sigma_y^0 u_y^*+\tau_{yz}^0 u_z^*)m$$

$$+(\tau_{zx}^0 u_x^* + \tau_{zy}^0 u_y^* + \sigma_z^0 u_z^*)n]\mathrm{d}S$$

$$=\int_{S_\sigma+S_u}[(\sigma_x^0 l + \tau_{yx}^0 m + \tau_{zx}^0 n)u_x^* + (\tau_{xy}^0 l + \sigma_y^0 m + \tau_{zy}^0 n)u_y^*$$

$$+(\tau_{xz}^0 l + \tau_{yz}^0 m + \sigma_z^0 n)u_z^*]\mathrm{d}S \tag{8.8}$$

将式(8.8)代入式(8.7)，然后再代入式(8.6a)，最后可得式(8.5)，从而证明了可能功原理。

从式(8.7)到式(8.8)的运算过程，使用张量表示为

$$\int_\Omega \sigma_{ij,i}^0 u_j^* \mathrm{d}\Omega = \int_\Omega (\sigma_{ij}^0 u_j^*)_{,i}\mathrm{d}\Omega - \int_\Omega \sigma_{ij}^0 u_{i,j}^* \mathrm{d}\Omega = \int_{S_\sigma+S_u} \sigma_{ij}^0 n_i u_j^* \mathrm{d}S - \int_\Omega \sigma_{ij}^0 \varepsilon_{ij}^* \mathrm{d}\Omega \tag{8.9}$$

在式(8.9)中的导出中，考虑到应力张量的对称性，使用了下式

$$\sigma_{ij}^0 u_{i,j}^* = \frac{1}{2}\sigma_{ij}^0(u_{i,j}^* + u_{j,i}^*) = \sigma_{ij}^0 \varepsilon_{ij}^* \tag{8.10}$$

将式(8.9)代入式(8.6b)，得张量形式表示的可能功原理。

应当指出：

(1) 静力可能状态和变形可能状态是同一物体的两种不同状态，两者可以彼此完全独立而没有任何关系。在实际应用时，可以任意自由选择。可能功原理式(8.5)是适用于一切静力可能应力场($\sigma_x^0, \sigma_y^0, \cdots, \tau_{zx}^0$)与一切变形可能位移场(位移为 u_x^*, u_y^* 和 u_z^*，而应变为 $\varepsilon_x^*, \varepsilon_y^*, \cdots, \gamma_{zx}^*$)的恒等式。由于没有涉及到应力场与变形场之间的本构关系，因此，它是适用于变形固体力学的一般性原理。

(2) 真实的应力场一定是静力可能的应力场，真实的位移和应变场也一定是变形可能的位移和应变场。也就是说，真实状态(真实应力和真实变形所对应的状态)既是一种静力可能状态，也是一种变形可能状态。

(3) 从可能功原理的数学推导来看，它在广义的变形可能状态和广义的静力可能状态下依然成立。广义的变形可能状态只要求位移单值连续及与之对应的应变由几何方程式(8.3)给出，而不要求边界上的位移与问题的真实边界位移相关。同样地，广义的静力可能状态只要求应力满足平衡条件(包括边界上的平衡)，其中所作用的体力和面积力不一定就是物体所受的真实荷载。可能功原理实质上是指：一套由内力和外力构成的相互静力平衡力系，在协调的变形上所做的功应满足内力功与外力功相等。

8.2 虚位移原理与最小势能原理

8.2.1 虚位移原理

考虑一物体 Ω，在内部受体力(F_x, F_y, F_z)作用，在力边界 S_σ 上受面力($\overline{T}_x$,

$\overline{T}_y,\overline{T}_z$)作用，在位移边界 S_u 上给定位移 $\bar{u}_x$、$\bar{u}_y$ 和 $\bar{u}_z$。设 u_x、u_y 和 u_z 是物体的真实位移，真实应变是($\varepsilon_x,\varepsilon_y,\cdots,\gamma_{zx}$)。假想从这个真实变形状态出发，物体各点发生位移边界约束所允许的任意微小的位移，称之为虚位移或位移的变分，用 δu_x、δu_y 和 δu_z 表示，其中 δ 是变分符号，表示微小的改变。根据定义，在位移边界 S_u 上，虚位移应是

$$\delta u_x = \delta u_y = \delta u_z = 0 \tag{8.11}$$

虚位移可以理解为两组变形可能的位移之差。

由虚位移引起的应变称之为虚应变或者应变的变分，用 $\delta\varepsilon_x$、$\delta\varepsilon_y$、…、$\delta\gamma_{zx}$ 表示，由虚位移代入几何方程给出

$$\begin{aligned} \delta\varepsilon_x &= \frac{\partial(\delta u_x)}{\partial x}, & \delta\gamma_{xy} &= \frac{\partial(\delta u_x)}{\partial y} + \frac{\partial(\delta u_y)}{\partial x} \\ \delta\varepsilon_y &= \frac{\partial(\delta u_y)}{\partial y}, & \delta\gamma_{yz} &= \frac{\partial(\delta u_y)}{\partial z} + \frac{\partial(\delta u_z)}{\partial y} \\ \delta\varepsilon_z &= \frac{\partial(\delta u_z)}{\partial z}, & \delta\gamma_{zx} &= \frac{\partial(\delta u_z)}{\partial x} + \frac{\partial(\delta u_x)}{\partial z} \end{aligned} \tag{8.12}$$

在使用可能功原理式(8.5)时，将实际荷载(体力为 $\boldsymbol{F}$ 作用，在力边界 S_σ 上受面力 $\overline{\boldsymbol{T}}$ 作用，在位移边界 S_u 上，存在约束反力)及其作用下的真实应力($\sigma_x,\sigma_y,\cdots,\tau_{zx}$)当作静力可能状态，而将上面给出的虚位移状态(位移为 δu_x、δu_y 和 δu_z，相应的应变为 $\delta\varepsilon_x$、$\delta\varepsilon_y$、…、$\delta\gamma_{zx}$)当作广义的变形可能状态。由于在位移边界 S_u 上，虚位移为零，则

$$\int_{S_u} (\overline{T}_x\delta u_x + \overline{T}_y\delta u_y + \overline{T}_z\delta u_z)\,\mathrm{d}S = 0$$

因此，根据可能功原理应有下式成立

$$\begin{aligned} &\int_{S_\sigma} (\overline{T}_x\delta u_x + \overline{T}_y\delta u_y + \overline{T}_z\delta u_z)\,\mathrm{d}S + \int_\Omega (F_x\delta u_x + F_y\delta u_y + F_z\delta u_z)\,\mathrm{d}\Omega \\ &= \int_\Omega (\sigma_x\delta\varepsilon_x + \sigma_y\delta\varepsilon_y + \sigma_z\delta\varepsilon_z + \tau_{xy}\delta\gamma_{xy} + \tau_{yz}\delta\gamma_{yz} + \tau_{zx}\delta\gamma_{zx})\,\mathrm{d}\Omega \end{aligned} \tag{8.13a}$$

或用张量表示为

$$\int_{S_\sigma} \overline{T}_i\delta u_i\,\mathrm{d}S + \int_\Omega F_i\delta u_i\,\mathrm{d}\Omega = \int_\Omega \sigma_{ij}\delta\varepsilon_{ij}\,\mathrm{d}\Omega \tag{8.13b}$$

式(8.13)左边是外力在虚位移上所做的功，称之为外力虚功，而右边是内力(应力)在虚应变上所做的功，称之为内力虚功。式(8.13)表明：对于任意给定的虚位移，内力虚功应与外力虚功相等。这就是所谓的虚位移原理。

应当指出：式(8.13)仍然没有涉及到本构方程，即没有规定应力与应变之间的具体关系，因此，对弹性、塑性情况均适用。

可能功原理式(8.5)的导出过程表明：从平衡方程和力边界条件可导出虚位移原理。将这一推导过程反过来进行，还可从虚位移原理导出平衡方程和力边界条

件。因此，虚位移原理完全等价于平衡微分方程和力边界条件，也就是说，虚位移原理是以能量形式表示的静力平衡条件。

弹性力学问题使用位移法求解时，其他物理量如应力、应变等都通过几何方程和本构方程看作是位移的函数。若位移及与之相应的应力与应变满足：①单值连续；②位移边界条件；③平衡微分方程；④力边界条件，则该位移就是问题的解，即为真实位移。仅满足前两个条件的位移场是变形可能的位移场，而后两个条件等价于虚位移原理。求解弹性力学问题又可叙述为：在所有变形可能的位移场中，寻找所给出的应力能满足虚位移原理的位移场。或者说，真实的位移场除必须是变形可能的位移外，它所给出的应力还应满足虚位移原理。

8.2.2 最小势能原理

若物体是弹性体，可以由虚位移原理式(8.13)导出最小势能原理。

物体从真实状态出发产生虚位移后，位移变为

$$u_x^* = u_x + \delta u_x, \qquad u_y^* = u_y + \delta u_y, \qquad u_z^* = u_z + \delta u_z$$

显然，位移 u_x^*、u_y^*、u_z^* 是一组变形可能的位移，相应的应变变为

$$\varepsilon_x^* = \varepsilon_x + \delta\varepsilon_x, \qquad \varepsilon_y^* = \varepsilon_y + \delta\varepsilon_y, \qquad \cdots, \ \gamma_{zx}^* = \gamma_{zx} + \delta\gamma_{zx}$$

因虚应变(虚位移)引起的单位体积应变能改变，即应变能的变分 δW，可写成

$$\delta W = W(\varepsilon_{ij}^*) - W(\varepsilon_{ij}) = W(\varepsilon_{ij} + \delta\varepsilon_{ij}) - W(\varepsilon_{ij})$$

使用 Taylor 级数，并略去高阶项，则有

$$\delta W = \frac{\partial W}{\partial \varepsilon_x}\delta\varepsilon_x + \frac{\partial W}{\partial \varepsilon_y}\delta\varepsilon_y + \frac{\partial W}{\partial \varepsilon_z}\delta\varepsilon_z + \frac{\partial W}{\partial \gamma_{xy}}\delta\gamma_{xy} + \frac{\partial W}{\partial \gamma_{yz}}\delta\gamma_{yz} + \frac{\partial W}{\partial \gamma_{zx}}\delta\gamma_{zx} \tag{8.14}$$

对于弹性体，由于真实的应力与应变应满足弹性本构方程式(3.35)，将该式代入式(8.14)，得

$$\delta W = \sigma_x\delta\varepsilon_x + \sigma_y\delta\varepsilon_y + \sigma_z\delta\varepsilon_z + \tau_{xy}\delta\gamma_{xy} + \tau_{yz}\delta\gamma_{yz} + \tau_{zx}\delta\gamma_{zx} \tag{8.15}$$

式(8.15)右边是单位体积内真实应力在虚应变上所做的虚功，即单位体积内的内力虚功。式(8.15)表明：它就等于应变能因虚位移而引起的改变，即应变能的变分。

对式(8.15)在物体的整个区域内积分，考虑到变分和积分可交换次序，得

$$\begin{aligned}&\int_\Omega (\sigma_x\delta\varepsilon_x + \sigma_y\delta\varepsilon_y + \sigma_z\delta\varepsilon_z + \tau_{xy}\delta\gamma_{xy} + \tau_{yz}\delta\gamma_{yz} + \tau_{zx}\delta\gamma_{zx})\,\mathrm{d}\Omega \\ &= \int_\Omega \delta W \,\mathrm{d}\Omega = \delta\left(\int_\Omega W\,\mathrm{d}\Omega\right) = \delta U\end{aligned} \tag{8.16}$$

式中 U 是物体的总应变能。式(8.16)表明：整个弹性体的内力虚功就等于总应变能因虚位移而引起的改变，或总应变能的变分。

如果外力的大小和方向都是始终不变的，只是作用点随物体位移，则有

$$\int_{S_\sigma}(\overline{T}_x\delta u_x+\overline{T}_y\delta u_y+\overline{T}_z\delta u_z)\mathrm{d}S+\int_\Omega(F_x\delta u_x+F_y\delta u_y+F_z\delta u_z)\mathrm{d}\Omega$$
$$=\delta\left[\int_{S_\sigma}(\overline{T}_xu_x+\overline{T}_yu_y+\overline{T}_zu_z)\mathrm{d}S+\int_\Omega(F_xu_x+F_yu_y+F_zu_z)\mathrm{d}\Omega\right]=-\delta V \tag{8.17a}$$

式中

$$V=-\int_{S_\sigma}(\overline{T}_xu_x+\overline{T}_yu_y+\overline{T}_zu_z)\mathrm{d}S-\int_\Omega(F_xu_x+F_yu_y+F_zu_z)\mathrm{d}\Omega \tag{8.17b}$$

是弹性体的外力势能。所谓势能，是指该能量只取决于状态，而与达到该状态的路径无关。式(8.17a)表明，外力虚功可看作是外力势能的变分。

将式(8.16)和式(8.17)代入虚位移原理式(8.13)，则导致下面的位移变分原理

$$\delta\Pi=0 \tag{8.18a}$$

式中

$$\Pi=U+V=\int_\Omega W\mathrm{d}\Omega-\int_{S_\sigma}(\overline{T}_xu_x+\overline{T}_yu_y+\overline{T}_zu_z)\mathrm{d}S$$
$$-\int_\Omega(F_xu_x+F_yu_y+F_zu_z)\mathrm{d}\Omega \tag{8.18b}$$

是应变能与外力势能之和。弹性体的应变能显然是一种势能，因此，称 Π 为弹性体的总势能。

如果外力的大小和方向并不是固定不变的，而是取决于位移，但它们可以通过某种势函数导出。这就是说，存在势函数 $\phi(u_x,u_y,u_z,x,y,z)$，$\psi(u_x,u_y,u_z,x,y,z)$，使得

$$F_x=-\frac{\partial\phi}{\partial u_x},\quad F_y=-\frac{\partial\phi}{\partial u_y},\quad F_z=-\frac{\partial\phi}{\partial u_z}\qquad \text{在物体}\,\Omega\,\text{内}$$
$$\overline{T}_x=-\frac{\partial\psi}{\partial u_x},\quad \overline{T}_y=-\frac{\partial\psi}{\partial u_y},\quad \overline{T}_z=-\frac{\partial\psi}{\partial u_z}\qquad \text{在力边界}\,S_\sigma\,\text{上}$$

这些外力称之为保守力，例如，梁端部的弹性支承提供的就是保守力。在保守力的情况下，外力势可表达为

$$V=\int_{S_\sigma}\psi\mathrm{d}S+\int_\Omega\phi\,\mathrm{d}\Omega$$

式(8.18a)的结论仍然成立。应当指出：大小和方向不变的外力是最常见的保守力，这时，$\psi=-(\overline{T}_xu_x+\overline{T}_yu_y+\overline{T}_zu_z)$，$\phi=-(F_xu_x+F_yu_y+F_zu_z)$。

式(8.18)给出的变分原理可表述为：对于受保守力作用的弹性体，从它的真实(平衡)状态出发产生虚位移，所引起的总势能变分应为零，即在真实(平衡)状态总势能取驻值。下面将证明：对于处于稳定平衡状态的线弹性体，总势能取最小值。

更进一步地，我们可以表明，对于处于稳定平衡状态的弹性体，总势能取最小值，这就是所谓的最小势能原理。该原理又可叙述为：在所有变形可能的位移中，真实的位移使得总势能最小。

对于受保守力作用的弹性体，设其真实(平衡)状态的位移场、应变场和应力场分别为 u_i、ε_{ij} 和 σ_{ij}，对应的总势能为 $\Pi(u_i)$。若物体产生虚位移 δu_i，到达相邻的变形可能状态，其位移场、应变场和应力场分别为 $u_i+\delta u_i$、$\varepsilon_{ij}+\delta\varepsilon_{ij}$ 和 $\sigma_{ij}+\delta\sigma_{ij}$，相应的总势能为 $\Pi(u_i+\delta u_i)$，两种状态下的总势能改变可表示为

$$\Delta\Pi = \Pi(u_i+\delta u_i)-\Pi(u_i) = \delta\Pi+\frac{1}{2}\delta^2\Pi+\cdots$$

在真实(平衡)状态，总势能取驻值，$\delta\Pi=0$，对于足够小的虚位移，近似地有 $\Delta\Pi=\frac{1}{2}\delta^2\Pi$。若总势能取最小值，则必须有 $\Delta\Pi>0$，因此要求

$$\delta^2\Pi>0$$

由于 $\Pi=U+V$，有 $\delta^2\Pi=\delta^2U+\delta^2V$。下面给出二阶变分 δ^2U 和 δ^2V 的具体表达式。

两种状态下整个物体应变能的改变可写成

$$\Delta U=\int_\Omega[W(\varepsilon_{ij}+\delta\varepsilon_{ij})-W(\varepsilon_{ij})]\mathrm{d}\Omega=\delta U+\frac{1}{2}\delta^2U+\cdots \tag{8.19}$$

两种状态下单位体积应变能的改变，使用 Taylor 级数，可表示为

$$W(\varepsilon_{ij}+\delta\varepsilon_{ij})-W(\varepsilon_{ij})=\frac{\partial W}{\partial\varepsilon_{ij}}\delta\varepsilon_{ij}+\frac{1}{2}\frac{\partial^2W}{\partial\varepsilon_{ij}\partial\varepsilon_{kl}}\delta\varepsilon_{ij}\delta\varepsilon_{kl}+\cdots$$

根据弹性本构关系式(3.35)，则有

$$\frac{\partial W}{\partial\varepsilon_{ij}}\delta\varepsilon_{ij}=\sigma_{ij}\delta\varepsilon_{ij},\quad \frac{\partial^2W}{\partial\varepsilon_{ij}\partial\varepsilon_{kl}}\delta\varepsilon_{ij}\delta\varepsilon_{kl}=\frac{\partial\sigma_{ij}}{\partial\varepsilon_{kl}}\delta\varepsilon_{ij}\delta\varepsilon_{kl}=\delta\sigma_{ij}\delta\varepsilon_{ij} \tag{8.20}$$

式中 $\delta\sigma_{ij}$ 是虚应变 $\delta\varepsilon_{ij}$ 引起的应力。将上面的式子代入式(8.19)，则

$$\delta U=\int_\Omega\sigma_{ij}\delta\varepsilon_{ij}\mathrm{d}\Omega,\quad \delta^2U=\int_\Omega\delta\sigma_{ij}\delta\varepsilon_{ij}\mathrm{d}\Omega \tag{8.21}$$

当外力是保守力时，两种状态下的外力势改变为

$$\begin{aligned}\Delta V&=-\int_{S_\sigma}\overline{T}_i(u_i+\delta u_i)\mathrm{d}S-\int_\Omega F_i(u_i+\delta u_i)\mathrm{d}\Omega+\int_{S_\sigma}\overline{T}_iu_i\mathrm{d}S+\int_\Omega F_iu_i\mathrm{d}\Omega\\&=-\int_{S_\sigma}\overline{T}_i\delta u_i\mathrm{d}S-\int_\Omega F_i\delta u_i\mathrm{d}\Omega\end{aligned}$$

因此

$$\Delta V=\delta V$$

说明 δ^2V 及更高阶变分项为零。需要指出，当虚位移引起几何形体发生显著改变时(几何形体的改变可解释为失稳现象，失稳问题将在8.7节中讨论)，会在 V 中引入 δu_i 的二次项，因而 δ^2V 将不为零。

考虑到式(8.21)的第二式,总势能取最小值的条件可表示为

$$\delta^2 \Pi = \delta^2 U = \int_{\Omega} \delta\sigma_{ij}\delta\varepsilon_{ij}\,\mathrm{d}\Omega > 0 \tag{8.22}$$

对于线弹性材料,式(8.22)中的被积函数恒大于零。因为使用线弹性本构关系,我们有

$$\delta\sigma_{ij}\delta\varepsilon_{ij} = \delta\varepsilon_{ij}C_{ijkl}\delta\varepsilon_{kl} = 2W(\delta\varepsilon_{ij})$$

由于弹性张量 C_{ijkl} 是正定的(见 3.4 节),则对于任意的 $\delta\varepsilon_{ij}$,$W(\delta\varepsilon_{ij})$都应大于零,只有在 $\delta\varepsilon_{ij}=0$,它才为零。因此,式(8.22)满足,最小势能原理成立。

应当指出:

(1) 将虚位移原理演变成最小势能原理,是在弹性保守力系统的假定下进行的。虚位移原理无论是弹性、塑性,或是非保守力作用等的情况下都成立,但最小势能原理仅对弹性保守系统有效。

(2) 变分与微分在数学上的意义等同,都是指微小的变化,因此运算方法相同,但它们的运算对象不同。在微分运算中,自变量一般是坐标等变量,因变量是函数,例如,位移的微分 $\mathrm{d}u_x$、$\mathrm{d}u_y$、$\mathrm{d}u_z$ 一般指因自变量坐标的变化而产生的变化,即空间位置中相邻点的位移变化;在变分运算中,自变量是函数,因变量是函数的函数,即数学上所谓的泛函,例如,物体的应变能 U 可表示为位移的函数,而位移本身是空间位置坐标的函数,所以应变能是位移函数的泛函。应变能的变分 δU 是指应变能因位移函数作为自变量的变化而引起的改变量,而位移函数作为自变量的变化就是位移的变分。总势能同样是位移函数的泛函。

前面已述,虚位移原理完全等价于平衡微分方程和力边界条件,最小势能原理也应如此,下面介绍由它们推导问题所需满足的平衡微分方程和力边界条件的两个例题。

【例 8.1】 如图 8.2 所示,简支梁受分布荷载作用,不计自重时,试应用最小势能原理导出以轴线挠度表示的平衡微分方程和两端的力边界条件。

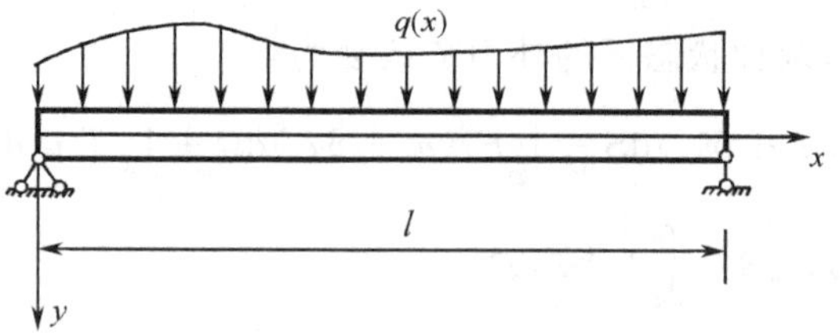

图 8.2 简支梁受分布荷载

解 梁任意一点的应力分量,$\sigma_z=\tau_{yz}=\tau_{zx}=0$,$\sigma_y\approx 0$,仅 $\sigma_x\neq 0$,$\tau_{xy}\neq 0$,根据式(3.39),梁的应变能为

$$U=\int_{\Omega}\frac{1}{2}(\sigma_x\varepsilon_x+\tau_{xy}\gamma_{xy})\mathrm{d}\Omega=\int_0^l\left(\int_A\frac{\sigma_x^2}{2E}\mathrm{d}A\right)\mathrm{d}x+\int_0^l\left(\int_A\frac{\tau_{xy}^2}{2G}\mathrm{d}A\right)\mathrm{d}x$$

式中 A 表示梁横截面面积，等式右边第一项代表弯曲应变能，而第二项代表剪切应变能。通常当梁的跨高比较大时，剪切应变能较小，可忽略不计。用 w 表示轴线的挠度，在上式中代入应力与弯矩的关系 $\sigma_x=\frac{My}{I}$ 以及弯矩与曲率的关系 $\frac{M}{EI}=-\frac{\mathrm{d}^2w}{\mathrm{d}x^2}$，则梁的应变能可表示为

$$U=\frac{1}{2}\int_0^l\frac{M^2}{EI}\mathrm{d}x=\frac{1}{2}EI\int_0^l\left(\frac{\mathrm{d}^2w}{\mathrm{d}x^2}\right)^2\mathrm{d}x$$

外荷载 q 形成的外力势为 $-\int_0^l qw\mathrm{d}x$，问题的总势能为

$$\Pi=\frac{EI}{2}\int_0^l\left(\frac{\mathrm{d}^2w}{\mathrm{d}x^2}\right)^2\mathrm{d}x-\int_0^l qw\,\mathrm{d}x$$

求总势能的变分，有

$$\delta\Pi=EI\int_0^l\frac{\mathrm{d}^2w}{\mathrm{d}x^2}\delta\left(\frac{\mathrm{d}^2w}{\mathrm{d}x^2}\right)\mathrm{d}x-\int_0^l q\delta w\,\mathrm{d}x=0 \tag{a}$$

使用分部积分方法计算式(a)中第一个积分，考虑到微分和变分可以交换次序，有

$$\begin{aligned}EI\int_0^l\frac{\mathrm{d}^2w}{\mathrm{d}x^2}\delta\left(\frac{\mathrm{d}^2w}{\mathrm{d}x^2}\right)\mathrm{d}x&=EI\int_0^l\frac{\mathrm{d}^2w}{\mathrm{d}x^2}\frac{\mathrm{d}}{\mathrm{d}x}\left[\frac{\mathrm{d}(\delta w)}{\mathrm{d}x}\right]\mathrm{d}x=EI\int_0^l\frac{\mathrm{d}^2w}{\mathrm{d}x^2}\mathrm{d}\left[\frac{\mathrm{d}(\delta w)}{\mathrm{d}x}\right]\\&=EI\left[\frac{\mathrm{d}^2w}{\mathrm{d}x^2}\frac{\mathrm{d}(\delta w)}{\mathrm{d}x}\right]_0^l-EI\int_0^l\frac{\mathrm{d}^3w}{\mathrm{d}x^3}\frac{\mathrm{d}(\delta w)}{\mathrm{d}x}\mathrm{d}x\\&=EI\left[\frac{\mathrm{d}^2w}{\mathrm{d}x^2}\frac{\mathrm{d}(\delta w)}{\mathrm{d}x}-\frac{\mathrm{d}^3w}{\mathrm{d}x^3}\delta w\right]_0^l+EI\int_0^l\frac{\mathrm{d}^4w}{\mathrm{d}x^4}\delta w\,\mathrm{d}x\end{aligned} \tag{b}$$

将式(b)代入式(a)，考虑到 δw 在支承之间是任意的，则

$$EI\frac{\mathrm{d}^4w}{\mathrm{d}x^4}-q=0 \tag{8.23}$$

$$EI\left[\frac{\mathrm{d}^2w}{\mathrm{d}x^2}\frac{\mathrm{d}(\delta w)}{\mathrm{d}x}-\frac{\mathrm{d}^3w}{\mathrm{d}x^3}\delta w\right]_0^l=0 \tag{c}$$

式(8.23)是用挠度表示的平衡方程。由于在支承点 $x=0$，$x=l$ 上，虚位移为零，即 $\delta w=0$，而 $\frac{\mathrm{d}(\delta w)}{\mathrm{d}x}$ 是虚位移引起的转角，它在包括支承点在内的任何部位都是任意的，因此根据式(c)可导出，在 $x=0$，$x=l$ 处

$$\frac{\mathrm{d}^2w}{\mathrm{d}x^2}=0$$

这是支承点上弯矩为零的力边界条件。

【例 8.2】 对于 4.5 节中的任意截面形状柱形杆的扭转问题，如图 4.4 所示。按照式(4.9)，位移分量设为

$$u_x = -\beta yz, \quad u_y = \beta xz, \quad u_z = \beta\phi(x,y) \tag{a}$$

用最小势能原理推求平衡方程和力边界条件。

解 在4.5节中分别使用位移和应力作为基本变量详细推导了该问题应满足的平衡方程和力边界条件，现在使用最小势能原理导出。应用几何方程，求得应变为

$$\varepsilon_x = \varepsilon_y = \varepsilon_z = \gamma_{xy} = 0$$

$$2\varepsilon_{xz} = \gamma_{xz} = \beta\left(\frac{\partial\phi}{\partial x} - y\right), \qquad 2\varepsilon_{yz} = \gamma_{yz} = \beta\left(\frac{\partial\phi}{\partial y} + x\right)$$

应变能为 $W=\frac{1}{2}G(\gamma_{xz}^2+\gamma_{yz}^2)$，位移的变分是通过函数 $\phi(x, y)$ 的变分来实现的，因此有

$$\delta W = G(\gamma_{xz}\delta\gamma_{xz} + \gamma_{yz}\delta\gamma_{yz}) = \beta^2 G\left[\left(\frac{\partial\phi}{\partial x} - y\right)\frac{\partial(\delta\phi)}{\partial x} + \left(\frac{\partial\phi}{\partial y} + x\right)\frac{\partial(\delta\phi)}{\partial y}\right]$$

$$= \beta^2 G\left\{\frac{\partial}{\partial x}\left[\left(\frac{\partial\phi}{\partial x} - y\right)\delta\phi\right] + \frac{\partial}{\partial y}\left[\left(\frac{\partial\phi}{\partial y} + x\right)\delta\phi\right] - (\nabla^2\phi)\delta\phi\right\}$$

总应变能的变分应为

$$\delta U = L\int_A \delta W \mathrm{d}A = -\beta^2 GL\left\{\int_A (\nabla^2\phi)\delta\phi \mathrm{d}A - \oint_\Gamma\left[\left(\frac{\partial\phi}{\partial x} - y\right)l + \left(\frac{\partial\phi}{\partial y} + x\right)m\right]\delta\phi \mathrm{d}\Gamma\right\} \tag{b}$$

式(b)的最后一项积分中使用了散度定理，式中 A 代表截面，而 Γ 代表截面的周边，l、m 是 Γ 上外法线的方向余弦。在侧面边界上面力为零，在两个端部 $\overline{T}_z=0$，且 $\delta u_x = \delta u_y = 0$（因为式(a)设定的位移 u_x、u_y 是空间坐标的确定函数）。因此，在不考虑体力的情况下，所有外力做的虚功应为零

$$\delta\Pi = \delta U = 0 \tag{c}$$

由于变分 $\delta\phi$ 是任意的，由式(b)和式(c)，必须有

在截面 A 上 $$\nabla^2\phi = 0 \tag{d}$$

在截面的周边 Γ 上 $$\left(\frac{\partial\phi}{\partial x} - y\right)l + \left(\frac{\partial\phi}{\partial y} + x\right)m = 0 \tag{e}$$

式(d)和式(e)分别就是4.5节扭转问题的平衡方程式(4.11)和力边界条件式(4.13)。

8.3 虚应力原理与最小余能原理

8.3.1 虚应力原理

设物体的真实应力是$(\sigma_x, \sigma_y, \cdots, \tau_{zx})$，而与之相应的位移是 u_x、u_y 和 u_z，应变则是$(\varepsilon_x, \varepsilon_y, \cdots, \gamma_{zx})$。假想从这个真实应力状态出发，物体各点产生平衡所允许的

任意微小应力($\delta\sigma_x,\delta\sigma_y,\cdots,\delta\tau_{zx}$),称之为虚应力或应力的变分,虚应力在物体内部满足体力为零的平衡方程

$$\begin{aligned}&\frac{\partial(\delta\sigma_x)}{\partial x}+\frac{\partial(\delta\tau_{yx})}{\partial y}+\frac{\partial(\delta\tau_{zx})}{\partial z}=0\\&\frac{\partial(\delta\tau_{xy})}{\partial x}+\frac{\partial(\delta\sigma_y)}{\partial y}+\frac{\partial(\delta\tau_{zy})}{\partial z}=0\\&\frac{\partial(\delta\tau_{xz})}{\partial x}+\frac{\partial(\delta\tau_{yz})}{\partial y}+\frac{\partial(\delta\sigma_z)}{\partial z}=0\end{aligned}\tag{8.24}$$

在力边界 S_σ 上,满足面力为零的条件

$$\begin{aligned}&\delta\sigma_x l+\delta\tau_{yx}m+\delta\tau_{zx}n=0\\&\delta\tau_{xy}l+\delta\sigma_y m+\delta\tau_{zy}n=0\\&\delta\tau_{xz}l+\delta\tau_{yz}m+\delta\sigma_z n=0\end{aligned}\tag{8.25a}$$

在位移边界 S_u 上,上述虚应力将给出不为零的虚反力,是

$$\begin{aligned}&\delta T_x=\delta\sigma_x l+\delta\tau_{yx}m+\delta\tau_{zx}n\\&\delta T_y=\delta\tau_{xy}l+\delta\sigma_y m+\delta\tau_{zy}n\\&\delta T_z=\delta\tau_{xz}l+\delta\tau_{yz}m+\delta\sigma_z n\end{aligned}\tag{8.25b}$$

在产生虚应力后,物体内的应力变成

$$\sigma_x^0=\sigma_x+\delta\sigma_x,\quad \sigma_y^0=\sigma_y+\delta\sigma_y,\quad \cdots,\quad \tau_{zx}^0=\tau_{zx}+\delta\tau_{zx}$$

它们满足平衡方程和力边界条件,因此是静力可能的应力。虚应力可以理解为两组静力可能的应力之差。

虚应力满足的上述条件使用张量记法表示为

在物体 Ω 内　　$(\delta\sigma_{ij})_{,i}=0$

在力边界 S_σ 上　　$n_i\delta\sigma_{ij}=0$

在位移边界 S_u 上　　$n_i\delta\sigma_{ij}=\delta T_j$

使用可能功原理式(8.5)时,将上述虚应力状态当作广义的静力可能状态,而将真实的变形状态当作变形可能状态。代入式(8.5),因此有下式成立

$$\begin{aligned}&\int_{S_u}(\bar{u}_x\delta T_x+\bar{u}_y\delta T_y+\bar{u}_z\delta T_z)\mathrm{d}S\\&=\int_\Omega(\varepsilon_x\delta\sigma_x+\varepsilon_y\delta\sigma_y+\varepsilon_z\delta\sigma_z+\gamma_{xy}\delta\tau_{xy}+\gamma_{yz}\delta\tau_{yz}+\gamma_{zx}\delta\tau_{zx})\mathrm{d}\Omega\end{aligned}\tag{8.26a}$$

用张量记法简记为

$$\int_{S_u}\bar{u}_i\delta T_i\,\mathrm{d}S=\int_\Omega\varepsilon_{ij}\delta\sigma_{ij}\,\mathrm{d}\Omega\tag{8.26b}$$

式(8.26b)左边是位移边界上给定的真实位移在虚反力上所做的余虚功,右边是应变在虚应力上所做的余虚功。式(8.26)表明:对于任意的虚应力,外力余虚功等于内力余虚功,这就是所谓的虚应力原理。

虚应力原理可以导出几何方程和位移边界条件。由虚应力在边界上的性质式(8.25),并使用散度定理式(A2.20),可得

$$\begin{aligned}
&\int_{S_u}(u_x\delta T_x+u_y\delta T_y+u_z\delta T_z)\mathrm{d}S\\
=&\int_{S_u+S_\sigma}[u_x(\delta\sigma_x l+\delta\tau_{yx}m+\delta\tau_{zx}n)+u_y(\delta\tau_{xy}l+\delta\sigma_y m+\delta\tau_{zy}n)\\
&+u_z(\delta\tau_{xz}l+\delta\tau_{yz}m+\delta\sigma_z n)]\mathrm{d}S\\
=&\int_{S_u+S_\sigma}[(\delta\sigma_x u_x+\delta\tau_{xy}u_y+\delta\tau_{xz}u_z)l+(\delta\tau_{yx}u_x+\delta\sigma_y u_y+\delta\tau_{yz}u_z)m\\
&+(\delta\tau_{zx}u_x+\delta\tau_{zy}u_y+\delta\sigma_z u_z)n]\mathrm{d}S\\
=&\int_\Omega\left[\frac{\partial}{\partial x}(\delta\sigma_x u_x+\delta\tau_{xy}u_y+\delta\tau_{xz}u_z)+\frac{\partial}{\partial y}(\delta\tau_{yx}u_x+\delta\sigma_y u_y+\delta\tau_{yz}u_z)\right.\\
&\left.+\frac{\partial}{\partial z}(\delta\tau_{zx}u_x+\delta\tau_{zy}u_y+\delta\sigma_z u_z)\right]\mathrm{d}\Omega
\end{aligned}$$

或简记为

$$\int_{S_u}u_j\delta T_j\mathrm{d}S=\int_{S_u+S_\sigma}u_jn_i\delta\sigma_{ij}\mathrm{d}S=\int_\Omega(u_j\delta\sigma_{ij})_{,i}\mathrm{d}\Omega$$

使用复合函数求导法则,则最后一项的体积分表示为

$$\int_\Omega(u_j\delta\sigma_{ij})_{,i}\mathrm{d}\Omega=\int_\Omega u_{j,i}\delta\sigma_{ij}\mathrm{d}\Omega+\int_\Omega u_j(\delta\sigma_{ij})_{,i}\mathrm{d}\Omega$$

注意到虚应力应满足体积力为零的平衡方程式(8.24),上式的最后一项积分为零。考虑到应力的对称性,可得类似于式(8.10)的式子 $u_{i,j}\delta\sigma_{ij}=\frac{1}{2}(u_{i,j}+u_{j,i})\delta\sigma_{ij}$。因此,结合起来,我们有

$$\int_{S_u}u_i\delta T_i\mathrm{d}S=\int_\Omega\frac{1}{2}(u_{i,j}+u_{j,i})\delta\sigma_{ij}\mathrm{d}\Omega$$

式(8.26b)与上式两边对应相减,有

$$\int_\Omega\left[\varepsilon_{ij}-\frac{1}{2}(u_{i,j}+u_{j,i})\right]\delta\sigma_{ij}\mathrm{d}\Omega-\int_{S_u}(\bar{u}_i-u_i)\delta T_i\mathrm{d}S=0$$

由于 $\delta\sigma_{ij}$ 和 δT_i 是任意的,因此,由上式可得几何方程和位移边界条件。

进一步地,从虚应力原理还可以导出变形协调方程,这说明满足虚应力原理的变形一定是连续协调的变形。因此,虚应力原理是以能量形式表示的变形协调条件。

弹性力学问题使用应力求解,应变通过本构方程可看作是应力的函数。若应力及与之相应的应变和位移满足:①平衡方程,②力边界条件,③变形协调条件,④位移边界条件,则该应力就是问题的解,即真实应力。仅满足前两个条件的应力场是静力可能的应力场。而后两个条件等价于虚应力原理。求解弹性力学问题又

可叙述为：在所有静力可能的应力场中，寻找所给出的变形能满足虚应力原理的应力场。或者说，真实的应力场除必须是静力可能的应力外，它所给出的变形还应满足虚应力原理。

同虚位移原理一样，虚应力原理没有涉及到材料的本构关系，也适用于塑性力学。

8.3.2　最小余能原理

对于弹性体，由虚应力原理可以导出最小余能原理。采用与 8.2 节相同的步骤，可得

$$\int_{\Omega}(\varepsilon_x\delta\sigma_x+\varepsilon_y\delta\sigma_y+\varepsilon_z\delta\sigma_z+\gamma_{xy}\delta\tau_{xy}+\gamma_{yz}\delta\tau_{yz}+\gamma_{zx}\delta\tau_{zx})\mathrm{d}\Omega$$
$$=\int_{\Omega}\delta W^c\mathrm{d}\Omega=\delta\left(\int_{\Omega}W^c\mathrm{d}\Omega\right)=\delta U^c$$

式中 U^c 是弹性体的总应变余能。上式表明：整个弹性体内应变在虚应力上所做虚余功就等于总应变余能因虚应力而引起的改变。

若在位移边界 S_u 上给定的位移是大小和方向都不变化的，式(8.26a)左边积分中的变分符号可以提到积分号外，则从虚应力原理可以导出下面的应力变分原理

$$\delta\Pi^c=0 \tag{8.27a}$$

式中

$$\Pi^c=U^c-\int_{S_u}(\bar{u}_xT_x+\bar{u}_yT_y+\bar{u}_zT_z)\mathrm{d}S \tag{8.27b}$$

Π^c 代表弹性体的总余能。

式(8.27)表示：从弹性体的真实状态出发产生虚应力，所引起的总余能变分应为零，即在真实状态总余能取驻值。同样可以说明：对于稳定平衡状态，它应取最小值，这就是所谓的最小余能原理。该原理又可以叙述为：在所有静力可能的应力中，真实的应力使总余能取最小值。

8.4　最小势能原理与最小余能原理的关系

上面导出的两个极值原理，即最小势能原理和最小余能原理，适用于受保守力作用的弹性体。对于真实的状态，考虑到 $W+W^c=\sigma_{ij}\varepsilon_{ij}$，弹性体的总势能与总余能之和为

$$\Pi+\Pi^c=\int_{\Omega}\sigma_{ij}\varepsilon_{ij}\mathrm{d}\Omega-\int_{\Omega}(F_xu_x+F_yu_y+F_zu_z)\mathrm{d}\Omega$$
$$-\int_{S_\sigma}(\overline{T}_xu_x+\overline{T}_yu_y+\overline{T}_zu_z)\mathrm{d}S$$

$$-\int_{S_u}(\bar{u}_x T_x + \bar{u}_y T_y + \bar{u}_z T_z)\mathrm{d}S$$

真实状态既是静力可能状态也是变形可能状态，应用可能功原理可得

$$\int_\Omega \sigma_{ij}\varepsilon_{ij}\,\mathrm{d}\Omega = \int_\Omega (F_x u_x + F_y u_y + F_z u_z)\mathrm{d}\Omega + \int_{S_\sigma}(\overline{T}_x u_x + \overline{T}_y u_y + \overline{T}_z u_z)\mathrm{d}S + \int_{S_u}(T_x\bar{u}_x + T_y\bar{u}_y + T_z\bar{u}_z)\mathrm{d}S$$

因此有

$$\Pi = -\Pi^c$$

于是，这两个极值原理又可以表示为

$$-\Pi^* \leqslant -\Pi^c = \Pi \leqslant \Pi^0$$

式中 Π^* 代表任意静力可能状态的总余能，而 Π^0 代表任意变形可能状态的总势能。

8.5 卡氏(Castigliano)定理

在结构力学中非常有用的两个原理可以使用上面的最小势能原理和最小余能原理导出，下面介绍它们的导出过程及其应用实例。

8.5.1 卡氏第一定理

使用最小势能原理可导出卡氏第一定理。假定在处于平衡状态的弹性物体上作用一组离散的广义力 $Q_i(i=1,2,\cdots,n)$，在力作用点产生的位移是 Δ_i，称为广义位移，如图 8.3。若物体的应变能可表示为广义位移 Δ_i 的函数 $U(\Delta_i)$ 时，物体的总势能为

$$\Pi = U(\Delta_i) - \sum_{i=1}^{n} Q_i\Delta_i$$

由最小势能原理，总势能相对广义位移的变分应为零，于是

$$\delta\Pi = \sum_{i=1}^{n}\left(\frac{\partial U}{\partial\Delta_i} - Q_i\right)\delta\Delta_i = 0$$

由于变分 $\delta\Delta_i$ 是相互独立性的，可得

$$Q_i = \frac{\partial U}{\partial\Delta_i} \tag{8.28}$$

式(8.28)说明：当应变能 U 可用广义位移表示时，则广义力就等于总应变能相对于相应广义位移的偏导。

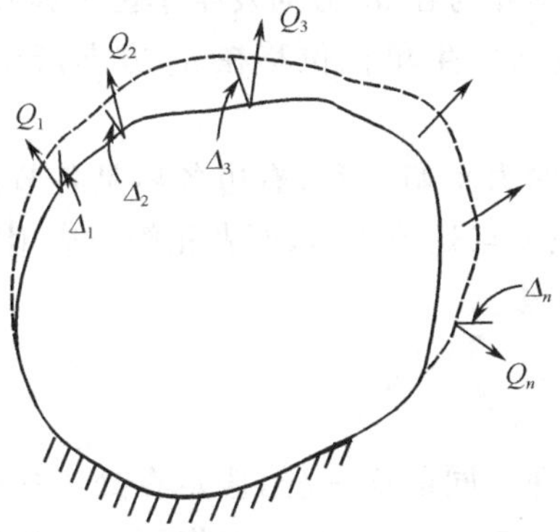

图 8.3 物体在广义力作用下产生广义变形

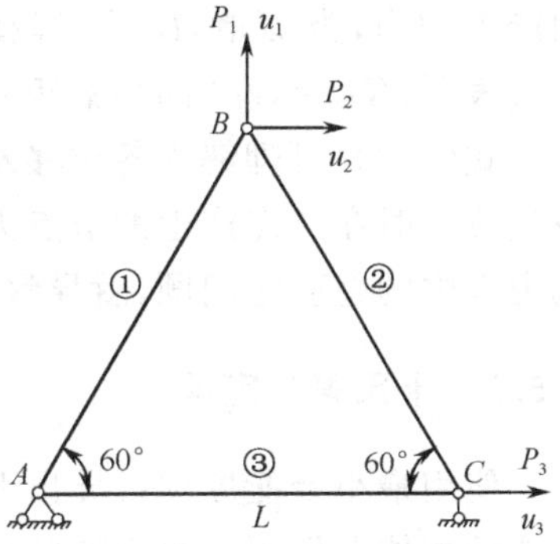

图 8.4 三角形桁架

【例 8.3】 如图 8.4 所示桁架，在节点 B 作用垂直力 P_1 和水平力 P_2，在节点 C 作用水平力 P_3，在节点 B 产生的垂直位移和水平位移分别为 u_1 和 u_2，在节点 C 产生的水平位移为 u_3。若已知节点位移，求节点力。

解 根据几何关系，可求得各杆的伸长为

$$\Delta L_1 = \frac{\sqrt{3}}{2}u_1 + \frac{1}{2}u_2, \qquad \Delta L_2 = \frac{\sqrt{3}}{2}u_1 - \frac{1}{2}u_2 + \frac{1}{2}u_3, \qquad \Delta L_3 = u_3$$

整个桁架系统的应变能为

$$U = \frac{EA}{2L}[(\Delta L_1)^2 + (\Delta L_2)^2 + (\Delta L_3)^2]$$

代入卡氏第一定理式(8.28)，得

$$P_1 = \frac{\partial U}{\partial u_1} = \frac{EA}{2L}\left(3u_1 + \frac{\sqrt{3}}{2}u_3\right)$$

$$P_2 = \frac{\partial U}{\partial u_2} = \frac{EA}{2L}\left(u_2 - \frac{1}{2}u_3\right)$$

$$P_3 = \frac{\partial U}{\partial u_3} = \frac{EA}{2L}\left(\frac{\sqrt{3}}{2}u_1 - \frac{1}{2}u_2 + \frac{5}{2}u_3\right)$$

上面 3 个式子可表示为

$$P_I = \sum_J K_{IJ} u_J \tag{8.29}$$

式中

$$K_{IJ} = \frac{EA}{2L}\begin{bmatrix} 3 & 0 & \frac{\sqrt{3}}{2} \\ 0 & 1 & -\frac{1}{2} \\ \frac{\sqrt{3}}{2} & -\frac{1}{2} & \frac{5}{2} \end{bmatrix}$$

系数 K_{IJ} 具有明确的物理意义,比如 K_{12} 可解释为在 u_2 方向发生单位位移在 u_1 方向产生的力,类似地,K_{21} 可解释为在 u_1 方向发生单位位移在 u_2 方向产生的力。上式表明:$K_{IJ}=K_{JI}$,即系数矩阵是对称的。

式(8.29)可理解为各位移发生节点处的力平衡方程,右边各项是各节点单独发生位移时在一点产生的节点力,左边是该节点处的外力,两者相等。应用它解结构力学中的超静定问题,就导致所谓的位移法。

8.5.2 卡氏第二定理

使用最小余能原理可导出卡氏第二定理。同前面一样,假定在处于平衡状态的弹性物体上作用一组离散的广义力 $Q_i(i=1,2,\cdots,n)$,在力作用点产生广义位移是 Δ_i,将广义位移看作是位移边界上的已知位移,而相应的广义力则看作是反力。若物体的应变余能可表示为广义力 Q_i 的函数 $U^c(Q_i)$ 时,系统的总余能为

$$\Pi^c = U^c(Q_i) - \sum_{i=1}^{n} Q_i\Delta_i$$

由最小余能原理

$$\delta\Pi^c = \sum_{i=1}^{n}\left(\frac{\partial U^c}{\partial Q_i} - \Delta_i\right)\delta Q_i = 0$$

由于变分 δQ_i 是相互独立的,得

$$\Delta_i = \frac{\partial U^c}{\partial Q_i} \tag{8.30}$$

式(8.30)说明:当应变余能 U^c 可用广义力表示时,则广义位移就等于总应变余能相对于相应广义力的偏导。

【例 8.4】 求图 8.5 所示受集中力 P 作用的悬臂梁在自由端处的转角,梁跨度为 l,抗弯刚度为 EI。

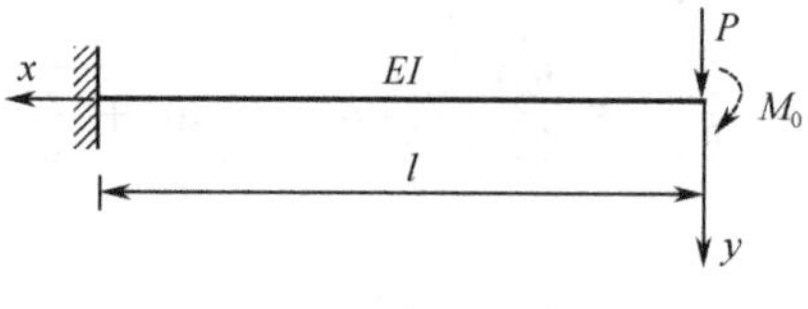

图 8.5　悬臂梁受集中力作用

解　先在自由端加上与转角相应的假想广义力 M_0,使用卡氏第二定理求解问题时,应将总应变余能表示为广义力的函数。在线弹性情况下,应变余能等于应变能,为

$$U^c = U = \int_0^l \frac{M^2}{2EI}\mathrm{d}x = \frac{1}{2EI}\int_0^l (Px + M_0)^2\,\mathrm{d}x = \frac{1}{2EI}\left(\frac{1}{3}P^2l^3 + PM_0l^2 + M_0^2 l\right)$$

对 M_0 求偏导，再令 $M_0=0$，得

$$\theta=\left(\frac{\partial U^c}{\partial M_0}\right)_{M_0=0}=\frac{Pl^2}{2EI}$$

其转动方向与 M_0 相同。

【例 8.5】 在图 8.4 所示的桁架中，若已知节点上所受集中力的大小，求所产生的节点位移。

解 桁架系统的应变余能应为

$$U^c=U=\frac{L}{2EA}(N_1^2+N_2^2+N_3^2)$$

式中 N_1、N_2、N_3 是各杆的轴力，为

$$N_1=\frac{P_1}{\sqrt{3}}+P_2,\quad N_2=\frac{P_1}{\sqrt{3}}-P_2,\quad N_3=-\frac{P_1}{2\sqrt{3}}+\frac{1}{2}P_2+P_3$$

代入卡氏第二定理，得节点的位移为

$$u_1=\frac{\partial U^c}{\partial P_1}=\frac{L}{2EA}\left(\frac{3}{2}P_1-\frac{P_2}{2\sqrt{3}}-\frac{P_3}{\sqrt{3}}\right)$$

$$u_2=\frac{\partial U^c}{\partial P_2}=\frac{L}{2EA}\left(-\frac{P_1}{2\sqrt{3}}+\frac{9}{2}P_2+P_3\right)$$

$$u_3=\frac{\partial U^c}{\partial P_3}=\frac{L}{2EA}\left(-\frac{P_1}{\sqrt{3}}+P_2+2P_3\right)$$

位移的方向与集中力荷载的方向相同。节点位移可表示为

$$u_K=\sum_L C_{KL}P_L \tag{8.31}$$

式中

$$C_{KL}=\frac{L}{2EA}\begin{bmatrix}\frac{3}{2} & -\frac{1}{2\sqrt{3}} & -\frac{1}{\sqrt{3}}\\ -\frac{1}{2\sqrt{3}} & \frac{9}{2} & 1\\ -\frac{1}{\sqrt{3}} & 1 & 2\end{bmatrix}$$

式中系数 C_{KL} 具有明确的物理意义，比如 C_{12} 可解释为在 P_2 方向作用单位力在 P_1 方向产生的位移，类似地，C_{21} 可解释为在 P_1 方向作用单位力在 P_2 方向产生的位移。上式表明：$C_{KL}=C_{LK}$，即系数矩阵是对称的。

式(8.31)可理解为各力作用节点处的变形协调方程，右边各项是各节点力单独作用时在一点产生的位移，左边是实际的位移，两者相等。应用它解结构力学中的超静定问题，就导致所谓的力法。

8.6 功的互等定理

考虑同一个弹性体 Ω,分别在两种不同荷载下处于两种不同的状态。设第一种状态的体力 $F_i^{(1)}$、边界上的面力为 $\overline{T}_i^{(1)}$(包括位移边界上的约束反力),由此产生的应力、应变和位移分别为 $\sigma_{ij}^{(1)}$、$\varepsilon_{ij}^{(1)}$ 和 $u_i^{(1)}$;第二种状态下的体力和边界上的面力分别是 $F_i^{(2)}$ 和 $\overline{T}_i^{(2)}$,而产生的应力、应变和位移分别为 $\sigma_{ij}^{(2)}$、$\varepsilon_{ij}^{(2)}$ 和 $u_i^{(2)}$。因为这两种状态都对应不同的真实状态,因此它们当然是静力可能状态,同时也是变形可能状态。

应用可能功原理时,把第一种状态看作静力可能状态,第二种状态看作变形可能状态,则有

$$\int_{S_\sigma+S_u}\overline{T}_i^{(1)}u_i^{(2)}\,\mathrm{d}S+\int_\Omega F_i^{(1)}u_i^{(2)}\,\mathrm{d}\Omega=\int_\Omega\sigma_{ij}^{(1)}\varepsilon_{ij}^{(2)}\,\mathrm{d}\Omega \tag{8.32}$$

反过来,把第二种状态看作静力可能状态,第一种状态看作变形可能状态,应用可能功原理,则有

$$\int_{S_\sigma+S_u}\overline{T}_i^{(2)}u_i^{(1)}\,\mathrm{d}S+\int_\Omega F_i^{(2)}u_i^{(1)}\,\mathrm{d}\Omega=\int_\Omega\sigma_{ij}^{(2)}\varepsilon_{ij}^{(1)}\,\mathrm{d}\Omega \tag{8.33}$$

设物体是线弹性的,弹性张量为 C_{ijkl},故有

$$\sigma_{ij}^{(1)}=C_{ijkl}\varepsilon_{kl}^{(1)},\qquad \sigma_{ij}^{(2)}=C_{ijkl}\varepsilon_{kl}^{(2)}$$

因此,我们可以写

$$\sigma_{ij}^{(1)}\varepsilon_{ij}^{(2)}=C_{ijkl}\varepsilon_{kl}^{(1)}\varepsilon_{ij}^{(2)}=C_{klij}\varepsilon_{ij}^{(2)}\varepsilon_{kl}^{(1)}=\sigma_{kl}^{(2)}\varepsilon_{kl}^{(1)}$$

在上式导出中应用了弹性张量的对称性 $C_{ijkl}=C_{klij}$,沿整个物体积分上式,有

$$\int_\Omega\sigma_{ij}^{(1)}\varepsilon_{ij}^{(2)}\,\mathrm{d}\Omega=\int_\Omega\sigma_{ij}^{(2)}\varepsilon_{ij}^{(1)}\,\mathrm{d}\Omega$$

上式表明式(8.32)和式(8.33)的右边相等,因此,它们的左边也应相等,故有

$$\int_{S_\sigma+S_u}\overline{T}_i^{(1)}u_i^{(2)}\,\mathrm{d}S+\int_\Omega F_i^{(1)}u_i^{(2)}\,\mathrm{d}\Omega=\int_{S_\sigma+S_u}\overline{T}_i^{(2)}u_i^{(1)}\,\mathrm{d}S+\int_\Omega F_i^{(2)}u_i^{(1)}\,\mathrm{d}\Omega \tag{8.34}$$

这就是功的互等定理,它表述为:作用在第一状态下的外力在第二状态下的位移上所做的功,等于第二状态下的外力在第一种状态下的位移上所做的功。

【例 8.6】 利用互等定理证明例 8.5 中系数矩阵的对称性总是成立的。

解 考虑另外一套荷载 P'_K,它所产生的位移是 u'_K,根据互等定理式(8.34),

$$\sum_K P_K u'_K=\sum_K P'_K u_K$$

使用式(8.31),上式变为

$$\sum_K\sum_L P_K C_{KL}P'_L=\sum_K\sum_L P'_K C_{KL}P_L=\sum_L\sum_K P'_L C_{LK}P_K$$

因此

$$\sum_{K}\sum_{L}(C_{KL}-C_{LK})P'_{L}P_{K}=0$$

由于 P'_L 和 P_K 是任意的，所以必须有

$$C_{KL}=C_{LK}$$

【例 8.7】 利用互等定理求悬臂梁受任意分布横向荷载作用下任意一点的挠度，如图 8.6。

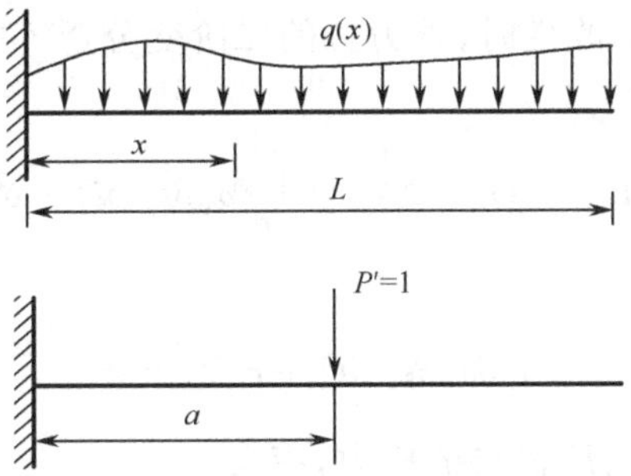

图 8.6　悬臂梁受分布荷载作用

解　欲求任意一点 $x=a$ 处的挠度 $w(a)$，就在该点作用单位力 $P'=1$，由单位力产生的挠度很容易通过卡氏定第二理求出，为

$$w'(x,a)=\frac{x^2}{6EI}(3a-x),\qquad 0<x\leqslant a$$

$$w'(x,a)=\frac{a^2}{6EI}(3x-a),\qquad a<x\leqslant L$$

使用互等定理式(8.34)，则有

$$\int_0^L q(x)w'(x,a)\mathrm{d}x=P'w(a)$$

代入 $w'(x,\ a)$ 的表达式，注意 $P'=1$，因此得

$$w(a)=\frac{1}{6EI}\left[\int_0^a q(x)x^2(3a-x)\mathrm{d}x+\int_a^L q(x)a^2(3x-a)\mathrm{d}x\right]$$

8.7* 稳定性问题

8.7.1 稳定性的概念

前面给出了最小势能原理：对于处于稳定平衡状态的弹性体，总势能应取最小值，但没有给予一般性地证明。下面就此给出直观地说明并非严格地证明：从弹性体的平衡状态出发，产生微小的虚位移而到达一个相邻的变形可能状态(可看作是一种扰动)，若平衡状态是稳定的，为了引起状态的改变，必须对弹性体输入附加的

能量,因为状态的改变不可能自动产生,因此,弹性体在相邻变形可能状态下的总势能应大于平衡状态的总势能,即稳定平衡状态下弹性体的总势能最小。反之,若弹性体平衡状态的总势能最小,则它必然是稳定的。

前面 8.2.2 节表明,总势能取最小值的条件是 $\delta^2\Pi > 0$。因此,弹性体处于稳定平衡状态的条件是,对于任意的虚位移,$\delta^2\Pi > 0$;当 $\delta^2\Pi < 0$,平衡状态是不稳定的;当 $\delta^2\Pi = 0$,弹性体处于临界状态,即将产生失稳。需要指出:当虚位移使得弹性体的几何形体发生显著的改变时,外力势的二阶变分 $\delta^2 V$ 并不为零,正如后面的压杆屈曲失稳中那样,因此

$$\delta^2\Pi = \delta^2 U + \delta^2 V = \int_\Omega \delta\sigma_{ij}\delta\varepsilon_{ij}\,\mathrm{d}\Omega + \delta^2 V$$

失稳产生的临界条件就是

$$\int_\Omega \delta\sigma_{ij}\delta\varepsilon_{ij}\,\mathrm{d}\Omega + \delta^2 V = 0 \tag{8.35}$$

式中 $\delta\sigma_{ij}$ 是产生虚位移 $\delta\varepsilon_{ij}$ 所需要的应力,应有

$$\delta\sigma_{ij} = \frac{\partial\sigma_{ij}}{\partial\varepsilon_{kl}}\delta\varepsilon_{kl} = C_{ijkl}\delta\varepsilon_{kl}$$

式中 $C_{ijkl}=\delta\sigma_{ij}/\delta\varepsilon_{kl}$ 应理解为切线模量张量,对于线弹性体,它就等于弹性张量。

式(8.35)也可应用于弹塑性体的稳定性分析,见 13.6 节,不过其中的积分项不能理解为应变能的二阶变分,因为有能量耗散,仅取决于状态的应变能并不存在。

8.7.2 材料稳定性假设与应变能函数的外凸性

当虚位移并不导致物体的几何形体发生显著改变时,$\delta^2 V = 0$,稳定性条件变为

$$\int_\Omega \delta\sigma_{ij}\delta\varepsilon_{ij}\,\mathrm{d}\Omega > 0 \tag{8.36}$$

对于线弹性体,前面 8.2.2 节给出

$$\delta\sigma_{ij}\delta\varepsilon_{ij} > 0 \tag{8.37}$$

恒成立,因此,平衡状态是稳定的。对于非线性弹性体和弹塑性体,式(8.37)作为材料假设引入,见 12.3 节中的 Drucker 公设。应当指出,该假设只是物体平衡稳定的充分条件,并不是必要条件,因为式(8.36)成立,并不要求其中的被积函数处处大于零。

对于非线性弹性材料,若稳定性假设式(8.37)成立,下面将表明应变能函数是外凸的,即满足下面的关系式

$$W(\varepsilon_{ij}^{(2)}) - W(\varepsilon_{ij}^{(1)}) > \left(\frac{\partial W}{\partial\varepsilon_{ij}}\right)_{\varepsilon_{ij}=\varepsilon_{ij}^{(1)}}(\varepsilon_{ij}^{(2)} - \varepsilon_{ij}^{(1)}) \tag{8.38}$$

式中 $\varepsilon_{ij}^{(1)}$ 和 $\varepsilon_{ij}^{(2)}$ 是材料的任意两个应变状态。

对本构方程式(3.35)两边取增量,则有

$$\delta\sigma_{ij} = \frac{\partial^2 W}{\partial\varepsilon_{ij}\partial\varepsilon_{kl}}\delta\varepsilon_{kl}$$

记

$$H_{ijkl} = \frac{\partial^2 W}{\partial\varepsilon_{ij}\partial\varepsilon_{kl}}$$

故有

$$\delta\sigma_{ij}\delta\varepsilon_{ij} = H_{ijkl}\delta\varepsilon_{ij}\delta\varepsilon_{kl}$$

若稳定性假设式(8.37)成立,则根据上式,H_{ijkl} 是正定的。

考虑任意两个变形可能状态,它们的应变分别为 $\varepsilon_{ij}^{(1)}$ 和 $\varepsilon_{ij}^{(2)}$,使用 Taylor 级数,它们对应的应变能之间有

$$\begin{aligned} W(\varepsilon_{ij}^{(2)}) = W(\varepsilon_{ij}^{(1)}) + \left(\frac{\partial W}{\partial\varepsilon_{ij}}\right)_{\varepsilon_{ij}=\varepsilon_{ij}^{(1)}}(\varepsilon_{ij}^{(2)} - \varepsilon_{ij}^{(1)}) \\ + \frac{1}{2}H_{ijkl}(\varepsilon_{ij}^{(2)} - \varepsilon_{ij}^{(1)})(\varepsilon_{kl}^{(2)} - \varepsilon_{kl}^{(1)}) + \cdots \end{aligned}$$

由于 H_{ijkl} 正定,则有

$$H_{ijkl}(\varepsilon_{ij}^{(2)} - \varepsilon_{ij}^{(1)})(\varepsilon_{kl}^{(2)} - \varepsilon_{kl}^{(1)}) > 0$$

代入前面的式子,显然可得式(8.38)成立。因此,应变能函数是外凸的。采用与上面类似的方法,还可以表明应变余能函数也是外凸的。

8.7.3 压杆稳定

最典型的失稳例子是轴心受压杆的屈曲失稳问题。一直杆的杆长为 l,端部作用沿杆轴线的压力,在轴力不大时,杆处于直线平衡状态,当轴力达到一临界值时,在轴力不变的情况下,杆可以发生偏离直线平衡状态的弯曲变形,此时称直线平衡状态是不稳定的,这种可以从一种平衡(直线)状态进入另一种平衡(弯曲)状态的失稳现象称为分岔失稳。设弯曲挠曲线为 $v(x)$ $(0<x<l)$,弯曲后杆的弦长变为 $\int_0^l \sqrt{1-v'^2}\,\mathrm{d}x$,于是,外力势就是

$$V = -P\left(l - \int_0^l \sqrt{1-v'^2}\,\mathrm{d}x\right) \cong -\frac{1}{2}P\int_0^l v'^2\,\mathrm{d}x$$

设杆产生虚位移 δv,相应的虚转角为 $\delta v'$,使用 Taylor 级数,可得

$$\begin{aligned} \Delta(v'^2) &= \left[\frac{\mathrm{d}}{\mathrm{d}v'}(v'^2)\right]\delta v' + \frac{1}{2}\left[\frac{\mathrm{d}^2}{\mathrm{d}v'^2}(v'^2)\right](\delta v')^2 + \cdots \\ &= 2v'\delta v' + (\delta v')^2 + \cdots \end{aligned}$$

代入前面的式子得外力势的一阶变分和二阶变分分别为

$$\delta V = -P\int_0^l v'\delta v'\mathrm{d}x$$

$$\delta^2 V = -P\int_0^l (\delta v')^2\mathrm{d}x \tag{8.39}$$

根据梁理论，梁内任意一点的应力状态可以近似为单轴，所以，$\delta\sigma_{ij}\delta\varepsilon_{ij}=\delta\sigma_x\delta\varepsilon_x$，而且，$\delta\varepsilon_x=-y\delta v''$，因此有

$$\delta^2 U = \int_\Omega \delta\sigma_{ij}\delta\varepsilon_{ij}\,\mathrm{d}\Omega = \int_0^l\left[\int_A -y\delta\sigma_x\mathrm{d}A\right]\delta v''\mathrm{d}x = -\int_0^l \delta M\delta v''\mathrm{d}x$$

将上式和式(8.39)代入式(8.35)，失稳条件变为

$$-\int_0^l \delta M\delta v''\mathrm{d}x - P\int_0^l (\delta v')^2\mathrm{d}x = 0 \tag{8.40}$$

对式(8.40)的第一个积分采用分部积分，注意微分和变分的次序可以交换，故有

$$\int_0^l \delta M\delta v''\mathrm{d}x = \int_0^l \delta M(\delta v')'\mathrm{d}x = \delta M\delta v'\Big|_0^l - \int_0^l (\delta M)'\delta v'\mathrm{d}x$$

杆两端的边界条件通常是，要么弯矩 M 不变化，即 $\delta M=0$，要么虚转角 $\delta v'$ 不变化。因此，上式等号右边的第一项应为零。将上式代入式(8.40)，经整理得

$$\int_0^l [-(\delta M)' + P\delta v']\delta v'\mathrm{d}x = 0 \tag{8.41}$$

假设因虚位移引起的截面弯矩变化可以表示为

$$\delta M = -\bar{E}I\delta v'' \tag{8.42}$$

式中 $\bar{E}$ 定义为有效模量。对于线弹性情况，显然有 $\bar{E}=E$；对于非线性弹性情况，横截面上各点正应力的变化可表示为 $\delta\sigma_x=E_t\delta\varepsilon_x$，其中 E_t 是材料单轴压缩曲线的切线模量 $E_t=\mathrm{d}\sigma/\mathrm{d}\varepsilon$。假定失稳弯矩引起横截面的应力分布不再均匀，但与轴力引起的平均应力的偏差较小，至少在失稳初期是如此，于是，计算 $\delta\sigma_x$ 时都近似地取单轴压缩曲线在平均应力 $\sigma=P/A$ 处的 E_t，因此，有效模量 $\bar{E}$ 就是 E_t。对于塑性情况，由于有卸载出现，有效模量 $\bar{E}$ 的取值会复杂一些，详见 13.6 节。

在有些问题中，虚转动 $\delta v'$ 可以看作是独立的未知变量，记作 θ，它沿杆长是任意的，使用式(8.41)，并考虑到式(8.42)，导致失稳的微分方程是

$$(\bar{E}I\theta')' + P\theta = 0$$

对于更一般的情况，对式(8.41)再次进行分部积分，得

$$\int_0^l (-\delta M' + P\delta v')'\delta v\mathrm{d}x - (\delta M' + P\delta v')\delta v\Big|_0^l = 0 \tag{8.43}$$

式(8.43)括号中的量可以理解为虚剪力，在杆的两端，要么虚剪力为零，要么虚位移为零，所以，第二项为零。于是，导致失稳的微分方程为

$$(\bar{E}I\theta')'' + (P\theta)' = 0$$

对于直杆，A 和 I 均为常数，平均应力 P/A 也为常数。因此，$\bar{E}$ 也可以看作常数，上式则变为

$$\bar{E}I\theta''' + P\theta' = 0 \tag{8.44}$$

式(8.44)的通解是

$$\theta = B\cos\lambda x + C\sin\lambda x + D$$

式中 B、C 和 D 是积分常数，而 λ 为

$$\lambda^2 = \frac{P}{\bar{E}I} \tag{8.45}$$

如果杆两端均为简支，则弯矩为零。因此，$\theta'(0)=0$ 和 $\theta'(l)=0$，前者要求 $C=0$，后者要求

$$\lambda B\sin\lambda l = 0$$

必须有非零解，B 必不为零。因此，失稳产生的条件是

$$\sin\lambda l = 0$$

这就要求 $\lambda=n\pi/l$，其中 n 是正整数。最基本的屈曲模态是 $n=1$，则 $\lambda=\pi/l$，代入式(8.45)，得产生这种屈曲模态的荷载即临界荷载是

$$P_{cr} = \frac{\pi^2\bar{E}I}{l^2} \tag{8.46}$$

对于杆两端的其他支承情况，采用与上面相同的步骤，可以求出相应的临界荷载。

8.8 解的唯一性

在 4.2 节中对线弹性问题解的唯一性进行了简单的说明，本节使用能量原理对包括非线性弹性问题解的唯一性进行更严格的讨论。

考虑处于平衡状态的物体，在物体 Ω 内施加体积力 F_i，在力边界 S_σ 上施加面力 $\bar{T}_i$，在位移边界 S_u 上给定位移 $\bar{u}_i$。若存在两组解，设一组解是 $u_i^{(1)}$、$\varepsilon_{ij}^{(1)}$ 和 $\sigma_{ij}^{(1)}$，另一组解是 $u_i^{(2)}$、$\varepsilon_{ij}^{(2)}$ 和 $\sigma_{ij}^{(2)}$，由于平衡方程式(4.1)和几何方程式(4.2)都是线性的，则应力差 $\sigma_{ij}^{(1)}-\sigma_{ij}^{(2)}$ 在物体内必然满足体积力为零($F_i=0$)的平衡方程，在力边界上必然满足表面力为零($\bar{T}_i=0$)的力边界条件，因此，应力 $\sigma_{ij}^{(1)}-\sigma_{ij}^{(2)}$，体积力 $F_i=0$和面积力 $\bar{T}_i=0$ 三者构成一种静力可能状态；另一方面，应变差 $\varepsilon_{ij}^{(1)}-\varepsilon_{ij}^{(2)}$ 与位移差 $u_i^{(1)}-u_i^{(2)}$ 满足几何方程，且 $u_i^{(1)}-u_i^{(2)}$ 在位移边界上为零，因此，构成变形可能状态，使用可能功原理，得

$$\int_\Omega (\sigma_{ij}^{(1)} - \sigma_{ij}^{(2)})(\varepsilon_{ij}^{(1)} - \varepsilon_{ij}^{(2)})\,\mathrm{d}\Omega = 0 \tag{8.47}$$

下面分两种情况讨论解的唯一性。

1） 线弹性

对于线弹性体，每组解的应力与应变之间满足本构方程

$$\sigma_{ij}^{(1)} = C_{ijkl}\varepsilon_{kl}^{(1)}, \qquad \sigma_{ij}^{(2)} = C_{ijkl}\varepsilon_{kl}^{(2)}$$

代入式(8.47)，则被积函数变为

$$(\varepsilon_{ij}^{(1)}-\varepsilon_{ij}^{(2)})C_{ijkl}(\varepsilon_{kl}^{(1)}-\varepsilon_{kl}^{(2)})=2W(\varepsilon_{ij}^{(1)}-\varepsilon_{ij}^{(2)})$$

由于应变能函数 W 是非负的，因此，被积函数大于零，除非 $\varepsilon_{ij}^{(1)}-\varepsilon_{ij}^{(2)}=0$，它才会等于零。式(8.47)要求积分为零，这时被积函数必须为零，故有

$$\varepsilon_{ij}^{(1)}=\varepsilon_{ij}^{(2)},\qquad \sigma_{ij}^{(1)}=\sigma_{ij}^{(2)}$$

唯一性得以证明。

2）非线性弹性

对于非线性情况，采用式(3.35)和式(3.48)表示的本构方程，应力与应变之间应有

$$\sigma_{ij}=\frac{\partial W}{\partial \varepsilon_{ij}},\qquad \varepsilon_{ij}=\frac{\partial W^c}{\partial \sigma_{ij}} \tag{8.48}$$

假设应变能函数和应变余能函数都是凸函数，根据凸函数的定义式(8.38)，则有

$$W(\varepsilon_{ij}^{(2)})-W(\varepsilon_{ij}^{(1)})\geqslant\left(\frac{\partial W}{\partial \varepsilon_{ij}}\right)_{\varepsilon_{ij}=\varepsilon_{ij}^{(1)}}(\varepsilon_{ij}^{(2)}-\varepsilon_{ij}^{(1)}) \tag{8.49a}$$

$$W^c(\sigma_{ij}^{(2)})-W^c(\sigma_{ij}^{(1)})\geqslant\left(\frac{\partial W^c}{\partial \sigma_{ij}}\right)_{\sigma_{ij}=\sigma_{ij}^{(1)}}(\sigma_{ij}^{(2)}-\sigma_{ij}^{(1)}) \tag{8.49b}$$

考虑式(8.48)，式(8.49)变为

$$W(\varepsilon_{ij}^{(2)})-W(\varepsilon_{ij}^{(1)})\geqslant\sigma_{ij}^{(1)}(\varepsilon_{ij}^{(2)}-\varepsilon_{ij}^{(1)}) \tag{8.50a}$$

$$W^c(\sigma_{ij}^{(2)})-W^c(\sigma_{ij}^{(1)})\geqslant\varepsilon_{ij}^{(1)}(\sigma_{ij}^{(2)}-\sigma_{ij}^{(1)}) \tag{8.50b}$$

根据应变余能的定义

$$W(\varepsilon_{ij}^{(1)})+W^c(\sigma_{ij}^{(1)})=\sigma_{ij}^{(1)}\varepsilon_{ij}^{(1)} \tag{8.51a}$$

$$W(\varepsilon_{ij}^{(2)})+W^c(\sigma_{ij}^{(2)})=\sigma_{ij}^{(2)}\varepsilon_{ij}^{(2)} \tag{8.51b}$$

将式(8.50a)和式(8.50b)的两边对应相加，并考虑到式(8.51)，再经整理，最后得

$$(\sigma_{ij}^{(1)}-\sigma_{ij}^{(2)})(\varepsilon_{ij}^{(1)}-\sigma_{ij}^{(2)})\geqslant 0$$

即式(8.47)的被积函数不小于零，因此根据前面的推理，解必然是唯一的。

习　题

1. 试用最小势能原理推导图8.7所示梁弯曲问题的平衡微分方程及力边界条件。其中右端弹簧的弹性常数为 k。

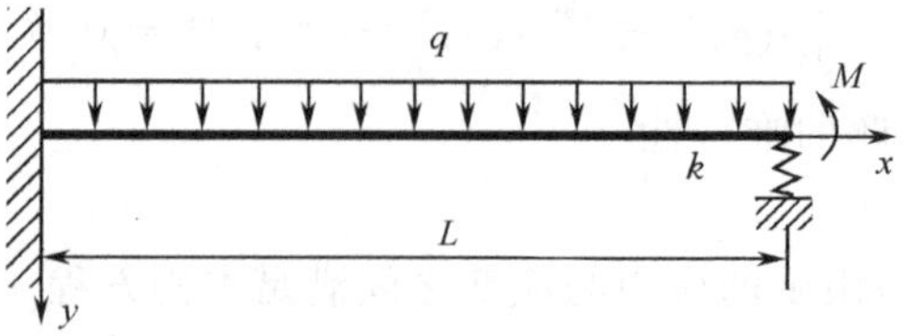

图 8.7

2. 试用卡氏第二定理求图 8.8 所示三杆桁架中 A 点的位移。

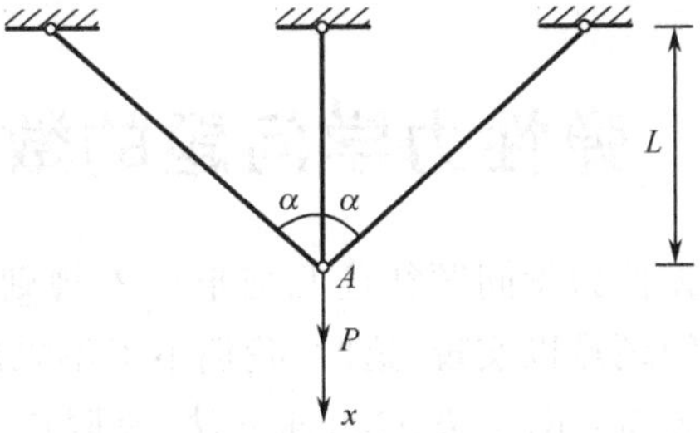

图 8.8

3. 已知柱体扭转的总余能表达式为

$$\Pi^c = \frac{1}{2}\beta^2 GL\iint\left[\left(\frac{\partial\psi}{\partial x}\right)^2 + \left(\frac{\partial\psi}{\partial y}\right)^2 - 4\psi\right]\mathrm{d}x\mathrm{d}y$$

试应用最小余能原理，导出柱体扭转时以应力函数 ψ(定义见式(4.16))表达的变形协调方程

$$\frac{\partial^2\psi}{\partial x^2} + \frac{\partial^2\psi}{\partial y^2} = -2$$

4. 使用最小势能原理导出薄板弯曲问题的基本微分方程和力边界条件。

第9章　弹性力学问题的数值方法

工程实践中遇到的弹性力学问题往往几何形体不规则且边界条件复杂，使用解析方法求解这些边值问题难以实现，这时，我们不得不采用数值方法。到目前为止所发展的数值方法主要有：Ritz法、Galerkin法、有限单元法、加权残数法、有限差分法。前面几种方法是基于问题的积分提法，而有限差分法是基于问题的微分提法，它直接建立在将微分方程进行差分化的基础上。这些数值方法的共同特点是：将问题通过一定的方法离散化为有限个未知数，得到一组关于有限个未知数的代数方程并进行求解，从而得到问题的近似解。在所有这些数值方法中，有限单元法应用得最广泛，特别是随着计算机的迅速发展，大型有限元软件如ANSYS、ABAQUS等不断问世，有限元已成为解决许多工程问题的一个重要工具。本章将对上述除有限差分法以外的几种数值方法进行介绍。

9.1　Ritz法和Galerkin法

9.1.1　基于位移变分原理的Ritz法

使用位移变分原理求解，首先需要列出所有变形可能的位移，然后从中找出使总势能取驻值的那组位移，这就是真实位移。对于稳定平衡状态，相应于位移变分原理的最小势能原理成立，因此使总势能取最小值的那组位移，就是真实位移。但问题在于要列出所有变形可能的位移非常困难，也不现实。因此，在求解实际工程问题时，只能根据受力特点和边界条件，凭经验假设一簇位移的试验函数，其中包含有限个待定常数，这种处理缩小了寻找位移解的范围。若从中找出一组使总势能取最小值的位移，一般来说，这组位移不是真正的位移，但它在缩小的范围内是与真实位移最接近的，从而可以作为问题的近似解。

设位移试验函数为

$$
\begin{aligned}
u_x &\cong u_{x0} + \sum_{k=1}^{n} a_k u_{xk}(x,y,z) \\
u_y &\cong u_{y0} + \sum_{k=1}^{n} b_k u_{yk}(x,y,z) \\
u_z &\cong u_{z0} + \sum_{k=1}^{n} c_k u_{zk}(x,y,z)
\end{aligned}
\tag{9.1}
$$

式中 u_{x0}、u_{y0}、u_{z0} 和 u_{xk}、u_{yk}、u_{zk} 是预先设定的空间坐标的函数，而 a_k、b_k、c_k 是待定

系数。位移的变分是通过待定系数 a_k、b_k、c_k 取变分来实现的，而与函数 u_{xk}、u_{yk}、u_{zk}无关，于是

$$
\begin{aligned}
\delta u_x &= \sum_{k=1}^{n} \delta a_k u_{xk}(x,y,z) \\
\delta u_y &= \sum_{k=1}^{n} \delta b_k u_{yk}(x,y,z) \\
\delta u_z &= \sum_{k=1}^{n} \delta c_k u_{zk}(x,y,z)
\end{aligned}
\tag{9.2}
$$

位移试验函数必须满足位移边界条件，且在位移边界上的变分为零，为满足这两个条件就要求：在位移边界上，u_{x0}、u_{y0}、u_{z0} 等于已知位移，而 u_{xk}、u_{yk}、u_{zk} $(k=1,2,\cdots,n)$均为零。

将式(9.1)代入总势能表达式(8.18b)，将总势能表示成待定系数 a_k、b_k、c_k 的函数

$$
\Pi = U + V = \Pi(a_k, b_k, c_k)
$$

变分原理要求

$$
\delta\Pi = \sum_{k=1}^{n}\left(\frac{\partial \Pi}{\partial a_k}\delta a_k + \frac{\partial \Pi}{\partial b_k}\delta b_k + \frac{\partial \Pi}{\partial c_k}\delta c_k\right) = 0
$$

由于 δa_k、δb_k、δc_k 是相互独立的，也是任意的，它们的系数应分别为零，于是

$$
\frac{\partial \Pi}{\partial a_k} = 0, \quad \frac{\partial \Pi}{\partial b_k} = 0, \quad \frac{\partial \Pi}{\partial c_k} = 0, \qquad k = 1,2,\cdots,n
$$

对于线弹性力学问题，将导致下面 $3n$ 个线性方程组

$$
\begin{aligned}
\frac{\partial V}{\partial a_k} &= \int_{\Omega} u_{xk} F_x \mathrm{d}\Omega + \int_{S_\sigma} u_{xk} \overline{T}_x \mathrm{d}S = \frac{\partial U}{\partial a_k} \\
\frac{\partial V}{\partial b_k} &= \int_{\Omega} u_{yk} F_y \mathrm{d}\Omega + \int_{S_\sigma} u_{yk} \overline{T}_y \mathrm{d}S = \frac{\partial U}{\partial b_k}, \qquad k = 1,\ 2,\cdots,n \\
\frac{\partial V}{\partial c_k} &= \int_{\Omega} u_{zk} F_z \mathrm{d}\Omega + \int_{S_\sigma} u_{zk} \overline{T}_z \mathrm{d}S = \frac{\partial U}{\partial c_k}
\end{aligned}
\tag{9.3}
$$

解上述 $3n$ 个线性方程组，可得出待定系数 a_k、b_k、c_k。这就是所谓的 Ritz 方法。

在获得位移的近似解后，代入几何方程，求得应变的近似解，再代入本构方程，得到应力的近似解。应当指出：由于位移变分原理等价于平衡微分方程和力边界条件，因此现在所得的近似解对平衡微分方程和力边界条件来说是近似满足的，而其他方程和条件均严格满足。

9.1.2　基于应力变分原理的 Ritz 方法

如果我们主要关心物体内的应力分布，使用应力变分原理求解会更合适一些。对于稳定平衡状态，该方法的实质就是从所有静力可能的应力场中，找出使总余势

能取最小值的那组应力，这就是真实应力。求解时，首先要选取应力的试验函数，它必须是静力可能的应力场，即满足平衡方程和力边界条件

$$
\begin{aligned}
\sigma_x &\cong \sigma_{x0} + \sum_{k=1}^{n} a_k \sigma_{xk}(x,y,z) \\
\sigma_y &\cong \sigma_{y0} + \sum_{k=1}^{n} b_k \sigma_{yk}(x,y,z) \\
&\cdots \\
\tau_{zx} &\cong \tau_{zx0} + \sum_{k=1}^{n} f_k \tau_{zxk}(x,y,z)
\end{aligned}
\tag{9.4}
$$

式中 σ_{x0}、σ_{y0}、…、τ_{zx0} 和 σ_{xk}、σ_{yk}、…、τ_{zxk} 是预先设定的空间坐标的函数，σ_{x0}、σ_{y0}、…、τ_{zx0} 满足给定体积力的平衡方程和给定面力的力边界条件，而 σ_{xk}、σ_{yk}、…、τ_{zxk} 满足体积力为零的平衡方程和表面力为零的力边界条件；a_k、b_k、…、f_k 是相互独立的待定常数，应力的变分将通过这些待定常数来实现。代入总余能表达式并求极值，则有

$$
\frac{\partial \Pi^c}{\partial a_k} = 0, \quad \frac{\partial \Pi^c}{\partial b_k} = 0, \quad \cdots, \quad \frac{\partial \Pi^c}{\partial f_k} = 0, \qquad k = 1,2,\cdots,n
$$

它们为待定系数的线性方程组，解出这些待定系数则得问题的解。

选取的应力场要求满足平衡方程和力边界条件，往往是不易做到的，但是，对于某些问题，应力分量可用应力函数表示，而应力函数表示的应力分量总是能满足平衡微分方程的。这样，我们在选取应力函数的表达式时，只需要使其给出的应力分量满足力边界条件即可，从而减小了难度。

应当指出：由于应力变分原理等价于几何方程和位移边界条件，因此现在所得的近似解对几何方程和位移边界条件来说是近似满足的，而其他方程和条件均严格满足。

9.1.3 Galerkin 法

将式(8.6)到式(8.9)的推导过程反过来，我们可以从虚位移原理式(8.13)导出下式，即

$$
\int_{\Omega} \delta u_j (\sigma_{ij,i} + F_j) \mathrm{d}\Omega + \int_{S_\sigma} \delta u_j (\overline{T}_j - \sigma_{ij} n_i) \mathrm{d}S = 0 \tag{9.5}
$$

该式与虚位移原理完全等价。

若选取的位移试验函数(9.1)除满足位移边界条件外，还满足力边界条件，直接使用式(9.5)而不是变分方程式(8.18)进行近似求解会比较方便。这时，式(9.5)退化为

$$
\int_{\Omega} \left[\left(\frac{\partial \sigma_x}{\partial x} + \frac{\partial \tau_{yx}}{\partial y} + \frac{\partial \tau_{zx}}{\partial z} + F_x \right) \delta u_x + \left(\frac{\partial \tau_{xy}}{\partial x} + \frac{\partial \sigma_y}{\partial y} + \frac{\partial \tau_{zy}}{\partial z} + F_y \right) \delta u_y \right.
$$

$$+\left(\frac{\partial \tau_{xz}}{\partial x}+\frac{\partial \tau_{yz}}{\partial y}+\frac{\partial \sigma_z}{\partial z}+F_z\right)\delta u_z\Big]\mathrm{d}\Omega=0 \tag{9.6}$$

将式(9.1)代入式(9.6)并展开，得到三组线性方程，即

$$\begin{aligned}
&\int_\Omega u_{xk}\left(\frac{\partial \sigma_x}{\partial x}+\frac{\partial \tau_{yx}}{\partial y}+\frac{\partial \tau_{zx}}{\partial z}+F_x\right)\mathrm{d}\Omega=0\\
&\int_\Omega u_{yk}\left(\frac{\partial \tau_{xy}}{\partial x}+\frac{\partial \sigma_y}{\partial y}+\frac{\partial \tau_{zy}}{\partial z}+F_y\right)\mathrm{d}\Omega=0,\qquad k=1,2,\cdots,n\\
&\int_\Omega u_{zk}\left(\frac{\partial \tau_{xz}}{\partial x}+\frac{\partial \tau_{yz}}{\partial y}+\frac{\partial \sigma_z}{\partial z}+F_z\right)\mathrm{d}\Omega=0
\end{aligned} \tag{9.7}$$

通过求解这些线性方程组，确定待定常数 a_k、b_k、c_k，从而得到问题的近似解。利用式(9.7)进行近似求解的方法称之为 Galerkin 方法。它属于加权残数法的一种特殊形式，具体讨论见 9.2 节。

对于薄板弯曲问题，若所设的挠度试验函数除满足所有位移边界条件外，还满足所有力边界条件，由位移变分原理可导出相应的变分方程为

$$\iint(D\nabla^2\nabla^2 w-q)\delta w\,\mathrm{d}x\mathrm{d}y=0 \tag{9.8}$$

式(9.8)就是 Galerkin 方法计算薄板弯曲问题的控制方程。

对于梁弯曲问题，由挠度表示的平衡微分方程为式(8.23)。因此，Galerkin 方法计算梁弯曲问题的控制方程可写为

$$\int\left(EI\,\frac{\mathrm{d}^4 w}{\mathrm{d}x^4}-q\right)\delta w\,\mathrm{d}x=0 \tag{9.9}$$

【例 9.1】 用 Ritz 法和 Galerkin 法求简支梁在均布荷载作用下的挠度。

解　1) 用 Ritz 法求解

(1) 设挠度的试验函数为

$$w(x)=c_1x(l-x)+c_2x^2(l^2-x^2)+\cdots \tag{a}$$

本题的位移边界条件是两端支承点的挠度为零，即

$$(w)_{x=0,x=l}=0 \tag{b}$$

显然，该挠度试验函数满足。

(2) 求总势能

$$\Pi=U+V=\int_0^l\frac{1}{2}EI\left(\frac{\mathrm{d}^2 w}{\mathrm{d}x^2}\right)^2\mathrm{d}x-\int_0^l qw\,\mathrm{d}x$$

仅取位移函数的第一项代入，得

$$\Pi=\int_0^l\left[\frac{1}{2}EI(-2c_1)^2-c_1qx(l-x)\right]\mathrm{d}x$$

(3) 求总势能的极值

$$\frac{\partial \Pi}{\partial c_1}=0,\qquad c_1=\frac{ql^2}{24EI}$$

将 c_1 代入式(a),得梁的挠度为

$$w = \frac{ql^4}{24EI}\left(\frac{x}{l} - \frac{x^2}{l^2}\right)$$

跨中的最大挠度为$\frac{ql^4}{96EI}$与材料力学的解$\frac{ql^4}{76.8EI}$相比,误差为 17%。

若挠度试验函数取二项进行求解,则按上面的方法可解得

$$c_1 = \frac{ql^2}{24EI}, \qquad c_2 = \frac{q}{24EI}$$

此时给出的最大挠度与材料力学的解比较接近。

2) 用 Galerkin 法求解

本题的力边界条件是两端支承点处弯矩为零,即

$$\left(\frac{\mathrm{d}^2 w}{\mathrm{d}x^2}\right)_{x=0,x=l} = 0 \tag{c}$$

用 Galerkin 方法解题,要求设定的挠度试验函数既满足位移边界条件式(b)又满足力边界条件式(c)。选取多项式形式的挠度试验函数,由于一次、二次多项式不能同时满足这两方面的条件,三次多项式不满足对称性要求,故选取下列四次多项式

$$w = a_1 x^4 + a_2 x^3 + a_3 x^2 + a_4 x + a_5$$

代入式(b)和式(c),则要求

$$a_3 = a_5 = 0, \quad a_2 = -2a_1 l, \quad a_4 = a_1 l^3$$

故得

$$w = a_1(x^4 - 2lx^3 + l^3 x)$$

使用 Galerkin 法,注意此处 $w_1 = x^4 - 2lx^3 + l^3 x$,于是近似求解方程是

$$\int_0^l \left(EI\frac{\mathrm{d}^4 w}{\mathrm{d}x^4} - q\right)(x^4 - 2lx^3 + l^3 x)\mathrm{d}x = 0$$

由此解得 $a_1 = \frac{q}{24EI}$,最后

$$w = \frac{q}{24EI}(x^4 - 2lx^3 + l^3 x)$$

此解就是材料力学的解。

【例 9.2】 设边长为 a 的正方形薄板,四边均为固定,受均布的横向荷载 q 作用,使用 Ritz 法求板弯曲问题的挠度 w 和内力。

解 分析时将坐标的圆点设在板中心,坐标轴与边平行。

1) 基于位移变分原理的 Ritz 法

使用该方法求解时,给出板的应变能用挠度表示。不考虑横向剪切,板单位面

积的应变能由式(6.26)给出，故应变能是

$$U=\iint W\mathrm{d}x\mathrm{d}y=\iint\frac{1}{2}(M_xK_x+M_yK_y+2M_{xy}K_{xy})\mathrm{d}x\mathrm{d}y$$

将体积力全部归入薄板上面的面力 q，因此，外力势能是

$$V=-\iint qw\mathrm{d}x\mathrm{d}y$$

将式(6.5)和式(6.16)代入应变能的表达式，得到由挠度 w 表示的应变能，再加上外力势得总势能为

$$\begin{aligned}\Pi=\frac{D}{2}\iint\Big[\left(\frac{\partial^2 w}{\partial x^2}\right)^2+\left(\frac{\partial^2 w}{\partial y^2}\right)^2+2\nu\frac{\partial^2 w}{\partial x^2}\frac{\partial^2 w}{\partial y^2}\\+2(1-\nu)\left(\frac{\partial^2 w}{\partial x\partial y}\right)^2\Big]\mathrm{d}x\mathrm{d}y-\iint qw\mathrm{d}x\mathrm{d}y\end{aligned}\qquad\text{(a)}$$

考虑到问题的对称性，挠度函数应有

$$w(x,y)=w(-x,y)=w(x,-y),\qquad w(x,y)=w(y,x)\qquad\text{(b)}$$

此外还应满足四边固定的位移边界条件

$$(w)_{x=\pm a/2}=0,\quad\left(\frac{\partial w}{\partial x}\right)_{x=\pm a/2}=0,\quad(w)_{y=\pm a/2}=0,\quad\left(\frac{\partial w}{\partial y}\right)_{y=\pm a}=0\qquad\text{(c)}$$

设挠度试验函数为

$$w_1(x,y)=c_1\cos^2\left(\frac{\pi x}{a}\right)\cos^2\left(\frac{\pi y}{a}\right)\qquad\text{(d)}$$

显然，它满足上述条件式(b)和式(c)。将它代入式(a)计算总势能，得

$$\Pi=\frac{2D}{a^2}\left(\pi^4\frac{c_1^2}{2}-\frac{qa^4}{8D}c_1\right)$$

解得

$$c_1=\frac{qa^4}{8\pi^4 D}$$

据此可求得中心的挠度，弯矩以及固定边的负弯矩为

$$w(0,0)=c_1=\frac{qa^4}{8\pi^4 D}$$

$$M_x(0,0)=(1+\nu)D\frac{2\pi^2c_1}{a^2}=(1+\nu)\frac{qa^2}{4\pi^2}$$

$$M_x\left(\frac{a}{2},0\right)=-D\frac{2\pi^2c_1}{a^2}=-\frac{qa^2}{4\pi^2}$$

该结果与更精确的结果比较，挠度相差较小为 2%，但弯矩相差较大。

由于本问题只有位移边界，所设挠度试验函数满足了位移边界条件，也就满足了所用边界条件，因此，可以直接采用 Galerkin 法求解，将式(d)代入式(9.8)，得

$$\iint (D\nabla^2\nabla^2 w - q)\cos^2\left(\frac{\pi x}{a}\right)\cos^2\left(\frac{\pi y}{b}\right)\mathrm{d}x\mathrm{d}y = 0$$

解上式将得到与 Ritz 法相同的结果。

2）基于应力变分原理的 Ritz 法

对于线弹性力学问题，应变余能与应变相等，而本题位移边界上的位移均为零，因此，外力余势能为零。于是，总余势能使用内力表示为

$$\Pi^c = U^c = U = \frac{1}{2D(1-\nu^2)}\iint\left(M_x^2 + M_y^2 - 2\nu M_x M_y + 2(1+\nu)M_{xy}^2\right)\mathrm{d}x\mathrm{d}y \tag{e}$$

使用基于应力变分原理的 Ritz 法求解，所设内力的试验函数应满足平衡条件和力边界条件。由于本问题没有力边界，因此，仅满足下面的平衡方程即可

$$\frac{\partial^2 M_x}{\partial x^2} + 2\frac{\partial^2 M_{xy}}{\partial x \partial y} + \frac{\partial^2 M_y}{\partial y^2} + q = 0$$

设

$$\frac{M_x}{q} = c_1 - \frac{x^2}{4}, \quad \frac{M_y}{q} = c_1 - \frac{y^2}{4}, \quad M_{xy} = 0 \tag{f}$$

显然满足上面的平衡方程。代入式(e)求出总余势能，使用 $\mathrm{d}\Pi^c/\mathrm{d}c_1 = 0$，得

$$c_1 = \frac{a^2}{48}$$

再代入式(f)中，得弯矩的表达式为

$$\frac{M_x}{q} = \frac{a^2}{4}\left(\frac{1}{12} - \frac{x^2}{a^2}\right)$$

求得中心和边界上的弯矩为

$$M_x(0,0) = \frac{qa^2}{48}$$

$$M_x\left(\frac{a}{2},0\right) = -\frac{qa^2}{24}$$

该结果与更精确解的结果相比相差大约 19%。

【例 9.3】 如图 9.1 所示，一边固定、三边自由的薄板，3 个自由边受均布剪应力 τ 作用。不计体力，设位移分量为

$$u_x = x(A_1 + A_2 x + A_3 y + \cdots), \qquad u_y = x(B_1 + B_2 x + B_3 y + \cdots)$$

试用基于位移变分原理的 Ritz 法求薄板的位移。

解 所设位移满足固定边的位移边界条件

$$(u_x)_{x=0} = 0, \qquad (u_y)_{x=0} = 0$$

对于平面问题，应变能为

$$U = \iint \frac{1}{2}(\sigma_x\varepsilon_x + \sigma_y\varepsilon_y + \tau_{xy}\gamma_{xy})\mathrm{d}x\mathrm{d}y$$

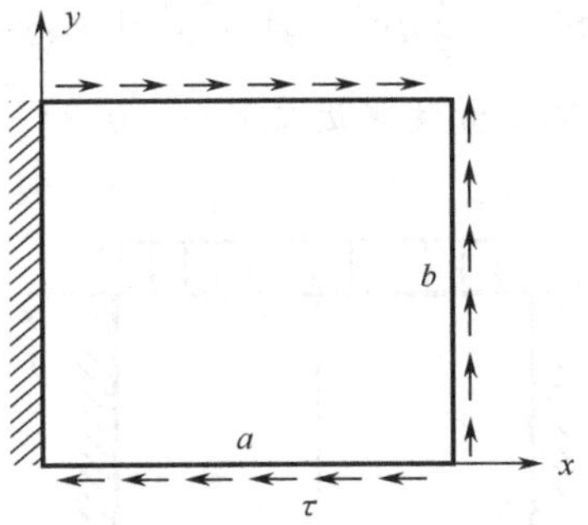

图 9.1　三边受分布剪力作用、一边固定的板

将本构方程代入,并将应变分量用位移分量表示,得到由位移表示的应变能为

$$U=\frac{E}{2(1-\nu^2)}\int_0^a\int_0^b\left[\left(\frac{\partial u_x}{\partial x}\right)^2+\left(\frac{\partial u_y}{\partial y}\right)^2+2\nu\frac{\partial u_x}{\partial x}\frac{\partial u_y}{\partial y}+\frac{1-\nu}{2}\left(\frac{\partial u_y}{\partial x}+\frac{\partial u_x}{\partial y}\right)^2\right]\mathrm{d}x\mathrm{d}y$$

若仅取一项作为近似位移解,即取位移为 $u_x = xA_1$, $u_y = xB_1$,代入上式得应变能为

$$U=\frac{Eab}{2(1-\nu^2)}\left(A_1^2+\frac{1-\nu}{2}B_1^2\right)$$

板的上边、下边和右边的力边界条件是

在 $y=0$：　$\overline{T}_x=-\tau$,　$\overline{T}_y=0$

在 $y=b$：　$\overline{T}_x=\tau$,　$\overline{T}_y=0$

在 $x=a$：　$\overline{T}_x=0$,　$\overline{T}_y=\tau$

外力势为

$$V=-\int_{S_\sigma}(\overline{T}_x u_x+\overline{T}_y u_y+\overline{T}_z u_z)\mathrm{d}S$$

$$=-\left[\int_0^a(-\tau)A_1x\mathrm{d}x+\int_0^b\tau B_1a\mathrm{d}y+\int_0^a\tau A_1x\mathrm{d}x\right]=-\tau B_1ab$$

总势能为

$$\Pi=U+V=\frac{Eab}{2(1-\nu^2)}\left(A_1^2+\frac{1-\nu}{2}B_1^2\right)-\tau B_1ab$$

由 $\dfrac{\partial\Pi}{\partial A_1}=0$, $\dfrac{\partial\Pi}{\partial B_1}=0$,解得 $A_1=0$, $B_1=\dfrac{2(1+\upsilon)}{E}\tau$。最后,物体的位移为

$$u_x=0,\qquad u_y=\frac{2(1+\upsilon)}{E}\tau x$$

这就是物体发生均匀剪切变形时的位移。

【例 9.4】　正方形薄板,三边固定,另一边受均匀分布压力 q 作用,如图 9.2,应力函数取为

$$\varphi = -\frac{1}{2}qx^2 + A_1x^2y^2 + A_2y^3$$

试用基于应力变分原理的 Ritz 方法求近似解($\nu=0.3$)。

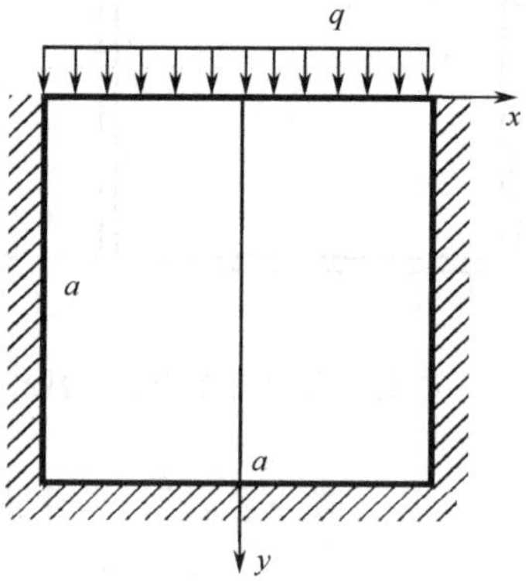

图 9.2　三边固定的板

解　由题意,力边界条件为

$$(\tau_{yx})_{y=0} = 0, \qquad (\sigma_y)_{y=0} = -q$$

该应力函数给出的应力分量是

$$\sigma_x = 2A_1x^2 + 6A_2y, \quad \sigma_y = -q + 2A_1y^2, \quad \tau_{xy} = -4A_1xy$$

显然,这些应力分量满足上面的力边界条件,同时也一定满足平衡方程。

由于本问题位移边界上的已知位移为零,外力余势能为零,总余势能就是应变余能,而平面应力和线弹性情况下,应变余能的表达式是

$$U^c = U = \iint \frac{1}{2}(\sigma_x\varepsilon_x + \sigma_y\varepsilon_y + \tau_{xy}\gamma_{xy})\mathrm{d}x\mathrm{d}y$$

将应变由应力表示,则得应变余能为

$$U^c = \iint \frac{1}{2E}\left(\sigma_x^2 + \sigma_y^2 - 2\nu\sigma_x\sigma_y + 2(1+\nu)\tau_{xy}^2\right)\mathrm{d}x\mathrm{d}y$$

将前面应力分量的表达式代入上式,求 $\delta\Pi^c = \delta U^c = 0$,得

$$A_1 = \frac{30q}{217a^2}, \qquad A_2 = -\frac{5q}{217a}$$

代回应力的表达式得相应的应力分量。

9.2　加权残数方法

对于弹性力学问题,使用式(9.5)进行求解时,首先选取位移试验函数式(9.1)。一般来说,它们给出的应力不能处处精确满足平衡微分方程和力边界条

件,若处处满足,则试验函数就是问题的严格解,因此有

在物体 Ω 内各点,　　$\sigma_{ij,i}+F_j\neq 0$

在力边界 S_σ 上各点,　　$\overline{T}_j-n_i\sigma_{ij}\neq 0$

这就是说,均存在误差,该误差称之为残数。残数在物体内(或边界上)的每一点都可能不同,因此,它们是空间位置的函数。

将式(9.5)中的虚位移 δu_i 看作加权函数,第一项就是平衡方程的残数 $\sigma_{ij,i}+F_j$ 在整个物体区域的加权平均积分,第二项是力边界条件的残数 $\overline{T}_j-n_i\sigma_{ij}$ 在力边界上的加权平均积分。因此,式(9.5)的意义可解释为:虽然试验解不能处处精确满足求解方程(平衡微分方程和力边界条件),但为了使试验解带来的误差在某种平均意义上最小,对于适当选取的加权函数,残数在相应区域和边界上的加权积分之和应为零,这就是所谓的加权残数法。因此,位移变分近似求解方法可理解为一种特殊的加权残数法。

加权残数法不仅可以解弹性力学问题,它还可以解任何微分方程组在一定边界条件下的边值问题。当试验函数满足所有边界条件,加权积分仅在区域内进行,则称域内加权残数法;当选取试验函数满足微分方程,加权积分仅在边界上进行,则称边界加权残数法;当试验函数既不满足微分方程,也不满足所有边界条件,则称混合加权法。

加权函数可以有不同的选择方案,由此导致不同的方法。当取试验函数的基函数时,就是前面的 Galerkin 方法,此外还有配点法、子域法、最小二乘法和矩量法等,下面以一个实际例子介绍这些方法。

弹性地基基础上的梁,受均匀分布力 q 作用,梁的抗弯刚度为 EI,梁跨度为 l,梁两端可认为是简支,地基基础对梁的反力作用可以使用分布的弹簧模拟,弹簧的弹性系数为 k,如图 9.3 所示,梁的平衡方程可表示为

$$EI\frac{\mathrm{d}^4 w}{\mathrm{d}x^4}=q-kw \tag{9.10}$$

位移边界条件为两端挠度为零,而力边界条件为两端弯矩为零。

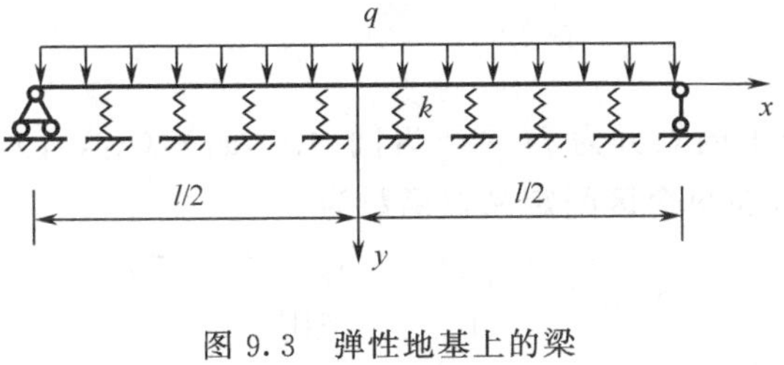

图 9.3　弹性地基上的梁

采用无量纲形式,平衡方程和边界条件表示为

$$\frac{\mathrm{d}^4 w}{\mathrm{d}x^4} + \alpha w - 1 = 0, \qquad -1 \leqslant x \leqslant 1 \tag{9.11}$$

$$w(-1) = w(1) = 0, \qquad M(-1) = M(1) = 0$$

式中无量纲参数 x, w 和 M 应分别乘上系数 $l/2, ql^4/(16EI)$ 和 $ql^2/4$ 后才是实际的坐标、挠度和弯矩，而参数 $\alpha = kl^4/(16EI)$。

现在假定一簇试验函数含 N 个待定常数 $a_1, a_2, \cdots, a_N$，为

$$w_N = \sum_{i=1}^{N} a_i f_i(x) \tag{9.12}$$

式中 $f_i(x)$是基函数。为保证所有边界条件得到满足，则要求

$$f_i(1) = f_i''(1) = 0$$

$$f_i(-x) = f_i(x)$$

将式(9.12)代入式(9.11)得到平衡方程的残数

$$R_N = \frac{\mathrm{d}^4 w_N}{\mathrm{d}x^4} + \alpha w_N - 1 \tag{9.13}$$

它是 x 的函数。为了使得残数在某种平均的意义上极小，选取 N 个适当的权函数 $W_i(x)$，让残数在求解区间与每个加权函数的加权积分为零，即

$$\int_0^1 R_N(x; a_1, a_2, \cdots, a_N) W_i(x) \mathrm{d}x = 0, \qquad i = 1, 2, \cdots, N \tag{9.14}$$

考虑到问题的对称性，仅需要取一半进行讨论。权函数的选取有如下几种办法。

1） 配点法

在区间 $0 \leqslant x < 1$ 内选取 N 个点 $x_i, i = 1, 2, \cdots, N$，让

$$W_i(x) = \begin{cases} 1, & x = x_i \\ 0, & x \neq x_i \end{cases}$$

于是

$$\int_0^1 R_N(x) W_i(x) \mathrm{d}x = R_N(x_i) = 0, \qquad i = 1, 2, \cdots, N$$

这实质上要求残数在 N 个选择的离散点上为零，因此，得到 N 个线性方程，求解得 a_1、a_2、$\cdots$、a_N。

2） 子域法

将区间 $0 \leqslant x < 1$ 内划分为 N 个子区间$\{(x_0, x_1), (x_1, x_2), \cdots, (x_{N-1}, x_N)\}$，其中 $x_0 = 0, x_N = 1$，在每个区间定义权函数为

$$W_i(x) = \begin{cases} 1, & x_{i-1} < x < x_i \\ 0, & \text{否则} \end{cases}$$

因此有

$$\int_{x_i - 1}^{x_i} R_N(x) \mathrm{d}x = 0, \qquad i = 1, 2, \cdots, N$$

这样又得到 N 个线性方程，求解得 a_1、a_2、…、a_N。

3）Galerkin 法

选取权函数为

$$W_i(x) = \frac{\partial w_N}{\partial a_i} = f_i(x)$$

即以试验函数的基函数为权函数，于是有

$$\int_0^1 R_N(x) f_i(x) \mathrm{d}x = 0, \qquad i = 1,2,\cdots,N$$

这就是前面介绍的 Galerkin 方法，它是应用最广的方法。

4）最小二乘法

选取权函数为

$$W_i(x) = \frac{\partial R_N}{\partial a_i}$$

因此有

$$\int_0^1 R_N \frac{\partial R_N}{\partial a_i} \mathrm{d}x = 0, \qquad i = 1,2,\cdots,N$$

上式的意义实质上就是残数的均方和为最小，因为

$$\frac{\partial}{\partial a_i}\int_0^1 R_N^2 \mathrm{d}x = 2\int_0^1 R_N \frac{\partial R_N}{\partial a_i} \mathrm{d}x = 0$$

5）矩量法

选取权函数为坐标的幂函数

$$W_i = x^{i-1}$$

相应的

$$\int_0^1 R_N(x) x^{i-1} \mathrm{d}x = 0, \qquad i = 1,2,\cdots,N$$

现在的例子中 $w_N(x)$和 $w_N(x)$是 x 的对称函数，i 只能取偶数，否则加权积分自然为零，因此，上式修改为

$$\int_0^1 R_N(x) x^{2(i-1)} \mathrm{d}x = 0, \qquad i = 1,2,\cdots,N$$

6）广义矩量法

将权函数选取为任意完备函数序列，例如，对于本题选取

$$W_i(x) = \cos(2i-1)\frac{\pi x}{2}, \qquad i = 1,2,\cdots,N$$

为了进行比较，选取下面的挠度试验函数，应用上述 6 种方法逐一求解

$$w_1(x) = a_1 f_1(x)$$

$$f_1(x) = \frac{1}{24}(5-x^2)(1-x^2)$$

代入式(9.13)得残数为

$$R_1(x,a_1) = a_1 + \alpha \frac{a_1}{24}(5-x^2)(1-x^2) - 1$$

1）配点法

要求在 $x=0$ 处，有

$$R_1(0,a_1) = a_1 + \alpha \frac{5a_1}{24} - 1 = 0$$

得

$$a_1 = \left(1 + \frac{5\alpha}{24}\right)^{-1} \tag{a}$$

2）子域法和矩量法

$$\int_0^1 R_1(x)\mathrm{d}x = a_1 + \alpha \frac{2a_1}{15} - 1 = 0$$

得

$$a_1 = \left(1 + \frac{2\alpha}{15}\right)^{-1} \tag{b}$$

注意，从二阶近似起，子域法和矩量法就不相同。

3）Galerkin 法

$$\frac{\partial w_1}{\partial a_1} = \frac{1}{24}(5-x^2)(1-x^2)$$

由

$$\int_0^1 R_1(x)\frac{\partial w_1}{\partial a_1}\mathrm{d}x = 0$$

得

$$a_1 = \left(1 + \frac{31\alpha}{189}\right)^{-1} \tag{c}$$

4）最小二乘法

选取权函数为

$$\frac{\partial R_1}{\partial a_1} = 1 + \frac{\alpha}{24}(5-x^2)(1-x^2)$$

由

$$\int_0^1 R_1 \frac{\partial R_1}{\partial a_1}\mathrm{d}x = 0$$

得

$$a_1 = \left(1 + \frac{2\alpha}{15}\right)\left(1 + \frac{4\alpha}{15} + \frac{62\alpha^2}{2835}\right)^{-1} \tag{d}$$

5）广义矩量法

选
$$W_1(x)=\cos\frac{\pi x}{2}$$

由
$$\int_0^1 R_1\cos\frac{\pi x}{2}\mathrm{d}x = 0$$

得
$$a_1 = \left(1+\frac{16\alpha}{\pi^4}\right)^{-1} \tag{e}$$

以上式(a)～(e)在 $x=0$ 处的挠度值与精确解的比较见表 9.1。可以看出：广义矩量法结果最好，其次是 Galerkin 法。此外，误差随着 α 的增加而增大，这是因为 α 正比于基础的刚度，当 α 大时梁内将出现沿跨度迅速变化的应力状态，必须加密配点，即增加试验函数的项数才能期望取得较好的结果。

表 9.1　加权残数法的比较

α	精确解	配点法	子域法、矩量法	Galerkin 法	最小二乘法	广义矩量法
0	0.2083	0.2083	0.2083	0.2083	0.2083	0.2083
1	0.1788	0.1724	0.1838	0.1790	0.1832	0.1789
10	0.07836	0.06757	0.08929	0.07891	0.08304	0.07884
100	0.01134	0.00954	0.01453	0.01197	0.05818	0.01196
1000	0.001025	0.000995	0.001551	0.001262	0.006068	0.001261

加权残数法是一种数值求解微分方程组的普遍方法，不仅可以解弹性力学问题，在流体力学和热物理等领域中也已经得到广泛的应用。当微分方程满足一定条件时，将存在泛函[12]，使得加权残数法（Galerkin 法）转化为泛函求极值的问题，即变分问题。不同权函数的选取方法，解的收敛速度不一样，因此，人们仍在探讨如何选择好的权函数和试验函数，以达到计算简单、且收敛快的目的。

9.3　有限元方法的基本概念

在使用 Ritz 法进行近似求解时，需要在整个物体（求解区域）构造位移试验函数，对于复杂的几何形状，这往往比较困难。有限元的基本思想则是：把整个求解区域分成许多个有限小区域，这些小区域称之为单元。在每个单元上构造位移试验函数，即进行所谓的分片插值（通常以单元节点的位移作为待定系数，即相当于前面的待定系数 a_k、b_k、c_k，而单元内各点的位移由单元节点位移插值而得），单元与单元之间保持位移连续；然后，在每一个单元上求势能，将所有单元上的势能加起来得弹性体的总势能，最后应用最小势能原理求解单元节点位移。

例如，对于图 9.4(a)所示的平面问题(中心开小圆孔的矩形板两边受拉，由于对称性取 1/4 结构进行分析)，采用三角形单元划分，下面就以平面三角形单元阐明有限元的基本概念。

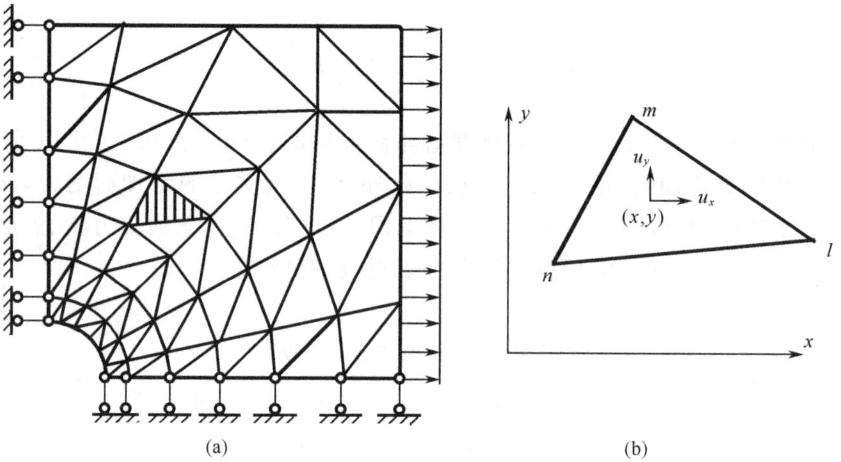

图 9.4　三角形单元有限元网格

9.3.1　位移函数

假设各三角形单元内位移是线性变化的，其内部任意一点的两个位移分量假设可由 3 个节点的相应位移分量插值表示为

$$u_x = \frac{1}{2A}[(a^l + b^l x + c^l y)u_x^l + (a^m + b^m x + c^m y)u_x^m + (a^n + b^n x + c^n y)u_x^n]$$

$$u_y = \frac{1}{2A}[(a^l + b^l x + c^l y)u_y^l + (a^m + b^m x + c^m y)u_y^m + (a^n + b^n x + c^n y)u_y^n]$$

式中 A 是三角形的面积，为

$$A = \frac{1}{2}\begin{vmatrix} 1 & x^l & y^l \\ 1 & x^m & y^m \\ 1 & x^n & y^n \end{vmatrix}$$

而系数

$$a^l = \begin{vmatrix} x^m & y^m \\ x^n & y^n \end{vmatrix}, \quad b^l = -\begin{vmatrix} 1 & y^m \\ 1 & y^n \end{vmatrix}, \quad c^l = \begin{vmatrix} 1 & x^m \\ 1 & x^n \end{vmatrix} \tag{9.15}$$

其余系数可由循环上角标 l、m、n 而得到，注意图 9.4(b)中的节点编号 l、m、n 的顺序是逆时针的。该位移函数可用矩阵表示为

$$\{u\}=\begin{Bmatrix}u_x\\u_y\end{Bmatrix}=[N]\{a\}^e \tag{9.16}$$

式中$\{a\}^e$ 是 3 个节点的位移列阵，使用 T 代表矩阵的转置符号，则

$$\{a\}^e=\{u_x^l\quad u_y^l\quad u_x^m\quad u_y^m\quad u_x^n\quad u_y^n\}^{\mathrm{T}}$$

$[N]$被称之为形函数矩阵，为

$$[N]=\begin{bmatrix}N_l & 0 & N_m & 0 & N_n & 0\\0 & N_l & 0 & N_m & 0 & N_n\end{bmatrix}$$

其中 N_l、N_m、N_n 称为形函数，为

$$N_r=\frac{1}{2A}(a^r+b^rx+c^ry),\qquad r=l,m,n$$

关于单元内位移变化的假设通常称之为位移模式。位移模式应满足 3 个基本条件：①应包含刚体位移在内；②当单元尺寸变小时，单元内各点的应变趋于均匀，为了在单元尺寸逐步变小时能够收敛于正确解答，位移模式给出的应变应包含常应变；③单元之间的位移应尽可能连续。前面介绍的线性位移模式是其中最简单的模式，它能满足这 3 个条件。

根据上面的位移函数式(9.16)，应用几何方程可求得应变的矩阵形式表达式为

$$\{\varepsilon\}=\begin{Bmatrix}\varepsilon_x\\\varepsilon_y\\\gamma_{xy}\end{Bmatrix}=[B]\{a\}^e \tag{9.17}$$

式中

$$[B]=\begin{bmatrix}\dfrac{\partial}{\partial x} & 0\\0 & \dfrac{\partial}{\partial y}\\\dfrac{\partial}{\partial y} & \dfrac{\partial}{\partial x}\end{bmatrix}[N]=[B_l\quad B_m\quad B_n] \tag{9.18a}$$

其中 B_l、B_m 和 B_n 是 3×2 的分块矩阵，为

$$[B_r]=\begin{bmatrix}\dfrac{\partial N_r}{\partial x} & 0\\0 & \dfrac{\partial N_r}{\partial y}\\\dfrac{\partial N_r}{\partial y} & \dfrac{\partial N_r}{\partial x}\end{bmatrix}=\frac{1}{2A}\begin{bmatrix}b_r & 0\\0 & c_r\\c_r & b_r\end{bmatrix},\qquad r=l,m,n \tag{9.18b}$$

显然，$[B]$矩阵是常矩阵，由$[B]$矩阵求得单元各点的应变分量也为常数，因此，三角形 3 节点单元称为常应变单元。

由本构方程求应力，使用矩阵形式表示为

$$\{\sigma\}=\begin{Bmatrix}\sigma_x\\ \sigma_y\\ \tau_{xy}\end{Bmatrix}=[D]\{\varepsilon\}=[D][B]\{a\}^e \tag{9.19}$$

式中$[D]$是物理矩阵，对各向同性材料的平面应力情况，根据式(5.5)，它是

$$[D]=\frac{E}{1-\nu^2}\begin{bmatrix}1 & \nu & 0\\ \nu & 1 & 0\\ 0 & 0 & \dfrac{1-\nu}{2}\end{bmatrix} \tag{9.20}$$

9.3.2 单元刚度矩阵和等效节点力

求每个单元的应变能和外力势，例如对于其中的一个单元

$$U^e=\int_{\Omega^e}\frac{1}{2}(\sigma_x\varepsilon_x+\sigma_y\varepsilon_y+\tau_{xy}\gamma_{xy})\mathrm{d}\Omega$$

$$V^e=-\int_{S^e}(\overline{T}_x u_x+\overline{T}_y u_y)\mathrm{d}S-\int_{\Omega}(F_x u_x+F_y u_y)\mathrm{d}\Omega$$

式中 Ω^e 表示该单元的体积，S^e 代表该单元的表面积。需要指出：对于一个单元来说，在单元周边由其他单元作用于该单元上的应力可看作外力的一部分，从而对外力势产生贡献，但是当物体内各单元外力势相加时，这部分外力势将相互抵消。因此，在各单元外力势的计算中只需要考虑物体实际的外力作用。

将前面由位移表示的应力式(9.19)与应变式(9.17)代入上面的式子，则得

$$U^e=\frac{1}{2}\{a\}^{eT}[K]^e\{a\}^e \tag{9.21a}$$

$$V^e=-\{a\}^{eT}\{f^{\mathrm{ext}}\}^e \tag{9.21b}$$

式中

$$[K]^e=\int_{\Omega^e}[B]^{\mathrm{T}}[D][B]\mathrm{d}\Omega \tag{9.22}$$

是单元刚度矩阵，而

$$\{f^{\mathrm{ext}}\}^e=\int_{S^e}[N]^{\mathrm{T}}\begin{Bmatrix}\overline{T}_x\\ \overline{T}_y\end{Bmatrix}\mathrm{d}S+\int_{\Omega^e}[N]^{\mathrm{T}}\begin{Bmatrix}F_x\\ F_y\end{Bmatrix}\mathrm{d}\Omega \tag{9.23}$$

可看作是外荷载(包括面积力和体积力)作用在节点上的等效节点力(见后面的说明)。

将式(9.18)和式(9.20)代入式(9.22)，单元刚度矩阵可以表示为

$$[K]^e=\begin{bmatrix}K_{ll} & K_{lm} & K_{ln}\\ K_{ml} & K_{mm} & K_{mn}\\ K_{nl} & K_{nm} & K_{nn}\end{bmatrix} \tag{9.24a}$$

其中的元素是 2×2 的分块矩阵，为

$$[K_{rs}]=\begin{bmatrix}K_{rs}^{(11)} & K_{rs}^{(12)}\\ K_{rs}^{(21)} & K_{rs}^{(22)}\end{bmatrix}=\frac{Et}{4(1-\nu^2)A}\begin{bmatrix}b^rb^s+\dfrac{1-\nu}{2}c^rc^s & \nu b^rc^s+\dfrac{1-\nu}{2}c^rb^s\\ \nu c^rb^s+\dfrac{1-\nu}{2}b^rc^s & c^rc^s+\dfrac{1-\nu}{2}b^rb^s\end{bmatrix}$$

$$r=l,m,n;\quad s=l,m,n \tag{9.24b}$$

对于每个单元，内力虚功就是应变能的变分，可写成

$$\delta U^e=\{\delta a\}^{eT}\frac{\partial U_k}{\partial\{a\}^e} \tag{9.25a}$$

简记

$$\frac{\partial U^e}{\partial\{a\}^e}=\{f^{\rm int}\}^e \tag{9.25b}$$

内力虚功又可写成

$$\delta U^e=\{\delta a\}^{eT}\{f^{\rm int}\}^e \tag{9.26a}$$

使用式(9.21b)，外力虚功可写成

$$-\delta V^e=\{\delta a\}^{eT}\{f^{\rm ext}\}^e \tag{9.26b}$$

根据式(9.26)，$\{f^{\rm int}\}^e$ 和 $\{f^{\rm ext}\}^e$ 各元素与相应节点虚位移的乘积之和分别等于内力(应力)和外力所做的虚功。因此，在虚功等效的意义上，$\{f^{\rm int}\}^e$ 和 $\{f^{\rm ext}\}^e$ 可分别理解为内力(应力)和外力作用在节点上的等效节点力。考虑到式(9.25b)，内力的等效节点力就是应变能相对节点位移的改变。应当注意：虚功等效是建立在特定的位移模式上，即不同的位移模式所得出的等效节点力将不同。

在式(9.25)中代入式(9.21a)，则有

$$\frac{\partial U^e}{\partial\{a\}^e}=\{f^{\rm int}\}^e=[K]^e\{a\}^e \tag{9.27}$$

说明内力等效节点力取决于单元的刚度和节点位移，它可理解为，使单元产生节点位移因单元的刚度效应而需要的节点力。

若假定物体只有一个单元，则由内力虚功与外力虚功相等，结合式(9.25)和式(9.26)，考虑到节点虚位移$\{\delta a\}^e$ 是任意的，可导出

$$\frac{\partial U^e}{\partial\{a\}^e}=\{f^{\rm ext}\}^e \tag{9.28a}$$

或写成

$$\{f^{\rm int}\}^e=\{f^{\rm ext}\}^e \tag{9.28b}$$

将式(9.28a)与卡氏第一定理式(8.28)对照，单元节点位移$\{a\}^e$ 可看作是广义位移，而$\{f^{\rm ext}\}^e$ 可看作是相应的广义力。式(9.28)可以理解为：某个节点的某个方向(称之为自由度)上的位移产生变化时所引起的应变能改变就应等于作用在该自由度上的外荷载等效节点力，或理解为：单元各个自由度产生位移时各自由度上内

部所需要的节点力(内力等效节点力)与外部提供的节点力(外力等效节点力)之间的平衡。

使用式(9.27),式(9.28)还可以写成

$$[K]^e\{a\}^e=\{f^{\text{ext}}\}^e \tag{9.29}$$

取位移列阵$\{a\}^e$的第j个元素为1,而其他元素均为零,由式(9.29)得

$$\begin{Bmatrix}K_{1j}\\K_{2j}\\\vdots\\K_{6j}\end{Bmatrix}=\begin{Bmatrix}f_1^{\text{ext}}\\f_2^{\text{ext}}\\\vdots\\f_6^{\text{ext}}\end{Bmatrix} \tag{9.30}$$

因此,单元刚度矩阵的任一元素K_{ij}的物理意义是:单元第j个自由度产生单位位移时需要在i个自由度方向上施加的节点力的大小。元素值越大,则需要施加的节点力就越大,所以刚度矩阵中各元素的大小反映了单元刚度的大小,称为刚度系数。

单元刚度矩阵具有如下特性。

1) 对称性

单元刚度矩阵是对称矩阵。由于物理矩阵$[D]$是对称的,我们很容易从式(9.22)中根据矩阵运算证明,$[K]^{eT}=[K]^e$,从而对称性得证。

2) 奇异性

根据式(9.30)所代表的意义,以及单元处于平衡状态下x方向和y方向上总的外力等效节点力之和应为零,即

x方向　　$f_1^{\text{ext}}+f_3^{\text{ext}}+f_5^{\text{ext}}=K_{1j}+K_{3j}+K_{5j}=0$

y方向　　$f_2^{\text{ext}}+f_4^{\text{ext}}+f_6^{\text{ext}}=K_{2j}+K_{4j}+K_{6j}=0$

由于j为任意,上式表明:对于任意的j列,单元刚度矩阵的第1行、第3行和第5行的对应元素之和为零,第2行、第4行和第6行的对应元素之和为零。显然也有

$$K_{1j}+K_{2j}+K_{3j}+K_{4j}+K_{5j}+K_{6j}=0$$

即对于任意的j列,各行的元素之和为零,根据对称性可知,对于任意的i行,各列的元素之和也为零。因此,单元刚度矩阵是奇异的。

3) 对角元素恒为正

$$K_{ii}>0$$

K_{ii}恒为正的物理意义是欲使节点产生位移$u_i=1$,施加在u_i方向的节点力必须与位移u_i同方向。这是结构处于稳定的必然要求。

【例9.5】 给定三角形单元如图9.5所示,边长$a=3,b=4,c=5$,厚度$t=1$,材料的弹性常数$E=2\times10^5\text{MPa},\nu=0.2$。计算单元的刚度矩阵,并验证矩阵的对称性、奇异性和主元恒正。

解　按式(9.15)计算,得到

$$a^1 = 12,\quad a^2 = 0,\quad a^3 = 0$$
$$b^1 = -4,\quad b^2 = 4,\quad b^3 = 0$$
$$c^1 = -3,\quad c^2 = 0,\quad c^3 = 3$$

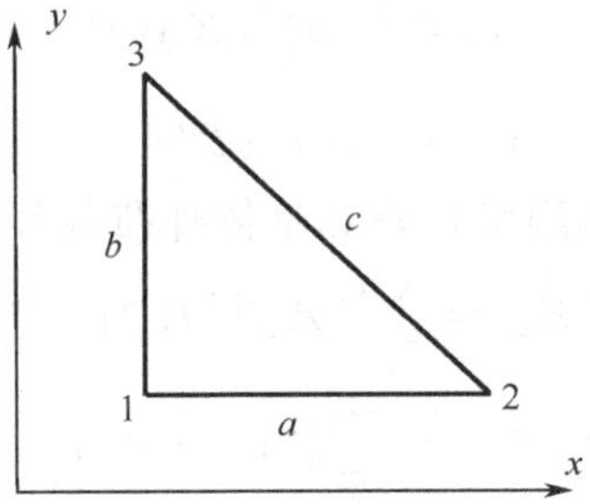

图 9.5　三角形单元

再按式(9.24b)计算，得单元刚度矩阵为

$$[K]^e = 8681\begin{bmatrix} 19.9 & 7.2 & -16 & -4.8 & -3.6 & -2.4 \\ 7.2 & 15.4 & -2.4 & -6.4 & -4.8 & -9 \\ -16 & -2.4 & 16 & 0 & 0 & 2.4 \\ -4.8 & -6.4 & 0 & 6.4 & 4.8 & 0 \\ -3.6 & -4.8 & 0 & 4.8 & 3.6 & 0 \\ -2.4 & -9 & 2.4 & 0 & 0 & 9 \end{bmatrix}$$

很显然，上面的矩阵具有对称性，且对角线上的元素为正。将各列的第一行、第三行和第五行的对应元素加起来，结果为零；将各列的第二行、第四行和第六行的对应元素加起来，结果也为零；并且各列的第四行元素乘以 3 减去第五行元素乘以 4 也为零，这说明矩阵只有 3 行是线性无关的。

9.3.3　整体有限元方程

对于具体问题，一般来说，应划分许多个有限元单元进行分析。为建立其有限元方程，利用式(9.21)，将物体内各单元的应变能和外力势分别累加，得整个物体的总应变能和总外力势

$$U = \sum_e U^e = \sum_e \frac{1}{2}\{a\}^{eT}[K]^e\{a\}^e \tag{9.31a}$$

$$V = \sum_e V^e = \sum_e -\{a\}^{eT}\{f^{ext}\}^e \tag{9.31b}$$

单元的位移列阵$\{a\}^e$与整体位移列阵$\{a\}$之间的关系可表示为

$$\{a\}^e = [A]^e\{a\}$$

式中$[A]^e$是一个$M^e \times M$的矩阵，其中M^e是单元的自由度数目，M是整体的自由

度数目。如果单元 e 中,局部编号的第 j 个自由度对应于整体编号的第 n 个自由度,则矩阵元素$[A_{jn}]^e=1$,否则$[A_{jn}]^e=0$。

使用上面的转换关系,则式(9.31)可表示为

$$U=\frac{1}{2}\{a\}^{\mathrm{T}}[K]\{a\} \tag{9.32a}$$

$$V=-\{a\}^{\mathrm{T}}\{f^{\mathrm{ext}}\} \tag{9.32b}$$

式中$[K]$和$\{f^{\mathrm{ext}}\}$分别是整体刚度矩阵和整体外荷载等效节点力列阵,为

$$[K]=\sum_e [A]^{e\mathrm{T}}[K]^e[A]^e$$

$$\{f^{\mathrm{ext}}\}=\sum_e [A]^{e\mathrm{T}}\{f^{\mathrm{ext}}\}^e$$

类似于一个单元的情况,可利用虚功原理导出整体有限元方程

$$\frac{\partial U}{\partial\{a\}}=\{f^{\mathrm{ext}}\} \tag{9.33a}$$

式中$\partial U/\partial\{a\}$表示总应变能对每个节点位移分量的偏导数所形成的列阵,它可看作是内力等效节点力列阵,简记为$\{f^{\mathrm{int}}\}$。因此,式(9.33a)又可以写成

$$\{f^{\mathrm{int}}\}=\{f^{\mathrm{ext}}\} \tag{9.33b}$$

即物体内各个节点上的内力(应力)等效节点力与外力等效节点力的平衡。节点力来自环绕该节点的各单元的贡献之和。

使用应变能的表达式(9.32a),则有

$$\frac{\partial U}{\partial\{a\}}=\{f^{\mathrm{int}}\}=[K]\{a\}$$

有限元方程式(9.33)又可以写成

$$[K]\{a\}=\{f^{\mathrm{ext}}\} \tag{9.34}$$

式(9.34)是一组关于节点位移的线性方程组,求解代数方程组,得到单元各节点的位移。使用$[B]$矩阵和物理矩阵$[D]$,利用式(9.17)和式(9.19),进而可得各单元的应变与应力。

与单元刚度矩阵类似,整体刚度矩阵具有明确的物理意义。

(1) 整体刚度矩阵的任一元素 K_{ij} 的物理意义是:结构第 j 个自由度产生单位位移时在 i 个自由度上施加的节点力的大小。与单元不同之处在于结构是单元的集合体,每个单元都对结构起一定的作用。

(2) 由于单元刚度矩阵是对称和奇异的,由它们集合而成的整体刚度矩阵也是对称和奇异的。

(3) 当连续体离散为有限个单元体时,每个节点的相关单元只是围绕在该节点周围的几个单元,该节点只与这些单元的节点发生刚度联系(刚度矩阵元素非零),而与其他节点之间没有刚度联系(刚度矩阵元素为零)。因此,尽管整体单元

数和节点数很多，整体刚度矩阵的阶数很高，但非零元素却很少，即具有稀疏性。

(4) 当节点编号比较合理时，这些稀疏的非零元素将集中在主对角线为中心的一条带状区域内。

线性方程式(9.34)在求解时，应引入边界位移约束来消除整体刚度矩阵的奇异性，此外，还应考虑上述特点，从而可以提高解题的效率。

从上面的分析可以看出：与其他几种数值方法相比，有限元方法具有显著的特点：导出的代数方程从系数矩阵，求解未知数到自由项都具有明确清晰的物理概念，且简单易于在计算机程序中实现。正是这些特点使得有限元的应用越来越广泛。

习　题

1. 已知两端固定的梁，其跨度为 l，承受均布荷载 p 作用，梁的抗弯刚度 $EI=\text{const}$，设挠度函数 $w=\dfrac{a_1}{2}\left(1-\cos\dfrac{2\pi x}{l}\right)$。试用 Ritz 法和 Galerkin 法求最大挠度。

2. 正方形薄板三边固定，另一边承受法向压力 $p=-p_0\sin\dfrac{\pi x}{b}$，如图 9.6，设位移函数为

$$u_x=0,\qquad u_y=a_2\sin\frac{\pi x}{b}\sin\frac{\pi y}{2b}$$

利用 Ritz 法求位移近似解($\nu=0$)。

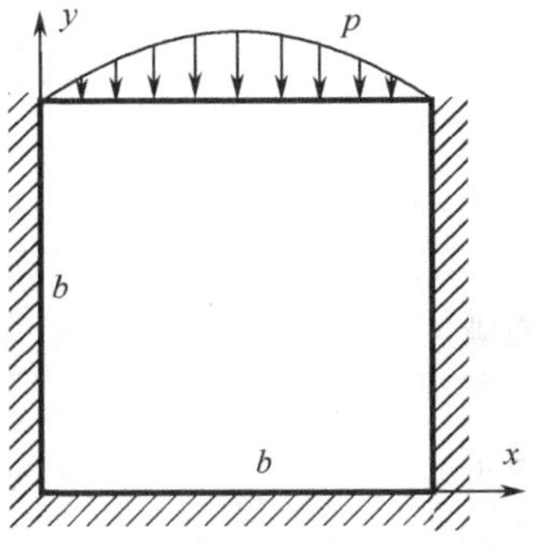

图 9.6

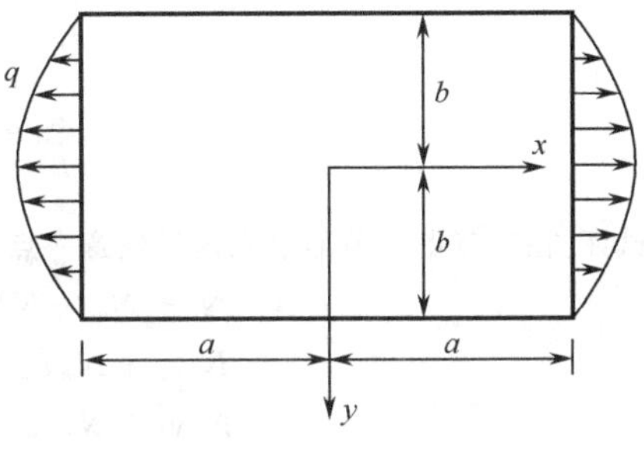

图 9.7

3. 设有一矩形平板，如图 9.7，处于平面应力状态，不计体力，在 $x=\pm a$ 的边界上受抛物线分布的拉力作用，其最大集度为 q，试用基于应力变分原理的 Ritz 法求其应力分量，设应力函数为

$$\varphi=\frac{1}{2}qy^2\left(1-\frac{y^2}{6b^2}\right)+(x^2-a^2)^2(y^2-b^2)^2(A_1+A_2x^2+A_3y^2+\cdots)$$

4. 图 9.8 所示矩形板，两对边简支，两对边固支，受均布荷载 q 作用，挠曲面函数

$$w=\sum\sum A_{mn}\left(1-\cos\frac{2m\pi x}{a}\right)\sin\frac{n\pi y}{b}$$

满足边界条件，试用 Ritz 法求 A_{mn}。

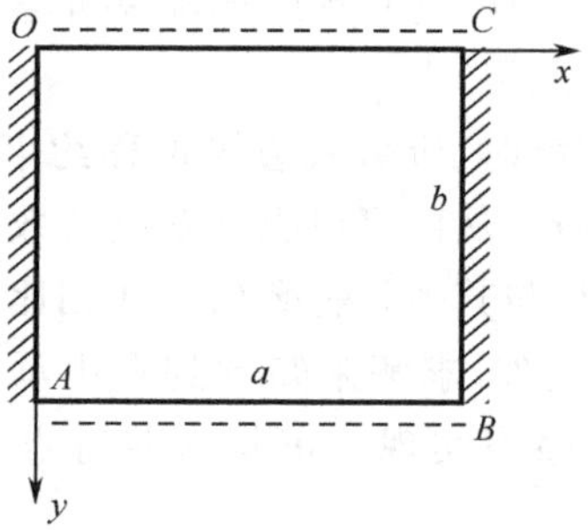

图 9.8

5. 设矩形薄板的边长分别为 $2a$ 和 $2b$，四边固支，受垂直于板面的横向均布荷载 q 作用，如图 9.9，试使用 Galerkin 法求板弯曲问题的挠度 w，设 $w=C_1w_1=C_1(x^2-a^2)^2(y^2-b^2)^2$。

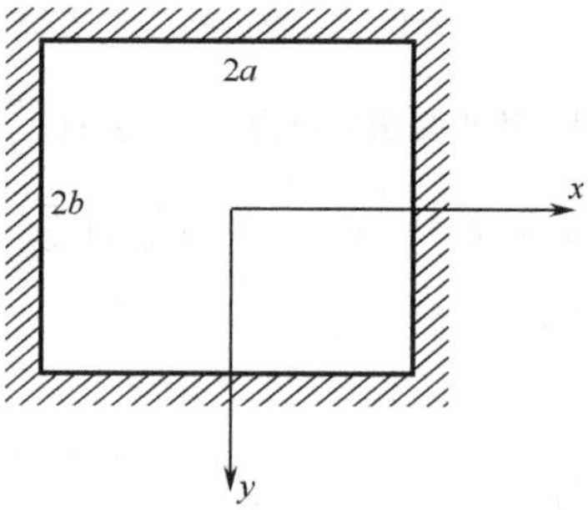

图 9.9

6. 试证：在三节点三角形单元内的任意一点，其形函数满足

$$N_l+N_m+N_n=1$$

$$N_lx_l+N_mx_m+N_nx_n=x$$

$$N_ly_l+N_my_m+N_ny_n=y$$

下篇　塑 性 力 学

第 10 章　塑性力学的基本概念

10.1 概　　述

塑性力学是相对弹性力学而言的。弹性力学的主要任务是研究物体在弹性变形范围内的应力和变形分布规律。弹性变形的特点是任意一物质点的变形都可以完全恢复,应力-应变之间具有一一对应的关系,且在许多情况下可以近似地按线性关系处理。然而,在一定的外部环境和载荷条件下,物体会产生不可恢复的永久变形,即塑性变形,这时,应力-应变关系不再一一对应,且一般是非线性的。塑性力学的主要任务是研究物体在产生塑性变形时的应力和变形分布规律。

工程实践中许多问题与塑性变形有关,需要应用塑性力学解决。金属的压力加工成型(例如拉拔、滚轧、锻造、冲压和切削)就是利用塑性变形的不可逆性达到加工成型的目的,这时,我们需要应用塑性力学找出加工过程所需要的外力和相应的变形分布以及残余应力等。在工程结构设计中,允许结构产生一定的塑性变形又不致于导致结构破坏,则可以充分发挥材料的潜能,提高结构的设计承载力。特别是当结构内有些局部区域出现应力集中,若将这些区域内应力水平和变形限制在弹性范围以内是不现实的,产生塑性变形不可避免,这时,我们需要应用塑性力学分析塑性区的大小和塑性区内的塑性变形程度,以及它们对结构整体安全性的影响。

同弹性力学一样,塑性力学也是连续介质力学的一个分支,它的基本方程是:①描述物体平衡状态的平衡方程;②描述物体变形的几何方程;③刻画材料物理状态和力学性质的本构方程。前两类方程与材料性质无关,因此普遍适用。塑性力学与弹性力学的主要区别在于第三类方程不同。

塑性力学的内容基本上分为两大部分,第一部分是描述材料在塑性阶段应力与应变之间本构关系方面的理论,即塑性力学的基本理论;第二部分是根据这些基本理论,应用合理的解题方法,解决实际工程中的塑性力学问题。由于塑性本构关系具有非线性和非单值对应(取决于加载历史)等特点,因而塑性力学问题比起弹性力学问题要复杂得多,解析求解遇到更大的数学困难。只有在一些几何形体简单、边界条件简单和塑性本构方程大大简化的极少数情况下,如理想刚塑性平面问题,可以用理论解析的方法求解,绝大多数工程问题,需要应用数值方法如非线性有限元方法进行求解。

应当指出:长期以来,塑性力学是以金属材料为研究主体,在建立金属材料的本构关系和分析金属材料相关的工程问题等方面,已经形成了一套比较完善的理论和方法,人们通常将其称为经典塑性力学。随着新型材料和新型结构的不断出现,极大地拓宽了塑性力学的研究范围并推动了塑性力学的发展。就土木工程和水电工程而言,经常遇到的材料是土、岩石和混凝土一类的岩土材料。近年来,关于岩土材料本构关系的研究已经取得了不少有意义的成果,有些已广泛应用于钢筋混凝土结构工程和岩土工程的分析中,如水工大坝设计、边坡稳定分析和地下洞室围岩稳定与支护分析等。本书下篇主要介绍经典塑性力学的有关内容,在第 16 章介绍岩土塑性力学的基本内容,最后一章介绍求解塑性力学的非线性有限元方法。

本章从简单应力状态下材料的弹塑性力学行为入手,着重建立塑性力学的基本概念,突出塑性力学的特点和方法,为以后各章的学习打下基础。

10.2 简单应力状态下的基本试验资料

10.2.1 单轴试验

为了研究材料的塑性变形性质,通常要进行室温下的静载试验,其中最简单的试验是单轴拉伸(或压缩)试验。图 10.1 是低碳钢单轴应力-应变关系的典型曲线,从图中可观测到如下现象及其特点。

(1) 当应力小于 A 点的应力值时,应力与应变之间呈线性关系,即服从虎克定律,材料处于线弹性变形阶段,A 点的应力称为比例极限,记为 σ_p。当应力超过 A 点的应力值但小于 A' 点的应力值,应力-应变关系不再为线性,但变形仍为弹性,若进行卸载,变形仍按照原来的应力-应变关系曲线返回到初始状态,材料处于非线性弹性变形阶段。应力一旦到达 A' 点的应力值,材料从弹性状态进入塑性状态,A' 点的应力值称之为弹性极限或屈服极限,用 σ_s 表示,它标志着弹性阶段的结束和塑性变形阶段的开始。实际材料中 A 点与 A' 点非常靠近,因此,工程中通常对比例极限、弹性极限和屈服极限不加区别。

(2) 应力在超过屈服极限之后,随着应力的增加,应变不断增加,这种行为称之为应变硬化(或应变强化),如图 10.1 中的 $A'BC$ 段所示,在硬化阶段,其切线斜率不断减小,直至达到峰值应力。此后,应变增加而应力却减小,这种行为称为应变软化。应变软化通常伴随着试件局部颈缩,即应变产生局部化和不均匀分布现象,从一定意义上讲,应变软化并不代表材料的真实行为,因为它包含了试件的几何改变因素在内。本书绝大多数情况下不考虑应变软化段。

无论是应变硬化阶段还是应变软化阶段,材料在产生弹性变形的同时,还会产生新的塑性变形,这个过程称之为加载。

(3) 应力进入塑性阶段后,如图中 B 点所代表的状态,当减少应力时,应力与

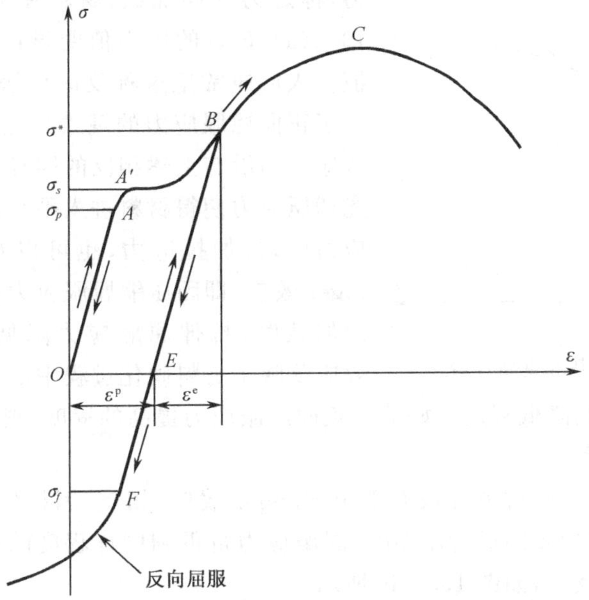

图 10.1　单轴应力-应变关系曲线

应变将不会沿原来的路径 BAO 返回到 O 点，而是沿接近于直线的路径 BE 回到零应力，弹性变形 ε^{e} 被恢复，塑性变形 ε^{p} 被保留，这个过程称之为卸载。卸载所遵循的是弹性变形规律，一般可假定卸载曲线为直线，且卸载时的弹性模量与初始弹性模量相同，即 BE 与 OA 平行，所以，B 点的应变可写成弹性应变和塑性应变两部分之和

$$\varepsilon=\varepsilon^{e}+\varepsilon^{p}=\frac{\sigma^{*}}{E}+\varepsilon^{p} \tag{10.1}$$

(4) 硬化阶段中屈服极限不断提高。从 B 点将荷载完全卸除到达 E 点后，再从 E 点重新加拉应力，称之为正向加载。开始时应力应变近似地按卸载曲线变化，如图 10.1 中的 EB 段，当应力到达卸载前的应力，即 B 点的应力 σ^{*} 时，才重新进入屈服，因此材料的屈服极限由原来的 σ_{s} 提高到 σ^{*}，当应力超过 B 点的应力 σ^{*} 后，则回到一次加载(没有卸载)所得到的曲线 BC 上来，开始产生新的塑性变形。总之，屈服极限提高是应变硬化的一个特征，应变硬化相当于材料因塑性变形其内部抵抗变形的能力得到了增强。

应当指出：实际材料中卸载和再加载曲线一般不能完全重合，会形成一个小的滞回环，如图 10.2 所示，滞回环的面积代表了卸载和再加载循环中的能量损失，一般来说，损失的能量通常是很小的。

(5) 反向屈服极限会降低。从 B 点将荷载完全卸除到达 E 点后，再加压应

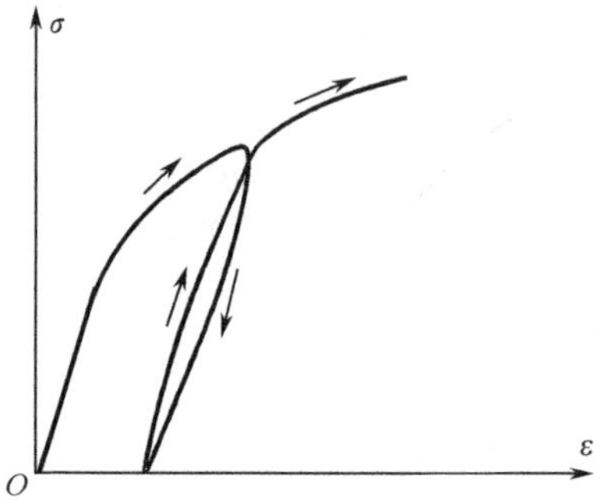

图 10.2 卸载和重新加载

力，称之为反向加载，材料在 F 点屈服，如图 10.3(a)，F 点的应力值明显低于 B 点的应力值。人们通常把这种反向屈服应力(绝对值)小于正向屈服应力的现象称之为 Bauschinger 效应。当沿与上述相反的路径进行加卸载，即先加压应力使得材料进入硬化阶段，卸载到零应力后，再加拉应力，也可以观测到 Bauschinger 效应，即因压缩屈服应力提高，而导致反向加载时，拉伸屈服应力降低。Bauschinger 效应反映了材料硬化过程中的各向异性性质。若反向屈服应力的降低程度正好等于正向屈服应力提高的程度，则称为随动硬化，如图 10.3(a)所示。

应当指出：有一些材料并没有 Bauschinger 效应，相反，因拉伸提高了材料的屈服应力，在反向加载即进行压缩时，屈服应力也得到同样程度的提高，这种硬化特性称之为等向硬化，如图 10.3(b)所示。

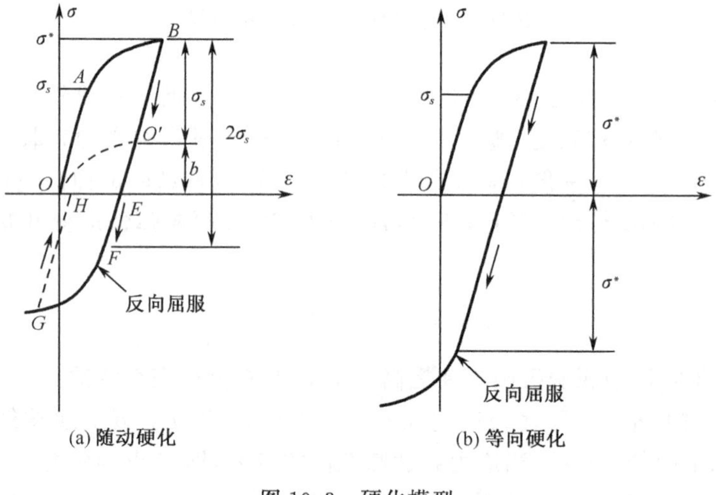

(a) 随动硬化　　(b) 等向硬化

图 10.3 硬化模型

根据上面的试验现象可知，塑性变形具有如下特点。

(1) 加载过程中应力与应变关系一般是非线性的。

(2) 应力-应变之间不再是一一对应的单值关系。如图 10.4 所示，3 种应力路径，OAB、$OABCD$ 和 $OABEF$，它们达到的应力都是 σ^*，但产生的应变值分别为 B、D 和 F 对应的应变 ε_B、ε_D 和 ε_F，显然不同。这就是说，对应于同一个应力状态，如果应力历史不同，所对应的应变不同，因此，应变不仅取决于应力状态，而且还取决于达到该应力状态所经历的历史。

(3) 外力在塑性变形所做的功即塑性功具有不可逆性。考察一个加载卸载的循环，若其间产生塑性变形，塑性功将被材料的塑性变形耗散掉，是不可逆的，只有在弹性变形所做的弹性功可逆。因此，在这个循环中外力做功恒大于零。

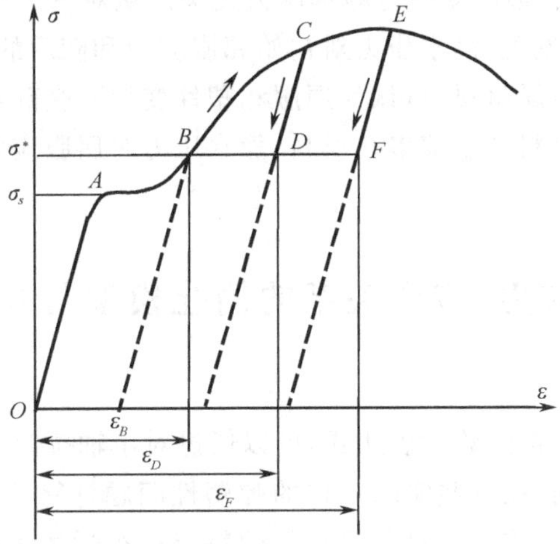

图 10.4　不同应力路径下的应变

最后强调指出：温度和加载速率对单轴试验结果会产生影响。①一方面，一般温度升高将使得弹性模量 E 和屈服极限 σ_s 下降，另一方面，当温度足够高时，材料会产生蠕变和应力松弛等具有明显黏弹性或黏塑性效应的现象。对于长时间工作在高温条件下的结构，例如汽轮机结构，设计时就应考虑高温对材料性质的影响。②若将实验的加载速率提高几个数量级，会使得材料的屈服极限 σ_s 提高而韧性降低，对于受冲击荷载和爆炸荷载作用的结构，就必须考虑应变率对材料性质的影响。但对于材料处在常温附近的温度和受一般加载速率作用的情况，可以不考虑这两种因素的影响。

10.2.2　静水压力试验

Bridgman 对金属材料在静水压力(各向均匀等压)作用下的体积改变进行了试验研究，他的研究得出了如下一些重要的结论。

(1) 体积变形是弹性的，没有塑性体积变形产生。Bridgman 曾将静水压力加到 1500MPa，建立了体积应变与静水压力之间的关系为

$$\varepsilon_v = ap - bp^2$$

当静水压力不太大时，式中的二次项(第二项)比线性项(第一项)小得多，可忽略不计。以钢为例，试验表明，当 $p=1000\text{MPa}$ 时，$ap=5.87\times10^{-3}$，而 $bp^2=2.1\times10^{-4}$。

卸去静水压力后,材料并没有残余的体积应变。因此,可认为体积变形是弹性的。试验还表明,这种弹性体积变形很小,例如钢在 1000MPa 下体积仅缩小 0.6%,因此,当发生较大塑性变形时,可忽略弹性体积变化,即认为在塑性阶段,材料是不可压缩的。

(2) 材料的屈服和塑性变形与静水压力无关。从对钢试件在不同静水压力下的拉伸试验进行对比发现,静水压力对初始屈服应力和随后的材料硬化影响很小,可忽略不计,因而对金属材料,可认为屈服和塑性变形不受静水压力的影响。但对于铸铁、岩石等脆性材料和土壤多孔材料,静水压力对屈服应力和塑性变形都有明显的影响,不能忽略。

10.3 单轴应力-应变关系的简化模型与几个基本概念

10.3.1 简化模型

单轴应力-应变关系的数学表达式,可以通过对单轴拉伸(压缩)的实验曲线进行数学拟合得到,然而,在一些实际工程的弹塑性问题计算分析中,这样的表达式可能是较复杂的,为此,需要针对不同材料的特点进行适当的简化,得到基本上能反映材料的力学性质又便于数学计算的简化模型,最常用的简化模型有如下几种。

1. 理想弹塑性模型

对于低碳钢或硬化率较低的材料,在应变不太大时可忽略硬化效应,其单轴拉伸应力应变曲线简化为如图 10.5(a)所示的情形。当应力一旦达到屈服极限 σ_s,就不能再增加,即 $d\sigma=0$,在不变的应力作用下,材料可产生任意的塑性变形。此时,若减小应力 $d\sigma<0$,材料产生卸载。应力-应变关系可表示为

当 $\sigma<\sigma_s$, $\quad \varepsilon=\dfrac{\sigma}{E}$

当 $\sigma=\sigma_s$, $\quad \varepsilon=\dfrac{\sigma_s}{E}+\lambda$

式中 λ 是一个任意值。

2. 线性硬化模型

连续的应力-应变关系曲线近似为两条直线,如图 10.5(b)所示。第 1 条直线代表线弹性变形性质,其斜率为 E,第 2 条直线代表硬化性质,其斜率用 E_t 表示,一般地,E_t 比 E 小许多。这时,应力-应变关系可表示为

当 $\sigma\leqslant\sigma_s$, $\quad \varepsilon=\dfrac{\sigma}{E}$

当 $\sigma > \sigma_s$，
$$\varepsilon = \frac{\sigma_s}{E} + \frac{\sigma - \sigma_s}{E_t}$$

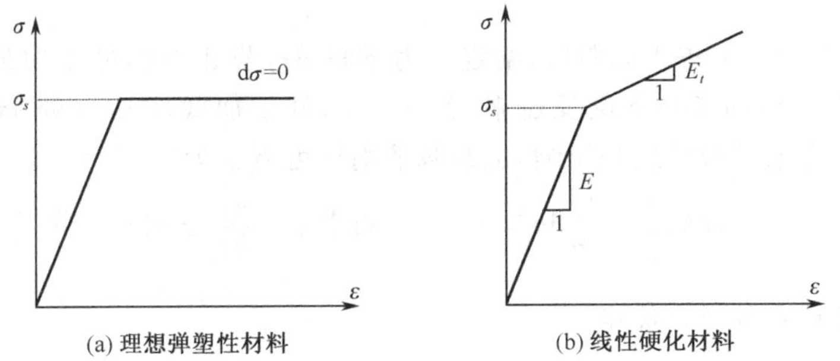

图 10.5　简单的硬化模型

3. 幂指数硬化模型

对于大多数材料而言，硬化曲线是非线性的，若采用简单的指数函数进行模拟，应力-应变关系可表示为

当 $\sigma \leqslant \sigma_s$，　$\sigma = E\varepsilon$

当 $\sigma > \sigma_s$，　$\sigma = k\varepsilon^n$

式中 k 和 n 是材料常数，通过拟合实验曲线得到。这两个常数不是独立的，在 $\sigma = \sigma_s$ 的连续性要求：$\sigma_s = k(\sigma_s/E)^n$。

10.3.2　几个基本概念

上面介绍的几种简化模型是针对单调加载情况而言的，采用全量应力与全量应变表达；当涉及到卸载和反向加载时，根据 10.2 节给出的有关单轴试验的现象以及塑性变形的特点，建立本构模型时还应考虑加、卸载的判别和加载历史的影响，这时采用增量描述比较方便。一般来说，完整的增量型本构模型必须包含如下几个方面的概念。

1. 屈服条件

根据实验可确定材料屈服极限 σ_s，无论是单轴拉伸还是单轴压缩，当应力的绝对值 $|\sigma|$ 小于 σ_s 时，材料处于弹性状态，当 $|\sigma|$ 到达 σ_s 时，材料进入屈服。因此，屈服条件表示为

$$|\sigma| = \sigma_s$$

或表示为

$$f(\sigma) = |\sigma| - \sigma_s = 0 \tag{10.2}$$

式中 f 称为屈服函数。当 $f(\sigma)<0$ 时,材料处于弹性阶段。

2. 加、卸载判别准则

在拉伸($\sigma>0$)下进入屈服后,给定应力增量 $d\sigma$,若 $d\sigma>0$,处于加载,$d\sigma<0$ 处于卸载;而在压缩($\sigma<0$)下则反过来,若 $d\sigma<0$,处于加载,$d\sigma>0$ 处于卸载;如图 10.6 所示。无论是拉伸还是压缩,加卸载准则均可表示为

$$\text{加载:}\quad \frac{\partial f}{\partial \sigma}d\sigma>0;\qquad \text{卸载:}\quad \frac{\partial f}{\partial \sigma}d\sigma<0 \tag{10.3}$$

3. 加载历史与硬化规律

前面指出:任意不同的应力路径,在经历塑性变形阶段后,最终到达相同的应力状态,由此产生的应变将不同,即应力-应变关系具有非单值性,与加载历史有关。不过,产生的弹性应变应相同,因为弹性变形只取决于应力状态,所不同的是塑性应变,如图 10.4 所示。实际上,在单轴加载下,应力、应变和塑性应变三者的关系由式(10.1)唯一确定,这就是说,塑性应变一定时,应力与应变则一一对应。因此,塑性应变反映了加载历史,通常我们把刻画加载历史的量称之为内变量,显然,塑性应变可以作为内变量。

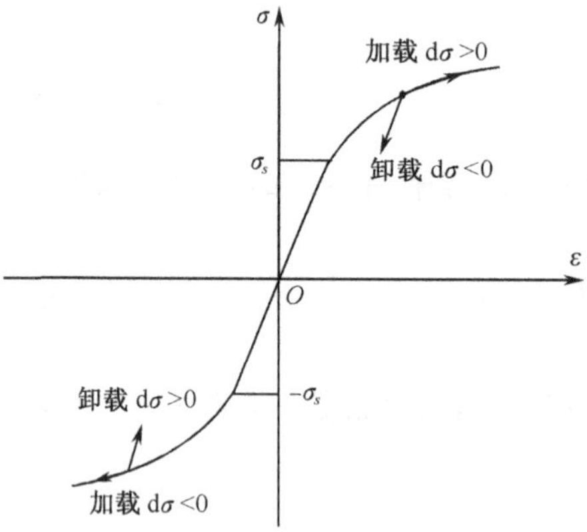

图 10.6 加载与卸载

考察单轴拉伸情况,材料硬化使得屈服极限提高,新的屈服极限就是,进入初始屈服以后历史上应力曾经达到的最大值。因此,新的屈服条件可表示为

$$\sigma=(\sigma_s)_{\text{new}}=\max{}_{\text{history}}\sigma \tag{10.4}$$

式(10.4)表明:如果材料当前应力 σ 等于历史最大值时,则材料处于后继屈服状态,也称加载状态,式(10.4)则称为后继屈服条件,又称为加载条件。如果材料当前应力 σ 小于历史最大值,则材料处于卸载状态。

应力历史最大值在增大的过程中必将产生新的塑性变形,即引起内变量的改变,因此,它应是一个随塑性变形历史(内变量)单调增长的量,即可表示为

$$\max{}_{\text{history}}\sigma=k(\varepsilon^{p}) \tag{10.5}$$

式中 k 是单调增长的函数,称之为硬化函数。

结合式(10.4)和式(10.5),单轴拉伸下的后继屈服条件即加载条件可表示为

$$f(\sigma,\varepsilon^{p})=\sigma-k(\varepsilon^{p})=0 \tag{10.6}$$

式中 $f(\sigma,\varepsilon^{p})$称为加载函数。

当应力由拉伸变为压缩并且在反向进入塑性加载时，内变量可取 $\int|\mathrm{d}\varepsilon^{p}|$，称之为累积塑性应变，这样可以反映塑性变形历史的累积效应。下面说明它与塑性应变的差别，如图 10.3(a)所示，从零应力 O 点加载至 B 点，然后卸载到 E 点，所产生的塑性变形为 OE，再从 E 点反向加载到 G，最后卸载回到 H 点，在反向加载中所产生的塑性压应变，大小为 HE，因此最终总的塑性应变为 OH，而累积塑性应变则为 $|OE|+|HE|$。此外，内变量也可取塑性功 $W^{p}=\int\sigma\mathrm{d}\varepsilon^{p}$，无论是加载还是反向加载，只要产生新的塑性变形，塑性功总是增加的。

在等向硬化的情况下，若内变量取 $\int|\mathrm{d}\varepsilon^{p}|$，则加载条件可表示为

$$|\sigma|-k\left(\int|\mathrm{d}\varepsilon^{p}|\right)=0 \tag{10.7}$$

硬化函数 k 的初值是 $k(0)=\sigma_s$。

对于随动硬化的情况，由于 Bauschinger 效应减小了反向的屈服应力，使得总的弹性范围的大小不变，即拉、压屈服应力之差始终为

$$\sigma_s^{+}-\sigma_s^{-}=2\sigma_s$$

这相当于 $\sigma\sim\varepsilon$ 曲线的原点随硬化过程移动到新的位置 O'，如图 10.3(a)所示，O' 的应力称之为背应力，用 b 表示，则上式可表示为

$$|\sigma-b|-\sigma_s=0 \tag{10.8}$$

背应力 b 取决于塑性变形历史。

等向硬化中的硬化函数 k 和随动硬化中的背应力 b，均可通过单轴拉伸(压缩)实验得到的 $\sigma\sim\varepsilon$ 关系曲线来确定。若该试验曲线为 $\sigma=\Phi(\varepsilon)$，如图 10.7(a)所示，对于曲线上应力超出 σ_s 的每一点，从它对应的应变 ε 中减去弹性应变 $\varepsilon^{e}=\sigma/E$，得到它对应的塑性应变 ε^{p}，从而得到 $\sigma\sim\varepsilon^{p}$ 的关系曲线 $\sigma=k(\varepsilon^{p})$，这样就确定了硬化函数 k。定义 $\sigma\sim\varepsilon^{p}$ 的关系曲线切线的斜率为塑性模量，即

$$E_{p}=\frac{\mathrm{d}\sigma}{\mathrm{d}\varepsilon^{p}}=E_{p}(\varepsilon^{p}) \tag{10.9}$$

加载过程中背应力的增量应为

$$\mathrm{d}b=E_{p}\mathrm{d}\varepsilon^{p} \tag{10.10}$$

这样就确定了背应力。

在讨论反向加载时，只需要将函数 k 和 E_p 中的 ε^{p} 用累计塑性应变 $\int|\mathrm{d}\varepsilon^{p}|$代替，即取 $k=k\left(\int|\mathrm{d}\varepsilon^{p}|\right)$，$E_{p}=E_{p}\left(\int|\mathrm{d}\varepsilon^{p}|\right)$。

为运算方便，我们将塑性模量 E_p 与 $\sigma\sim\varepsilon$ 关系曲线的切线斜率(模量)联系

起来。

因为
$$\varepsilon=\varepsilon^{e}+\varepsilon^{p}=\frac{\sigma}{E}+\varepsilon^{p}$$
所以
$$\sigma=\Phi(\varepsilon)=\Phi\left(\frac{\sigma}{E}+\varepsilon^{p}\right)$$
两边取微分
$$\mathrm{d}\sigma=E_{t}\times\left(\frac{\mathrm{d}\sigma}{E}+\mathrm{d}\varepsilon^{p}\right)$$

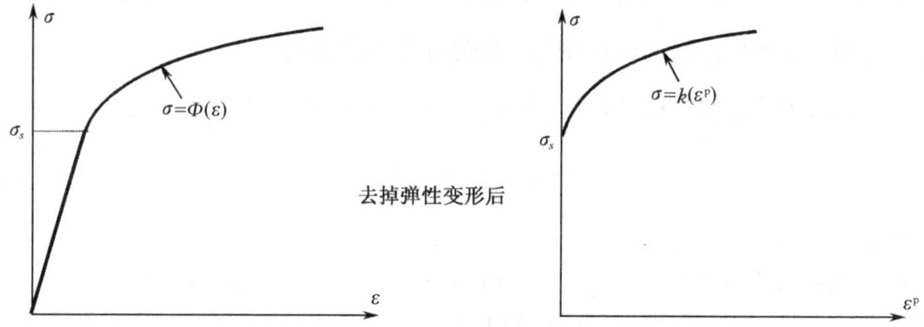

(a) 单轴应力与应变关系曲线　　(b) 单轴应力与塑性应变关系曲线

图 10.7　单轴实验曲线

式中 $E_t=\Phi'$ 是试验曲线 $\sigma=\Phi(\varepsilon)$ 切线的斜率。经整理,最后得
$$E_{p}=\frac{\mathrm{d}\sigma}{\mathrm{d}\varepsilon^{p}}=\frac{EE_{t}}{E-E_{t}}=E_{p}(\varepsilon^{p}) \tag{10.11}$$

10.3.3　材料稳定性的概念

观察硬化材料的单轴拉伸实验曲线,可以得出两点假设。

1) 附加应力做正功

设硬化材料当前的应力为 σ,施加附加的应力增量 $\mathrm{d}\sigma$。如前所述,材料硬化就意味着,应力增加,应变随之增加,显然,附加的应力增量在应变增量上所做功为正,如图 10.8(a)所示,即有
$$\mathrm{d}\sigma\mathrm{d}\varepsilon>0 \tag{10.12}$$

2) 在应力循环中附加应力做正功

考察如图 10.8(b)所示的任意一个应力循环 $ABCD$,它由 3 个阶段组成:①材料从初始应力水平 σ^0 开始施加附加的应力到 σ,进入屈服;②再施加一个应力增量 $\mathrm{d}\sigma$ 使材料处于加载,产生的塑性应变增量为 $\mathrm{d}\varepsilon^{p}$;③将应力卸载到初始的应力水平 σ^0。在应力循环 $ABCD$ 中附加应力所作的总功应大于零,即
$$\oint_{\sigma}(\sigma-\sigma^{0})\mathrm{d}\varepsilon>0 \tag{10.13}$$

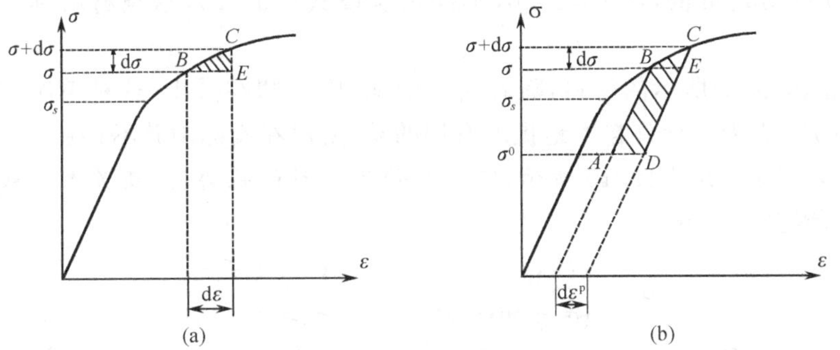

图 10.8　单轴下的应力循环

由于弹性应变能可以恢复，整个应力循环中附加应力所作的总功就等于附加应力在塑性应变增量上所作的塑性功，即图 10.8(b)中阴影部分的面积，它是 $ABED$ 和 BCE 两者的面积之和，因此有

$$\left(\sigma-\sigma^0+\frac{1}{2}\mathrm{d}\sigma\right)\mathrm{d}\varepsilon^{\mathrm{p}}>0$$

由此导出两个不等式

当 $\sigma\neq\sigma^0$，　$$(\sigma-\sigma^0)\mathrm{d}\varepsilon^{\mathrm{p}}>0 \tag{10.14}$$

当 $\sigma=\sigma^0$，　$$\mathrm{d}\sigma\mathrm{d}\varepsilon^{\mathrm{p}}>0 \tag{10.15}$$

对于理想弹塑性材料，式(10.12)～式(10.15)中的“$>$”应变为“$\geqslant$”。

满足上面两个假设(式(10.12)和式(10.13))的材料，称之为稳定材料。按照 8.7 节描述的稳定性概念，式(10.12)可理解为受均匀单轴应力状态的物体在外部附加小挠动(沿单轴应力方向)下保持稳定性的条件；而式(10.13)可理解为是针对大挠动稳定性而言的稳定性条件。

应当指出：还有一些材料，如岩石和混凝土，当应变达到一定程度后，随应变增加，而应力在减少，即产生应变软化现象，如图 10.9(a)所示，这时应力增量在应变

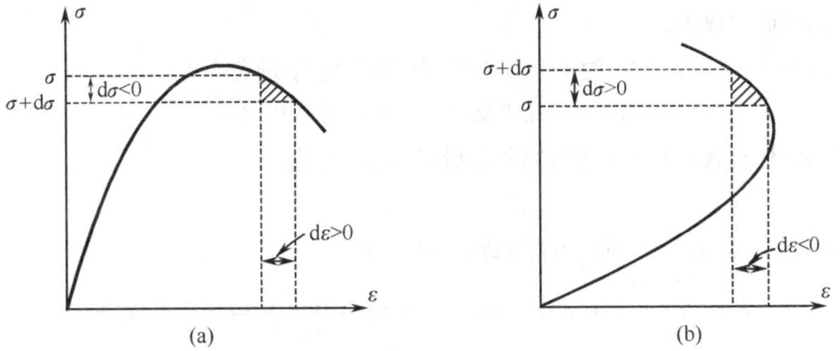

图 10.9　单轴应力-应变关系曲线

增量上所做功是负值，即 $d\sigma d\varepsilon<0$，不满足假设式(10.12)，这类材料称为不稳定材料。

如图 10.9(b)所示的材料，随着应力增加，应变却在减少，这种情况和能量守恒原理矛盾，因为它允许自由地提取有用的功，所以在实际中并不存在。

【例 10.1】 如图 10.10 所示，简单拉伸下材料的应力-应变关系曲线可用幂指数硬化模型表示为

$$\sigma=\begin{cases}E\varepsilon, & 0<\sigma\leqslant\sigma_s\\ \sigma_s+m(\varepsilon^p)^n, & \sigma>\sigma_s\end{cases}\tag{a}$$

式中 $\sigma_s=200\text{MPa}$，$E=200,000\text{MPa}$，$m=300\text{MPa}$，$n=0.3$。拉伸加载至 $\varepsilon^p=0.002$，然后卸载并反向加载，针对下面两种情况，找出反向加载中的应力-应变关系。

(1) 随动硬化；(2)等向硬化。

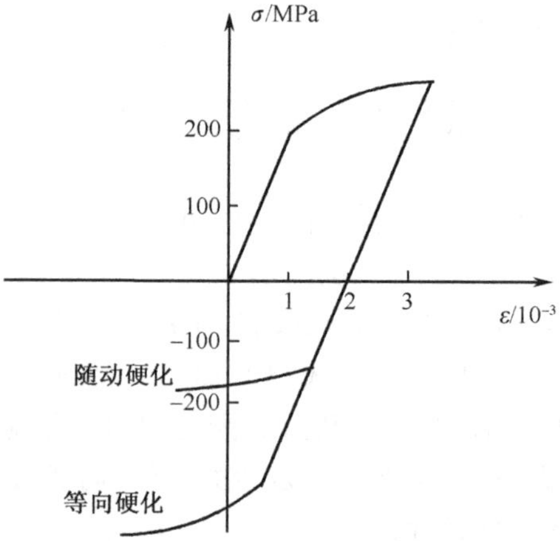

图 10.10 单轴下的幂指数硬化

解 1) 随动硬化

使用式(a)，$\varepsilon^p=0.002$ 时，相应的应力和应变分别为

$$\sigma=246.5\text{MPa},\quad \varepsilon=0.003232$$

将式(a)代入式(10.9)，得塑性模量的表达式为

$$E_p=mn(\varepsilon^p)^{n-1}\tag{b}$$

根据式(10.10)，在 $\varepsilon^p=0.002$ 时的背应力应为

$$b=\int_0^{0.002}mn(\varepsilon^p)^{n-1}d\varepsilon^p=m(\varepsilon^p)^n\Big|_0^{0.002}=46.5\text{Mpa}$$

这时，加载条件变为

$$f=|\sigma-46.5|-200=0$$

当应力从 $\sigma=246.5\text{MPa}$ 开始卸载时，$f<0$，直到反向加载到 $\sigma=-153.5\text{MPa}$，$f=0$，重新进入屈服。在应力从 $\sigma=246.5\text{MPa}$ 减少到 $\sigma=-153.5\text{MPa}$ 的过程中，塑性应变保持为 $\varepsilon^{p}=0.002$ 不变，因此，在 $\sigma=-153.5\text{MPa}$ 时，对应的应变是

$$\varepsilon=0.003232+\frac{\Delta\sigma}{E}=0.00123$$

当应力 $\sigma<-153.5\text{MPa}$，材料将产生压缩塑性变形，在这个阶段中，塑性应变增量是 $(\varepsilon^{p}-0.002)<0$，其绝对值是 $0.002-\varepsilon^{p}$，因此，累积塑性应变是

$$\int|\mathrm{d}\varepsilon^{p}|=0.002+0.002-\varepsilon^{p}=0.004-\varepsilon^{p} \tag{c}$$

根据式(10.10)，背应力应为

$$b=46.5+\int_{0.002}^{\varepsilon^{p}}mn(0.004-\varepsilon^{p})^{n-1}\mathrm{d}\varepsilon^{p}=93-300(0.004-\varepsilon^{p})^{0.3}$$

代入加载条件式(10.8)，得

$$\sigma=b-\sigma_{s}=-107-300(0.004-\varepsilon^{p})^{0.3}$$

因此，导致的应力-应变关系为

$$\varepsilon=\varepsilon^{e}+\varepsilon^{p}=\frac{\sigma}{200\,000}+0.004-\left(-\frac{\sigma+107}{300}\right)^{1/0.3}$$

2）等向硬化

当应力从 $\sigma=246.5\text{MPa}$ 开始减小到 $\sigma=-246.5\text{MPa}$，材料重新进入屈服。在这个过程中，塑性应变保持为 $\varepsilon^{p}=0.002$ 不变，仅产生弹性应变，因此，在 $\sigma=-246.5\text{MPa}$ 时，对应的应变是

$$\varepsilon=0.003232+\frac{\Delta\sigma}{E}=0.000767$$

根据式(a)，硬化函数为

$$k(\varepsilon^{p})=\sigma_{s}+m(\varepsilon^{p})^{n}$$

当 $\sigma<-246.5\text{MPa}$，进入压缩硬化，等向硬化的加载条件式(10.7)变为

$$\sigma=-k\left(\int|\mathrm{d}\varepsilon^{p}|\right)=-\sigma_{s}-m(0.004-\varepsilon^{p})^{n}$$

于是，应力-应变关系为

$$\varepsilon=\varepsilon^{e}+\varepsilon^{p}=\frac{\sigma}{200\,000}+0.004-\left(-\frac{\sigma+200}{300}\right)^{1/0.3}$$

【例 10.2】　如图 10.11 所示的平面杆系结构由 3 个杆组成，杆件为理想弹塑性材料，各杆的截面积均为 A，第 2 杆的杆长为 l，它与相邻的第 1 杆和第 3 杆的夹角均为 $\theta=45°$，在 O 点作用垂直向下的荷载 P，求使杆件开始屈服的荷载 P，并讨论屈服开始后各杆的变形情况。

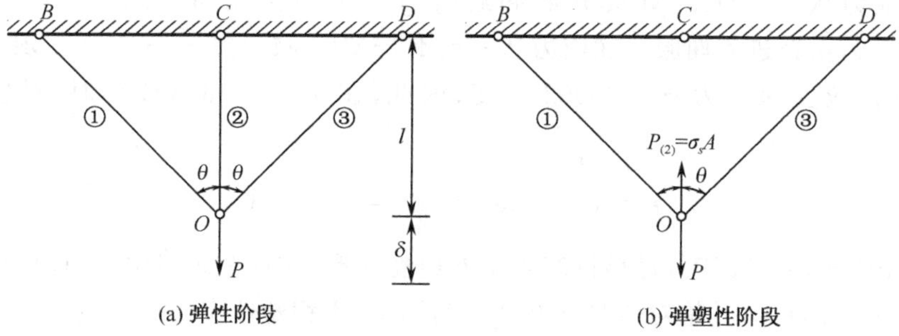

图 10.11　三杆桁架

解　由平衡关系，则

$$\sigma_{(1)}=\sigma_{(3)},\qquad \sigma_{(2)}+\sqrt{2}\sigma_{(1)}=\frac{P}{A}$$

由几何关系，得各杆的应变为 $\varepsilon_{(2)}=\dfrac{\delta}{l}$，$\varepsilon_{(1)}=\varepsilon_{(3)}=\dfrac{\delta}{2l}$，变形协调条件为

$$\varepsilon_{(2)}=2\varepsilon_{(1)} \tag{a}$$

当 P 从零开始增长时，则材料起初处于弹性阶段，本构方程为 $\sigma_{(i)}=E\varepsilon_{(i)}$（$i=1,2,3$）。

联立求解得

$$\sigma_{(1)}=\sigma_{(3)}=\frac{1}{2+\sqrt{2}}\frac{P}{A},\qquad \sigma_{(2)}=\frac{2}{2+\sqrt{2}}\frac{P}{A} \tag{b}$$

向下的位移为

$$\delta=\varepsilon_{(2)}l=\frac{\sigma_{(2)}}{E}l=\frac{2}{2+\sqrt{2}}\frac{Pl}{EA} \tag{c}$$

显然第 2 杆应力最大，当 $\sigma_{(2)}=\sigma_s$，它将首先进入屈服，此时对应的荷载 P 应为

$$P_e=\left(1+\frac{\sqrt{2}}{2}\right)A\sigma_s \tag{d}$$

称为弹性极限荷载。将式(d)代入式(c)，得对应的位移为

$$\delta_e=\frac{\sigma_s l}{E} \tag{e}$$

屈服后随着 $P>P_e$ 的增大，第 2 杆的应力不再增加，单从本构方程来看其塑性变形可以任意，但由于它还要受到第 1 杆和第 3 杆弹性变形的制约，并不能任意增长。这时，杆系结构退化为静定结构，第 2 杆的作用可由 $P_{(2)}=\sigma_s A$ 来代替，如图 10.11(b)所示，第 1、3 杆的应力很容易求出为

$$\sigma_{(1)}=\sigma_{(3)}=\frac{\sqrt{2}}{2}\left(\frac{P}{A}-\sigma_s\right) \tag{f}$$

以及各杆的应变为

$$\varepsilon_{(1)} = \varepsilon_{(3)} = \frac{\sigma_{(1)}}{E} \tag{g}$$

与此同时,变形协调仍为式(a),于是,向下的位移为

$$\delta = \varepsilon_{(2)} l = 2\varepsilon_{(1)} l = \frac{\sigma_{(1)}}{E} 2l = \sqrt{2}\ \frac{l}{E}\left(\frac{P}{A} - \sigma_s\right) \tag{h}$$

随着 P 的进一步增大,$\sigma_{(1)} = \sigma_{(3)} = \sigma_s$,3 根杆全部进入屈服阶段,变形已不再受任何约束,结构完全丧失进一步的承载能力,利用式(f),求得对应的荷载 P 为

$$P_s = (1 + \sqrt{2})A\sigma_s = \sqrt{2} P_e \tag{i}$$

称为塑性极限荷载。将式(i)代入式(h),并考虑到式(e),得对应的位移为

$$\delta_s = 2\delta_e$$

荷载与位移的关系给出在图 10.12。

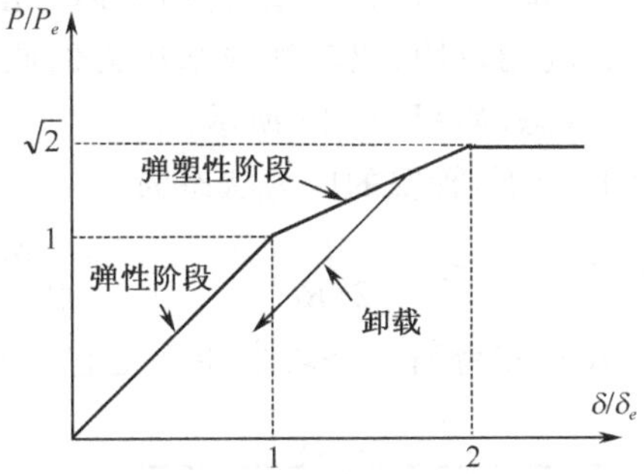

图 10.12　荷载位移曲线

若将 P 的值加载到处于 $P_e < P < P_s$ 范围内的某一值 P^*,然后卸载使 P 的改变量 $\Delta P < 0$,由于卸载服从弹性规律,使用式(b),得应力和应变的改变量分别为

$$\Delta\sigma_{(1)} = \Delta\sigma_{(3)} = \frac{1}{2 + \sqrt{2}}\frac{\Delta P}{A}, \qquad \Delta\sigma_{(2)} = \frac{2}{2 + \sqrt{2}}\frac{\Delta P}{A} \tag{j}$$

$$\Delta\varepsilon_{(1)} = \Delta\varepsilon_{(3)} = \frac{\Delta\sigma_{(1)}}{E}, \qquad \Delta\varepsilon_{(2)} = \frac{\Delta\sigma_{(2)}}{E} \tag{k}$$

最终的应力和应变可由式(f)和式(j)以及式(g)和式(k)叠加求得。若将荷载 P 全部卸去,即 $\Delta P = -P^*$,得各杆中的残余应力和残余应变为

$$\sigma_{(1)} = \sigma_{(3)} = \sigma_s \eta^*, \quad \sigma_{(2)} = -\sqrt{2}\sigma_s \eta^*$$

$$\varepsilon_{(1)} = \varepsilon_{(3)} = \frac{\sigma_s}{E}\eta^*, \quad \varepsilon_{(2)} = 2\varepsilon_{(1)} = \frac{2\sigma_s}{E}\eta^*$$

式中

$$\eta^* = \frac{\sqrt{2}}{2}\left(\frac{P^*}{P_e} - 1\right) > 0$$

向下的残余位移为

$$\delta^* = \varepsilon_{(2)} l = \sqrt{2}\,\delta_e\left(\frac{P^*}{P_e} - 1\right)$$

显然各杆的残余应变均大于零，1、3 杆残余应力大于零，而 2 杆残余应力小于零。由于弹性应变只取决于应力状态，残余应力不为零说明各杆的残余应变中都包含有不为零的弹性应变，也就是说，残余应变并不等于塑性应变。产生这的原因是：超静定结构各杆件之间在卸载时的相互约束。

10.4 复杂应力状态下塑性变形的实验研究 应力路径与加载历史

10.4.1 实验

早期关于金属材料在复杂应力状态下塑性变形和硬化规律的实验研究，大多数是在薄壁圆管上进行的；利用拉伸、扭转和内水压力的联合作用，可以在管壁中产生一种任意的平面应力状态，如图 10.13 所示。

在轴力 T 和扭矩 M 作用下，管壁的应力状态为

$$\sigma_\theta = 0, \qquad \sigma_z = \frac{T}{2\pi Rt}, \qquad \tau_{\theta z} = \frac{M}{2\pi R^2 t} \tag{10.16}$$

其他应力分量为零，式中 R 是薄壁管的平均半径，t 是它的壁厚。

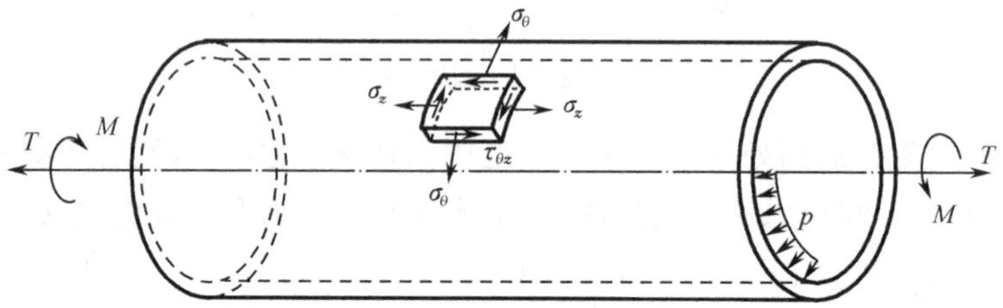

图 10.13　薄壁圆筒受拉伸、扭转和内水压力作用

在轴力 T 和内水压力 p 作用下，管壁的应力状态则是

$$\sigma_\theta = \frac{pR}{t}, \quad \sigma_z = \frac{T}{2\pi Rt}, \quad \tau_{\theta z} = 0 \tag{10.17}$$

应力 $\sigma_r = 0$ 具有 p 的量级，对于薄壁管 $R/t \gg 1$，σ_r 与 σ_θ、σ_z 相比很小，可忽略不计，由于剪应力均为零，因此，应力 σ_r、σ_θ、σ_z 就是主应力。

顺便指出：薄壁管仅受扭转作用可获得纯剪应力状态。

实验中测出管子的变形，如管子的直径、长度和扭转角的变化，由此算出管壁的应变状态，从而通过实验来获取塑性应变与应力的关系，为建立塑性本构理论提

供实验基础。

10.4.2 应力路径与加载历史

一般来说，当外荷载变化时，物体内各点的应力和应变也要随之变化。在应力空间（见 1.12 节）中，代表一点应力状态的坐标点就要移动，坐标点移动的轨迹称为应力路径，这一过程称为应力历史，相应地，应变随之变化的历史称之为变形历史。对应于外荷载，若引入载荷空间进行描述，任一加载状态可由载荷空间中的一个点来表示，载荷点变化的轨迹即加载路径，该过程称为加载历史。物体内部各点的应力历史（路径）、变形历史与所受外荷载的加载历史（路径）是密切相关的，因此，在讨论本构关系时对这三者常常不加严格区分。

10.4.3 简单加载和复杂加载

所谓简单加载是指加载过程中应力各分量之间成固定比例且单调增长，即

$$\sigma_{ij} = t\sigma_{ij}^0, \qquad t > 0$$

式中 σ_{ij}^0 是常张量。此时，主应力的比例和主轴方向始终保持不变。简单加载也称比例加载。10.2 节的实验已经指出，静水压力对于塑性变形过程的影响可以忽略，简单加载又可以表述为：偏应力各分量之间按固定比例单调增长，即

$$s_{ij} = ts_{ij}^0 \tag{10.18}$$

在 π 平面上（见 1.12 节），该加载路径是一条 $\theta_\sigma = \text{const}$ 的射线，即与径向方向一致，如图 10.14 所示。

不满足简单加载条件的加载称为复杂加载。复杂加载时，应力的主轴和主应力之间的相互比例都发生改变。

图 10.15 给出了薄壁管拉伸、扭转试验的几种加载路径。显然，*OC* 轨迹和 *OBD* 轨迹对应的加载为复杂加载；而直线 *OA* 对应于简单加载。

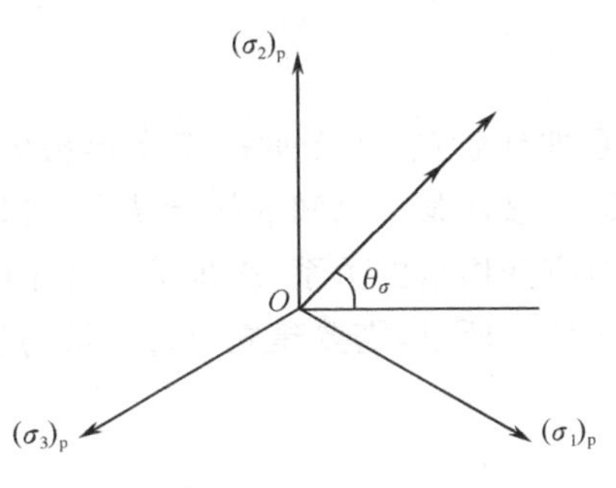

图 10.14 π 平面上的简单加载

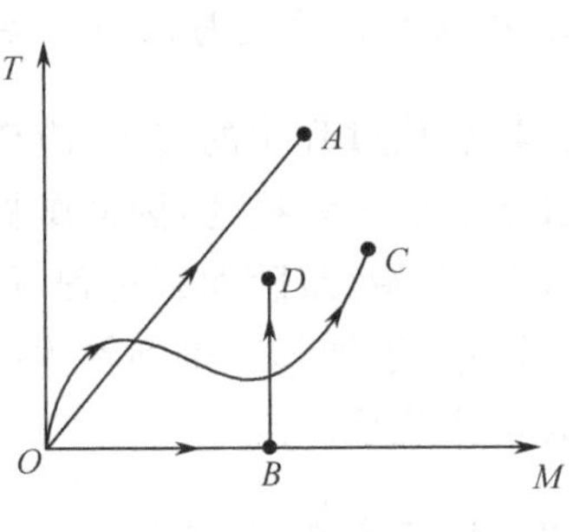

图 10.15 薄壁管拉扭试验中的简单加载与复杂加载

10.5　塑性本构关系的主要内容和研究方法

10.5.1　主要内容

10.2 节通过简单应力状态的试验结果说明了一些塑性变形的特点，10.3 节给出了模拟单轴应力-应变关系涉及到的一些基本概念。实际工程中，物体可能在各种复杂应力路径作用下而处于复杂的三向应力状态。建立复杂应力状态下塑性变形的本构关系，比起单轴情况要复杂许多，但涉及到的基本概念一样，仍然必须包含如下几个方面的内容。

1. 建立屈服条件

对于给定的应力状态和应力历史，确定材料是否超出弹性界限而进入塑性状态，即材料是否屈服，因此需要建立材料的屈服条件。

2. 判断加载、卸载

如前所述，加载和卸载中应力-应变关系的规律不同，因此，当应力分量发生改变时，需要建立相应的准则判断它们将引起材料加载还是卸载，即进行加载、卸载判断。

3. 描述应力(或变形)历史与硬化规律

如前所述，应变不仅取决应力状态，还取决于达到该状态的应力历史，另一方面，随着塑性变形历史的不断发展，屈服应力会改变，即产生硬化。因此，在加载过程中必须对其历史进行记录。此外，还必须弄清屈服条件如何随塑性变形历史而发生改变，即硬化规律。

4. 建立塑性应变与应力的关系

材料加载过程中的应力-应变关系不仅是非线性的，由于取决于变形历史，而且一般不能由全量描述，因此塑性力学的问题应该从某一已知的初始状态(可以是弹性状态)开始，跟随加载过程，用应力增量与应变增量的关系，逐步求出每个时刻的各个增量，累加起来得到物体内的应力和应变。所以，需要建立应力增量与应变增量的本构关系。

10.5.2　研究方法

以上问题 1～4，对于单轴加载的情况比较容易通过试验曲线确定。然而，对于多轴复杂应力状态，独立的应力分量是 6 个，他们的比值(组合)可以有无限多，即加载的应力路径无限多，要按每种比值即应力路径进行试验是不可能的，更何况复杂加载的试验，在设备上和技术上都很困难。因此，问题要复杂得多。研究这个问题的方法有两种：宏观塑性理论和细微观塑性理论，前者是在宏观试验的基础上，提出简化假定，通过分析和推理建立本构关系，而后者则是从材料变形的内在细微观物理机制着手。

1. *宏观塑性理论*

在研究材料的宏观塑性性质时，通常将材料看成是连续体，以若干宏观试验数据为基础，提出某些假设和公设，从而建立塑性力学的宏观理论。这类理论的基本特点是：为了便于分析计算，数学上力求简单，力学上能反映试验结果的主要特性，因此可以说，宏观塑性理论只是将试验数据加以公式化，并不深入研究塑性变形过程的物理本质。这种在唯象（根据宏观试验表观现象）基础上建立的塑性理论，只是在一定范围内，获得合理的近似结果。

2. *细微观塑性理论*[13,14]

由于新材料的出现，外界条件的变化，塑性理论的使用范围日益扩大，塑性理论的进一步发展需要对材料塑性变形的物理基础有深入地了解。从细微观的层次来看，材料是不均匀的，具有内部细微结构，如位错、微裂纹和微孔洞等，这些细微结构在外力作用下的不可逆改变是材料产生塑性变形的内在机制。从细微结构的改变过程研究宏观塑性变形性质，使经典的宏观塑性理论建立在细微观的物理基础上，这就构成了细微观塑性理论的研究内容。细微观塑性理论是目前力学界的主要研究热点之一。

尽管细微观塑性理论正在迅速发展，但由于它数学上比较复杂，目前工程界应用仍然以宏观塑性理论为主。本书只介绍宏观塑性理论的基础内容。

10.6*　塑性变形的物理基础

从微观的角度来看，物质是由原子组成，原子之间存在着相互吸引和排斥的作用。固体材料之所以能保持一定的形状，是因为组成固体材料的原子之间的相互作用力处于平衡，当物体受外力作用时，物体内部的原子间距会产生变化，原子之间的相互作用力达到新的平衡，物体产生变形。

根据化学组成和微观结构特点，材料可分为金属材料和非金属材料。金属材料有异于非金属材料的突出特点是它内部原子结构具有几何规则性和周期性。在新生、未受外部扰动的纯金属中，原子的排列是严格按照一定的几何规则排列的，这就是所谓的单晶，原子的排列方式被称之为晶格。工程实际应用的金属材料由许多单晶晶粒构成,即属于所谓的多晶体,其中各晶粒的大小和形状不同,其原子排列取向也不相同。

在大多数金属中,晶格主要有 3 种类型,即面心立方、体心立方和六方密排晶格。面心立方晶格的原子位于正立方体的角点及各个面的中心;体心立方晶格的原子位于正立方体的角点及立方体的中心;六方密排晶格的原子位于六边形柱体的角点、顶面和底面的中心,及不相邻三角柱体的中心。图 10.16 是一个单位晶格的构造示意图,它们边界上的原子是和相邻单位晶格所共有的。在晶格中存在原子排列最密的平面,称为解理面,因为当晶体各层原子间发生相对滑动时(剪切变形),总是沿着与这些面平行的平面进行的,所以解理面又称为滑移面。在滑移面内,原子排列最密的方向,是最容易滑动的方向,称为滑移方向。每一个滑移面与其上的滑移方向构成晶格的一个滑移系。

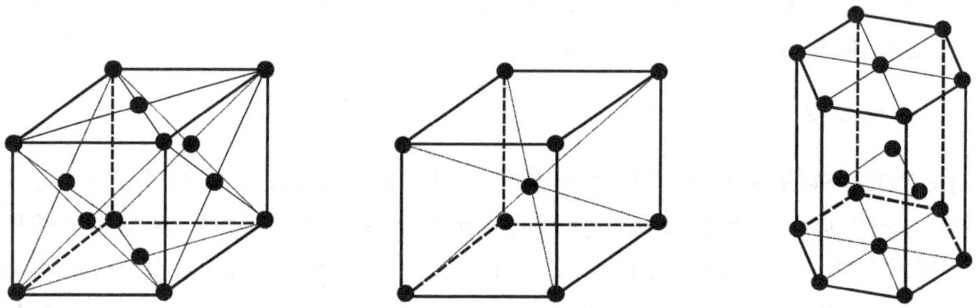

图 10.16　单位晶格

晶体的塑性变形是和晶体内原子层间发生相对滑动相联系的。当外加应力较小,不足以使这种滑动发生时,晶格的畸变是弹性的,因而晶体的总体变形也是弹性的。当外加应力在某一滑移面上某一滑移方向的剪应力分量(称之为分解剪应力)到达该滑移系的极限剪应力时,该滑移系开始滑动,若外力进一步增加,相邻近的滑移系也将发生滑动,从而形成滑移带,其厚度约为 100 个原子间距的量级,滑移带逐步扩展,与晶体的表面相交,就表现出滑移线。

在单晶体内一旦塑性变形产生,上下原子层相互之间沿滑移面至少滑动一个原子间距量级的距离,如图 10.17 所示。

下面讨论产生这种滑移所需要的剪应力。考虑其中两排相邻的原子,如图 10.18 所示,两排原子的中心线距离为 h,在每排原子中,原子中心的间距是 d,假设它们在零应力下处于平衡状态。在剪应力作用,如果一排原子相对另一排原子滑移了一个原子间距,即距离 d,这时若撤去剪应力,则原子排保持现有的状态不变,因此塑性变形产生。如果两排原子之间的相对滑动位移为 $d/2$,原子排将在零应力处于不稳定的平衡状态。作为近似,可以假定产生相对滑动位移 x 所需要的

剪应力为

$$\tau = \tau_{\max}\sin\frac{2\pi x}{d}$$

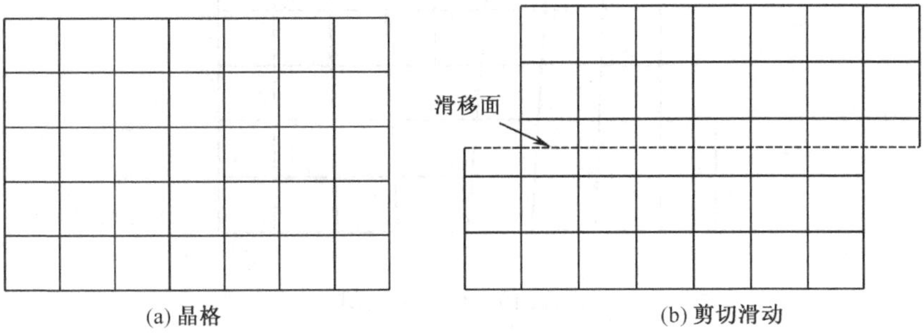

图 10.17　理想晶格的剪切滑移

一旦 $\tau=\tau_{\max}$ 则滑移产生。当位移 x 很小时，上面剪应力与位移的关系可近似为线性，即：$\tau=2\pi\tau_{\max}x/d$。中心线相距 h 的原子排产生小的位移 x 时，相应于晶格产生剪应变 $\gamma=x/h$，根据 Hooke 定律 $\tau=G\gamma$，因此

$$\tau_{\max} = \frac{Gd}{2\pi h}$$

由于晶格中通常 $h\approx d$，因而所需施加的剪应力则大约是 $G/6$，该剪应力称为理论剪切强度。

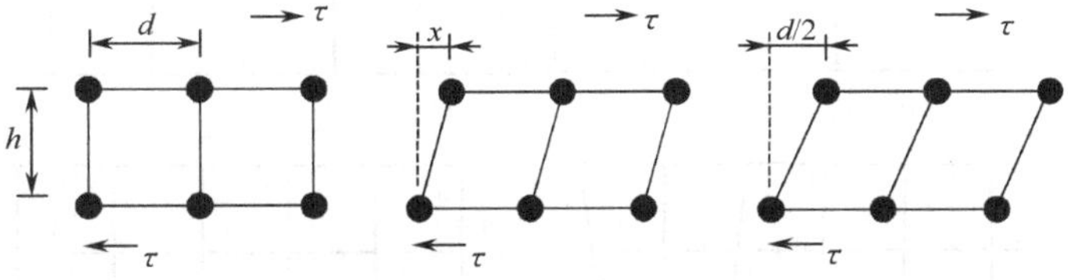

图 10.18　相邻两排原子之间的滑动

若将晶体结构考虑在内进行细致的计算分析，则可得理论剪切强度大约为 $G/30$，然而试验中所测定的极限剪应力比上述理论值小几个量级，通常为 $10^{-3}\sim 10^{-5}G$。

早在 20 世纪 20 年代，人们提出使用位错理论来解释这种偏差。位错是实际晶体在结晶时受到杂质、温度变化时，内部质点排列变形，原子行列相互滑移，而不再符合理想晶体的有序排列所形成的线状缺陷，如图 10.19 所示。

位错的存在使得其附近的原子排列成畸形，直到很远才恢复正常。位错的存在改变了晶体的剪切滑移方式，它不是滑移面上原子层的所有原子同时一起发生

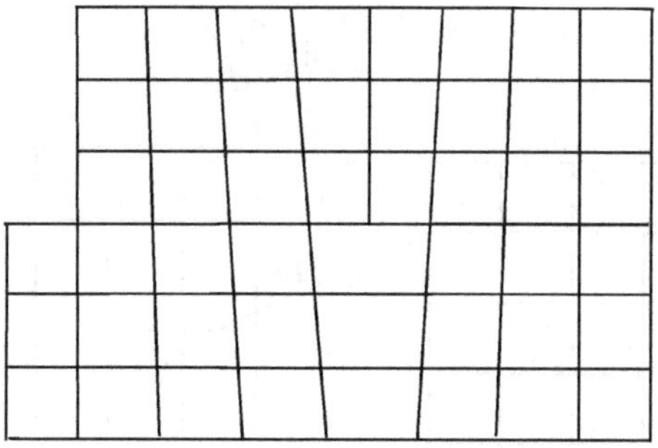

图 10.19　位错示意图

滑动，而是位错上的原子首先发生滑动，同时位错线的位置也逐步移动，最终使得滑移面上下原子层滑动一个晶格的间距，如图 10.20 所示。由于每次只需将位错线上原子的原子键断开，因此推动滑移的剪切力很低。同时由于剪切滑动是逐步进行的，材料会表现出较好的延性。

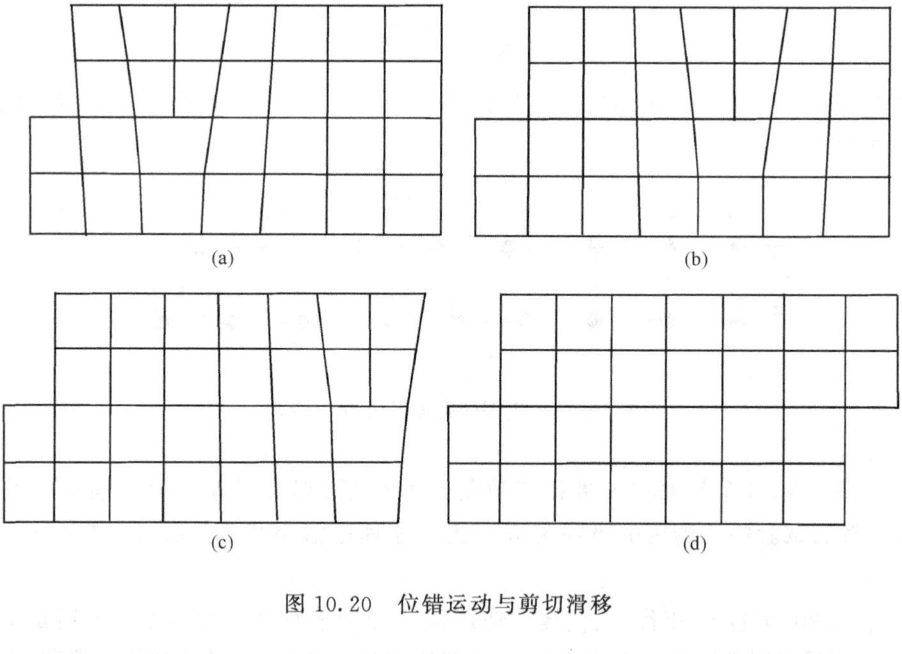

图 10.20　位错运动与剪切滑移

位错在晶体内运动，将引起晶体内原子层沿滑动面滑动，这就是金属材料产生塑性变形的主要原因。位错运动主要起因于外加的工作应力，但是，这种运动不是完全自由的，要受到各种阻力。材料屈服极限的提高，归根结底是由于位错运动的阻力增加。阻力主要来自两个方面,一是位错之间的相互作用,另一是由于金属中存在非纯原子(所谓杂质原子)。

根据上面的描述,单晶体在外力作用下的塑性变形显然与外力相对于晶体取向的方向有关,因此,单晶体是各向异性的。工程中实际应用的金属都是多晶体,由无数的单晶晶粒构成,我们所研究的物质点将包含大量的单晶晶粒,这些晶粒的取向是无序的,且大小和形状各不相同,因此,在外力不太大时,材料从宏观上是各向同性的。当它在某一方向承受很大的外力时,材料内的各个晶粒将逐渐向一共同的方向——外力施加方向转动,形成所谓的择优取向,使材料逐渐变为各向异性。

实际材料中的位错形式和分布及其运动非常复杂。直接由复杂的位错模型建立材料的塑性理论是细微观塑性力学的重要内容之一。

习　题

1. 如图 10.21 所示,两端固定的等截面杆,杆的截面积为 A,在距离左端 a 处($b>a$)作用一逐步增加的力 P,杆为线性硬化弹塑性材料,拉伸和压缩的变形规律一致,求左端反力 N_1 与力 P 的关系。

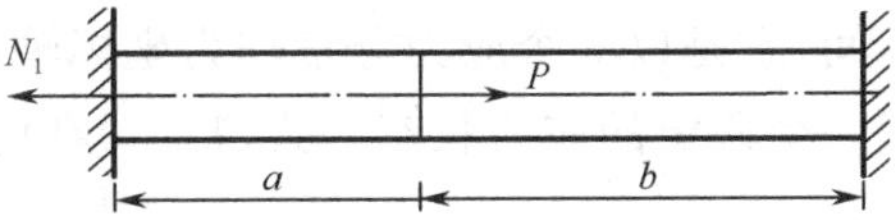

图 10.21

2. 对例 10.1 中的桁架,假定同时受垂直荷载 P 和水平荷载 Q 作用,求

(1) 三根杆件都处于弹性状态时,P 和 Q 应满足的关系,即在 P 和 Q 的平面坐标系中给出弹性极限曲线;

(2) 当 P 和 Q 按某一固定比例进行加载,求塑性极限荷载。

3. 简单拉伸下材料的关系曲线用线性硬化模型近似表示为

$$\sigma = \begin{cases} E\varepsilon, & 0 < \varepsilon \leqslant \varepsilon_s \\ \sigma_s + h\varepsilon^{\mathrm{p}}, & \varepsilon_s < \varepsilon \end{cases}$$

式中 $\varepsilon_s = \sigma_s / E$,常数 $h = E/9$。物质点经历了如下单轴应力历史

$$\sigma = 0 \to \sigma_1 \to 0 \to -\sigma_1$$

其中 $\sigma_1 = (1+\alpha)\sigma_s$,$0<\alpha<1$。试确定线性随动硬化模型下的相应应变历史。

第 11 章　屈服条件

11.1　屈服条件的概念与假设

屈服条件是物体内一点进入屈服时，其应力状态所满足的条件。对于简单应力状态，可以很容易根据实验确定其屈服条件，例如：对于单轴拉伸，根据实验可确定其屈服极限 σ_s，当应力小于 σ_s 时，材料处于弹性状态，当应力到达 σ_s 时，材料进入屈服，因此，屈服条件表示为 $\sigma=\sigma_s$；类似地，对于纯剪况，屈服条件可写为 $\tau = \tau_s$，其中 τ_s 是实验确定的剪切屈服极限。

然而对于复杂应力加载情况，物体内一点的应力状态由 6 个应力分量给定，当 6 个应力分量满足某种函数关系时这一点进入屈服。因此，屈服条件应使用函数形式表达，一般写为

$$f(\sigma_{ij}) = 0 \tag{11.1}$$

式中 f 是应力状态的函数，称之为屈服函数。

建立所谓的应力空间，它是以 6 个应力分量作为坐标轴所构成的抽象空间，空间中的每一坐标点代表一个确定的应力状态。式(11.1)在应力空间中构成一张曲面，该曲面称之为屈服面。

当应力 σ_{ij} 较小时，它们在应力空间中的位置位于坐标原点(零应力状态)附近，此时材料处于弹性状态。这就是说，在应力空间中，围绕着坐标原点有一个弹性区域，应力若在弹性区内变化时，只会产生弹性变形。当应力 σ_{ij} 增加到一定程度，材料便进入塑性状态。这就是说，弹性区存在一个边界，当到达或超过这个边界时，材料进入塑性状态并开始产生塑性变形，所以边界以外的区域称之为塑性区。实际上，这个边界就是屈服面，屈服面将应力空间分成弹性区和塑性区两个区域，且塑性区将弹性区包围在内。因此，又可以叙述为：应力状态 σ_{ij} 位于屈服面之内时($f(\sigma_{ij}) < 0$)，材料处于弹性状态；当应力状态 σ_{ij} 位于屈服面上时($f(\sigma_{ij}) = 0$)，材料开始屈服进入塑性状态。

一点的应力状态可由 3 个主应力 σ_1、σ_2、σ_3 和 3 个主方向表示，而 3 个相互垂直的主方向可使用 3 个角度 θ_1、θ_2、θ_3 描述。因此，屈服面的一般形式也可表示为

$$f(\sigma_1, \sigma_2, \sigma_3, \theta_1, \theta_2, \theta_3) = 0$$

对于金属材料，在应变量不大的情况下，根据实验结果，可引入如下 3 个基本假定对屈服条件进行简化。

1. 材料初始是各向同性的

屈服条件与主应力作用的方位无关，即与 θ_1、θ_2、θ_3 无关，因此，f 仅是主应力的函数

$$f(\sigma_1, \sigma_2, \sigma_3) = 0 \tag{11.2}$$

于是，屈服面可以在主应力空间（见 1.12 节）中使用三维空间的几何图形直观地表示。主应力空间中任意一坐标点 $P(\sigma_1, \sigma_2, \sigma_3)$ 代表物体内一点的应力状态。当 P 点位于屈服面 $f(\sigma_1, \sigma_2, \sigma_3) = 0$ 上，表示应力状态满足屈服条件。当 P 点在屈服面内部，即 $f(\sigma_1, \sigma_2, \sigma_3) < 0$，表示处在弹性状态。

从数学上讲，各向同性就意味着：在不同坐标系下，屈服函数具有相同的函数形式（见附录 A1.7 节），即与坐标系的选取无关，因此，f 应是应力张量 3 个坐标不变量的函数

$$f(I_1, I_2, I_3) = 0 \tag{11.3a}$$

式中 I_1、I_2、I_3 是应力张量 σ_{ij} 的 3 个坐标不变量。由于应力可分解为静水压力与偏应力之和，而后者具有 J_2 和 J_3 两个坐标不变量，于是，屈服条件又可写为

$$f(I_1, J_2, J_3) = 0 \tag{11.3b}$$

由式(1.45)可知，J_3 可表示为 J_2 和 Lode 角 θ_σ 的函数，因此，它还可以表示为

$$f(I_1, J_2, \theta_\sigma) = 0 \tag{11.3c}$$

2. 屈服与静水压力无关

10.2 节介绍的静水压力试验表明：静水压力对于塑性变形过程几乎没有影响。从金属材料塑性变形的主要内在机制来看，它可解释为在剪切作用下的位错移动，即剪切滑移，与静水压力无关。因此，可认为屈服条件仅取决于偏应力，是偏应力不变量的函数

$$f(J_2, J_3) = 0 \tag{11.4a}$$

或者

$$f(J_2, \theta_\sigma) = 0 \tag{11.4b}$$

应当指出：假设(2)对许多金属材料是适用的，但对于岩土一类的材料并不适用，应予以取消，见第 16 章。

3. 拉伸和压缩屈服是一致的

这就要求：所有应力分量改变正负号时屈服函数的值保持不变，即

$$f(\sigma_{ij}) = f(-\sigma_{ij})$$

J_2 总是正的，但是当所有应力分量改变正负号时 J_3 改变正负号，因此，上式要求屈服函数必须是 J_3 的偶函数。

11.2 屈服面在主应力空间中的一般形状

利用11.1节有关屈服条件的3个基本假定,可得出屈服面在主应力空间中的形状具有如下基本特征。

(1) 垂直于π平面(π平面的定义见1.12节)的柱面。π平面任一法线上的各点所代表的应力状态,其应力偏量相同,仅静水压力不同。由屈服条件假定2,屈服与静水压力无关,显然,如果该线上某一点满足屈服条件,那么该线上所有点都将满足屈服条件。所以,屈服面是一个以π平面的法线为母线的柱面,即屈服面与π平面垂直,如图11.1(a)所示。这样我们只需弄清屈服面在π平面上的投影即可。

(2) 屈服面在π平面上的投影在每30°分割段中都具有相似形,即具有30°对称性,如图11.1(b)。这可由假定1即各向同性假定导出,说明如下:

①关于$(\sigma_1)_p$、$(\sigma_2)_p$和$(\sigma_3)_p$轴(它们的基矢量分别是$\boldsymbol{e}'_1$、$\boldsymbol{e}'_2$、$\boldsymbol{e}'_3$,见1.12节)对称。例如,两种应力状态$(s_1,s_2,s_3)=(s_a,s_b,s_c)$和$(s_1,s_2,s_3)=(s_a,s_c,s_b)$在$\pi$平面上的位置是关于$(\sigma_1)_p$轴对称的(见例1.6),而它们相对屈服而言并无差别,因此,屈服面关于$(\sigma_1)_p$轴对称。同理,可说明屈服面也关于$(\sigma_2)_p$、$(\sigma_3)_p$轴对称。

②关于垂直于$(\sigma_1)_p$、$(\sigma_2)_p$、$(\sigma_3)_p$轴的直线(图11.1(b)中虚线)对称。例如,两种应力状态$(s_1,s_2,s_3)=(s_a,s_b,s_c)$和$(s_1,s_2,s_3)=(-s_a,-s_c,-s_b)$在$\pi$平面上的位置关于$(\sigma_1)_p$轴的垂直线对称,根据假定3,拉、压屈服一致,它们相对屈服而言并无差别,因此,屈服面关于$(\sigma_1)_p$轴的垂直线对称。同理,可说明屈服面也关于$(\sigma_2)_p$、$(\sigma_3)_p$轴的垂直线对称。

因此,在π平面仅需要知道30°范围内的屈服面形状,其余均可根据上述对称性给出。

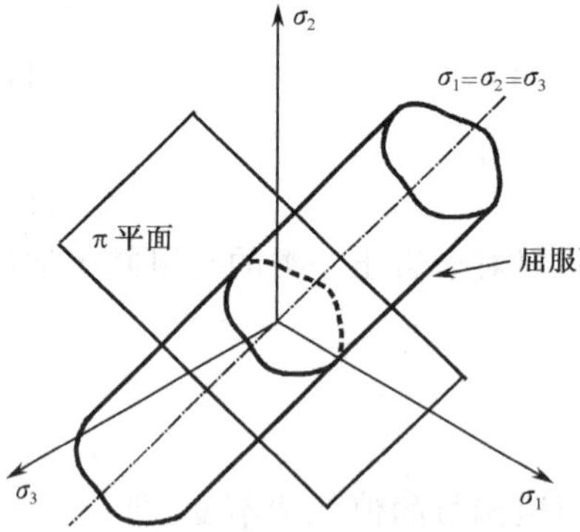

(a) 屈服面在主应力空间的一般形状

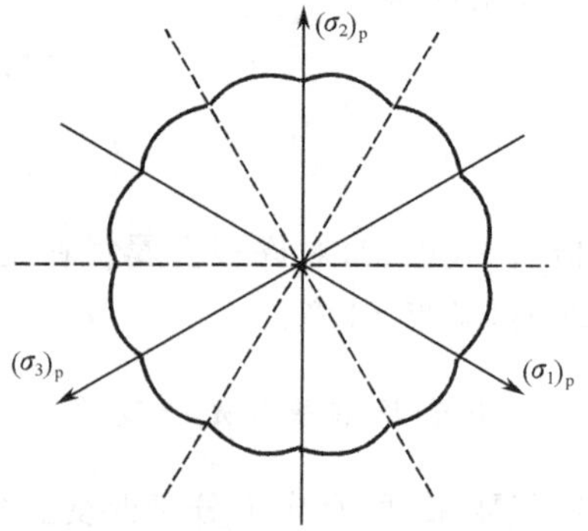

(b) 屈服面在π平面的一般形状

图11.1 屈服面的一般形状

根据实验结果确定屈服面的方法通常是：①选择有限个应力路径进行加载试验直至屈服，得到屈服面上的有限个点，然后直接进行数学拟合。②通过实验观测和理论分析，针对影响屈服的主要宏观力学因素提出某种假设，进而给出屈服条件的表达式，再由实验进行验证。下面介绍两种常用的屈服条件，Tresca 屈服条件和 Mises 屈服条件，就是分别基于最大剪应力和偏应力第二不变量是影响屈服的主要因素的假定而提出的，它们基本符合实验结果。

11.3　Tresca 屈服条件

Tresca 于 1864 年基于自己所做的金属挤压试验观测，提出以下假定：当最大剪应力达到某个极限值时材料发生屈服。规定 $\sigma_1 \geqslant \sigma_2 \geqslant \sigma_3$，屈服条件是

$$f(\sigma_{ij}) = \frac{\sigma_1 - \sigma_3}{2} - k_1 = 0 \tag{11.5a}$$

式中 k_1 是材料常数。

将式(11.5a)代入式(1.53a)，有

$$x = \frac{\sqrt{2}}{2}(s_1 - s_3) = \frac{\sqrt{2}}{2}(\sigma_1 - \sigma_3) = \sqrt{2}k_1 \tag{11.5b}$$

说明屈服条件式(11.5a)在 π 平面上是垂直于 x 轴的直线。

若 σ_1、σ_2、σ_3 不规定大小顺序，则屈服条件是

$$\begin{aligned} \sigma_1 - \sigma_2 &= \pm 2k_1 \\ \sigma_1 - \sigma_3 &= \pm 2k_1 \\ \sigma_2 - \sigma_3 &= \pm 2k_1 \end{aligned} \tag{11.6}$$

式(11.6)在 π 平面是 6 条直线，正好构成一个正六边形，它们在应力空间中是一个正六棱柱的柱面，如图 11.2 所示。

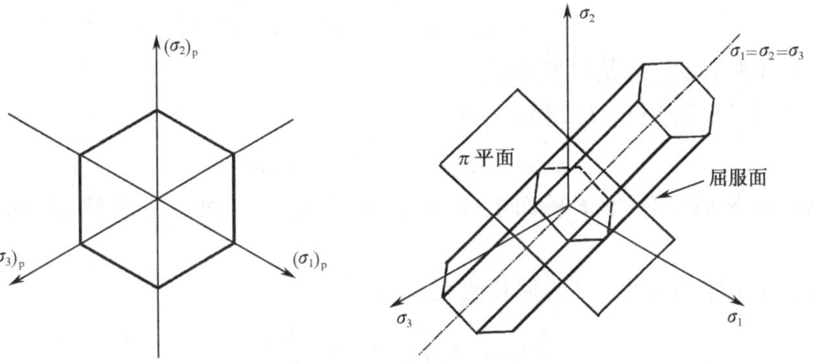

(a) π 平面上的 Tresca 屈服面　　(b) 主应力空间中的 Tresca 屈服面

图 11.2　Tresca 屈服面

材料常数 k_1 值可由简单实验确定，如单轴拉伸和纯剪实验等。

(1) 单轴拉伸：屈服时拉伸应力是 σ_s，此时主应力状态是 $\sigma_1=\sigma_s$，$\sigma_2=\sigma_3=0$，代入屈服条件

$$k_1=\frac{\sigma_s}{2} \tag{11.7a}$$

(2) 纯剪：屈服时剪切应力为 $\tau=\tau_s$，此时主应力状态则是 $\sigma_1=\tau_s$，$\sigma_2=0$，$\sigma_3=-\tau_s$，代入屈服条件

$$k_1=\tau_s \tag{11.7b}$$

从理论上讲，若材料严格服从 Tresca 屈服条件，则常数 k_1 只取决于材料，与达到屈服时的应力状态无关，也就是说，通过任意应力状态所确定的常数 k_1 值都应相等。比较上面两式，就应有

$$\sigma_s=2\tau_s \tag{11.7c}$$

即单轴拉伸屈服应力是纯剪屈服应力的两倍。然而，对于多数实际材料，这个关系只是近似满足。

使用式(11.7a)和式(11.7b)，Tresca 屈服条件可表示为

$$\sigma_1-\sigma_3=\sigma_s \quad \text{或} \quad \sigma_1-\sigma_3=2\tau_s \tag{11.8}$$

根据主应力与应力张量不变量的关系式(1.47)，Tresca 屈服条件还可表示为

$$2\sqrt{J_2}\cos\theta_\sigma=\sigma_s \tag{11.9}$$

11.4 Mises 屈服条件

Tresca 屈服条件没有考虑中间主应力的影响，几何上它是一个不光滑的曲面。Mises 在 1913 年研究了实验结果后，提出了另一种屈服条件：当偏应力的第二不变量达到某个极限时，即

$$f(\sigma_{ij})=J_2-k_2^2=0 \tag{11.10}$$

材料进入屈服，式中 k_2 是材料常数。

结合式(11.10)和式(1.54a)，得

$$r_\sigma=\sqrt{2J_2}=\sqrt{2}k_2=\text{const}$$

因此，Mises 屈服条件在 π 平面上是一个圆，在应力空间是一圆柱面，如图 11.3 所示。

从 3.4 节中可知，材料的形状改变能为

$$\frac{1}{2}s_{ij}e_{ij}=\frac{1}{4G}s_{ij}s_{ij}=\frac{1}{2G}J_2$$

说明 J_2 与弹性状态的形状改变能成正比，同时 J_2 也与材料八面体上的剪应力成比例(见式(1.49))。因此，Mises 屈服条件从物理上可解释为：当形状改变能或八面

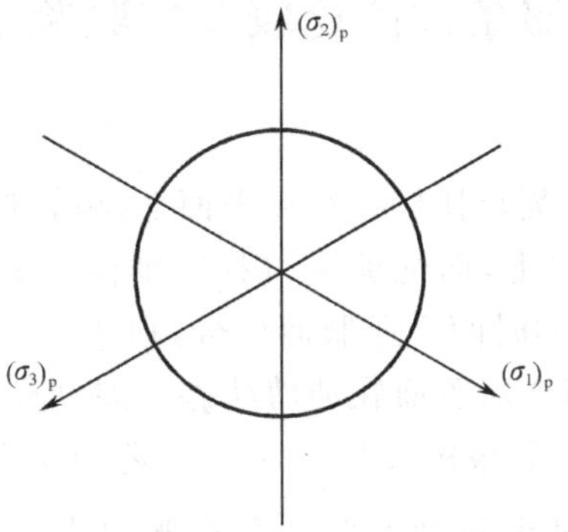

(a) π 平面上的 Mises 屈服面

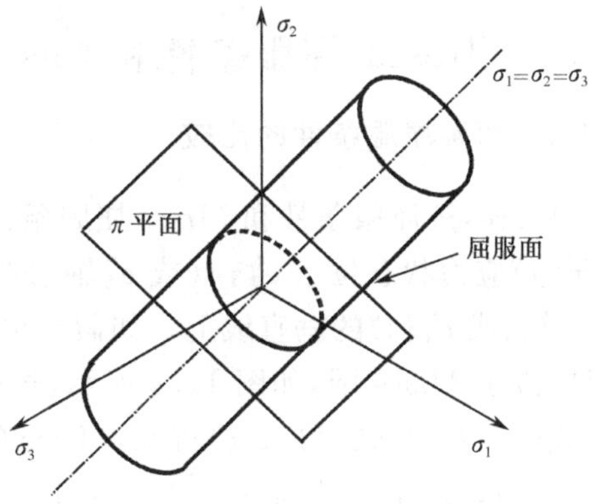

(b) 主应力空间中的 Mises 屈服面

图 11.3 Mises 屈服面

体上的剪应力达到某一极限值时,材料进入屈服。

同 Tresca 屈服条件一样,材料常数 k_2 由简单实验确定。

(1) 单轴拉伸:屈服时的主应力是 $\sigma_1=\sigma_s$, $\sigma_2=\sigma_3=0$,代入式(11.10)得

$$J_2=\frac{\sigma_s^2}{3}=k_2^2 \tag{11.11}$$

于是有

$$k_2=\frac{1}{\sqrt{3}}\sigma_s \tag{11.12a}$$

(2) 剪切:屈服时 $\tau=\tau_s$,主应力是 $\sigma_1=\tau_s$, $\sigma_2=0$, $\sigma_3=-\tau_s$,代入式(11.10)得

$$J_2=\tau_s^2=k_2^2$$

于是有

$$k_2=\tau_s \tag{11.12b}$$

因此,如果材料严格服从 Mises 屈服条件,则单轴拉伸和纯剪的屈服极限满足

$$\sigma_s=\sqrt{3}\tau_s \tag{11.12c}$$

对于多数实际材料,实验结果比较接近式(11.12c)。

使用式(11.12),Mises 屈服条件可表示为

$$f=J_2-\frac{\sigma_s^2}{3}=0 \quad 或 \quad f=J_2-\tau_s^2=0 \tag{11.13a}$$

结合上式和等效应力的定义式(1.50),Mises 屈服条件还可表示为

$$f=\bar{\sigma}-\sigma_s=0 \tag{11.13b}$$

11.5 Tresca 屈服条件和 Mises 屈服条件的比较及实验验证

11.5.1 两种屈服条件的比较

将 Tresca 屈服条件和 Mises 屈服条件作一简单比较。在 π 平面上，单轴拉伸(或压缩)应力状态位于 e'_1 轴(或 e'_2 轴、或 e'_3 轴)上，而纯剪应力状态则位于 e'_2 轴(或 e'_1 轴、或 e'_3 轴)的垂直线上。如假定单轴拉伸时两个屈服面重合，则 Tresca 六边形内接于 Mises 圆，如图 11.4 所示，这时，两个屈服面在纯剪状态时差别最大，使用式(11.7c)和式(11.12c)可知：Mises 的剪切屈服极限与 Tresca 的剪切屈服极限之比是 $(\tau_s)_M : (\tau_s)_T = 2 : \sqrt{3} = 1.155 : 1$；如假定纯剪时两个屈服面重合，则 Tresca 六边形外切于 Mises 圆，这时，两个屈服面在单轴拉伸(或压缩)差别最大，同样使用式(11.7c)和式(11.12c)可知：Tresca 的拉伸屈服极限与 Mises 的拉伸屈服极限之比是 $(\sigma_s)_T : (\sigma_s)_M = 2 : \sqrt{3} = 1.155 : 1$。

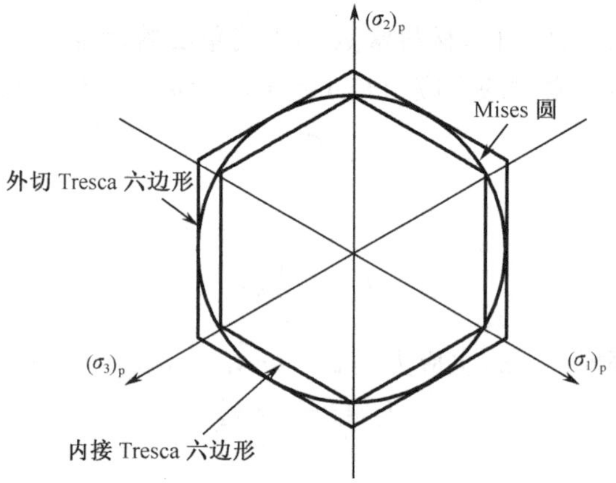

图 11.4　Mises 屈服面及与 Tresca 屈服面的关系

这两个屈服条件曾在材料力学中被当作破坏条件使用。在那里，破坏被分为脆性和塑性两种类型，塑性破坏的标志就是材料进入屈服，即不考虑材料的硬化，一旦屈服就认为产生了塑性破坏，因此，屈服条件就是破坏条件。

上面介绍的屈服条件是建立在一定假定的基础上，是否正确需要用实验进行验证，通常采用 10.4 节介绍的薄壁圆筒实验，所受荷载为轴向拉伸和内压或扭转的组合。下面介绍早期的两个著名实验。

11.5.2 Lode 实验

1926 年,Lode 进行了薄壁圆筒受拉力 T 和内水压 p 共同作用的实验,如图 10.13,改变 T 与 p 的比值关系,可以得到不同的应力状态。设 $T \leqslant 2\pi R^2 p$,则 $\sigma_z \leqslant \sigma_\theta$,使用式(10.17),对应的 Lode 参数 μ_σ 为

$$\mu_\sigma = \frac{2\sigma_2 - \sigma_1 - \sigma_3}{\sigma_1 - \sigma_3} = \frac{T - \pi R^2 p}{\pi R^2 p}$$

随 T 与 p 比值的改变而变化。例如当 $T=0$, $\mu_\sigma=-1$; $T=\pi R^2 p$, $\mu_\sigma=0$; $T=2\pi R^2 p$, $\mu_\sigma=1$。因此,当 $0 \leqslant T \leqslant 2\pi R^2 p$ 时,$-1 \leqslant \mu_\sigma \leqslant 1$。

假定在单轴拉伸时,Tresca 与 Mises 两个屈服条件重合。Tresca 屈服条件可写成

$$\frac{\sigma_1 - \sigma_3}{\sigma_s} = 1 \tag{11.14a}$$

使用式(1.50)和式(1.54),等效应力可表示为

$$\bar{\sigma} = \sqrt{3J_2} = \sqrt{\frac{3}{2}}\, r_\sigma = \sqrt{\frac{3}{2}}\, x \sqrt{1 + \left(\frac{y}{x}\right)^2} = \frac{1}{2}(\sigma_1 - \sigma_3)\sqrt{3 + \mu_\sigma^2}$$

于是,Mises 屈服条件式(11.13b)可写成

$$\frac{\sigma_1 - \sigma_3}{\sigma_s} = \frac{2}{\sqrt{3 + \mu_\sigma^2}} \tag{11.14b}$$

实验中通过不断改变 T 与 p 的比值关系,得到不同的应力状态。对于某种固定的比值,加载直至屈服,根据实验结果可整理得到屈服时的 $(\sigma_1 - \sigma_3)/\sigma_s$ 和 μ_σ。建立以 $(\sigma_1 - \sigma_3)/\sigma_s$ 为纵轴,μ_σ 为横轴的坐标系,将实验结果以及 Tresca 屈服条件和 Mises 屈服条件都绘于 $(\sigma_1 - \sigma_3)/\sigma_s \sim \mu_\sigma$ 的坐标系中,Tresca 是平行于横轴的直线,而 Mises 是抛物线,人们发现实验结果更接近于 Mises 屈服条件。

11.5.3 Taylor 和 Quinney 实验

Taylor 和 Quinney 于 1931 年在薄壁圆筒受拉力 T 和扭转 M 联合作用下进行了实验,如图 10.13。改变 T 与 M 的比值关系,得到不同的应力状态,对于某种固定的比值,加载直至屈服。将屈服时的实验应力结果在纵轴为 $\frac{\sigma_z}{\sigma_s}$,横轴为 $\frac{\tau_{\theta z}}{\sigma_s}$ 的坐标系中给出。若假定两屈服条件在单轴拉伸重合,在该坐标系下

Tresca 屈服条件: $$\left(\frac{\sigma_z}{\sigma_s}\right)^2 + 4\left(\frac{\tau_{\theta z}}{\sigma_s}\right)^2 = 1 \tag{11.15a}$$

Mises 屈服条件: $$\left(\frac{\sigma_z}{\sigma_s}\right)^2 + 3\left(\frac{\tau_{\theta z}}{\sigma_s}\right)^2 = 1 \tag{11.15b}$$

在导出上式时，我们使用了下面两个式子

$$\tau_{\max}=\frac{\sigma_1-\sigma_3}{2}=\frac{1}{2}\sqrt{\sigma_z^2+4\tau_{\theta z}^2}$$

$$J_2=\frac{1}{6}(2\sigma_z^2+6\tau_{\theta z}^2)=\frac{1}{3}(\sigma_z^2+3\tau_{\theta z}^2)$$

在$\frac{\sigma_z}{\sigma_s}\sim\frac{\tau_{\theta z}}{\sigma_s}$坐标系中，Tresca 屈服条件和 Mises 屈服条件都是椭圆，它们与实验结果基本符合，实验结果更接近于 Mises 屈服条件。实验结果与 Tresca 和 Mises 屈服条件的对比图参考有关教科书。

为描述问题的方便，本书后面将服从 Tresca 屈服条件的材料称为 Tresca 材料；将服从 Mises 屈服条件的材料称为 Mises 材料。

【例 11.1】 一薄壁圆管，平均半径为 R，壁厚为 t，承受内压 p 作用，对于下列两种情况：

(1)管的两端是自由的；

(2) 管的两端是封闭的；

分别使用 Mises 和 Tresca 屈服条件，讨论 p 多大时管子开始屈服(规定纯剪时两种屈服条件重合)。

解　将 Mises 和 Tresca 屈服条件中的材料常数 k_1 和 k_2 都使用纯剪时的屈服极限表示，则这两种屈服条件重合，于是

Mises 屈服条件：　$J_2=\tau_s^2$

Tresca 屈服条件：　$\sigma_1-\sigma_3=2\tau_s$

1) 管的两端是自由的

应力状态为

$$\sigma_z=0,\quad \sigma_\theta=\frac{pR}{t},\quad \sigma_r=0,\quad \tau_{zr}=\tau_{r\theta}=\tau_{\theta z}=0$$

$$J_2=\frac{1}{6}[(\sigma_z-\sigma_r)^2+(\sigma_z-\sigma_\theta)^2+(\sigma_r-\sigma_\theta)^2+6(\tau_{r\theta}^2+\tau_{\theta z}^2+\tau_{zr}^2)]=\frac{1}{3}\left(\frac{pR}{t}\right)^2$$

$$\sigma_1-\sigma_3=\sigma_\theta=\frac{pR}{t}$$

使用 Mises 屈服条件：　$p=\frac{\sqrt{3}\,\tau_s t}{R}$

使用 Tresca 屈服条件：　$p=\frac{2\tau_s t}{R}$

2) 管段的两端是封闭的

应力状态为

$$\sigma_z = \frac{pR}{2t}, \quad \sigma_\theta = \frac{pR}{t}, \quad \sigma_r = 0, \quad \tau_{zr} = \tau_{r\theta} = \tau_{\theta z} = 0$$

$$J_2 = \frac{1}{6}[(\sigma_z - \sigma_r)^2 + (\sigma_z - \sigma_\theta)^2 + (\sigma_r - \sigma_\theta)^2 + 6(\tau_{r\theta}^2 + \tau_{\theta z}^2 + \tau_{zr}^2)] = \frac{1}{6}\frac{3}{2}\left(\frac{pR}{t}\right)^2$$

$$\sigma_1 - \sigma_3 = \sigma_\theta = \frac{pR}{t}$$

Mises 屈服条件： $p = \dfrac{2\tau_s t}{R}$

Tresca 屈服条件： $p = \dfrac{2\tau_s t}{R}$

【例 11.2】 一种材料在二维主应力平面中进行试验，所得屈服时的应力状态为$(\sigma_1,\sigma_2)=(3t,t)$，假定此材料为各向同性，与静水压力无关且拉压屈服应力相等。

(1) 由上述条件推断在$\sigma_1\sim\sigma_2$平面中的各屈服点应力；

(2) 证明 Mises 屈服条件在$\sigma_1\sim\sigma_2$平面中的曲线通过(1)中所有点。

解 由于静水压力无关的条件得出屈服在以下各点会发生

$$(\sigma_1,\sigma_2,\sigma_3) = (3t,t,0) + (-3t,-3t,-3t) = (0,-2t,-3t)$$

$$(\sigma_1,\sigma_2,\sigma_3) = (3t,t,0) + (-t,-t,-t) = (2t,0,-t)$$

再由于各向同性的条件，很容易看出$\sigma_1\sim\sigma_2$平面中的以下 5 个应力点也是屈服点

$$A_2:(\sigma_1,\sigma_2,\sigma_3) = (t,3t,0)$$

$$B_1:(\sigma_1,\sigma_2,\sigma_3) = (-3t,-2t,0)$$

$$B_2:(\sigma_1,\sigma_2,\sigma_3) = (-2t,-3t,0)$$

$$C_1:(\sigma_1,\sigma_2,\sigma_3) = (2t,-t,0)$$

$$C_2:(\sigma_1,\sigma_2,\sigma_3) = (-t,2t,0)$$

还有，由于拉压屈服应力相等，因而可得到$\sigma_1\sim\sigma_2$平面中的另外 6 个应力屈服点

$$A_3:(\sigma_1,\sigma_2,\sigma_3) = (-3t,-t,0)$$

$$A_4:(\sigma_1,\sigma_2,\sigma_3) = (-t,-3t,0)$$

$$B_3:(\sigma_1,\sigma_2,\sigma_3) = (3t,2t,0)$$

$$B_4:(\sigma_1,\sigma_2,\sigma_3) = (2t,3t,0)$$

$$C_3:(\sigma_1,\sigma_2,\sigma_3) = (-2t,t,0)$$

$$C_4:(\sigma_1,\sigma_2,\sigma_3) = (t,-2t,0)$$

因此，根据这些点的数据，可以作出在$\sigma_1\sim\sigma_2$平面中的屈服面，如图 11.5 所示。

在二维主应力平面中$(\sigma_3 = 0)$，有

$$J_2 = \frac{1}{6}[\sigma_1^2 + \sigma_2^2 + (\sigma_1 - \sigma_2)^2] = \frac{1}{3}(\sigma_1^2 + \sigma_2^2 - \sigma_1\sigma_2)$$

Mises 屈服条件可表示为

$$\sigma_1^2 + \sigma_2^2 - \sigma_1\sigma_2 = 3k_2^2$$

将屈服应力状态$(\sigma_1,\sigma_2)=(3t,t)$代入上式，确定常数 $k_2^2 = 7t^2/3$，再将上式表示的 Mises 屈服条件在 $\sigma_1 \sim \sigma_2$ 平面中画出，它将是一个椭圆曲线，该曲线通过以上所有数据点，如图 11.5 所示。

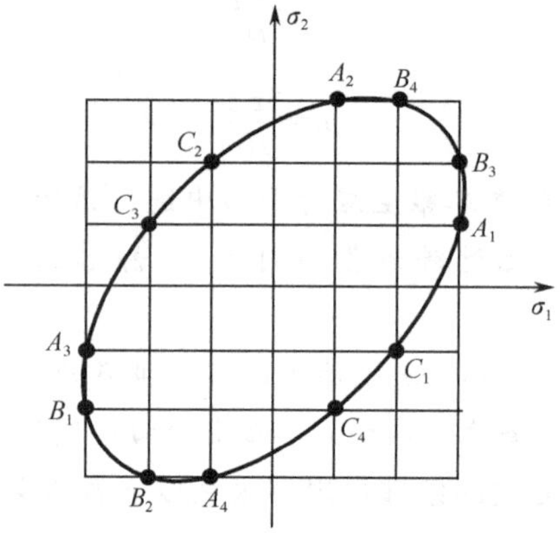

图 11.5　二维应力平面中的 Mises 屈服面

11.6　加载面与内变量

11.6.1　加载面的概念

前面几节集中讨论的屈服条件是指材料在未经受过任何塑性变形的情况下进入初始屈服时应满足的条件，对应的屈服面称之为初始屈服面。

由于屈服面是弹性区的边界，并将弹性区包含在内，当应力路径在不超出屈服面的范围内（即在屈服面内或沿着屈服面）变化时，不会产生塑性变形，材料响应是弹性的；屈服面以外是塑性区，当应力路径从屈服面上一点向屈服面外变化时，例如图 11.6 中从 A 点变化到 B 点，将产生塑性变形。在 10.2 节我们知道，单轴拉伸下进入初始屈服后，随着塑性变形的增长屈服极限会提高，即产生硬化，类似地，在复杂应力情况下材料的硬化表现为，随着塑性变形的产生，屈服面（即弹性区的边界）会随之改变，具体来说，从当前的应力状态（B 点）卸载回到弹性状态，然后沿任意路径重新施加应力，比如沿着图 11.6 中的路径 BDO 卸载回到零应力状态，再沿 OEF 路径施加应力，当应力状态达到初始屈服面（图中 E 点）时，材料不会屈服，只有当应力状态达到新的屈服面（图中 F 点）时，材料才会重新屈服，因此，屈服面改变。若沿着应力路径向新的屈服面外变化，又将产生新的塑性变形，进而使得屈服面再次改变。因此,随着塑性变形的不断发展,屈服面会不断地变化,材料不断地得到硬化。通常将变化中的屈服面称之为后继屈服面或加载面,将应力空间中描述加载面的方程称为后继屈服条件或加载条件。

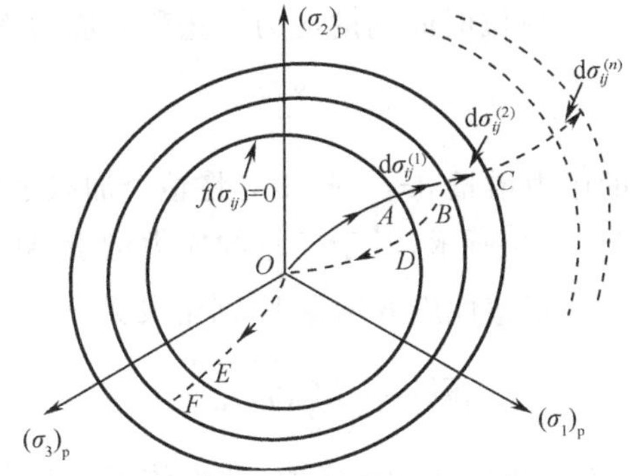

图 11.6 加载面演化

显然,加载面或加载条件的变化取决于材料所经历的塑性变形历史。使用一组内变量 $\xi_\beta(\beta=1,2,\cdots,n)$描述塑性变形历史,它可以是一个标量,或多个标量,也可以是张量,则加载条件可表达为

$$f(\sigma_{ij},\xi_\beta)=0 \tag{11.16}$$

式中 $f(\sigma_{ij},\xi_\beta)$称为后继屈服函数或加载函数。式(11.16)在应力空间所代表的加载面是一簇以 ξ_β为参数的曲面,即 ξ_β的等值面。材料进入初始屈服时尚未产生塑性变形,$\xi_\beta=0$,式(11.16)退化为前面讨论过的初始屈服面。随着塑性变形的产生和发展,内变量 ξ_β不断变化,加载面将按照式(11.16)确定的关系随之产生改变,这种改变也称演化。加载面随内变量的演化规律实质上就是材料的硬化规律。

现在的问题是:①如何定义描述塑性变形历史的内变量;②如何确定材料的硬化规律。11.6.2 节内容主要讨论第一个问题,至于第二个问题将在 11.7 节中讨论。

11.6.2 内变量

定义内变量的方法通常有两种:一是“微细观物理”方法,就是使用描述材料内部微细结构不可逆改变的微细观变量作为内变量,比如金属材料中的位错密度、晶格取向分布等;二是“宏观唯象”方法,内变量通过塑性应变和其他宏观变量构造而成,塑性应变本身就是这种类型的内变量。

最简单的宏观本构关系中所采用的“宏观唯象”内变量,除塑性应变之外,是一个被称之为硬化参数的变量。对于硬化参数的定义,一般要求它随塑性变形而递增,即只要产生新的塑性变形,硬化参数就应增加,否则,硬化参数不会改变。通常使用的硬化参数有两个,一个是累积塑性应变,另一个是塑性功,下面使用增量的概念对这两个量的定义进行说明。

同应变率的定义一样,单位时间内的应力增量称为应力率,即

$$\dot{\sigma}_{ij} = \frac{\partial \sigma_{ij}}{\partial t}$$

在微小时间增量 $\mathrm{d}t$ 内的应力增量 $\mathrm{d}\sigma_{ij} = \dot{\sigma}_{ij}\,\mathrm{d}t$。将整个加载过程看作是一系列的应力增量 $\mathrm{d}\sigma_{ij}$ 所组成,如图 11.6 所示,对于任意的应力增量 $\mathrm{d}\sigma_{ij}$,若产生塑性应变增量为 $\mathrm{d}\varepsilon_{ij}^{\mathrm{p}}$,其偏量为 $\mathrm{d}e_{ij}^{\mathrm{p}}$,累积塑性应变增量$\overline{\mathrm{d}\varepsilon^{\mathrm{p}}}$则定义为

$$\overline{\mathrm{d}\varepsilon^{\mathrm{p}}} = \sqrt{\frac{2}{3}\mathrm{d}e_{ij}^{\mathrm{p}}\,\mathrm{d}e_{ij}^{\mathrm{p}}} \tag{11.17a}$$

根据 12.4 节,当屈服条件与静水压力无关时,塑性体积应变为零,即塑性体积是不可压缩的,故 $\mathrm{d}e_{ij}^{\mathrm{p}} = \mathrm{d}\varepsilon_{ij}^{\mathrm{p}}$,累积塑性应变增量可表示为

$$\overline{\mathrm{d}\varepsilon^{\mathrm{p}}} = \sqrt{\frac{2}{3}\mathrm{d}\varepsilon_{ij}^{\mathrm{p}}\,\mathrm{d}\varepsilon_{ij}^{\mathrm{p}}} \tag{11.17b}$$

塑性功增量是指单位体积内应力在塑性应变增量 $\mathrm{d}\varepsilon_{ij}^{\mathrm{p}}$ 上所做的功,为

$$\mathrm{d}W^{\mathrm{p}} = \sigma_{ij}\,\mathrm{d}\varepsilon_{ij}^{\mathrm{p}} \tag{11.18}$$

这部分能量是不可恢复的,它将在塑性变形过程中耗散。通常将单位时间内的塑性功增量称为耗散功率,使用 D_{p} 表示,即有

$$D_{\mathrm{p}} = \frac{\mathrm{d}W^{\mathrm{p}}}{\mathrm{d}t} = \sigma_{ij}\dot{\varepsilon}_{ij}^{\mathrm{p}}$$

式中 $\dot{\varepsilon}_{ij}^{\mathrm{p}}$ 是塑性应变率。显然,塑性功增量 $\mathrm{d}W^{\mathrm{p}} = D_{\mathrm{p}}\mathrm{d}t$。由于本书仅讨论率无关材料,使用增量的概念描述问题往往更直观,因此,多数情况下使用 $\mathrm{d}W^{\mathrm{p}}$ 而不是 D_{p}。

将每一个应力增量下的累积塑性应变增量或塑性功增量按照上面的式子计算,然后累加起来,即计算积分 $\int \overline{\mathrm{d}\varepsilon^{\mathrm{p}}}$ 或 $\int \mathrm{d}W^{\mathrm{p}}$,得当前状态的累积塑性应变或塑性功。

类似于等效应变的定义式(2.39),定义等效塑性应变为

$$\bar{\varepsilon}^{\mathrm{p}} = \sqrt{\frac{2}{3}e_{ij}^{\mathrm{p}}e_{ij}^{\mathrm{p}}} \quad 或 \quad \bar{\varepsilon}^{\mathrm{p}} = \sqrt{\frac{2}{3}\varepsilon_{ij}^{\mathrm{p}}\varepsilon_{ij}^{\mathrm{p}}}\ (当塑性体积不可压缩时) \tag{11.19}$$

一般地

$$\int \overline{\mathrm{d}\varepsilon^{\mathrm{p}}} \neq \bar{\varepsilon}^{\mathrm{p}}$$

两者只有在塑性应变各分量之间的比例在整个加载过程中始终保持不变且单调变

化时,才能相等,见例 2.5。

下面以图 11.7 所示的单轴实验曲线为例说明累积塑性应变和等效塑性应变的差别。假定塑性体积不可压缩,在应力增量 $d\sigma$ 作用下,塑性应变增量状态是

$$d\varepsilon_{11}^{p} = d\varepsilon^{p}, \quad d\varepsilon_{22}^{p} = d\varepsilon_{33}^{p} = -\frac{d\varepsilon^{p}}{2}, \quad d\varepsilon_{12}^{p} = d\varepsilon_{23}^{p} = d\varepsilon_{31}^{p} = 0 \quad (11.20a)$$

将式(11.20a)代入式(11.17b),在拉伸曲线 OB 段,得累积塑性应变为

$$\int \overline{d\varepsilon^{p}} = \varepsilon^{p} \quad (11.20b)$$

式中 ε^{p} 是当前的塑性应变。当应力从 B 点卸载直到在 D 进入反向加载前,它等于 OC。经过反向加载到 E 点后再卸载到达 O 点,在 DEO 段中形成的累积塑性应变正好也是 OC,因此总的累积塑性应变是 OC 的 2 倍。使用式(11.19)计算等效塑性应变可知,在任意阶段它始终等于当前的塑性应变 ε^{p},因此,在 BCD 段它等于 OC,与累积塑性应变相等,但到达 O 点时,由于 O 点的塑性应变为零,它将为零,所以两者不等。

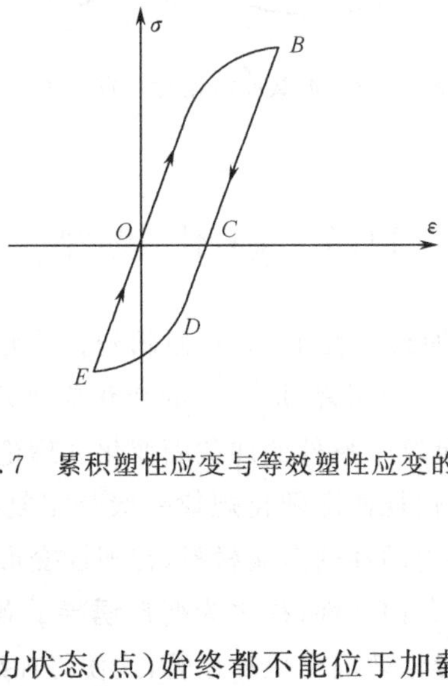

图 11.7 累积塑性应变与等效塑性应变的差别

11.6.3 一致性条件

根据上面的分析,应力状态(点)始终都不能位于加载面之外。当应力状态从加载面上向加载面外变化时,将产生新的塑性变形,引起内变量 ξ_β 增加,这时,加载面会随之改变,使得更新的应力状态处在更新的加载面上。具体来说,在 t 时刻,应力状态为 σ_{ij},内变量为 ξ_β,位于加载面 $f(\sigma_{ij}, \xi_\beta)=0$ 上;在 dt 施加指向加载面外的应力增量 $d\sigma_{ij}$,在 $t+dt$ 时刻,应力状态增加为 $\sigma_{ij}+d\sigma_{ij}$,内变量相应地增加为 $\xi_\beta+d\xi_\beta$,应力状态 $\sigma_{ij}+d\sigma_{ij}$ 位于更新的加载面上,如图 11.8,即

$$f(\sigma_{ij}+d\sigma_{ij}, \xi_\beta+d\xi_\beta) = 0$$

将上式使用 Talyor 级数展开，略去高阶项，并考虑到 $f(\sigma_{ij},\xi_\beta)=0$，则得到加载过程中应力增量与内变量增量之间的关系，为

$$\frac{\partial f}{\partial \sigma_{ij}}\mathrm{d}\sigma_{ij}+\frac{\partial f}{\partial \xi_\beta}\mathrm{d}\xi_\beta=0 \tag{11.21}$$

式(11.21)称为一致性条件，它是根据加载过程中应力点始终保持在不断更新的加载面上这一原则导出的，它给出了内变量随应力改变的演化方程。

应当指出，对于率相关材料，应力状态可以位于加载面之外。

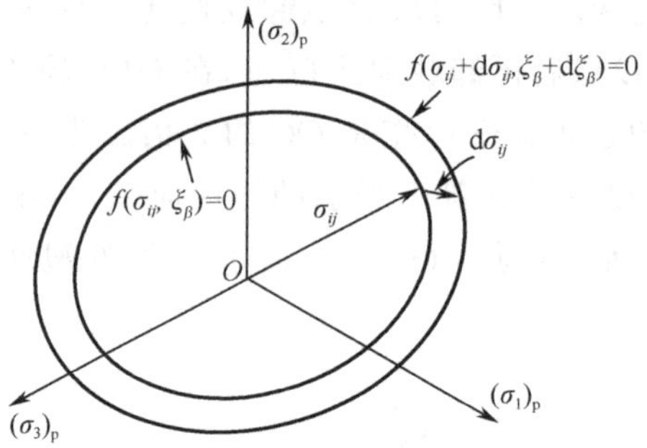

图 11.8 加载面演化与一致性条件

11.7 硬化模型

11.6 节指出：材料在加载过程中，加载面随塑性变形的历史发展而不断地改变，而且，对于特定的应力路径而言，加载面的变化应满足更新的应力状态点始终处在更新的加载面上，满足这个条件的加载面变化从理论上讲无限多。因此，如何确定加载面随内变量的演化规律即硬化规律一般是很复杂的，不容易用实验方法完全确定。对于初始时各向同性的金属材料，在塑性变形过程中，由于晶格的择优取向常会导致材料性质呈各向异性(称之为变形诱导的各向异性)，随着塑性变形的增长，这种诱导的各向异性效应会更加显著，这使得加载面的演化更加复杂。为了便于实际应用，人们不得不对加载面的演化规律进行若干简化，下面介绍几种简化的硬化模型。

11.7.1 等向硬化

等向硬化模型认为加载面形状和中心位置都不变，只有大小变化，即在应力空间作形状相似的扩大，如图 11.9。在物理上，这实质就是假定材料在硬化后仍保

持各向同性的性质，忽略了由于塑性变形诱导的各向异性的影响。等向硬化加载面用数学式子可表示为

$$f(\sigma_{ij}) - k(\xi_\beta) = 0$$

或具体地

$$f(J_2, J_3) - k(\xi_\beta) = 0$$

式中 $k(\xi_\beta)$是硬化函数，内变量 ξ_β通常采用两个硬化参数之一，即累积塑性应变或者塑性功。

在单向应力情况下，等向硬化可理解为：材料某一方向上因加载屈服极限得到提高，所有其他方向的屈服极限都将因此而得到同等程度的提高，见 10.2 节。

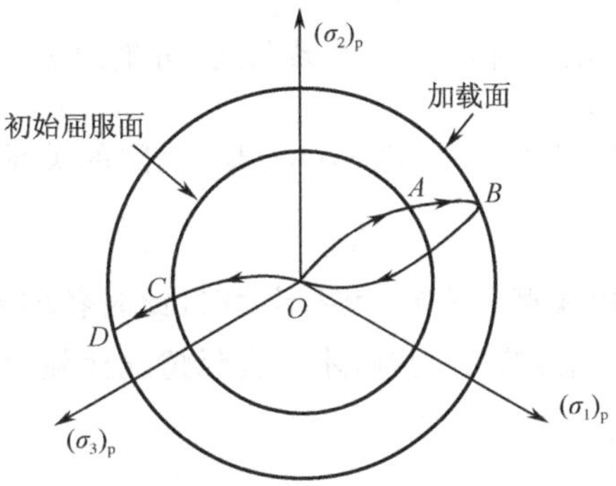

图 11.9 复杂应力状态下的等向硬化

下面以 Mises 材料为例，说明如何根据一些简单的实验确定等向硬化模型加载面的演化。

考虑到式(11.13b)，Mises 材料的加载面方程可写成

$$\bar{\sigma} - k(\xi_\beta) = 0$$

上式第一项表示加载面的形状，第二项表示其大小，在初始屈服时，$\xi_\beta=0, k(0) = \sigma_s$。如取内变量为累积塑性应变 $\xi_\beta = \int \overline{d\varepsilon^p}$，则上式变为

$$\bar{\sigma} - k\left(\int \overline{d\varepsilon^p}\right) = 0 \tag{11.22}$$

式(11.22)给出的加载面可以这样理解：对于两个任意的加载路径，在任何时刻，如果它们经历的塑性变形所构成的 $\int \overline{d\varepsilon^p}$ 相同，则它们的应力状态处在同一加载面上，即 $\bar{\sigma}$ 相同。这就意味着：对于所有的加载路径，比如单轴拉伸、纯剪、双轴拉伸和拉伸与剪切组合等等，其 $\bar{\sigma} \sim \int \overline{d\varepsilon^p}$ 的函数关系都是一致的，因此，通过个别加载

路径比如单轴拉伸确定的 $\bar{\sigma} \sim \int \overline{d\varepsilon^p}$ 关系曲线可以适用于所有其他的加载路径。

单轴拉伸下，设拉伸应力为 σ，在拉伸方向产生的塑性应变为 ε^p，由 1.11 节，单轴拉伸下的等效应力就等于拉伸应力，式(11.20b)给出，单轴拉伸下的累积塑性应变就等于拉伸方向的塑性应变 ε^p，因此有

$$\bar{\sigma} = \sigma, \qquad \int \overline{d\varepsilon^p} = \varepsilon^p$$

于是，单轴拉伸下的 $\sigma \sim \varepsilon^p$ 关系曲线就是 $\bar{\sigma} \sim \int \overline{d\varepsilon^p}$ 关系曲线，从而确定了硬化函数 k。

如取内变量为塑性功，则加载面的方程写成

$$\bar{\sigma} - \psi(W^p) = 0 \tag{11.23}$$

对于单轴拉伸，$W^p = \int \sigma d\varepsilon^p$，由 $\sigma \sim \varepsilon^p$ 关系曲线，可确定 $\sigma \sim W^p = \int \sigma d\varepsilon^p$ 的关系曲线，它们就是任意应力路径下 $\bar{\sigma} \sim W^p = \int \sigma_{ij} d\varepsilon_{ij}^p$ 之间的关系曲线，同样确定了硬化函数 ψ。

一般来说，等向硬化模型只有在变形不大时(此时各向异性的影响较小)，以及应力偏量之间的相互比例改变不大时，才与实际情况比较符合。

11.7.2 随动硬化模型

当塑性变形较大，特别是应力反复循环变化时，金属材料表现出明显的各向异性性质，等向硬化模型不再适用。

一些金属材料在单轴拉、压反复荷载作用下，具有如图 10.3(a)所示的 Bauschinger 效应，即正向屈服极限提高多少，则相反方向上的屈服极限就降低多少。

Prager 等将这个模型推广到复杂应力状态情况，认为在硬化过程中，加载面

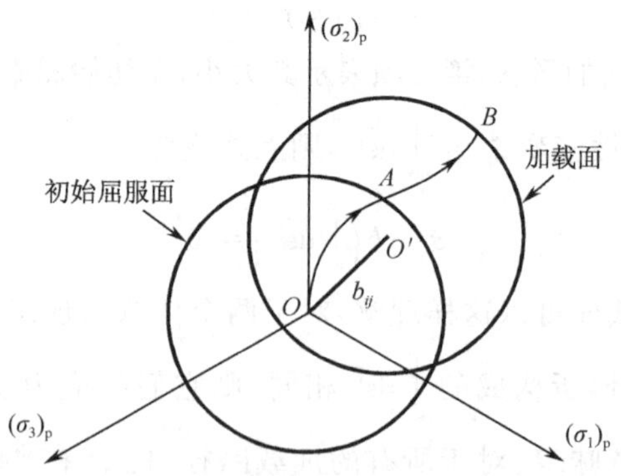

图 11.10 复杂应力状态下的随动硬化

大小和形状不变，只是中心移动，即加载面在应力空间中作刚体平移，如图 11.10 所示。加载面表示为

$$f(\sigma_{ij}-b_{ij})-k=0 \tag{11.24}$$

式中 b_{ij} 是一个表征加载面中心移动的二阶对称张量，称为背应力，它取决于塑性变形历史，属于内变量，k 是材料常数。下面介绍关于背应力的两种常见模型。

1. Prager 硬化模型

Prager 等最先提出有关加载面平移方向的建议，他们认为背应力增量应平行于塑性应变增量

$$\mathrm{d}b_{ij}=c\mathrm{d}\varepsilon_{ij}^{\mathrm{p}} \tag{11.25}$$

式中 c 是材料常数，由试验确定。该模型称之为线性随动硬化模型。

特别地，对于 Mises 屈服条件，该模型可写成

$$\bar{\sigma}(\sigma_{ij}-c\varepsilon_{ij}^{\mathrm{p}})=\sqrt{\frac{3}{2}(s_{ij}-c\varepsilon_{ij}^{\mathrm{p}})(s_{ij}-c\varepsilon_{ij}^{\mathrm{p}})}=\sigma_s \tag{11.26}$$

单轴加载(拉伸或压缩)时，偏应力和塑性应变有如下的非零分量

$$s_{11}=\frac{2}{3}\sigma,\quad s_{22}=s_{33}=-\frac{1}{3}\sigma,\quad \varepsilon_{11}^{\mathrm{p}}=\varepsilon^{\mathrm{p}},\quad \varepsilon_{22}^{\mathrm{p}}=\varepsilon_{33}^{\mathrm{p}}=-\frac{1}{2}\varepsilon^{\mathrm{p}}$$

于是，硬化模型式(11.26)可简化为

$$\left|\sigma-\frac{3}{2}c\varepsilon^{\mathrm{p}}\right|=\sigma_s \tag{11.27}$$

进行单轴拉伸实验，若材料硬化实验曲线近似为线性，并可表示为

$$\sigma=\sigma_s+h\varepsilon^{\mathrm{p}} \tag{11.28}$$

式中 h 是实验确定的材料常数。

对比式(11.27)和式(11.28)，得 c 与材料常数 h 之间的关系为

$$c=\frac{2}{3}h \tag{11.29}$$

最后，单轴下的硬化模型可表示为

$$|\sigma-h\varepsilon^{\mathrm{p}}|=\sigma_s \tag{11.30}$$

2. Ziegler 硬化模型

Ziegler 改进了 Prager 的硬化模型，假设背应力与 $\sigma_{ij}-b_{ij}$ 成正比，为

$$\mathrm{d}b_{ij}=\mathrm{d}\mu(\sigma_{ij}-b_{ij}) \tag{11.31}$$

式中 $\mathrm{d}\mu$ 是正的比例因子，它取决于塑性变形历史。

11.7.3 混合硬化模型

加载面大小、形状和中心位置都随加载过程改变，如图 11.11 所示，它是前面两种情况的综合，数学上可表达为

$$f(\sigma_{ij}-\alpha_{ij})-k(\xi_{\beta})=0 \tag{11.32}$$

与随动硬化不同的是，这里 k 随塑性变形历史而变化。

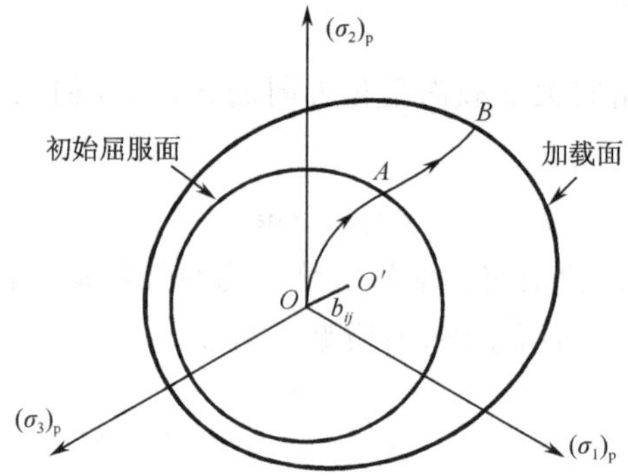

图 11.11　混合硬化模型

应当指出：以上关于屈服条件和加载条件的讨论都是在应力空间中进行的。由于应力可以通过应变表示，因此，屈服条件和加载条件同样也可以在应变空间中讨论，这对岩土类应变软化材料来说会更方便。这将在第 16 章中讨论。

习　　题

1. 在平面应变问题中，$\varepsilon_z=\gamma_{yz}=\gamma_{zx}=0$，并假定材料不可压缩 $\nu=1/2$，试将 Tresca 屈服条件和 Mises 屈服条件使用应力分量 σ_x、σ_y、τ_{xy} 表示(规定单轴拉伸时两种屈服条件重合)。

2. 一薄壁圆管，平均半径为 R，壁厚为 t，管的两端封闭，内部作用有压力 p_1，外部作用有压力 p_2(p_2对轴向力无影响)，记比值$\dfrac{p_2}{p_1}=x$，分别使用 Tresca 屈服条件和 Mises 屈服条件，讨论 p_1多大时管子开始屈服(规定纯剪切时两种屈服条件重合)。

3. 一薄壁圆管同时受拉力、内水压力和扭矩的作用，要考虑的应力分量是 σ_z，σ_θ，$\tau_{z\theta}$，试用这 3 个应力分量表示 Mises 和 Tresca 屈服条件(规定单轴拉伸时两种屈服条件重合)。

4. 试验给出精度为 1MPa 的屈服应力的结果为

$\sigma_1=45\text{MPa}$	单独作用
$\sigma_2=45\text{MPa}$	单独作用
$\tau=26\text{MPa}$	单独作用
$\sigma_2=2\sigma_1=48\text{MPa}$	单独作用

由此是否可以推断材料屈服是各向同性和静水压力无关？为什么？

5. 一个 Mises 材料单元体受双轴等向拉伸 $\sigma_x=\sigma_y=\sigma$ 作用，材料是各向同性的，产生的应变为 $\varepsilon_x=\varepsilon_y=\varepsilon$。屈服后进入等向硬化，且塑性体积不可压缩，试验测得应力-应变关系为

$$\varepsilon=\begin{cases}\dfrac{(1-\nu)\sigma}{E}, & 0<\sigma\leqslant\sigma_s\\[2ex] \dfrac{(1-\nu)\sigma}{E}\left[1+\left(\dfrac{\sigma-\sigma_s}{\sigma_s}\right)^3\right], & \sigma>\sigma_s\end{cases}$$

试写出加载（后继屈服）面的表达式。

第 12 章　塑性本构关系

经典塑性力学中建立塑性本构关系的理论有两类，即增量理论和全量理论。增量理论又称为流动理论，全量理论又称为形变理论。

当物体处在弹性阶段，应变可由应力直接使用广义 Hooke 定律求出，不必了解达到这一应力状态的过程，即不必了解其应力历史。进入塑性状态后，应变不仅取决于应力状态，而且还取决于应力历史，因此，一般无法建立应变全量与应力全量的关系。增量理论将整个加载历史看成是一系列的微小增量加载过程所组成，研究每个微小增量加载过程中应变增量与应力增量之间的关系，再沿加载路径依次积分应变增量得最终的应变。增量理论能够反映应力历史的相关性，但数学处理相对比较复杂。早期属于这类理论的主要有，Levy-Mises 理论和 Prandtl-Reuss 理论。

全量理论不去考虑应力路径的影响，直接建立应变全量与应力全量之间的关系。属于这类理论的主要有：1924 年，Hencky 提出的不考虑弹性变形和材料硬化的理论；1938 年，Nadai 提出的考虑有限变形和材料硬化，但总变形中仍不计弹性变形的理论；1943 年，Ilyushin 提出的更为系统的理论，考虑了弹性变形和材料硬化。

在 20 世纪 50 年代，由于 Drucker 公设和稳定材料的定义以及正交流动法则的概念的相继提出，经典塑性力学有了很大的发展，这些定义和概念建立了屈服面或加载面与塑性应变的必要联系，为塑性应力-应变关系的描述提供了统一的方法。

本章将着重按照 Drucker 的统一方法介绍增量理论的基本内容，简要地介绍全量理论及其与增量理论的比较。首先介绍增量理论的加卸载判别准则；然后介绍 Drucker 公设，根据该公设导出增量理论的正交流动法则，建立理想弹塑性材料和硬化材料的增量本构方程，这其中还介绍了 Ilyushin 公设，它主要用于描述应变空间中的本构关系；最后简要介绍全量理论的基本假定和它的适用范围，以及全量理论与增量理论之间的关系。

应当指出：全量理论在数学上处理比增量理论简单，但只在一定的范围内适用，增量理论比全量理论更全面地反映了材料的塑性变形性质，特别是近代计算机和有限元法的发展与应用，人们可以比较容易地实现沿加载路径的增量积分计算，所以增量理论得到了迅速的发展和广泛的应用。

增量理论的本构方程通常采用应力与应变的时间率（单位时间内的增量）形式表达。我们这里假定材料本构关系是率无关的，即不受时间的影响，因此采用应力与应变的增量形式表达。

12.1　塑性应变增量

进入塑性状态后，应变不仅取决于应力状态 σ_{ij}，而且还取决于达到该状态的历史 ξ_β。因此，我们有如下表达式

$$\varepsilon_{ij} = \varepsilon_{ij}(\sigma_{kl}, \xi_\beta) \tag{12.1}$$

假定材料从 σ_{ij} 和 ξ_β 的当前状态卸载回到零应力状态，所恢复的应变为弹性应变，保留的应变为塑性应变，因此，应变可分解为这两者之和

$$\varepsilon_{ij} = \varepsilon_{ij}^{e} + \varepsilon_{ij}^{p} \tag{12.2}$$

一般认为卸载过程是弹性的，且弹性性质保持不变，故弹性应变可表示为

$$\varepsilon_{ij}^{e} = L_{ijkl}\sigma_{kl} \tag{12.3a}$$

式中 L_{ijkl} 是卸载开始时的弹性柔度张量，卸载过程中保持不变，最一般情况下，L_{ijkl} 应取决于卸载开始时的应力 σ_{ij} 和内变量 ξ_β，即

$$L_{ijkl} = L_{ijkl}(\sigma_{mn}, \xi_\beta)$$

L_{ijkl} 与 σ_{ij} 有关，表示非线性弹性；与 ξ_β 有关，表示加载过程中塑性变形会引起弹性性质的改变，称为弹塑性耦合；若与两者无关，则为常张量，应由式(3.28)给出。

卸载过程中 ξ_β 保持不变，塑性应变可以写成

$$\varepsilon_{ij}^{p} = \varepsilon_{ij}^{p}(0, \xi_\beta) \tag{12.3b}$$

式中的 0 代表零应力。

从 σ_{ij} 和 ξ_β 的当前状态，施加应力增量 $d\sigma_{ij}$ 并使得材料加载到达新的状态，此时，应力为 $\sigma_{ij} + d\sigma_{ij}$，内变量为 $\xi_\beta + d\xi_\beta$，产生的应变增量就是弹性应变增量和塑性应变增量之和

$$d\varepsilon_{ij} = d\varepsilon_{ij}^{e} + d\varepsilon_{ij}^{p} \tag{12.4}$$

式中弹性应变增量就由式(12.3a)取增量获得，为

$$d\varepsilon_{ij}^{e} = L_{ijkl}\,d\sigma_{kl} + dL_{ijkl}\sigma_{kl} \tag{12.5a}$$

而塑性应变增量可以理解为

$$d\varepsilon_{ij}^{p} = \varepsilon_{ij}^{p}(0, \xi_\beta + d\xi_\beta) - \varepsilon_{ij}^{p}(0, \xi_\beta) \tag{12.5b}$$

直接对式(12.1)两边取增量，得到应变增量的另一种分解形式，为

$$d\varepsilon_{ij} = (d\varepsilon_{ij})^{e} + (d\varepsilon_{ij})^{p} \tag{12.6a}$$

式中

$$(d\varepsilon_{ij})^{e} = \frac{\partial \varepsilon_{ij}}{\partial \sigma_{kl}} d\sigma_{kl}, \quad (d\varepsilon_{ij})^{p} = \frac{\partial \varepsilon_{ij}}{\partial \xi_\beta} d\xi_\beta \tag{12.6b}$$

前者是内变量不变仅应力变化引起的，称为应变增量的弹性部分；而后者是应力不变仅内变量改变而引起的，称为应变增量的塑性部分。应变增量的这种分解形式在讨论具有弹塑性耦合的本构方程时会使用到，见 16 章。

假定 L_{ijkl} 仅与 ξ_β 有关，对照应变增量的两种分解形式，不难发现

$$(\mathrm{d}\varepsilon_{ij})^{\mathrm{e}} = L_{ijkl}\mathrm{d}\sigma_{kl} = \mathrm{d}\varepsilon_{ij}^{\mathrm{e}} - \mathrm{d}L_{ijkl}\sigma_{kl} \tag{12.7a}$$

$$(\mathrm{d}\varepsilon_{ij})^{\mathrm{p}} = \mathrm{d}L_{ijkl}\sigma_{kl} + \mathrm{d}\varepsilon_{ij}^{\mathrm{p}} \tag{12.7b}$$

式(12.7a)表明，应变增量的弹性部分是：应力增量作用下材料柔度张量保持增量前的值不变所引起的弹性应变增量，如图 12.1 所示。式(12.7b)表明：应变增量的塑性部分就是塑性应变增量加上由弹性模量改变引起的应变增量。

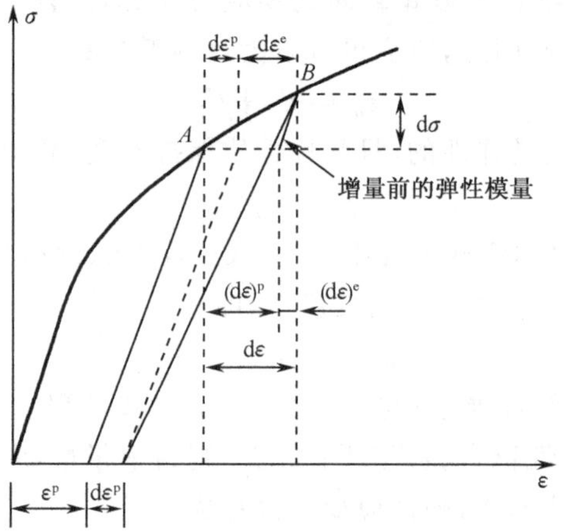

图 12.1 应变分解

本书主要讨论弹塑性不耦合的情况，即柔度张量 L_{ijkl} 与 ξ_β 无关，根据式(12.7)，这时，应变增量的两种分解形式一致，增量本构方程可以写为

$$\mathrm{d}\varepsilon_{ij} = L_{ijkl}\mathrm{d}\sigma_{kl} + \mathrm{d}\varepsilon_{ij}^{\mathrm{p}} \tag{12.8}$$

增量理论的任务具体来说就是：给定应力状态并施加一定的应力增量，建立由此产生的塑性应变增量的本构方程。在此之前，还需要知道该应力增量是否会产生塑性变形，即材料是否处于加载状态，因此，必须建立加载、卸载判别准则。

12.2 加卸载判别准则

12.2.1 理想弹塑性材料

理想弹塑性材料的单轴拉伸应力-应变曲线简化为如图 10.5(a)所示，即忽略材料的硬化，认为屈服极限在加载过程中不变。在复杂应力状态下，理想弹塑性材料的屈服面不会改变，加载面与初始屈服面始终重合，应力状态只可能在屈服面上和屈服面内变化。当应力状态从屈服面上的一点 σ_{ij} 移动到屈服面上的另外一点 $\sigma_{ij}+\mathrm{d}\sigma_{ij}$，即 $\mathrm{d}\sigma_{ij}$ 与屈服面相切，为加载，这时可以发生任意的塑性变形。当应力状态从屈服面上移动到屈服面内，即 $\mathrm{d}\sigma_{ij}$ 指向屈服面内，则为卸载，此时不产生新的

塑性变形，如图 12.2 所示。加载、卸载的判别准则可以用数学式表示为

$$f(\sigma_{ij})=0,\quad f(\sigma_{ij}+\mathrm{d}\sigma_{ij})=0\qquad \text{加载}$$

$$f(\sigma_{ij})=0,\quad f(\sigma_{ij}+\mathrm{d}\sigma_{ij})<0\qquad \text{卸载}$$

使用 Taylor 级数展开，略去高阶项，显然有

$$\mathrm{d}f=f(\sigma_{ij}+\mathrm{d}\sigma_{ij})-f(\sigma_{ij})=\frac{\partial f}{\partial \sigma_{ij}}\mathrm{d}\sigma_{ij}\tag{12.9}$$

因此，加载、卸载准则又可以写为

$$f(\sigma_{ij})=0,\quad \mathrm{d}f=\frac{\partial f}{\partial \sigma_{ij}}\mathrm{d}\sigma_{ij}=0\qquad \text{加载}\tag{12.10a}$$

$$f(\sigma_{ij})=0,\quad \mathrm{d}f=\frac{\partial f}{\partial \sigma_{ij}}\mathrm{d}\sigma_{ij}<0\qquad \text{卸载}\tag{12.10b}$$

例如，对于 Mises 材料，加载、卸载准则可具体表示为

$$J_2(\sigma_{ij})-\frac{\sigma_s^2}{3}=0$$

$$\mathrm{d}J_2=J_2(\sigma_{ij}+\mathrm{d}\sigma_{ij})-J_2(\sigma_{ij})=\frac{\partial J_2}{\partial \sigma_{ij}}\mathrm{d}\sigma_{ij}=s_{ij}\mathrm{d}\sigma_{ij}\begin{cases}=0 & \text{加载}\\ <0 & \text{卸载}\end{cases}$$

有关 J_2 对应力 σ_{ij} 求偏导的运算见附录 A1.8 节。

在应力空间中，$\mathrm{d}\sigma_{ij}$ 与 $\partial f/\partial\sigma_{ij}$ 分别代表两个矢量的分量。根据式(12.10)，加载时这两个矢量的点积为零，说明两者正交；卸载时点积小于零，说明两者夹角大于 90°。根据前面的描述，加载时 $\mathrm{d}\sigma_{ij}$ 与屈服面相切，卸载时 $\mathrm{d}\sigma_{ij}$ 指向屈服面内。因此，$\partial f/\partial\sigma_{ij}$ 是沿着屈服面在应力值为 σ_{ij} 处的外法线方向，如图 12.2 所示(数学上，$\partial f/\partial\sigma_{ij}$ 是标量函数 f 的梯度，其方向必然沿着 f 的等值面的外法线方向)。

12.2.2　硬化材料的加卸载准则

理想弹塑性材料是一种简化的材料模型，实际材料在塑性阶段都会产生硬化。对于复杂应力状态下的硬化材料，当应力状态处在当前加载面上，再施加应力增量会出现 3 种可能性并由此产生 3 种不同的变形情形，如图 12.3 所示。

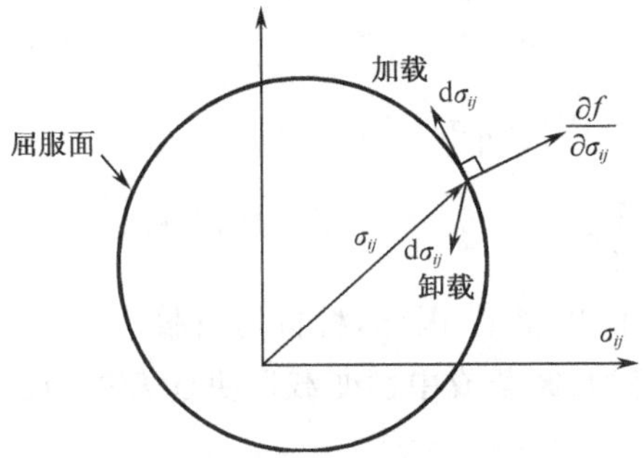

图 12.2　理想弹塑性材料加卸载

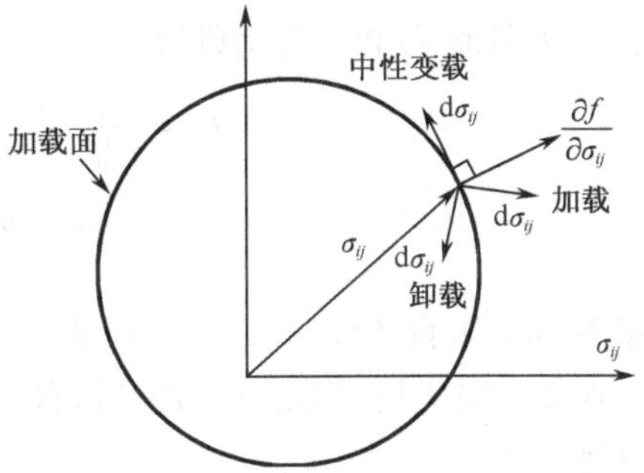

图 12.3　硬化材料加卸载

(1)加载:应力增量指向加载面外,推动加载面变化,应力状态到达新的加载面上,会产生新的塑性变形,内变量 ξ_β随之增加。

(2)中性变载:应力增量沿着加载面,即与加载面相切。因应力在同一个加载面上变化,内变量 ξ_β将保持不变,不会产生新的塑性变形(连续性条件,见 12.7 节),但因为应力改变,会产生弹性应变。

(3)卸载:应力增量指向加载面内,变形从塑性状态回到弹性状态。材料响应是纯弹性的,因没有新的塑性变形产生,内变量 ξ_β保持不变。

只有第一种情形产生新的塑性变形,其他两种情形只产生弹性变形。加、卸载的判别准则可用数学式子表示如下:

$$f(\sigma_{ij},\xi_\beta)=0,\quad f(\sigma_{ij}+\mathrm{d}\sigma_{ij},\xi_\beta)>0\quad \text{加载} \tag{12.11a}$$

$$f(\sigma_{ij},\xi_\beta)=0,\quad f(\sigma_{ij}+\mathrm{d}\sigma_{ij},\xi_\beta)=0\quad \text{中性变载} \tag{12.11b}$$

$$f(\sigma_{ij},\xi_\beta)=0,\quad f(\sigma_{ij}+\mathrm{d}\sigma_{ij},\xi_\beta)<0\quad \text{卸载} \tag{12.11c}$$

使用式(12.9),显然加载、卸载的判别准则又可表示为

$$f(\sigma_{ij},\xi_\beta)=0,\quad \frac{\partial f}{\partial \sigma_{ij}}\mathrm{d}\sigma_{ij}>0\quad \text{加载} \tag{12.12a}$$

$$f(\sigma_{ij},\xi_\beta)=0,\quad \frac{\partial f}{\partial \sigma_{ij}}\mathrm{d}\sigma_{ij}=0\quad \text{中性变载} \tag{12.12b}$$

$$f(\sigma_{ij},\xi_\beta)=0,\quad \frac{\partial f}{\partial \sigma_{ij}}\mathrm{d}\sigma_{ij}<0\quad \text{卸载} \tag{12.12c}$$

【例 12.1】 对于硬化材料,其初始拉伸屈服极限为 σ_s,若材料处于平面应力状态,即 $\sigma_3=0$,当施加应力 $\sigma_1=\sigma_2=\sigma_s$ 时,材料屈服,然后再施加无限小应力增量 $\mathrm{d}\sigma_1$ 与 $\mathrm{d}\sigma_2$,且 $\mathrm{d}\sigma_1=-\mathrm{d}\sigma_2$,试按 Mises 屈服条件与 Tresca 条件判断材料所处的状态。

解 当材料处于 $\sigma_3=0$,$\sigma_1=\sigma_2=\sigma_s$ 的平面应力状态时

$$s_1=s_2=\frac{1}{3}\sigma_s,\quad s_3=-\frac{2}{3}\sigma_s$$

该应力状态的 J_2 和 $\tau_{\max}$ 分别为

$$J_2=\frac{1}{2}(s_1^2+s_2^2+s_3^2)=\frac{1}{3}\sigma_s^2$$

$$\tau_{\max}=\frac{\sigma_1-\sigma_3}{2}=\frac{1}{2}\sigma_s$$

对照 Mises 屈服条件与 Tresca 屈服条件,它们均满足,因此,材料均屈服。

在施加应力增量 $\mathrm{d}\sigma_1=-\mathrm{d}\sigma_2$ 后,材料是否加、卸载或中性变载取决 $(\partial f/\partial \sigma_{ij})\mathrm{d}\sigma_{ij}$ 的符号。

对于 Mises 屈服条件,使用附录 A1.8 节中的式(A1.14)

$$\frac{\partial f}{\partial \sigma_{ij}} \mathrm{d}\sigma_{ij} = \frac{\partial J_2}{\partial \sigma_{ij}} \mathrm{d}\sigma_{ij} = s_{ij} \mathrm{d}\sigma_{ij} = s_1 \mathrm{d}\sigma_1 + s_2 \mathrm{d}\sigma_2 = 0$$

材料处于中性变载。

按 Tresca 屈服条件

$$\frac{\partial f}{\partial \sigma_{ij}} \mathrm{d}\sigma_{ij} = \frac{\partial f}{\partial \sigma_1} \mathrm{d}\sigma_1 + \frac{\partial f}{\partial \sigma_2} \mathrm{d}\sigma_2 + \frac{\partial f}{\partial \sigma_3} \mathrm{d}\sigma_3 = \frac{1}{2} \mathrm{d}\sigma_1 + 0 \mathrm{d}\sigma_2 = \frac{1}{2} \mathrm{d}\sigma_1$$

显然，当 $\mathrm{d}\sigma_1 > 0$ 材料处于加载，反之材料处于卸载。

【例 12.2】 已知处于平面应变状态($\varepsilon_z = 0$)中的一个材料微单元体，它的应力分量是 $\sigma_x = \sigma, \sigma_y = 0$，且 x、y、z 均为应力的主方向。若材料为理想弹塑性，泊松比 $\nu < 1/2$，单轴拉伸屈服极限为 σ_s，试利用 Mises 屈服条件求出该微单元体达到屈服时的 σ 值。记屈服时的值为 σ_0，屈服后加载使得 $\sigma_x = \sigma_0 + \mathrm{d}\sigma$，求 z 方向的应力增量 $\mathrm{d}\sigma_z$。

解　屈服前材料处于弹性阶段，对于平面应变状态，根据广义 Hooke 定律，有

$$\sigma_z = \nu(\sigma_x + \sigma_y) = \nu\sigma$$

偏应力分量为

$$s_x = \frac{1}{3}(2 - \nu)\sigma, \quad s_y = -\frac{1}{3}(1 + \nu)\sigma, \quad s_z = -\frac{1}{3}(1 - 2\nu)\sigma, \quad s_{xy} = s_{yz} = s_{zx} = 0$$

代入 Mises 屈服条件式(11.13)，得屈服时

$$\sigma_0 = \frac{\sigma_s}{\sqrt{\nu^2 - \nu + 1}}$$

根据题意，在施加 $\mathrm{d}\sigma_x = \mathrm{d}\sigma$ 时材料处于加载状态，对于理想弹塑性材料，加载要求 $(\partial f / \partial \sigma_{ij}) \mathrm{d}\sigma_{ij} = 0$，考虑到式(A1.14)和 x、y、z 均为应力的主方向，故有

$$s_x \mathrm{d}\sigma_x + s_y \mathrm{d}\sigma_y + s_z \mathrm{d}\sigma_z = 0$$

由于 $\mathrm{d}\sigma_z = \mathrm{d}\sigma, \mathrm{d}\sigma_y = 0$，同偏应力的大小一起代入上式，最后得

$$\mathrm{d}\sigma_z = \frac{2 - \nu}{1 - 2\nu} \mathrm{d}\sigma$$

12.3　Drucker 公设和 Ilyushin 公设

本节将介绍有关材料性质的两个重要假定——Drucker 公设和 Ilyushin 公设。在这两个公设的基础上，不仅可以导出屈服面的一个重要而普遍的几何性质，即屈服面必定是外凸的，而且还可以建立塑性应变增量与屈服面之间的关系，即正交流动法则。

12.3.1　Drucker 公设

Drucker 将单轴中材料稳定性的概念(见 10.3 节)推广到复杂应力状态，提出

了塑性力学中十分重要的假定,通常称为 Drucker 公设。

考虑硬化材料中的一个微单元体,受某一初始应力作用处于平衡状态,通过"外部机构"在这个微单元体上施加附加应力,然后缓慢地移去,Drucker 做出如下两个假设:

(1)在加载过程中附加应力做正功;

(2)在加载和卸载的一个应力循环中,如果产生塑性变形,则附加应力做正功,对于硬化材料,只有当应力循环中材料始终呈纯弹性响应时,这个功才等于零。

设附加应力为应力增量 $d\sigma_{ij}$,由此产生的应变增量是 $d\varepsilon_{ij}$,则第一个假设表述为

$$d\sigma_{ij}\, d\varepsilon_{ij} > 0 \tag{12.13}$$

它提供了复杂应力状态下材料硬化的定义。应当指出:这里的功不是总应力的功,而是附加应力的功,回到图 10.9(a),即使在应变软化阶段 $d\sigma d\varepsilon<0$,但总的应力 σ 所做的功却是正的,即 $\sigma d\varepsilon>0$,这是热力学定律的要求。因此,从某种意义上说,Druker 公设对材料性质的约束比热力学定律更强。

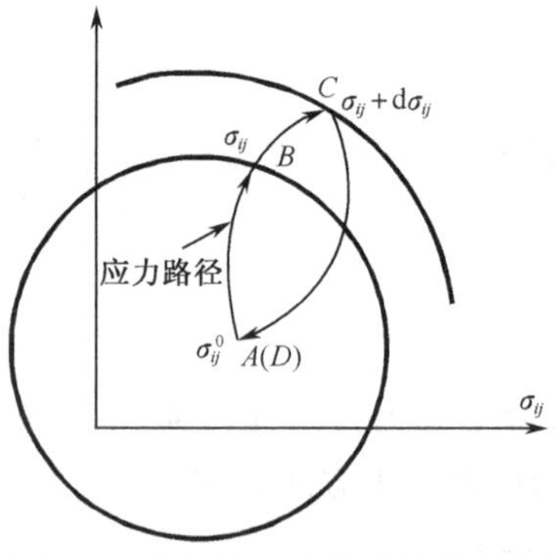

图 12.4 复杂应力状态下的应力循环

下面对第二个假设进行说明。考虑如图 12.4 所示的应力循环,设材料微单元体的初始应力状态位于当前加载面内的某一点,如图中的 A 点(应力为 σ_{ij}^0),由"外部机构"施加附加应力 $\sigma_{ij}-\sigma_{ij}^0$ 使其达到加载面上的 B 点(应力为 σ_{ij})而进入屈服,然后,施加微小的应力增量 $d\sigma_{ij}$ 使其加载到达 C 点,并产生了相应的弹性应变增量 $d\varepsilon_{ij}^e$ 和塑性应变增量 $d\varepsilon_{ij}^p$,再沿某一路径移去附加应力,使微单元体卸载回到初始的应力状态 σ_{ij}^0,于是,第二个假设可表示为

$$\oint_{\sigma_{ij}} (\sigma_{ij}-\sigma_{ij}^0)\, d\varepsilon_{ij} > 0 \tag{12.14}$$

在如此的应力循环中附加应力在弹性应变上所做功为零,即 $\oint_{\sigma_{ij}} (\sigma_{ij}-\sigma_{ij}^0)\, d\varepsilon_{ij}^e = 0$,因此,式(12.14)又可写成

$$\oint_{\sigma_{ij}} (\sigma_{ij}-\sigma_{ij}^0)\, d\varepsilon_{ij}^p > 0$$

经简单的推导,上式可写成

$$\left(\sigma_{ij}+\frac{1}{2}d\sigma_{ij}-\sigma_{ij}^0\right)d\varepsilon_{ij}^p > 0 \tag{12.15}$$

下面利用式(12.15)可导出类似于单轴情况式(10.14)和式(10.15)的两个重要不

等式。

(1)应力循环的初始应力点位于加载面内，即 $\sigma_{ij} \neq \sigma_{ij}^{0}$，略去高阶项，式(12.15)变为

$$(\sigma_{ij} - \sigma_{ij}^{0})\mathrm{d}\varepsilon_{ij}^{\mathrm{p}} > 0 \tag{12.16}$$

(2)应力循环的初始应力点处在加载面上，即 $\sigma_{ij} = \sigma_{ij}^{0}$，式(12.15)变为

$$\mathrm{d}\sigma_{ij}\,\mathrm{d}\varepsilon_{ij}^{\mathrm{p}} > 0 \tag{12.17}$$

由于弹性张量 C_{ijkl} 的正定性，则有

$$\mathrm{d}\sigma_{ij}\,\mathrm{d}\varepsilon_{ij}^{\mathrm{e}} = \mathrm{d}\varepsilon_{ij}^{\mathrm{e}} C_{ijkl}\,\mathrm{d}\varepsilon_{kl}^{\mathrm{e}} > 0$$

根据应变增量的弹塑性分解式(12.4)并结合上式，便有

$$\mathrm{d}\sigma_{ij}\,\mathrm{d}\varepsilon_{ij} = \mathrm{d}\sigma_{ij}(\mathrm{d}\varepsilon_{ij}^{\mathrm{e}} + \mathrm{d}\varepsilon_{ij}^{\mathrm{p}}) > \mathrm{d}\sigma_{ij}\,\mathrm{d}\varepsilon_{ij}^{\mathrm{p}}$$

显然根据上式可知，式(12.17)是式(12.13)成立的充分条件，这就是说，第二个假设已将第一个假设包含在内。

将理想弹塑性材料考虑在内，Drucker 公设中附加应力做正功的要求应改为附加应力做功非负的要求，于是，式(12.13)～(12.17)中的"＞"应改为"≥"。

Drucker 公设中的式(12.16)又可以写成

$$\sigma_{ij}\,\mathrm{d}\varepsilon_{ij}^{\mathrm{p}} \geqslant \sigma_{ij}^{0}\,\mathrm{d}\varepsilon_{ij}^{\mathrm{p}} \tag{12.18}$$

式(12.18)左边是实际应力所做的塑性功，而右边是可能应力(由于应力不可能位于加载面之外，位于加载面之内和加载面之上的应力，或者说，使材料处于弹性范围的应力，称为可能应力)所做的塑性功，上式说明，在所有可能应力中，实际应力所做的塑性功即耗散的能量最大，因此，将它称为最大塑性耗散原理。

Drucker 公设的另外一种形式是

$$\oint_{\sigma_{ij}} \varepsilon_{ij}\,\mathrm{d}\sigma_{ij} \leqslant 0 \tag{12.19}$$

即在应力循环中所做余功非正，式(12.19)的等号对应理想弹塑性材料。

证明如下

$$\mathrm{d}(\varepsilon_{ij}\sigma_{ij}) = \sigma_{ij}\,\mathrm{d}\varepsilon_{ij} + \varepsilon_{ij}\,\mathrm{d}\sigma_{ij}$$

对上式沿图 12.4 中的 $ABCD$ 应力循环路径进行积分，得

$$\sigma_{ij}^{(D)}\varepsilon_{ij}^{(D)} - \sigma_{ij}^{(A)}\varepsilon_{ij}^{(A)} = \oint_{\sigma_{ij}} \sigma_{ij}\,\mathrm{d}\varepsilon_{ij} + \oint_{\sigma_{ij}} \varepsilon_{ij}\,\mathrm{d}\sigma_{ij}$$

由于 $\sigma_{ij}^{(D)} = \sigma_{ij}^{(A)} = \sigma_{ij}^{0}$，则 $\sigma_{ij}^{(D)}\varepsilon_{ij}^{(D)} - \sigma_{ij}^{(A)}\varepsilon_{ij}^{(A)} = \oint_{\sigma_{ij}} \sigma_{ij}^{0}\,\mathrm{d}\varepsilon_{ij}$，因此，上式变为

$$\oint_{\sigma_{ij}} (\sigma_{ij} - \sigma_{ij}^{0})\mathrm{d}\varepsilon_{ij} = -\oint_{\sigma_{ij}} \varepsilon_{ij}\,\mathrm{d}\sigma_{ij} \geqslant 0$$

式(12.19)得证。

12.3.2　Ilyushin 公设

Drucker 公设是在应力空间中进行讨论的，只适用于稳定材料，对具有应变软

化的一类非稳定材料如岩土材料则不能完全适用。后来 Ilyushin 在应变空间中提出的塑性公设可同时适用于稳定材料和非稳定材料。

将加载面中的应力由应变表示，得到应变空间表示的加载面。类似于 Drucker 公设中的应力循环，也可以在应变空间构造一个应变循环。Ilyushin 公设认为：在一个应变循环中，只要产生塑性应变，外力所做的功应不小于零

$$\overline{W}=\oint_{\varepsilon_{ij}}\sigma_{ij}\,\mathrm{d}\varepsilon_{ij}\geqslant 0 \tag{12.20}$$

式(12.20)在只有弹性应变时才等于零。对于单轴情况，如图 12.5 所示，$ABCC'D$ 构成一个应变循环，式(12.20)所给出的功就是图中阴影部分的面积。

Ilyushin 公设还可表示成

$$\oint_{\varepsilon_{ij}}(\varepsilon_{ij}-\varepsilon_{ij}^{0})\,\mathrm{d}\sigma_{ij}\leqslant 0 \tag{12.21}$$

式(12.21)的证明同 Drucker 公设中的式(12.19)。

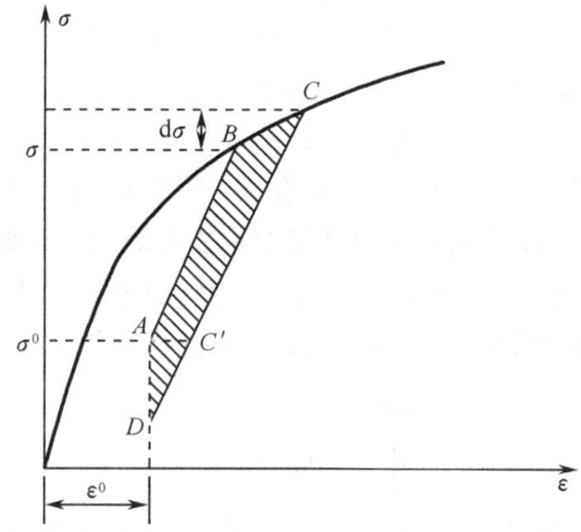

图 12.5 单轴下的应变循环

12.3.3 Drucker 公设与 Ilyushin 公设的关系

由于$\oint_{\varepsilon_{ij}}\sigma_{ij}^{0}\,\mathrm{d}\varepsilon_{ij}=0$，因此，Ilyushin 公设式(12.20)可写成

$$\overline{W}=\oint_{\varepsilon_{ij}}(\sigma_{ij}-\sigma_{ij}^{0})\,\mathrm{d}\varepsilon_{ij}\geqslant 0$$

如图 12.5 所示，上式可以写成两部分之和，

$$\overline{W}=\oint_{\sigma_{ij}}(\sigma_{ij}-\sigma_{ij}^{0})\,\mathrm{d}\varepsilon_{ij}+\int_{C'-D}(\sigma_{ij}-\sigma_{ij}^{0})\,\mathrm{d}\varepsilon_{ij}$$

上式右边第一个积分就是 Drucker 应力循环中附加应力的功，记作$\overline{W}^{\mathrm{d}}$，显然，

$$\overline{W}-\overline{W}^{\mathrm{d}}=\int_{C'-D}(\sigma_{ij}-\sigma_{ij}^{0})\,\mathrm{d}\varepsilon_{ij}$$

由于从 C' 到 D 是卸载过程，材料处于弹性变化状态，上式右边代表的是弹性应变能的变化，其值恒大于零，因此得

$$\overline{W} > \overline{W}^{d} \tag{12.22}$$

上式表明，如果 Drucker 公设成立，$\overline{W}^{d} \geqslant 0$，则 Ilyushin 公设也一定成立，但反过来说就不一定成立。这说明 Ilyushin 公设对材料性质的约束比起 Drucker 公设更宽松。

以上关于材料性质的 Drucker 公设和 Ilyushin 公设并不是从热力学定律导出的，而是在大量宏观实验基础上总结出来的，它们对许多材料都适用。基于这些公设，材料的本构关系可以得到很大程度的简化。无论从 Drucker 公设还是 Ilyushin 公设出发，都可以导出 12.4 节中将要介绍的加载面外凸性和正交流动法则。

12.4　加载面外凸性和正交流动法则

本节将根据 Drucker 公设说明加载面的外凸性和正交流动法则。

外凸性的几何定义：过加载面上的任意一点作一超平面与加载面相切，该超平面若不再与加载面相交，即加载面位于超平面的一侧，则称加载面是外凸的。

设当前的应力状态为 σ_{ij}，位于加载面上的 A 点，材料处于屈服状态，再施加指向加载面外的应力增量 $d\sigma_{ij}$，使材料处于加载，将产生塑性应变增量 $d\varepsilon_{ij}^{p}$。为了几何直观起见，建立塑性应变空间，并将其与应力空间重合，即它们指标相对应的坐标轴重合，例如应力坐标轴 σ_{11} 与塑性应变坐标轴 ε_{11}^{p} 重合。将空间中塑性应变增量 $d\varepsilon_{ij}^{p}$ 对应的矢量进行平移，让其起点位于加载面上的 A 点（该点的应力为 σ_{ij}）。A^{0} 为加载面上或加载面内的任意一点（该点的应力为 σ_{ij}^{0}），矢量 $\overrightarrow{A^{0}A}$（由 A^{0} 指向 A）就等于 $\sigma_{ij}-\sigma_{ij}^{0}$，如图 12.6 所示。根据 Drucker 公设式（12.16），矢量 $\overrightarrow{A^{0}A}$ 与 $d\varepsilon_{ij}^{p}$ 的点积应大于或等于零

$$\overrightarrow{A^{0}A} \cdot d\varepsilon^{p} \geqslant 0 \tag{12.23}$$

即要求这两个矢量的夹角为锐角或直角。过 A 点作垂直于 $d\varepsilon_{ij}^{p}$ 的超平面，欲使式（12.23）成立，则必须有：① A^{0} 必须位于超平面与塑性应变增量 $d\varepsilon_{ij}^{p}$ 方向相反的一侧，即加载面必然是外凸的；②塑性应变增量 $d\varepsilon_{ij}^{p}$ 必须沿着加载面的外法线方向 $\boldsymbol{n}$，即与加载面正交，如图 12.6(a) 所示。否则，总可以找到点 A^{0} 使 $\overrightarrow{A^{0}A}$ 与 $d\varepsilon_{ij}^{p}$ 的夹角大于 90°，如图 12.6(b) 所示，式（12.23）不成立。

由于 $\partial f/\partial \sigma_{ij}$ 代表加载面的外法线方向，根据上面的说明，塑性应变增量应为

$$d\varepsilon_{ij}^{p} = d\lambda \frac{\partial f}{\partial \sigma_{ij}} \tag{12.24}$$

式中 $d\lambda$ 是一个非负的比例因子，表示塑性应变增量的大小。由于塑性应变增量与加载面正交，式(12.24)称为塑性应变增量的正交流动法则。

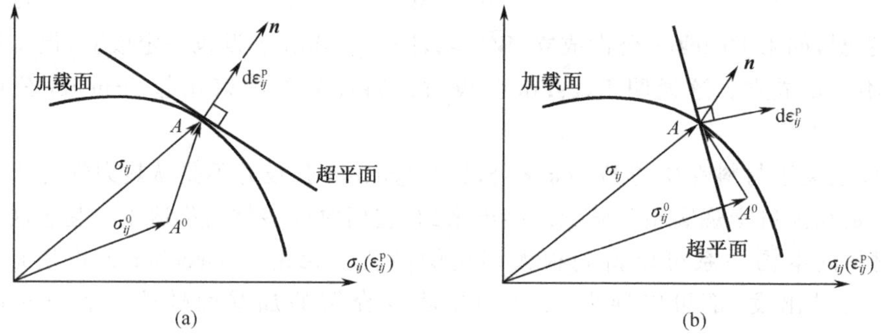

图 12.6　外凸性和正交性

下面应用正交流动法则使用屈服条件的一般表达式(11.4a)，给出塑性应变增量的一般表达式。使用复合求导法则，应有

$$\frac{\partial f}{\partial \sigma_{ij}} = \frac{\partial f}{\partial J_2}\frac{\partial J_2}{\partial \sigma_{ij}} + \frac{\partial f}{\partial J_3}\frac{\partial J_3}{\partial \sigma_{ij}} \tag{12.25}$$

根据附录 A1.8 中式(A1.14)和(A1.15)，有

$$\frac{\partial J_2}{\partial \sigma_{ij}} = s_{ij},\quad \frac{\partial J_3}{\partial \sigma_{ij}} = s_{im}s_{mj} - \frac{2}{3}J_2\delta_{ij} = r_{ij} \tag{12.26}$$

将式(12.26)代入式(12.25)，再代入正交流动法则式(12.24)，得

$$d\varepsilon_{ij}^p = d\lambda\frac{\partial f}{\partial \sigma_{ij}} = d\lambda\left(\frac{\partial f}{\partial J_2}s_{ij} + \frac{\partial f}{\partial J_3}r_{ij}\right) \tag{12.27}$$

从式(12.26)可知，$r_{kk}=0$，r_{ij} 是偏张量，由于 $s_{kk}=0$，于是，根据式(12.27)就有

$$d\varepsilon_{kk}^p = 0,\quad de_{ij}^p = d\varepsilon_{ij}^p \tag{12.28}$$

这表明：塑性变形不改变体积，或者说塑性体积是不可压缩的，从而 $d\varepsilon_{ij}^p$ 是偏张量。导致这的原因是由于假定屈服函数 f 与静水压力无关，若与静水压力有关，则必然会产生塑性体积应变，见第 16 章。

应当指出：屈服函数 f 是应力 σ_{ij} 的函数，则 $\partial f/\partial\sigma_{ij}$ 只取决于 σ_{ij}，与应力增量 $d\sigma_{ij}$ 无关，塑性应变增量 $d\varepsilon_{ij}^p$ 的方向与 $\partial f/\partial\sigma_{ij}$ 一致，因此也与 $d\sigma_{ij}$ 无关。

将正交流动法则式(12.24)代入 Drucker 公设的不等式(12.17)，考虑到 $d\lambda>0$，则有

$$\frac{\partial f}{\partial \sigma_{ij}}d\sigma_{ij} \geqslant 0$$

上式取等号和大于号时分别是理想弹塑性材料和硬化材料的加载准则。这说明由

Drucker公设也可导出材料的加载准则。

12.5　塑性势理论

在Drucker公设提出来之前，人们并不了解塑性应变增量与加载面有什么关系，在1928年Mises类比了弹性应变可用弹性势函数对应力求偏导的表达式(见式(3.35))，提出了塑性势的概念，其数学形式是

$$d\varepsilon_{ij}^{p} = d\lambda \frac{\partial g}{\partial \sigma_{ij}} \tag{12.29}$$

式中g是塑性势函数，它是应力σ_{ij}和内变量ξ_β的标量函数，在屈服和硬化为各向同性的情况下，它可以表示为应力不变量和内变量的函数。

对于服从Drucker公设的稳定材料而言，应取屈服函数f作为塑性势函数g，即取$g=f$，这样就将屈服函数与塑性本构关系联系起来考虑。一般地，将$g=f$的塑性本构关系称之为与屈服函数相关联的流动法则，若$g\neq f$则称之为非关联的流动法则。在非关联的流动法则下，塑性应变增量与屈服面不正交。非稳定材料如岩土材料的塑性本构关系一般认为服从非关联的流动法则，见第16章。

12.6　理想弹塑性材料的增量本构关系

12.6.1　Mises屈服条件相关联的流动法则

将Mises屈服条件式(11.13a)，代入关联流动法则式(12.27)，得

$$d\varepsilon_{ij}^{p} = d\lambda s_{ij} \tag{12.30}$$

式中

$$d\lambda \begin{cases} =0, & J_2 < \frac{1}{3}\sigma_s^2 \text{ 或 } J_2 = \frac{1}{3}\sigma_s^2, dJ_2 < 0 \\ \geqslant 0, & J_2 = \frac{1}{3}\sigma_s^2, dJ_2 = 0 \end{cases}$$

式(12.30)称为Prandtl-Reuss本构关系。它表明：在加载过程中，塑性应变增量与偏应力成正比，即塑性应变增量主轴与偏应力主轴重合，也就是与应力主轴重合。

式(12.30)还可表示为

$$\frac{d\varepsilon_x^p}{s_x} = \frac{d\varepsilon_y^p}{s_y} = \frac{d\varepsilon_z^p}{s_z} = \frac{d\gamma_{xy}^p}{2\tau_{xy}} = \frac{d\gamma_{yz}^p}{2\tau_{yz}} = \frac{d\gamma_{zx}^p}{2\tau_{zx}} = d\lambda \tag{12.31}$$

总的应变增量是弹性应变增量和塑性应变增量之和。弹性应变增量$d\varepsilon_{ij}^{e}$的偏量部分和体积部分可分别通过对式(3.23a)和式(3.24)两边求增量得到

$$de_{ij}^{e} = \frac{1}{2G}ds_{ij}, \quad d\varepsilon_{ij}^{e} = \left(\frac{1-2\nu}{E}\right)d\sigma_{kk} \tag{12.32}$$

根据式(12.28),塑性应变增量是一个偏张量,结合式(12.30)故有

$$de_{ij}^{p}=d\varepsilon_{ij}^{p}=d\lambda s_{ij},\quad d\varepsilon_{kk}^{p}=0$$

因此,总的增量应变与增量应力的关系为

$$de_{ij}=\frac{1}{2G}ds_{ij}+d\lambda s_{ij}\tag{12.33a}$$

$$d\varepsilon_{kk}=\left(\frac{1-2\nu}{E}\right)d\sigma_{kk}\tag{12.33b}$$

如果塑性应变增量比弹性应变增量大得多时,可将弹性应变增量忽略,应变增量与应力的关系变为

$$d\varepsilon_{ij}=d\varepsilon_{ij}^{p}=d\lambda s_{ij}\tag{12.34}$$

或

$$\frac{d\varepsilon_{x}}{s_{x}}=\frac{d\varepsilon_{y}}{s_{y}}=\frac{d\varepsilon_{z}}{s_{z}}=\frac{d\gamma_{xy}}{2\tau_{xy}}=\frac{d\gamma_{yz}}{2\tau_{yz}}=\frac{d\gamma_{zx}}{2\tau_{zx}}=d\lambda\tag{12.35}$$

式(12.34)称为 Levy-Mises 本构关系。

在增量本构关系的发展历程中,St. Venant 于 1870 年针对平面应变情况提出应变增量主轴与应力主轴重合;在 1871 年,Levy 引用 St. Venant 的假设,提出应变增量分量与相应的偏应力分量成比例,即式(12.35);在 1913 年,Mises 又独立地提出了相同的关系式,所以,式(12.35)称为 Levy-Mises 本构关系,这是一种理想刚塑性模型。Prandtl 在 1925 年将原先的 Levy-Mises 关系式扩展应用于理想弹塑性平面应变情况,提出塑性应变增量主轴与应力主轴重合,Reuss 在 1930 年又把 Prandtl 关系式扩展了三维情况并给出式(12.30)的一般形式,所以,式(12.30)称为理想弹塑性材料的 Prandtl-Reuss 本构关系。20 世纪 50 年代,Drucker 公设的提出并由此建立的塑性应变正交流动法则,从理论上验证了这些关系式。

下面对 Prandtl-Reuss 本构关系式(12.30)作两点讨论。

1. 关于比例因子 $d\lambda$

比例因子 $d\lambda$ 不能通过本构方程确定。对于一个材料的微单元体,若给定应力 s_{ij},使材料进入屈服后,由式(12.30)可确定塑性应变增量 $d\varepsilon_{ij}^{p}$ 的方向,即各分量的比例关系,但它的大小可以任意,因此 $d\lambda$ 是任意的正值。实际问题中,如果微单元体周围物体还处于弹性阶段,由于要满足变形协调条件,微单元体的塑性变形必然受到周围物体的限制,而不可能任意发展,这时 $d\lambda$ 的值是确定的,不过它不是通过微单元体本身的本构关系确定的,而是由问题的整体条件来确定。从数学上讲,相对弹性力学问题,这里的理想弹塑性问题仅在本构方程式(12.33)中增加了一个 $d\lambda$ 未知数,但也增加了一个应力应满足的方程,即屈服条件。因此,理想弹塑性问

题，应在平衡、几何和本构方程的基础上，结合屈服条件一起求解。

不过，材料微单元体中若给定塑性应变增量 $d\varepsilon_{ij}^{p}$，则可确定 $d\lambda$，进而确定 s_{ij}。将式(12.30)的两边与自身点积，得

$$d\varepsilon_{ij}^{p}d\varepsilon_{ij}^{p}=(d\lambda)^{2}s_{ij}s_{ij} \tag{12.36}$$

在式(12.36)中使用 Mises 屈服条件 $J_2=\frac{1}{2}s_{ij}s_{ij}=\frac{1}{3}\sigma_s^2$，并考虑定义式(11.16b)，则有

$$d\lambda=\frac{\sqrt{d\varepsilon_{ij}^{p}d\varepsilon_{ij}^{p}}}{\sqrt{2J_2}}=\sqrt{\frac{3}{2}}\frac{\sqrt{d\varepsilon_{ij}^{p}d\varepsilon_{ij}^{p}}}{\sigma_s}=\frac{3}{2}\frac{\overline{d\varepsilon^{p}}}{\sigma_s} \tag{12.37}$$

将式(12.37)代入式(12.30)，可确定 s_{ij}，为

$$s_{ij}=\sqrt{\frac{2}{3}}\frac{\sigma_s}{\sqrt{d\varepsilon_{kl}^{p}d\varepsilon_{kl}^{p}}}d\varepsilon_{ij}^{p} \tag{12.38}$$

从式(12.38)可知，若 $d\varepsilon_{ij}^{p}$ 的各分量按固定比例任意增加时，s_{ij} 保持不变，这也说明，给定应力 s_{ij}，$d\varepsilon_{ij}^{p}$ 的各分量可按一定比例任意增加。

将式(12.30)的两边与 s_{ij} 点积，采用类似于式(12.36)和式(12.37)的步骤，得

$$d\lambda=\frac{s_{ij}d\varepsilon_{ij}^{p}}{2J_2}=\frac{3dW^{p}}{2\sigma_s^2} \tag{12.39}$$

其中考虑到塑性应变增量是偏张量，使用了下式

$$dW^{p}=\sigma_{ij}d\varepsilon_{ij}^{p}=\sigma_{ij}de_{ij}^{p}=s_{ij}de_{ij}^{p}=s_{ij}d\varepsilon_{ij}^{p} \tag{12.40a}$$

对于屈服面上的任意一点，给定任意的应力增量，尽管应力状态和应力增量不同，产生的塑性应变增量也不同，但式(12.37)和式(12.39)表明，$\overline{d\varepsilon^{p}}/d\lambda$ 和 $dW^{p}/d\lambda$ 都应为常数，同时，比较这两个式子还可得出

$$dW^{p}=\sigma_s\overline{d\varepsilon^{p}} \tag{12.40b}$$

式(12.40b)说明：①两个内变量是相互联系的；②塑性功 dW^{p} 取决于塑性变形，与应力无关，即材料的能量耗散是由塑性变形所决定的。

我们还可以证明塑性功增量等于形状改变功增量(偏应力在偏应变增量上所做的功)，即

$$dW^{p}=s_{ij}de_{ij} \tag{12.41}$$

将式(12.33a)两边点积 s_{ij}，得

$$s_{ij}de_{ij}=\frac{1}{2G}s_{ij}ds_{ij}+d\lambda s_{ij}s_{ij}$$

对于 Mises 材料，加载准则可写为 $dJ_2=s_{ij}d\sigma_{ij}=s_{ij}ds_{ij}=0$，将该结果代入上式并考虑到式(12.30)和式(12.40)，式(12.41)得证。

2. Prandtl-Reuss 本构关系的实验验证

类似于应力的 Lode 参数的定义式(1.55)，定义塑性应变增量的 Lode 参数为

$$\mu_{d\varepsilon^p} = \frac{2d\varepsilon_2^p - d\varepsilon_1^p - d\varepsilon_3^p}{d\varepsilon_1^p - d\varepsilon_3^p} \tag{12.42}$$

式中 $d\varepsilon_1^p$,$d\varepsilon_2^p$ 和 $d\varepsilon_3^p$ 是塑性应变增量的主值。根据 Prandtl-Reuss 本构关系式(12.31)，有

$$\frac{d\varepsilon_1^p}{s_1} = \frac{d\varepsilon_2^p}{s_2} = \frac{d\varepsilon_3^p}{s_3} = d\lambda$$

将上式代入(12.42)，与式(1.55)对照，就有

$$\mu_{d\varepsilon^p} = \mu_\sigma$$

Lode 等的实验表明，该等式大致成立，这就说明 Prandtl-Reuss 本构关系式基本符合实验结果。

12.6.2 Tresca 屈服条件相关联的流动法则

不规定主应力大小顺序，Tresca 屈服条件可写成

$$f_1 = \sigma_2 - \sigma_3 - \sigma_s = 0, \quad f_2 = -\sigma_3 + \sigma_1 - \sigma_s = 0$$

$$f_3 = \sigma_1 - \sigma_2 - \sigma_s = 0, \quad f_4 = -\sigma_2 + \sigma_3 - \sigma_s = 0$$

$$f_5 = \sigma_3 - \sigma_1 - \sigma_s = 0, \quad f_6 = -\sigma_1 + \sigma_2 - \sigma_s = 0$$

应力状态应同时满足 $f_n(n=1,2,\cdots,6) \leqslant 0$。当应力状态位于第 n 个面上时，则可由流动法则式(12.24)确定塑性应变增量的方向，例如，当应力状态位于 $f_1=0$ 上

$$d\varepsilon_{ij}^p = d\lambda_1 \frac{\partial f_1}{\partial \sigma_{ij}}$$

将屈服函数 f_1 代入，得塑性应变增量的主值之比为

$$(d\varepsilon_1^p : d\varepsilon_2^p : d\varepsilon_3^p) = (0 : d\lambda_1 : -d\lambda_1) = (0 : 1 : -1)$$

考虑一种特殊情况 $\sigma_1 = \sigma_2 \geqslant \sigma_3$，最大剪应力发生在两对平面上，一对平面是与主应力 σ_2 平行而与主应力 σ_1 和主应力 σ_3 的角度分别为 45°，另一对平面是与主应力 σ_1 平行而与主应力 σ_2 和主应力 σ_3 的角度分别为 45°，这两对平面同时达到屈服，相应地，应力状态处在 $f_2=0$ 和 $f_1=0$ 的交点上，此处屈服面法线不连续，按照相交于该点的各屈服面的法线，根据流动法则可计算出两种可能的塑性应变增量

(1) $\sigma_{max} = \sigma_2$，$\sigma_{min} = \sigma_3$，在 $f_1=0$ 上

$$(d\varepsilon_1^p : d\varepsilon_2^p : d\varepsilon_3^p) = (0 : d\lambda_1 : -d\lambda_1) = (0 : 1 : -1)$$

(2) $\sigma_{max} = \sigma_1$，$\sigma_{min} = \sigma_3$，在 $f_2=0$ 上

$$(d\varepsilon_1^p : d\varepsilon_2^p : d\varepsilon_3^p) = (d\lambda_2 : 0 : -d\lambda_2) = (1 : 0 : -1)$$

在这种情况下，假设实际的塑性应变增量是它们的线性组合，即按下式给出

$$d\varepsilon_i^p = d\lambda_1 \frac{\partial f_1}{\partial \sigma_i} + d\lambda_2 \frac{\partial f_2}{\partial \sigma_i} \qquad i = 1,2,3$$

或表示为

$$(d\varepsilon_1^p : d\varepsilon_2^p : d\varepsilon_3^p) = d\lambda_2 : d\lambda_1 : -(d\lambda_1 + d\lambda_2) = (1-\bar{\lambda}) : \bar{\lambda} : -1$$

式中

$$0 \leqslant \bar{\lambda} = \frac{d\lambda_1}{d\lambda_1 + d\lambda_2} \leqslant 1$$

上式给出的塑性应变增量方向是不确定的，它随$\bar{\lambda}$的变化而在 $f_1=0$ 面上的法线 $\boldsymbol{n}_1$ 与 $f_2=0$ 面上的法线 $\boldsymbol{n}_2$ 之间变化，这个变化区域称之为尖点应变锥，如图 12.7 所示。实际上，尖点处也可以看成曲率变化很大的光滑曲面，在该处塑性应变增量从 $\boldsymbol{n}_1$ 很快变到 $\boldsymbol{n}_2$ 方向，取极限后就成为尖点的情况。

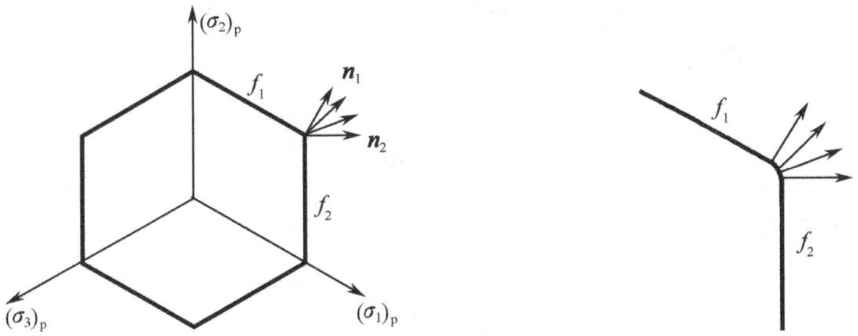

图 12.7　Tresca 屈服条件下的尖点问题

下面计算塑性功增量。由于应力与塑性应变增量的主轴一致，则在主轴方向

$$dW^p = \sigma_{ij} d\varepsilon_{ij}^p = \sigma_1 d\varepsilon_1^p + \sigma_2 d\varepsilon_2^p + \sigma_3 d\varepsilon_3^p$$

当应力状态处在 $f_1 = \sigma_2 - \sigma_3 - \sigma_s = 0$ 的面上

$$dW^p = \sigma_1 d\varepsilon_1^p + \sigma_2 d\varepsilon_2^p + \sigma_3 d\varepsilon_3^p = (\sigma_2 - \sigma_3) d\lambda_1 = \sigma_s d\lambda_1 = \sigma_s \left| d\varepsilon^p \right|_{max}$$

式中 $|d\varepsilon^p|_{max}$ 是绝对值最大的应变增量主值。当应力状态处在 f_1 和 f_2 两个面的交线上，由于绝对值最大的应变增量主值为 $d\lambda_1 + d\lambda_2 = |d\varepsilon_3^p|$，仍然有

$$dW^p = \sigma_1 d\lambda_2 + \sigma_2 d\lambda_1 - \sigma_3(d\lambda_1 + d\lambda_2) = \sigma_s(d\lambda_1 + d\lambda_2) = \sigma_s \left| d\varepsilon^p \right|_{max}$$

对于其他交点也可得出同样的结果。因此，对于 Tresca 材料，均可写成

$$dW^p = \sigma_s \left| d\varepsilon^p \right|_{max} \tag{12.43}$$

同 Mises 材料一样，能量耗散只取决于塑性变形。

【例 12.3】 有一受内水压 p 和轴向力共同作用的薄壁圆筒，内半径为 r，壁厚为 t，若圆筒保持直径不变，只产生轴向伸长，假设材料是不可压缩的，在忽略弹性变形的情况下，试求圆筒达到塑性状态时需要多大的内水压力。

解　直径不变，则环向应变 $\varepsilon_\theta = 0$，轴向伸长靠筒壁变薄实现，各应变分量为

$$\varepsilon_\theta = 0,\quad \varepsilon_z = -\varepsilon_r \quad 或 \quad e_\theta = 0,\quad e_z = -e_r$$

将上述应变状态代入 Levy-Mises 流动理论

$$s_\theta = 0,\quad s_z = -s_r$$

在这里,Mises 屈服条件可表示为

$$\sqrt{\frac{3}{2}(s_\theta^2 + s_r^2 + s_z^2)} = \sigma_s$$

将偏应力分量之间的关系代入上式,得偏应力为

$$s_\theta = 0,\quad s_z = \frac{\sigma_s}{\sqrt{3}},\quad s_r = -\frac{\sigma_s}{\sqrt{3}}$$

设平均体积应力为 σ_0,则应力分量为

$$\sigma_\theta = \sigma_0,\quad \sigma_z = \frac{\sigma_s}{\sqrt{3}} + \sigma_0,\quad \sigma_r = -\frac{\sigma_s}{\sqrt{3}} + \sigma_0$$

在本题中,$\sigma_r = 0$,因此有

$$\sigma_0 = \frac{\sigma_s}{\sqrt{3}}$$

在内水压作用下,$\sigma_\theta = \dfrac{pr}{t}$,最后

$$p = \frac{\sigma_s t}{\sqrt{3}r}$$

【例 12.4】 考虑双轴拉伸实验,其应力状态为 $\sigma_{ij} = (\sigma_1, 0, \sigma_3)$。若材料为 Mises 理想弹塑性材料,剪切模量为 G,泊松比 $\nu = 0.5$。

(1)给出加载阶段增量本构关系的具体表达式;

(2)利用这个表达式,针对下面给定的变形历史求相应的应力历史。

$$(\varepsilon_1, \varepsilon_3) = (0, 0) \rightarrow \left(\frac{\sqrt{3}}{2}\varepsilon_s, 0\right) \rightarrow \left(\frac{\sqrt{3}}{2}\varepsilon_s, \frac{\sqrt{3}}{2}\varepsilon_s\right)$$

其中 $\varepsilon_s = \sigma_s / E$,而 $\sigma_s = \sqrt{3}k$ 是屈服应力。

解　本题中的应力和应力增量的主轴重合,即加载中应力主轴不变,增量本构关系式(12.33)的第一式子沿应力的主轴方向可写成

$$\mathrm{d}e_1 = \frac{1}{2G}\mathrm{d}s_1 + \mathrm{d}\lambda s_1,\quad \mathrm{d}e_2 = \frac{1}{2G}\mathrm{d}s_2 + \mathrm{d}\lambda s_2,\quad \mathrm{d}e_3 = \frac{1}{2G}\mathrm{d}s_3 + \mathrm{d}\lambda s_3 \tag{a}$$

式中 $\mathrm{d}e_1$、$\mathrm{d}e_2$、$\mathrm{d}e_3$ 是偏应变的主值。或者写成

$$\mathrm{d}s_1 = 2G(\mathrm{d}e_1 - \mathrm{d}\lambda s_1),\quad \mathrm{d}s_2 = 2G(\mathrm{d}e_2 - \mathrm{d}\lambda s_2),\quad \mathrm{d}s_3 = 2G(\mathrm{d}e_3 - \mathrm{d}\lambda s_3) \tag{b}$$

将式(b)第一式子和第三个式子分别与第二式子相减,并考虑到 $\mathrm{d}\sigma_2 = 0$,则

$$\mathrm{d}\sigma_1 = 2G(2\mathrm{d}e_1 + \mathrm{d}e_3) - 2G\mathrm{d}\lambda\sigma_1 \tag{c1}$$

$$\mathrm{d}\sigma_3 = 2G(2\mathrm{d}e_3 + \mathrm{d}e_1) - 2G\mathrm{d}\lambda\sigma_3 \tag{c2}$$

下面给出 $d\lambda$ 的表达式。本题中应力的主轴与应变增量主轴也重合，利用式(12.41)，塑性功增量可写为

$$dW^{p} = s_1 de_1 + s_2 de_2 + s_3 de_3 \tag{d}$$

将式(d)代入式(12.39)，考虑到 $de_2 = -(de_1 + de_3)$，$k = \sigma_s/\sqrt{3}$ 以及 $\sigma_2 = 0$，求得 $d\lambda$ 为

$$\begin{aligned} d\lambda &= \frac{1}{2k^2}(s_1 de_1 + s_2 de_2 + s_3 de_3) = \frac{1}{2k^2}[(s_1 - s_2)de_1 + (s_3 - s_2)de_3] \\ &= \frac{1}{2k^2}(\sigma_1 de_1 + \sigma_3 de_3) \end{aligned} \tag{e}$$

已知条件泊松比 $\nu=0.5$，$\varepsilon_{kk}=0$，$d\varepsilon_{kk}=0$，$de_1 = d\varepsilon_1$，$de_3 = d\varepsilon_3$，同式(e)一起代入式(c)，最后有

$$d\sigma_1 = 2G(2d\varepsilon_1 + d\varepsilon_3) - \frac{G}{k^2}(\sigma_1^2 d\varepsilon_1 + \sigma_1\sigma_3 d\varepsilon_3) \tag{f1}$$

$$d\sigma_3 = 2G(2d\varepsilon_3 + d\varepsilon_1) - \frac{G}{k^2}(\sigma_3^2 d\varepsilon_3 + \sigma_1\sigma_3 d\varepsilon_1) \tag{f2}$$

对于本题的第二个问题，首先需要求出屈服时的应变值。当应变在第一阶段变化时，由于泊松比 $\nu=0.5$，$\varepsilon_{kk}=0$，$e_1=\varepsilon_1$，$e_3=\varepsilon_3=0$，屈服前应力-应变关系服从广义 Hooke 定律，因此有

$$s_1 = 2G\varepsilon_1, \quad s_3 = 0, \quad s_2 = -s_1 \tag{g}$$

将式(g)代入 Mises 屈服条件，并考虑到 $E=3G$，$k=\sigma_s/\sqrt{3}$，则屈服时的应变值为

$$\varepsilon_1 = \frac{k}{2G} = \frac{\sqrt{3}\sigma_s}{2E} = \frac{\sqrt{3}}{2}\varepsilon_s$$

因此在第一阶段的应变中，材料始终处于弹性状态。将上式代回式(g)，由于 $\sigma_2 = 0$，$s_2 = -\sigma_0$，因此得 $\sigma_0 = s_1 = k = \frac{\sqrt{3}}{3}\sigma_s$，对应的应力是

$$(\sigma_1, \sigma_2, \sigma_3) = \left(\frac{2\sqrt{3}}{3}\sigma_s, 0, \frac{\sqrt{3}}{3}\sigma_s\right) = (2k, 0, k)$$

对于第二阶段的应变，$d\varepsilon_1 = 0$，使用式(f2)，则

$$\int_k^{\sigma_3} \frac{d\sigma_3}{4k^2 - \sigma_3^2} = \frac{G}{k^2}\int_0^{\frac{\sqrt{3}}{2}\varepsilon_s} d\varepsilon_3$$

解得

$$\sigma_3 = \frac{2k(3e^2 - 1)}{3e^2 + 1}$$

本题中 Mises 屈服条件可写成

$$\sigma_1^2 + \sigma_3^2 - \sigma_1\sigma_3 = 3k^2$$

将 σ_3 的表达式代入其中求得 σ_1 为

$$\sigma_1 = \frac{(3e^2 + 6e - 1)}{3e^2 + 1}k$$

本例题再次说明：对于理想弹塑性材料，若给定应变值，积分式(f)可以求出对应的应力；若给定应力值，由于式(f)是奇异的，不能求出应变。

12.7 硬化材料的增量本构关系

对于硬化材料而言，加载面随塑性变形的历史发展而不断地改变，下面介绍如何根据加载面的演化确定比例因子 $d\lambda$。首先，基于比例因子 $d\lambda$ 的意义(反映塑性应变增量的大小)，引入塑性模量的概念，然后，根据正交流动法则和内变量的定义，确定比例因子 $d\lambda$ 与内变量演化的关系，由于内变量演化可通过加载面的演化与一致性条件得到，从而最终确定比例因子 $d\lambda$ 和塑性模量。

12.7.1 塑性模量

根据 12.2 节，设应力状态 σ_{ij} 位于加载面上，当应力增量 $d\sigma_{ij}$ 指向加载面内，并无限接近于与加载面相切时，处于卸载，不会产生塑性变形；当应力增量指向加载面外，并无限接近于与加载面相切时，处于加载，将产生不为零的塑性变形。因此，为保证从塑性变形到弹性变形的连续性过渡，应力增量从指向加载面外逐渐向加载面内变化时，塑性应变也应逐渐变化至零并过渡到弹性变形，而且，就在应力增量与加载面相切时，即处于中性变载时，所产生的塑性变形必须正好为零。

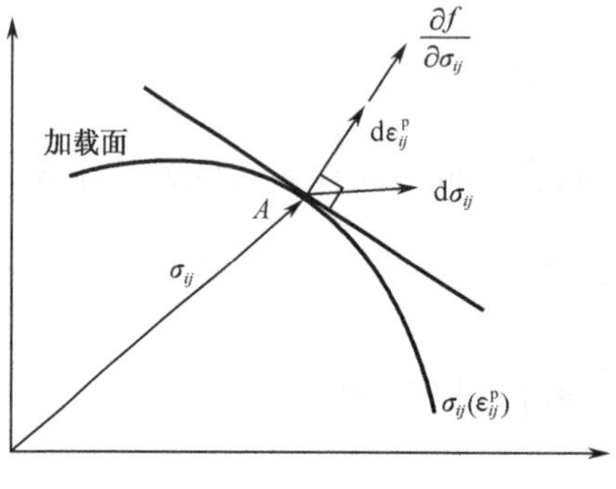

图 12.8 塑性应变增量大小随应力增量变化的连续性

如图 12.8 所示，$(\partial f/\partial\sigma_{ij})d\sigma_{ij}$ 是 $d\sigma_{ij}$ 与 $\partial f/\partial\sigma_{ij}$ 的点积，当 $d\sigma_{ij}$ 的方向从加载面外平行于 $\partial f/\partial\sigma_{ij}$ 的方向朝垂直于 $\partial f/\partial\sigma_{ij}$ 的方向(即与加载面相切)变化时，其大小从正值开始连续变化到零，结合上面的分析，很自然地将代表塑性应变增量大小的 $d\lambda$ 与 $(\partial f/\partial\sigma_{ij})d\sigma_{ij}$ 联系起来，于是令

$$d\lambda = \frac{1}{h}\frac{\partial f}{\partial \sigma_{ij}}d\sigma_{ij} \tag{12.44}$$

前面 10.5 节将单轴应力与塑性应变关系曲线的切线斜率定义为塑性模量，后面将表明 h 可以与它联系起来，故 h 被称为一般应力状态下的塑性模量，一般假定 h 与

$d\sigma_{ij}$ 无关。将式(12.44)代入式(12.24),则有

$$d\varepsilon_{ij}^{p} = \frac{1}{h}\frac{\partial f}{\partial \sigma_{ij}}\frac{\partial f}{\partial \sigma_{kl}}d\sigma_{kl} \tag{12.45}$$

由于 f 中也不含 $d\sigma_{ij}$,式(12.45)表示塑性应变增量 $d\varepsilon_{ij}^{p}$ 与应力增量 $d\sigma_{ij}$ 之间成线性关系,这种本构关系称之为增量线性理论。

对于硬化材料,产生塑性变形(加载)时,$(\partial f/\partial \sigma_{ij})d\sigma_{ij}>0$,而 $d\lambda>0$,根据式(12.44),则塑性模量 $h>0$;对于理想弹塑性材料,产生塑性变形(加载)时,屈服函数不随内变量变化,$(\partial f/\partial \sigma_{ij})d\sigma_{ij}=0$,由于 $d\lambda$ 不能由本构方程确定,为任意,根据式(12.44),则塑性模量 $h=0$。

12.7.2　比例因子与内变量的关系

使用累积塑性应变作为内变量,将式(12.24)代入它的定义式(11.16b),得

$$\overline{d\varepsilon^{p}} = \sqrt{\frac{2}{3}d\varepsilon_{ij}^{p}d\varepsilon_{ij}^{p}} = \sqrt{\frac{2}{3}(d\lambda)^2\frac{\partial f}{\partial \sigma_{ij}}\frac{\partial f}{\partial \sigma_{ij}}}$$

整理得

$$d\lambda = \frac{\overline{d\varepsilon^{p}}}{\sqrt{\frac{2}{3}\frac{\partial f}{\partial \sigma_{ij}}\frac{\partial f}{\partial \sigma_{ij}}}} \tag{12.46}$$

使用塑性功为内变量,将式(12.24)代入塑性功增量的表达式,则有

$$dW^{p} = \sigma_{ij}d\varepsilon_{ij}^{p} = s_{ij}d\varepsilon_{ij}^{p} = d\lambda\frac{\partial f}{\partial \sigma_{ij}}s_{ij}$$

因此

$$d\lambda = \frac{dW^{p}}{\frac{\partial f}{\partial \sigma_{ij}}s_{ij}} \tag{12.47}$$

式(12.46)和式(12.47)给出了比例因子 $d\lambda$ 与内变量之间的关系。由此可知,一旦内变量的演化已知,比例因子 $d\lambda$ 便可确定,同时也就确定了塑性模量 h。12.7.3 节将针对不同的硬化模型,给出具体确定的步骤。

同理想弹塑性材料一样,两个内变量不独立。由于式(12.46)和式(12.47)给出的 $d\lambda$ 应一致,因此得到两个内变量之间的关系为

$$dW^{p} = \left(\frac{\frac{\partial f}{\partial \sigma_{ij}}s_{ij}}{\sqrt{\frac{2}{3}\frac{\partial f}{\partial \sigma_{kl}}\frac{\partial f}{\partial \sigma_{kl}}}}\right)\overline{d\varepsilon^{p}} \tag{12.48}$$

12.7.3 不同硬化模型下的比例因子与塑性模量

1. 等向硬化

内变量的演化由一致性条件(11.20)给出，使用式(12.44)，该条件可表示为

$$h\mathrm{d}\lambda+\frac{\partial f}{\partial\xi_\beta}\mathrm{d}\xi_\beta=0$$

若使用累积塑性应变作为内变量，即 $\mathrm{d}\xi_\beta=\overline{\mathrm{d}\varepsilon^{\mathrm{p}}}$，并考虑到式(12.46)，得

$$h=-\frac{\partial f}{\partial\left(\int\overline{\mathrm{d}\varepsilon^{\mathrm{p}}}\right)}\sqrt{\frac{2}{3}\frac{\partial f}{\partial\sigma_{ij}}\frac{\partial f}{\partial\sigma_{ij}}}\tag{12.49}$$

若使用塑性功作为内变量，采用以上相同的步骤，得

$$h=-\frac{\partial f}{\partial W^{\mathrm{p}}}\frac{\partial f}{\partial\sigma_{ij}}s_{ij}\tag{12.50}$$

式(12.49)和式(12.50)表明，一旦加载面 $f(\sigma_{ij},\xi_\beta)$ 随内变量的演化确定，塑性模量 h 便可确定。

以 Mises 材料为例，设材料为等向硬化，且内变量为累积塑性应变，采用式(11.21)表示的加载面

$$f=\bar{\sigma}-k\left(\int\overline{\mathrm{d}\varepsilon^{\mathrm{p}}}\right)=0$$

这时

$$\frac{\partial f}{\partial\sigma_{ij}}=\frac{\sqrt{3}}{2}\frac{1}{\sqrt{J_2}}s_{ij}\tag{12.51}$$

显然有

$$\sqrt{\frac{2}{3}\frac{\partial f}{\partial\sigma_{ij}}\frac{\partial f}{\partial\sigma_{ij}}}=1\tag{12.52}$$

将式(12.52)分别代入式(12.46)和式(12.49)，并利用式(11.22)表示的加载面，得

$$\mathrm{d}\lambda=\overline{\mathrm{d}\varepsilon^{\mathrm{p}}}\tag{12.53a}$$

$$h=-\frac{\partial f}{\partial\left(\int\overline{\mathrm{d}\varepsilon^{\mathrm{p}}}\right)}=\frac{\mathrm{d}k}{\mathrm{d}\left(\int\overline{\mathrm{d}\varepsilon^{\mathrm{p}}}\right)}=\frac{\mathrm{d}\bar{\sigma}}{\mathrm{d}\left(\int\overline{\mathrm{d}\varepsilon^{\mathrm{p}}}\right)}=h(\bar{\sigma})\tag{12.53b}$$

所以，塑性模量 h 就是 $\bar{\sigma}\sim\int\overline{\mathrm{d}\varepsilon^{\mathrm{p}}}$ 关系曲线切线的斜率。顺便指出：式(11.21)给出的加载面也可表示成 $f=J_2-\frac{1}{3}k^2\left(\int\overline{\mathrm{d}\varepsilon^{\mathrm{p}}}\right)=0$。若采用这种形式的加载面，对应力求偏导数的结果将与式(12.51)不同，代入式(12.46)和式(12.49)得到的 $\mathrm{d}\lambda$ 和 h 也将不同于式(12.53)，但两者通过正交流动法则最终给出的塑性应变增量相同，通

常采用式(11.22)给出的加载面更方便。

根据 11.7 节的说明，单轴拉伸下的 $\sigma \sim \varepsilon^{p}$ 关系曲线就是任意路径下的$\bar{\sigma} \sim \int \overline{d\varepsilon^{p}}$ 关系曲线。若根据单轴拉伸试验结果，得到 $\sigma \sim \varepsilon^{p}$ 关系曲线，如图 10.7 所示，其切线斜率是

$$E_{p} = \frac{d\sigma}{d\varepsilon^{p}} = E_{p}(\sigma) \tag{12.54}$$

将其中的应力 σ 替换为等效应力$\bar{\sigma}$，就得到我们所需要的塑性模量 h，即

$$h = E_{p}(\bar{\sigma}) \tag{12.55}$$

若使用塑性功作为内变量，则加载面为

$$\bar{\sigma} - \psi\left(\int \sigma_{ij}\,d\varepsilon_{ij}^{p}\right) = 0 \text{ 或 } \bar{\sigma} - \psi(W^{p}) = 0$$

将式(12.51)代入式(12.47)和式(12.50)，则有

$$d\lambda = \frac{dW^{p}}{\bar{\sigma}}$$

$$h = \frac{d\psi}{dW^{p}}\,\bar{\sigma} = \frac{d\,\bar{\sigma}}{dW^{p}}\,\bar{\sigma} = h(\bar{\sigma})$$

根据 11.7 节的说明，单轴拉伸下 $\sigma \sim W^{p} = \int \sigma d\varepsilon^{p}$ 的关系曲线就是任意路径下 $\bar{\sigma} \sim W^{p} = \int \sigma_{ij}\,d\varepsilon_{ij}^{p}$ 的关系曲线。前者将通过$\sigma \sim \varepsilon$ 的关系曲线或者$\sigma \sim \varepsilon^{p}$ 的关系曲线确定，如图 12.9 所示，从而确定硬化函数 $\psi(W^{p})$ 和它的斜率 $d\psi/dW^{p}$，并最终得到塑性模量 h。可以表明，它与前面直接根据单轴拉伸试验曲线确定的 h 完全一致。

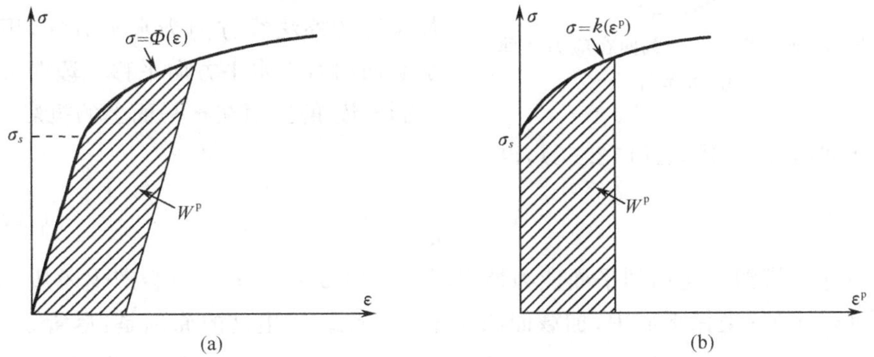

图 12.9　单轴拉伸试验下应力与塑性功的关系

2. 随动硬化

对于随动硬化，加载面在应力空间中随塑性变形作刚体移动，其大小和形状都

保持不变，由式(11.24)给出，为 $f(\sigma_{ij}-b_{ij})-k=0$，其中背应力 b_{ij} 代表加载面中心位置的刚体移动，它随塑性变形而改变。

应用一致性条件式(11.21)，得

$$\frac{\partial f}{\partial \sigma_{ij}}(\mathrm{d}\sigma_{ij}-\mathrm{d}b_{ij})=0 \tag{12.56}$$

使用式(12.44)，并考虑到 b_{ij} 是塑性应变的函数，则式(12.56)又可表示为

$$h\mathrm{d}\lambda-\frac{\partial f}{\partial \sigma_{ij}}\frac{\partial b_{ij}}{\partial \varepsilon_{kl}^{\mathrm{p}}}\mathrm{d}\varepsilon_{kl}^{\mathrm{p}}=0 \tag{12.57}$$

将式(12.24)代入式(12.57)，故得塑性模量为

$$h=\frac{\partial f}{\partial \sigma_{ij}}\frac{\partial b_{ij}}{\partial \varepsilon_{kl}^{\mathrm{p}}}\frac{\partial f}{\partial \sigma_{kl}} \tag{12.58}$$

下面根据背应力的两个模型——Prager 模型和 Ziegler 模型，给出塑性模量的具体表达式。

Prager 模型假定加载面中心的移动方向应平行于塑性应变增量

$$\mathrm{d}b_{ij}=c\mathrm{d}\varepsilon_{ij}^{\mathrm{p}} \text{ 或 } b_{ij}=c\varepsilon_{ij}^{\mathrm{p}} \tag{12.59}$$

由于在任意瞬时塑性应变增量是垂直于加载面的，因此，加载面中心的移动方向垂直于加载面。图 12.10 给出 π 平面中 Tresca 加载面的平移过程，应力状态从 O 点开始，沿着应力路径 OP_0 到达 P_0 进入屈服，施加应力增量加载至 P 点，此时，加载面的外法线方向为水平方向，因此，加载面向右沿水平方向平移一段距离 $\mathrm{d}b_i$（它是 $\mathrm{d}b_{ij}$ 的主值在 π 平面上的投影）。

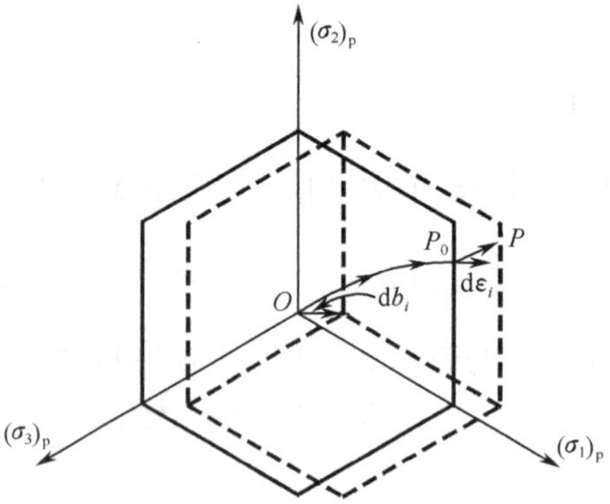

图 12.10　Tresca 加载面在应力空间中的移动

将式(12.59)代入式(12.58)，得

$$h=c\frac{\partial f}{\partial \sigma_{ij}}\frac{\partial f}{\partial \sigma_{ij}} \tag{12.60}$$

Prager 模型在应用到平面应力情况时($\sigma_1\neq0,\sigma_2\neq0,\sigma_3=0$)会产生矛盾，那就是，在($\sigma_1,\sigma_2$)的坐标平面中，加载面的大小会变化。产生这的原因是：尽管 $\sigma_3=0$，但 $\varepsilon_3^{\mathrm{p}}\neq0$，按照 Prager 模型，$b_3$($b_{ij}$ 的主值)$\neq0$，在主应力空间中，加载面的移动并不只是在(σ_1,σ_2)的坐标平面内，因此，移动后的加载面与(σ_1,σ_2)坐标平面内的交线(即(σ_1,σ_2)坐标平面中的加载面)就会产生变形。

Ziegler 改进了 Prager 模型，假设背应力与 $\sigma_{ij}-b_{ij}$ 成正比，见式(11.31)，为 $\mathrm{d}b_{ij}=\mathrm{d}\mu(\sigma_{ij}-b_{ij})$，式中 $\mathrm{d}\mu$ 是正的比例因子，取决于塑性变形历史，通常将它假

定为

$$d\mu = a\,\overline{d\varepsilon^{p}} \tag{12.61}$$

式中 a 是材料常数。

使用式(12.44)、式(11.31)和式(12.61)，一致性条件式(12.56)可表示为

$$h d\lambda - \frac{\partial f}{\partial \sigma_{ij}} a\,\overline{d\varepsilon^{p}}(\sigma_{ij} - b_{ij}) = 0$$

将式(12.46)代入上式，得

$$h = a\frac{\partial f}{\partial \sigma_{ij}}(\sigma_{ij} - b_{ij})\sqrt{\frac{2}{3}\frac{\partial f}{\partial \sigma_{kl}}\frac{\partial f}{\partial \sigma_{kl}}} \tag{12.62}$$

3. 混合硬化

混合硬化是等向硬化和随动硬化两种情况的综合。若使用累积塑性应变作为内变量，则它在数学上表达为

$$f(\sigma_{ij} - b_{ij}) - k\left(\int \overline{d\varepsilon^{p}}\right) = 0$$

应用一致性条件式(11.21)，得

$$\frac{\partial f}{\partial \sigma_{ij}}(d\sigma_{ij} - db_{ij}) - \frac{dk}{d\left(\int \overline{d\varepsilon^{p}}\right)}\overline{d\varepsilon^{p}} = 0$$

类似于式(12.57)，则有

$$h d\lambda - \frac{\partial f}{\partial \sigma_{ij}}\frac{\partial b_{ij}}{\partial \varepsilon^{p}_{kl}}d\varepsilon^{p}_{kl} - \frac{dk}{d\left(\int \overline{d\varepsilon^{p}}\right)}\overline{d\varepsilon^{p}} = 0$$

将式(12.46)和正交流动法则代入上式，得

$$h = \frac{\partial f}{\partial \sigma_{ij}}\frac{\partial b_{ij}}{\partial \varepsilon^{p}_{kl}}\frac{\partial f}{\partial \sigma_{kl}} + \frac{dk}{d\left(\int \overline{d\varepsilon^{p}}\right)}\sqrt{\frac{2}{3}\frac{\partial f}{\partial \sigma_{kl}}\frac{\partial f}{\partial \sigma_{kl}}} \tag{12.63}$$

式(12.63)等号右边第一项代表随动硬化的塑性模量，记为 h_K；而第二项代表等向硬化的塑性模量，记为 h_I。混合硬化的塑性模量是这两部分之和，即

$$h = h_K + h_I$$

以单轴拉伸为例说明上式的物理意义。若材料初始屈服服从 Mises 条件，随动硬化部分使用 Ziegler 模型，则混合硬化模型可具体写为

$$\bar{\sigma}(\sigma_{ij} - b_{ij}) = \sqrt{\frac{3}{2}(s_{ij} - b'_{ij})(s_{ij} - b'_{ij})} = k\left(\int \overline{d\varepsilon^{p}}\right)$$

式中 b'_{ij} 是 b_{ij} 的偏量。单轴拉伸情况下，$\sigma_{11} = \sigma \neq 0$，其他分量均为零。类似于 σ_{ij}，设 $b_{11} = b \neq 0$，其余分量 $b_{ij} = 0$，则上式退化为 $\sigma = b + k$，设拉伸方向的塑性应变是 ε^{p}，因此

$$\frac{d\sigma}{d\varepsilon^p} = \frac{db}{d\varepsilon^p} + \frac{dk}{d\varepsilon^p}$$

上式是式(12.63)在单轴拉伸情况下的特例,如图 12.11 所示。

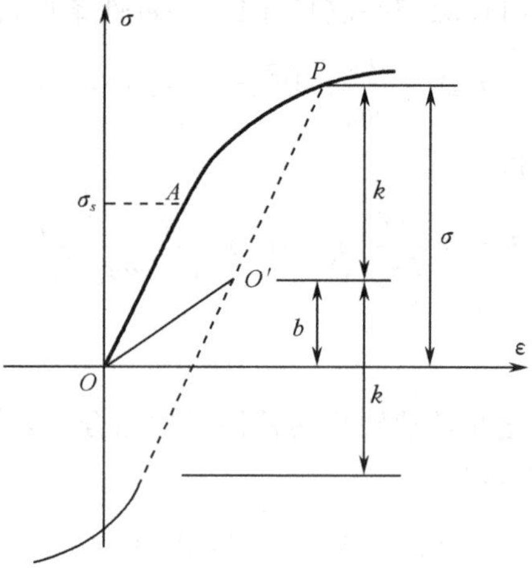

图 12.11　单轴拉伸下的混合硬化

【例 12.5】 已知材料在单轴拉伸时的应力-应变关系为

$$\varepsilon = \begin{cases} \dfrac{\sigma}{E}, & 0 < \sigma \leqslant \sigma_s \\ \dfrac{\sigma}{E}\left[1 + \left(\dfrac{\sigma}{\sigma_s}\right)^3\right] - \dfrac{\sigma_s}{E}, & \sigma > \sigma_s \end{cases} \tag{a}$$

若采用 Mises 等向硬化模型,求该材料在纯剪时 $d\tau/d\gamma$ 的表达式。

解 (1)求塑性模量。使用式(a),得塑性应变与应力关系为

$$\varepsilon^p = \varepsilon - \varepsilon^e = \varepsilon - \frac{\sigma}{E} = \frac{\sigma}{E}\left(\frac{\sigma}{\sigma_s}\right)^3 - \frac{\sigma_s}{E}$$

它就是任意加载路径下的等效应力与累积塑性应变的关系,因此有

$$\int \overline{d\varepsilon^p} = \frac{\bar{\sigma}}{E}\left(\frac{\bar{\sigma}}{\sigma_s}\right)^3 - \frac{\sigma_s}{E} \tag{b}$$

式(b)两边取增量,再代入式(12.53b),得

$$h(\bar{\sigma}) = \frac{E}{4}\left(\frac{\sigma_s}{\bar{\sigma}}\right)^3$$

(2)在 1、2 方向施加剪应力 $\sigma_{12} = \tau$,使之处于纯剪状态,使用正交流动法则式(12.24),则产生的塑性剪应变增量应是

$$\frac{1}{2}d\gamma^p = d\varepsilon_{12}^p = \left(\frac{1}{h}\frac{\partial f}{\partial \sigma_{kl}}d\sigma_{kl}\right)\frac{\partial f}{\partial \sigma_{12}} \tag{c}$$

对于纯剪切的加载情况，加载过程中任意瞬时的应力状态和应力增量分量为如下

$$s_{12}=s_{21}=\sigma_{12}=\tau,\qquad s_{11}=s_{22}=s_{33}=s_{23}=s_{31}=0$$
$$\mathrm{d}s_{12}=\mathrm{d}s_{21}=\mathrm{d}\sigma_{12}=\mathrm{d}\tau,\quad \mathrm{d}s_{11}=\mathrm{d}s_{22}=\mathrm{d}s_{33}=\mathrm{d}s_{23}=\mathrm{d}s_{31}=0$$

对于 Mises 等向硬化模型，将式(12.51)代入式(c)，并代入上述分量，得

$$\frac{1}{2}\mathrm{d}\gamma^{\mathrm{p}}=\left(\frac{4}{E}\left(\frac{\bar{\sigma}}{\sigma_s}\right)^3\frac{\sqrt{3}}{2}\frac{1}{\sqrt{J_2}}\tau\mathrm{d}\tau\cdot 2\right)\frac{\sqrt{3}}{2}\frac{1}{\sqrt{J_2}}\tau$$

由于$\bar{\sigma}=\sqrt{3J_2}$，而在加载过程中 $J_2=\tau^2$，上式化简得

$$\mathrm{d}\gamma^{\mathrm{p}}=\frac{36\sqrt{3}}{E}\left(\frac{\tau}{\sigma_s}\right)^3\mathrm{d}\tau$$

加上弹性应变后，有

$$\mathrm{d}\gamma=\mathrm{d}\gamma^{\mathrm{e}}+\mathrm{d}\gamma^{\mathrm{p}}=\frac{\mathrm{d}\tau}{G}+\frac{36\sqrt{3}}{E}\left(\frac{\tau}{\sigma_s}\right)^3\mathrm{d}\tau$$

最后可得

$$\frac{\mathrm{d}\tau}{\mathrm{d}\gamma}=\left[\frac{1}{G}+\frac{36\sqrt{3}}{E}\left(\frac{\tau}{\sigma_s}\right)^3\right]^{-1}$$

【例 12.6】 薄壁圆管受拉与扭转作用，材料单轴拉伸时的应力-应变关系为

$$\varepsilon=\frac{\sigma}{E}+\frac{\sigma-\sigma_s}{E'}$$

试按以下 3 种加载路径达到最后应力状态，如图 12.12，分别求其对应产生的应变 ε_z 与 $\gamma_{\theta z}$。

(1)首先沿 z 轴加载至$\sigma_z=\sigma_s$，并保持 σ_z 不变，然后再增加剪应力至 $\tau_{\theta z}=\sigma_s/\sqrt{3}$；

(2)先增加剪应力至 $\tau_{\theta z}=\sigma_s/\sqrt{3}$，并保持 $\tau_{\theta z}$ 不变，然后再增加拉应力至 $\sigma_z=\sigma_s$；

(3)简单加载(比例加载)，按 $\sigma_z:\tau_{\theta z}=\sqrt{3}:1$ 增加应力至 $\sigma_z=\sigma_s$，$\tau_{\theta z}=\sigma_s/\sqrt{3}$。

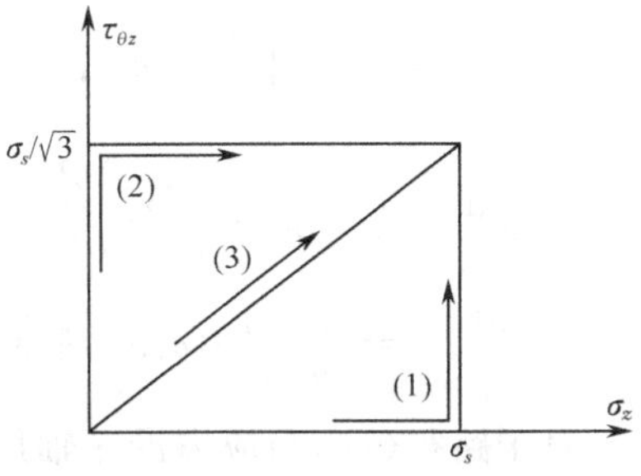

图 12.12　三种加载路径

解　1)求塑性模量

在单轴应力状态下，弹性应变是 $\varepsilon^{\mathrm{e}}=\dfrac{\sigma}{E}$。而塑性应变是

$$\varepsilon^{\mathrm{p}}=\varepsilon-\varepsilon^{\mathrm{e}}=\frac{\sigma-\sigma_s}{E'}$$

根据式(12.54)和式(12.55)，塑性模量应是

$$h=E_{\mathrm{p}}=\frac{\mathrm{d}\sigma}{\mathrm{d}\varepsilon^{\mathrm{p}}}=E'$$

2)加载判别

当应力状态达到初始屈服后(如路径(1)加载至 $\sigma_z=\sigma_s$ 时),下一步应力增量是否产生塑性变形,取决于应力增量是否使得材料处于加载,即 $(\partial f/\partial\sigma_{ij})\mathrm{d}\sigma_{ij}$ 是否大于零。

该题各加载路径下的应力状态偏量均可表示为

$$s_z=\frac{2}{3}\sigma_z,\quad s_x=s_y=-\frac{1}{3}\sigma_z,\quad s_{\theta z}=s_{z\theta}=\tau_{\theta z} \tag{a}$$

因此

$$J_2=\frac{1}{3}\sigma_z^2+\tau_{\theta z}^2 \tag{b}$$

使用 Mises 加载面 $f(\sigma_{ij},\xi_\beta)=\bar{\sigma}-k\left(\int\overline{\mathrm{d}\varepsilon^{\mathrm{p}}}\right)=0$,根据式(12.51),则有

$$\frac{\partial f}{\partial\sigma_{ij}}\mathrm{d}\sigma_{ij}=\frac{\sqrt{3}}{2\sqrt{J_2}}\left(\frac{2}{3}\sigma_z\mathrm{d}\sigma_z+2\tau_{\theta z}\mathrm{d}\tau_{\theta z}\right) \tag{c}$$

由于 σ_z、$\mathrm{d}\sigma_z$ 同号,$\tau_{\theta z}$、$\mathrm{d}\tau_{\theta z}$ 同号,因此,$\frac{\partial f}{\partial\sigma_{ij}}\mathrm{d}\sigma_{ij}>0$,即屈服后便一直处于加载状态。

3)沿给定应力路径求塑性变形

使用正交流动法则,考虑到式(c)和式(a),有

$$\begin{aligned}\mathrm{d}\varepsilon_z^{\mathrm{p}}&=\left(\frac{1}{h}\frac{\partial f}{\partial\sigma_{ij}}\mathrm{d}\sigma_{ij}\right)\frac{\partial f}{\partial\sigma_z}=\frac{1}{h}\frac{\sqrt{3}}{2\sqrt{J_2}}\left(\frac{2}{3}\sigma_z\mathrm{d}\sigma_z+2\tau_{\theta z}\mathrm{d}\tau_{\theta z}\right)\frac{\sqrt{3}}{2\sqrt{J_2}}\frac{2}{3}\sigma_z\\&=\frac{1}{h}\frac{1}{J_2}\left(\frac{1}{3}\sigma_z\mathrm{d}\sigma_z+\tau_{\theta z}\mathrm{d}\tau_{\theta z}\right)\sigma_z\end{aligned} \tag{d}$$

$$\begin{aligned}\frac{1}{2}\mathrm{d}\gamma_{\theta z}^{\mathrm{p}}&=\left(\frac{1}{h}\frac{\partial f}{\partial\sigma_{ij}}\mathrm{d}\sigma_{ij}\right)\frac{\partial f}{\partial\tau_{\theta z}}=\frac{1}{h}\frac{\sqrt{3}}{2\sqrt{J_2}}\left(\frac{2}{3}\sigma_z\mathrm{d}\sigma_z+2\tau_{\theta z}\mathrm{d}\tau_{\theta z}\right)\frac{\sqrt{3}}{2\sqrt{J_2}}\tau_{\theta z}\\&=\frac{1}{h}\frac{1}{2J_2}(\sigma_z\mathrm{d}\sigma_z+3\tau_{\theta z}\mathrm{d}\tau_{\theta z})\tau_{\theta z}\end{aligned} \tag{e}$$

对于路径(1),当应力沿 z 轴加载至 $\sigma_z=\sigma_s$,材料屈服,然后再增加剪应力,即 $\mathrm{d}\tau_{\theta z}\neq0$,但保持 σ_z 不变,即 $\mathrm{d}\sigma_z=0$,在增加剪应力的过程中,$\sigma_z=\sigma_s$,$J_2=\frac{1}{3}\sigma_s^2+\tau_{\theta z}^2$ 将这些代入式(d)和式(e),则有

$$\varepsilon_z^{\mathrm{p}}=\int_0^{\sigma_s/\sqrt{3}}\frac{1}{h}\frac{3}{\sigma_s^2+3\tau_{\theta z}^2}(\tau_{\theta z}\mathrm{d}\tau_{\theta z})\sigma_s=\frac{\sigma_s}{2h}\ln(\sigma_s^2+3\tau_{\theta z}^2)_0^{\sigma_s/\sqrt{3}}=\frac{\sigma_s}{2h}\ln2$$

$$\begin{aligned}\gamma_{\theta z}^{\mathrm{p}}&=\int_0^{\sigma_s/\sqrt{3}}\frac{1}{h}\frac{3}{\sigma_s^2+3\tau_{\theta z}^2}(3\tau_{\theta z}\mathrm{d}\tau_{\theta z})\tau_{\theta z}=\frac{9}{h}\left(\frac{\tau_{\theta z}}{3}-\frac{\sigma_s}{3\sqrt{3}}\arctan\frac{\sqrt{3}\tau_{\theta z}}{\sigma_s}\right)_0^{\sigma_s/\sqrt{3}}\\&=\frac{\sqrt{3}}{h}\left(1-\frac{\pi}{4}\right)\sigma_s\end{aligned}$$

对于路径(2)，当剪应力加载至 $\tau_{\theta z}=\sigma_s/\sqrt{3}$，材料屈服，然后再在 z 方向加应力 σ_z，即 $d\sigma_z\neq 0$，但保持 $\tau_{\theta z}$ 不变，即 $d\tau_{\theta z}=0$。在增加 σ_z 的过程中，$\tau_{\theta z}=\sigma_s/\sqrt{3}$，$J_2=\frac{1}{3}(\sigma_z^2+\sigma_s^2)$，则有

$$\varepsilon_z^{\mathrm{p}}=\int_0^{\sigma_s}\frac{1}{h}\frac{3}{\sigma_z^2+\sigma_s^2}\left(\frac{1}{3}\sigma_z d\sigma_z\right)\sigma_z=\frac{1}{h}\left(\sigma_z-\sigma_s\arctan\frac{\sigma_z}{\sigma_s}\right)_0^{\sigma_s}=\frac{\sigma_s}{h}\left(1-\frac{\pi}{4}\right)$$

$$\gamma_{\theta z}^{\mathrm{p}}=\int_0^{\sigma_s}\frac{1}{h}\frac{3}{\sigma_z^2+\sigma_s^2}(\sigma_z d\sigma_z)\frac{\sigma_s}{\sqrt{3}}=\frac{\sqrt{3}\sigma_s}{2h}\ln(\sigma_z^2+\sigma_s^2)_0^{\sigma_s}=\frac{\sqrt{3}\sigma_s}{2h}\ln 2$$

对于路径(3)，在加载中 $\sigma_z=\sqrt{3}\tau_{\theta z}$，代入式(b)，可知材料在 $\sigma_z=\sigma_s/\sqrt{2}$ 屈服，且 $d\sigma_z=\sqrt{3}\,d\tau_{\theta z}$，利用式(d)和式(e)，得

$$\varepsilon_z^{\mathrm{p}}=\int_{\sigma_s/\sqrt{2}}^{\sigma_s}\frac{1}{h}\frac{3}{2\sigma_z^2}\left(\frac{2}{3}\sigma_z d\sigma_z\right)\sigma_z=\frac{\sigma_s}{h}\left(1-\frac{1}{\sqrt{2}}\right)$$

$$\gamma_{\theta z}^{\mathrm{p}}=\int_{\sigma_s/\sqrt{2}}^{\sigma_s}\frac{1}{h}\frac{3}{2\sigma_z^2}(2\sigma_z d\sigma_z)\frac{\sigma_z}{\sqrt{3}}=\frac{\sqrt{3}\sigma_s}{h}\left(1-\frac{1}{\sqrt{2}}\right)$$

从以上的分析计算可知：尽管 3 种路径的最终应力状态一样，但它们产生的塑性应变并不一样。说明塑性变形与加载路径有关。

4)求弹性变形

弹性变形只取决于最终的应力状态，与达到该状态的路径无关，与中间产生塑性变形与否也无关系。本题中 3 种路径的最终应力状态一样，因此，它们的弹性应变应相同，都是

$$\varepsilon_z^{\mathrm{e}}=\frac{\sigma_s}{E},\quad \gamma_{\theta z}^{\mathrm{e}}=\frac{\tau_{\theta z}}{G}=\frac{\sigma_s}{\sqrt{3}G}$$

将弹性应变和塑性应变加起来，就得到总的应变。

12.8　增量本构关系的一般表达

12.8.1　关联流动

首先给出关联流动情况下应力增量和应变增量之间本构关系的一般表达式。不考虑弹塑性耦合，柔度张量 L_{ijkl} 为常张量，$dL_{ijkl}=0$，使用式(12.8)和式(12.45)，则应变增量可由应力增量表示为

$$d\varepsilon_{ij}=d\varepsilon_{ij}^{\mathrm{e}}+d\varepsilon_{ij}^{\mathrm{p}}=\left(L_{ijkl}+\frac{1}{h}\frac{\partial f}{\partial\sigma_{ij}}\frac{\partial f}{\partial\sigma_{kl}}\right)d\sigma_{kl}\tag{12.64}$$

下面推导由应变增量表示应力增量的本构方程表达式。将式(12.8)求逆，有

$$d\sigma_{ij}=C_{ijkl}d\varepsilon_{kl}^{\mathrm{e}}=C_{ijkl}(d\varepsilon_{kl}-d\varepsilon_{kl}^{\mathrm{p}})\tag{12.65}$$

式中 C_{ijkl} 是弹性张量，与柔度张量 L_{ijkl} 互为逆张量。将正交流动法则式(12.24)代

入式(12.65)得

$$d\sigma_{ij} = C_{ijkl}\left(d\varepsilon_{kl} - d\lambda \frac{\partial f}{\partial \sigma_{kl}}\right) \tag{12.66}$$

将式(12.66)代入式(12.44)并整理,有

$$d\lambda = \frac{1}{H}\frac{\partial f}{\partial \sigma_{ij}} C_{ijkl}\, d\varepsilon_{kl} \tag{12.67}$$

式中

$$H = h + \frac{\partial f}{\partial \sigma_{ij}} C_{ijkl} \frac{\partial f}{\partial \sigma_{kl}} \tag{12.68}$$

将式(12.67)代入式(12.66)并整理,得由应变增量表示应力增量的弹塑性本构方程为

$$d\sigma_{ij} = C_{ijkl}^{ep}\, d\varepsilon_{kl} \tag{12.69}$$

式中

$$C_{ijkl}^{ep} = C_{ijkl} - \frac{1}{H} C_{ijmn} \frac{\partial f}{\partial \sigma_{mn}} \frac{\partial f}{\partial \sigma_{pq}} C_{pqkl} \tag{12.70}$$

是弹塑性模量张量。记

$$P_{kl} = \frac{\partial f}{\partial \sigma_{pq}} C_{pqkl} \tag{12.71}$$

考虑到弹性张量的对称性 $C_{pqkl}=C_{pqlk}$,$C_{ijmn}=C_{mnij}$,则有 $P_{kl}=P_{lk}$,以及

$$C_{ijmn}\frac{\partial f}{\partial \sigma_{mn}} = \frac{\partial f}{\partial \sigma_{mn}} C_{mnij} = P_{ij}$$

于是,弹塑性张量式(12.70)可简写为

$$C_{ijkl}^{ep} = C_{ijkl} - \frac{1}{H} P_{ij} P_{kl} \tag{12.72}$$

显然弹塑性张量具有与弹性张量相同的对称性。

由于弹性张量 C_{ijkl} 是正定的,式(12.68)右边第二项应大于零。考虑到塑性模量 $h \geqslant 0$,因此 $H>0$,使用式(12.67)则有,$d\lambda$ 与 $\frac{\partial f}{\partial \sigma_{ij}} C_{ijkl}\, d\varepsilon_{kl}$ 同号,于是,加卸载准则又可写为

$$\begin{aligned} &f = 0, \quad \frac{\partial f}{\partial \sigma_{ij}} C_{ijkl}\, d\varepsilon_{kl} > 0 \quad \text{加载} \\ &f = 0, \quad \frac{\partial f}{\partial \sigma_{ij}} C_{ijkl}\, d\varepsilon_{kl} = 0 \quad \text{中性变载} \\ &f = 0, \quad \frac{\partial f}{\partial \sigma_{ij}} C_{ijkl}\, d\varepsilon_{kl} < 0 \quad \text{卸载} \end{aligned} \tag{12.73}$$

在有限元分析中,常常需要根据已知的应变增量计算应力增量,首先应知道变

形是处于何种状态(加载、卸载或中性变载),使用式(12.12)进行判别时又要求应力增量已知,因此很不方便,使用式(12.73),就可以克服这种困难了。

对于理想弹塑性材料,有两点需要强调:

(1)塑性模量 $h=0$,可使用式(12.69)和式(12.70)由应变增量求应力增量,但不能使用式(12.64)由应力增量求应变增量,这同 12.6 节的分析是一致的。

(2)当式(12.10a)满足,即 $(\partial f/\partial\sigma_{ij})\mathrm{d}\sigma_{ij}=0$,材料处于加载,应产生塑性变形,但是若此时还有 $\dfrac{\partial f}{\partial\sigma_{ij}}C_{ijkl}\mathrm{d}\varepsilon_{kl}=0$,根据(12.67),$\mathrm{d}\lambda=0$,则塑性应变增量为零。这就是说,即使是按照式(12.10a)判别材料是处在加载状态,也会出现塑性应变增量为零的情况。

下面对应变软化阶段的本构方程进行简短说明。

在单轴拉伸中,材料一旦进入软化阶段,其屈服应力将随应变的增加而降低,且塑性模量 $E_{\mathrm{p}}=\mathrm{d}\sigma/\mathrm{d}\varepsilon^{\mathrm{p}}<0$。推广到复杂应力状态,在软化阶段,加载面随塑性变形的发展将不断收缩,应力增量 $\mathrm{d}\sigma_{ij}$ 指向加载面内,即 $(\partial f/\partial\sigma_{ij})\mathrm{d}\sigma_{ij}<0$ 为加载,且还有 $h<0$,进而得 $\mathrm{d}\lambda>0$。根据正交流动法则,塑性应变增量 $\mathrm{d}\varepsilon_{ij}^{\mathrm{p}}$ 仍指向加载面外,$\mathrm{d}\sigma_{ij}\mathrm{d}\varepsilon_{ij}^{\mathrm{p}}<0$。需要指出:根据 12.2 节,$(\partial f/\partial\sigma_{ij})\mathrm{d}\sigma_{ij}<0$ 也是卸载条件。因此,在软化阶段使用应力增量不能判别加载、卸载,这时可根据应变增量由式(12.67)计算出 $\mathrm{d}\lambda$,若 $\mathrm{d}\lambda>0$ 则加载,否则卸载或处于中心变载。

12.8.2　非关联流动

对于非关联流动,使用式(12.65)～(12.70)的步骤,得弹塑性张量为

$$C_{ijkl}^{\mathrm{ep}}=C_{ijkl}-\frac{1}{H}C_{ijmn}\frac{\partial g}{\partial\sigma_{mn}}\frac{\partial f}{\partial\sigma_{pq}}C_{pqkl}\tag{12.74}$$

式中

$$H=h+\frac{\partial f}{\partial\sigma_{ij}}C_{ijkl}\frac{\partial g}{\partial\sigma_{kl}}\tag{12.75}$$

记

$$Q_{ij}=C_{ijmn}\frac{\partial g}{\partial\sigma_{mn}}\tag{12.76}$$

从而弹塑性张量式(12.74)可简写为

$$C_{ijkl}^{\mathrm{ep}}=C_{ijkl}-\frac{1}{H}Q_{ij}P_{kl}\tag{12.77}$$

显然 $Q_{ij}P_{kl}\neq Q_{kl}P_{ij}$,则 $C_{ijkl}^{\mathrm{ep}}\neq C_{klij}^{\mathrm{ep}}$,因此弹塑性张量不具有弹性张量的对称性。

12.8.3　矩阵表示

将用张量形式表示的应力增量与应变增量的本构方程式(12.69)转换成矩阵

形式表示，记

$$\{d\sigma\} = \{d\sigma_x, d\sigma_y, d\sigma_z, d\tau_{xy}, d\tau_{yz}, d\tau_{zx}\}^T$$
$$\{d\varepsilon\} = \{d\varepsilon_x, d\varepsilon_y, d\varepsilon_z, d\gamma_{xy}, d\gamma_{yz}, d\gamma_{zx}\}^T$$

于是有

$$\{d\sigma\} = [D]^{ep}\{d\varepsilon\} \tag{12.78}$$

式中$[D]^{ep}$称为弹塑性矩阵，使用式(12.70)，它可写成

$$[D]^{ep} = [D]^e - [D]^p \tag{12.79}$$

其中$[D]^e$是弹性矩阵，对应式(12.72)右边的第一项，由式(3.17)给出；而$[D]^p$是塑性矩阵，对应式(12.72)右边的最后一项，为

$$[D]^p = \frac{1}{H}\begin{bmatrix} P_{11}^2 & P_{11}P_{22} & P_{11}P_{33} & P_{11}P_{12} & P_{11}P_{23} & P_{11}P_{31} \\ P_{22}P_{11} & P_{22}^2 & P_{22}P_{33} & P_{22}P_{12} & P_{22}P_{23} & P_{22}P_{31} \\ P_{33}P_{11} & P_{33}P_{22} & P_{33}^2 & P_{33}P_{12} & P_{33}P_{23} & P_{33}P_{31} \\ P_{12}P_{11} & P_{12}P_{22} & P_{12}P_{33} & P_{12}^2 & P_{12}P_{23} & P_{12}P_{31} \\ P_{23}P_{11} & P_{23}P_{22} & P_{23}P_{33} & P_{23}P_{12} & P_{23}^2 & P_{23}P_{31} \\ P_{31}P_{11} & P_{31}P_{22} & P_{31}P_{33} & P_{31}P_{12} & P_{31}P_{23} & P_{31}^2 \end{bmatrix} \tag{12.80}$$

它是对称矩阵。

对于非关联流动的情况，塑性矩阵$[D]^p$对应式(12.77)的最后一项，则有

$$[D]^p = \frac{1}{H}\begin{bmatrix} Q_{11}P_{11} & Q_{11}P_{22} & Q_{11}P_{33} & Q_{11}P_{12} & Q_{11}P_{23} & Q_{11}P_{31} \\ Q_{22}P_{11} & Q_{22}P_{22} & Q_{22}P_{33} & Q_{22}P_{12} & Q_{22}P_{23} & Q_{22}P_{31} \\ Q_{33}P_{11} & Q_{33}P_{22} & Q_{33}P_{33} & Q_{33}P_{12} & Q_{33}P_{23} & Q_{33}P_{31} \\ Q_{12}P_{11} & Q_{12}P_{22} & Q_{12}P_{33} & Q_{12}P_{12} & Q_{12}P_{23} & Q_{12}P_{31} \\ Q_{23}P_{11} & Q_{23}P_{22} & Q_{23}P_{33} & Q_{23}P_{12} & Q_{23}P_{23} & Q_{23}P_{31} \\ Q_{31}P_{11} & Q_{31}P_{22} & Q_{31}P_{33} & Q_{31}P_{12} & Q_{31}P_{23} & Q_{31}P_{31} \end{bmatrix} \tag{12.81}$$

显然式(12.81)中$[D]^p$是非对称矩阵，进而$[D]^{ep}$也是非对称矩阵。在有限元分析中，这将最终导致整体刚度矩阵非对称，给方程组的数值求解带来很大的不方便，计算程序中必须进行特殊的处理。

【例 12.7】 使用 Mises 加载条件式(11.22)和与之相关联的流动法则，导出弹塑性张量和矩阵的具体表达式，使用下面的弹性张量(将式(3.20)中的λ、G由E、ν表示)

$$C_{ijkl} = \frac{\nu E}{(1+\nu)(1-2\nu)}\delta_{ij}\delta_{kl} + \frac{E}{2(1+\nu)}(\delta_{ik}\delta_{jl} + \delta_{il}\delta_{jk}) \tag{a}$$

解 将上面的弹性张量式(a)和式(12.51)代入式(12.71)，则得

$$P_{kl} = \frac{\partial f}{\partial \sigma_{ij}}C_{ijkl} = \frac{\sqrt{3}}{2}\frac{1}{\sqrt{J_2}}s_{ij}\left[\frac{\nu E}{(1+\nu)(1-2\nu)}\delta_{ij}\delta_{kl} + \frac{E}{2(1+\nu)}(\delta_{ik}\delta_{jl} + \delta_{il}\delta_{jk})\right]$$

$$= \frac{\sqrt{3}}{2} \frac{1}{\sqrt{J_2}} \frac{E}{(1+\nu)} s_{kl} \tag{b}$$

由式(b)和式(12.51)，则有

$$H = h + P_{kl} \frac{\partial f}{\partial \sigma_{kl}} = h + \frac{\sqrt{3}}{2} \frac{1}{\sqrt{J_2}} \frac{E}{(1+\nu)} s_{kl} \frac{\sqrt{3}}{2} \frac{1}{\sqrt{J_2}} s_{kl}$$

$$= h + \frac{3}{2} \frac{E}{(1+\nu)} \tag{c}$$

将上面的结果式(b)和式(c)代入弹塑性张量的表达式(12.72)，得

$$C_{ijkl}^{\mathrm{ep}} = \frac{\nu E}{(1+\nu)(1-2\nu)} \delta_{ij} \delta_{kl} + \frac{E}{2(1+\nu)} (\delta_{ik}\delta_{jl} + \delta_{il}\delta_{jk}) - \frac{1}{H} \frac{3}{4J_2} \frac{E^2}{(1+\nu)^2} s_{ij} s_{kl}$$

上式对应的弹性矩阵为式(3.17)，只需将其中的 λ、G 换为 E、ν，而塑性矩阵为

$$[D]^{\mathrm{p}} = \frac{1}{H} \frac{3}{4J_2} \frac{E^2}{(1+\nu)^2} \begin{bmatrix} s_x^2 & s_x s_y & s_x s_z & s_x s_{xy} & s_x s_{yz} & s_x s_{zx} \\ s_y s_x & s_y^2 & s_y s_z & s_y s_{xy} & s_y s_{yz} & s_y s_{zx} \\ s_z s_x & s_z s_y & s_z^2 & s_z s_{xy} & s_z s_{yz} & s_z s_{zx} \\ s_{xy} s_x & s_{xy} s_y & s_{xy} s_z & s_{xy}^2 & s_{xy} s_{yz} & s_{xy} s_{zx} \\ s_{yz} s_x & s_{yz} s_y & s_{yz} s_z & s_{yz} s_{xy} & s_{yz}^2 & s_{yz} s_{zx} \\ s_{zx} s_x & s_{zx} s_y & s_{zx} s_z & s_{zx} s_{xy} & s_{zx} s_{yz} & s_{zx}^2 \end{bmatrix}$$

12.9　关于增量理论的讨论

以上介绍的塑性增量理论包含 3 个基本概念：①屈服面，包括初始屈服面与后继屈服面(加载面)；②正交流动法则；③内变量。屈服面结合正交流动法则可以确定塑性应变增量的方向，而其大小(即比例因子 $d\lambda$ 的大小)则通过内变量的演化确定，例如式(12.46)。

后继屈服条件是随内变量的演化而变化的，它是应力状态和内变量的函数，该函数即后继屈服函数给出了应力和内变量的关系，因此从某种意义上它也是内变量随应力路径的演化方程。这样，塑性应变增量的大小就可以通过后继屈服函数确定。至于后继屈服函数，我们则通过个别的材料试验曲线(硬化曲线)来确定，例如在等向硬化情况下可通过单轴拉伸试验曲线。于是，任意应力路径下应力增量所产生的塑性应变增量就通过屈服面、正交流动法则和单轴拉伸曲线(硬化曲线)完全确定。

增量理论采用的是宏观唯象方法，从上面的讨论可知，它在引进了上述 3 个基本概念后，就可以根据单轴拉伸的应力-应变关系曲线(硬化曲线)确定任意应力路径下的应力-应变关系，实现了将有限的试验资料推广到预测无限应力路径下的本

构关系。由此建立的本构关系在单轴拉伸下是严格与试验结果一致的，但在其他应力路径下则是近似的，其近似程度完全取决于我们在引入 3 个基本概念中所采用的相关假定是否与材料的实际情况相符。一般来说，这种唯象方法建立的本构关系只能在某些应力路径下近似性较好，并不能做到在所有应力路径下都具有较好的近似性，即不具有普遍适用性。

为了改善近似程度，使之适用于更广泛的应力路径，重要的方法之一就是尽可能多地采纳具有典型意义的应力路径下的试验资料，而不是仅仅采纳单轴拉伸下的试验资料。为了更好地反映材料的硬化规律，势必要引入更多的内变量或参数，或者(和)多重屈服面(奇异屈服面)等概念，问题将会变得比较复杂。如何在物理上的近似性与数学上的复杂性之间找到合理的平衡，就是宏观塑性力学需要进一步解决的问题。

12.10 全量（形变）理论及其适用范围

12.10.1 全量理论

Ilyushin 在 1943 年提出了一个硬化材料在小变形情况下的弹塑性全量本构理论，该理论引入下列基本假定：

(1)体积变化是弹性的，无塑性体积应变。因此，按照广义 Hooke 定律，体积应变与体积应力成正比

$$\varepsilon_{kk}=\left(\frac{1-2\nu}{E}\right)\sigma_{kk} \tag{12.82}$$

(2)塑性应变张量与偏应力张量成比例

$$\varepsilon_{ij}^{\mathrm{p}}=\eta s_{ij} \tag{12.83}$$

式中 η 是比例系数，它是应力状态的函数。显然，式(12.83)给出的塑性应变是偏应变，加上弹性偏应变后得总的偏应变为

$$e_{ij}=\frac{1}{2G_s}s_{ij} \tag{12.84}$$

式中

$$\frac{1}{2G_s}=\frac{1}{2G}+\eta \tag{12.85}$$

式(12.84)形式上和广义 Hook 定律相似，但这里的比例系数不是常数，它取决当前的应力状态，因此式(12.84)是非线性关系。

式(12.84)两边自身点积，得

$$e_{ij}e_{ij}=\frac{1}{4G_s^2}s_{ij}s_{ij}$$

使用等效应力和等效应变的定义式，有

$$\frac{1}{2G_s}=\frac{\sqrt{e_{ij}e_{ij}}}{\sqrt{s_{ij}s_{ij}}}=\frac{3\bar{\varepsilon}}{2\bar{\sigma}} \tag{12.86}$$

(3)等效应力 $\bar{\sigma}$ 与等效应变 $\bar{\varepsilon}$ 之间存在一一对应的单值函数关系，即

$$\bar{\sigma}=\bar{\sigma}(\bar{\varepsilon})\ \text{或}\ \bar{\varepsilon}=\bar{\varepsilon}(\bar{\sigma})$$

试验证明：当材料几乎为不可压缩时，按照不同应力路径所得出的$\bar{\sigma}\sim\bar{\varepsilon}$曲线与单轴拉伸时的 $\sigma\sim\varepsilon$ 曲线十分相近，在工程计算中可视为相同，因而被称之为单一曲线假定。这样$\bar{\sigma}\sim\bar{\varepsilon}$的单值函数可通过单轴拉伸实验 $\sigma\sim\varepsilon$ 曲线确定。如图 12.13 所示，对于一般情况，使用式(12.86)，故有

$$\frac{1}{2G_s(\bar{\sigma})}=\frac{3}{2}\frac{1}{E_s(\bar{\sigma})} \tag{12.87}$$

式中 $E_s(\bar{\sigma})$是$\bar{\sigma}\sim\bar{\varepsilon}$关系曲线的割线模量，通过将单轴实验曲线割线模量 $E_s(\sigma)$中的 σ 替换成 $\bar{\sigma}$ 而获得。

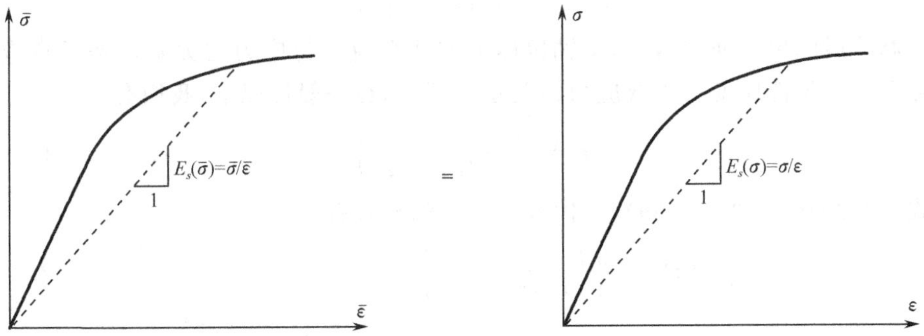

(a) 复杂应力状态　　(b) 单轴拉伸状态

图 12.13　单一曲线假定

对于几乎不可压缩的材料，全量理论的应力-应变关系最后表示为

$$e_{ij}=\frac{3}{2}\frac{1}{E_s(\bar{\sigma})}s_{ij},\quad \varepsilon_{kk}=\left(\frac{1-2\nu}{E}\right)\sigma_{kk} \tag{12.88}$$

式(12.88)描述了加载过程中的弹塑性变形规律，在这里，加载的标志是等效应力$\bar{\sigma}$单调增加。当 $\bar{\sigma}$ 减小或者不变时，本构关系服从广义 Hooke 定律。

应当指出：对于体积可压缩的材料 $\nu<0.5$，在弹性变形阶段，$\bar{\sigma}\sim\bar{\varepsilon}$的关系与单轴拉伸实验下 $\sigma\sim\varepsilon$ 的关系明显不一致，因为在单轴拉伸下，$\varepsilon=\sigma/E$，而使用式(12.86)和式(12.85)，并考虑到 $\eta=0$，则有

$$\bar{\varepsilon}=\frac{\bar{\sigma}}{3G}$$

只有在体积不可压缩 $\nu=0.5$ 时，$E=3G$，两者一致。所以，对于体积可压缩的材料，我们不能简单地按照式(12.87)通过 $\sigma\sim\varepsilon$ 的关系曲线确定 G_s，为此，将前面的

单一曲线假定进行适当地修改，表述为：按照不同应力路径所得出的$\bar{\sigma}\sim\bar{\varepsilon}^{p}$曲线与单轴拉伸时的$\sigma\sim\varepsilon^{p}$一致。下面介绍通过$\sigma\sim\varepsilon^{p}$曲线确定$G_s$的步骤。

式(12.83)两边自身点积，得

$$\varepsilon_{ij}^{p}\varepsilon_{ij}^{p}=\eta^{2}s_{ij}s_{ij}$$

考虑到等效塑性应变的定义式(11.18)，因此有

$$\eta=\frac{\sqrt{\varepsilon_{ij}^{p}\varepsilon_{ij}^{p}}}{\sqrt{s_{ij}s_{ij}}}=\frac{3}{2}\frac{\bar{\varepsilon}^{p}}{\bar{\sigma}} \tag{12.89}$$

在单轴拉伸实验下，塑性应变与应力之间的关系可表示为

$$\varepsilon^{p}=\varepsilon-\varepsilon^{e}=\varepsilon-\frac{\sigma}{E}=\left(\frac{\varepsilon}{\sigma}-\frac{1}{E}\right)\sigma$$

割线模量为$E_s(\sigma)=\sigma/\varepsilon$，上式可表示为

$$\varepsilon^{p}=\left(\frac{1}{E_s(\sigma)}-\frac{1}{E}\right)\sigma$$

根据修改后的单一曲线假定，单轴拉伸下的塑性应变与应力的关系就是任意应力路径下等效塑性应变与等效应力的关系。于是，在一般情况下，我们有

$$\bar{\varepsilon}^{p}=\left(\frac{1}{E_s(\bar{\sigma})}-\frac{1}{E}\right)\bar{\sigma} \tag{12.90}$$

将式(12.90)代入式(12.89)，再代入式(12.85)，故有

$$\eta(\bar{\sigma})=\frac{3}{2}\left(\frac{1}{E_s(\bar{\sigma})}-\frac{1}{E}\right) \tag{12.91a}$$

$$\frac{1}{2G_s}=\frac{1}{2G}+\eta(\bar{\sigma})=\frac{1}{2G}+\frac{3}{2}\left(\frac{1}{E_s(\bar{\sigma})}-\frac{1}{E}\right) \tag{12.91b}$$

将式(12.91b)代入式(12.84)，于是，考虑材料弹性体积可压缩后，全量理论中偏应力与偏应变的本构关系变为

$$e_{ij}=\frac{s_{ij}}{2G}+\frac{3}{2}\left(\frac{1}{E_s(\bar{\sigma})}-\frac{1}{E}\right)s_{ij} \tag{12.92}$$

当体积不可压缩$\nu=0.5$时，$E=3G$，式(12.91b)退化为式(12.87)。式(12.92)退化为式(12.88)的第一式。

12.10.2 全量理论的增量形式表示

在单轴拉伸下，显然有

$$d\varepsilon^{p}=d\varepsilon-d\varepsilon^{e}=\left(\frac{1}{E_t(\sigma)}-\frac{1}{E}\right)d\sigma$$

式中$E_t(\sigma)=d\sigma/d\varepsilon$是切线模量。类似于上面的讨论，在一般情况下有

$$d\bar{\varepsilon}^{p}=\left(\frac{1}{E_t(\bar{\sigma})}-\frac{1}{E}\right)d\bar{\sigma}$$

对式(12.90)两边取增量,并与上式比较,得

$$\mathrm{d}\left(\frac{1}{E_s(\bar{\sigma})}-\frac{1}{E}\right)=\frac{\mathrm{d}\,\bar{\sigma}}{\bar{\sigma}}\left(\frac{1}{E_t(\bar{\sigma})}-\frac{1}{E_s(\bar{\sigma})}\right)$$

将式(12.91a)代入式(12.83),两边取增量,并考虑到上式,得全量理论本构方程的增量形式为

$$\mathrm{d}\varepsilon_{ij}^{\mathrm{p}}=\frac{3}{2}\left(\frac{1}{E_s(\bar{\sigma})}-\frac{1}{E}\right)\mathrm{d}s_{ij}+\frac{3\mathrm{d}\,\bar{\sigma}}{2\,\bar{\sigma}}\left(\frac{1}{E_t(\bar{\sigma})}-\frac{1}{E_s(\bar{\sigma})}\right)s_{ij} \tag{12.93}$$

12.10.3　全量理论与增量理论的比较

1. 一致性

全量理论最大的特点是:在整个加载路径中若不考虑卸载发生,它给出的应力应变之间存在一一对应的确定关系,这就相当于非线性弹性应力-应变关系。因此,使用全量理论求解问题时,就不必按照增量理论考虑加载历史使用增量方式逐步进行,这给解题带来极大方便。

按照增量理论,一般来说,增量应力-增量应变本构关系是不可积的,即不能积分变成全量的形式,或者说,积分是路径相关的,即应变(塑性)不仅取决于应力状态,而且还取决于达到该状态的路径。下面将表明:在满足一定的加载条件即简单加载(比例加载)条件下,增量理论可积分得到应力与应变之间的全量关系,成为全量理论,这时两种理论一致。

对于 Mises 硬化材料,导出应力-应变的增量关系为

$$\mathrm{d}e_{ij}=\frac{1}{2G}\mathrm{d}s_{ij}+\mathrm{d}\lambda s_{ij} \tag{12.94a}$$

$$\mathrm{d}\varepsilon_{kk}=\left(\frac{1-2\nu}{E}\right)\mathrm{d}\sigma_{kk} \tag{12.94b}$$

这和理想弹塑性材料的 Prandtl-Reuss 关系式(12.33)的形式一样,只是 $\mathrm{d}\lambda$ 的含义不一样,对于理想弹塑性材料,$\mathrm{d}\lambda$ 不能由本构方程确定,而对于硬化材料,它应由式(12.46)确定。

在简单加载下,偏应力各分量之间的比例保持不变,见式(10.18),积分式(12.94a),得

$$\int_0^t \mathrm{d}e_{ij}=\frac{1}{2G}\int_0^t \mathrm{d}s_{ij}+s_{ij}^0\int_0^t t\mathrm{d}\lambda$$

令 $\eta=\frac{1}{t}\int_0^t t\mathrm{d}\lambda$ 因此得

$$e_{ij}=\left(\frac{1}{2G}+\eta\right)s_{ij},\quad \varepsilon_{kk}=\left(\frac{1-2\nu}{E}\right)\sigma_{kk} \tag{12.95}$$

进一步在式(12.95)中令 $1/2G_s=1/2G+\eta$,得到的表达式与全量理论的表达式

(12.84)相同。

2. 正交性

增量理论满足正交流动法则,即塑性应变增量与屈服面正交。全量理论不满足正交流动法则,由式(12.93)可知,塑性应变增量由两项组成,第二项与 s_{ij} 平行即与 Mises 屈服面正交,而第一项 ds_{ij} 一般不平行于 s_{ij}。

3. 连续性

12.7 节中已经讨论,增量理论中塑性应变增量随应力增量的变化是连续的,但全量理论不满足这种连续性。因为,当应力增量从平行于 Mises 屈服面的外法线方向($d\sigma_{ij} /\!/ s_{ij}$)逐渐变为与 Mises 屈服面相切($d\sigma_{ij} \perp s_{ij}$,即 $d\sigma_{ij} s_{ij}=0$,从而 $d\bar{\sigma}=0$)时,由式(12.93),$d\varepsilon_{ij}^{p} \neq 0$;当应力增量从屈服面内逐渐变为与屈服面相切时,由于处在弹性区,就有 $d\varepsilon_{ij}^{p}=0$,因此不满足连续性。这是全量理论的重要缺点。

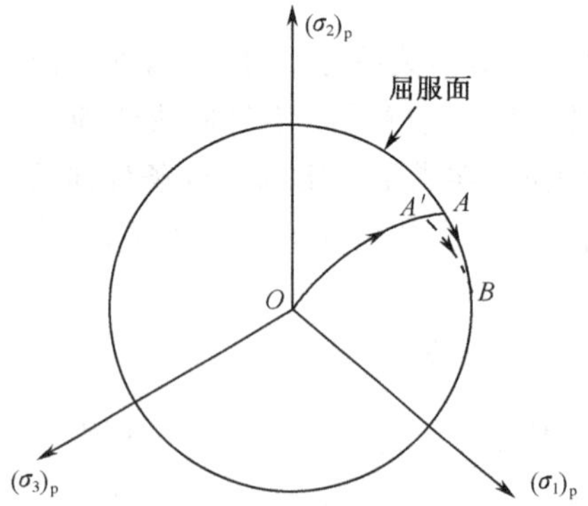

图 12.14 两条无限靠近的加载路径

例如:考察到达状态 B 的两条路径,如图 12.14 所示。①路径 OAB,加载到 A 点后,在保持等效应力不变的情况下应力变化到 B 点,根据全量理论,从 A 点到 B 点处于卸载,OAB 路径产生的塑性变形由 A 点的应力状态确定;②路径 $OA'B$:在开始同路径 OAB 一样,但在即将到达 A 点,比如从与 A 无限靠近的 A' 点处逐步增加等效应力而最终趋于 B 点,由于一直处于加载,产生的塑性变形由 B 点的应力状态确定。状态 A 和状态 B,尽管它们的等效应力相等,且 η 相同,但应力状态不同,由此确定的塑性变形也不同。然而,这两条路径无限靠近,它们所产生的塑性变形应该相同。

4. 对反向屈服的适用性

增量理论可以用于反向屈服的情况,而全量理论则不能。以单轴实验为例,如图 11.7,当应力路径为 $OBCDEO$,对于 E 点,由于该点的塑性应变为零,等效塑性应变 $\bar{\varepsilon}^{p}=0$,但该点应力不为零,等效应力 $\bar{\sigma} \neq 0$,显然不满足式(12.90)。

总结以上各点,全量理论在理论上有严重的缺点。由于它在简单加载情况下给出与增量理论相同的结果,所以严格地讲,全量理论只有在简单加载的情况下才能使用,但通常认为,全量理论在偏离简单加载不远的加载路径中也可以近似地应用。Matin 等[15]提出了极值路径的概念,表明在极值路径下,应力与应变之间可以写成全量的关系,从而从理论上扩展了全量理论的使用范围。

12.10.4　简单加载定理

将全量理论应用到分析弹塑性问题时,严格地讲,就必须保证物体内部的每一个物质点都处在简单加载情况,这就需要所分析的问题满足一定的条件,Ilyushin 给出了一组充分条件。

(1) 小变形;

(2) $\nu=0.5$,材料体积不可压缩;

(3) 外荷载按比例单调增长,如有位移边界条件,只能是零位移边界条件;

(4) 材料$\bar{\sigma}\sim\bar{\varepsilon}$的曲线具有$\bar{\sigma}=A\bar{\varepsilon}^n$,即幂指数硬化形式。

满足了以上 4 个条件,就能保证物体内每一个微单元体处在简单加载情况,因此可以使用全量理论,这就是简单加载定理。

【例 12.8】　有一受内水压 p 作用的薄壁圆筒,内半径为 r,壁厚为 t,两端封闭。假设材料是体积不可压缩的,在忽略弹性变形的情况下,试求圆筒进入塑性状态后主应变的比值。

解　圆筒的环向、轴向和径向的应力分别为

$$\sigma_\theta=\frac{pr}{t},\quad \sigma_z=\frac{pr}{2t},\quad \sigma_r=0,\quad \tau_{\theta r}=\tau_{\theta z}=\tau_{zr}=0$$

平均应力为

$$\sigma_0=\frac{1}{3}(\sigma_\theta+\sigma_z+\sigma_r)=\frac{pr}{2t}$$

故偏应力张量的分量为

$$s_\theta=\frac{pr}{2t},\quad s_z=0,\quad s_r=-\frac{pr}{2t},\quad s_{\theta z}=s_{\theta r}=s_{rz}=0$$

本题满足简单加载的条件,因此可采用全量理论,则有

$$e_\theta=\lambda\frac{pr}{2t},\quad e_z=0,\quad e_r=-\lambda\frac{pr}{2t},\quad e_{\theta z}=e_{\theta r}=e_{rz}=0$$

显然,θ、r 和 z 三方向为主方向。由于材料是体积不可压缩的,体积应变 $\varepsilon_{kk}=0$,于是这 3 个方向的应变分量为

$$\varepsilon_\theta=\lambda\frac{pr}{2t},\quad \varepsilon_z=0,\quad \varepsilon_r=-\lambda\frac{pr}{2t}$$

它们的比值是

$$\varepsilon_\theta:\varepsilon_z:\varepsilon_r=1:0:-1$$

【例 12.9】　使用全量理论求例 12.6 中各路径下的应变。

解　根据已知的单轴应力-应变关系求割线模量

$$\frac{1}{E_s(\sigma)} = \frac{\varepsilon}{\sigma} = \frac{1}{E} + \frac{1}{E'}\left(1 - \frac{\sigma_s}{\sigma}\right)$$

代入上式中的应力替换为等效应力，再代入到式(12.92)，并考虑到弹性体积应变，得

$$\varepsilon_{ij} = e_{ij} + \frac{1}{3}\varepsilon_{kk}\delta_{ij} = \frac{s_{ij}}{2G} + \frac{3}{2E'}\left(1 - \frac{\sigma_s}{\bar{\sigma}}\right)s_{ij} + \frac{1-2\nu}{3E}\sigma_{kk}$$

最终应力状态为，$\sigma_z = \sigma_s$，$\tau_{\theta z} = \sigma_s/\sqrt{3}$，算得$\bar{\sigma} = \sqrt{\sigma_z^2 + 3\tau_{z\theta}^2} = \sqrt{2}\sigma_s$，$s_z = \dfrac{2}{3}\sigma_s$，$\sigma_{kk} = \sigma_s$，代入得

$$\varepsilon_z = \frac{\sigma_s}{3G} + \frac{3}{2E'}\left(1 - \frac{\sigma_s}{\sqrt{2}\sigma_s}\right)\frac{2\sigma_s}{3} + \frac{1-2\nu}{3E}\sigma_s = \frac{\sigma_s}{E} + \frac{\sigma_s}{E'}\left(1 - \frac{1}{\sqrt{2}}\right)$$

以及

$$\gamma_{\theta z} = 2\varepsilon_{\theta z} = \frac{\tau_{\theta z}}{G} + \frac{3}{E'}\left(1 - \frac{\sigma_s}{\sqrt{2}\sigma_s}\right)\tau_{\theta z} = \frac{\sigma_s}{\sqrt{3}G} + \frac{\sqrt{3}\sigma_s}{E'}\left(1 - \frac{1}{\sqrt{2}}\right)$$

经比较，这里的结果与例 12.6 中路径(3)的结果一致，因为路径(3)是简单(比例)加载。

习　　题

1. 对于 Mises 等向硬化材料，证明塑性功增量 dW^p 等于等效应力与累积塑性应变增量的乘积

$$dW^p = \sigma_{ij}\,d\varepsilon_{ij}^p = s_{ij}\,d\varepsilon_{ij}^p = \bar{\sigma}\,\overline{d\varepsilon^p}$$

2. 已知 Mises 等向硬化材料满足硬化规律

$$\bar{\sigma} = k(\xi) = \sigma_s + \frac{EE'}{E-E'}\xi$$

式中 $\xi = \int \overline{d\varepsilon^p}$，证明在纯扭情况下进入硬化后，有

$$\frac{d\tau}{d\gamma} = \frac{EE'}{3E - (1-2\nu)E'}$$

3. 已知某材料在单轴拉伸时满足线性硬化规律，即

$$\sigma = \begin{cases} E\varepsilon, & \varepsilon \leqslant \varepsilon_s \\ \sigma_s + E'(\varepsilon - \varepsilon_s), & \varepsilon > \varepsilon_s \end{cases}$$

其中 ε_s 是对应屈服应力 σ_s 的应变，在弹性变形时的 $\nu \neq \dfrac{1}{2}$，问$\bar{\sigma}(\bar{\varepsilon})$曲线是什么形式？

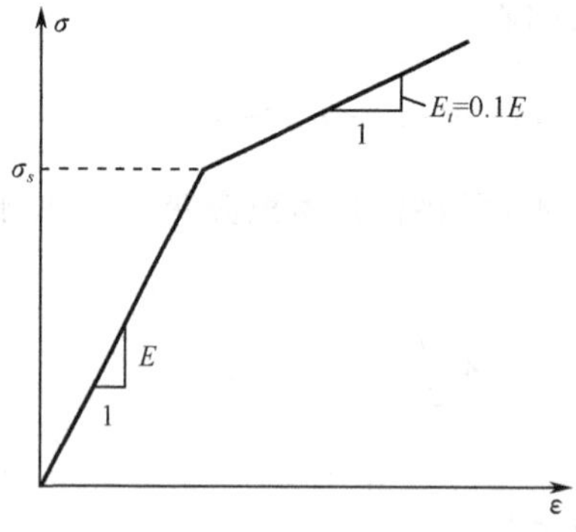

图 12.15

4. 设 Mises 线性硬化材料，拉伸时的应力应变曲线如图 12.15 所示，图中 σ_s 为拉伸屈服极限，E 为弹性

模量，E_t 为切线模量。在薄管试验中首先施加径向内水压使得材料进入屈服，即 $\sigma_\theta=\sigma_s$，然后保持径向内水压力不变，再在轴向（z 方向）施加拉力，使得轴向应力 $\sigma_z=2\sigma_s$，试使用增量理论求环向和轴向产生的应变。

5. 使用全量理论求习题 12.4 的应变，并与增量理论的结果进行比较，说明产生这种差别的原因。

6. 设处于平面应力状态的理想弹塑性 Mises 材料，已知 $\sigma_x=\sigma$，$\tau_{xy}=\tau$，$\sigma_y=0$，满足屈服条件

$$\sigma^2+3\tau^2-\sigma_s^2=0$$

施加应力增量（$\mathrm{d}\sigma$，$\mathrm{d}\tau$），使材料处于加载，用 E、σ_s、σ、τ、$\mathrm{d}\varepsilon_x$ 和 $\mathrm{d}\gamma_{xy}$，写出应力增量（$\mathrm{d}\sigma$，$\mathrm{d}\tau$）的表达式，假定 $\nu=0.5$。

第13章 塑性力学边值问题的提法与简单实例分析

物体在一定边界条件(通常是在一部分边界给定荷载,在其余边界上给定位移)和体积力作用下,若内部一定范围内产生塑性变形,求解整个物体内的位移、应变和应力分布的问题,就是塑性力学的边值问题。由于塑性本构关系有增量和全量两种形式,且是非线性的,因此相应边值问题的提法也有增量和全量两种,都属于非线性问题,通常称之为材料非线性问题。

13.1 边值问题的提法

13.1.1 增量理论的边值问题

在增量理论的边值问题中,由于应力全量和应变全量不存在单值对应的关系,且是非线性的,因此,物体内的位移、应变和应力分布不仅取决于边界上荷载和位移的最终值,而且还与达到最终值的路径有关。求解这类问题时,通常从初始状态开始,将荷载分成微小的增量,沿着给定的加载路径,将这些微小荷载增量逐步施加到物体上,然后对于每一微小荷载增量,求解物体内位移增量、应变增量和应力增量,最后积分得到最终的位移、应变和应力。因此,塑性力学的边值问题,一般在提法上与弹性力学不同,应按增量形式(或率形式)来建立。

具体来说,在加载过程中的任意时刻 t,若物体 Ω 内的体积力是 F_i,在力边界 S_σ上的面力是 $\overline{T}_i$,在位移边界 S_u上的位移是$\overline{u}_i$,已经求出此刻物体内产生的位移 u_i、应变 ε_{ij} 和应力 σ_{ij}。在 $\mathrm{d}t$ 时间内,物体内给定体积力增量 $\mathrm{d}F_i$,在力边界 S_σ上给定面力增量 $\mathrm{d}\,\overline{T}_i$,在位移边界 S_u上给定位移增量 $\mathrm{d}\,\overline{u}_i$,欲求物体内相应产生的位移增量 $\mathrm{d}u_i$、应变增量 $\mathrm{d}\varepsilon_{ij}$ 和应力增量 $\mathrm{d}\sigma_{ij}$。按照增量理论,这些待求的基本物理量应满足下列方程。

1)平衡方程

$$\mathrm{d}\sigma_{ij,i} + \mathrm{d}F_j = 0 \tag{13.1}$$

2)几何方程

$$\mathrm{d}\varepsilon_{ij} = \frac{1}{2}(\mathrm{d}u_{i,j} + \mathrm{d}u_{j,i}) \tag{13.2}$$

3)本构方程

$$\mathrm{d}\sigma_{ij} = C_{ijkl}^{\mathrm{ep}}\,\mathrm{d}\varepsilon_{kl} \tag{13.3a}$$

式中

$$C_{ijkl}^{\mathrm{ep}} = C_{ijkl} - \frac{\alpha C_{ijmn} \dfrac{\partial f}{\partial \sigma_{mn}} \dfrac{\partial f}{\partial \sigma_{pq}} C_{pqkl}}{\left(h + \dfrac{\partial f}{\partial \sigma_{ij}} C_{ijkl} \dfrac{\partial f}{\partial \sigma_{kl}}\right)} \tag{13.3b}$$

是弹塑性张量，其中加载时，$\alpha=1$；弹性状态，或卸载，或中性变载时，$\alpha=0$。显然，C_{ijkl}^{ep}是应力 σ_{ij} 和内变量 ξ_β 的函数，而它们本身都是待求的未知量，因此，式(13.3a)是非线性的。

4)边界条件

$$n_i \mathrm{d}\sigma_{ij} = \mathrm{d}\,\overline{T}_j \quad \text{在力边界 } S_\sigma \text{ 上} \tag{13.4a}$$

$$\mathrm{d}u_i = \mathrm{d}\,\overline{u}_i \quad \text{在位移边界 } S_u \text{ 上} \tag{13.4b}$$

求解上述方程就可得到在 $\mathrm{d}t$ 时间内引起的位移增量 $\mathrm{d}u_i$，应变增量 $\mathrm{d}\varepsilon_{ij}$ 和应力增量 $\mathrm{d}\sigma_{ij}$，于是，在 $t+\mathrm{d}t$ 时刻物体内的位移、应变和应力分别是 $u_i+\mathrm{d}u_i$，$\varepsilon_{ij}+\mathrm{d}\varepsilon_{ij}$ 和 $\sigma_{ij}+\mathrm{d}\sigma_{ij}$。

应当指出：除本构方程外上述其他方程及边界条件都是线性的。

13.1.2　全量理论的边值问题

全量理论的边值问题与弹性力学边值问题的提法基本相同，只是本构方程是非线性的，它等价于非线性弹性问题。

考察加载过程中的某一个载荷状态，若物体内给定的体积力是 F_i，在力边界 S_σ上给定的面力是$\overline{T}_i$，在位移边界 S_u上给定的位移是$\overline{u}_i$，将产生位移 u_i、应变 ε_{ij} 和应力 σ_{ij}。这些基本物理量应满足下列方程。

1)平衡方程

$$\sigma_{ij,i} + F_j = 0 \tag{13.5}$$

2)几何方程

$$\varepsilon_{ij} = \frac{1}{2}(u_{i,j} + u_{j,i}) \tag{13.6}$$

3)本构方程

$$s_{ij} = 2G_s e_{ij}, \quad \sigma_{kk} = \frac{E}{1-2v}\varepsilon_{kk} \tag{13.7a}$$

式中

$$\frac{1}{2G_s} = \frac{1}{2G} + \frac{3}{2}\left(\frac{1}{E_s(\bar{\sigma})} - \frac{1}{E}\right) \tag{13.7b}$$

4)边界条件

$$n_i \sigma_{ij} = \overline{T}_j \quad \text{在力边界 } S_\sigma \text{ 上} \tag{13.8a}$$

$$u_i = \overline{u}_i \quad \text{在位移边界 } S_u \text{ 上} \tag{13.8b}$$

13.2* 解的唯一性和极值性

13.2.1 唯一性定理

使用增量理论求解，考虑一处于平衡状态的物体，若在物体内施加体积力增量 $\mathrm{d}F_i$，在力边界 S_σ 上施加面力增量 $\mathrm{d}\,\overline{T}_i$，在位移边界 S_u 上给定位移增量 $\mathrm{d}\,\overline{u}_i$，采用类似于 8.8 节的方法可以证明，由此在物体内所产生的位移增量 $\mathrm{d}u_i$、应变增量 $\mathrm{d}\varepsilon_{ij}$ 和应力增量 $\mathrm{d}\sigma_{ij}$ 是唯一的，即增量解是唯一的。若存在两组解，设一组解是 $\mathrm{d}u_i^{(1)}$、$\mathrm{d}\varepsilon_{ij}^{(1)}$ 和 $\mathrm{d}\sigma_{ij}^{(1)}$，另一组解是 $\mathrm{d}u_i^{(2)}$、$\mathrm{d}\varepsilon_{ij}^{(2)}$ 和 $\mathrm{d}\sigma_{ij}^{(2)}$，由于增量的平衡方程式(13.1)和增量的几何方程式(13.2)都是线性的，则应力增量差 $\mathrm{d}\sigma_{ij}^{(1)}-\mathrm{d}\sigma_{ij}^{(2)}$ 在物体内必然满足体积力增量 $\mathrm{d}F_i=0$ 的平衡方程，在力边界上必然满足面积力 $\mathrm{d}\,\overline{T}_i=0$ 的力边界条件，因此，构成一种静力可能状态；另一方面，应变增量差 $\mathrm{d}\varepsilon_{ij}^{(1)}-\mathrm{d}\varepsilon_{ij}^{(2)}$ 则与位移增量差 $\mathrm{d}u_i^{(1)}-\mathrm{d}u_i^{(2)}$ 满足增量几何方程，且 $\mathrm{d}u_i^{(1)}-\mathrm{d}u_i^{(2)}$ 在位移边界上为零，因此，构成一种变形可能状态，使用第 8 章中的可能功原理，得

$$\int_\Omega(\mathrm{d}\sigma_{ij}^{(1)}-\mathrm{d}\sigma_{ij}^{(2)})(\mathrm{d}\varepsilon_{ij}^{(1)}-\mathrm{d}\varepsilon_{ij}^{(2)})\mathrm{d}\Omega=0 \tag{13.9}$$

下面讨论被积函数。使用本构关系式(12.64)

$$\mathrm{d}\varepsilon_{ij}^{(\alpha)}=\mathrm{d}\varepsilon_{ij}^{\mathrm{e}(\alpha)}+\mathrm{d}\varepsilon_{ij}^{\mathrm{p}(\alpha)}=L_{ijkl}\mathrm{d}\sigma_{kl}^{(\alpha)}+\frac{1}{h}\frac{\partial f}{\partial\sigma_{ij}}<\mathrm{d}f^{(\alpha)}>,\quad \alpha=1,2$$

式中

$$\mathrm{d}f^{(\alpha)}=\frac{\partial f}{\partial\sigma_{kl}}\mathrm{d}\sigma_{kl}^{(\alpha)},\quad \alpha=1,2 \tag{13.10}$$

而符号〈〉代表函数取正的运算，若 $x>0$，$\langle x\rangle=x$，若 $x\leqslant 0$，$\langle x\rangle=0$。使用上面的本构关系，则式(13.9)的被积函数写成

$$\begin{aligned}(\mathrm{d}\sigma_{ij}^{(1)}-\mathrm{d}\sigma_{ij}^{(2)})(\mathrm{d}\varepsilon_{ij}^{(1)}-\mathrm{d}\varepsilon_{ij}^{(2)})&=L_{ijkl}(\mathrm{d}\sigma_{ij}^{(1)}-\mathrm{d}\sigma_{ij}^{(2)})(\mathrm{d}\sigma_{kl}^{(1)}-\mathrm{d}\sigma_{kl}^{(2)})\\&\quad+\frac{1}{h}(\mathrm{d}f^{(1)}-\mathrm{d}f^{(2)})(<\mathrm{d}f^{(1)}>-<\mathrm{d}f^{(2)}>)\end{aligned}$$

由于柔度张量 L_{ijkl} 是正定的，上式等号右边第一项应不小于零。至于第二项，考虑硬化材料 $h>0$，如果 $\mathrm{d}f^{(1)}=\mathrm{d}f^{(2)}=0$ 或者 $\mathrm{d}f^{(1)}<0$，$\mathrm{d}f^{(2)}<0$，它为零；如果 $\mathrm{d}f^{(1)}>0$，$\mathrm{d}f^{(2)}>0$，或者 $\mathrm{d}f^{(1)}>0$，$\mathrm{d}f^{(2)}<0$，或者 $\mathrm{d}f^{(1)}<0$，$\mathrm{d}f^{(2)}>0$，它大于零。因此，无论哪种情况，它都不小于零，这就是说，被积函数不小于零。欲使式(13.9)的积分为零，则被积函数只能等于零，因此

$$\mathrm{d}\sigma_{ij}^{(1)}=\mathrm{d}\sigma_{ij}^{(2)},\quad \mathrm{d}\varepsilon_{ij}^{(1)}=\mathrm{d}\varepsilon_{ij}^{(2)}$$

如果是理想弹塑性材料，使用同样的方法可以证明应力增量解是唯一的。理想弹塑性材料的本构方程可表示为

$$\mathrm{d}\varepsilon_{ij}^{(\alpha)} = \mathrm{d}\varepsilon_{ij}^{\mathrm{e}(\alpha)} + \mathrm{d}\varepsilon_{ij}^{\mathrm{p}(\alpha)} = L_{ijkl}\mathrm{d}\sigma_{kl}^{(\alpha)} + \mathrm{d}\lambda^{(\alpha)}\frac{\partial f}{\partial \sigma_{ij}},\quad \alpha = 1,2$$

式中，如果 $\mathrm{d}f^{(\alpha)}<0$（卸载），$\mathrm{d}\lambda^{(\alpha)}=0$，如果 $\mathrm{d}f^{(\alpha)}=0$（加载），$\mathrm{d}\lambda^{(\alpha)}>0$，但大小不能确定，因此

$$\begin{aligned}(\mathrm{d}\sigma_{ij}^{(1)} - \mathrm{d}\sigma_{ij}^{(2)})(\mathrm{d}\varepsilon_{ij}^{(1)} - \mathrm{d}\varepsilon_{ij}^{(2)}) = {} & L_{ijkl}(\mathrm{d}\sigma_{ij}^{(1)} - \mathrm{d}\sigma_{ij}^{(2)})(\mathrm{d}\sigma_{kl}^{(1)} - \mathrm{d}\sigma_{kl}^{(2)}) \\ & + (\mathrm{d}f^{(1)} - \mathrm{d}f^{(2)})(\mathrm{d}\lambda^{(1)} - \mathrm{d}\lambda^{(2)})\end{aligned}$$

式中，如果 $\mathrm{d}f^{(1)}=\mathrm{d}f^{(2)}=0$ 或者 $\mathrm{d}f^{(1)}<0$，$\mathrm{d}f^{(2)}<0$（将导致 $\mathrm{d}\lambda^{(1)}=\mathrm{d}\lambda^{(2)}=0$），第二项为零；如果 $\mathrm{d}f^{(1)}=0$，$\mathrm{d}f^{(2)}<0$，则第二项等于 $-\mathrm{d}\lambda^{(1)}\mathrm{d}f^{(2)}$，大于零；如果 $\mathrm{d}f^{(1)}<0$，$\mathrm{d}f^{(2)}=0$，则第二项等于 $-\mathrm{d}\lambda^{(2)}\mathrm{d}f^{(1)}$，同样大于零。因此，按照前面同样的推理，可以得出应力增量解必须是唯一性的。

上面表明，对于硬化材料和理想弹塑性材料（塑性模量 $h\geqslant 0$），采用关联流动法则，解必然是唯一的。但如果采用非关联流动法则，唯一性的充分条件则是[2]

$$h > h_{\mathrm{cr}}$$

其中 h_{cr} 是塑性模量的临界值，为

$$h_{\mathrm{cr}} = \frac{1}{2}\left[\sqrt{C_{ijkl}\frac{\partial f}{\partial \sigma_{ij}}\frac{\partial f}{\partial \sigma_{kl}}}\sqrt{C_{ijkl}\frac{\partial g}{\partial \sigma_{ij}}\frac{\partial g}{\partial \sigma_{kl}}} - C_{ijkl}\frac{\partial g}{\partial \sigma_{ij}}\frac{\partial f}{\partial \sigma_{kl}}\right]$$

当采用关联（正交）流动法则时，$g=f$，因此，$h_{\mathrm{cr}}=0$。

对于全量理论，在极值路径下，其本构方程可表示为类似于式(3.35)的形式，可当作非线性弹性问题处理，因此，解的唯一性的证明与 8.8 节相同。

13.2.2　极值原理

在第 8 章中我们导出了弹性力学的两个极值原理，最小势能原理和最小余能原理。最小势能原理指出，在所有变形可能的位移场中，真实的位移使得总势能最小；最小余能原理指出，在所有静力可能的应力场中，真实的应力使得总余势能最小。对于全量理论，在极值路径下，其本构方程可表示为类似于式(3.35)的形式，可当作非线性弹性问题处理，因此，弹性力学中的两个极值原理在这里仍然有效。下面主要介绍塑性力学使用增量理论求解的两个极值原理。

1. 真实位移增量的最小性质

考察物体的一个增量加载过程，若在物体内施加体积力增量 $\mathrm{d}F_i$，在力边界 S_σ 上施加表面力增量 $\mathrm{d}\,\overline{T}_i$，在位移边界 S_u 上给定位移增量 $\mathrm{d}\,\overline{u}_i$，13.2.1 节的分析表明，它们将在物体内产生唯一的位移增量 $\mathrm{d}u_i$、应变增量 $\mathrm{d}\varepsilon_{ij}$ 和应力增量 $\mathrm{d}\sigma_{ij}$。

设 $\mathrm{d}u_i^*$ 是变形可能的位移增量，满足位移边界 S_u 上的边界条件，通过几何方程给出的应变增量为 $\mathrm{d}\varepsilon_{ij}^*$，通过本构方程给出的应力增量为 $\mathrm{d}\sigma_{ij}^*$（一般不满足增量平衡方程和力边界条件），定义下面的泛函

$$\Lambda^* = \frac{1}{2}\int_{\Omega} \mathrm{d}\sigma_{ij}^* \mathrm{d}\varepsilon_{ij}^* \mathrm{d}\Omega - \int_{S_\sigma} \mathrm{d}\,\overline{T}_i \mathrm{d}u_i^* \mathrm{d}S - \int_{\Omega} \mathrm{d}F_i \mathrm{d}u_i^* \mathrm{d}\Omega \tag{13.11a}$$

以及

$$\Lambda = \Lambda^* \Big|_{\mathrm{d}u_i^* = \mathrm{d}u_i} \tag{13.11b}$$

在一定程度上，Λ^* 可以理解为总能量的增量，它就是将线弹性体总势能 Π 中的位移用位移增量替换所得。

在所有变形可能的位移增量中，真实的位移增量使得总能量的增量为最小，即 $\Lambda^* > \Lambda$ 。

证明 现考察两种位移增量状态所给出的泛函之差，即

$$\Lambda^* - \Lambda = \frac{1}{2}\int_{\Omega} (\mathrm{d}\sigma_{ij}^* \mathrm{d}\varepsilon_{ij}^* - \mathrm{d}\sigma_{ij} \mathrm{d}\varepsilon_{ij})\mathrm{d}\Omega - \int_{s_\sigma} \mathrm{d}\,\overline{T}_i(\mathrm{d}u_i^* - \mathrm{d}u_i)\mathrm{d}s - \int_{\Omega} \mathrm{d}F_i(\mathrm{d}u_i^* - \mathrm{d}u_i)\mathrm{d}\Omega \tag{13.12}$$

由于 $\mathrm{d}u_i^* - \mathrm{d}u_i$ 也是变形可能的位移增量，且在位移边界 S_u 上为零，外力增量 $\mathrm{d}F_i$、$\mathrm{d}\,\overline{T}_i$ 和应力增量 $\mathrm{d}\sigma_{ij}$ 构成静力可能场，使用可能功原理，得

$$\int_{\Omega} \mathrm{d}\sigma_{ij}(\mathrm{d}\varepsilon_{ij}^* - \mathrm{d}\varepsilon_{ij})\mathrm{d}\Omega = \int_{S_\sigma} \mathrm{d}\,\overline{T}_i(\mathrm{d}u_i^* - \mathrm{d}u_i)\mathrm{d}S + \int_{\Omega} \mathrm{d}F_i(\mathrm{d}u_i^* - \mathrm{d}u_i)\mathrm{d}\Omega \tag{13.13}$$

将式(13.13)代入式(13.12)，得

$$\Lambda^* - \Lambda = \frac{1}{2}\int_{\Omega} (\mathrm{d}\sigma_{ij}^* \mathrm{d}\varepsilon_{ij}^* + \mathrm{d}\sigma_{ij} \mathrm{d}\varepsilon_{ij} - 2\mathrm{d}\sigma_{ij} \mathrm{d}\varepsilon_{ij}^*)\mathrm{d}\Omega$$

使用应变增量的弹塑性分解式(12.8)和弹性本构方程式 $\mathrm{d}\varepsilon_{ij}^{\mathrm{e}} = L_{ijkl}\mathrm{d}\sigma_{kl}$，等式右边积分的被积函数变为

$$L_{ijkl}(\mathrm{d}\sigma_{ij}^* - \mathrm{d}\sigma_{ij})(\mathrm{d}\sigma_{kl}^* - \mathrm{d}\sigma_{kl}) + \mathrm{d}\sigma_{ij}^* \mathrm{d}\varepsilon_{ij}^{\mathrm{p}*} + \mathrm{d}\sigma_{ij} \mathrm{d}\varepsilon_{ij}^{\mathrm{p}} - 2\mathrm{d}\sigma_{ij} \mathrm{d}\varepsilon_{ij}^{\mathrm{p}*}$$

由于 L_{ijkl} 是正定的，上式的第一项恒大于零，除非 $\mathrm{d}\sigma_{ij}^* = \mathrm{d}\sigma_{ij}$。对于硬化材料，其余项之和变为

$$\phi = \frac{1}{h}(\mathrm{d}f^* < \mathrm{d}f^* > + \mathrm{d}f < \mathrm{d}f > - 2 < \mathrm{d}f^* > \mathrm{d}f) \tag{13.14}$$

其中

$$\mathrm{d}f^* = \frac{\partial f}{\partial \sigma_{kl}}\mathrm{d}\sigma_{kl}^*, \quad \mathrm{d}f = \frac{\partial f}{\partial \sigma_{kl}}\mathrm{d}\sigma_{kl}$$

显然，若 $\mathrm{d}f^* \leqslant 0, \mathrm{d}f \leqslant 0$，则 $\phi = 0$；若 $\mathrm{d}f^* \geqslant 0, \mathrm{d}f \geqslant 0$，则 $\phi = h^{-1}(\mathrm{d}f^* - \mathrm{d}f)^2 \geqslant 0$；若 $\mathrm{d}f^* > 0, \mathrm{d}f \leqslant 0$，则 $\phi = h^{-1}\mathrm{d}f^*(\mathrm{d}f^* - 2\mathrm{d}f) > 0$；若 $\mathrm{d}f > 0, \mathrm{d}f^* \leqslant 0$，则 $\phi = h^{-1}(\mathrm{d}f)^2 > 0$；因此，$\phi \geqslant 0$。对于理想弹塑性材料，将式(13.14)中 $h^{-1} < \mathrm{d}f >$ 用 $\mathrm{d}\lambda$ 代替，$h^{-1} < \mathrm{d}f^* >$ 用 $\mathrm{d}\lambda^*$ 代替，有

$$\phi = \mathrm{d}f^* \mathrm{d}\lambda^* + \mathrm{d}f \mathrm{d}\lambda - 2\mathrm{d}f \mathrm{d}\lambda^*$$

前面两项总是零；最后一项当 $\mathrm{d}f < 0, \mathrm{d}f^* = 0$ 时，$\mathrm{d}\lambda^* > 0$，则 $-2\mathrm{d}f\mathrm{d}\lambda^* > 0$，否则也

为零。因此，最后有

$$\Lambda^* > \Lambda$$

除非 $\mathrm{d}\sigma_{ij}^* = \mathrm{d}\sigma_{ij}$，两者才相等。对于硬化材料，这就意味着 $\mathrm{d}\varepsilon_{ij}^* = \mathrm{d}\varepsilon_{ij}$，$\mathrm{d}u_i^* = \mathrm{d}u_i$。

2. 真实应力增量的最小性质

设 $\mathrm{d}\sigma_{ij}^0$ 是静力可能的应力增量场（满足增量平衡微分方程和增量的力边界条件），通过本构方程给出的应变为 $\mathrm{d}\varepsilon_{ij}^0$（一般不满足变形协调条件），定义下面的泛函

$$\Xi^0 = \frac{1}{2}\int_\Omega \mathrm{d}\sigma_{ij}^0 \mathrm{d}\varepsilon_{ij}^0 \mathrm{d}\Omega - \int_{S_u} n_i \mathrm{d}\sigma_{ij}^0 \mathrm{d}\,\bar{u}_j \mathrm{d}S \tag{13.15}$$

以及

$$\Xi = \Xi^0 \big|_{\mathrm{d}\sigma_{ij}^0 = \mathrm{d}\sigma_{ij}}$$

注意式(13.15)的面积分是在位移边界 S_u 上，$n_i \mathrm{d}\sigma_{ij}^0$ 代表了该边界上的约束反力，而 $\mathrm{d}\,\bar{u}_i$ 是该边界上的已知位移增量。

在所有静力可能的应力增量中，真实的应力增量使得式(13.15)定义的泛函值最小，即 $\Xi^0 > \Xi$。

证明　现考察两种应力增量状态所给出的泛函之差，即

$$\Xi^0 - \Xi = \frac{1}{2}\int_\Omega (\mathrm{d}\sigma_{ij}^0 \mathrm{d}\varepsilon_{ij}^0 - \mathrm{d}\sigma_{ij} \mathrm{d}\varepsilon_{ij}) \mathrm{d}\Omega - \int_{S_u} (\mathrm{d}\sigma_{ij}^0 - \mathrm{d}\sigma_{ij}) n_i \mathrm{d}\,\bar{u}_j \mathrm{d}S \tag{13.16}$$

由于 $\mathrm{d}\sigma_{ij}^0 - \mathrm{d}\sigma_{ij}$ 是与体积力增量为零相平衡且满足表面积力增量为零的力边界条件，构成静力可能场，而真实的位移增量和应变增量构成变形可能场，故利用可能功原理，就有

$$\int_\Omega (\mathrm{d}\sigma_{ij}^0 - \mathrm{d}\sigma_{ij}) \mathrm{d}\varepsilon_{ij} \mathrm{d}\Omega = \int_{S_u} (\mathrm{d}\sigma_{ij}^0 - \mathrm{d}\sigma_{ij}) n_i \mathrm{d}\,\bar{u}_j \mathrm{d}S$$

代入式(13.16)后，得

$$\Xi^0 - \Xi = \frac{1}{2}\int_\Omega (\mathrm{d}\sigma_{ij}^0 \mathrm{d}\varepsilon_{ij}^0 + \mathrm{d}\sigma_{ij} \mathrm{d}\varepsilon_{ij} - 2\mathrm{d}\sigma_{ij}^0 \mathrm{d}\varepsilon_{ij}) \mathrm{d}\Omega$$

上式中的被积函数与 $\Lambda^* - \Lambda$ 中的被积函数形式完全相同，采用相同的方法可表明这里的被积函数应不小于零，且只有在 $\mathrm{d}\sigma_{ij}^0 = \mathrm{d}\sigma_{ij}$ 时才会为零，因此

$$\Xi^0 > \Xi$$

除非 $\mathrm{d}\sigma_{ij}^0 = \mathrm{d}\sigma_{ij}$，两者才相等。

在应用该极值原理时，我们需要计算 $\mathrm{d}\sigma_{ij}^0 \mathrm{d}\varepsilon_{ij}^0$，对于硬化材料，显然有

$$\mathrm{d}\sigma_{ij}^0 \mathrm{d}\varepsilon_{ij}^0 = L_{ijkl} \mathrm{d}\sigma_{ij}^0 \mathrm{d}\sigma_{kl}^0 + \frac{1}{h} < \mathrm{d}f^0 >^2$$

式中 $\mathrm{d}f^0$ 通过将式(13.10)中的 α 用 0 替换而得到。对于理想弹塑性材料，由于塑性应变增量 $\mathrm{d}\varepsilon_{ij}^{\mathrm{p}0}$ 不能由 $\mathrm{d}\sigma_{ij}^0$ 确定，但 $\mathrm{d}\sigma_{ij}^0 \mathrm{d}\varepsilon_{ij}^{\mathrm{p}0} = 0$，因此

$$d\sigma_{ij}^0 d\varepsilon_{ij}^0 = L_{ijkl} d\sigma_{ij}^0 d\sigma_{kl}^0$$

同弹性力学一样(见第 8.4 节),还可以证明

$$\Xi = -\Lambda$$

因此,这两个极值定理又可以表示为

$$-\Lambda^* \leqslant -\Lambda = \Xi \leqslant \Xi^0$$

13.2.3 变分原理

显然,上面两个极值原理给出两个泛函在真实状态取最小值,因此它们的变分必然为零,

$$\delta\Lambda = 0, \quad \delta\Xi = 0$$

利用式(13.11b)求泛函 Λ 的变分,考虑到增量线性本构关系,则得

$$\delta\Lambda = \int_\Omega d\sigma_{ij}\delta(d\varepsilon_{ij})d\Omega - \int_{S_\sigma} d\,\overline{T}_i\delta(du_i)dS - \int_\Omega dF_i\delta(du_i)d\Omega = 0 \quad (13.17)$$

式中 $\delta(du_i)$代表任意一变形可能的位移增量与真实的位移增量之差,$\delta(d\varepsilon_{ij})$代表相应的应变增量之差。式(13.17)就是位移增量的变分方程,它可以根据可能功原理直接导出,因为 $d\sigma_{ij}$、dF_i和 $d\,\overline{T}_i$ 构成静力可能场,而 $\delta(du_i)$和 $\delta(d\varepsilon_{ij})$构成变形可能场。用率形式表示就有

$$\int_\Omega \dot{\sigma}_{ij}\delta(\dot{\varepsilon}_{ij})d\Omega = \int_{S_\sigma} \dot{\overline{T}}_i\delta(\dot{u}_i)dS + \int_\Omega \dot{F}_i\delta(\dot{u}_i)d\Omega \quad (13.18)$$

在实际数值近似求解中,很少使用上面导出的增量(或率)形式的变分方程,而是采用全量的变分方程,即 8.2 节中的虚功原理式(8.13b)(它们在塑性力学中仍然有效)。原因是,每一次增量解都有平衡误差,即不能满足平衡,使用全量变分方程求解有利于消除平衡误差的累积,见 17 章。因此,位移增量的变分原理主要在于它的理论意义。

对于弹塑性力学问题,无论是采用增量理论还是采用全量理论,都可以获得唯一的解,然而由于本构关系是非线性的,因而在求解过程中会遇到比弹性力学更多的数学上的困难。通常只有对于一些非常简单的问题,如几何形体规则、边界条件简单、材料简化为理想弹塑性体或理想刚塑性体,才有可能找到问题的解析解。

在理想弹塑性边值问题求解中,物体内产生两个区域,即弹性区和塑性区。应力解在两个区域都应满足平衡微分方程,在弹性区内应满足变形协调条件,在塑性区内应满足屈服条件,此外,还应满足边界条件以及弹塑性交界面上的连续性条件。当物体全部进入塑性状态,即没有了弹性区,变形协调条件和连续性条件不再需要考虑,平衡方程和屈服条件就构成了应力分量要满足的全部方程,如果问题的边界全部是力边界,则结合力边界条件就可以完全确定应力场,我们称这类问题为静定问题。本章所讨论的弹塑性问题大部分都属于简单的静定问题。

13.3　梁的弹塑性弯曲

13.3.1　理想弹塑性梁的纯弯曲

下面以理想弹塑性材料制成的矩形截面梁为例，说明梁的弹塑性纯弯曲的一些性质。如图 13.1 所示的矩形截面梁，两端受弯矩 M 作用。

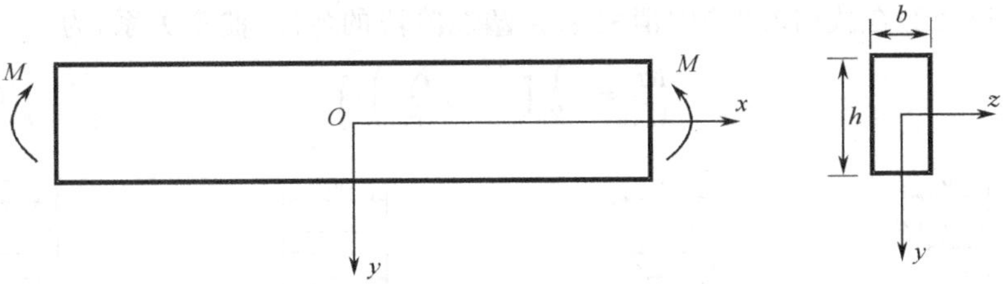

图 13.1　矩形截面纯弯曲梁

1. 弹性阶段

对于平面问题，弹性力学已证明，材料力学中关于纯弯曲的解为精确解，有关变形的平截面假定严格成立，正应变是

$$\varepsilon_x = \frac{y}{\rho} \text{ 或 } \varepsilon_x = Ky \tag{13.19}$$

式中 $K=1/\rho$ 是中性层的曲率，ρ 是曲率半径。使用弹性本构方程 $\sigma_x = E\varepsilon_x$ 和横截面的平衡条件 $M = 2b\int_0^{h/2} \sigma_x y \mathrm{d}y$，并考虑式(13.19)，则得弯矩与曲率的关系和弯曲正应力分别为

$$M = EIK, \quad \sigma_x = \frac{My}{I} \tag{13.20}$$

式中 $I=\frac{1}{12}bh^3$ 是截面对 z 轴的惯性矩。根据式(13.20)，求得弹性极限弯矩 M_e（截面最大应力达到屈服应力 σ_s 时）和对应的曲率分别为

$$M_e = M|_{\sigma_{\max}=\sigma_s} = \frac{bh^2}{6}\sigma_s, \quad K_e = \frac{M_e}{EI} = \frac{2\sigma_s}{Eh} \tag{13.21}$$

2. 塑性阶段

当 $M > M_e$ 时，梁外层纤维进入塑性状态，其应变继续增大，但应力值保持为 σ_s 不再增加，随着 M 增大，塑性区将逐步向内扩大，如图 13.2 所示。

设塑性区交界处距梁轴线 $\xi h/2$，该处 $\sigma=\sigma_s$，故有

$$\varepsilon_s = \frac{\sigma_s}{E} = K\xi \frac{h}{2}$$

$$K = \frac{2\sigma_s}{Eh}\frac{1}{\xi} = \frac{K_e}{\xi} \tag{13.22}$$

使用横截面的平衡条件

$$M = 2b\left(\int_0^{\xi h/2} EKy^2 \mathrm{d}y + \int_{\xi h/2}^{h/2} \sigma_s y \mathrm{d}y\right) = \frac{M_e}{2}(3-\xi^2) \tag{13.23}$$

利用式(13.22)在式(13.23)中消去 ξ，得塑性阶段的弯曲-曲率关系，为

$$\frac{M}{M_e} = \frac{1}{2}\left[3 - \left(\frac{K_e}{K}\right)^2\right] \tag{13.24}$$

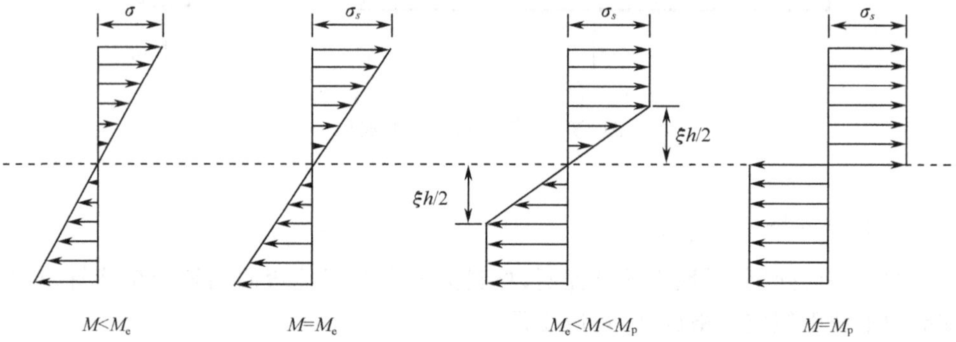

图 13.2　梁截面上各阶段的应力分布

3. 极限状态与极限弯矩

当弯矩继续增加使得 $\xi \to 0$ 时，截面弹性区为零，全部进入塑性状态。由式(13.22)和式(13.23)，此时，弯矩 M 趋向于极限值 $3M_e/2$，该极限值称为极限弯矩，曲率 K 趋向无限大，变形任意，这种状态称为极限状态。将式(13.21)代入式(13.23)，令 $\xi=0$，得极限弯矩 M_p 为

$$M_p = \frac{1}{4}\sigma_s bh^2 \tag{13.25}$$

4. 卸载与残余应力

为方便起见，引入如下无量纲量

$$m = M/M_e, \quad \phi = K/K_e$$

使用式(13.20)、式(13.21)和式(13.24)，矩形截面梁的弯曲-曲率关系可写成

$$\phi = \begin{cases} m, & m < 1 \\ 1/\sqrt{3-2m}, & 1 \leqslant m < 1.5 \end{cases} \tag{13.26}$$

上述关系可用图 13.3 表示。

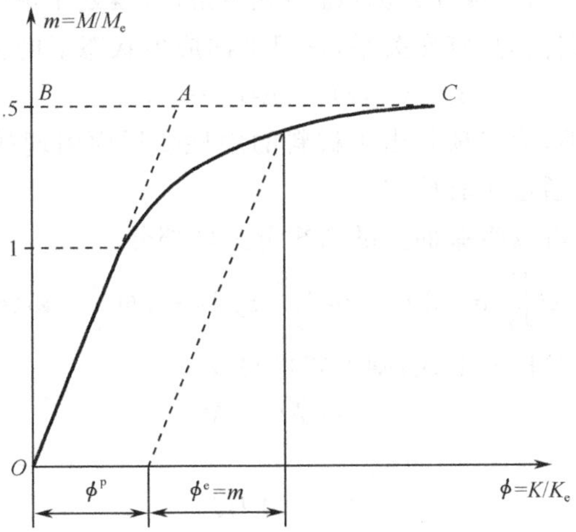

图 13.3　矩形截面的 $m \sim \phi$ 曲线

设截面上的弯矩由某一值 $M(M_e < M \leqslant M_p)$ 卸载到零，由于卸载时弯曲与曲率之间服从弹性关系，因此卸载后残余的曲率 ϕ^p 就等于 M 作用所产生的弹塑性曲率 ϕ 减去 M 卸载所恢复的弹性曲率 ϕ^e。故有

$$\phi^p = \phi - \phi^e = \frac{1}{\sqrt{3-2m}} - m$$

卸载弯矩所引起的应力变化，相当于对梁施加一个反向弯矩 M 所产生的弹性应力，因此卸载后的残余应力如图 13.4 所示。

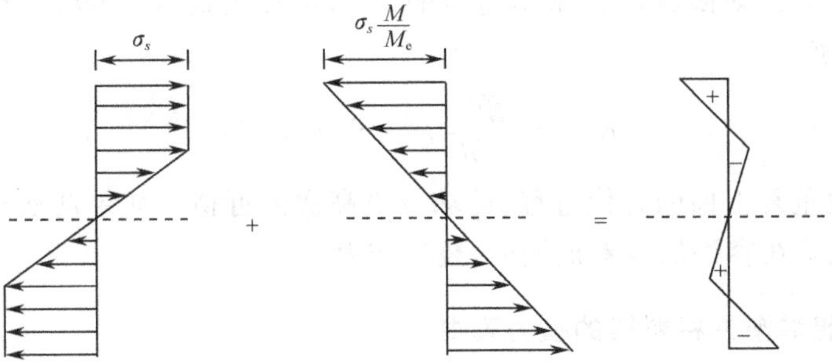

图 13.4　卸载后的残余应力

13.3.2　硬化材料梁的纯弯曲

下面将考虑材料的硬化，讨论梁的弹塑性弯曲性能。实验证明：受弯曲作用的

梁在发生弹塑性变形后,材料力学中梁的基本假定仍然适用,即:①平截面仍保持平面,几何关系式(13.19)成立;②纤维层互不挤压,梁处于单向应力状态。硬化材料的特性主要体现在应力-应变关系,这里单向应力状态下的关系写成

$$\sigma_x = \Phi(\varepsilon) = E\varepsilon[1-\omega(\varepsilon)] \tag{13.27}$$

式中第一项是弹性项,第二项是由于材料的塑性变形而引起的修正项。$\omega(\varepsilon)$是与材料有关的函数,可通过实验确定。

应用式(13.27)可以将截面上的弯矩分为两部分

$$M = 2b\int_0^{h/2}\sigma_x y\,\mathrm{d}y = 2bE\int_0^{h/2}\varepsilon y\,\mathrm{d}y - 2bE\int_0^{h/2}\varepsilon\omega(\varepsilon)y\,\mathrm{d}y \tag{13.28}$$

将几何关系式(13.19)代入上式,则上式可写成

$$M = \overline{M}_{\mathrm{e}} - M_{\omega} \tag{13.29a}$$

式中

$$\overline{M}_{\mathrm{e}} = EIK \tag{13.29b}$$

是完全按照弹性计算的弯矩,为曲率 K 的线性函数,而

$$M_{\omega} = 2bEK\int_0^{h/2}\omega(Ky)y^2\,\mathrm{d}y \tag{13.29c}$$

是考虑弹塑性弯曲影响的修正弯矩,为曲率 K 的非线性函数。因此,式(13.29a)表示的 M-K 关系式是非线性的。实际问题中已知弯矩 M,则需通过求解非线性方程式(13.29a),得出曲率 K,进而求出应变和应力。通常求解式(13.29a)需采用叠代方法,叠代过程如下。

先假定弯曲是纯弹性的,则$\overline{M}_{\mathrm{e}}^{(0)}=M(\omega^{(0)}=0,M_{\omega}^{(0)}=0)$,由此求得

$$K^{(0)} = \frac{\overline{M}_{\mathrm{e}}^{(0)}}{EI},\quad \varepsilon^{(0)} = K^{(0)}y$$

然后以 $\varepsilon^{(0)}$ 代入已知函数 $\omega(\varepsilon)$求出对应的 $\omega^{(1)}$,再代入式(13.29c)求得 $M_{\omega}^{(1)}$,于是 $\overline{M}_{\mathrm{e}}^{(1)}=M+M_{\omega}^{(1)}$

$$K^{(1)} = \frac{\overline{M}_{\mathrm{e}}^{(1)}}{EI},\quad \varepsilon^{(1)} = K^{(1)}y$$

再从 $\varepsilon^{(1)}$ 出发重复上面的叠代过程,可求得更高次的近似。如果两次近似值(如曲率或应变)之差在容许的误差范围内,叠代结束。

13.3.3　理想弹塑性材料梁的横力弯曲

横力弯曲时有剪应力产生,进而对屈服产生影响,对于通常的应用来说(梁跨度与高度之比较大),剪应力可以略去,这样前面分析中的有关表达式仍然可以适用。

考察跨中受集中力作用的简支梁,如图 13.5 所示,当跨中弯矩 $M=P(l-x)/2$ 等于式(13.21)表示的弹性极限弯矩 M_{e}时,梁跨中截面的应力最大点开始屈服,

随着横向荷载继续增大，跨中截面的塑性区增大，且相邻的截面也相继开始进入屈服，弹性区与塑性区分界线的方程可通过式(13.23)确定为

$$\xi = \sqrt{3 - \frac{2M}{M_e}} = \sqrt{\frac{Px}{M_e} + 3 - \frac{Pl}{M_e}}$$

是一条抛物线。当跨中截面全部进入屈服时，抛物线的顶点通过坐标原点，$\xi=0$，对应的荷载为 $P=3M_e/l$，跨中截面可产生任意的弯曲曲率，就像一个铰一样，这个铰通常称为塑性铰，如图 13.5 所示。一个静定梁一旦出现一个塑性铰就成为几何可变的机构而丧失进一步抵抗弯曲的能力，荷载不能继续增加，梁达到了极限状态。

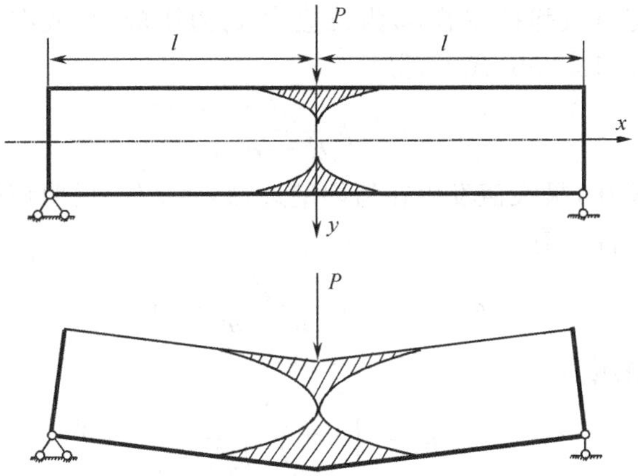

图 13.5　横力弯曲的塑性区

13.4　厚壁圆筒受内压作用

13.4.1　理想弹塑性材料

设由理想弹塑性材料制成的厚壁圆筒，其内径为 $2a$，外径为 $2b$，受均匀内压力 p 作用。假定圆筒很长，可按平面应变问题处理。为简化计算分析，还假定材料是体积不可压缩的，取 $\nu=1/2$。下面分 3 种情况，即弹性阶段、弹塑性阶段和塑性极限状态进行分析讨论。

1. 弹性阶段

根据 5.6 节的解答式(5.30)，弹性解为

$$\sigma_r = \frac{a^2}{b^2-a^2}\left(1-\frac{b^2}{r^2}\right)p \tag{13.30a}$$

$$\sigma_\theta = \frac{a^2}{b^2 - a^2}\left(1 + \frac{b^2}{r^2}\right)p \tag{13.30b}$$

取 $\nu=1/2$，利用广义 Hooke 定律和平面应变条件，并将式(13.30a)和式(13.30b)代入，得圆筒轴线方向的应力为

$$\sigma_z = \frac{1}{2}(\sigma_r + \sigma_\theta) = \frac{a^2}{b^2 - a^2}p \tag{13.30c}$$

根据问题的对称性，所有剪应力分量均为零，式(13.30)给出的应力分量为主应力。

采用 Mises 屈服条件需要计算等效应力，根据上面的应力状态应有

$$\bar{\sigma} = \frac{\sqrt{3}}{2}\sqrt{(\sigma_\theta - \sigma_r)^2} = \frac{\sqrt{3}}{2}(\sigma_\theta - \sigma_r) \tag{13.31}$$

根据圆筒的受力特点及弹性解答，σ_θ 为拉应力，σ_r 为压应力，故在开方时取 $\sigma_\theta - \sigma_r$。将式(13.30a)和式(13.30b)代入，得

$$\bar{\sigma} = \sqrt{3}\,p\,\frac{a^2}{b^2 - a^2}\,\frac{b^2}{r^2}$$

等效应力与 r^2 成反比，最大值发生在筒内壁边缘 $r=a$ 处，说明该处首先进入屈服，代入 Mises 屈服条件应有

$$(\bar{\sigma})_{r=a} = \sqrt{3}\,p\,\frac{b^2}{b^2 - a^2} = \sigma_s$$

由此求得弹性极限压力

$$p_e = \left(1 - \frac{a^2}{b^2}\right)\frac{\sigma_s}{\sqrt{3}} \tag{13.32}$$

2. 弹塑性阶段

当 $p=p_e$ 时，筒内壁边缘进入屈服。随着 p 的增加，$r>a$ 的区域将逐步进入屈服状态，形成由内向外发展的塑性区。根据问题的对称性，弹、塑性区的分界应是一个圆柱面，设它的半径为 $r_s(a \leqslant r_s \leqslant b)$，大小取决于 p。

下面首先分析塑性区的应力情况。对于平面轴对称问题，平衡方程是

$$\frac{\mathrm{d}\sigma_r}{\mathrm{d}r} + \frac{\sigma_r - \sigma_\theta}{r} = 0 \tag{13.33}$$

圆筒处于平面应变状态，$\varepsilon_z=0$，假设 $\varepsilon_z^p=0$，$\varepsilon_z^e=0$（严格论证则相对比较复杂，但可验证由此导出的结果能够满足所有弹塑性力学的基本方程，因此是正确的），代入 Prandtl-Reuss 关系和广义 Hooke 定律，都得到 $s_z=0$，因此在塑性区，我们仍然有

$$\sigma_z = \frac{1}{2}(\sigma_r + \sigma_\theta)$$

等效应力仍按照式(13.31)计算，Mises 屈服条件 $\bar{\sigma}=\sigma_s$ 表达为

$$\sigma_\theta - \sigma_r = \frac{2}{\sqrt{3}}\sigma_s \tag{13.34}$$

显然，使用平衡微分方程式(13.33)和屈服条件式(13.34)结合边界条件就可以解出应力。将式(13.34)代入式(13.33)，直接积分得

$$\sigma_r = C + \frac{2}{\sqrt{3}}\sigma_s \ln r$$

式中 C 是积分常数，由边界条件确定。由于塑性区位于圆筒内侧，所以将上式代入边界条件$(\sigma_r)_{r=a} = -p$，由此求得 C，再代回上式，最后塑性区的应力分布为

$$\sigma_r = -p + \frac{2}{\sqrt{3}}\sigma_s \ln\frac{r}{a} \tag{13.35a}$$

$$\sigma_\theta = -p + \frac{2}{\sqrt{3}}\sigma_s \left(1 + \ln\frac{r}{a}\right) \tag{13.35b}$$

$$\sigma_z = -p + \frac{2}{\sqrt{3}}\sigma_s \left(\frac{1}{2} + \ln\frac{r}{a}\right) \tag{13.35c}$$

下面确定弹、塑性区交界面的半径 r_s。将 $r_s \leqslant r \leqslant b$ 的弹性区脱离出来考虑，在其“内壁”$r=r_s$，由于它也是塑性区的“外壁”，利用上面塑性区的解，得作用的压力应为

$$p_s = -(\sigma_r)_{r=r_s} = p - \frac{2}{\sqrt{3}}\sigma_s \ln\frac{r_s}{a} \tag{13.36}$$

在弹性区解答式(13.30)仍然有效，但应令其中的 $p=p_s$，$a=r_s$，于是得到

$$\sigma_r = \frac{r_s^2}{b^2 - r_s^2}\left(1 - \frac{b^2}{r^2}\right)p_s \tag{13.37a}$$

$$\sigma_\theta = \frac{r_s^2}{b^2 - r_s^2}\left(1 + \frac{b^2}{r^2}\right)p_s \tag{13.37b}$$

$$\sigma_z = \frac{r_s^2}{b^2 - r_s^2}p_s \tag{13.37c}$$

在 p_s 作用下，弹性区“内壁”边缘处于屈服状态，因此，p_s 应是弹性极限压力，参照式(13.32)，有

$$p_s = \left(1 - \frac{r_s^2}{b^2}\right)\frac{\sigma_s}{\sqrt{3}} \tag{13.38}$$

对比式(13.36)和式(13.38)，应有

$$p = \frac{2}{\sqrt{3}}\sigma_s \left[\ln\frac{r_s}{a} + \frac{1}{2}\left(1 - \frac{r_s^2}{b^2}\right)\right] \tag{13.39}$$

根据上式可由 p 确定塑性区的范围 r_s，代入式(13.38)或式(13.36)得 p_s，再一起代入式(13.37)得弹性区的应力分布。

3. 塑性极限状态

如图 13.6 所示，随着内压力 p 的继续增大，塑性区不断扩大，最后圆筒全部进

入塑性阶段，这时包围塑性区的弹性区消失，塑性变形可以不受限制地发展，圆筒达到塑性极限状态，失去继续承载的能力，荷载不能继续增加。在式(13.35a)中令 $r_s=b$，并考虑到 $(\sigma_r)_{r=b}=0$，就得到塑性极限压力为

$$p_{\mathrm{p}}=\frac{2}{\sqrt{3}}\sigma_s\ln\frac{b}{a} \tag{13.40}$$

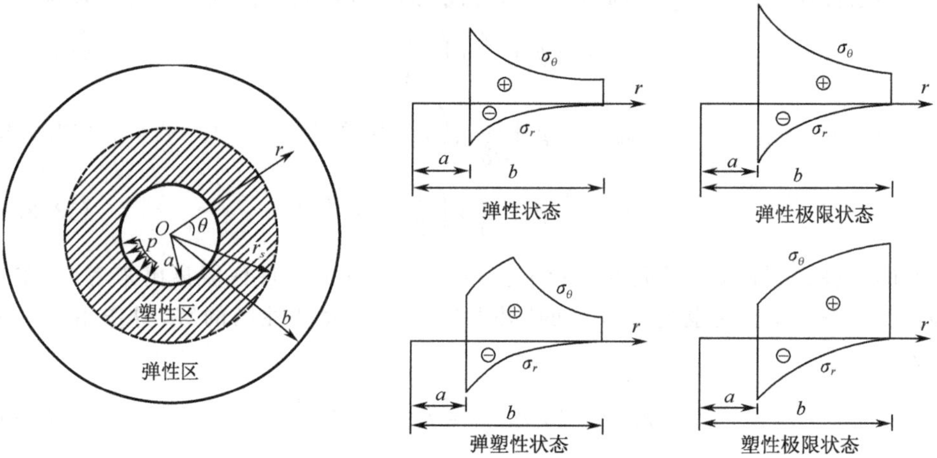

图 13.6 厚壁圆筒受内压力

4. 残余应力

圆筒进入塑性状态后，将内压力 p 全部卸除，不仅有残余变形，还会有残余应力。为求卸载过程中产生的应力改变，在圆筒内壁施加反向的内(拉)力 $-p$，由于卸载总是弹性的(假定在卸载中不会进入反向屈服)，应按弹性计算由此产生的应力，再将它们叠加到前面的弹塑性解上即得残余应力，因此

在塑性区

$$\sigma_r=-p+\frac{2}{\sqrt{3}}\sigma_s\ln\frac{r}{a}-\frac{a^2}{b^2-a^2}\left(1-\frac{b^2}{r^2}\right)p$$

$$\sigma_\theta=-p+\frac{2}{\sqrt{3}}\sigma_s\left(1+\ln\frac{r}{a}\right)-\frac{a^2}{b^2-a^2}\left(1+\frac{b^2}{r^2}\right)p$$

$$\sigma_z=-p+\frac{2}{\sqrt{3}}\sigma_s\left(\frac{1}{2}+\ln\frac{r}{a}\right)-\frac{a^2}{b^2-a^2}p$$

在弹性区

$$\sigma_r=\left(\frac{\sigma_s}{\sqrt{3}}\frac{r_s^2}{b^2}-\frac{a^2p}{b^2-a^2}\right)\left(1-\frac{b^2}{r^2}\right)$$

$$\sigma_\theta = \left(\frac{\sigma_s}{\sqrt{3}}\frac{r_s^2}{b^2} - \frac{a^2 p}{b^2 - a^2}\right)\left(1 + \frac{b^2}{r^2}\right)$$

$$\sigma_z = \frac{\sigma_s}{\sqrt{3}}\frac{r_s^2}{b^2} - \frac{a^2 p}{b^2 - a^2}$$

应当指出：完全卸载后，①内壁附近的环向残余应力为压应力，而外壁附近则为拉应力；②靠外壁的弹性区存在残余应力，也就存在残余应变(弹性区应力应变一一对应)。这是因为，靠内壁的塑性区存在不可恢复的环向拉应变，使得塑性区发生向外的永久膨胀变形，卸载时，当靠外壁弹性区中的弹性应变试图恢复时，受到靠内壁塑性区的约束，而使得部分弹性应变不能恢复，靠外壁必然环向受拉，靠内壁环向受压。

总起来说，作为弹性应变和塑性应变之和的总应变应满足变形协调条件，但弹性应变和塑性应变单独并不满足变形协调条件。比如，在物体部分区域进入塑性变形后完全卸载，设想将它切割成许许多多的微小单元体(弹性变形完全恢复，仅剩下塑性应变)，然后将这些微小单元体重新拼在一起，它们之间必然出现缝隙而无法回到切割前的连续体，除非借助力的作用，这说明塑性应变是不协调的，这个力就是残余应力。

5. 变形计算

在轴对称情况下，应变分量与径向位移 $u(r)$的几何方程为

$$\varepsilon_r = \frac{\mathrm{d}u}{\mathrm{d}r},\quad \varepsilon_\theta = \frac{u}{r} \tag{13.41}$$

考虑到平面应变状态 $\varepsilon_z=0$ 及材料体积不可压缩性，应有

$$\varepsilon_r + \varepsilon_\theta = 0 \tag{13.42}$$

将式(13.42)代入式(13.41)，得

$$\frac{\mathrm{d}u}{\mathrm{d}r} + \frac{u}{r} = 0 \tag{13.43}$$

式(13.43)的解是

$$u = \frac{B}{r} \tag{13.44}$$

式中 B 是积分常数。上面的位移解并没有涉及到应力-应变关系，对弹性区和塑性区都成立。由式(13.41)，应变分量为

$$-\varepsilon_r = \varepsilon_\theta = \frac{B}{r^2} \tag{13.45}$$

对于弹性区，使用广义 Hooke 定律并考虑到(13.37)和式(13.38)，则有

$$\varepsilon_\theta = \frac{1}{E}\left[\sigma_\theta - \frac{1}{2}(\sigma_r + \sigma_z)\right] = \frac{3}{2E}\frac{\sigma_s}{\sqrt{3}}\left(\frac{r_s}{r}\right)^2$$

将上面两个式子比较,得积分常数

$$B=\frac{3}{2E}\frac{\sigma_s}{\sqrt{3}}r_s^2$$

将 B 的值代回式(13.44)和式(13.45),得圆筒的位移和应变分量。

13.4.2 硬化材料

如果圆筒是由硬化材料制成,其他条件不变,求解时除平衡方程和屈服条件以外,还应结合本构方程和几何方程。由于前面假定材料体积不可压缩 $\nu=1/2$,若进一步假定等效应力-等效应变为幂指数硬化,当内压力单调增长时,符合简单加载定理,可根据全量理论计算,使用式(12.88)的第一式,有

$$s_z=\sigma_z-\sigma_0=\frac{2\,\bar{\sigma}}{3\,\bar{\varepsilon}(\bar{\sigma})}(\varepsilon_z-\varepsilon_0)$$

式中 σ_0 是平均应力,ε_0 是平均应变。根据体积不可压缩条件 $\varepsilon_0=0$ 和平面应变条件 $\varepsilon_z=0$,上式右边应为零,因此又得到

$$\sigma_z=\frac{1}{2}(\sigma_r+\sigma_\theta)$$

这样,等效应力仍由式(13.31)表示。根据前面的分析,平衡方程和几何方程为

$$\frac{\mathrm{d}\sigma_r}{\mathrm{d}r}+\frac{\sigma_r-\sigma_\theta}{r}=0$$

$$-\varepsilon_r=\varepsilon_\theta=\frac{B}{r^2},\quad \varepsilon_z=0$$

等效应变应为

$$\bar{\varepsilon}=\frac{\sqrt{2}}{3}\sqrt{(\varepsilon_r-\varepsilon_\theta)^2+\varepsilon_r^2+\varepsilon_\theta^2}=\frac{2}{\sqrt{3}}\frac{B}{r^2} \tag{13.46}$$

假定等效应力与等效应变之间有确定的函数关系

$$\bar{\sigma}=\Phi(\bar{\varepsilon})$$

将式(13.31)代入平衡方程式,并考虑到上式,得

$$\mathrm{d}\sigma_r=\frac{2}{\sqrt{3}}\Phi(\bar{\varepsilon})\frac{\mathrm{d}r}{r}$$

将式(13.46)代入上式,并在 r 到外半径 b 的范围内进行积分,考虑到外壁的边界条件 $(\sigma_r)_{r=b}=0$,得

$$\sigma_r=-\frac{2}{\sqrt{3}}\int_r^b\Phi\left(\frac{2}{\sqrt{3}}\frac{B}{r^2}\right)\frac{\mathrm{d}r}{r} \tag{13.47}$$

按照内壁的边界条件 $(\sigma_r)_{r=a}=-p$,得常数 B 与内水压力的关系为

$$p=\frac{2}{\sqrt{3}}\int_a^b\Phi\left(\frac{2}{\sqrt{3}}\frac{B}{r^2}\right)\frac{\mathrm{d}r}{r} \tag{13.48}$$

函数 Φ 根据材料单轴拉伸试验确定，若为幂指数函数

$$\bar{\sigma} = \Phi(\bar{\varepsilon}) = A\,\bar{\varepsilon}^m$$

式中 A 和 m 都是材料常数。代入式(13.48)积分，有

$$B^m = -p2m\frac{\left(\frac{\sqrt{3}}{2}\right)^{m+1}}{A\left(\frac{1}{b^{2m}} - \frac{1}{a^{2m}}\right)}$$

积分式(13.47)并代入上式的 B 值，得

$$\sigma_r = -p\frac{a^{2m}(r^{2m} - b^{2m})}{r^{2m}(a^{2m} - b^{2m})}$$

以及

$$\sigma_\theta = -p\frac{a^{2m}[r^{2m} + (2m-1)b^{2m}]}{r^{2m}(a^{2m} - b^{2m})}$$

13.5　非圆截面杆的塑性极限扭转

任意截面的杆发生扭转变形时，每个截面不仅会转动，而且会产生翘曲，截面将不再保持为平面。当扭矩在弹性极限扭矩和塑性极限扭矩之间时，截面只有一部分进入塑性状态，除圆截面杆以外，一般来说，弹、塑性区分界线的位置和形状都不能事先确定，因此，要求得非圆截面杆弹塑性扭转问题的解析解答是很困难的，但是，对于理想弹塑性材料制成的杆，当整个截面全部进入塑性时的塑性极限扭矩只需要平衡方程和屈服条件就可以确定。下面就针对非圆截面杆全部进入塑性的情况进行讨论。

参照弹性应力解式(4.16)，设扭转应力函数为 φ，截面上各点的剪切应力分量表示为

$$\tau_{zx} = \frac{\partial\varphi}{\partial y},\quad \tau_{zy} = -\frac{\partial\varphi}{\partial x} \tag{13.49}$$

而其他应力分量假设为零，则平衡微分方程恒满足。

采用类似于式(4.20)的推导过程，根据力边界条件和横截面上的平衡条件，得扭矩的表达式为

$$M_s = 2\iint_A \varphi\,\mathrm{d}x\mathrm{d}y \tag{13.50}$$

其中 A 为杆的横截面。式(13.49)和式(13.50)在杆处于弹性阶段，弹塑性阶段和全塑性阶段都成立。

按照 4.5 节的分析，φ 在截面的周边应为常数，将该常数取为零不会影响应力和扭矩的计算结果。应力函数所代表的曲面 $z=\varphi(x,y)$ 称为应力曲面。由于在周

边 $\varphi=0$,它可以想象成从横截面周边搭起来的"帐篷",扭矩就是帐篷所围成体积的 2 倍。

根据上面给出的应力状态,可知截面上任意一点的$(\tau_{max})^2$与 J_2 相等,Tresca 和 Mises 屈服条件重合,均表示为

$$\tau_{zx}^2+\tau_{zy}^2=\tau_s^2$$

将式(13.49)代入上式得屈服时应力函数应满足的条件,即

$$\left(\frac{\partial\varphi}{\partial x}\right)^2+\left(\frac{\partial\varphi}{\partial y}\right)^2=\tau_s^2$$

或写成

$$|\nabla\varphi|=\tau_s \tag{13.51}$$

对照式(4.16),在弹性区域,应力函数可以表示为 $\varphi(x,y)=G\theta\psi(x,y)$,其中 $\psi(x,y)$由截面几何性质确定(因为 $\psi(x,y)$可根据式(4.17)和式(4.19)求解得到,而这两个式子只取决于截面几何性质)。当扭转角 θ 增加时,截面上的应力成比例地增加,直到截面上一点和同时几个点满足屈服条件,这些点一定位于截面周边上,因为这里的$|\nabla\psi|$最大,进入屈服时,扭转角就是 $\theta_e=\tau_s/(G|\nabla\psi|_{max})$。随着扭转角的进一步增加而超过 θ_e,一个或几个塑性区形成,并且不断扩大,而弹性区不断收缩。在塑性区,应力函数应满足式(13.51),最后,当整个截面处处都满足式(13.51)时,则达到全塑性扭转状态(极限状态)。

下面讨论应力曲面的等值线(是一簇曲线,沿着每一条曲线 φ 为不同的常数),如在截面上的给定点,建立一套局部坐标系,让 x_1 与等值线平行,于是 $\tau_1=\partial\varphi/\partial x_2$,$\tau_2=0$,因此,每一点处于纯剪状态,剪应力的方向沿着等值线,如图 13.7(a)所示,其大小就是应力曲面在该点的斜率(坡度)。当达到全塑性扭转状态时,应力函数 φ 在截面处处满足式(13.51),而在周边满足 $\varphi=0$,这个解是唯一的,使用 $\varphi_p(x,y)$表示。$\varphi_p(x,y)$代表的应力曲面每一点的斜率都等于 τ_s,将是一个坡度为常数的屋顶,截面任意一点的 $\varphi_p(x,y)$就等于该点到截面周边最近点的距离的 τ_s倍。对于截面内的一点,如果在周边存在几个最近点,则该点就是屋脊点,屋脊点代表弹性区收缩到一点的情况。由屋脊点组成的线称为屋脊线,屋脊线是不同方向等值线相遇的地方,因此,剪应力在通过屋脊线时发生间断。

上述解可以通过沙堆比拟法得到。如果将干沙堆在一个与杆截面形状相同的水平板上,就能形成这种等倾斜面,只不过沙堆的坡度为 $\tan\phi$(ϕ 为沙土的内摩擦角)。

由式(13.50)可知,塑性极限扭矩 M_s 等于 $\varphi_p(x,y)$代表的应力曲面所围成体积的 2 倍。根据沙堆比拟,M_s 等于沙堆(其坡度为 τ_s)体积 V 的 2 倍。例如,对于半径为 a 的圆形截面杆,其沙堆比拟如图 13.7(b)所示,坡度 $h/a=\tau_s$,体积 $V=\pi a^2h/3$,于是塑性极限扭矩为

$$M_s=\frac{2}{3}\pi\tau_s a^3$$

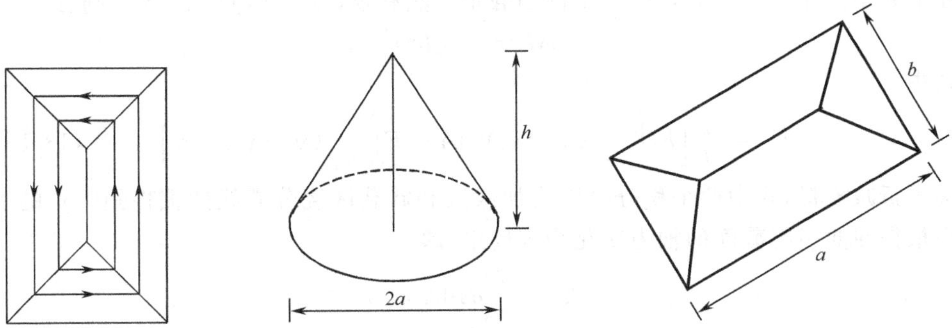

(a) 应力曲面的等值线　(b) 圆形截面上的沙堆　(c) 矩形截面上的沙堆

图 13.7　应力曲面与沙堆比拟

对于矩形截面 $a\times b$ 的杆(其中 $a>b$),其沙堆比拟如图 13.7(c)所示,塑性极限扭矩为

$$M_s=\frac{1}{6}\tau_s a^2(3a-b)$$

13.6　压杆的塑性失稳

从 8.7 节可知,我们所讨论的稳定性是针对一个给定的平衡状态而言的,分析稳定性的方法就是具体考察平衡状态产生微小的位移后物体的能量变化,本质上就是考察物体抵抗微小挠动变形的能力。由此可以得出结论:稳定性分析与到达平衡状态之前物体所经历的应力应变历史无关,因此,8.7 节的结果可应用到任何的准弹性体——对于给定的状态,当产生某种微小的应变增量时,存在唯一的微小应力增量与之对应。

在临界状态以前,设压杆已经进入屈服,压杆在塑性失稳过程中,在横截面的一侧由于压应力减少而引起卸载,应力-应变关系服从弹性规律;在另一侧由于压应力增加而引起加载,应力-应变关系服从塑性规律。因此,受压屈曲时引起的增量应力与增量应变的关系为

$$\delta\sigma=\begin{cases}E_t\delta\varepsilon, & \delta\varepsilon<0\\ E\delta\varepsilon, & \delta\varepsilon>0\end{cases}\tag{13.52}$$

式中的 E_t 同 8.7 节一样,是单轴压缩曲线在平均应力 $\sigma=P/A$ 处的弹塑性切线模量。使用 y_0 表示中性轴的位置,$y<y_0$ 为截面加载区,$y>y_0$ 为截面卸载区,如图 13.8 所示。屈曲引起的附加弯矩为

$$\delta M=\int_A(y-y_0)\delta\sigma\,\mathrm{d}A$$

在上式中使用式(13.52),假定平截面假定仍然有效,$\delta\varepsilon=-(y-y_0)\delta v''$,则有

$$\delta M = -E_r I \delta v''$$

式中

$$E_r = \frac{1}{I}\left[E_t\int_{y<y_0}(y-y_0)^2\mathrm{d}A + E\int_{y>y_0}(y-y_0)^2\mathrm{d}A\right] \tag{13.53}$$

称为折减模量,式中两个积分分别为加载区和卸载区绕分界线的惯性矩。y_0的大小根据屈曲引起截面的轴力变化为零确定,即

$$\delta P = \int_A \delta\sigma \mathrm{d}A = 0$$

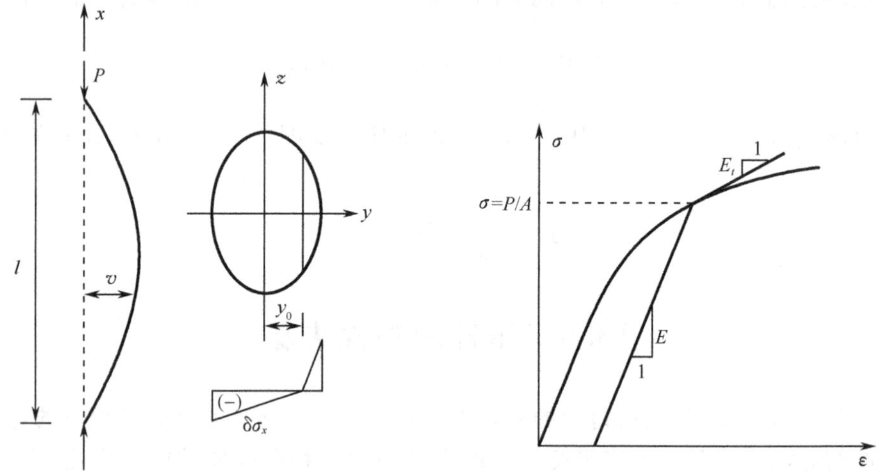

图 13.8　压杆的塑性失稳

或者

$$E_t\int_{y<y_0}(y-y_0)\mathrm{d}A + E\int_{y>y_0}(y-y_0)\mathrm{d}A = 0 \tag{13.54}$$

式(13.54)中的两个积分分别为加载区和卸载区对分界线的面积矩。根据上式得到y_0的表达式后,再代入式(13.53),得到E_r作为σ(因为E_t取决于σ)和截面性质的函数。

对于矩形截面,若宽为b,高为h,式(13.53)将具体给出

$$E_r = \frac{4}{h^3}(E_t h_1^3 + E h_2^3)$$

式中

$$h_1 = \frac{h}{2} + y_0,\quad h_2 = \frac{h}{2} - y_0$$

使用式(13.54)和上式计算得

$$h_1 = \frac{h\sqrt{E}}{\sqrt{E} + \sqrt{E_t}}, \quad h_2 = \frac{h\sqrt{E_t}}{\sqrt{E} + \sqrt{E_t}}$$

最后得，折减模量为

$$E_r = \frac{4EE_t}{(\sqrt{E} + \sqrt{E_t})^2}$$

为了求得失稳时的临界力，只需将 8.7 节中相关方程里的模量用折减模量代替即可。

习　题

1. 空心圆截面梁，已知内半径与外半径之比 $r/R=\alpha$，在受纯弯曲时，求弹性极限弯矩与塑性极限弯矩之比。

2. 矩形截面($b\times h$)的悬臂梁长 l，在自由端受集中力 P 的作用。试求梁开始屈服时和接近塑性极限状态时，自由端的挠度。

3. 内半径为 a，外半径为 b 的厚壁圆筒，材料为理想弹塑性，拉伸屈服极限为 σ_s，服从 Tresca 屈服条件，在内压作用下处于平面应变状态($\varepsilon_z=0$)，试求以下两种情况下的残余应力。

(1)由弹塑性压力 p_{ep}(该压力使得圆筒一部分区域进入塑性)卸载至零；

(2)由塑性极限压力 p_p 卸载至零。

4. 使用沙堆比拟法计算等边三角形截面杆的塑性极限扭矩。

第 14 章　塑性流动与破坏问题(1)——理论和“严格”解法

14.1　理想刚塑性材料模型

塑性力学边值问题中采用理想弹塑性材料模型求解，由于忽略了材料的硬化，数学上则相对比较容易。当材料的弹性变形与塑性变形相比小许多时，将弹性变形也略去不计，材料抽象为更简单的理想刚塑性模型，如第 12 章中的 Levy-Mises 模型，这样能使问题求解更进一步简化。

从上一章的分析可知，由理想弹塑性材料制成的物体，当外荷载超过弹性极限时，其内部出现塑性区，由于受到周围弹性区的约束，塑性区的塑性变形不能任意发展；随外荷载进一步增加，则弹性区不断收缩，塑性区不断扩大，弹性区的约束作用减小；当外荷载增加达到某个极限值时，物体在外荷载不变的情况下，可以发生无限制的塑性流动，这时称物体处于极限状态或塑性流动状态，相应的速度场称为塑性流动机构，相应的荷载称为极限荷载。对于金属加工而言，可利用塑性流动达到成型(使材料获得所需要的形状)的目的；而对于承载结构而言，无限制的塑性流动意味着破坏，这时极限状态又称为破坏状态，相应的速度场又称为破坏机构，相应的荷载又称为极限承载力。非常有意义的是，塑性流动和破坏问题可以使用理想刚塑性模型求解。这是因为，极限状态一旦到达，应变率的弹性部分就会为零，即无限制塑性流动时的应变率是纯塑性应变率，这时物体可视为理想刚塑性体，因此，采用理想刚塑性模型和理想弹塑性模型是一样的。下面予以证明。

设某一时刻 t 物体在体积力率 $\dot{F}_i$ 和表面力率 $\dot{\bar{T}}_i$ 的作用下，产生的应力率为 $\dot{\sigma}_{ij}$，它们满足率形式的平衡方程和力边界条件(将式(13.1)和式(13.4a)的两边除上时间 dt 得到)。相应的应变率和速度分别为 $\dot{\varepsilon}_{ij}$ 和 v_i，其中 $\dot{\varepsilon}_{ij}=\dfrac{1}{2}(v_{i,j}+v_{j,i})$。应用虚位移原理，取虚位移为 $v_i\delta t$(其中 δt 是微小的时间增量)，虚应变是 $\dot{\varepsilon}_{ij}\delta t$，一旦极限状态达到，外力不能再增加，其变化率应为零，因此有

$$\int_\Omega \dot{\sigma}_{ij}\dot{\varepsilon}_{ij}\,\mathrm{d}\Omega=\int_{S_\sigma}\dot{\bar{T}}_i v_i\,\mathrm{d}S+\int_\Omega \dot{F}_i v_i\,\mathrm{d}\Omega=0$$

使用应变率的弹塑性分解和率形式表示的弹性本构关系 $\dot{\varepsilon}_{ij}^{\mathrm{e}}=L_{ijkl}\dot{\sigma}_{kl}$，得

$$\int_\Omega \dot{\sigma}_{ij}\dot{\varepsilon}_{ij}\,\mathrm{d}\Omega=\int_\Omega \dot{\sigma}_{ij}(\dot{\varepsilon}_{ij}^{\mathrm{e}}+\dot{\varepsilon}_{ij}^{\mathrm{p}})\,\mathrm{d}\Omega=\int_\Omega \dot{\sigma}_{ij}(L_{ijkl}\dot{\sigma}_{kl}+\dot{\varepsilon}_{ij}^{\mathrm{p}})\,\mathrm{d}\Omega=0$$

由于柔度张量 L_{ijkl} 是正定的，则 $\dot{\sigma}_{ij}L_{ijkl}\dot{\sigma}_{kl}\geqslant 0$，将 Drucker 公设式(12.17)写成率形式则有 $\dot{\sigma}_{ij}\dot{\varepsilon}_{ij}^{\mathrm{p}}\geqslant 0$，因此为了使得积分为零，必须有 $\dot{\sigma}_{ij}=0$，从而 $\dot{\varepsilon}_{ij}^{\mathrm{e}}=0$。

采用理想刚塑性模型，由于忽略了弹性变形，当外荷载尚未达到极限荷载时，物体完全不产生变形，一旦其极值达到，塑性流动可以任意发展，因此，塑性流动的开始也就是极限状态的开始。此外，我们还可以证明，极限状态的应力状态和极限荷载是唯一的，与加载历史无关，也与初始状态无关(任何初始状态总可以看成是通过某种加载历史而形成的状态)。当结构形式和外部荷载的组合确定时，极限状态的应力状态和极限荷载也就确定了。但是，我们并不能建立速度场的唯一性。

14.2　平面应变问题的滑移线理论

实际工程中的一些弹塑性边值问题往往可以当作平面应变问题处理，如金属加工成型、岩土边坡稳定等。采用理想刚塑性材料模型求解这类平面应变问题，是经典塑性理论中研究得比较完整的内容。在这一节里，我们介绍求解这类问题的滑移线理论及其应用。

对于理想刚塑性材料，求解其边值问题时，在物体中会出现两个区域：塑性区和刚性区。在刚性区内，应变率等于零，应力应不违背屈服条件且满足平衡方程和力边界条件。下面首先讨论平面应变条件下塑性区内应力状态的特点，并介绍滑移线的概念。

14.2.1　应力状态的特点

对于理想刚塑性材料，本构关系通常采用 Levy-Mises 增量理论式(12.34)，将该式两边同除 $\mathrm{d}t$，得其率形式为

$$\dot{\varepsilon}_{ij}=\dot{\varepsilon}_{ij}^{\mathrm{p}}=\dot{\lambda}s_{ij} \tag{14.1}$$

式中 $\dot{\lambda}\geqslant 0$，因为塑性耗散功率应为非负

$$D_{\mathrm{p}}=\sigma_{ij}\dot{\varepsilon}_{ij}=\dot{\lambda}s_{ij}\sigma_{ij}=2\dot{\lambda}J_2\geqslant 0$$

平面应变问题中 $\dot{\varepsilon}_z=0$，材料是体积不可压缩的 $\dot{\varepsilon}_x+\dot{\varepsilon}_y+\dot{\varepsilon}_z=0$，得

$$\dot{\varepsilon}_x+\dot{\varepsilon}_y=0 \tag{14.2}$$

将这些关系代入式(14.1)，则有 $s_z=0$，$s_x+s_y=0$，而 $s_x+s_y=\sigma_x+\sigma_y-2\sigma_0$，$s_z=\sigma_z-\sigma_0$，故

$$\sigma_0=\sigma_z=\frac{1}{2}(\sigma_x+\sigma_y) \tag{14.3a}$$

$$s_x=-s_y=\sigma_x-\sigma_0=\frac{1}{2}(\sigma_x-\sigma_y) \tag{14.3b}$$

本章后面将平均应力的下标 0 省略，直接记为 σ。

作平面内应力状态的 Mohr 圆，如图 14.1 所示，并考虑到式(14.3a)，可知 σ_z 是中主应力，其他两个主应力为

$$\sigma_{1,3}=\frac{\sigma_x+\sigma_y}{2}\pm\sqrt{\left(\frac{\sigma_x-\sigma_y}{2}\right)^2+\tau_{xy}^2} \tag{14.4a}$$

最大剪应力(即 Mohr 圆的半径)为

$$\tau_{\max}=\sqrt{\left(\frac{\sigma_x-\sigma_y}{2}\right)^2+\tau_{xy}^2} \tag{14.4b}$$

使用式(14.3b)和式(14.4b)，并考虑到平面应变状态下偏应力的剪切分量，$s_{xy}=\tau_{xy}$，$s_{yz}=s_{zx}=0$，得偏应力的第二不变量为

$$J_2=\frac{1}{2}s_{ij}s_{ij}=\frac{1}{2}(s_x^2+s_y^2+s_{xy}^2+s_{yx}^2)=\left(\frac{\sigma_x-\sigma_y}{2}\right)^2+\tau_{xy}^2=\tau_{\max}^2 \tag{14.5}$$

假定 Mises 屈服条件与 Tresca 条件在纯剪重合，剪切屈服极限用 k 表示($k=\tau_s$)，由于式(14.5)的关系，这时，两个屈服条件完全重合，均表示为

$$\left(\frac{\sigma_x-\sigma_y}{2}\right)^2+\tau_{xy}^2=k^2 \tag{14.6}$$

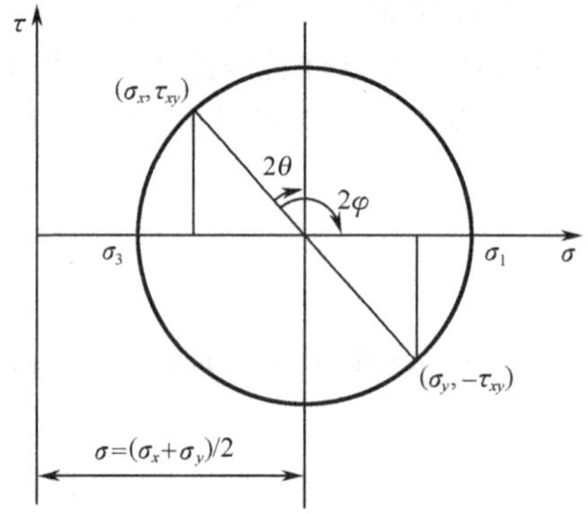

图 14.1　应力圆

塑性区内各点应力状态应满足屈服条件式(14.6)，则 Mohr 圆的半径(最大剪应力)应为 k，结合式(14.3a)和图 14.1，最大剪应力面上的正应力就等于平均应力 σ，因此，理想刚塑性平面应变条件下塑性区的应力状态为纯剪应力状态 k 和静水压力状态 σ 的叠加，即

$$\sigma_1=\sigma+k,\quad \sigma_2=\sigma,\quad \sigma_3=\sigma-k$$

14.2.2　滑移线的概念

对于理想刚塑性体而言，一旦塑性区形成，就会产生无限制的塑性流动，试验表明：塑性流动破坏往往是沿着最大剪应力的方向，因此，有必要找出塑性区内每一点的最大剪应力的方向。

在塑性区内，将各点最大剪应力方向作为切线而连接起来的线，称之为滑移线。由于平面问题中任一点有两个相互垂直方向上的剪应力达到最大，因此，滑移线将有两簇，且相互正交，一簇称为 α，一簇称为 β。沿两个正交的滑移线方向取微单元体，根据上面的分析，则此微单元体每个面上的剪应力为最大剪应力，等于剪切屈服极限 k，正应力等于平均应力 σ，如图 14.2 所示。

最大剪应力的方向与主应力方向夹角为±45°。规定从大主应力 σ_1 顺时针转过 45°到达的滑移线方向为 α 方向，另一个是 β 方向。根据此规定，可总结出判断

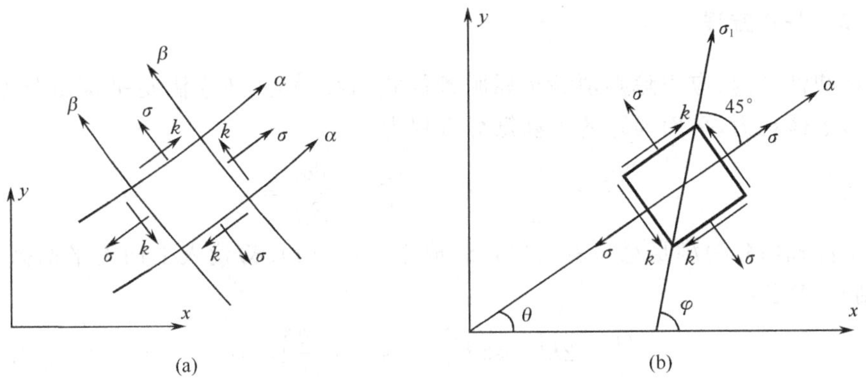

图 14.2　沿滑移线的微单元体

滑移线是 α 线还是 β 线的直观方法：考察滑移线上微单元体的剪应力方向，如图 14.3 所示，当微单元体两侧的剪应力使得它产生顺时针转的趋势时，则滑移线为 α 线，否则为 β 线。进一步规定 θ 表示 x 轴逆时针转到 α 线方向的夹角，则在 xy 平面内，α 线、β 线的微分方程为

$$\alpha\text{ 线：}\frac{\mathrm{d}y}{\mathrm{d}x}=\tan\theta;\quad \beta\text{ 线：}\frac{\mathrm{d}y}{\mathrm{d}x}=-\cot\theta \tag{14.7}$$

图 14.3　确定 α 线和 β 线的直观方法

将应力状态 σ_x、σ_y、τ_{xy} 替换为滑移线方向微单元体上的正应力 σ 和剪应力 k 以及 α 滑移线方向与 x 轴的夹角 θ。应当注意，微单元体中斜截面上的应力分量与 Mohr 应力圆上坐标的对应关系（见 1.9 节），θ 角在 Mohr 应力圆上应是顺时针的，如图 14.1 所示，因此有

$$\sigma_x=\sigma-k\sin2\theta,\quad \sigma_y=\sigma+k\sin2\theta,\quad \tau_{xy}=k\cos2\theta \tag{14.8}$$

滑移线方向 θ（即最大剪应力方向）与应力状态 σ_x，σ_y 和 τ_{xy} 应满足如下关系

$$-\tan2\theta=\frac{\sigma_x-\sigma_y}{2\tau_{xy}} \tag{14.9}$$

显然，一旦 σ，θ 求出，则该点的应力状态求出，该应力状态满足屈服条件。

14.2.3 基本方程

在塑性区内，应力除必须满足屈服条件式(14.6)外，还应满足平衡微分方程，若不考虑体积力，平面问题的平衡微分方程为

$$\frac{\partial \sigma_x}{\partial x}+\frac{\partial \tau_{yx}}{\partial y}=0,\quad \frac{\partial \tau_{xy}}{\partial x}+\frac{\partial \sigma_y}{\partial y}=0$$

屈服条件式(14.6)满足意味着式(14.8)成立，将式(14.8)代入上面的平衡微分方程，则它们变为

$$\frac{\partial \sigma}{\partial x}-2k\left(\cos 2\theta\frac{\partial \theta}{\partial x}+\sin 2\theta\frac{\partial \theta}{\partial y}\right)=0 \tag{14.10a}$$

$$\frac{\partial \sigma}{\partial y}-2k\left(\sin 2\theta\frac{\partial \theta}{\partial x}-\cos 2\theta\frac{\partial \theta}{\partial y}\right)=0 \tag{14.10b}$$

对于只有应力边界的问题，上式就可用来确定塑性区的应力状态 σ 和 θ，而不需要考虑几何方程，即变形协调(连续性)条件，从而变为静定问题。

若部分边界由速度给定，即存在速度边界条件，这时，需要考虑几何方程和本构方程。应变率与速度之间关系的几何方程表示为

$$\dot{\varepsilon}_x=\frac{\partial v_x}{\partial x},\quad \dot{\varepsilon}_y=\frac{\partial v_y}{\partial y},\quad \dot{\gamma}_{xy}=2\dot{\varepsilon}_{xy}=\frac{\partial v_x}{\partial y}+\frac{\partial v_y}{\partial x} \tag{14.11}$$

式中 v_x，v_y是 x，y 方向上的速度分量。利用式(14.3b)，本构方程式(14.1)表示为

$$\frac{\dot{\varepsilon}_x}{\sigma_x-\sigma_y}=\frac{\dot{\varepsilon}_y}{\sigma_y-\sigma_x}=\frac{\dot{\varepsilon}_{xy}}{2\tau_{xy}}$$

在上式中代入几何方程(14.11)，并考虑到式(14.9)，得

$$\frac{\partial v_x}{\partial x}+\frac{1}{2}\tan 2\theta\left(\frac{\partial v_x}{\partial y}+\frac{\partial v_y}{\partial x}\right)=0 \tag{14.12}$$

使用几何方程(14.11)，不可压缩条件式(14.2)变为

$$\frac{\partial v_x}{\partial x}+\frac{\partial v_y}{\partial y}=0 \tag{14.13}$$

式(14.10)、式(14.12)和式(14.13)共 4 个方程正好对应解塑性区的 4 个未知量(σ，θ 和 v_x，v_y)。

作为整体解的一部分，在刚性区内，应力应不违背屈服条件，对照式(14.6)，就有

$$(\sigma_x-\sigma_y)^2+4\tau_{xy}^2\leqslant 4k^2$$

同时还应满足平衡微分方程，因为刚性区的应变率等于零，不必考虑几何方程和本构方程。满足 2 个平衡微分方程和上面不等式的 3 个应力分量都可以作为刚性区的解，显然这样的解不唯一，即刚性区的应力场是不能唯一确定的。

无论是只有应力边界的问题，还是存在速度边界的问题，除应满足上述所列方

程和相应的边界条件外，问题求解时还需要满足刚-塑性区交界线上的间断条件(关于间断条件将在后面专门讨论)，通过适当的方法解这些方程和条件，最后可得问题的应力场和速度场以及相应的极限荷载。

由于刚性区的应力场不能唯一确定，理想刚塑性问题的解不能称为真实解，通常称之为完全解。如果不能校核刚性区的应力是否违反屈服条件，那么对应于解的极限荷载最多只能算是真实极限荷载的上限。关于极限荷载上、下限的讨论将在第 15 章给出。

14.2.4　沿滑移线的应力场

求解用 σ 和 θ 表示的平衡微分方程式(14.10)的有效数学方法是特征线法。下面给出特征线法求解的主要过程和求解结果。

设在 xy 平面内存在特征线 L，沿着该线有

$$\mathrm{d}\sigma = \lambda \mathrm{d}\theta \tag{14.14}$$

使用 $\mathrm{d}x,\mathrm{d}y$ 表示特征线 L 上相邻点的坐标微分，则 $\mathrm{d}\sigma,\mathrm{d}\theta$ 可分别表示为

$$\mathrm{d}\sigma = \frac{\partial \sigma}{\partial x}\mathrm{d}x + \frac{\partial \sigma}{\partial y}\mathrm{d}y, \quad \mathrm{d}\theta = \frac{\partial \theta}{\partial x}\mathrm{d}x + \frac{\partial \theta}{\partial y}\mathrm{d}y$$

将式(14.10)代入上式，并考虑到式(14.14)，因此有

$$2k(\mathrm{d}x\cos 2\theta + \mathrm{d}y\sin 2\theta)\frac{\partial \theta}{\partial x} + 2k(\mathrm{d}x\sin 2\theta - \mathrm{d}y\cos 2\theta)\frac{\partial \theta}{\partial y} = \lambda\frac{\partial \theta}{\partial x}\mathrm{d}x + \lambda \mathrm{d}y\frac{\partial \theta}{\partial y}$$

得到两个关于 $\mathrm{d}x,\mathrm{d}y$ 的线性方程

$$(2k\cos 2\theta - \lambda)\mathrm{d}x + 2k\sin 2\theta \mathrm{d}y = 0$$

$$2k\sin 2\theta \mathrm{d}x - (2k\cos 2\theta + \lambda)\mathrm{d}y = 0$$

$\mathrm{d}x,\mathrm{d}y$ 非零解要求该线性方程组的系数矩阵行列式为零，得到两个特征根为

$$\lambda = \pm 2k$$

将这两个解分别代回线性方程组，得特征线的微分方程为

$$\frac{\mathrm{d}y}{\mathrm{d}x} = \tan\theta, \quad \frac{\mathrm{d}y}{\mathrm{d}x} = -\cot\theta$$

前者对应 $\lambda=2k$，称为正特征线，后者对应 $\lambda=-2k$，称为负特征线，与前面的式(14.7)比较，说明正特征线与 α 滑移线重合，负特征线与 β 滑移线重合。

将特征根 $\lambda=\pm 2k$ 代入式(14.14)，得

沿 α 线：
$$\mathrm{d}\sigma - 2k\mathrm{d}\theta = 0 \tag{14.15a}$$

沿 β 线：
$$\mathrm{d}\sigma + 2k\mathrm{d}\theta = 0 \tag{14.15b}$$

沿滑移线积分，则

沿 α 线：
$$\sigma - 2k\theta = \mathrm{const1} \tag{14.16a}$$

沿 β 线：
$$\sigma + 2k\theta = \mathrm{const2} \tag{14.16b}$$

14.2.5 滑移线(特征线)的性质

根据式(14.16),可以导出滑移线具有如下几个主要性质。

(1)α_1与α_2滑移线之间,沿任何β线,θ、σ的改变值保持为常数;同样,β_1与β_2滑移线之间,沿任何α线,θ、σ的改变值也保持为常数,这称之为Hencky第一定理。

证明　沿α线:$\sigma-2k\theta=C_\alpha$,沿β线:$\sigma+2k\theta=C_\beta$,显然有

$$\sigma=\frac{1}{2}(C_\alpha+C_\beta);\quad \theta=\frac{1}{4k}(C_\beta-C_\alpha)$$

上式是同一点的$\sigma,\theta,C_\alpha,C_\beta$应满足的关系。考察图14.4(a)中的4个点,显然有

$$\theta_{1,1}=\frac{1}{4k}(C_{\beta_1}-C_{\alpha_1}),\quad \theta_{1,2}=\frac{1}{4k}(C_{\beta_1}-C_{\alpha_2})$$

$$\theta_{2,1}=\frac{1}{4k}(C_{\beta_2}-C_{\alpha_1}),\quad \theta_{2,2}=\frac{1}{4k}(C_{\beta_2}-C_{\alpha_2})$$

因此

$$\theta_{1,1}-\theta_{1,2}=\theta_{2,1}-\theta_{2,2}\tag{14.17}$$

同理可得

$$\sigma_{1,1}-\sigma_{1,2}=\sigma_{2,1}-\sigma_{2,2}\tag{14.18}$$

(2)若α_1,α_2之间的某条β线为直线,则α_1,α_2之间的所有β线都为直线。

说明　该性质直接根据式(14.17)给出。

(3)滑移线已知,只要知道任一点的σ值,滑移场其他各点的应力值均为已知。

说明　设A点的σ_A已知,求任意一点B,如图14.4(b)。已知条件给出了整个滑移线,因此,任意一点(包括A点)的θ已知。

沿α线:$\sigma_A-2k\theta_A=C_{\alpha_1}$,可算出$C_{\alpha_1}$;$\sigma_C-2k\theta_C=C_{\alpha_1}$,可算出$\sigma_C$(因为$\theta_C$已知)。

沿β线:$\sigma_C+2k\theta_C=C_{\beta_1}$,可算出$C_{\beta_1}$;$\sigma_B+2k\theta_B=C_{\beta_1}$,可算出$\sigma_B$。

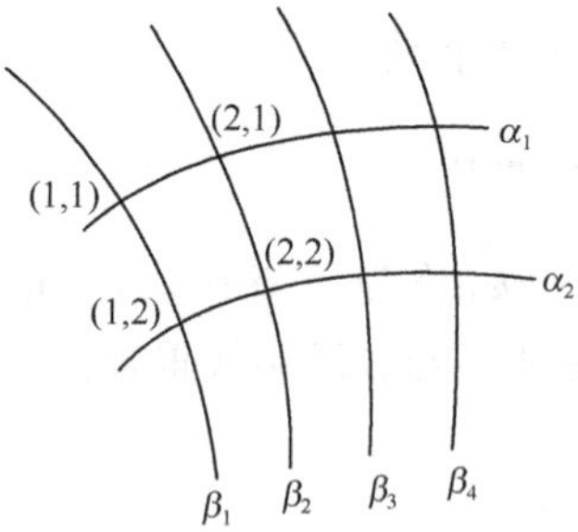

(a) Hencky 第一定理

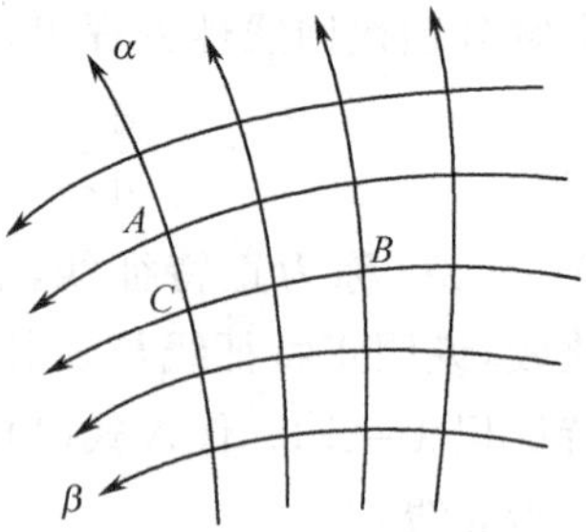

(b) 已知σ_A、θ_A求σ_B、θ_B

图14.4　滑移线的性质

(4)如果滑移线的某段为直线,则沿着这条直线的σ,θ,C_α和C_β以及σ_x,σ_y和τ_{xy}均为常数。

说明　设α线为直线,则沿该直线θ为常数,在同一条滑移线上C_α是常数,因此$\sigma=C_\alpha+2k\theta$也是常数。

14.2.6　沿滑移线的速度场

求解速度方程式(14.12)和式(14.13)的有效数学方法也是特征线法。设在特征线上有

$$dv_x = \lambda dv_y \tag{14.19}$$

式中,沿特征线

$$dv_x = \frac{\partial v_x}{\partial x}dx + \frac{\partial v_x}{\partial y}dy, \quad dv_y = \frac{\partial v_y}{\partial x}dx + \frac{\partial v_y}{\partial y}dy$$

使用式(14.12)和式(14.13),从上式的第一式中消去$\frac{\partial v_x}{\partial x}$和$\frac{\partial v_x}{\partial y}$,并考虑到式(14.19),得

$$\frac{\partial v_y}{\partial x}(-dy) + \frac{\partial v_y}{\partial y}(2\cot 2\theta dy - dx) = \frac{\partial v_y}{\partial x}(\lambda dx) + \frac{\partial v_y}{\partial y}(\lambda dy)$$

所以,两个关于dx,dy的线性方程应为

$$\lambda dx + dy = 0 \tag{14.20a}$$

$$dx + (\lambda - 2\cot 2\theta)dy = 0 \tag{14.20b}$$

dx,dy非零解要求该线性方程组的系数矩阵行列式为零,得

$$\lambda^2 - 2\lambda\cot 2\theta - 1 = 0$$

上面方程的两个特征根为

$$\lambda_1 = -\tan\theta, \quad \lambda_2 = \cot\theta$$

将这两个特征根代入式(14.20a)得,λ_1的特征线与α滑移线重合,λ_2的特征线与β滑移线重合。于是,将这两个特征根分别代入式(14.19)有

沿α线:　$$dv_x = -\tan\theta dv_y \tag{14.21a}$$

沿β线:　$$dv_x = \cot\theta dv_y \tag{14.21b}$$

如图 14.5 所示,速度矢量在不同坐标系下的分量应满足如下关系

$$v_\alpha = v_x\cos\theta + v_y\sin\theta$$

$$v_\beta = -v_x\sin\theta + v_y\cos\theta$$

对上面两个式的两边取微分,然后使用式(14.21),得

沿α线:　$$dv_\alpha - v_\beta d\theta = 0 \tag{14.22a}$$

沿β线:　$$dv_\beta + v_\alpha d\theta = 0 \tag{14.22b}$$

使用图 14.5(b)考察α滑移线方向的速度变化,结合上式,应为

$$[(v_\alpha + dv_\alpha)\cos(d\theta) - (v_\beta + dv_\beta)\sin(d\theta)] - v_\alpha \approx dv_\alpha - v_\beta d\theta = 0$$

考察 β 滑移线方向的速度变化，也可得到类似的结果。这些表明沿滑移线方向的线应变率为零，$\dot{\varepsilon}_\alpha = \dot{\varepsilon}_\beta = 0$，只有剪切应变率不为零，即滑移线是刚性的，不可伸长，物体只能沿滑移线产生剪切流动，滑移线的名称由此而来。应当指出，这个结果也可以直接根据流动法则结合应力状态的特点导出，因为每一点的应力状态是纯剪和静水压力的叠加，而纯剪方向与滑移线方向一致，且静水压力不影响塑性变形，因此，一点的应变率状态为沿滑移线方向的纯剪切流动。

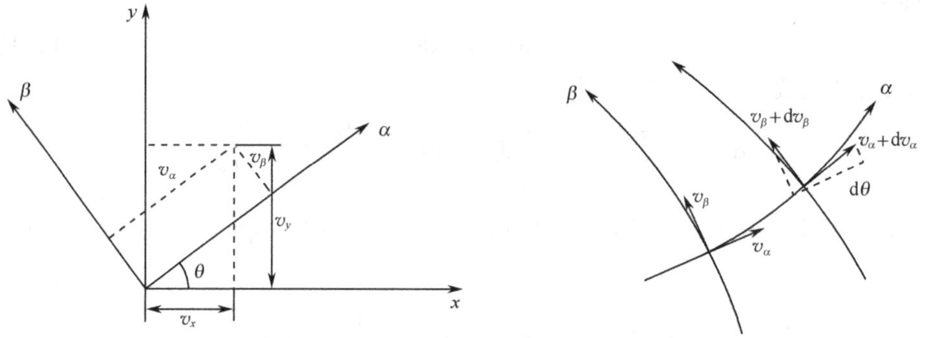

(a) 速度的坐标变换　　(b) 沿滑移线的速度变化

图 14.5　速度的坐标变换与沿滑移线的速度变换

在塑性区内，通过沿特征线求解，得到应力和速度的特征线均与滑移线重合，沿滑移线，4 个未知量 σ, θ, v_α 和 v_β 应遵循的方程为式(14.16)和式(14.22)，数学形式相对比较简单，再结合边界条件和间断条件就可求出整个滑移场的应力和速度以及相应的极限荷载。

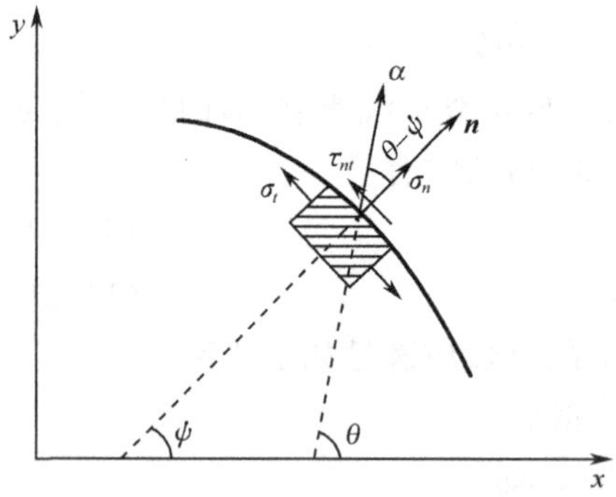

图 14.6　力边界条件

14.2.7　边界条件

使用 $\boldsymbol{n}$ 表示边界的法线方向，$\boldsymbol{n}$ 与 x 轴的夹角为 ψ(从 x 轴逆时针转到 $\boldsymbol{n}$ 为正)如图 14.6 所示。对于力边界的任意一点，σ_n，τ_{nt} 和 ψ 是给定的(σ_t 无法给定)，为给出这一点上求解变量 σ 和 θ 与给定量 σ_n、τ_{nt} 和 ψ 之间应满足的条件，即边界条件，设式(14.8)中的 x 轴取在 $\boldsymbol{n}$ 方向，y 轴取在边界切线 $\boldsymbol{t}$ 方向，则有

$$\sigma_n = \sigma - k\sin 2(\theta - \psi), \quad \sigma_t = \sigma + k\sin 2(\theta - \psi), \quad \tau_{nt} = k\cos 2(\theta - \psi)$$

由上式的第三式和第一式联立求解，得 σ 和 θ 为

$$2(\theta-\psi)=\pm\arccos\left(\frac{\tau_{nt}}{k}\right)+m\pi,\quad \sigma=\sigma_n+k\sin2(\theta-\psi)$$

取 $m=0$,从上式有

$$2(\theta-\psi)=\pm\arccos\left(\frac{\tau_{nt}}{k}\right),\quad \sigma=\sigma_n\pm k\sin\left[\arccos\left(\frac{\tau_{nt}}{k}\right)\right]$$

上面表明当边界给定 σ_n,τ_{nt} 时,有两组 σ,θ 解与之对应,两组解之差是

$$[\sigma]=2k\sin\left[\arccos\left(\frac{\tau_{nt}}{k}\right)\right],\quad [\theta]=\arccos\left(\frac{\tau_{nt}}{k}\right)\tag{14.23}$$

这可从 Mohr 应力圆中得到解释,已知应力圆上的一点(因为边界上给定了应力 σ_n,τ_{nt})和它的半径(半径为 k),可作两个应力圆,如图 14.7 所示,每个应力圆对应一组解。到底取哪一个解,需要从问题的整体力学性质来决定。由于边界上的切向应力 $\sigma_t=2\sigma-\sigma_n$,故当 σ 取不同值时,σ_t 也应有不同的值,而 σ_t 与 σ_n 的相对大小关系往往可由问题的性质判断,从而反过来决定 σ 的取值。

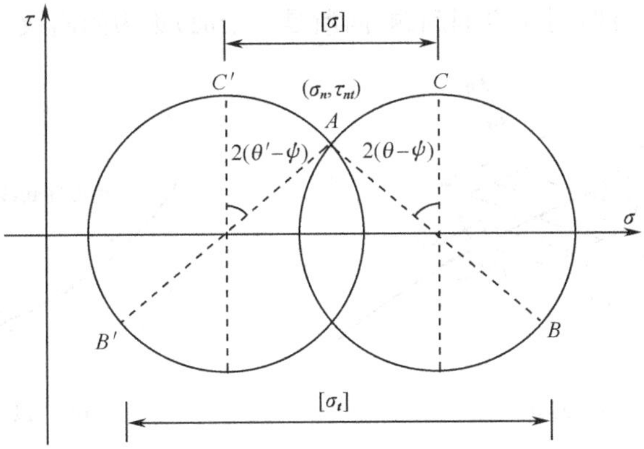

图 14.7　边界点应力状态对应的应力圆

例如,图 14.8 所示的双边受拉长方体,对于左右边界,由于剪切应力 $\tau_{nt}=0$,得:$\theta-\psi=\pm45°$,而 $\psi=0$,表明滑移线与边界交成 45°;由此进一步可得:$\sigma_t=\sigma+k$ 或 $\sigma_t=\sigma-k$,σ_t 到底取哪一个解可由上下边的边界条件确定。当 $\sigma_y>\sigma_x$ 时,σ_t 为大主应力 $\sigma_t=\sigma+k$,因此 $\sin^2(\theta-\psi)=1$,$\theta-\psi=45°$。当 $\sigma_y<\sigma_x$ 时,σ_t 为小主应力 $\sigma_t=\sigma-k$,因此 $\sin^2(\theta-\psi)=-1$,$\theta-\psi=-45°$,其中 $\psi=0$。α 线、β 线的方向如图

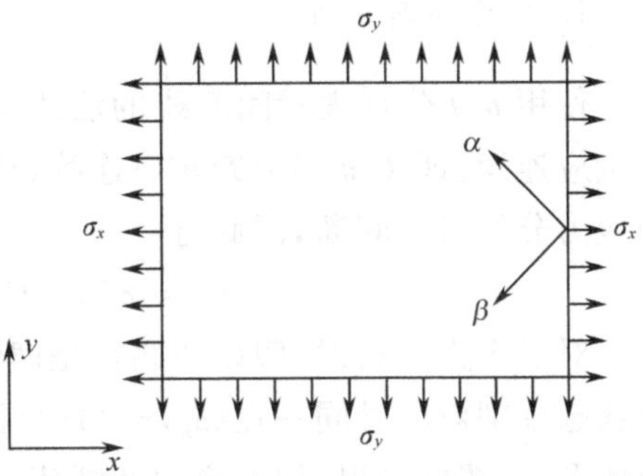

图 14.8　双边受拉板($\sigma_y<\sigma_x$)

14.8 所示。

根据边界线是否为滑移线,力边界可分为以下 3 种类型:

(1)第一边值问题(也称 Reimen 问题):边界由两条滑移线组成;

(2)第二边值问题(cauchy 问题):边界上处处都不与滑移线相切;

(3)第三边值问题(混合边值问题):边界由一条滑移线和另一条非滑移线组成。

除力边界条件外,还有可能遇到速度边界的情形,或者是一部分边界为力边界而另一部分边界为速度边界,这些将通过具体实例加以讨论。

此外,还应该考虑刚性区与塑性区或者两个塑性区的交界线上应力和速度的连续条件和间断条件。

14.2.8 间断条件

由于所采用的理想刚塑性模型是一种近似,在解答中会出现应力和速度间断的现象,间断的分界线(对于空间问题,间断是一个面)称为间断线,如图 14.9 所示。

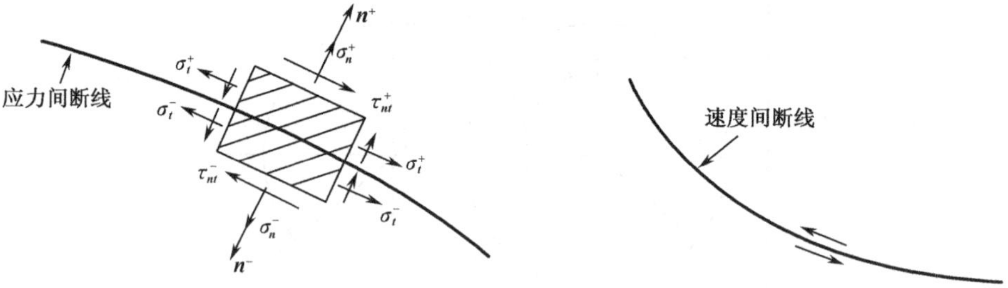

(a) 应力间断 (b) 速度间断

图 14.9 应力与速度间断

1. 应力间断条件

使用 $\boldsymbol{n}, \boldsymbol{t}$ 分别表示间断线的法线和切线方向。对于应力场,间断线上的应力矢量应连续,即 $\boldsymbol{T}(\boldsymbol{n}^+)=\boldsymbol{T}(\boldsymbol{n}^-)$ 连续,这是作用与反作用定律的要求,但切线方向的应力分量可以间断,因此有

$$\sigma_n^+ = \sigma_n^-, \quad \tau_{nt}^+ = \tau_{nt}^-, \quad \sigma_t^+ \neq \sigma_t^- \tag{14.24}$$

对于应力间断线,假设两侧都是塑性区的情形,考虑到 σ_n 和 τ_{nt} 连续,两侧的应力状态分别对应过同一点(σ_n, τ_{nt})且半径为 k 的两个 Mohr 圆,类似于图 14.7 所示的情形,从图中可得,切向应力间断值[σ_t]应为

$$[\sigma_t] = |\sigma_t^+ - \sigma_t^-| = 4\sqrt{k^2 - \tau_{nt}^2} \tag{14.25}$$

根据上式,应力发生间断即$[\sigma_t]\neq 0$的充要条件是$|\tau_{nt}|<k$。在滑移线上$|\tau_{nt}|=k$,所以滑移线上不可能出现应力间断,反之,应力间断线也一定不是滑移线。从图 14.7 还可得,两侧滑移线方向角度的间断值应为$[\theta]=\arccos(\tau_{nt}/k)$,且两侧同名滑移线与应力间断线的夹角相同(因为 A 点到 C 点与 A 点到 C' 点的圆心角相等)。

将应力间断线看作是很窄的条带,在条带里σ_t从σ_t^-到σ_t^+连续变化,σ_n和τ_{nt}保持不变,条带中任意一点的 Mohr 应力圆半径都应小于 k,即达不到屈服条件,说明条带是刚性的。因此,应力间断线可理解为两个塑性区之间的刚性区收缩到厚度为零的极限情形,它就像一条可以任意弯曲但不可伸长的线。

梁弯曲时横截面正应力间断就是应力间断的一个简单例子。在那里,受拉(塑性)区正应力为 $2k$,受压(塑性)区正应力为 $-2k$,两塑性区的交界面为中性层(可看作是两塑性区之间所夹一个刚性区收缩为一个面的极限情形),由于中性层不是滑移线,于是产生应力间断,间断的应力分量平行于间断面,间断值为 $4k$。因为在中性层剪应力为零,因此,满足式(14.25)的要求。

2. 速度间断条件

对于速度场,法向分量应连续,这是连续性条件要求的,而切线分量可以间断,即可作相对滑动,因此有

$$v_n^+ = v_n^-,\quad v_t^+ \neq v_t^-$$

上一节指出:沿滑移线方向,没有伸长而只有纯剪切流动,上式表示的速度间断可以看作是剪切应变率无限大的极限情况。

在刚性区与塑性区交界线上,如果不计整体的刚体位移,可以认为在刚性区内速度 v_α,v_β为零,而在塑性区内 v_α,v_β不全为零(否则成为刚性区),故在它们的交界线上速度会产生间断。根据连续性条件,只能产生切向方向上的间断,塑性区可相对刚性区滑动,因此,交界线必须是一根滑移线或滑移线的包络线,可以证明速度的间断值$[v_t]$沿线保持不变。

14.3 简单的滑移线场与应用实例分析

14.3.1 简单的滑移线场

使用滑移线方法求解实际问题的关键点就是如何构造滑移线场。许多实际问题可以使用包含直滑移线的滑移线场进行求解,根据滑移线的性质(2),若某簇滑移线中有一根滑移线是直线,则这簇滑移线全部是直线。包含直滑移线簇的情况有 3 种:①相互平行;②相交于一点;③形成一条包络线,如图 14.10 所示。下面对这 3 种情况分别进行讨论。

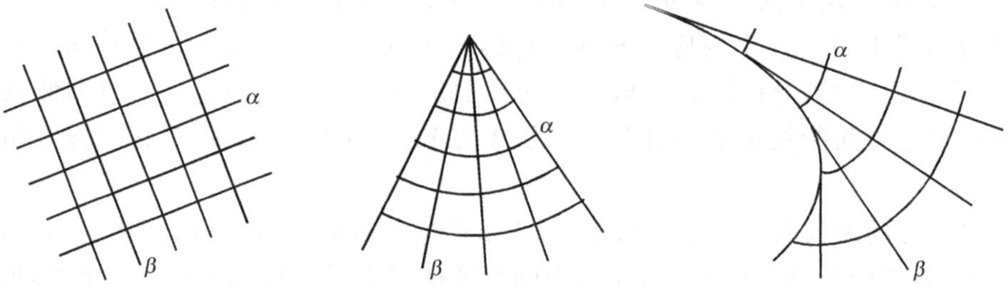

(a) 均匀场　(b) 中心场　(c) 具有包络线的非中心场

图 14.10　直滑移线簇

(1)一簇滑移线是直线且相互平行，则另一簇滑移线也是直线并相互平行。根据滑移线性质(4)，在这样的场内，θ 和 σ 处处为常数，因此应力分布是均匀的，代表均匀应力状态。这样的滑移线场称为均匀场。

在均匀场中，速度并不为常数。这时 $d\theta=0$，根据式(14.22)可得，在同一 α 线(或 β 线)上 v_α(或 v_β)为常数，但不同线上的常数不同，即可表示为

$$v_\alpha = v_\alpha(\beta), \quad v_\beta = v_\beta(\alpha) \tag{14.26}$$

式中 $v_\alpha(\beta)$ 和 $v_\beta(\alpha)$ 是满足边界约束条件的任意函数。情况 $v_\alpha=v_\alpha(\beta)$，$v_\beta=0$ 定义了一种在 α 方向的剪切流动，而另一种情况 $v_\alpha=0$，$v_\beta=v_\beta(\alpha)$ 定义了一种在 β 方向的剪切流动，式(14.26)是这两种情况的叠加，代表沿 α 和 β 两个方向共同产生的剪切流动。还可能出现一种特殊的情况 $v_\alpha=\text{const}$，$v_\beta=\text{const}$，这时塑性区像刚体一样运动，例如在半平面上刚性冲模的压入中就遇到这种滑移线场(见 14.3.3 节)。

(2)一簇滑移线是直线并相交于一点，则另一簇是同心圆弧，这样的滑移线场称为中心场。

(3)一簇滑移线是直线，并且是滑移线簇包络线的切线，这样的滑移线场称为非中心场，这个包络线称为极限曲线。极限曲线不可能处在塑性区的内部，它或者是物体边界的一部分，或者是刚性区-塑性区的交界线。

对于中心场或非中心场，根据滑移线性质(4)，沿同一条直滑移线，θ 和 σ 为常数，因此应力状态是相同的，但在不同的直滑移线上，应力状态不同，这样的应力状态称为简单应力状态。中心场可看作是包络线退化到一点——中心点的特殊情况，中心点作为直滑移线的交点，应力是间断的，为应力的奇点。

根据上面的分析，可以得出一个结论：在与均匀应力状态的区域相邻接的区域内，总是一个简单应力状态。根据这个结论，可以用简单应力状态的区域将两个均匀应力状态的区域连接起来，如后面的图 14.11 和图 14.13。

下面使用上面介绍的几种简单滑移线场和轴对称滑移线场(14.3.4 节中介绍)来分析某些特殊的例子,前面 4 个例子均归结为初始塑性流动问题,即只研究刚要开始产生塑性流动时的应力场和速度场,也就是外荷载刚达到塑性极限荷载的情形。塑性流动开始以后会产生有限变形,相应的分析应建立在变形以后的几何形体和边界条件上,除以下两种情形外,通常很难使用解析方法对塑性流动开始以后的情形进行求解。①定常塑性流动问题。这时,对于固定的空间坐标来说,材料通过该点的应力和速度是不随时间改变的。②准定常问题。这时,塑性区的形状以及相应的滑移场将按几何相似的规律扩大,因此,在空间坐标中,各点的速度可由某一时刻速度值的相似变换而求得。本节的第五个例子将介绍定常塑性流动问题。

14.3.2　楔形体单边受压

如图 14.11,楔形体的张角(OA 与 OD 的夹角)为 $2\gamma(2\gamma>\pi/2)$,在 OD 边上的一段给定垂直向下的速度分布 $v_y=-V(x)$,同时给定 $\tau_{xy}=0$,在 OA 边上 $\sigma_n=\tau_{nt}=0$,求 p 等于多大时达到塑性极限荷载,使得楔形体以 v_y 的速度开始向下滑动。这个问题对研究边坡的稳定性问题有参考意义。

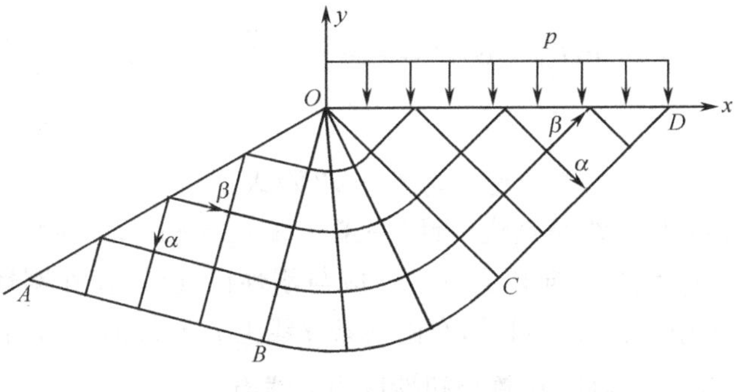

图 14.11　楔形体单边受压

1. 滑移线

设滑移场由两个均匀应力场和夹在它们中间的一个中心场组成,如图 14.11 所示。OAB 区域和 OCD 区域是均匀应力场,由于边界上 $\tau_{nt}=0$,它们的滑移线为两簇与边界成 45°的直线,滑移区域为等边三角形;OBC 区域是中心场,其张角为 $2\gamma-\dfrac{\pi}{2}$。

根据 OA 边上各点的应力状态判断 α 线、β 线。已知 OA 边界上 $\tau_{nt}=0$,$\sigma_n=0$,经分析:$\sigma_t<0$ 是小主应力,因此 $\sigma_n=0$ 是大主应力。根据 14.2 节关于滑移线的定

义，可确定哪一条是 α 线，如图 14.11 所示。α,β 线必须正确确定，否则求出的极限荷载是错误的。

2. 求极限荷载 p

在 OA 边，σ_n 是大主应力，则 $\sigma_n=\sigma_1=\sigma+k=0$，于是 $\sigma|_A=-k$。由于 OAB 是均匀应力区，得 $\sigma|_B=\sigma|_A=-k$，沿 BC 线（β 线），$\mathrm{d}\sigma=-2k\mathrm{d}\theta$，从 B 点到 C 点，$\theta_C-\theta_B=2\gamma-\frac{\pi}{2}$，得

$$\sigma|_C=\sigma|_B-2k(\theta_C-\theta_B)=-k-2k\left(2\gamma-\frac{\pi}{2}\right)=-2k\left(2\gamma+\frac{1}{2}-\frac{\pi}{2}\right)$$

OCD 是均匀应力区，则 $\sigma|_D=\sigma|_C$。在 OD 边，$\sigma_n=-p_s$ 是小主应力，$\sigma_n=\sigma_3=\sigma|_D-k=-p_s$，因此极限荷载为

$$p_s=2k\left(2\gamma+1-\frac{\pi}{2}\right) \tag{14.27}$$

3. 求速度分布

在 OD 边 $v_y=-V(\overline{X})$（$\overline{X}$ 特指 OD 边上的 x 坐标值）。注意到

$$v_y=v_\alpha\sin\theta+v_\beta\cos\theta=\frac{\sqrt{2}}{2}v_\beta-\frac{\sqrt{2}}{2}v_\alpha \qquad \theta=-\frac{\pi}{4}$$

故在 OD 边有

$$v_\beta-v_\alpha=-\sqrt{2}V(\overline{X})$$

在整个塑性区中，α 线是直线，沿同一条 α 线 $v_\alpha=\text{const}$。在塑性-刚性区的交界线 $ABCD$ 线上（β 线），法向速度 $v_n(v_\alpha)$ 应与刚性区连续，而在刚性区 $v_\alpha=0$。因此，在整个塑性区中，$v_\alpha=0$。同样，在同一条 β 线上 $v_\beta=\text{const}$。由于 $v_\alpha=0$，在 OD 边上，$v_\beta=-\sqrt{2}V(\overline{X})$，因此，在整个塑性区沿 β 线有

$$v_\beta=-\sqrt{2}V(\overline{X})$$

4. 校核 $\dot{\varepsilon}_{ij}=\dot{\lambda}\varepsilon_{ij}$ 中的 $\dot{\lambda}$ 是否小于零（即校核塑性耗散功率是否为非负）

在由滑移线组成的正交坐标下

$$\dot{\varepsilon}_{\alpha\beta}=\frac{1}{2}\dot{\gamma}_{\alpha\beta}=\dot{\lambda}\tau_{\alpha\beta}=\dot{\lambda}k$$

代入几何方程式(14.11)，有

$$\dot{\lambda}=\frac{1}{2k}\left(\frac{\partial v_\alpha}{\partial s_\beta}+\frac{\partial v_\beta}{\partial s_\alpha}\right)$$

式中 s_α,s_β 是沿滑移线的坐标。本题中有

$$v_\alpha \equiv 0, \quad \mathrm{d}s_\alpha = \frac{\sqrt{2}}{2}\mathrm{d}\,\overline{X}, \quad \frac{\partial v_\beta}{\partial s_\alpha} = \frac{2}{\sqrt{2}}\frac{\partial v_\beta}{\partial\,\overline{X}} = -2\,\frac{\mathrm{d}V(\overline{X})}{\mathrm{d}\,\overline{X}}$$

欲使 $\dot{\lambda}$ 大于零,就要求

$$\frac{\mathrm{d}V(\overline{X})}{\mathrm{d}\,\overline{X}} \leqslant 0$$

上式表明左边的质点比右边的质点下滑得快。

5. 刚性区的条件

刚性区内 $v_\alpha=0, v_\beta=0$ 的速度条件能满足,但刚性区的应力是否不超过屈服条件一般不好检查。对于 $2\gamma \geqslant \frac{3\pi}{4}$ 的情形,有人在刚性区找到了不违反屈服条件的应力分布。因此,在这种情况求出的解是完全解。当 $2\gamma < \frac{3\pi}{4}$,式(14.27)只能算是极限荷载的一个上限。

6. 张角 $2\gamma < \frac{\pi}{2}$ 的情况

当 $2\gamma < \frac{\pi}{2}$ 时,图 14.11 中的两个均匀应力场重叠,所以当两个均匀应力场的滑移线网分别向中心延伸时,其交线将构成应力间断线,根据 14.2 节中描述的间断线性质,间断线两侧同名滑移线与间断线的夹角相同,故间断线是楔形体张角 2γ 的角平分线。

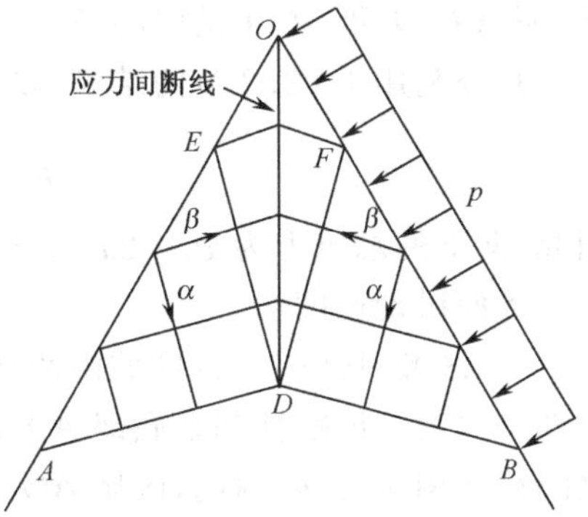

图 14.12　张角 $2\gamma < \frac{\pi}{2}$ 的楔形体

如图 14.12 所示,在间断线两侧,α 线方向角的间断值为 $[\theta] = \frac{\pi}{2} - 2\gamma$,参照使用式(14.23)

$$[\sigma] = 2k\sin[\theta] = 2k\cos 2\gamma$$

在间断线右侧,小主应力为 $-p$,故 $\sigma^+ = -p+k$;在间断线左侧,大主应力为 0,故 $\sigma^- = -k$,$[\sigma]=\sigma^+ - \sigma^- = -p+2k=2k\cos 2\gamma$。因此,极限荷载为

$$p_s = 2k(1-\cos 2\gamma)$$

速度场可以这样构造,区域 BDF 和区域 ADE 滑移分别沿滑移线 BD 和 AD,而区域 $DEOF$ 的滑移与应力间断线 OD 垂直。

14.3.3　刚性条形基础下地基基础的极限承载力

设在半无限理想刚塑性体上,作用一无限长的刚性条形基础(平面应变),其宽

度为 $2a$，如图 14.13。半平面上刚性冲模的压入也归结为这样的问题。

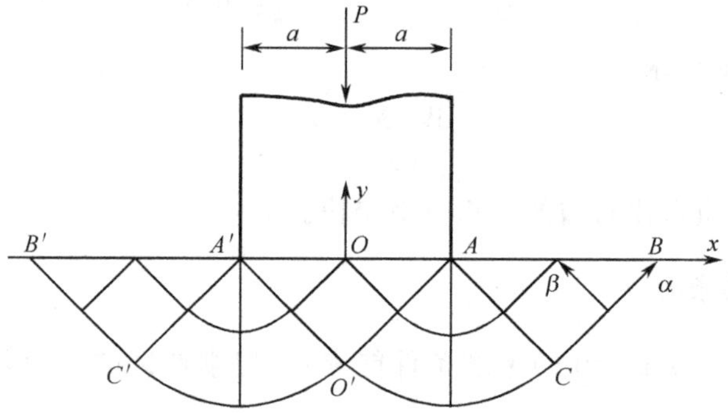

图 14.13　刚性条形基础(刚性压模)Prandtl 解

假定刚性基础底部的压力是均匀分布的，于是，模底 AA' 以下是均匀应力区 $A'O'A$，由于 AB 和 $A'B'$ 是自由的直线边界，所以，$A'B'C'$ 和 ABC 都是均匀应力区，而 $A'C'O'$ 和 ACO' 是中心场。

直接利用 14.3.2 节的结果，取 $2\gamma=\pi$，由式(14.27)得极限荷载为

$$p_s = 2k\left(1+\frac{\pi}{2}\right)$$

因此，向下的总压力为 $P_s=2ak(2+\pi)$。

下面讨论速度场。

(1)区域 $AO'A'$。该区域内滑移线是直线，则 v_α 沿每一条 α 线及 v_β 沿每一条 β 线都是常数。设刚性基础底部 AA' 边向下的速度为 V，刚性基础与地基的接触面之间没有相对滑移，因此，区域 $AO'A'$ 的速度就是

$$v_x = v_\alpha\cos\theta - v_\beta\sin\theta = 0,\quad v_y = v_\alpha\sin\theta + v_\beta\cos\theta = -V$$

式中 $\theta=-\dfrac{\pi}{4}$，代入上式得

$$v_\alpha = \frac{1}{\sqrt{2}}V,\quad v_\beta = -\frac{1}{\sqrt{2}}V$$

显然，该区域像刚体一样运动。

(2)区域 $AO'C$ 和 ACB。这两个区域内，β 线是直线，v_β 沿每一条 β 线是常数。$O'C$ 线和 CB 线是这两个区域底部与刚性区的交界线，法向速度分量连续，因此，在每一条 β 线上，$v_\beta=0$。另一方面，$\mathrm{d}v_\alpha=v_\beta\mathrm{d}\theta=0$，故同一条 α 线上 v_α 为常数，且是同一个常数(由 AC 交界线上的连续条件所得)。因此，在 $AO'C$ 和 ACB 区域内，$v_\alpha=\mathrm{const}$，$v_\beta=0$。AO' 是塑性区 $AO'A'$ 和塑性区 $AO'C$ 的交界线，根据法向速度分量的连续条件，故在 AO' 边应有 $v_\alpha=\dfrac{1}{\sqrt{2}}V$。因此，在 $AO'C$ 和 ACB 区域内

$$v_\alpha = \frac{1}{\sqrt{2}}V, \quad v_\beta = 0$$

注意：沿 AO' 线的切向速度(v_β)不连续，在 AO' 线的左侧(区域 $AO'A'$)$v_\beta=-\frac{1}{\sqrt{2}}V$，在它的右侧($AO'C$)$v_\beta=0$。根据对称性可知 $A'O'C'$ 和塑性区 $A'C'B'$ 的速度场。

以上解是 Prandtl 提出的，这个问题的另一种解是由 Hill 提出的，其滑移线场如图 14.14 所示。这里也假定刚性基础底部的压力是均匀的，于是区域 $ODCBA$ 与 Prandtl 解(如图 14.13)的区域 $A'O'CBA$ 具有相同的应力场，区域 $OD'C'B'A'$ 与 Prandtl 解的区域 $AO'C'B'A'$ 也具有相同的应力场，因此，所得的极限荷载和 Prandtl 解的结果一致。但是，它们的速度场不同。

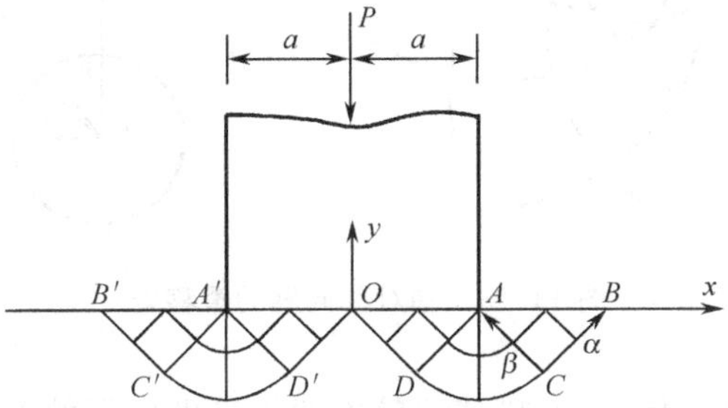

图 14.14　刚性条形基础(刚性压模)Hill 解

(1)ODA 区。OD(α 线)是刚塑性交界线，法向速度连续要求 $v_\beta=0$，OA 有垂直向下的速度 V，所以 $v_\alpha=\sqrt{2}V$，即 ODA 沿 OD 线作刚体滑移，有沿水平方向的分量。

(2)ADC 中心场区。DC 是刚塑性交界线(α 线)，法向速度连续要求 $v_\beta=0$，AD 是两个塑性区的交界线，法线速度连续则要求 $v_\alpha=\sqrt{2}V$。

(3)ACB 区。BC 是刚塑性交界线(α 线)，法向速度连续要求 $v_\beta=0$，AC 是两个塑性区的交界线，法线速度连续则要求 $v_\alpha=\sqrt{2}V$。

比较两个速度场，Prandtl 解相当于刚性基础与地基的接触面很粗糙的情况，这样，两者才能连在一起有竖直向下的运动趋势。Hill 解相当于接触面光滑的情况，因为有沿着水平方向的速度分量，表示刚性基础与地基的接触面之间有相对滑动。

这个问题说明了以刚塑性模型为基础的解具有非唯一性，因此，在构造可能的滑移场和速度场时必须考虑引入其他因素的影响，例如本例子中应考虑刚性基础与地基的接触面之间的光滑情况。

14.3.4 轴对称问题——厚壁圆筒受内水压力

轴对称问题经常遇到，例如厚壁圆筒受静水压力作用。设其内半径为 a，外半径为 b，使用滑移线法求极限荷载，如图 14.15 所示。

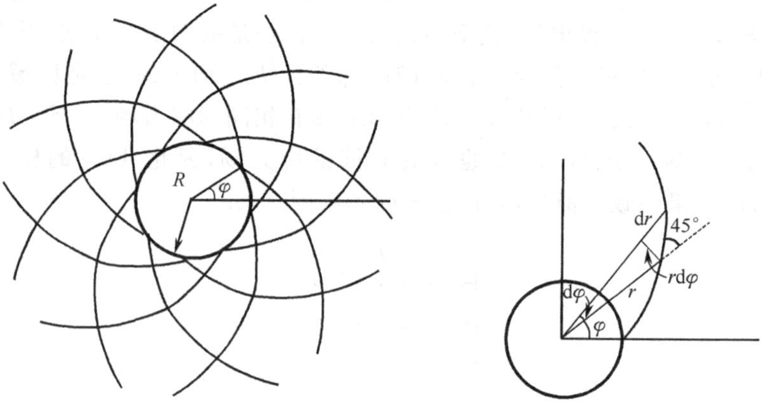

图 14.15 轴对称问题的滑移线

这类问题使用极坐标(r,φ)描述比较方便。极坐标下的剪应力分量 $\tau_{r\varphi}=0$，因此每一根滑移线与径向 r 交成 45°，以 $r=f(\varphi)$表示滑移线的轨迹，有

$$\frac{r\mathrm{d}\varphi}{\mathrm{d}r}=\pm\tan\frac{\pi}{4}=\pm 1$$

积分得滑移线的方程

$$r = ce^{\pm\varphi} \tag{14.28}$$

为对数螺线，其中 c 是积分常数，由边界条件确定，"±"分别对应 α 线和 β 线。

设 φ_0 是边界上 $r=a$ 处的 φ 角，则式(14.28)可表示为

$$\varphi = \varphi_0 \pm \ln\frac{r}{a}$$

当 $\sigma_\varphi>\sigma_r$ 时，σ_φ 是大主应力，σ_r 是小主应力，对于 α 线，上式取"+"号。

沿 α 线：$\mathrm{d}\sigma=2k\mathrm{d}\theta$，由于 $\theta=\varphi+45°$，$\mathrm{d}\theta=\mathrm{d}\varphi$，故

$$\mathrm{d}\sigma = 2k\mathrm{d}\left(\ln\frac{r}{a}\right)$$

将上式积分，并注意 $\sigma_\varphi=\sigma+k$，$\sigma_r=\sigma-k$，以及边界条件 $(\sigma_r)_{r=a}=-p$，得

$$\sigma_r = 2k\ln\frac{r}{a}-p,\quad \sigma_\varphi = 2k+\sigma_r = 2k\left(1+\ln\frac{r}{a}\right)-p \tag{14.29}$$

代入 $r=b$ 的边界条件 $(\sigma_r)_{r=b}=0$，得极限荷载为

$$p_s = 2k\ln\frac{b}{a} \tag{14.30}$$

这和厚壁圆筒使用理想弹塑性模型分析的结果式(13.40)是一致的。

14.3.5 具有圆孔的板条的拉伸

一宽度为 $2b$ 的矩形板条,中心位置开有一半径为 a 的圆孔,在板条长度方向受拉伸作用,求极限荷载。

一方面,因为圆孔周边不受荷载作用,所以与圆周边相连接的是由对数螺线(见式(14.28))给出的轴对称滑移线场。另一方面,在板条的自由直线边界附近可以是一个均匀的单向拉伸场。设这两个场在某点 C 处相遇,如图 14.16,在区域 ABC 中的应力可由式(14.29)确定,为

$$\sigma_r = 2k\ln\frac{r}{a},\quad \sigma_\varphi = 2k + \sigma_r$$

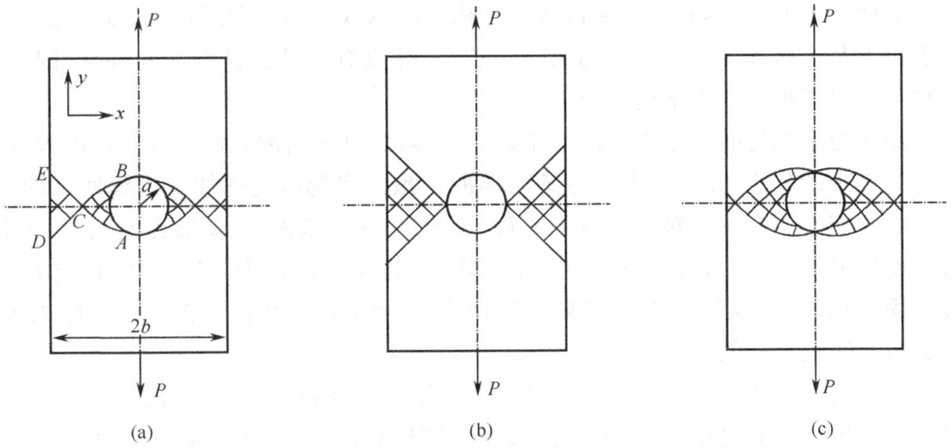

图 14.16　具有圆孔的板条在拉伸作用下的 3 种可能滑移线场

在直角坐标系 x,y 中,区域 CDE 内的应力具有形式

$$\sigma_x = \tau_{xy} = 0,\quad \sigma_y = 2k$$

极限荷载为

$$P_s = 2\int_a^{r_c}\sigma_\varphi \mathrm{d}r + 2\int_{r_c}^{b}\sigma_y \mathrm{d}x$$

式中 r_c 是 C 点到圆心的距离,将应力表达式代入,得

$$P_s = 4k(b-a) + 4k\int_a^{r_c}\ln\frac{r}{a}\mathrm{d}r$$

上式中的最后一项积分可以很容易算出,它是非负的且是 r_c 的单调递增函数。

现在考虑速度场。在极限状态下,物体的刚性部分将分别以速度 V 向上和向下移动。在刚性区与塑性区的交界面 BC,AC,CD,CE 上的法向速度分量是连续

的，切向分量可以间断，再根据式(14.22)可以唯一地确定塑性区 ABC，CDE 中的速度场。

从上面的分析我们知道，随着 C 的不同选择，可以得到不同的解，每一个解都对应某一个极限荷载。当 $r_c=a$ 时，对应图 14.16(b)，求得的极限荷载最小为 $4k(b-a)$；当 $r_c=b$ 时，求得的极限荷载最大。导致不同解的原因是，对于每组解，我们都没有回答刚性区内的应力是否满足平衡条件且不违背屈服条件，以后 15.3 节的分析可知，14.16(b)对应的情况可以找到刚性区内满足这些条件的应力场，因此，它给出的极限荷载就是真实的极限荷载，否则，给出的极限荷载是真实极限荷载的上限。

14.3.6 板条的拉制

上面 4 个例子中，我们主要研究了结构极限承载力的确定问题，求得的速度分布实际上是指塑性变形开始瞬间的流动趋势，并没有计及物体形状的改变，因此，这种研究只能限于小变形的情况。

塑性力学的另外一个重要的应用是在金属加工(金属的轧制、拉制、切削等)的工艺过程中的分析，在这里人们最感兴趣的是预测实现指定的加工过程所需的力和分析所产生的变形。对于材料中的每一个微单元体来说，其变形为大变形，变形过程比较复杂。然而，对于空间中某个固定点，运动可以认为是定常的，即材料通过该固定点的应力值和速度都不随时间改变，因此，采用固定的空间坐标时，以前的分析方法仍然有效。

现在我们讨论板条拉制问题。设板条的初始厚度为 H，以等速度 U 被拉着通过锥形刚模。在通过刚模时，由于板条受到塑性变形，厚度减小到 h，而其长度相应的增大。刚模假定是光滑的，摩擦力略去不计，则 AB 边的接触应力垂直于 AB 边，设它是均匀的，用 q 表示。接触面附近的区域 ABC 为均匀应力状态；与之相邻的两个区域 ACD 和 BCE 是中心场，角度$\angle CAD=\varphi$ 和$\angle CBE=\psi$ 待求；这两个中心场又用一个四边形 $CDOE$ 连接，根据对称性 O 点位于板条的轴线上，由于轴线上剪应力为零，滑移线与对称轴的夹角为 45°。根据这些条件、滑移线的性质和整体平衡条件，可以求出角度 φ，ψ 和压力 q，进而求得拉拔力。由于区域 $CDOE$ 的滑移线场比较复杂，因此求解时要采用数值方法，具体可参见文献[5]。

下面考虑滑移线场退化为图 14.17(b)所示的简单情况，这时，锥形刚模的倾角 γ 和相对压缩(h/H)必须满足一定的关系，这个关系根据图中几何确定为

$$\frac{h}{H}=\frac{1}{1+2\sin\gamma} \tag{14.31}$$

压力 q 的大小确定如下：在区域 ABC 内，$-q=-k+\sigma$，得 $\sigma=-q+k$；在区域 BCE 内，σ 沿 α 线的改变量为 $\mathrm{d}\sigma=2k\mathrm{d}\theta$，根据几何关系，$\angle CBE=\gamma$，则

$$\sigma|_{BE} = \sigma|_{BC} + 2k\gamma = -q + k(1+2\gamma)$$

AB 边上压力 q 的合力的水平分量应与板条右侧的水平拉力 P 相平衡，有

$$P = q(H-h)$$

在 BE 线上，大主应力沿水平方向，且为 $\sigma|_{BE}+k$，根据其左右侧水平作用力的平衡条件，得

$$\frac{P}{2} = \frac{\sqrt{2}}{2} \times BE \times (k + \sigma|_{BE}) = \frac{h}{2}[-q + 2k(1+\gamma)]$$

联立上面两个式子求解得

$$q = 2k(1+\gamma)\left(\frac{h}{H}\right) = \frac{2k(1+\gamma)}{1+2\sin\gamma}$$

由此不难求得塑性区内各点的应力值以及总的水平拉拔力，这对模具的设计很有意义。关于速度场的问题这里不作讨论，可参见文献[7]。

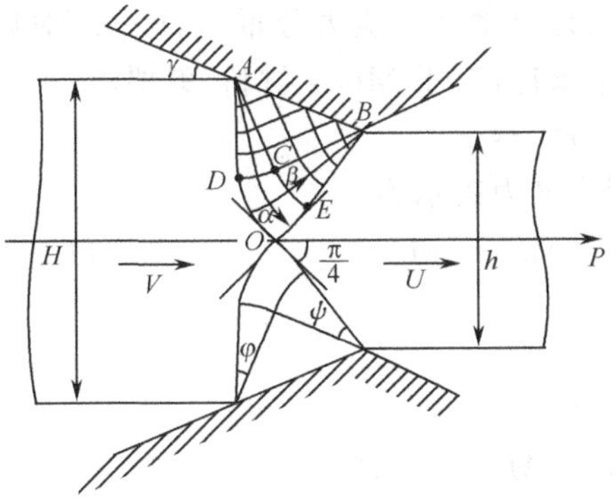

(a) 一般情况

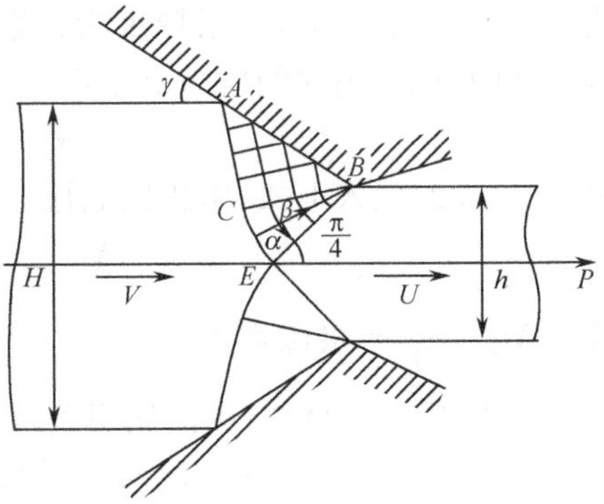

(b) 倾角 γ 和相对压缩 (h/H) 满足关系式 (14.31)

图 14.17　板条通过锥形刚模的拉制

14.4　圆板塑性弯曲的基本理论

14.4.1　板的屈服条件与塑性流动法则

1. 屈服条件

考察中面上一点，若沿其法线(厚度)上各点的应力状态都达到屈服(中面上这一点除外，它可看作是弹性区收缩的极限情况)，则称板在中面上这一点达到屈服。

在板的弹塑性弯曲中，设 Kirchhoff 假定(见 6.1 节)仍然有效，则板的 3 个平面应变分量与曲率(广义变形)的关系仍由式(6.6)所描述，其他 3 个应变分量为零。将式(6.6)使用率形式表示为

$$\dot{\varepsilon}_{\alpha\beta} = \dot{K}_{\alpha\beta} z$$

式中 $\dot{K}_{\alpha\beta}$ 表示广义变形率。由此可知,应变率的各分量之间的比例沿板厚度 z 不变。考虑板为理想刚塑性材料,进入屈服后,根据式(12.38)及随后的说明,由应变增量(率)各分量之间的比例就可以唯一定出相应的各应力分量的值,这些应力分量的值在塑性变形过程中保持不变。因此,当沿板的厚度各点都达到屈服时,各应力分量的值在 $z>0$ 为常数,沿 $z<0$ 为相同的常数,但相差一个符号,它们在中面 $z=0$ 产生间断,所以广义力的表达式为

$$\begin{aligned} M_x &= 2\int_0^{t/2} \sigma_x z \, \mathrm{d}z = \frac{1}{4}\sigma_x t^2 \\ M_y &= 2\int_0^{t/2} \sigma_y z \, \mathrm{d}z = \frac{1}{4}\sigma_y t^2 \\ M_{xy} &= 2\int_0^{t/2} \tau_{xy} z \, \mathrm{d}z = \frac{1}{4}\tau_{xy} t^2 \end{aligned} \tag{14.32}$$

式中应力分量 $\sigma_x, \sigma_y, \tau_{xy}$ 沿厚度为常数,若不考虑其他 3 个应力分量 $\sigma_z, \tau_{zy}, \tau_{zx}$ 对屈服条件的影响,则它们应满足平面应力的屈服条件,对于 Mises 材料,就要求

$$\sigma_x^2 + \sigma_y^2 - \sigma_x\sigma_y + 3\tau_{xy}^2 = \sigma_s^2$$

将式(14.32)代入上式,则板的屈服条件使用广义力表示为

$$M_x^2 + M_y^2 - M_x M_y + 3M_{xy}^2 = M_s^2 \tag{14.33}$$

式中 $M_s = \dfrac{\sigma_s t^2}{4}$ 是极限弯矩。

对于 Tresca 材料,板的屈服条件可表达为

$$\max(|M_1|, |M_2|, |M_1 - M_2|) = M_s$$

式中 M_1, M_2 是主弯矩,即 $M_{\alpha\beta}$ 的主值。

一般地,板的屈服条件可以使用广义力表示为

$$f(M_x, M_y, M_{xy}) = 0$$

2. 塑性流动法则

在理想刚塑性模型下,广义变形率完全由塑性应变率所引起。采用类似于式(6.26)的推导过程,计算得板单位面积的塑性耗散功率为

$$\overline{D}_{\mathrm{p}} = M_{\alpha\beta} \dot{K}_{\alpha\beta} \tag{14.34}$$

将 Drucker 公设的式(12.16)沿厚度积分,则变成

$$(M_{\alpha\beta} - M_{\alpha\beta}^0)\dot{K}_{\alpha\beta} \geqslant 0$$

根据上式可导出广义变形率与由广义力表示的屈服面正交,即下面的正交流动法则

$$\dot{K}_{\alpha\beta} = \dot{\lambda} \frac{\partial f}{\partial M_{\alpha\beta}} \tag{14.35}$$

对于 Mises 材料,使用式(14.33),具体给出为

$$\dot{K}_x = \dot{\lambda}(2M_x - M_y),\quad \dot{K}_y = \dot{\lambda}(2M_y - M_x),\quad \dot{K}_{xy} = 6\dot{\lambda}M_{xy} \tag{14.36}$$

对于 Tresca 材料,求广义变形率时,需要知道弯矩主值之间的相对大小关系。

从上面的分析可知,M_{xy} 为零将导致 $\dot{K}_{xy}$ 为零,说明 $M_{\alpha\beta}$ 与 $\dot{K}_{\alpha\beta}$ 两个平面张量的主轴重合。耗散功率使用主轴坐标系可表示为:$\overline{D}_p = M_1\dot{K}_1 + M_2\dot{K}_2$,其中 $\dot{K}_1$,$\dot{K}_2$ 是 $\dot{K}_{\alpha\beta}$ 的主值。使用上面的本构方程,得耗散功率为

$$\overline{D}_p = \frac{2}{\sqrt{3}}M_s\sqrt{\dot{K}_1^2 + \dot{K}_1\dot{K}_2 + \dot{K}_2^2} \qquad \text{Mises}$$

$$\overline{D}_p = \frac{1}{2}M_s(|\dot{K}_1| + |\dot{K}_2| + |\dot{K}_1 + \dot{K}_2|) \qquad \text{Tresca}$$

14.4.2 圆板受轴对称荷载作用的塑性极限分析

若荷载和支座是轴对称的,则 $M_{r\theta}=0$,不为零的弯矩 M_r 和 M_θ 就是主弯矩,屈服条件变为

$$\max(|M_r|, |M_\theta|, |M_r - M_\theta|) = M_s \qquad \text{Tresca} \tag{14.37a}$$

$$M_r^2 + M_\theta^2 - M_rM_\theta = M_s^2 \qquad \text{Mises} \tag{14.37b}$$

图 14.18 给出了板的 Mises 和 Tresca 的屈服曲线。根据式(6.40),平衡方程是

$$\frac{\mathrm{d}}{\mathrm{d}r}(rM_r) - M_\theta = -\int_0^r qr\,\mathrm{d}r \tag{14.38}$$

屈服条件式(14.37)和平衡方程式(14.38)构成 M_r 和 M_θ 的两个方程,消去 M_θ 得到一个一阶常微分方程。在适当的条件下,可求得它的完全解,从而得到极限荷载。

设板中面的法向速度为 $\dot{w}$,则中面的曲率变化率为

$$\dot{K}_r = -\frac{\mathrm{d}^2\dot{w}}{\mathrm{d}r^2},\quad \dot{K}_\theta = -\frac{1}{r}\frac{\mathrm{d}\dot{w}}{\mathrm{d}r}$$

若弯矩 M_r,M_θ 求出,对于 Mises 材料,将上式代入流动法则式(14.36),整理得

$$r(2M_\theta - M_r)\frac{\mathrm{d}^2\dot{w}}{\mathrm{d}r^2} - (2M_r - M_\theta)\frac{\mathrm{d}\dot{w}}{\mathrm{d}r} = 0$$

求解上面的方程将得到速度场。

在板的中心,环向和径向是无法区别的,$M_r = M_\theta$,此处应力最大,屈服首先从这里产生,若曲率为正,则无论采用 Mises 屈服条件还是 Tresca 屈服条件,都将有 $M_r(0) = M_s$,这构成了常微分方程的初始条件。

此外,圆周边的边界条件必须满足,由此将导出极限荷载。下面针对简支边界和固定边界分别讨论。

1. 简支板

设圆板的半径为 a,对于简支边,边界条件为 $(w)_{r=a} = (M_r)_{r=a} = 0$。从上面的

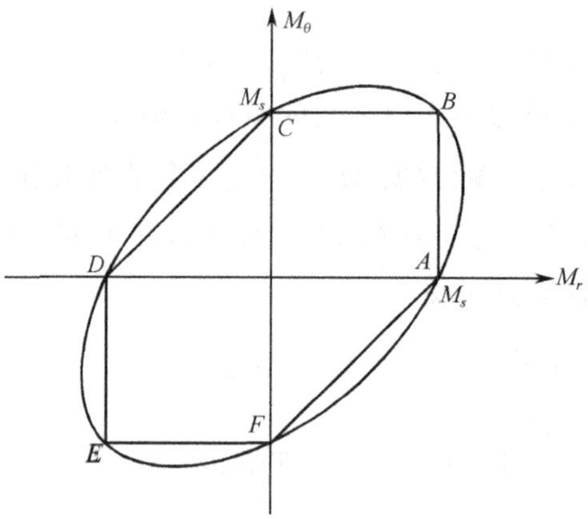

图 14.18 板的 Mises 屈服条件和 Tresca 屈服条件

分析可知，板中心的弯矩状态对应图 14.18 中的 B 点，简支边对应 C 点。对于 Tresca 材料来说，整个简支板对应 BC 线段，这就意味着 $M_\theta = M_s$，方程(14.38)是线性的，这样，问题求解变得非常简单。

2. 边界固定的板

固定边界处的 M_r 应为负，在极限状态，固定边变为一条塑性铰圆(是塑性铰线的一个特例，塑性铰线的概念将在 15.5 节中讨论)，沿该铰圆的挠度率是连续的，而其导数 $\mathrm{d}\dot{w}/\mathrm{d}r$ 是间断的，曲率变化率 $\dot{K}_\theta=0$，$\dot{K}_r$ 无界，结合流动法则式(14.35)得：对于 Tresca 材料，塑性铰圆上 $(M_r)_{r=a}=-M_s$；对于 Mises 材料，塑性铰圆上 $(2M_\theta-M_r)_{r=a}=0$，代入屈服条件，则有 $(M_r)_{r=a}=-2M_s/\sqrt{3}$。

板中心附近各点的弯矩状态，对于 Tresca 材料，应是 BC 线，而不可能是 BA 线或者是 B 点，若处于 BA 线上则与平衡方程相矛盾。因为在 BA 线上，$M_r=M_s$，$\mathrm{d}M_r/\mathrm{d}r=0$，而且 $M_\theta<M_s$，$q>0$，代入平衡微分方程式(14.38)，可以得出 $\mathrm{d}M_r/\mathrm{d}r<0$，显然矛盾，同样可以说明不可能处于 B 点不变，因此只能处于 BC 线上。弯矩 M_r 随着 r 的增加而减少，并在某一个 $r=\rho$ 值处变为零。随后，弯矩状态开始沿 CD 线从 C 点向 D 点移动，直到在板周边 $r=a$(该处 $M_r=-M_s$)，到达 D 点。

14.5 圆板塑性弯曲的实例分析

14.5.1 简支板受均匀荷载作用的解

考虑半径为 a 的简支板是 Tresca 材料，在半径为 b 的圆内受均布荷载 q 作用，如图 14.19 所示。

根据上面的分析，$M_\theta=M_s$，代入平衡微分方程(14.38)并求解得

$$M_r=\begin{cases}\dfrac{C_1}{r}-\dfrac{1}{6}qr^2+M_s, & r\leqslant b\\[2mm] \dfrac{C_2}{r}-\dfrac{1}{2}qb^2+M_s, & r\geqslant b\end{cases}$$

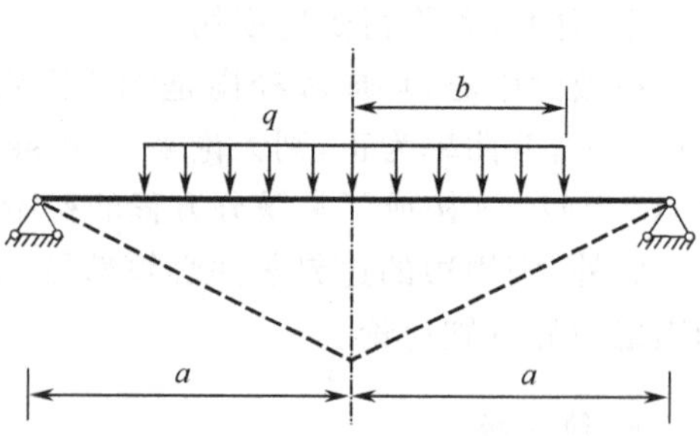

图 14.19 简支板受均匀荷载作用

式中 C_1,C_2是任意的积分常数。根据 M_r在中心处是有界的条件得出

$$C_1 = 0$$

从 $r=b$ 时 M_r是连续的条件可得

$$C_2 = \frac{1}{3}qb^2$$

当在 $r=a$ 时满足条件 $M_r=0$ 时,求得极限荷载为

$$q_s = \frac{6a}{b^2(3a-2b)}M_s$$

下面求弯曲挠度率。对于图 14.18 中 BC 线,根据正交流动法则有

$$\dot{K}_r = 0 \text{ 或 } \frac{\mathrm{d}^2\dot{w}}{\mathrm{d}r^2} = 0$$

积分上面的式子,并考虑到在 $r=a$ 时的边界条件 $w=0$,得

$$\dot{w} = \dot{w}_0\left(1-\frac{r}{a}\right)$$

式中 $\dot{w}_0$ 是中心处的弯曲挠度率,它是不确定的。从上式可知,板在极限状态下弯曲为圆锥曲面的形式,如图 14.19 中的虚线。

如果在整个板面上都作用有载荷,则 $b=a$,这时极限荷载为

$$q_s = \frac{6M_s}{a^2}$$

14.5.2　固支板受均匀荷载作用的解

考虑半径为 a 的固定边圆板,是 Tresca 材料,受均布荷载作用,如图 14.20 所示。

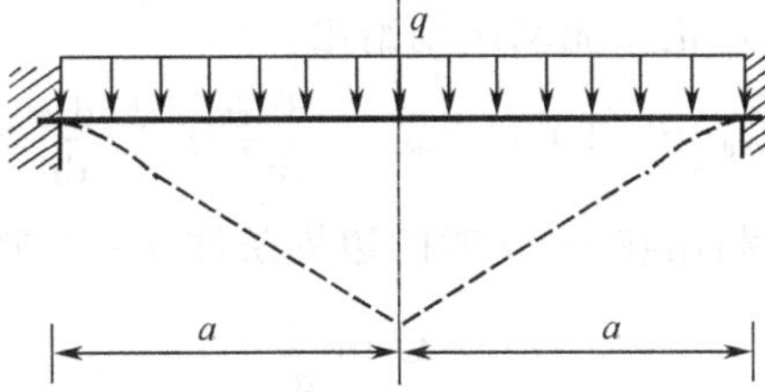

图 14.20　固支板受均匀荷载作用

根据前面的分析,对于 Tresca 材料制成的边界固定的圆板,板中心附近各点的弯矩状态处在图 14.18 中的 BC 线上,然后逐渐变到 CD 线,因此设

$$M_\theta = M_s, \qquad 0 \leqslant r \leqslant \rho \tag{14.39}$$

$$M_\theta - M_r = M_s, \qquad a \leqslant r \leqslant \rho \tag{14.40}$$

对于 $0 \leqslant r < \rho$ 的区域，使用上面的式(14.39)代入(14.38)积分得

$$M_r = M_s - \frac{1}{6}qr^2, \quad 0 \leqslant r \leqslant \rho$$

在 $r=\rho$ 处(对应图 14.18 中 C 点)$(M_r)_{r=\rho}=0$，得

$$q = \frac{6M_s}{\rho^2} \tag{14.41}$$

对于 $\rho \leqslant r \leqslant a$ 的区域，使用式(14.40)代入(14.38)，变为

$$\frac{\mathrm{d}M_r}{\mathrm{d}r} = \frac{M_s}{r} - \frac{1}{2}qr$$

积分上式，并使用条件在 $r=\rho$ 处$(M_r)_{r=\rho}=0$ 求出积分常数，最后得

$$M_r = M_s\left[\ln\frac{r}{\rho} + \frac{3}{2}\left(1 - \frac{r^2}{\rho^2}\right)\right], \quad \rho \leqslant r \leqslant a \tag{14.42}$$

从式(14.41)可看出，要提高极限荷载 q，则 ρ 应减小，当 ρ 减小时，由式(14.42)可知，$|M_r|$ 在增大，但最大只能达到 M_s。由于 $M_r<0$，故在式(14.42)中取$(M_r)_{r=a}=-M_s$，得

$$\ln\frac{a}{\rho} + \frac{3}{2}\left(1 - \frac{a^2}{\rho^2}\right) + 1 = 0$$

上式的解为 $a^2/\rho^2=1.88$，最后极限荷载为

$$q_s = \frac{a^2}{\rho^2}\frac{6M_s}{a^2} = 1.88 \times \frac{6M_s}{a^2} = 11.26\frac{M_s}{a^2}$$

下面确定弯曲挠度率。和上面的例子相同，在中心附近 $r \leqslant \rho$ 的区域，我们有

$$\frac{\mathrm{d}^2\dot{w}}{\mathrm{d}r^2} = 0, \quad \dot{w} = \dot{w}_0 + C_1 r$$

式中 C_1 是积分常数。

当 $r>\rho$ 时(对应 CD)，正交流动法则给出

$$\dot{K}_r : \dot{K}_\theta = -1 : 1 \quad 或 \quad \frac{\mathrm{d}^2\dot{w}}{\mathrm{d}r^2} + \frac{1}{r}\frac{\mathrm{d}\dot{w}}{\mathrm{d}r} = 0$$

求解上面的微分方程，并利用在 $r=a$ 时的边界条件 $w=0$，得

$$\dot{w} = C_2 \ln\frac{r}{a}$$

式中 C_2 是积分常数。上面的解显然不满足固定边的边界条件 $\mathrm{d}w/\mathrm{d}r=0$，实际上，在板周边已经形成了塑性铰圆。

使用 $r=\rho$ 处 w 和 $\mathrm{d}w/\mathrm{d}r$ 的连续条件可以确定积分常数 C_1 和 C_2，为

$$C_1 = \frac{C_2}{\rho}, \quad C_2 = -\left(\frac{\dot{w}_0}{1 + \ln\frac{a}{\rho}}\right)$$

在中心处的 $\dot{w}_0$ 仍然是不确定的。

习　　题

1. 图 14.21 所示的楔形体,两面受压,已知 $2\gamma=\frac{3\pi}{4}$,分别对 $q=\frac{p}{2}$ 及 $q=p$ 两种情形,求极限荷载。

2. 图 14.22 所示的楔形体单边受压,已知 OA 边上的速度分布是 $V(x)=K_1x+K_2$,问对 K_1,K_2 有什么限制?

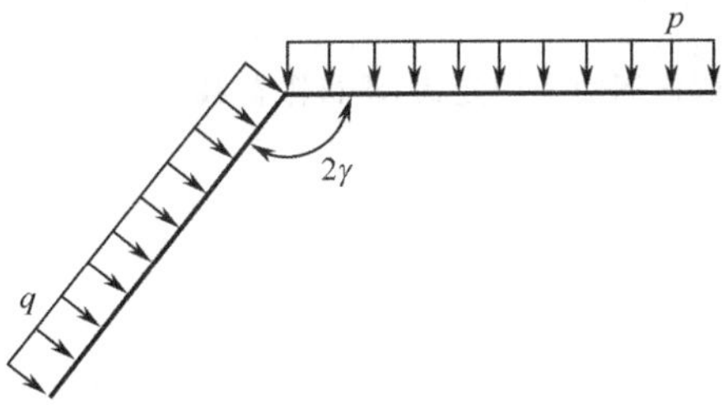

图 14.21

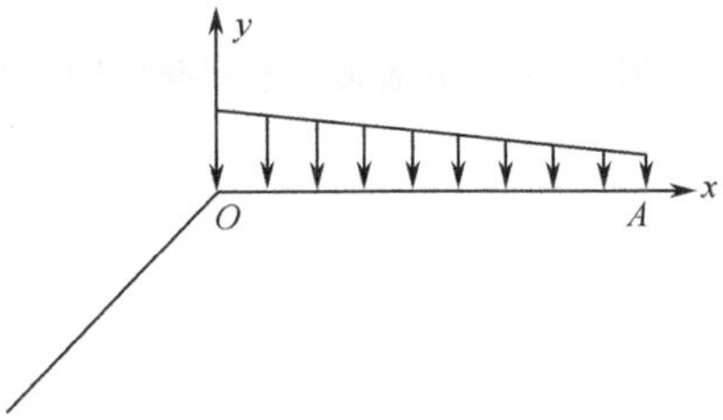

图 14.22

3. 已知中心角为 $2\gamma_1$ 的圆弧形楔形体,在外力 P 的作用下,插入具有相同圆弧的切口内,如图 14.23 所示。若楔形体与圆弧切口之间无摩擦力作用,且楔形体的厚度为 1,试求在此情况下极限荷载 P 的值。(提示:圆弧附近的滑移线场可假定为图 14.15 中的对数螺线)

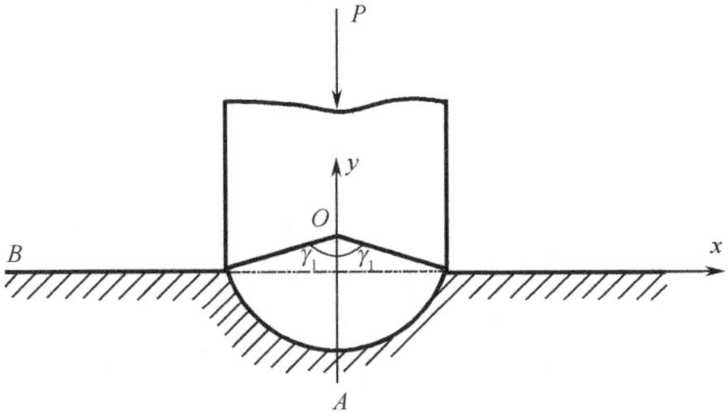

图 14.23

4. 如图 14.24 所示刚塑性平面应变悬臂梁,长 l,高 $2h$,端部受集中力作用,已做出一上下部分对称的滑移线场,其上半部分为图示的 $ADCB$ 区域,ADC 扇形区的夹角用 ω 表示。求极限荷载。

5. 半径为 a 的圆板,中心点受集中力 P 的作用,证明不论在 $r=a$ 处是简支边还是固定边,不论是 Tresca 材料还是 Mises 材料,其极限荷载都是 $P_s=2\pi M_s$,同时分析这时板的弯矩分布规律。

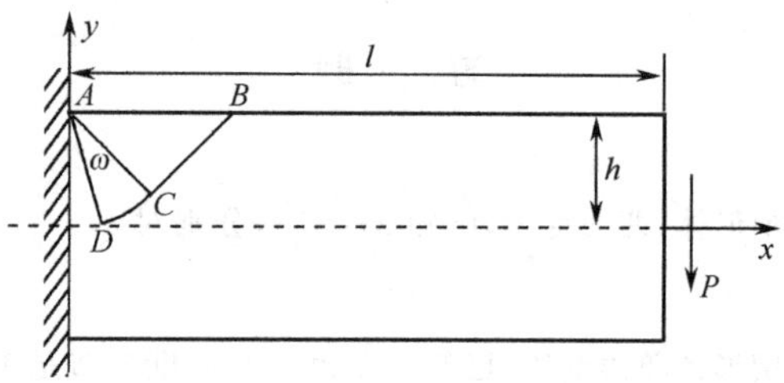

图 14.24

6. 对于 14.5 节的第 1 个问题(图 14.19),若假定周边为固定边,求极限荷载。

第 15 章　塑性流动与破坏问题(2)
——极限分析定理与应用

第 14 章针对塑性流动与破坏中的平面应变问题，介绍了滑移线理论与求解方法，通过该方法可以求得问题的极限荷载以及相应的应力场和速度场，但由于塑性区与刚性区的交界线难以确定，或者说，刚性区内满足平衡条件同时又不违背屈服条件的应力场难以找到，因此，严格的极限荷载并不易求得。第 14 章还针对理想刚塑性圆板的轴对称弯曲这一特殊问题，介绍了获取完全解的方法。但是，对于矩形和其他非圆形板的弯曲问题，寻找完全解是非常困难的。本章将介绍近似求塑性流动与破坏问题极限荷载的下限定理和上限定理。下限定理求极限荷载时，完全不考虑变形(运动)方面的要求，只需根据静力方面的条件去分析，上限定理求极限荷载时，则反过来，完全不考虑静力方面的要求，只需根据变形(运动)方面的条件去分析。下限定理和上限定理由于只需满足一方面的条件(静力或者变形)，所以使得问题的分析大为简化。但下限定理求出的极限荷载比真实的极限荷载要小或者相等，而上限定理求出的极限荷载比真实的极限荷载要大或者相等。当这两个定理求出的极限荷载相等时，这个极限荷载就是真实的极限荷载，这两个定理求出的极限荷载一般不相等，从而给出真实极限荷载的一个范围。

15.1　存在间断场时的可能功率原理

考察物体，其内部受体力 F_i 作用，在力边界 S_σ 上受面力 $\overline{T}_i$ 作用，在速度边界 S_u 上给定的速度为 $\bar{v}_i$。在应力和速度没有间断的情况下，我们很容易将 8.2 节中的可能功原理用率形式表达，得到所谓的可能功率原理。

设 σ_{ij}^0 是静力可能的应力场，它满足平衡微分方程 $\sigma_{ij,i}^0+F_j=0$ 和力边界条件 $\sigma_{ij}^0 n_i=\overline{T}_j$；类似于 8.1 节中变形可能场的定义，运动可能场定义为，其速度 v_i^* 处处连续，且在边界 S_u 上满足预先给定的速度 $v_i^*=\bar{v}_i$，其应变率由几何方程给出为 $\dot{\varepsilon}_{ij}^*=\frac{1}{2}(v_{i,j}^*+v_{j,i}^*)$。使用可能功原理(式(8.5a))时，对于变形可能的位移，我们取 $v_i^*\delta t$，其中 δt 是微小的时间增量，变形可能的应变就是 $\dot{\varepsilon}_{ij}^*\delta t$，代入式(8.5a)后，两边同除 δt，因此得

$$\int_\Omega \sigma_{ij}^0\dot{\varepsilon}_{ij}^*\,\mathrm{d}\Omega=\int_{S_\sigma+S_u}\overline{T}_i v_i^*\,\mathrm{d}S+\int_\Omega F_i v_i^*\,\mathrm{d}\Omega \tag{15.1}$$

式(15.1)左边是内力的可能功率,右边是外力的可能功率,因此称为可能功率原理。注意:上式右边的面积分中包含了速度边界 S_u 在内,它上面的表面力荷载就是反力,如果 S_u 上给定的速度并不为零,则反力将做功。

下面针对静力场的应力存在间断和运动场的速度存在间断这两种情况,分别讨论式(15.1)表达的可能功率原理是否需要修正。

若静力场的应力存在间断,我们将物体沿间断面分为若干小部分,间断面就成为各小部分的边界,每个小部分内应力处处连续,可以分别使用可能功率原理式(15.1),然后将各小部分的外力功率和内力功率对应加起来。由于在间断面上应力要满足应力矢量的连续条件 $(\sigma_{ij}n_i)^+=-(\sigma_{ij}n_i)^-$,因而沿间断面上应力矢量所作的功率将相互抵消,可能功率原理式(15.1)不受影响。

若运动场的速度存在间断,速度间断条件要求:在间断面上,速度法向连续而切向不连续。间断面可以看作是厚度较小的薄层,这个薄层沿切向的剪切应变率很大,在这样一个高度剪切的区域内,将消耗塑性功,因而可能功率原理式(15.1)需要修正,将变成

$$\int_{S_\sigma+S_u}\overline{T}_i v_i^*\,\mathrm{d}S+\int_\Omega F_i v_i^*\,\mathrm{d}\Omega=\int_\Omega \sigma_{ij}^0\dot{\varepsilon}_{ij}^*\,\mathrm{d}\Omega+\int_{\Gamma^*}\tau^0[v_t]\mathrm{d}\Gamma \tag{15.2}$$

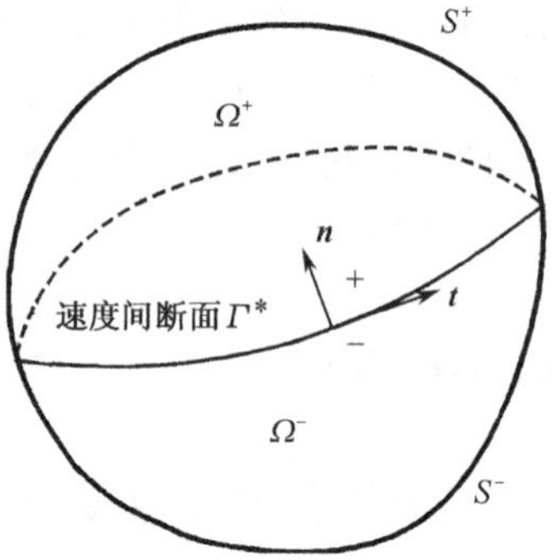

图 15.1 速度间断面

式中 Γ^* 代表运动可能的速度场 v_i^* 的间断面,τ^0 是表示应力状态 σ_{ij}^0 在间断面 Γ^* 上沿切线方向的剪切应力,$[v_t]$ 表示间断面 Γ^* 上沿切线方向的速度间断值。

证明 如图 15.1 所示,为简单起见,假定只有一个间断面存在(对于多个间断面的情况可以进行类似的讨论),Γ^* 是间断面,将区域分成两部分 Ω^+ 和 Ω^-,边界也分成两部分 S^+ 和 S^-。

利用率形式的几何方程式(14.11),得

$$\int_\Omega \sigma_{ij}^0\dot{\varepsilon}_{ij}^*\,\mathrm{d}\Omega=\int_\Omega \sigma_{ij}^0 v_{i,j}^*\mathrm{d}\Omega$$

利用复合函数求导法则,有

$$\int_\Omega \sigma_{ij}^0 v_{i,j}^*\mathrm{d}\Omega=\int_\Omega(\sigma_{ij}^0 v_i^*)_{,j}\mathrm{d}\Omega-\int_\Omega \sigma_{ij,j}^0 v_i^*\,\mathrm{d}\Omega \tag{15.3}$$

上式右边的第一项应用散度定理写为

$$\begin{aligned}\int_\Omega(\sigma_{ij}^0 v_i^*)_{,j}\mathrm{d}\Omega&=\int_{\Omega^++\Omega^-}(\sigma_{ij}^0 v_i^*)_{,j}\mathrm{d}\Omega=\int_{S^++\Gamma^*}(\sigma_{ij}^0 v_i^* n_j)\mathrm{d}S+\int_{S^-+\Gamma^*}(\sigma_{ij}^0 v_i^* n_j)\mathrm{d}S\\&=\int_S(\sigma_{ij}^0 v_i^* n_j)\mathrm{d}S+\int_{\Gamma^*}[(\sigma_{ij}^0 v_i^* n_j)^++(\sigma_{ij}^0 v_i^* n_j)^-]\mathrm{d}S\end{aligned} \tag{15.4}$$

在间断面 Γ^* 上,规定 Γ^* 的法线方向 $\boldsymbol{n}$ 由"−"指向"+",则 $n_j^-=n_j=-n_j^+$,使

用 t_i 表示间断面切线方向单位矢量的分量，τ^0 表示间断面上的剪应力，应有

$$(v_i^*)^+ - (v_i^*)^- = [v_t]t_i, \qquad \tau^0 = \sigma_{ij}^0 n_j t_i$$

使用上面两个式子并考虑到应力矢量的连续条件 $(\sigma_{ij}^0 n_i)^+ = -(\sigma_{ij}^0 n_i)^- = -\sigma_{ij}^0 n_i$，有

$$(\sigma_{ij}^0 v_i^* n_j)^+ + (\sigma_{ij}^0 v_i^* n_j)^- = -\sigma_{ij}^0 n_j (v_i^*)^+ + \sigma_{ij}^0 n_j (v_i^*)^- = -\tau^0 [v_t]$$

代入式(15.4)并考虑到力边界条件 $n_j \sigma_{ij}^0 = \overline{T}_i$，整理得

$$\int_\Omega (\sigma_{ij}^0 v_i^*)_{,j} \mathrm{d}\Omega = \int_{S_\sigma + S_u} \overline{T}_i v_i^* \mathrm{d}S - \int_{\Gamma^*} \tau^0 [v_t] \mathrm{d}\Gamma \tag{15.5a}$$

由平衡方程

$$\int_\Omega \sigma_{ij,j}^0 v_i^* \mathrm{d}\Omega = -\int_\Omega F_i v_i^* \mathrm{d}\Omega \tag{15.5b}$$

将式(15.5)代入式(15.3)，得式(15.2)。

15.2　上下限定理

在讨论上下限定理时，为简便起见，作如下假定：

(1) 所有外荷载按某个单一参数 $m>0$ 成比例地单调增大，这时外荷载可写成

$$F_i = m\widetilde{F}_i, \qquad T_i = m\widetilde{T}_i$$

式中 $\widetilde{F}_i$ 和 $\widetilde{T}_i$ 不随时间变化，仅表示固定不变的荷载分布；m 称为载荷乘子，当 $m=\overline{m}$ 时，物体达到极限状态，称 $\overline{m}$ 为极限载荷乘子。

(2) 在速度边界 S_u 上给定的速度为零。

15.2.1　下限定理

设在物体达到极限状态时所受的实际荷载即极限荷载是 $F_i=\overline{m}\widetilde{F}_i$ 和 $T_i=\overline{m}\widetilde{T}_i$，对应的真实应力场、真实速度场和真实应变率场是 σ_{ij}，v_i 和 $\dot{\varepsilon}_{ij}$。假设我们已经找到了一个应力场 σ_{ij}^0，它与外荷载 $F_i^0=m^0\widetilde{F}_i$，$T_i^0=m^0\widetilde{T}_i$ 处于平衡状态，即满足平衡方程 $\sigma_{ij,i}^0+F_j^0=0$ 和力边界条件 $\sigma_{ij}^0 n_i=T_j^0$，且处处不违背屈服条件，即 $f(\sigma_{ij}^0)\leqslant 0$。其中 m^0 称之为静力载荷乘子。

下限定理表述为：真实的极限载荷乘子是最大的静力载荷乘子，即 $m^0<\overline{m}$，或者说，与任意静力可能应力场相平衡的外荷载应不超出极限荷载，从而给出了极限荷载的下限。

证明　对于静力场 σ_{ij}^0 以及真实的速度场 v_i 与相应的应变率场 $\dot{\varepsilon}_{ij}$，并考虑到速度边界 S_u 上给定的速度为零，可能功率原理式(15.2)可写成

$$m^0\left(\int_\Omega \widetilde{F}_i v_i \mathrm{d}\Omega + \int_{S_\sigma} \widetilde{T}_i v_i \mathrm{d}S\right) = \int_\Omega \sigma_{ij}^0 \dot{\varepsilon}_{ij} \mathrm{d}\Omega + \int_\Gamma \tau^0 [v_t] \mathrm{d}\Gamma \tag{15.6}$$

式中 Γ 是真实速度场的间断面。

因为真实的应力场一定是静力可能的应力场，真实的速度(和应变率)场也一定是运动可能的速度(和应变率)场，因此，它们应满足可能功率原理式(15.2)，即有

$$\overline{m}\left(\int_{\Omega}\widetilde{F}_i v_i \mathrm{d}\Omega+\int_{S_\sigma}\widetilde{T}_i v_i \mathrm{d}S\right)=\int_{\Omega}\sigma_{ij}\dot{\varepsilon}_{ij}\mathrm{d}\Omega+\int_{\Gamma}\tau_s\left|[v_t]\right|\mathrm{d}\Gamma \tag{15.7}$$

在真实速度场的间断面上，切向应力为屈服极限 τ_s，且与切向速度间断值 $[v_t]$ 同号，故得上式。

式(15.6)与式(15.7)两边对应相减，得

$$(\overline{m}-m^0)\left(\int_{\Omega}\widetilde{F}_i v_i \mathrm{d}\Omega+\int_{S_\sigma}\widetilde{T}_i v_i \mathrm{d}S\right)=\int_{\Omega}(\sigma_{ij}-\sigma_{ij}^0)\dot{\varepsilon}_{ij}\mathrm{d}\Omega+\int_{\Gamma}[\tau_s\mp\tau^0]\left|v_t\right|\mathrm{d}\Gamma \tag{15.8}$$

整个物体上，实际的外力在真实的速度上所做功率必须大于零，因为物体产生塑性流动时，外部必须向物体输出功率，即

$$\int_{\Omega}F_i v_i \mathrm{d}\Omega+\int_{S_\sigma}T_i v_i \mathrm{d}S>0 \quad 或 \quad \int_{\Omega}\widetilde{F}_i v_i \mathrm{d}\Omega+\int_{S_\sigma}\widetilde{T}_i v_i \mathrm{d}S>0$$

静力场 σ_{ij}^0 应不违背屈服条件，即 $f(\sigma_{ij}^0)\leqslant 0$，必有 $|\tau^0|\leqslant\tau_s$，故 $\tau_s\mp\tau^0\geqslant 0$。根据14.1节，一旦达到极限状态，$\dot{\varepsilon}_{ij}^{\mathrm{e}}=0$，因此 $\dot{\varepsilon}_{ij}=\dot{\varepsilon}_{ij}^{\mathrm{p}}$，在塑性区内，真实的应力场 σ_{ij} 总是处在屈服面上。根据 Drucker 公设，$(\sigma_{ij}-\sigma_{ij}^0)\dot{\varepsilon}_{ij}\geqslant 0$；在弹性区内，$\dot{\varepsilon}_{ij}=\dot{\varepsilon}_{ij}^{\mathrm{e}}=0$。因此，式(15.8)的右边不小于零，最后有

$$m^0\leqslant\overline{m}$$

15.2.2 上限定理

对于极限状态，不是像上面那样假设静力可能的应力场，而是假设运动可能的速度场 v_i^*，即可能的破坏机构，相应的应变率场和应力场分别为 $\dot{\varepsilon}_{ij}^*$ 和 σ_{ij}^*，作用在物体的外荷载为 $F_i^*=m^*\widetilde{F}_i$，$T_i^*=m^*\widetilde{T}_i$。如果它们在可能速度场 v_i^* 上所做的功率大于零，令这部分外力功率与破坏机构的内部耗散功率相等，即

$$m^*\left(\int_{\Omega}\widetilde{F}_i v_i^* \mathrm{d}\Omega+\int_{S_\sigma}\widetilde{T}_i v_i^* \mathrm{d}S\right)=\int_{\Omega}\sigma_{ij}^*\dot{\varepsilon}_{ij}^*\mathrm{d}\Omega+\int_{\Gamma^*}\tau_s[v_t^*]\mathrm{d}\Gamma \tag{15.9}$$

由上式求得的乘子 m^* 称为运动载荷乘子。

上限定理表述为：真实的极限载荷乘子是最小的运动载荷乘子，即 $m^*\geqslant\overline{m}$，或者说，若外荷载在可能的破坏机构 v_i^* 上所做的功率大于零，且与破坏机构的内部耗散功率相等，则这个外荷载不小于极限荷载，从而给出极限荷载的上限。

证明 对于真实的应力场 σ_{ij}，运动可能的速度场 v_i^* 和相应的应变率场 $\dot{\varepsilon}_{ij}^*$，可能功率原理式(15.2)可写成

$$\overline{m}\left(\int_{\Omega}\widetilde{F}_i v_i^* \mathrm{d}\Omega+\int_{S_\sigma}\widetilde{T}_i v_i^* \mathrm{d}S\right)=\int_{\Omega}\sigma_{ij}\dot{\varepsilon}_{ij}^*\mathrm{d}\Omega+\int_{\Gamma^*}\tau[v_t^*]\mathrm{d}\Gamma$$

式中 τ 是表示真实应力状态 σ_{ij} 在间断面 Γ^* 上沿切线方向的剪切应力。

式(15.9)与上式左右两边对应相减，得

$$(m^*-\bar{m})\left(\int_\Omega \widetilde{F}_i v_i^*\,\mathrm{d}\Omega+\int_{S_\sigma}\widetilde{T}_i v_i^*\,\mathrm{d}S\right)=\int_\Omega(\sigma_{ij}^*-\sigma_{ij})\dot{\varepsilon}_{ij}^*\,\mathrm{d}\Omega+\int_{\Gamma^*}(\tau_s\mp\tau)\left|[v_t^*]\right|\mathrm{d}\Gamma$$

根据运动可能场的定义，有

$$\int_\Omega F_i v_i^*\,\mathrm{d}\Omega+\int_{S_\sigma}T_i v_i^*\,\mathrm{d}S>0\quad 或\quad \int_\Omega \widetilde{F}_i v_i^*\,\mathrm{d}\Omega+\int_{S_\sigma}\widetilde{T}_i v_i^*\,\mathrm{d}S>0$$

再根据 Drucker 公设，$(\sigma_{ij}^*-\sigma_{ij})\dot{\varepsilon}_{ij}^*\geqslant 0$，同样地，$\tau_s\mp\tau\geqslant 0$，因此得

$$m^*\geqslant\bar{m}$$

应当指出：

(1) 应力场 σ_{ij}^* 是根据屈服条件 $f(\sigma_{ij}^*)=0$ 和流动法则 $\dot{\varepsilon}_{ij}^*=\dot{\lambda}\dfrac{\partial f}{\partial\sigma_{ij}^*}$ 由应变率求出的，它与体积力荷载 F_i^* 并不满足平衡微分方程，与表面积力荷载 T_i^* 也不满足力边界条件，因此，它们不能构成静力可能状态，也就不满足可能功率原理，式(15.9)不过是一个定义运动载荷乘子 m^* 的表达式，并没有明确的物理意义。

(2) 要求外荷载在可能的破坏机构上 v_i^* 所做的功率必须大于零，若小于零，可使用 $-v_i^*$ 代替 v_i^*；若等于零，则它不代表破坏机构，因为破坏必然要耗散能量。

(3) 当 v_i^* 是真实的速度场时，式(15.9)求出的就是真实的极限载荷乘子。

(4) 对于 S_u 上给定的速度不为零的情况，可将它上面的反力视为一组外荷载，采用上述类似方法可求它的极限荷载。不过，当物体受到几组外荷载作用，且它们的施加过程不是由单一参数而是由多个参数控制时，其极限分析将变得复杂一些，可参见文献[2]。

综合上下限定理，则有

$$m^*\geqslant\bar{m}\geqslant m^0$$

因此，上下限定理给出了极限荷载的一个范围，当上下限相等时，即 $m^*=m^0$，则找到了真实的极限荷载。

15.3　上下限定理在平面问题中的应用

15.3.1　塑性耗散功率

在计算运动载荷乘子 m^* 的值时，要计算物体内部总的塑性耗散功率，即积分 $\int_\Omega \sigma_{ij}^*\dot{\varepsilon}_{ij}^*\,\mathrm{d}\Omega$，其中被积函数 $\sigma_{ij}^*\dot{\varepsilon}^*_{ij}=D_\mathrm{p}(\dot{\varepsilon}_{ij}^*)$ 是单位体积的塑性耗散功率。

对于 Mises 材料，对照式(12.40b)，有

$$D_\mathrm{p}(\dot{\varepsilon}_{ij}^*)=\sigma_s\dot{\varepsilon}^*\tag{15.10}$$

式中$\bar{\dot{\varepsilon}}^* = \sqrt{\frac{2}{3}\dot{\varepsilon}_{ij}^*\dot{\varepsilon}_{ij}^*}$。

对于 Tresca 材料，对照式(12.43)的推导过程，无论应力点是处在屈服面上还是屈服面的角点，塑性耗散功率均可写成

$$D_p(\dot{\varepsilon}_{ij}^*) = \sigma_s \left|\dot{\varepsilon}^*\right|_{max} \tag{15.11}$$

15.3.2 具有圆孔的板条的拉伸

对于 14.3 节中具有圆孔的板条的拉伸问题，利用上下限定理求极限拉力。

静力可能的应力场取为如图 15.2(a)所示，其中 II、II′两部分的应力为零，荷载只由 I、I′两部分承受，它们的应力是均匀分布的拉伸屈服应力 σ_s，显然满足平衡方程，满足圆孔内边界表面积为零的力边界条件，I、I′与 II、II′的交界面就是应力间断面，法向正应力和剪切应力分量的连续性条件也能满足。由下限定理求得 P 的下限值为

$$P^0 = 2\sigma_s(b-a)t$$

运动可能的速度场取为图 14.16(b)的滑移线场，如图 15.2(b)所示，上部和下部两个刚性区沿拉伸方向作刚体运动，其速度为 v_0。塑性区内的两簇滑移线均为直线，塑性区的速度是均匀的，结合问题的对称性，垂直方向的速度应为零。根据刚性区与塑性区交界面上法向速度的连续条件可知，交界面 AB 和 AC 上所产生的相对滑动即速度间断值均为$\sqrt{2}v_0$，滑移面上的剪应力为 k，滑移面的总面积是 $4\sqrt{2}(b-a)t$，由于塑性区内速度均匀，$\dot{\varepsilon}_{ij}^* = 0$，$D_p(\dot{\varepsilon}_{ij}^*) = 0$。因此，耗散功率为交界面上剪应力在相对滑移速度上所做的功率，为 $8k(b-a)tv_0$，而外力功率是 $2Pv_0$，让外力功率与耗散功率相等，得极限荷载的上限为

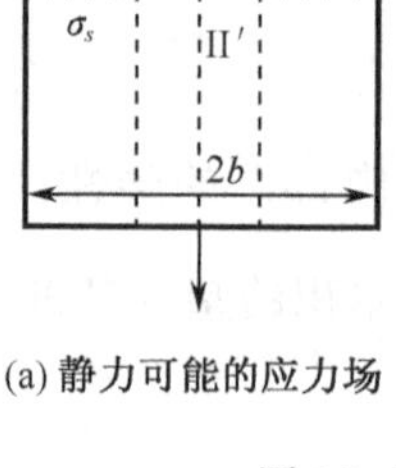

(a) 静力可能的应力场

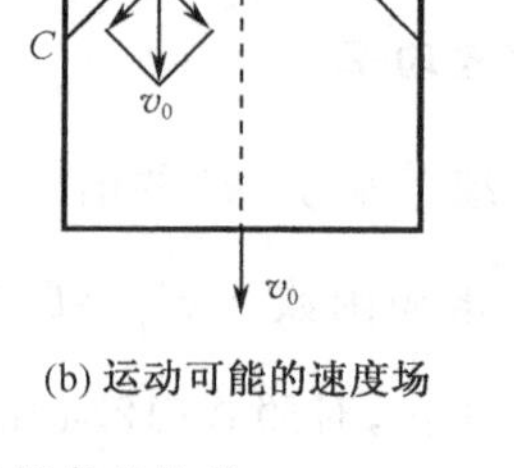

(b) 运动可能的速度场

图 15.2 具有圆孔的板条的拉伸

$$P^* = 4k(b-a)t$$

对于 Tresca 材料，$\sigma_s=2k$，得上限值与下限值相等，所以它们就是真实的极限荷载

$$P_s = 2\sigma_s(b-a)t$$

同时，这说明图 15.2 的静力场和运动场就是问题的完全解。

15.3.3　带尖切口的板条的弯曲

带尖切口的板条，受两端的弯矩作用而产生弯曲，板条的厚度 $t=1$，切口底下部分的高度为 a，如图 15.3(a)所示。利用上下限定理求极限弯矩。

设静力可能的应力场由两部分组成：切口底以上部分是零应力区；切口以下部分处于塑性纯弯曲状态，对应的应力分布如图 15.3(a)所示，由平衡条件计算得弯矩的下限为

$$M^0 = \frac{1}{4}\sigma_s a^2$$

考虑到随弯矩 M 逐渐增大时，在切口底的截面附近最终形成塑性铰。设运动可能的速度场如图 15.3(b)所示，图中的塑性铰由一对圆柱面 ACB 和 ADB 组成，其内侧区域 $ACBD$ 为铰的刚性核，速度为零，外侧的两个刚性区域分别沿圆柱面 ACB 和 ADB 与刚性核作相对滑动(转动)。设圆柱面的半径是 r，圆心角为 2α，滑动的角速度为 ω，滑动面上的速度间断值为 $r\omega$，两个滑动面的总面积 $2\times 2\alpha r$。由于滑动面上的剪应力为 k，且 $r=a/2\sin\alpha$，则耗散功率为

$$4k\omega\alpha r^2 = \frac{k\omega\alpha a^2}{\sin^2\alpha}$$

外力功率为 $2M\omega$，因此，极限弯矩的上限为

$$M^* = \frac{k\alpha a^2}{2\sin^2\alpha}$$

当 $\tan\alpha=2\alpha$，得最小的上限为 $M^*=0.69ka^2$，对于 Tresca 材料，$\sigma_s=2k$，所以真实的极限弯矩应是

$$0.5ka^2 < M_s < 0.69ka^2$$

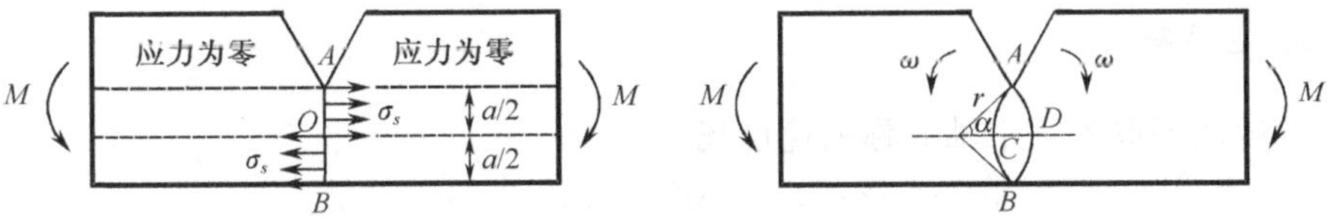

(a) 静力可能的应力场　　(b) 运动可能的速度场

图 15.3　带尖切口的板条的弯曲

15.3.4 带圆孔的正方形板受内水压作用

一边长为 $2b$,厚度为 t 的正方形板,板的中间有一半径为 a 的圆孔,在孔的内壁作用均布压力 p,如图 15.4 所示。设其为 Tresca 材料,求 p 的上下限。

1. 静力解

将静力场设为:在 $a\leqslant r\leqslant b$ 的环形区,为厚壁圆筒塑性应力解,即

$$\sigma_r=-p+\sigma_s\ln\left(\frac{r}{a}\right)$$

$$\sigma_\theta=-p+\sigma_s\left[1+\ln\left(\frac{r}{a}\right)\right]$$

$$\tau_{r\theta}=0$$

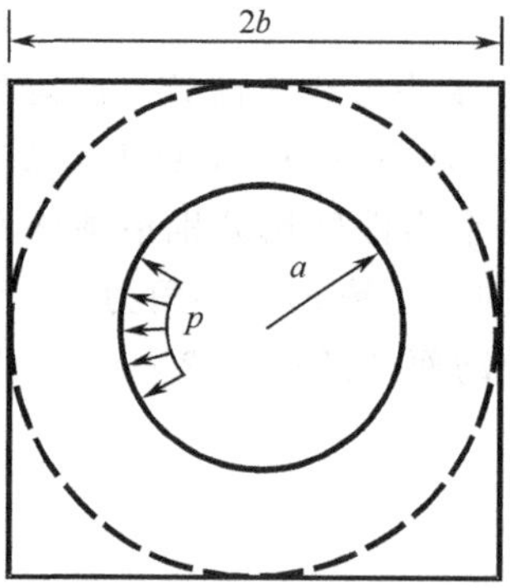

图 15.4 带圆孔的正方形板受内水压作用

在 $r>b$ 的区域,取应力分量全为零。在 $r=b$ 的交界上,应力出现间断,但 σ_n 应连续,这就要求 $\sigma_n=0$,即 $(\sigma_r)_{r=b}=0$,所以有

$$p^0=\sigma_s\ln\frac{b}{a}$$

p 随 $\dfrac{b}{a}$ 的值增大,本题是平面应力问题($\sigma_z=0$),当主应力足够大时,有可能发生平面外屈服,为了不违背屈服条件,就要求 $|\sigma_r-\sigma_z|\leqslant\sigma_s$,$|\sigma_\theta-\sigma_z|\leqslant\sigma_s$,由于 $\sigma_z=0$,即要求 $|\sigma_r|\leqslant\sigma_s$,$|\sigma_\theta|\leqslant\sigma_s$。在 $r=a$,主应力中的绝对值以 $|\sigma_r|$ 最大,且 $\sigma_r=p$,因此还要求 $p\leqslant\sigma_s$,所以 p 的下限值为

$$p^0=\begin{cases}\sigma_s\ln\dfrac{b}{a}, & \dfrac{b}{a}\leqslant \mathrm{e}=2.718\\[2mm] \sigma_s, & \dfrac{b}{a}>\mathrm{e}=2.718\end{cases}$$

2. 运动解

设运动场取为一个轴对称的速度场

$$v_r^*=v(r),\qquad v_\theta^*=0,\qquad v_z^*=0$$

不可压缩条件要求

$$\dot{\varepsilon}_r^*+\dot{\varepsilon}_\theta^*+\dot{\varepsilon}_z^*=\frac{\mathrm{d}v}{\mathrm{d}r}+\frac{v}{r}=0$$

解得

$$v(r)=\frac{A}{r}$$

$$外力功率=\int_{S_\sigma} T_i v_i^* \,\mathrm{d}S = 2\pi tap \times (v)_{r=a} = 2\pi tpA$$

考虑到

$$|\dot{\varepsilon}|_{\max}=\dot{\varepsilon}_\theta^*=\frac{A}{r^2}$$

$$\begin{aligned}
耗散功率 &= \int_\Omega \sigma_{ij}^* \varepsilon_{ij}^* \,\mathrm{d}\Omega \\
&= \int_\Omega \sigma_s |\varepsilon^*|_{\max} \mathrm{d}\Omega = t\int \frac{\sigma_s A}{r^2} r\mathrm{d}r\mathrm{d}\theta = 8t\sigma_s A\int_0^{\pi/4}\mathrm{d}\theta\int_0^{b/\cos\theta}\frac{\mathrm{d}r}{r} \\
&\approx \left(-\frac{\pi}{4}\ln 2-\frac{1}{2}\times 0.916+\frac{\pi}{4}\ln\frac{b}{a}\right)8t\sigma_s A \\
&= 2\pi t\sigma_s A\left(\ln\frac{b}{a}+0.110\right)
\end{aligned}$$

由式(15.9),得 p 的上限值为

$$p^*=\sigma_s\left(\ln\frac{b}{a}+0.110\right)$$

15.3.5 楔形体单边受压

对于图 14.11 楔形体单边受压的例子,设 $2\gamma=\frac{\pi}{2}+2\theta$。使用上下限定理估计极限荷载 p 的值。

1. 静力解

为构造静力可能场,可假设将楔形体分成两个几何全等的均匀应力区域,它们中间由一应力间断线 AC 隔开,如图 15.5(a)所示。在区域 I,因为 AD 是自由边界,故主应力 $\sigma_1^{(\mathrm{I})}=0$,另一主应力可根据屈服条件得到 $\sigma_2^{(\mathrm{I})}=-\sigma_s$,区域 I 的应力状态可由 Mohr 圆 I 表示,其半径应为 $k=\frac{\sigma_s}{2}$,如图 15.5(b)所示。AC 面的法线方向是从 AD 面的法线方向顺时针旋转 $135°-\theta$,在 Mohr 圆上,AD 面的应力对应 K 点,从 K 点反时针旋转 $2\times(135°-\theta)$或者顺时针旋转 $90°+2\theta$ 到达 M 点,则 M 点的坐标就是 AC 面上的应力,为

$$\sigma_n=-\frac{\sigma_s}{2}(1+\sin 2\theta),\qquad \tau_{nt}=-\frac{\sigma_s}{2}\cos 2\theta$$

在跨过 AC 间断线时,要求 σ_n,τ_{nt} 连续,σ_t 可以间断,因此,区域 II 内的应力状态所对应的 Mohr 圆必须通过 M 点,这就是 15.3(b)中的圆 II。这时 AB 面上的应力对应于 Mohr 圆 II 的 N 点,它的值是

$$\sigma_n \Big|_{AB} = -p = -\sigma_s(1+\sin 2\theta)$$

因此下限是

$$p^0 = \sigma_s(1+\sin 2\theta)$$

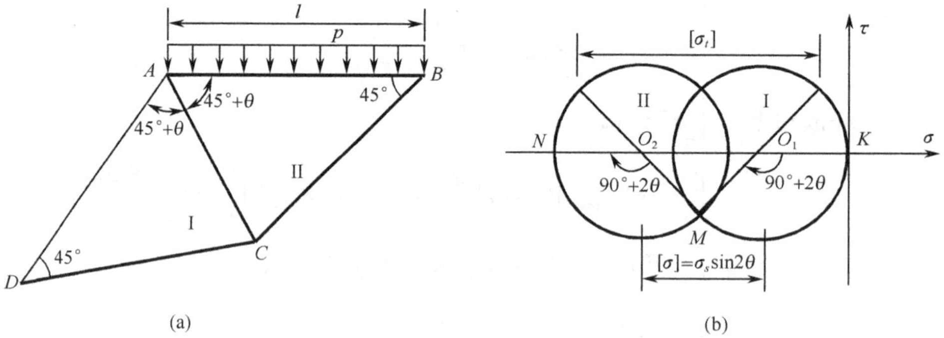

图 15.5　楔形体单边受压

2. 运动解

在构造运动场求上限时，假设 AB 边以均匀速度 v_y 向下移动，则单位厚度的外力功率为

$$\int_{S_\sigma} \overline{T}_i v_i^* \, \mathrm{d}S = p v_y l$$

单位厚度的耗散功率按图 14.11 所示的 3 个区域分别进行计算。在 OAB 和 OCD 两个区域中速度是均匀的，$\dot{\varepsilon}_{ij}^* = 0, D_\mathrm{p}(\dot{\varepsilon}_{ij}^*) = 0$。在中间的扇形区域 OBC 内，采用柱坐标(r,θ,z)，使用 14.3 节关于楔形体单边受压所求得的速度分布结果，可知

$$v_r^* = 0, \qquad v_\theta^* = \sqrt{2}\, v_y, \qquad v_z^* = 0$$

利用几何方程，求得

$$\dot{\varepsilon}_r^* = \frac{\partial v_r^*}{\partial r} = 0, \qquad \dot{\varepsilon}_\theta^* = \frac{1}{r}\frac{\partial v_\theta^*}{\partial \theta} + \frac{v_r^*}{r} = 0$$

$$\dot{\varepsilon}_{\theta r}^* = \frac{1}{2}\left(\frac{1}{r}\frac{\partial v_r^*}{\partial \theta} + \frac{\partial v_\theta^*}{\partial r} - \frac{v_\theta^*}{r}\right) = -\frac{\sqrt{2}}{2}\frac{v_y}{r}$$

$$\dot{\varepsilon}_z^* = \dot{\varepsilon}_{z\theta}^* = \dot{\varepsilon}_{zr}^* = 0$$

对于 Mises 材料，有

$$\bar{\dot{\varepsilon}}^* = \sqrt{\frac{2}{3}\dot{\varepsilon}_{ij}^*\dot{\varepsilon}_{ij}^*} = \frac{2}{\sqrt{3}}\left|\dot{\varepsilon}_{\theta r}^*\right| = \sqrt{\frac{2}{3}}\frac{v_y}{r}$$

$$D_\mathrm{p}(\dot{\varepsilon}_{ij}^*) = \sigma_s \bar{\dot{\varepsilon}}^* = \sigma_s\sqrt{\frac{2}{3}}\frac{v_y}{r}$$

对于 Tresca 材料,有

$$|\dot{\varepsilon}|_{\max} = |\dot{\varepsilon}_{r\theta}^{*}| = \frac{\sqrt{2}}{2}\frac{v_y}{r}$$

$$D_{\mathrm{p}}(\dot{\varepsilon}_{ij}^{*}) = \sigma_s |\dot{\varepsilon}^{*}|_{\max} = \sigma_s \frac{\sqrt{2}}{2}\frac{v_y}{r}$$

设本题为 Tresca 材料,耗散功率为

$$\int_{\Omega} D_{\mathrm{p}}(\dot{\varepsilon}_{ij}^{*})\mathrm{d}\Omega = \int_{\Delta OBC} \frac{\sqrt{2}}{2}\frac{\sigma_s v_y}{r}\mathrm{d}\Omega = \int_0^{2\theta}\mathrm{d}\theta\int_0^{l/\sqrt{2}}\frac{\sqrt{2}}{2}\sigma_s v_y \mathrm{d}r = \sigma_s v_y \theta l$$

此外,$ABCD$ 是速度间断线,使用 14.3 节的结果可知,切向速度间断值为 $|[v_t]| = \sqrt{2}v_y$,其长度是$\sqrt{2}l(1+\theta)$,考虑到 $\tau_s = \frac{\sigma_s}{2}$,故单位厚度沿间断面的耗散功率为

$$\int_{\Gamma^*} \tau_s |[v_t^*]| \mathrm{d}\Gamma = \sigma_s v_y l(1+\theta)$$

单位厚度总的耗散功率为

$$\int_{\Omega} D_{\mathrm{p}}(\dot{\varepsilon}_{ij}^{*})\mathrm{d}\Omega + \int_{\Gamma^*} \tau_s |[v_t^*]| \mathrm{d}\Gamma = \sigma_s v_y l(1+2\theta)$$

令耗散功率与外力功率相等,得

$$p^* = \sigma_s(1+2\theta)$$

因此,有

$$1 + \sin 2\theta \leqslant \frac{p_s}{\sigma_s} \leqslant 1 + 2\theta$$

显然,这里的上限解与 14.3 节根据滑移场理论求得的真实极限荷载 p_s 一致,而下限解在 2γ 接近$\frac{\pi}{2}$,即 2θ 很小时,十分接近 p_s。

15.4　梁的塑性极限分析

对于通常的超静定梁,平衡方程有 3 个,若支座的数目为 s,其超静定次数 $r = s-3$。使用理想刚塑性模型分析时,当梁某个截面的弯矩达到梁的塑性极限弯矩 $|M| = M_s$时,将在该截面形成塑性铰,这样就增加了一个平衡方程,使得超静定的次数减少一次,若塑性铰的个数为 h,则梁的超静定次数 $r = s-h-3$。当 r 减少到 -1 时,梁变成运动机构而丧失进一步承载的能力,该机构就是破坏机构。

正如第 13 章讨论的那样,不计剪力对塑性铰形成的影响,那么塑性铰的转动角度 $\Delta\theta$ 可以看作是在微小梁段 Δx 发生的,该梁段的曲率为 $\Delta\theta/\Delta x$,每单位长度梁段上的塑性耗散功率是 $M_s|\Delta\dot{\theta}|/\Delta x$,在这个铰上总的耗散功率就是 $M_s|\Delta\dot{\theta}|$。

下面以实际例子说明如何构造破坏机构并计算极限荷载。

15.4.1 一端固定一端简支梁受集中荷载作用

如图 15.6(a)所示，一端简支一端固定的超静定梁受两个集中力作用，求极限荷载。

由于问题的超静定次数是 1，破坏机构必须有两个塑性铰。从支座到集中荷载和集中荷载作用点之间，弯矩分布都是直线，因此，塑性铰将在荷载作用点或者固定端形成，可能的破坏机构是：①塑性铰在 A 和 B；②塑性铰在 A 和 C；③塑性铰在 B 和 C，如图15.6(b)～(d)所示。

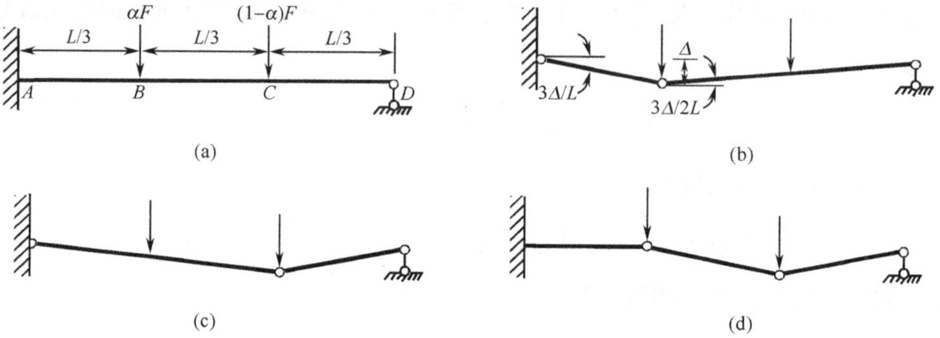

图 15.6 一端简支一端固定梁受两个集中荷载作用，(b)～(d)分别对应 3 种破坏机构

对于破坏机构①，设 B 点向下的位移是 Δ，C 点的位移是 $\Delta/2$，于是

$$\text{外力功率} = \alpha F\dot{\Delta} + \frac{1}{2}(1-\alpha)F\dot{\Delta} = \frac{1}{2}(1+\alpha)F\dot{\Delta}$$

A 点和 B 点的转角分别是 $3\Delta/L$ 和 $9\Delta/2L$

$$\text{耗散功率} = M_s\frac{3\dot{\Delta}}{L} + M_s\frac{9\dot{\Delta}}{2L} = M_s\frac{15\dot{\Delta}}{2L}$$

让外力功率与耗散功率相等，得极限荷载的上限解为 $F^*L/M_s=15/(1+\alpha)$。

对于破坏机构②和破坏机构③，采用上面相同的方法，可得到它们的极限荷载上限值分别为 $12/(2-\alpha)$ 和 $6/(1-\alpha)$，当 α 在 0 到 1 之间时，$6/(1-\alpha)>12/(2-\alpha)$，因此破坏机构③可以不用考虑。我们很容易得到：当 $\alpha>\frac{2}{3}$，破坏机构①给出最小的上限，而当 $\alpha<\frac{2}{3}$，破坏机构②给出最小的上限，因此，上限解是

$$\frac{F^*L}{M_s} = \begin{cases} \dfrac{12}{2-\alpha}, & \alpha \leqslant \dfrac{2}{3} \\[2ex] \dfrac{15}{1+\alpha}, & \alpha \geqslant \dfrac{2}{3} \end{cases}$$

使用上限解给出的荷载分别作用在破坏机构②和破坏机构①，它们将与支座反力和塑性铰处的弯矩 M_s(注意固定端处塑性铰的弯矩为负)一起满足 3 个平衡方程，因此是静力可能的，于是，它们就是问题的下限解，也就是问题的极限荷载。

15.4.2　一端固定一端简支梁受分布荷载作用

上面例子中的超静定梁受均匀分布力的作用，求极限荷载。

这里我们仍然可以假定破坏机构中的一个塑性铰是在固定端，另一个塑性铰发生在梁中的某个截面，如图 15.7 所示。实际上，弯矩应在这个塑性铰处取极值。

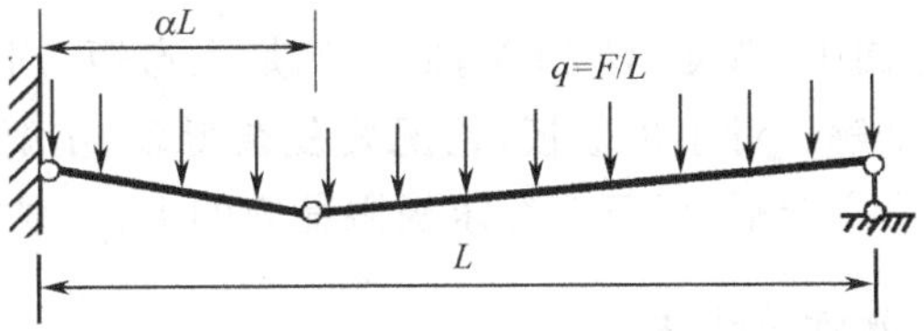

图 15.7　一端简支一端固定梁受均布荷载作用时的破坏机构

1. 静力解

当塑性铰已在固定端($x=0$)形成时，梁各截面的弯矩分布应为

$$M(x)=M_s\left[-\left(1-\frac{x}{L}\right)+\frac{f}{2}\frac{x}{L}\left(1-\frac{x}{L}\right)\right]$$

式中 $f=FL/M_s$。最大值发生在 $x/L=1/2+1/f$，代入上式得最大值为

$$\left(\frac{M}{M_s}\right)_{\max}=\frac{1}{8}\left(f-4+\frac{4}{f}\right)=\phi(f)$$

是 f 的函数，记为 $\phi(f)$。对于任意 f 值，只要 $\phi(f)$不超过 1，都可以作为下限解。实际的下限解就是通过令 $\phi(f)=1$ 得到，即 $f^2-12f+4=0$，该方程有两个根 $6\pm4\sqrt{2}$，由于我们是要找最大的下限解，取最大的根，因此，下限解是

$$f^0=\frac{F^0L}{M_s}=11.657$$

2. 运动解

设破坏机构的一个塑性铰在固定端 $x=0$，另一个塑性铰在 $x=\alpha L$，其中 α 待定。设后一个塑性铰处的位移为 Δ，则梁刚体部分的平均位移为 $\Delta/2$，外力功率为 $F\dot{\Delta}/2$。固定端塑性铰的转角为 $\Delta/\alpha L$，而另一个塑性铰的转角为 $\Delta/\alpha L+\Delta/(1-\alpha)L$，总的耗散功率是

$$\frac{2-\alpha}{\alpha(1-\alpha)}M_s\frac{\dot{\Delta}}{L}$$

因此,上限解就是

$$f^* = \frac{F^*L}{M_s} = \frac{2(2-\alpha)}{\alpha(1-\alpha)}$$

通过让上式相对 α 取最小值可以得到最小的上限解,于是有 $\alpha^2-4\alpha+2=0$。因为 $\alpha<1$,合适的解是 $\alpha=2-\sqrt{2}$,由此给出的上限解是 $f^*=6+4\sqrt{2}$,与下限解重合。

15.5 板的塑性极限分析

圆板的轴对称弯曲中,弯矩 M_r 和 M_θ 恰好就是主弯矩,问题得到了很大的简化,从而容易求得完全解。对于矩形板,情况要复杂得多,主要是主弯矩的方向往往难以确定,很难求得完全解,以下介绍求极限荷载的上、下限方法。

15.5.1 上限分析的塑性铰线法

在板的上限分析中,塑性铰线法应用较多,工程界广泛应用它对矩形钢筋混凝土板进行塑性极限分析。塑性铰线与梁中的塑性铰的概念相同,它是塑性铰的连线,即板沿这条线的横截面都达到塑性极限状态。塑性铰线把一个刚塑性板分成几个不同的刚性区,各刚性区之间由塑性铰线连接在一起,形成一个处于极限状态的破坏机构。

塑性铰线法基于如下几个假定。

(1) 板在开始破坏时,在最大弯矩处形成塑性铰线,该铰线可以只用直线线段描述。

(2) 沿塑性铰线的单位长度上只有等于常数的塑性极限弯矩 M_s 作用,扭矩和横向剪力均略去不计,即认为塑性铰线没有相对滑动和扭曲。

(3) 塑性铰线之间板块的变形与板块绕塑性铰线的刚体转动相比很小,可略去不计,这就是说,塑性铰线之间的板块可看作为刚体,所有的塑性耗散都发生在塑性铰线上。

由上面假定构造的破坏机构(即运动可能的速度场)可以给出极限荷载的上限。在大多数情况下,板按照哪些塑性铰线破坏是未知的,破坏机构的构造可以有多种可能,在各种可能的破坏机构中,总会给出一个接近实际的破坏机构,它将给出最小的极限荷载。下面以两个实例说明塑性铰线法的应用。

1. 周边简支的任意多边形板

如图 15.8 所示周边简支的任意多边形板,在板上某一点 O 处作用集中力 P,

求极限荷载的上限。

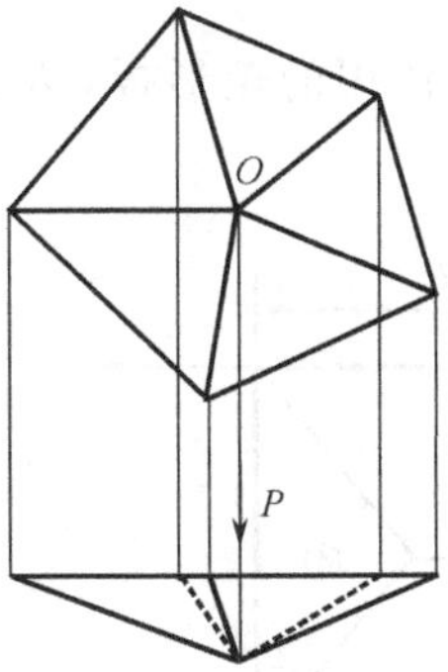

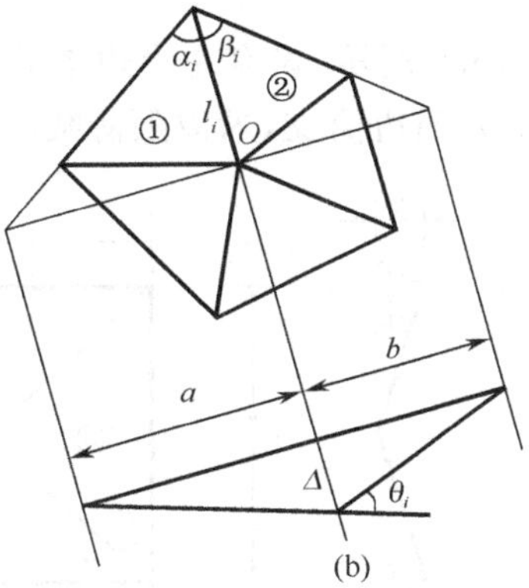

图 15.8　简支多边形板

板的破坏机构为以 O 为顶点的角锥体，其棱边为塑性铰线，角锥体的高度为 O 点的挠度 Δ。假定在破坏(极限)状态下为小挠度，因此可以认为锥体棱边的长度近似等于其水平投影的长度。使用图 15.8(b)，求得第 i 条塑性铰线两侧的刚体块①和刚体块②的相对转角 θ_i 为

$$\theta_i = \frac{\Delta}{a} + \frac{\Delta}{b}$$

由几何关系

$$a = l_i \tan\alpha_i, \qquad b = l_i \tan\beta_i$$

式中 l_i 是第 i 条塑性铰线的长度。因此

$$\theta_i = \frac{\Delta}{l_i}(\cot\alpha_i + \cot\beta_i) \tag{15.12}$$

内力在破坏机构上所作的功率即耗散功率可采用下式计算

$$\dot{U} = \sum_{i=1}^{n} \int_i M_s \dot{\theta}_i \mathrm{d}l = \sum_{i=1}^{n} M_s \dot{\theta}_i l_i \tag{15.13}$$

式中 $\dot{\theta}_i$ 是相对转角的时间率(即转动角速度)。将式(15.12)两边取时间率后代入式(15.13)，则有

$$\dot{U} = M_s \dot{\Delta} \sum_{i=1}^{n} (\cot\alpha_i + \cot\beta_i)$$

外力在破坏机构上所作的功率是

$$\dot{W} = P\dot{\Delta}$$

让耗散功率与外力功率相等，得极限荷载的上限为

$$P^* = M_s \sum_{i=1}^{n} (\cot\alpha_i + \cot\beta_i)$$

2. 半边承受均匀分布荷载 q 作用的矩形板

如图 15.9 所示，设有左半边承受均匀分布荷载 q 作用的矩形板，两个边长分别为 $2b$ 和 b，四边简支，求极限荷载的上限。

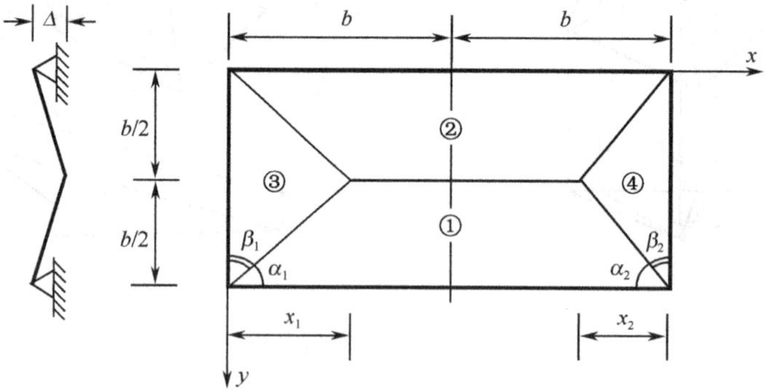

图 15.9　四边简支矩形板

首先构造如图 15.9 所示的破坏机构，板被塑性铰线分成 4 个刚性块，刚体块①和刚体块②之间塑性铰线的挠度是 Δ，x_1 和 x_2 是待定的变量，通过使极限荷载最小确定。下面分块计算外力的功率。

对于刚性块②，任一点的速率为 $y\dot{\Delta}/(b/2)$，注意仅左半边承受荷载，外力功率为

$$\dot{W}_2=\iint qy\,\frac{2\dot{\Delta}}{b}\mathrm{d}x\mathrm{d}y=\frac{qb\dot{\Delta}}{4}\left(b-\frac{2}{3}x_1\right)$$

对于刚性块③，任一点的速率为 $x\dot{\Delta}/x_1$，外力功率为

$$\dot{W}_3=\iint qx\,\frac{\dot{\Delta}}{x_1}\mathrm{d}x\mathrm{d}y=\frac{qb\dot{\Delta}}{6}x_1$$

故外力的总功率为

$$\dot{W}=2\dot{W}_2+\dot{W}_3=\frac{qb\dot{\Delta}}{2}\left(b-\frac{1}{3}x_1\right)$$

由图 15.9 的几何关系

$$\cot\alpha_1=\tan\beta_1=\frac{2x_1}{b},\qquad\cot\alpha_2=\tan\beta_2=\frac{2x_2}{b}$$

刚体块①和刚体块②之间的转角是 $4\Delta/b$。因此，总的耗散功率是

$$\dot{U}=M_s\frac{4\dot{\Delta}}{b}(b-x_1-x_2)+2\times M_s\dot{\Delta}\sum_{i=1}^{2}(\cot\alpha_i+\cot\beta_i)$$

$$= 4M_s\dot{\Delta} + M_s\dot{\Delta}\frac{b}{x_1} + M_s\dot{\Delta}\frac{b}{x_2}$$

令$\dot{W}=\dot{U}$相等，得极限荷载的上限为

$$q^* = \frac{2M_s}{b\left(b-\frac{x_1}{3}\right)}\left[4+b\left(\frac{1}{x_1}+\frac{1}{x_2}\right)\right]$$

从上式可知，q^* 与 x_2成反比，为使 q^* 最小，x_2应最大，因此取 $x_2=b$，代入上式，令

$$\frac{\partial q^*}{\partial x_1} = 0, \qquad 得\ x_1 = 0.6b$$

最后得最优的上限解为

$$q^* = \frac{16.7M_s}{b^2}$$

15.5.2　下限解——受均布荷载作用的矩形板

如能找到一个应力场，它能够满足静力可能场的全部条件，即满足力边界条件和平衡方程，又不违背屈服条件，则相对应的荷载为极限荷载的下限。

对于矩形板来说，静力可能的内力场难以做到不违背屈服条件，所以寻求下限解要困难得多。为了简化问题，假定在内力场中扭矩 $M_{xy}=0$。

对于受均布荷载 q 作用的矩形板，四边简支，设坐标原点在板中心，坐标轴与板边平行，我们取下列内力场

$$M_x = C_1\left(\frac{a^2}{4}-x^2\right),\quad M_y = C_2\left(\frac{b^2}{4}-y^2\right),\quad M_{xy} = 0 \tag{15.14}$$

显然，所设内力场满足弯矩为零的简支边边界条件，为了满足内力表示的平衡方程式(6.23)，必有

$$C_1 + C_2 = \frac{q}{2} \tag{15.15}$$

最大弯矩发生在板的中心 $x=0$ 和 $y=0$ 处，在板中心处，假设 M_x和 M_y同时到达塑性极限弯矩 M_s，即 $M_x=M_y=M_s$，因此有

$$C_1 = \frac{4M_s}{a^2},\quad C_2 = \frac{4M_s}{b^2} \tag{15.16}$$

此时，板内各点仅中心到达屈服，满足屈服条件式(14.33)，其他各点的内力都位于屈服面以内，因此内力场式(15.14)不违背屈服条件。

将(15.16)代入(15.15)，得极限荷载的下限解为

$$q = 8M_s\left(\frac{1}{a^2}+\frac{1}{b^2}\right)$$

习　题

1. 图 15.10 所示的矩形板条，宽为 b，厚为 h，中间裂纹的宽度为 a，两端受合力 P 拉伸。利用上下限定理，证明极限拉力为 $P=\sigma_s h(b-a)$。(运动场可设为，AB 和 CD 是剪切破坏面，产生速度间断，它们将板条分为上下两个刚体)

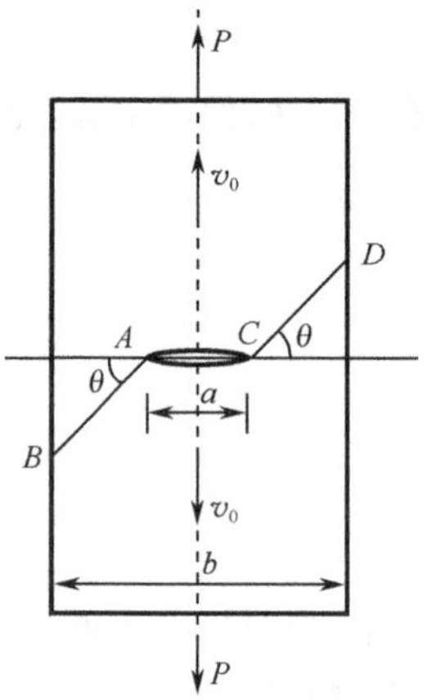

图 15.10

2. 顶面受压的对称楔形体，顶角为 $2\gamma=\frac{\pi}{3}$。试证：

(1)根据图 15.11(a)中具有 4 条应力间断线的静力可能的应力场，得出楔形体极限荷载的下限为 $p^0=2k\times1.5$；

(2)根据图 15.11(b)中运动可能的速度场，得出极限荷载的上限为 $p^*=2k\sqrt{3}$。

3. 利用上、下限定理求解两端固定的超静定梁在均布荷载作用下的极限荷载。

4. 设有承受均匀分布荷载的简支矩形板，其两个边长分别为 $2a$ 和 $2b$，$(a\leqslant 2b)$。采用图 15.9 所示塑性铰线，求极限荷载的上限。

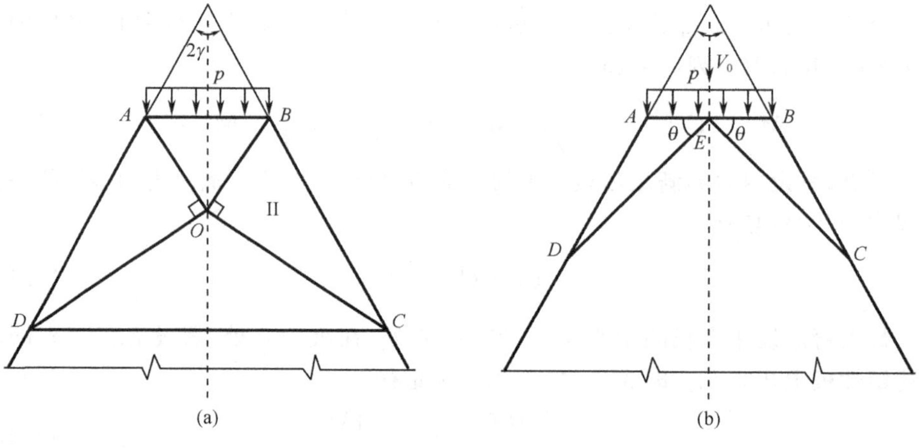

图 15.11

第16章 岩土材料屈服条件与塑性本构关系

前面介绍的塑性力学基本理论是以金属材料为主要研究对象而建立的，是塑性力学的经典内容，人们常称之为经典塑性力学。根据金属材料塑性变形的宏观特点和其主要内在机制——位错滑移，经典塑性力学引入了一些重要的假定，主要包括：假定屈服条件只取决于偏应力，而与静水压力无关；拉伸和压缩的塑性特性一致；还引入 Drucker 稳定性公设，导出了塑性应变增量与屈服面正交，且不存在塑性体积变形。这些假定对于金属材料基本适用，但对于土、岩石、混凝土一类的岩土材料不适用，这类材料的力学性质取决于静水压力，而且拉伸与压缩的力学性质也不一样，同时还会产生塑性体积变形（通常表现为膨胀变形）和应变软化现象等，因此与金属材料显著不同，其原因是岩土材料塑性变形的内在机制不同于金属材料。岩石、混凝土材料内部包含大量的微裂纹，它是影响其屈服条件和本构关系的主要机制，它们承受拉应力的能力极低，在受拉状态下一般表现为脆性，产生的塑性变形很小，只有在受压状态，由于微裂纹的扩展或闭合裂纹表面的相对滑动，才可能产生一定量的塑性变形。土的力学性质与岩石、混凝土差别也比较明显，土是由微小的颗粒组成，颗粒之间的空隙中充满了水和空气，土的塑性变形主要产生于颗粒之间沿接触表面的相互滑动。对于黏土，滑动阻力来自于土粒表面吸着水的作用；对于无黏性土如砂土，滑动阻力来自于颗粒间的干摩擦。土通常能经历很大的压缩和剪切变形。

总之，岩土材料塑性变形的内在机制不同于金属材料，其塑性变形具有一些与金属材料显著不同的特性，经典塑性理论中的 Tresca 和 Mises 屈服条件及其相关联的流动法则不再适当。不过，其中的一些重要概念如屈服面、流动法则和内变量等清晰、简明且不失数学上的严密性，我们仍然可以借用，但需要对它们进行适当的修正。

16.1 岩土材料塑性变形的特点

16.1.1 岩石和混凝土的塑性变形

岩石、混凝土属于脆性材料，破坏前产生的应变较小，通常在1%的量级或更小。但它们又不像玻璃和铸铁等脆性材料那样，一旦弹性极限达到就立即破坏，几乎不产生塑性应变。岩石、混凝土在破坏前会产生一定的塑性永久应变，虽然值很小，但比起弹性应变要大。试验表明：它们的变形和破坏通常具有如下几方面的特点。

1. 应变软化

对许多岩石和混凝土进行单轴压缩实验，可得应力-应变关系如图 16.1 中所示，在达到峰值强度后，随着变形增加应力不断减小，即产生应变软化现象，按照材料的稳定性定义，岩土材料是非稳定材料。

顺便指出，应变软化段能否测得取决于试验机的刚度。使用 P 代表试验机施加在试件的荷载，u 代表试件产生的位移。考察位移发生一个小的改变 Δu，相应的荷载改变是 ΔP，试件吸收的能量是 $P\Delta u$。由于试验机不是绝对刚性的，它也会吸收能量并储存在机器内，将试验机等效成一个弹簧，其弹性刚度为 k，于是，它所储存的能量是 $P\Delta P/k$。当应变软化开始产生时，无论是压缩还是拉伸试验，若 $P\Delta P<0$，就表示试验机释放能量，当释放的能量大于试件所能吸收的能量，即 $|P\Delta P|/k>|P\Delta u|$ 或 $k<|\Delta P/\Delta u|$ 时，机器和试件组成的系统处于非稳定状态，试件立即发生脆性破坏，应力突然从峰值强度跌落下来。因此，为了测出荷载位移的全过程曲线，试验机的刚度 k 必须足够大，至少 $k>|\Delta P/\Delta u|$，后者是试件软化段的斜率，并且使用位移控制加载。

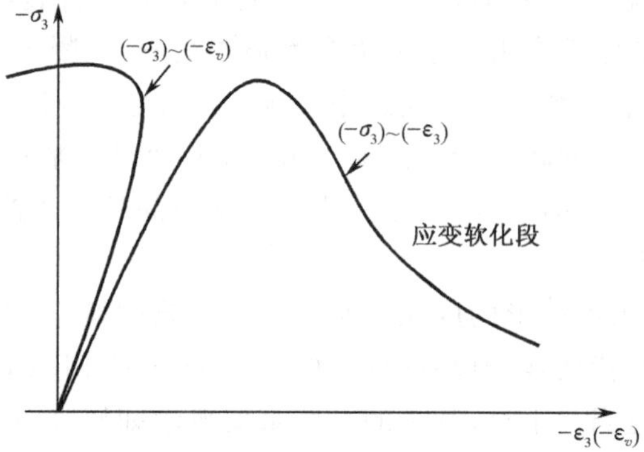

图 16.1　单轴压缩下应力与应变及体应变关系曲线示意图

2. 受静水压力影响

为获得岩土材料随静水压力的关系，通常进行三轴试验。试验试件一般为圆柱形，首先加压应力 $\sigma_1=\sigma_2=\sigma_3$，然后保持 $\sigma_1=\sigma_2$ 不变（$\sigma_1=\sigma_2$ 称之为侧压或围压），只增加 σ_3 直到材料破坏。绘出应力 $\sigma_1-\sigma_3$ 与应变 σ_3 的关系曲线，并以 σ_1 作为参数，一般为如图 16.2 所示。围压较小时，应力-应变关系有软化段，且破坏时变形较小，表现为脆性破坏；当围压增大时，裂纹扩展受到约束，峰值强度增大，破坏时变形显著增加，表现为延性破坏。当围压足够大时，特别是当 3 个方向的压应力比较接近时，应变软化段消失，出现类似于金属塑性的硬化现象。这类受静水压力影响的材料通常称为压力敏感材料。

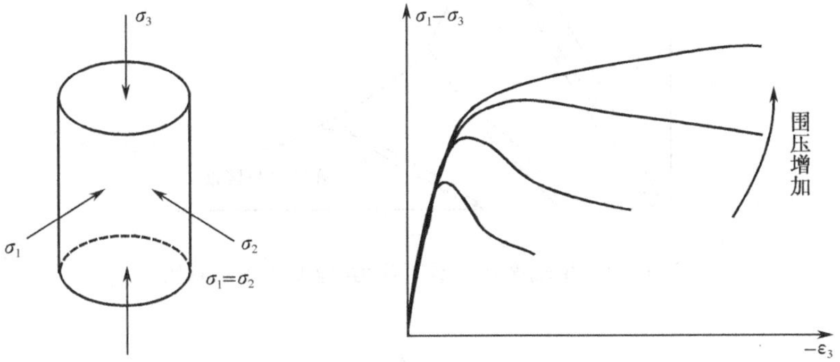

图 16.2　三轴试验下的应力-应变关系曲线示意图

3. 体积扩容

在单轴压缩下，岩石、混凝土试件除了产生轴向应变 ε_3 外，还会产生横向应变 $\varepsilon_1=\varepsilon_2$，体积应变用 ε_v 表示，则 $\varepsilon_v=2\varepsilon_1+\varepsilon_3$，其轴向应力 σ_3 与体积应变 ε_v 的关系曲线一般如图 16.1 所示。试件的体积应变由两部分组成，一是静水压力下的压缩体积应变，二是微裂纹扩展引起的塑性膨胀体积应变。在硬化阶段初期，以压缩体积应变为主，塑性膨胀体积应变较小，材料体积表现为收缩，$d\varepsilon_v<0$；在硬化阶段后期和接近峰值强度时，两者相互抵消，体积应变的增长为零，$d\varepsilon_v=0$，见图 16.1 中 σ_3 与 ε_v 关系曲线的反弯点；在软化阶段，平行于压应力方向的微裂纹开始不断扩展，塑性膨胀体积应变增大，材料体积变为膨胀，$d\varepsilon_v>0$，这种现象称之为体积扩容。随着进一步变形，甚至会超过试件原有的体积，即总的体积应变由负变为正。低围压下的三轴试验可得到相似的结果。

4. 弹塑性耦合

循环加载试验下典型的应力-应变关系曲线如图 16.3 所示，卸载-重新加载曲线不是直线而是形成一定的滞环。我们假定卸载-再加载时材料是线弹性的，使用连接每个循环转折点直线的斜率作为其平均模量，显然，卸载-再加载平均弹性模量随塑性变形的发展不断降低，即弹性性质随塑性变形而改变。

5. 拉伸和压缩的力学性能差别很大

图 16.4 是混凝土在双轴应力状态下典型的破坏面，抗拉强度明显低于抗压强

度，其比率通常在0.05～0.1之间。

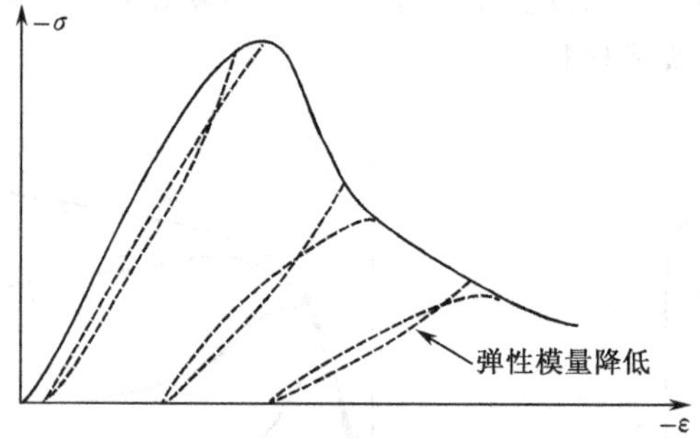

图 16.3　单轴循环加载下应力-应变关系示意图

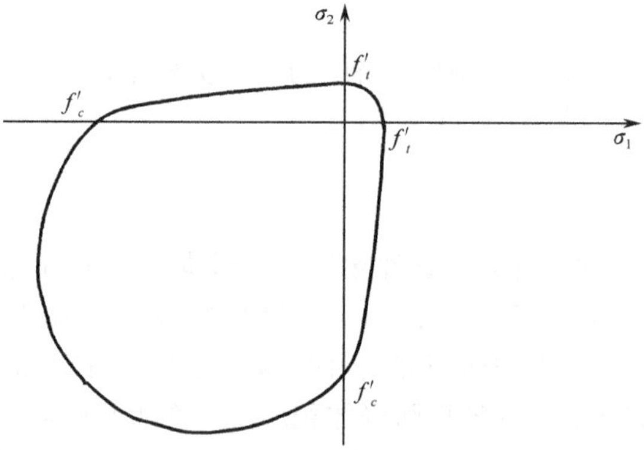

图 16.4　混凝土双轴实验破坏面

16.1.2　土的塑性变形性质

与岩石、混凝土不同，土能经历很大的压缩和剪切变形，且变形性质受孔隙中的含水量影响很大。

1. 土的压缩性试验

研究土的压缩性通常进行有侧限压缩试验，即在土试件上施加压力，侧向膨胀被约束，试验中允许水从孔隙中排出，土的孔隙率因此产生不可逆的减小，从而导致永久的压缩变形，这个过程称为固结。固结通常需要一段时间，有时需要很长的时间，这一现象非常类似于流变。典型的压缩曲线如图16.5(a)所示，图中给出了回弹-再压缩的滞回环，通常将回弹后的土称之为超固结，图16.5(b)给出了土的压缩应力应变的关系曲线，图中 e 为孔隙率，e_0 为初始孔隙率。

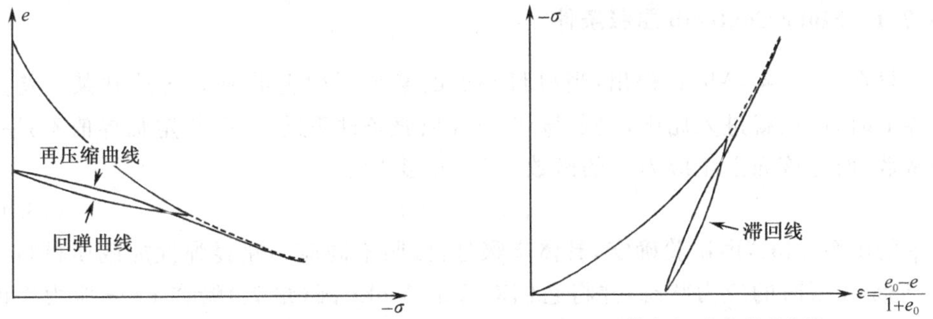

(a) 固结曲线　(b) 压缩应力-应变关系曲线

图 16.5　土的压缩曲线

2. 土的三轴剪切试验

典型的三轴剪切试验曲线如图 16.6 所示，超固结黏土或密实砂土在经历应变硬化后，还会产生应变软化，其体积应变是先收缩后膨胀，膨胀是剪切过程中致密的颗粒之间为了能够相互滚动所导致的，这种现象称之为剪胀(剪胀可以用两个表面凹凸不平的面相接触来直观说明，当两个面相对错动时，它们之间的距离由于表面凹凸不平而发生变化，因而引起体积膨胀)。它在物理机理上与岩石、混凝土的体积扩容不同；对于正常固结黏土或松砂，则没有应变软化段，其体积应变表现为收缩，因为这种情况下土的孔隙率较大，土粒在相互滚动时会落入它们之间的空隙中，从而减小孔隙体积。

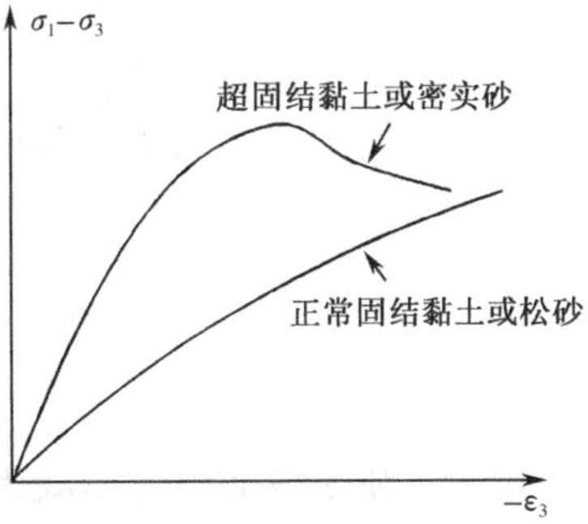

图 16.6　土的三轴剪切试验曲线

综上所述，岩土材料塑性变形具有一些与金属材料不同的特性，直接将经典塑性力学应用于岩土材料是不适当的，因此我们需要对其中的一些基本概念进行适当的扩充和修正。

16.2　Mohr-Coulumb 屈服条件和 Drucker-Prager 屈服条件

根据上面的描述，岩土材料的屈服条件应与静水压力有关，在各向同性情况下，可一般地表示为式(11.2)或式(11.3)。下面具体介绍两个常用的屈服条件。

16.2.1 Mohr-Coulumb 屈服条件

早在 1900 年，Mohr 提出：当材料一点的某个平面上剪应力 τ_n 达到某一特定临界值时，该点就进入屈服，但是与 Tresca 屈服条件不同，这一特定临界值不是一个常数，而是该面上正应力 σ_n 的函数，其一般形式为

$$|\tau_n| = g(\sigma_n) \tag{16.1}$$

式中的函数 $g(\sigma_n)$ 由试验确定，具体步骤是：按照不同应力路径弹性加载使材料屈服，记录屈服时的应力状态，并将它们对应的 Mohr 圆（最大）绘在 $\tau \sim \sigma$ 应力平面上，作这些 Mohr 圆的包络线，则得到 $g(\sigma_n)$，如图 16.7 所示。

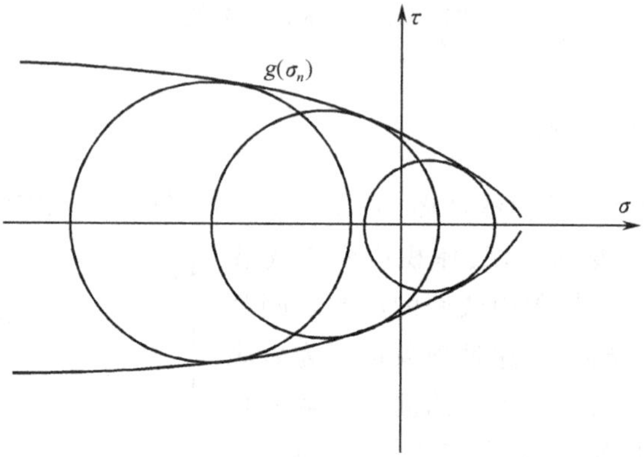

图 16.7 Mohr 条件

对于土和受静水压力不太大的岩石，可以假定 Mohr 包络线就是直线，如图 16.8 所示，这时称为 Coulumb 条件，表示为

$$|\tau_n| = c + (-\sigma_n)\tan\phi \tag{16.2}$$

式中 ϕ 称为内摩擦角，c 是黏结力，它们都是材料常数，由试验确定。$(-\sigma_n)\tan\phi$ 代表剪切面上的内摩擦力（在岩土力学中，一般规定压应力为正，那时就应将式(16.2)中的负号改为正号），$\mu=\tan\phi$ 是内摩擦系数。由式(16.2)表示的屈服条件称为 Mohr-Coulumb 屈服条件。对于无内摩擦材料，$\phi=0$，式(16.2)退化为 Tresca 屈服条件，c 就是纯剪切屈服应力。因此，Mohr-Coulumb 屈服条件就是考虑材料内摩擦情况下 Tresca 屈服条件的推广。

下面使用主应力表示 Mohr-Coulumb 屈服条件式(16.2)。在 $\tau \sim \sigma$ 应力平面上，表征屈服时应力状态的应力圆应与式(16.2)所代表的直线相切，切点的坐标 (τ_n, σ_n) 就是剪切滑移面上的正应力和剪应力。若主应力 $\sigma_1, \sigma_2, \sigma_3$ 已知，并规定了 $\sigma_1 \geqslant \sigma_2 \geqslant \sigma_3$，根据图 16.8 很容易将 τ_n、σ_n 用主应力表示为

$$\sigma_n = \frac{1}{2}(\sigma_1 + \sigma_3) + \frac{1}{2}(\sigma_1 - \sigma_3)\sin\phi \tag{16.3a}$$

$$\tau_n = \frac{1}{2}(\sigma_1 - \sigma_3)\cos\phi \tag{16.3b}$$

将式(16.3)代入式(16.2)，屈服条件用主应力表示为

$$\frac{1}{2}(\sigma_1 - \sigma_3) + \frac{1}{2}(\sigma_1 + \sigma_3)\sin\phi - c\cos\phi = 0 \tag{16.4}$$

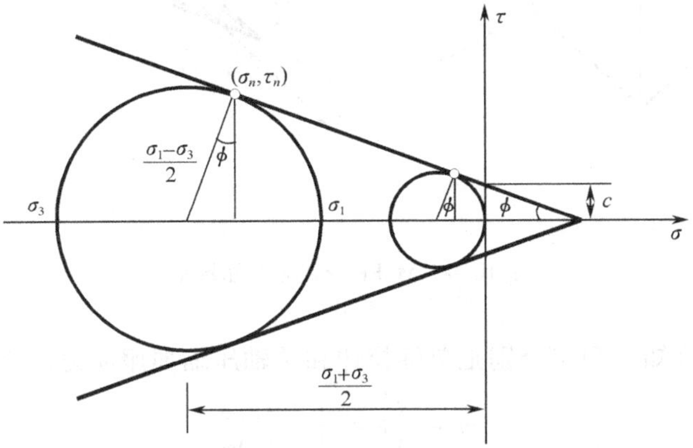

图 16.8　Mohr-Coulumb 屈服条件

在与 π 平面平行的平面上，σ_0 = const，建立与 π 平面相同的平面直角坐标系，在式(16.4)中使用式(1.56)，得屈服面与该平面的交线的方程为

$$\frac{\sqrt{2}}{2}x - \frac{\sin\phi}{\sqrt{6}}y = c\cos\phi - \sigma_0\sin\phi \tag{16.5}$$

显然为一直线，由于规定了 $\sigma_1 \geqslant \sigma_2 \geqslant \sigma_3$，因此它仅在 $-30° \leqslant \theta \leqslant 30°$ 范围内适用。如不规定主应力的大小顺序，根据对称性，便可得交线的图形如图 16.9(a)所示。式(16.5)右边代表其图形的大小，它随静水压力 σ_0 增加(指代数值增加)而线性地缩小，当

$$\sigma_1 = \sigma_2 = \sigma_3 = c\cot\phi \tag{16.6}$$

时，图形收缩为一点。因此，Mohr-Coulumb 屈服面在主应力空间中是一个六棱锥面，锥顶点位于 $\sigma_0 = c\cot\phi$，如图 16.9(b)。

当规定 $\sigma_1 \geqslant \sigma_2 \geqslant \sigma_3$ 时，Mohr-Coulomb 屈服条件也可写成

$$\frac{\sigma_1}{f'_t} - \frac{\sigma_3}{f'_c} = 1 \tag{16.7}$$

式中

$$f'_t = \frac{2c\cos\phi}{1+\sin\phi}, \qquad f'_c = \frac{2c\cos\phi}{1-\sin\phi} \tag{16.8}$$

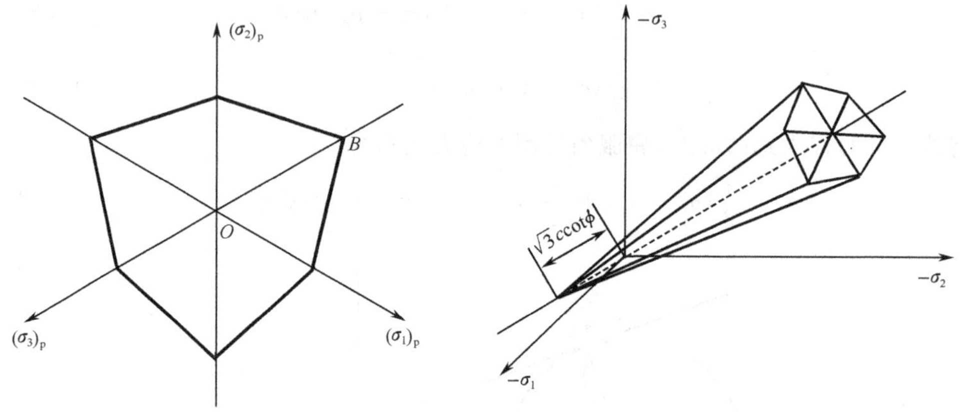

(a) (b)

图 16.9 Mohr-Coulomb 屈服面

根据式(16.7)可知 f_t'和 f_c'分别是单轴拉伸和单轴压缩屈服应力。令

$$m = \frac{f_c'}{f_t'} = \frac{1 + \sin\phi}{1 - \sin\phi}$$

式(16.7)又可表示为

$$m\sigma_1 - \sigma_3 = f_c'$$

在式(16.4)中代入式(1.57),将 Mohr-Coulumb 屈服条件使用不变量表示为

$$\sqrt{J_2}\left(\cos\theta_\sigma - \frac{\sin\phi}{\sqrt{3}}\sin\theta_\sigma\right) + \frac{1}{3}I_1\sin\phi - c\cos\phi = 0, \qquad -\frac{\pi}{6} \leqslant \theta_\sigma \leqslant \frac{\pi}{6} \tag{16.9}$$

16.2.2 Drucker-Prager 屈服条件

在 Mises 屈服条件的基础上,考虑静水压力的最简单方法,就是加上一个静水压力的项

$$\alpha I_1 + \sqrt{J_2} - k = 0 \tag{16.10}$$

式中 α, k 为正的材料常数。式(16.10)称为 Drucker-Prager 屈服条件,对应的屈服面在平行于 π 平面的面上(I_1 为常数)是圆,在主应力空间中是一个圆锥面,如图 16.10(a)。

岩土力学及其工程界规范了一套确定材料常数 c 和 ϕ 的试验方法,这两个参数在工程界得到广泛应用。下面介绍通过引入两个假定使用 c 和 ϕ 确定 α 和 k。

(1) 在主应力空间,设 Drucker-Prager 的锥体顶点与 Mohr-Coulumb 六棱锥的顶点重合,如图 16.10(a)。

在主应力空间，Mohr-Coulumb 锥面顶点的应力坐标值由式(16.6)所给出，这时 $J_2=0$，代入式(16.10)，因此得

$$k = \alpha I_1 = \alpha \times 3c\cot\phi \tag{16.11}$$

(2) 假定在 π 平面上，Drucker-Prager 圆与 Mohr-Coulumb 六边形在单轴压缩下的屈服应力相同，即在图 16.10(b)中的 B 点重合。

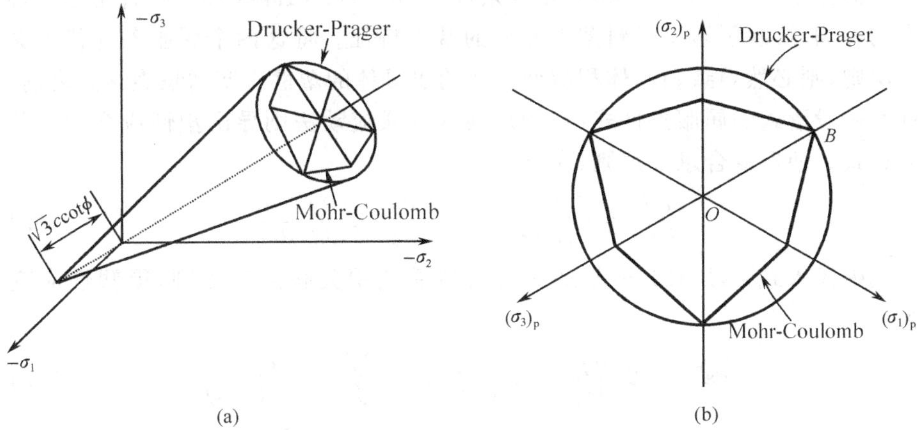

图 16.10　Mohr-Coulomb 和 Drucker-Prager 屈服面

根据 Mohr-Coulumb 屈服条件，在 π 平面上，B 点的坐标是

$$x = r_\sigma \cos\frac{\pi}{6}, \qquad y = r_\sigma \sin\frac{\pi}{6}$$

代入式(16.5)，得

$$\frac{\sqrt{2}}{2}r_\sigma\frac{\sqrt{3}}{2} - \frac{\sin\phi}{\sqrt{6}}\frac{1}{2}r_\sigma = c\cos\phi, \qquad r_\sigma = \frac{2\sqrt{6}c\cos\phi}{3-\sin\phi}$$

在 π 平面上，$I_1=0$，使用式(16.10)，并考虑到式(1.54a)及上式，得

$$k = \sqrt{J_2} = \frac{1}{\sqrt{2}}r_\sigma = \frac{2\sqrt{3}c\cos\phi}{3-\sin\phi} \tag{16.12}$$

将式(16.12)代入式(16.11)，最后有

$$\alpha = \frac{2\sin\phi}{\sqrt{3}(3-\sin\phi)}, \qquad k = \frac{6c\cos\phi}{\sqrt{3}(3-\sin\phi)} \tag{16.13}$$

相应于上述参数的 Drucker-Prager 圆锥与 Mohr-Coulumb 六棱锥外接。Mohr-Coulumb 屈服面不光顺有尖点，即屈服面法线不连续，这给数值计算带来困难，而 Drucker-Prager 屈服面可以被看作是 Mohr-Coulumb 屈服面为避免这些困难而进行的光滑近似。

考虑 Drucker-Prager 圆锥与 Mohr-Coulumb 六棱锥的不同连接方式，例如前

者内切于后者，则可以得到两组参数之间的不同关系，参考有关文献。

16.3 流动法则

16.3.1 关联流动法则下塑性应变增量的一般表达

上面介绍的 Mohr-Coulomb 屈服条件和 Drucker-Prager 屈服条件考虑了静水压力的影响，反映了岩土材料塑性变形的基本特征。将这两个屈服条件代入关联流动法则，则必然导致塑性体积应变。在给出具体的塑性应变增量表达式之前，首先针对一般形式的屈服条件式(11.3)，根据关联流动法则导出塑性应变增量的一般表达式。使用复合求导法则，应有

$$\frac{\partial f}{\partial\sigma_{ij}}=\frac{\partial f}{\partial I_1}\frac{\partial I_1}{\partial\sigma_{ij}}+\frac{\partial f}{\partial J_2}\frac{\partial J_2}{\partial\sigma_{ij}}+\frac{\partial f}{\partial\theta_\sigma}\frac{\partial\theta_\sigma}{\partial\sigma_{ij}}\tag{16.14}$$

在上式中代入式(A1.13)～式(A1.17)，然后使用关联流动法则，得塑性应变增量为

$$\mathrm{d}\varepsilon_{ij}^{\mathrm{p}}=\mathrm{d}\lambda\frac{\partial f}{\partial\sigma_{ij}}=\mathrm{d}\lambda\left(\frac{\partial f}{\partial I_1}\delta_{ij}+\frac{\partial f}{\partial J_2}s_{ij}+\frac{\partial f}{\partial\theta_\sigma}t_{ij}\right)\tag{16.15}$$

式中

$$t_{ij}=\frac{\partial\theta_\sigma}{\partial\sigma_{ij}}=-\frac{\sqrt{3}}{2(J_2)^{3/2}\cos3\theta_\sigma}\left(s_{im}s_{mj}-\frac{2}{3}J_2\delta_{ij}-\frac{3}{2}\frac{J_3}{J_2}s_{ij}\right)\tag{16.16}$$

由附录 A1.8 节可知，t_{ij} 是偏张量，因此，式(16.15)括号中的第一项反映塑性体积应变增量，而第二项和第三项反映塑性偏应变增量，即

$$\mathrm{d}\varepsilon_{kk}^{\mathrm{p}}=3\mathrm{d}\lambda\frac{\partial f}{\partial I_1}\tag{16.17a}$$

$$\mathrm{d}e_{ij}^{\mathrm{p}}=\mathrm{d}\lambda\left(\frac{\partial f}{\partial J_2}s_{ij}+\frac{\partial f}{\partial\theta_\sigma}t_{ij}\right)\tag{16.17b}$$

由附录 A1.8 节可知，t_{ij} 和 s_{ij} 主轴相同，也就是与应力 σ_{ij} 的主轴相同，因此，式(16.15)右边括号所得张量的主轴与应力主轴相同，这就是说，塑性应变增量的主轴与应力主轴相同。

将式(16.17b)代入累积塑性应变的定义式(11.16a)，并考虑到式(A1.18)，因此有

$$\overline{\mathrm{d}\varepsilon^{\mathrm{p}}}=\sqrt{\frac{2}{3}}\mathrm{d}\lambda\sqrt{\left(\frac{\partial f}{\partial J_2}\right)^2s_{ij}s_{ij}+\left(\frac{\partial f}{\partial\theta_\sigma}\right)^2t_{ij}t_{ij}}\tag{16.18}$$

利用式(A1.20)，进一步得

$$\overline{\mathrm{d}\varepsilon^{\mathrm{p}}}=\mathrm{d}\lambda\sqrt{\frac{4J_2}{3}\left(\frac{\partial f}{\partial J_2}\right)^2+\frac{1}{3J_2}\left(\frac{\partial f}{\partial\theta_\sigma}\right)^2}\tag{16.19}$$

或使用等效应力($\bar{\sigma}=\sqrt{3J_2}$)表示成

$$\overline{d\varepsilon^p} = d\lambda \sqrt{\left(\frac{\partial f}{\partial \bar{\sigma}}\right)^2 + \left(\frac{1}{\bar{\sigma}} \frac{\partial f}{\partial \theta_\sigma}\right)^2}$$

根据上式，累积塑性应变增量$\overline{d\varepsilon^p}$是以下两个分量合成的结果

$$(\overline{d\varepsilon^p})_{r_\sigma} = d\lambda \frac{\partial f}{\partial \bar{\sigma}}, \qquad (\overline{d\varepsilon^p})_{\theta_\sigma} = d\lambda \frac{1}{\bar{\sigma}} \frac{\partial f}{\partial \theta_\sigma} \tag{16.20}$$

式中$(\overline{d\varepsilon^p})_{r_\sigma}$是由等效应力或$J_2$的改变引起的塑性应变增量；而$(\overline{d\varepsilon^p})_{\theta_\sigma}$是由应力 Lode 角的改变引起的塑性应变增量。

在π平面上，由于$r_\sigma = \sqrt{2J_2} = \sqrt{\frac{2}{3}}\bar{\sigma}$，则

$$\frac{\partial f}{\partial r_\sigma} = \sqrt{\frac{3}{2}} \frac{\partial f}{\partial \bar{\sigma}}, \qquad \frac{1}{r_\sigma} \frac{\partial f}{\partial \theta_\sigma} = \sqrt{\frac{3}{2}} \frac{1}{\bar{\sigma}} \frac{\partial f}{\partial \theta_\sigma} \tag{16.21}$$

数学上，$\frac{\partial f}{\partial r_\sigma}$和$\frac{1}{r_\sigma}\frac{\partial f}{\partial \theta_\sigma}$分别代表屈服面外法线方向矢量在径向和环向的分量，结合式(16.21)和式(16.20)，说明$(\overline{d\varepsilon^p})_{r_\sigma}$和$(\overline{d\varepsilon^p})_{\theta_\sigma}$分别是$\overline{d\varepsilon^p}$沿径向和沿环向的分量，且$\overline{d\varepsilon^p}$与屈服面外法线方向一致，即与屈服面垂直，如图 16.11 所示。实际上，$\overline{d\varepsilon^p}$是塑性应变增量$d\varepsilon_{ij}^p$在$\pi$平面上的投影分量。

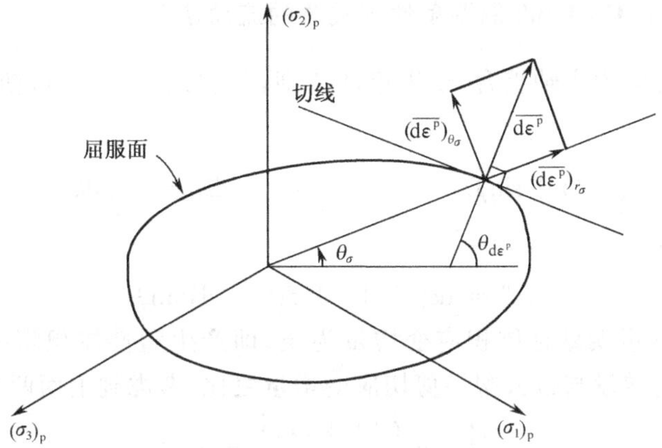

图 16.11　π平面上累积塑性应变增量的分解

类似于应力的 Lode 角θ_σ，定义塑性应变增量的 Lode 角$\theta_{d\varepsilon^p}$为

$$\tan\theta_{d\varepsilon^p} = \frac{1}{\sqrt{3}} \frac{2d\varepsilon_2^p - d\varepsilon_1^p - d\varepsilon_3^p}{d\varepsilon_1^p - d\varepsilon_3^p} \tag{16.22}$$

式中$d\varepsilon_1^p, d\varepsilon_2^p, d\varepsilon_3^p$是塑性应变增量的主值。我们知道，在应力空间中，应力的 Lode 角θ_σ是主应力$(\sigma_1, \sigma_2, \sigma_3)$对应的空间矢量在$\pi$平面上的投影与水平轴的夹角(见

1.12节)；设主塑性应变空间与主应力空间重合，对照 Lode 角 θ_σ 的几何意义，塑性应变增量的 Lode 角 $\theta_{d\varepsilon^p}$ 就是塑性应变增量主值($d\varepsilon_1^p, d\varepsilon_2^p, d\varepsilon_3^p$)对应的空间矢量在 π 平面上的投影(就是 $\overline{d\varepsilon^p}$)与水平轴的夹角，如图 16.11 所示，根据图中的几何关系，它还可以表示为

$$\tan(\theta_{d\varepsilon^p} - \theta_\sigma) = \frac{(\overline{d\varepsilon^p})_{\theta\sigma}}{(\overline{d\varepsilon^p})_{r\sigma}}$$

将式(16.20)代入上式并整理，得

$$\tan\theta_{d\varepsilon^p} = \frac{\dfrac{\partial f}{\partial \bar{\sigma}}\sin\theta_\sigma + \dfrac{1}{\bar{\sigma}}\dfrac{\partial f}{\partial \theta_\sigma}\cos\theta_\sigma}{\dfrac{\partial f}{\partial \bar{\sigma}}\cos\theta_\sigma - \dfrac{1}{\bar{\sigma}}\dfrac{\partial f}{\partial \theta_\sigma}\sin\theta_\sigma} \tag{16.23}$$

式(16.23)说明塑性应变增量与应力的 Lode 角一般不相等；当屈服条件与应力 Lode 角 θ_σ 无关时，即 $\dfrac{\partial f}{\partial \theta_\sigma}=0$，由式(16.23)，它们两者的 Lode 角相等，式(16.19)简化为

$$\overline{d\varepsilon^p} = d\lambda \frac{\partial f}{\partial \bar{\sigma}} \tag{16.24}$$

16.3.2 与 Mohr-Coulumb 屈服条件相关联的流动法则

设坐标轴与应力主轴重合，使用流动法则，利用式(16.4)，得塑性应变增量的主值为

$$d\varepsilon_1^p = \frac{1}{2}d\lambda(1+\sin\phi), \qquad d\varepsilon_2^p = 0, \qquad d\varepsilon_3^p = -\frac{1}{2}d\lambda(1-\sin\phi) \tag{16.25}$$

塑性体积应变是

$$d\varepsilon_v^p = d\varepsilon_1^p + d\varepsilon_2^p + d\varepsilon_3^p = d\lambda\sin\phi \tag{16.26}$$

因为 $d\lambda>0$，上式说明塑性体积应变增量为正，即产生塑性体积膨胀，定义剪胀率为塑性体积应变增量与最大塑性剪切应变增量之比，考虑到上面两个式子，应有

$$\frac{d\varepsilon_v^p}{d\gamma_{max}^p} = \frac{(d\varepsilon_1^p + d\varepsilon_3^p)}{(d\varepsilon_1^p - d\varepsilon_3^p)} = \sin\phi$$

但对于大多数土以及岩石和混凝土，试验观测到的剪胀率通常比这小很多，例如，一些密实并具有良好级配的土，其内摩擦角高达 45°，按照上面的模型预测，剪胀率应为 $\sin\phi=0.717$，但实际很少超出 0.1。

目前解决这一问题的方法是采用非关联流动法则予以改进，即取塑性势函数与屈服函数不同 $g\neq f$，通常假定它与屈服函数具有相同的形式，只是将其中的摩擦角 ϕ 用膨胀角 Ψ 代替。使用非关联流动法则，对比上面的分析，这时剪胀率为 $\sin\Psi$，为了使得模型预测与试验基本一致，膨胀角 Ψ 应小于摩擦角 ϕ。

对于关联塑性流动，由于应力主轴与塑性应变增量主轴重合，并考虑到式(16.4)、式(16.25)和式(16.26)，则塑性功增量可表示为

$$dW^{p} = \sigma_i d\varepsilon_i^{p} = d\lambda\left[\frac{1}{2}\sigma_1(1+\sin\phi) - \frac{1}{2}\sigma_3(1-\sin\phi)\right] = d\lambda c\cos\phi = c\cot\phi d\varepsilon_v^{p} \tag{16.27}$$

式(16.27)对于屈服面上的任意点包括角点都适用。

下面导出 Mohr-Coulumb 材料在一般坐标系下的塑性应变增量表达式。将屈服条件式(16.9)代入式(16.15)，得

$$d\varepsilon_{ij}^{p} = d\lambda(\beta_1\delta_{ij} + \beta_2 s_{ij} + \beta_3 t_{ij}) \tag{16.28}$$

式中

$$\begin{aligned}
\beta_1 &= \frac{\partial f}{\partial I_1} = \frac{1}{3}\sin\phi \\
\beta_2 &= \frac{\partial f}{\partial J_2} = \frac{1}{2\sqrt{J_2}}\left(\cos\theta_\sigma - \frac{1}{\sqrt{3}}\sin\theta_\sigma\sin\phi\right) \\
\beta_3 &= \frac{\partial f}{\partial \theta_\sigma} = -\sqrt{J_2}(\sin\theta_\sigma + \frac{1}{\sqrt{3}}\cos\theta_\sigma\sin\phi)
\end{aligned} \tag{16.29}$$

式(16.28)括号中的第一项反映塑性体积应变增量，其大小与式(16.26)一致，后面二项反映塑性偏应变增量。

使用式(16.19)，并利用式(16.29)，则有

$$\overline{d\varepsilon^{p}} = \frac{1}{3}d\lambda\ \sqrt{(3+\sin^2\phi)} \tag{16.30}$$

因此，塑性体积应变增量与累积塑性应变增量的关系为

$$d\varepsilon_v^{p} = \overline{d\varepsilon^{p}}\ \frac{3\sin\phi}{\sqrt{(3+\sin^2\phi)}}$$

16.3.3　与 Drucker-Prager 屈服条件相关联的流动法则

使用 Drucker-Prager 屈服条件式(16.10)代入式(16.14)，得

$$\frac{\partial f}{\partial \sigma_{ij}} = \alpha\delta_{ij} + \frac{s_{ij}}{2\sqrt{J_2}} \tag{16.31}$$

故塑性应变分量的增量为

$$d\varepsilon_{ij}^{p} = d\lambda\frac{\partial f}{\partial \sigma_{ij}} = d\lambda\left(\alpha\delta_{ij} + \frac{s_{ij}}{2\sqrt{J_2}}\right) \tag{16.32}$$

式(16.32)括号中的第一项反映塑性体积应变增量，而第二项反映塑性偏应变增量，分别为

$$d\varepsilon_v^{p} = 3\alpha d\lambda \tag{16.33a}$$

$$de_{ij}^{p} = \frac{s_{ij}}{2\sqrt{J_2}}d\lambda \tag{16.33b}$$

直接使用式(16.24)，或利用式(16.33b)两边进行自身张量的点积，则有

$$\overline{d\varepsilon^{p}} = \frac{1}{\sqrt{3}}d\lambda \tag{16.34}$$

将式(16.34)代入式(16.33a)，则得

$$d\varepsilon_v^{p} = 3\sqrt{3}\alpha\,\overline{d\varepsilon^{p}} \tag{16.35}$$

在主应力空间，过屈服面的轴线(静水压力轴)任意作一平面，与屈服面有两条交线，它们相对轴线对称。以静水压力轴作为横轴建立平面坐标系，而纵轴为 π 平面的极半径方向。考察屈服面上任意一点的塑性应变增量，由于它与屈服面的正交性，它必位于该坐标平面内(没有垂直于该坐标平面内的分量)。为方便起见，将横坐标设为平均应力取负值 $-\sigma_0$ 即 $-\frac{1}{3}I_1$，将纵坐标设为等效应力 $\bar{\sigma}$ 即 $\sqrt{3J_2}$，根据式(16.10)，在该坐标系下，屈服面(线)的斜率是 $3\sqrt{3}\alpha$，如图 16.12 所示。塑性应变增量与屈服面垂直，根据式(16.35)，它沿横轴的分量就是塑性体积应变，沿纵轴的分量就是累积塑性应变增量。试验所观测到的塑性体积膨胀通常也没有式(16.33a)预测的那么大。

一旦根据后继屈服条件确定累积塑性应变增量的演化，由式(16.34)可得出 $d\lambda$ 的演化，代回式(16.32)，则增量本构方程完全确定。这将在下节介绍。

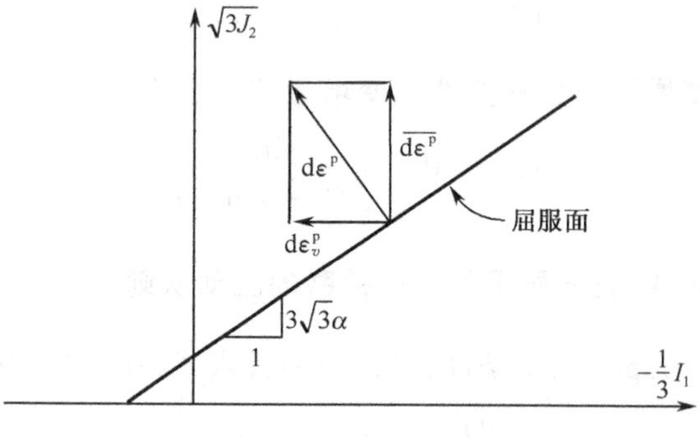

图 16.12 $\bar{\sigma}\sim\sigma_0$ 平面上的屈服面与塑性应变增量的分解

【例 16.1】 使用 Drucker-Prager 屈服条件式(16.10)和与之相关联的流动法则，导出弹塑性张量的具体表达式，使用下面的弹性张量

$$C_{ijkl} = \left(K - \frac{2}{3}G\right)\delta_{ij}\delta_{kl} + G(\delta_{ik}\delta_{jl} + \delta_{il}\delta_{jk}) \tag{a}$$

解 将式(16.31)和上面的弹性张量式(a)代入式(12.71)，得

$$P_{kl}=\frac{\partial f}{\partial \sigma_{ij}}C_{ijkl}=\left(\alpha\delta_{ij}+\frac{1}{2\sqrt{J_2}}s_{ij}\right)\left[\left(K-\frac{2}{3}G\right)\delta_{ij}\delta_{kl}+G(\delta_{ik}\delta_{jl}+\delta_{il}\delta_{jk})\right]$$
$$=3K\alpha\delta_{kl}+\frac{G}{\sqrt{J_2}}s_{kl} \tag{16.36}$$

在式(12.68)中使用式(16.36)和式(16.31)，则得

$$H=h+P_{kl}\frac{\partial f}{\partial \sigma_{kl}}=h+P_{kl}\left(\alpha\delta_{kl}+\frac{1}{2\sqrt{J_2}}s_{kl}\right)=h+9K\alpha^2+G \tag{16.37}$$

将上面的结果代入式(12.72)，得弹塑性张量是

$$C_{ijkl}^{\mathrm{ep}}=\left(K-\frac{2}{3}G\right)\delta_{ij}\delta_{kl}+G(\delta_{ik}\delta_{jl}+\delta_{il}\delta_{jk})-\frac{1}{h+9K\alpha^2+G}P_{ij}P_{kl} \tag{16.38}$$

【例 16.2】 假定材料为理想弹塑性，服从 Drucker-Prager 屈服条件和正交流动法则，具体分析在单轴应变条件下的应力和应变关系。

解　在单轴应变条件下，应力状态和应变增量状态是

$$\sigma_{ij}=(\sigma_1,\sigma_2,\sigma_3),\qquad s_{ij}=(s_1,s_2,s_3) \tag{a}$$

$$\mathrm{d}\varepsilon_{ij}=(\mathrm{d}\varepsilon_1,0,0),\qquad \mathrm{d}e_{ij}=\left(\frac{2}{3}\mathrm{d}\varepsilon_1,-\frac{1}{3}\mathrm{d}\varepsilon_1,-\frac{1}{3}\mathrm{d}\varepsilon_1\right) \tag{b}$$

1) 屈服

考虑到 $\sigma_2=\sigma_3$，Drucker-Prager 屈服条件简化为

$$\alpha(\sigma_1+2\sigma_2)+\frac{1}{\sqrt{3}}|\sigma_1-\sigma_2|-k=0 \tag{c}$$

在屈服前的弹性阶段，使用广义 Hooke 定律，应力与应变关系为

$$\sigma_1=\left(K+\frac{4}{3}G\right)\varepsilon_1,\qquad \sigma_2=\left(K-\frac{2}{3}G\right)\varepsilon_1 \tag{d}$$

从式(c)和式(d)，可以很容易初始屈服应力的绝对值为

$$|\sigma_1^s|=\frac{\sqrt{3}(3K+4G)}{6G\pm 9\sqrt{3}K\alpha}k,\qquad |\sigma_2^s|=\frac{\sqrt{3}(3K-2G)}{6G\pm 9\sqrt{3}K\alpha}k \tag{e}$$

且屈服时应变的绝对值是

$$|\varepsilon^s|=\frac{\sqrt{3}}{2G\pm 3\sqrt{3}K\alpha}k \tag{f}$$

式(e)和式(f)中上面的符号对应于单轴拉伸应变的情况，即 $\varepsilon_1>0$ 的情况；下面的符号对应于单轴压缩应变的情况，即 $\varepsilon_1<0$ 的情况，这种表示约定也适用于本题下面各式。由于式(f)的分母应大于零，故

$$0<\alpha<\frac{2G}{3\sqrt{3}K} \tag{g}$$

参数 α 的作用是减小单轴拉伸应变下的屈服应力 σ_1，而增大单轴压缩应变下的屈服应力 σ_1，即受压屈服比受拉屈服困难。

2) 加载

由式(12.73)可知,加卸载取决于$\frac{\partial f}{\partial \sigma_{ij}} C_{ijkl}\,\mathrm{d}\varepsilon_{kl}$的符号,即 $P_{kl}\,\mathrm{d}\varepsilon_{kl}$ 的符号。对于本题,将式(a)的应力状态代入式(16.36),得

$$P_{11} = 3K\alpha + \frac{G}{\sqrt{J_2}} s_{11} = 3K\alpha + \frac{2(\sigma_1 - \sigma_2)/3}{|\sigma_1 - \sigma_2|/\sqrt{3}} G = 3K\alpha \pm \frac{2\sqrt{3}}{3} G \tag{h}$$

$$P_{22} = 3K\alpha + \frac{G}{\sqrt{J_2}} s_{22} = 3K\alpha + \frac{-(\sigma_1 - \sigma_2)/3}{|\sigma_1 - \sigma_2|/\sqrt{3}} G = 3K\alpha \mp \frac{\sqrt{3}}{3} G \tag{i}$$

本题中应变增量中只有 $\mathrm{d}\varepsilon_{11} = \mathrm{d}\varepsilon_1 \neq 0$,因此加卸载就取决于 $P_{11}\,\mathrm{d}\varepsilon_1$ 的符号,根据式(h)可知 P_{11} 与$(\sigma_1 - \sigma_2)$或 ε_1 同号。因此,无论是拉伸应变还是压缩应变,屈服后,当 $\varepsilon_1\,\mathrm{d}\varepsilon_1 > 0$,即应变大小增加,则材料处于加载状态,将会产生塑性变形,否则当 $\varepsilon_1\,\mathrm{d}\varepsilon_1 < 0$时,则材料处于卸载。加载时的增量应力与增量应变之间的关系可由式(16.38)代入式(12.69)得到

$$\mathrm{d}\sigma_1 = \left(K + \frac{4}{3}G - \frac{1}{9K\alpha^2 + G} P_{11}^2\right)\mathrm{d}\varepsilon_1$$

$$\mathrm{d}\sigma_2 = \left(K - \frac{2}{3}G - \frac{1}{9K\alpha^2 + G} P_{11} P_{22}\right)\mathrm{d}\varepsilon_1$$

将式(h)和式(i)代入上面的式子,并经过整理得

$$\mathrm{d}\sigma_1 = K\frac{(1 \mp 2\sqrt{3}\alpha)^2}{1 + 9\alpha^2 K/G}\mathrm{d}\varepsilon_1, \qquad \mathrm{d}\sigma_2 = -K\frac{(6\alpha \mp \sqrt{3})(3\alpha \pm \sqrt{3})}{3(1 + 9\alpha^2 K/G)}\mathrm{d}\varepsilon_1 \tag{j}$$

上式表明屈服后应力与应变之间仍为线性关系如图 16.13 所示。

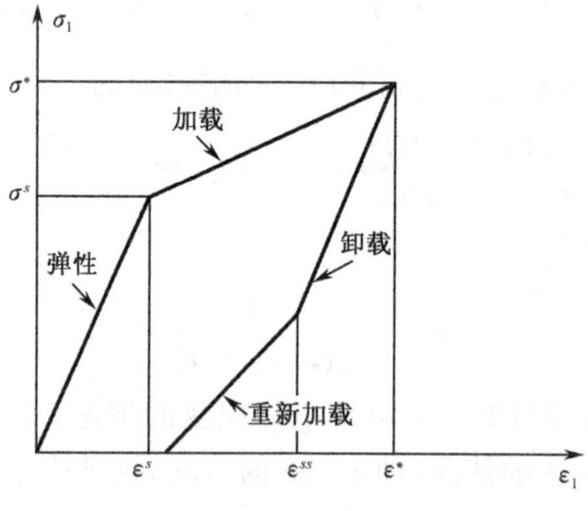

图 16.13 单轴应变下的应力-应变关系

3) 卸载

下面以拉伸应变的情况为例,具体讨论加载卸载过程。当拉伸应变增加至

$\varepsilon_1=\varepsilon^*$，且 $\varepsilon^*>\varepsilon^s$，即超出弹性极限应变，对式(j)积分得产生的应力为

$$\sigma_1^* = K\frac{(1-2\sqrt{3}\alpha)^2}{1+9\alpha^2K/G}(\varepsilon^*-\varepsilon^s)+\sigma_1^s$$

$$\sigma_2^* = -K\frac{(6\alpha-\sqrt{3})(3\alpha+\sqrt{3})}{3(1+9\alpha^2K/G)}(\varepsilon^*-\varepsilon^s)+\sigma_2^s$$

若从这里开始，减小应变 $d\varepsilon_1<0$，则材料处于卸载，使用弹性本构关系式(d)得到

$$\sigma_1-\sigma_1^* = \left(K+\frac{4}{3}G\right)(\varepsilon_1-\varepsilon^*) \tag{k1}$$

$$\sigma_2-\sigma_2^* = \left(K-\frac{2}{3}G\right)(\varepsilon_1-\varepsilon^*) \tag{k2}$$

当应变减少(卸载)到一定程度时，若屈服条件式(c)和加载条件 $P_{11}d\varepsilon_1>0$ 同时成立，材料重新屈服并进入加载状态，而 $P_{11}d\varepsilon_1>0$ 就要求 $P_{11}<0$，故式(h)应取"－"，则要求 $\sigma_2>\sigma_1$，将式(k)代入式(c)，得重新屈服并进入加载状态的应变是

$$\varepsilon^{ss_1} = \frac{-\sqrt{3}k+(\sqrt{3}\alpha-1)\sigma_1^*+(2\sqrt{3}\alpha+1)\sigma_2^*}{2G-3\sqrt{3}K\alpha}+\varepsilon^*$$

将上式代入式(k)则得对应的应力。

使用式(16.33a)和式(12.67)，并考虑到式(h)，得塑性体积应变为

$$d\varepsilon_v^p = 3\alpha d\lambda = 3\alpha\frac{1}{H}\frac{\partial f}{\partial\sigma_{ij}}C_{ijkl}d\varepsilon_{kl} = 3\alpha\frac{1}{H}P_{kl}d\varepsilon_{kl}$$

$$= 3\alpha\frac{1}{H}P_{11}d\varepsilon_1 = \frac{9K\alpha}{9K\alpha^2+G}\left(\alpha\pm\frac{2G}{3\sqrt{3}K}\right)d\varepsilon_1$$

16.4　硬化定律

同金属材料一样，岩土材料在屈服后的加载过程中会因塑性变形而不断地硬化，从而引起加载面不断改变，硬化的程度取决于塑性加载历史，使用内变量来描述，于是，加载面的改变取决于应力状态和内变量。对于等向硬化来说，加载面的演化方程可表示为 $f(\sigma_{ij})-k(\xi_\beta)=0$，下面将说明如何确定其中的硬化函数 $k(\xi_\beta)$。

16.4.1　单轴压缩试验确定硬化函数 $k(\xi_\beta)$

下面以 Drucker-Prager 屈服条件为例，使用累积塑性应变作为内变量，说明通过单轴压缩试验曲线 $\sigma\sim\varepsilon$ 确定硬化函数 $k(\xi_\beta)$ 的办法。

Drucker-Prager 的加载条件可表示为

$$\alpha I_1+\sqrt{J_2}-k\left(\int\overline{d\varepsilon^p}\right)=0 \tag{16.39}$$

为描述问题的方便，记

$$\tilde{\sigma} = \alpha I_1 + \sqrt{J_2}$$

上面的加载条件写成

$$\tilde{\sigma} - k\left(\int \overline{\mathrm{d}\varepsilon^{\mathrm{p}}}\right) = 0$$

单轴压缩下，设压应力的大小为 σ，则应力状态和偏应力状态分别是

$$\sigma_{33} = -\sigma, \qquad \sigma_{11} = \sigma_{22} = \sigma_{12} = \sigma_{23} = \sigma_{31} = 0$$

$$s_{11} = s_{22} = \frac{1}{3}\sigma, \qquad s_{33} = -\frac{2}{3}\sigma, \qquad s_{12} = s_{23} = s_{31} = 0$$

故

$$\tilde{\sigma} = \alpha I_1 + \sqrt{J_2} = \left(\frac{1 - \sqrt{3}\alpha}{\sqrt{3}}\right)\sigma \tag{16.40a}$$

考察单轴压缩的加载过程。在应力增量 $\mathrm{d}\sigma_{33} = -\mathrm{d}\sigma$ 作用下，使用式(16.33b)，则塑性应变增量状态是

$$\mathrm{d}e_{11}^{\mathrm{p}} = \mathrm{d}e_{22}^{\mathrm{p}} = \frac{1}{2\sqrt{3}}\mathrm{d}\lambda, \qquad \mathrm{d}e_{33}^{\mathrm{p}} = -\frac{1}{\sqrt{3}}\mathrm{d}\lambda$$

$$\mathrm{d}e_{12}^{\mathrm{p}} = \mathrm{d}e_{23}^{\mathrm{p}} = \mathrm{d}e_{31}^{\mathrm{p}} = 0, \qquad \mathrm{d}\varepsilon_{kk}^{\mathrm{p}} = 3\alpha\mathrm{d}\lambda$$

设在压缩方向(3 方向)产生的塑性应变大小为 ε^{p}，我们有

$$\mathrm{d}\varepsilon_{33}^{\mathrm{p}} = \mathrm{d}e_{33}^{\mathrm{p}} + \frac{1}{3}\mathrm{d}\varepsilon_{kk}^{\mathrm{p}} = \left(\alpha - \frac{1}{\sqrt{3}}\right)\mathrm{d}\lambda = -\mathrm{d}\varepsilon^{\mathrm{p}}$$

因此得

$$\mathrm{d}\lambda = -\frac{\sqrt{3}\,\mathrm{d}\varepsilon^{\mathrm{p}}}{\sqrt{3}\alpha - 1}$$

积分式(16.34)，并考虑到上式，累积塑性应变就是

$$\int \overline{\mathrm{d}\varepsilon^{\mathrm{p}}} = \int \frac{1}{\sqrt{3}}\mathrm{d}\lambda = \left(\frac{1}{1 - \sqrt{3}\alpha}\right)\varepsilon^{\mathrm{p}} \tag{16.40b}$$

由式(16.40)可知，从单轴压缩试验的 $\sigma \sim \varepsilon^{\mathrm{p}}$ 关系曲线，可导出单轴压缩条件下的 $\tilde{\sigma} \sim \int \overline{\mathrm{d}\varepsilon^{\mathrm{p}}}$ 的关系曲线。需要强调指出：对于等向硬化的情况，该关系曲线适用于所有其他的加载路径，这样就确定了硬化函数 k。

对式(16.39)使用一致性条件，并考虑到式(12.44)，对于任意的应力路径，有

$$h\mathrm{d}\lambda - \frac{\mathrm{d}k}{\mathrm{d}\left(\int \overline{\mathrm{d}\varepsilon^{\mathrm{p}}}\right)}\overline{\mathrm{d}\varepsilon^{\mathrm{p}}} = 0 \tag{16.40c}$$

在上式中使用累积塑性应变的定义式(11.16a)和式(16.33b)，得

$$h=\frac{\mathrm{d}k}{\mathrm{d}(\int\overline{\mathrm{d}\varepsilon^{\mathrm{p}}})}\sqrt{\frac{2}{3}\frac{s_{ij}}{2\sqrt{J_2}}\frac{s_{ij}}{2\sqrt{J_2}}}=\frac{1}{\sqrt{3}}\frac{\mathrm{d}\tilde{\sigma}}{\mathrm{d}\left(\int\overline{\mathrm{d}\varepsilon^{\mathrm{p}}}\right)}=h(\tilde{\sigma})$$

因此，塑性模量 h 就由 $\tilde{\sigma}\sim\int\overline{\mathrm{d}\varepsilon^{\mathrm{p}}}$ 关系曲线的斜率确定。

在单轴压缩下，使用式(16.40)，得

$$\frac{1}{\sqrt{3}}\frac{\mathrm{d}\tilde{\sigma}}{\mathrm{d}\left(\int\overline{\mathrm{d}\varepsilon^{\mathrm{p}}}\right)}=\frac{\mathrm{d}\sigma}{\mathrm{d}\varepsilon^{\mathrm{p}}}\left(\alpha-\frac{1}{\sqrt{3}}\right)^2=h(\sigma)\tag{16.41}$$

只要知道单轴压缩下 $\sigma\sim\varepsilon^{\mathrm{p}}$ 关系曲线的斜率，就可以导出单轴压缩下的塑性模量 $h(\sigma)$，将其中的 σ 换为 $\tilde{\sigma}$，就是任意应力路径下的塑性模量。

16.4.2　三轴试验确定加载面的演化

我们可以根据三轴试验资料确定加载面的演化。三轴试验首先对试件加压应力 $\sigma_1=\sigma_2=\sigma_3$，然后保持 $\sigma_1=\sigma_2$ 不变，只增加 σ_3 直到材料破坏，其应力和塑性应变的特征量分别是

$$\bar{\sigma}=\sigma_1-\sigma_3,\qquad \int\overline{\mathrm{d}\varepsilon^{\mathrm{p}}}=2(\varepsilon_1^{\mathrm{p}}-\varepsilon_3^{\mathrm{p}})$$

$$\sigma_0=\frac{1}{3}(2\sigma_1+\sigma_3),\qquad \varepsilon_v^{\mathrm{p}}=2\varepsilon_1^{\mathrm{p}}+\varepsilon_3^{\mathrm{p}}$$

σ_1，σ_2 通常称之为围压，σ_3 称为轴向压力。对于给定的围压($\sigma_1=\sigma_2=\mathrm{const}$)，利用实验结果可整理得到 $\bar{\sigma}$ 与 $\int\overline{\mathrm{d}\varepsilon^{\mathrm{p}}}$ 之间，σ_0 与 $\varepsilon_v^{\mathrm{p}}$ 之间两条关系曲线，前者反映剪切应力与塑性剪切应变的关系，后者反映体积应力与塑性体积应变的关系。由这两条曲线还可进一步给出 $\varepsilon_v^{\mathrm{p}}$ 与 $\overline{\mathrm{d}\varepsilon^{\mathrm{p}}}$ 的关系，与理论模型预测(例如式(16.35))相比较，从而检验理论模型的正确性。

若使用 $\int\overline{\mathrm{d}\varepsilon^{\mathrm{p}}}$ 作为内变量，我们可根据不同围压($\sigma_1=\sigma_2=\mathrm{const}$)下 $\bar{\sigma}$ 与 $\int\overline{\mathrm{d}\varepsilon^{\mathrm{p}}}$ 的关系曲线，应用一定的数学归纳方法可整理 σ_0，$\bar{\sigma}$ 与 $\int\overline{\mathrm{d}\varepsilon^{\mathrm{p}}}$ $\left(\text{即 } I_1,\sqrt{J_2}\text{ 与}\int\overline{\mathrm{d}\varepsilon^{\mathrm{p}}}\right)$ 三者之间的关系，这就是三轴应力加载下的后继屈服条件，当然可以推广应用到其他任意路径。

对于岩土材料，塑性体积变形是其非常重要的特性，因此，除了使用前面的累积塑性应变和累积塑性功定义内变量外，还经常使用塑性体积应变来定义内变量。

$$\mathrm{d}\xi_\beta=\mathrm{d}\varepsilon_v^{\mathrm{p}}$$

16.4.3　讨论

岩土材料的塑性变形特性受应力状态影响较大，在不同的应力状态下，产生塑

性变形的机制不同,因此,硬化机制也不同。后继屈服面一般是各向异性的,通常将应力状态划分成四个区域进行讨论。

(1) 拉伸区。屈服面与破坏面重合,可以认为到破坏为止所产生的塑性变形很小,破坏后会产生显著的应变软化,该应力区域代表岩土材料的脆性特征。描述该应力区域内材料的非线性与破坏特性是损伤力学的主要内容。

(2) 压缩-拉伸混合区,塑性硬化区开始逐渐形成。

(3) 低侧压力的压缩区,塑性硬化明显,材料延性增加,其屈服基本服从本章介绍的屈服条件。

(4) 高侧压力的压缩区。该区域偏应力较小,主要受静水压力作用。实验表明:由于岩土材料内部的不均匀性,即使是在各向等压的应力状态下材料也会引起屈服。本章前面介绍的屈服条件主要反映的是剪切屈服,在应力空间中是开口的锥面,无法反映由静水压力引起的屈服。为了能描述这一特性,一些学者提出了帽盖模型,它是在 Mohr-Coulumb 锥面上(Drucker-Prager 圆锥)加一个帽盖,如图 16.14 和图 16.15 中的虚线。

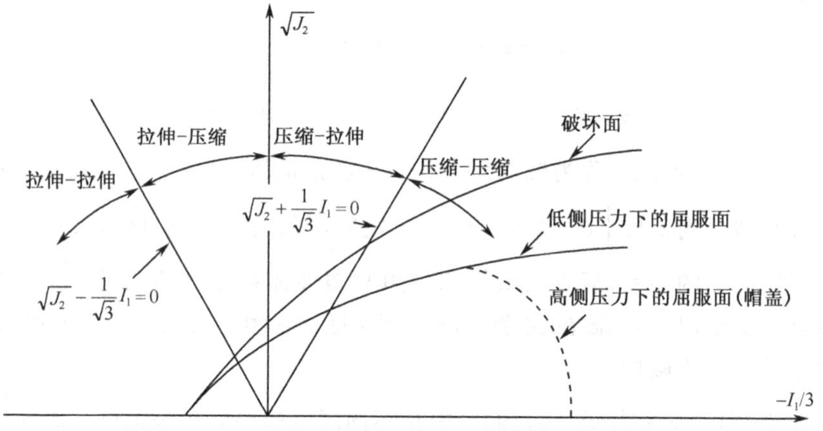

图 16.14 硬化模型分区描述

由于平面 $\sqrt{J_2}+\frac{1}{\sqrt{3}}I_1=0$ 通过单轴压缩状态,而 $\sqrt{J_2}-\frac{1}{\sqrt{3}}I_1=0$ 通过单轴拉伸状态,上述区域的划分按照以下准则[18]:

拉伸-拉伸: $$\sqrt{J_2}-\frac{1}{\sqrt{3}}I_1>0$$

拉伸-压缩: $$\sqrt{J_2}-\frac{1}{\sqrt{3}}I_1\leqslant 0 \text{ 和 } I_1\geqslant 0$$

压缩-拉伸：
$$\sqrt{J_2}+\frac{1}{\sqrt{3}}I_1 \geqslant 0 \text{ 和 } I_1 \leqslant 0$$

压缩-压缩：
$$\sqrt{J_2}+\frac{1}{\sqrt{3}}I_1 < 0$$

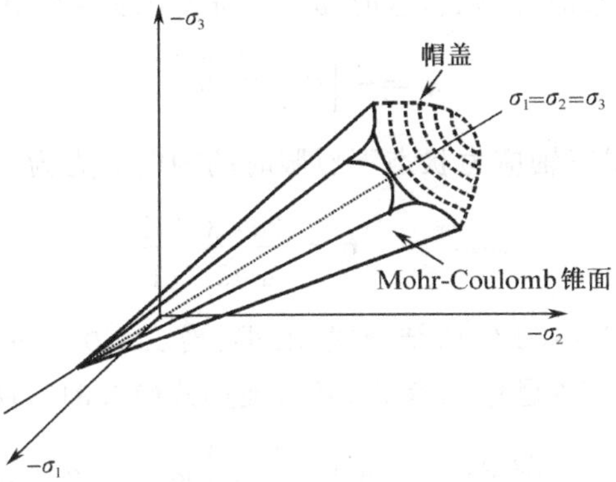

图 16.15　主应力空间中的帽盖屈服面

应当强调指出：

(1) 本章前面介绍的屈服条件主要适用于拉压混合区和低侧压力的压缩区，描述塑性变形历史的内变量，一般仍采用累积塑性应变，塑性本构关系需采用非关联流动法则。

(2) 对高侧压力的压缩区，应增加帽盖模型来描述，通常采用塑性体积应变作为描述变形历史的内变量，塑性本构关系需采用非关联流动法则。

(3) 对于拉伸区的变形特性应用损伤力学描述。

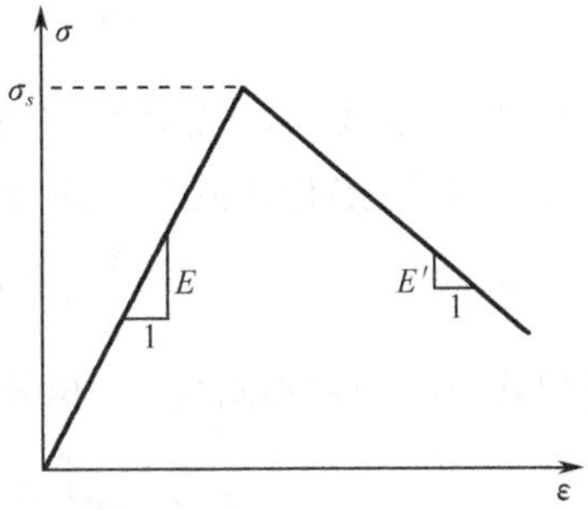

图 16.16　单轴压缩下的线性软化

【例 16.3】　设一硬化材料服从 Drucker-Prager 屈服条件和正交流动法则，其单轴压缩应力-应变关系如图 16.16 所示，给出三轴应力状态下轴向塑性应变及塑性体积应变的表达式。

解　经过简单的推导，得单轴下

$$\frac{d\sigma}{d\varepsilon^p}=\frac{EE'}{E-E'}$$

使用式(16.41)，得塑性模量为

$$h=\frac{EE'}{E-E'}\left(\alpha-\frac{1}{\sqrt{3}}\right)^2 \tag{a}$$

$E'<0$,所以 $h<0$。

在三轴应力状态下初始屈服条件写为

$$\alpha(\sigma_3+2\sigma_1)+\frac{1}{\sqrt{3}}(\sigma_1-\sigma_3)-k=0 \tag{b}$$

单轴压缩下材料的屈服应力为 σ_s,这时,$\sigma_3=-\sigma_s<0$,$\sigma_1=0$,代入上式得

$$k=-\left(\alpha-\frac{1}{\sqrt{3}}\right)\sigma_s \tag{c}$$

将式(c)代入式(b),得三轴应力状态下屈服时的轴向应力为

$$(\sigma_3)_s=-\sigma_s-\frac{2\alpha\sqrt{3}+1}{\alpha\sqrt{3}-1}\sigma_1 \tag{d}$$

由式(16.13)的第一式,$\alpha<1/\sqrt{3}$,结合式(d)得:当 $\sigma_1<0$,$|(\sigma_3)_s|>\sigma_s$,即屈服应力随围压的增加而增加。本题中只有 $\mathrm{d}\sigma_3\neq0$,使用式(16.31),所以

$$\frac{\partial f}{\partial\sigma_{ij}}\mathrm{d}\sigma_{ij}=\frac{\partial f}{\partial\sigma_3}\mathrm{d}\sigma_3=\left(\alpha+\frac{s_3}{2\sqrt{J_2}}\right)\mathrm{d}\sigma_3=\left(\alpha-\frac{1}{\sqrt{3}}\right)\mathrm{d}\sigma_3 \tag{e}$$

本题 $h<0$,属应变软化材料,只有在上式小于零时材料才处于加载,这就要求 $\mathrm{d}\sigma_3>0$,即屈服后轴压应力 σ_3 应减小(即开始软化),应用关联流动法则

$$\mathrm{d}\varepsilon_3^{\mathrm{p}}=\mathrm{d}\lambda\frac{\partial f}{\partial\sigma_3}=\mathrm{d}\lambda\left(\alpha-\frac{1}{\sqrt{3}}\right) \tag{f}$$

而因子为

$$\mathrm{d}\lambda=\frac{1}{h}\frac{\partial f}{\partial\sigma_3}\mathrm{d}\sigma_3=\frac{1}{h}\left(\alpha-\frac{1}{\sqrt{3}}\right)\mathrm{d}\sigma_3 \tag{g}$$

显然 $\mathrm{d}\sigma_3>0$,$\mathrm{d}\lambda>0$,而 $\mathrm{d}\varepsilon_3^{\mathrm{p}}<0$,这说明即使轴向压应力减小,但轴向塑性压应变在增大。将式(g)代入式(f),并考虑到式(a),然后积分,得轴向塑性应变是

$$\varepsilon_3^{\mathrm{p}}=\frac{E-E'}{EE'}[\sigma_3-(\sigma_3)_s]$$

使用式(16.33a)和式(g)并积分,得塑性体积应变是

$$\varepsilon_v^{\mathrm{p}}=3\alpha\int\mathrm{d}\lambda=\frac{3\sqrt{3}\alpha}{\sqrt{3}\alpha-1}\frac{E-E'}{EE'}[\sigma_3-(\sigma_3)_s]$$

16.5* 塑性本构关系的张量不变性表示

根据连续介质力学中的 Newman 原理,若材料性质具有某种对称性,表征材料性质的一切方程或函数都应具有相同的对称性(关于张量函数的对称性可参见文献[24])。因此,对于各向同性材料而言,由内变量理论确定的本构关系表达式(12.1),即张量函数 $\varepsilon_{ij}(\sigma_{ij},\xi_\beta)$ 也应为各向同性。假定描述塑性变形历史的内变量

$\xi_\beta(\beta=1,2,\cdots,n)$由 n 个标量组成，根据附录 A1.7 节中的张量表示定理式(A1.12)，各向同性的张量函数 $\varepsilon_{ij}(\sigma_{ij},\xi_\beta)$的完备和不可约表示是

$$\varepsilon_{ij}=\varphi_0\delta_{ij}+\varphi_1\sigma_{ij}+\varphi_2\sigma_{ik}\sigma_{kj}$$

式中 φ_0，φ_1和 φ_2是内变量 $\xi_\beta(\beta=1,2,\cdots,n)$以及应力不变量 I_1，I_2和 I_3的函数。使用应力的分解 $\sigma_{ij}=\frac{1}{3}\sigma_{kk}\delta_{ij}+s_{ij}$，上式又可表示为

$$\varepsilon_{ij}=\varphi'_0\delta_{ij}+\varphi'_1 s_{ij}+\varphi'_2 s_{ik}s_{kj} \tag{16.42}$$

式中 φ'_0，φ'_1和 φ'_2是内变量 $\xi_\beta(\beta=1,2,\cdots,n)$以及应力的不变量 I_1，J_2和 J_3(或 θ_σ)的函数。根据式(A1.17)，t_{ij}是偏应力 s_{ij}、偏应力的二次幂 $s_{ik}s_{kj}$以及偏应力不变量 J_2和 J_3的函数，因此，式(16.42)还可表示为

$$\varepsilon_{ij}=\alpha_0\delta_{ij}+\alpha_1 s_{ij}+\alpha_2 t_{ij} \tag{16.43}$$

同样地，式中 α_0，α_1和 α_2是内变量 $\xi_\beta(\beta=1,2,\cdots,n)$以及应力不变量 I_1，J_2和 J_3(或 θ_σ)的函数。这就是说，δ_{ij}，s_{ij}，t_{ij}构成了应变函数的 3 个完备不可约基张量，且这 3 个基张量相互垂直，因为

$$\delta_{ij}s_{ij}=\delta_{ij}t_{ij}=s_{ij}t_{ij}=0 \tag{16.44}$$

有趣的是：这 3 个基张量恰好是 3 个不变量 I_1，J_2和 θ_σ对应力的导数，见式(A1.13)，式(A1.14)和式(A1.16)。

将式(16.43)代入式(12.6b)，不考虑弹塑性耦合，则塑性应变增量可表示为

$$\begin{aligned}d\varepsilon_{ij}^{\mathrm{p}}&=(d\varepsilon_{ij})^{\mathrm{p}}=\sum_{\beta=1}^{n}\frac{\partial\varepsilon_{ij}}{\partial\xi_\beta}d\xi_\beta\\&=\left(\sum_{\beta=1}^{n}\frac{\partial\alpha_0}{\partial\xi_\beta}d\xi_\beta\right)\delta_{ij}+\left(\sum_{\beta=1}^{n}\frac{\partial\alpha_1}{\partial\xi_\beta}d\xi_\beta\right)s_{ij}+\left(\sum_{\beta=1}^{n}\frac{\partial\alpha_2}{\partial\xi_\beta}d\xi_\beta\right)t_{ij}\end{aligned}$$

记

$$d\lambda_1=\sum_{\beta=1}^{n}\frac{\partial\alpha_0}{\partial\xi_\beta}d\xi_\beta,\qquad d\lambda_2=\sum_{\beta=1}^{n}\frac{\partial\alpha_1}{\partial\xi_\beta}d\xi_\beta,\qquad d\lambda_3=\sum_{\beta=1}^{n}\frac{\partial\alpha_2}{\partial\xi_\beta}d\xi_\beta$$

于是就有

$$d\varepsilon_{ij}^{\mathrm{p}}=d\lambda_1\delta_{ij}+d\lambda_2 s_{ij}+d\lambda_3 t_{ij} \tag{16.45}$$

由于 t_{ij}是偏张量，上式右边第一项代表体积应变，而后两项代表偏应变，因此，上式可表示为

$$d\varepsilon_{kk}^{\mathrm{p}}=3d\lambda_1 \tag{16.46a}$$

$$de_{ij}^{\mathrm{p}}=d\lambda_2 s_{ij}+d\lambda_3 t_{ij} \tag{16.46b}$$

故

$$d\lambda_1=\frac{1}{3}d\varepsilon_{kk}^{\mathrm{p}} \tag{16.47}$$

式(16.45)两边点积 s_{ij}，并考虑到式(16.44)，则我们很容易得到

$$d\lambda_2 = \frac{1}{2J_2} s_{ij} d\varepsilon_{ij}^{p} \tag{16.48}$$

式中 $s_{ij} d\varepsilon_{ij}^{p}$ 是偏应力在塑性应变所做的功。根据附录 A1.8 节的分析，t_{ij} 与偏应力 s_{ij} 的主轴重合，结合式(16.45)，则塑性应变增量与偏应力主轴重合。在主轴坐标系下，偏应力所做的塑性功使用主值表示为

$$s_{ij} d\varepsilon_{ij}^{p} = s_1 d\varepsilon_1^{p} + s_2 d\varepsilon_2^{p} + s_3 d\varepsilon_3^{p} = s_1 de_1^{p} + s_2 de_2^{p} + s_3 de_3^{p} \tag{16.49}$$

对照式(2.37)，塑性偏应变的 3 个主值可以表示为

$$\begin{aligned} de_1^{p} &= \overline{d\varepsilon^{p}} \sin\left(\theta_{d\varepsilon^{p}} + \frac{2\pi}{3}\right) \\ de_2^{p} &= \overline{d\varepsilon^{p}} \sin\theta_{d\varepsilon^{p}} \\ de_3^{p} &= \overline{d\varepsilon^{p}} \sin\left(\theta_{d\varepsilon^{p}} - \frac{2\pi}{3}\right) \end{aligned} \tag{16.50}$$

将式(16.50)和式(1.57)一起代入式(16.49)，整理后再代入式(16.48)，得

$$d\lambda_2 = \frac{\sqrt{3}}{2\sqrt{J_2}} \overline{d\varepsilon^{p}} \cos(\theta_{d\varepsilon^{p}} - \theta_\sigma) \tag{16.51}$$

使用式(16.46b)，并考虑到式(16.44)，我们得到

$$\overline{d\varepsilon^{p}} = \sqrt{\frac{2}{3} de_{ij}^{p} de_{ij}^{p}} = \sqrt{\frac{2}{3}(d\lambda_2)^2 s_{ij} s_{ij} + \frac{2}{3}(d\lambda_3)^2 t_{ij} t_{ij}}$$

将式(A1.17)和式(16.51)代入上式并整理，得到

$$d\lambda_3 = \sqrt{3J_2}\, \overline{d\varepsilon^{p}} \sin(\theta_{d\varepsilon^{p}} - \theta_\sigma) \tag{16.52}$$

式(16.47)、式(16.51)和式(16.52)给出了因子 $d\lambda_1$，$d\lambda_2$ 和 $d\lambda_3$ 与塑性应变增量的 3 个不变量 $d\varepsilon_{kk}^{p}$，$\overline{d\varepsilon^{p}}$ 和 $\theta_{d\varepsilon^{p}}$ 的关系。一旦这 3 个不变量的演化确定，则增量本构关系式(16.45)就可确定。

这里使用张量表示理论建立的本构关系，没有使用基于 Drucker 公设的正交流动法则，更具有一般性，适用范围将更广泛。显然，若如下条件满足

$$d\lambda_1 = d\lambda \frac{\partial f}{\partial I_1}, \qquad d\lambda_2 = d\lambda \frac{\partial f}{\partial J_2}, \qquad d\lambda_3 = d\lambda \frac{\partial f}{\partial \theta_\sigma} \tag{16.53}$$

则本构关系式(16.45)退化为正交流动法则式(16.15)。

将式(16.51)和式(16.52)代入式(16.53)的后面两个式子，通过整理可得到式(16.23)，即

$$\tan\theta_{d\varepsilon^{p}} = \frac{\dfrac{\partial f}{\partial \bar{\sigma}} \sin\theta_\sigma + \dfrac{1}{\bar{\sigma}} \dfrac{\partial f}{\partial \theta_\sigma} \cos\theta_\sigma}{\dfrac{\partial f}{\partial \bar{\sigma}} \cos\theta_\sigma - \dfrac{1}{\bar{\sigma}} \dfrac{\partial f}{\partial \theta_\sigma} \sin\theta_\sigma} \tag{16.54}$$

以及

$$d\lambda = \overline{d\varepsilon^{p}} \left[\left(\frac{\partial f}{\partial \bar{\sigma}}\right)^2 + \left(\frac{1}{\bar{\sigma}} \frac{\partial f}{\partial \theta_\sigma}\right)^2 \right]^{-\frac{1}{2}}$$

代入式(16.53)的第一式,还可以得出

$$d\varepsilon_{kk}^{p}=3\,\overline{d\varepsilon^{p}}\,\frac{\partial f}{\partial I_1}\left[\left(\frac{\partial f}{\partial \bar{\sigma}}\right)^2+\left(\frac{1}{\bar{\sigma}}\,\frac{\partial f}{\partial \theta_{\sigma}}\right)^2\right]^{-\frac{1}{2}} \tag{16.55}$$

这说明:正交流动法则对塑性应变增量的 3 个不变量 $d\varepsilon_{kk}^{p}$,$\overline{d\varepsilon^{p}}$和 $\theta_{d\varepsilon^{p}}$施加了两个约束条件式(16.54)和式(16.55),因此,只有一个独立。而使用张量表示理论建立的本构关系式(16.45)则没有这些约束,3 个不变量相互独立。

将 $d\varepsilon_{kk}^{p}$,$\overline{d\varepsilon^{p}}$和 $\theta_{d\varepsilon^{p}}$ 作为内变量,我们可以通过试验资料建立若干个加载面,一般地表示为

$$f_i\left(I_1,J_2,\theta_{\sigma},\varepsilon_{kk},\int\overline{d\varepsilon^{p}},\theta_{d\varepsilon^{p}}\right)=0$$

再通过一致性条件确定内变量 $d\varepsilon_{kk}^{p}$,$\overline{d\varepsilon^{p}}$和 $\theta_{d\varepsilon^{p}}$ 的演化。

16.6　应变空间描述的塑性本构关系

对于软化阶段,塑性模量 $h<0$,硬化函数$\frac{dk}{d\xi_{\beta}}<0$,单调递减(见式(16.41)),这意味着应力空间中的加载面发生收缩,在这种情况下,$d\lambda>0$(见式(16.40c)),因此,当应力指向加载面时,即$\frac{\partial f}{\partial \sigma_{ij}}d\sigma_{ij}<0$ 时,材料处于加载状态,但是按照 12.2 节,该式也是卸载条件,因此,加、卸载不易判别。有学者建议在应变空间中建立塑性本构方程,比较方便,也比较合理,这将在下面讨论。

16.6.1　塑性应力增量

类似于 12.1 节,在应变空间中,本构方程一般地写为

$$\sigma_{ij}=\sigma_{ij}(\varepsilon_{ij},\xi_{\beta}) \tag{16.56}$$

使用弹性本构关系,应力可表示为

$$\sigma_{ij}=C_{ijkl}(\varepsilon_{kl}-\varepsilon_{kl}^{p}) \tag{16.57}$$

在最一般情况下,弹性张量 C_{ijkl}将取决于σ_{ij} 和内变量 ξ_{β}。为了与应变的弹塑性分解相对应,分别定义弹性应力和塑性应力为

$$\sigma_{ij}^{e}=C_{ijkl}\varepsilon_{ij},\qquad \sigma_{ij}^{p}=C_{ijkl}\varepsilon_{ij}^{p} \tag{16.58}$$

它们就是当产生应变ε_{ij}或塑性应变ε_{ij}^{p}时,假想材料是弹性的,其弹性张量为 C_{ijkl}时所需要施加的应力。于是式(16.57)写成

$$\sigma_{ij}=\sigma_{ij}^{e}-\sigma_{ij}^{p} \tag{16.59}$$

对式(16.59)两边取增量,得应力增量的弹塑性分解为

$$d\sigma_{ij}=d\sigma_{ij}^{e}-d\sigma_{ij}^{p} \tag{16.60}$$

式中 $d\sigma_{ij}^{e}$ 是弹性应力增量，$d\sigma_{ij}^{p}$ 是塑性应力增量，使用式(16.58)，它们分别为

$$d\sigma_{ij}^{e} = C_{ijkl}d\varepsilon_{kl} + dC_{ijkl}\varepsilon_{kl} \tag{16.61a}$$

$$d\sigma_{ij}^{p} = C_{ijkl}d\varepsilon_{kl}^{p} + dC_{ijkl}\varepsilon_{kl}^{p} \tag{16.61b}$$

显然，若 C_{ijkl} 仅取决于 ξ_{β}，则 $d\sigma_{ij}^{e}$ 中第一项是内变量不变，仅应变变化引起的，而它的第二项及 $d\sigma_{ij}^{p}$ 中的两项都是内变量改变(塑性应变可视为内变量)，应变不变引起的。

对式(16.56)两边求增量，得应力增量的另外一种分解形式，为

$$d\sigma_{ij} = (d\sigma_{ij})^{e} - (d\sigma_{ij})^{p} \tag{16.62}$$

式中

$$(d\sigma_{ij})^{e} = \frac{\partial\sigma_{ij}}{\partial\varepsilon_{kl}}d\varepsilon_{kl}, \qquad (d\sigma_{ij})^{p} = \frac{\partial\sigma_{ij}}{\partial\xi_{\beta}}d\xi_{\beta} \tag{16.63}$$

前者是内变量固定不变，仅因应变变化引起的，称为应力增量的弹性部分；而后者是内变量改变，应变不变而引起，称为应力增量的塑性部分，如图 16.17 所示。

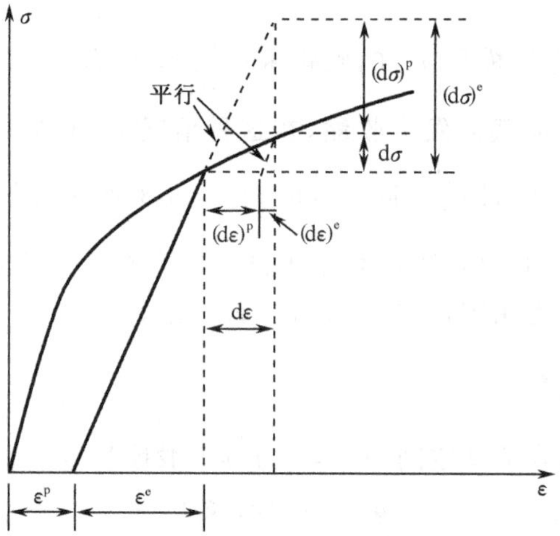

图 16.17　应力的弹塑性分解

对照应力增量的两种分解式(16.63)和式(16.61)，有

$$(d\sigma_{ij})^{e} = C_{ijkl}d\varepsilon_{kl} \tag{16.64}$$

将式(16.64)代入式(16.62)，增量本构方程可以写为

$$d\sigma_{ij} = C_{ijkl}d\varepsilon_{kl} - (d\sigma_{ij})^{p}$$

对式(12.8)求逆，再与上式对照，则有

$$(d\sigma_{ij})^{p} = C_{ijkl}(d\varepsilon_{kl})^{p} \tag{16.65}$$

于是，应力增量的弹性部分和它的塑性部分可分别理解为：当产生应变增量 $d\varepsilon_{ij}$ 或应变增量 $(d\varepsilon_{ij})^{p}$ 时，假想材料是弹性的，其弹性张量为 C_{ijkl}，所需要施加的应力增

量，如图 16.17。它们分别与弹性应力增量和塑性应力增量并不相等。

下面讨论如何建立确定应力增量塑性部分的本构方程。

16.6.2　Ilyushin 公设的两个重要不等式

将应力增量的分解式(16.62)代入式(12.21)，得

$$\oint_{\varepsilon_{ij}} (\varepsilon_{ij}-\varepsilon_{ij}^0)(\mathrm{d}\sigma_{ij})^{\mathrm{e}} - \oint_{\varepsilon_{ij}} (\varepsilon_{ij}-\varepsilon_{ij}^0)(\mathrm{d}\sigma_{ij})^{\mathrm{p}} \leqslant 0 \tag{16.66}$$

使用式(16.64)，我们有

$$\oint_{\varepsilon_{ij}} (\varepsilon_{ij}-\varepsilon_{ij}^0)(\mathrm{d}\sigma_{ij})^{\mathrm{e}} = \oint_{\varepsilon_{ij}} (\varepsilon_{ij}-\varepsilon_{ij}^0) C_{ijkl}\,\mathrm{d}\varepsilon_{ij}$$

如图 16.18 所示，在 AB 的路径中，C_{ijkl} 取 B 点的值；在 BC 的路径中由于产生塑性变形，内变量随之改变，考虑弹塑性耦合，弹性张量 C_{ijkl} 从 B 点的值变到 C 点的值；在 CD 的路径中，C_{ijkl} 取 C 点的值。可以证明：在 BCD 的积分路径中不考虑 C_{ijkl} 因加载引起的变化，即取 B 点的 C_{ijkl}，所引起的误差应为高阶小量，于是在整个应变循环的积分中可取 C_{ijkl} 为常张量，就有

$$\oint_{\varepsilon_{ij}} (\varepsilon_{ij}-\varepsilon_{ij}^0) C_{ijkl}\,\mathrm{d}\varepsilon_{ij} = 0$$

代入式(16.66)，最后得

$$\oint_{\varepsilon_{ij}} (\varepsilon_{ij}-\varepsilon_{ij}^0)(\mathrm{d}\sigma_{ij})^{\mathrm{p}} \geqslant 0 \tag{16.67}$$

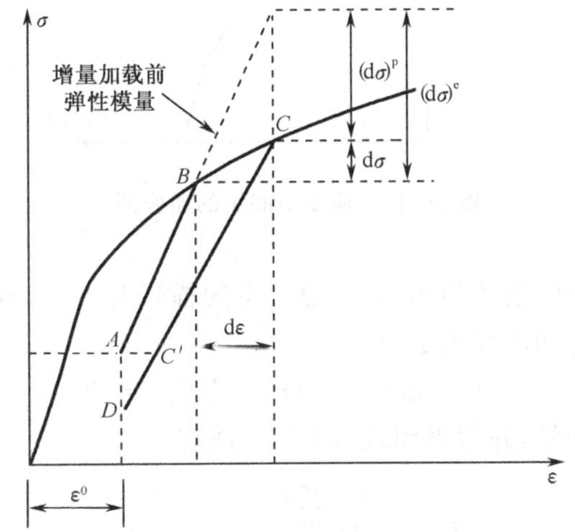

图 16.18　单轴下的应变循环

类似于 Drucker 公设，根据上面的不等式可导出如下两个重要的表达式

(1) 当应变循环的初始点处在应变空间中的屈服面内，即 $\varepsilon_{ij} \neq \varepsilon_{ij}^0$，有

$$(\varepsilon_{ij}-\varepsilon_{ij}^{0})(\mathrm{d}\sigma_{ij})^{\mathrm{p}}\geqslant 0 \tag{16.68}$$

(2) 当应变循环的初始点处在应变空间中的屈服面上，即 $\varepsilon_{ij}=\varepsilon_{ij}^{0}$，有

$$\mathrm{d}\varepsilon_{ij}(\mathrm{d}\sigma_{ij})^{\mathrm{p}}\geqslant 0 \tag{16.69}$$

16.6.3 应变空间中的正交流动法则

如图 16.19 所示，在应变空间，加载面可表示为

$$f(\varepsilon_{ij},\xi_{\beta})=0$$

采用与 12.4 节相类似的方法，根据 Ilyushin 公设的式(16.68)，很容易导出在应变空间中加载面 $f(\varepsilon_{ij},\xi_{\beta})$的外凸性及应力增量的塑性部分与加载面的正交性，即

$$(\mathrm{d}\sigma_{ij})^{\mathrm{p}}=\mathrm{d}\lambda\frac{\partial f}{\partial\varepsilon_{ij}} \tag{16.70}$$

根据 Ilyushin 公设的式(16.69)，加载判别准则是

$$\frac{\partial f}{\partial\varepsilon_{ij}}\mathrm{d}\varepsilon_{ij}>0 \tag{16.71}$$

即指向加载面外为加载，否则为中性变载或卸载。

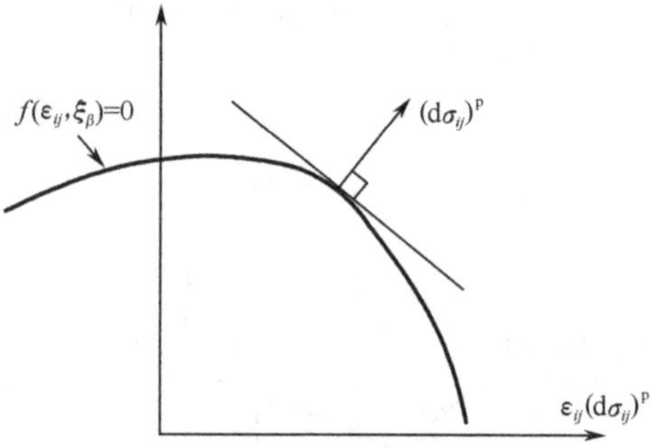

图 16.19 应变空间中的屈服面

下面讨论应变空间描述与第 12 章应力空间描述两者之间的关系。应变空间的加载函数在应力空间中可表示为

$$f(\varepsilon_{ij},\xi_{\beta})=f(\sigma_{ij},\varepsilon_{ij}^{\mathrm{p}},\xi_{\beta})=0$$

塑性应变可视为内变量，并考虑到式(16.57)，故有

$$\frac{\partial f}{\partial\varepsilon_{ij}}=\frac{\partial f}{\partial\sigma_{kl}}\frac{\partial\sigma_{kl}}{\partial\varepsilon_{ij}}=C_{ijkl}\frac{\partial f}{\partial\sigma_{kl}} \tag{16.72}$$

将式(16.72)和式(16.65)代入式(16.70)，最后应变空间的正交法则变为

$$(\mathrm{d}\varepsilon_{ij})^{\mathrm{p}}=\mathrm{d}\lambda\frac{\partial f}{\partial\sigma_{ij}} \tag{16.73}$$

即应变增量的塑性部分在应力空间中与加载面正交。

值得说明的是：

(1) 弹塑性不耦合时，即 $dC_{ijkl}=0$，$(d\varepsilon_{ij})^{p}=d\varepsilon_{ij}^{p}$，再根据式(16.73)，应力空间与应变空间中的正交法则等价。

(2) 弹塑性耦合时，即 $dC_{ijkl}\neq 0$，由式(16.73)并结合式(12.7b)，塑性应变增量在应力空间中与加载面不正交，即应服从非关联流动法则。但使用该法则时需要确定塑性势函数。然而，应变空间描述避免了确定塑性势函数的工作。

(3) 应变空间中加载面总是不断地扩大，即使是在软化阶段也不会收缩，$\dfrac{\partial f}{\partial \varepsilon_{ij}}d\varepsilon_{ij}$ 在加载阶段总大于零，因此它可作为整个加载阶段中的加载准则。

16.7　应用实例分析

16.7.1　垂直土坡的稳定

垂直土坡高 h，水平方向为半无限长，如图 16.20 所示，应用理想刚塑性材料模型结合 Mohr-Coulomb 屈服条件，确定土坡不发生失稳的最大高度。按平面应变问题考虑。

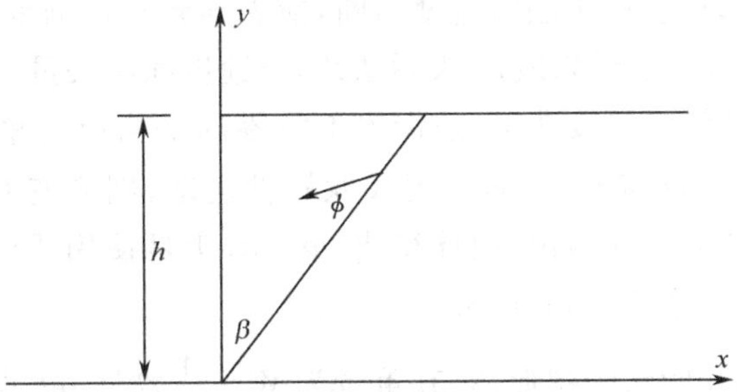

图 16.20　垂直土坡

1. 下限解

按照 15.1 节的要求，构造静力可能场如下：

在 $y>0$ 时：　$\sigma_x=\tau_{xy}=0$，　$\sigma_y=-\gamma(h-y)$

满足平衡微分方程以及 $x=0$ 和 $y=h$ 处的力边界条件，σ_y 的最大值是 γh，为了不违背 Mohr-Coulomb 屈服条件，它不能超过式(16.8)给出的单轴压缩屈服应力

$$\sigma_y=\gamma h^{0}\leqslant f'_{c}=\frac{2c\cos\phi}{1-\sin\phi}=2c\tan\left(\frac{\pi}{4}+\frac{\phi}{2}\right)$$

因此，最大的下限值就是

$$h^0 = \frac{2c}{\gamma}\tan\left(\frac{\pi}{4}+\frac{\phi}{2}\right)$$

如果土坡并不是在坚硬的基础上，构造静力可能场时应将 $y\leqslant 0$ 的区域考虑在内，将 $y\leqslant 0$ 的区域分为两个区，设

当 $x>0, y\leqslant 0$： $\sigma_x=\alpha\gamma y$， $\tau_{xy}=0$， $\sigma_y=-\gamma(h-y)$

当 $x<0, y\leqslant 0$： $\sigma_x=\alpha\gamma y$， $\tau_{xy}=0$， $\sigma_y=\gamma y$

式中 $\alpha=(1-\sin\phi)/(1+\sin\phi)$，显然，它们满足静力平衡条件且不违背 Mohr-Coulomb 屈服条件，在应力区之间的交界线上满足应力的连续条件，因此，可以作为静力可能场。

2. 上限解

在塑性区和刚性区之间或者两个刚性区之间，速度会产生间断，间断线可以看作是应变率在很窄条带的区域内高度集中的极限情况。对于塑性体积不可压缩材料，在这个条带内只有剪切应变率，因此，正如第 14 章所讨论的那样，只有沿间断线的相对滑移；对于 Mohr-Coulomb 理想刚塑性材料，由于具有体积扩容性，在产生沿条带切线方向剪切应变率的同时，也会产生法线应变率，因此，间断线上不仅产生切向速度间断，还会产生法向速度间断，前者导致沿间断线的相对滑动，后者导致相对分离。使用 $\boldsymbol{t}$ 表示切线，$\boldsymbol{n}$ 表示法线，设速度间断矢量的大小为 v，与切线方向的夹角为 Φ，条带的厚度为 h，条带内不为零的平均应变率分量就只有 $\dot{\varepsilon}_n^{\mathrm{p}}=(v\sin\Phi)/h$ 和 $\dot{\gamma}_{nt}^{\mathrm{p}}=(v\cos\Phi)/h$。若考虑关联塑性流动，则应变率的两个主值应由式(16.25)第一式和第三式给出，因此得出：$\Phi=\phi$，于是使用式(16.27)，条带内单位面积的塑性耗散功率应为 $cv\cos\phi$。

考虑如图 16.20 所示的楔形体，其重量为 $W=\frac{1}{2}\gamma h^2\tan\beta$，设楔形体的速度为 v，根据上面的分析，它与滑动面的夹角为 ϕ，则垂直向下的分量是 $v\cos(\beta+\phi)$

$$\text{外力功率}=Wv\cos(\beta+\phi)=\frac{1}{2}\gamma h^2 v\tan\beta\cos(\beta+\phi) \qquad (16.74a)$$

$$\text{耗散功率(条带内)}=chv\,\frac{\cos\phi}{\cos\beta} \qquad (16.74b)$$

两者相等，得

$$\frac{1}{2}\gamma h^2 v\tan\beta\cos(\beta+\phi)=chv\,\frac{\cos\phi}{\cos\beta}$$

得到 h 的上限为

$$h^* = \frac{2c\cos\phi}{\gamma\sin\beta\cos(\beta+\phi)} \qquad (16.75)$$

为了求得最小的上限，通过使分母相对 β 最大，令

$$\frac{\mathrm{d}}{\mathrm{d}\beta}[\sin\beta\cos(\beta+\phi)] = \cos\beta\cos(\beta+\phi) - \sin\beta\sin(\beta+\phi) = 0$$

上式的解是 $\beta=\frac{1}{4}\pi-\frac{1}{2}\phi$，代入式(16.75)，得到 h 的最小上限为

$$h^* = \frac{4c}{\gamma}\tan\left(\frac{\pi}{4}+\frac{\phi}{2}\right)$$

通过假设是曲面滑动面而不是平面滑动面，可改进上限值，尤其当土坡不是垂直而是倾斜的，改进的效果更为明显。

16.7.2 挡土墙

如果土坡太高将会发生滑坡和坍塌，这样就必须设计挡土墙加以阻止。土对挡土墙上的压力称为土压力，若不考虑它们的摩擦，则该作用力等于土体中水平应力的合力。土压力分主动土压力和被动土压力。

被动土压力：挡土墙在外力的作用下，向墙后的土体移动，土体受到挤压，使得作用在墙背的土压力不断增大，直到土体达到极限平衡状态，土压力增至最大。因此，被动土压力是一个不断增长的荷载，且做正功。

主动土压力：挡土墙在墙后土体的推力作用下，向外移动，土体内部的黏结力和内摩擦力在阻止向外移动中发挥作用，使得作用在墙背的土压力不断减小，直到土体达到极限平衡状态，土压力减至最小。因此，主动土压力是一个不断减小的荷载，且做负功。

1. 静力分析

不考虑土与墙之间的摩擦，在土体中构造静力可能场为 $\sigma_y=-\gamma(h-y)$，$\tau_{xy}=0$，σ_x 仅是 y 的函数，显然它们满足平衡条件和边界条件。在极限状态，土体内部处处满足 Mohr-Coulomb 屈服条件式(16.4)，考虑到 x，y 方向为主应力方向，则有

$$|\sigma_x-\sigma_y|+(\sigma_x+\sigma_y)\sin\phi-2c\cos\phi=0$$

上式存在 σ_x 的两个解，当 $\sigma_x-\sigma_y>0$ 时

$$\sigma_x=\sigma_y\frac{1-\sin\phi}{1+\sin\phi}+\frac{2c\cos\phi}{1+\sin\phi}=\sigma_y\tan\left(\frac{\pi}{4}-\frac{\phi}{2}\right)+2c\tan\left(\frac{\pi}{4}-\frac{\phi}{2}\right)$$

对应于主动破坏。当 $\sigma_x-\sigma_y<0$ 时

$$\sigma_x=\sigma_y\frac{1+\sin\phi}{1-\sin\phi}-\frac{2c\cos\phi}{1-\sin\phi}=\sigma_y\tan\left(\frac{\pi}{4}+\frac{\phi}{2}\right)-2c\tan\left(\frac{\pi}{4}+\frac{\phi}{2}\right)$$

对应于被动破坏。将 $\sigma_y=-\gamma(h-y)$ 代入上面的式子并在 $0\leqslant y\leqslant h$ 的区域内积分，得主动土压力和被动土压力分别为

$$P_a=\frac{1}{2}\gamma h^2\tan^2\left(\frac{\pi}{4}-\frac{\phi}{2}\right)-2ch\tan\left(\frac{\pi}{4}-\frac{\phi}{2}\right)$$

和

$$P_b = \frac{1}{2}\gamma h^2 \tan^2\left(\frac{\pi}{4}+\frac{\phi}{2}\right) + 2ch\tan\left(\frac{\pi}{4}+\frac{\phi}{2}\right) \tag{16.76}$$

式中 P_a、P_b 以压为正。上面的土压力公式称为 Rankine 公式，在土力学中应用广泛。

2. 运动分析

对于主动破坏，运动可能场假设与前面垂直土坡一致，仍然不考虑土与墙之间的摩擦，外力功率在式(16.74a)的基础上增加一项由土压力所做的功率 $-Pv\sin(\beta+\phi)$，耗散功率与式(16.74b)一致，因此

$$P = \frac{1}{2}\gamma h^2 \tan\beta\cot(\beta+\phi) - ch\frac{\cos\phi}{\cos\beta\sin(\beta+\phi)}$$

上式在 $\beta=\frac{1}{4}\pi-\frac{1}{2}\phi$ 时最大，最大的主动土压力(对应 $-P$ 的最小上限)就是

$$P_a = \frac{1}{2}\gamma h^2 \tan^2\left(\frac{\pi}{4}-\frac{\phi}{2}\right) - 2ch\cos\phi\sec^2\left(\frac{\pi}{4}-\frac{\phi}{2}\right)$$

可以表明上式与式(16.76)一致。

习　题

1. 若材料的破坏条件可以用 Mohr-Coulumb 条件表示

$$\tau_n + \sigma_n\tan\phi = c$$

试问该材料开始破坏的面(即滑移面)与最小主应力 σ_3 ($\sigma_1>\sigma_2>\sigma_3$)之间的夹角?

2. 使用 Mohr-Coulumb 屈服条件和与之相关联的流动法则，导出材料在平面应变条件下的塑性应变增量各分量的具体表达式。

3. 试由 Ilyushin 公设式(12.20)导出它的另一种表示形式(12.21)。

4. 设一硬化材料服从 Drucker-Prager 屈服条件，它在单轴压缩下的应力-应变关系如图 16.16 所示。在纯剪切作用 $\sigma_{12}=\sigma_{21}=\tau$ 下，进入塑性加载阶段，求由此产生的塑性应变张量各分量。

第 17 章　塑性力学问题的有限元方法

由于塑性本构方程是非线性和非单值性的，塑性力学问题比起线弹性力学问题的求解要复杂得多。正如前面几章所讨论的那样，对一些极其简单的问题，如形状规则、边界条件简单、材料模型大大简化后，如简化为理想弹塑性或者为理想刚塑性，才有可能找到解析解。然而，大多数实际工程问题并不是如此简单，我们必须使用数值方法求解，其中应用得最有效最广泛的数值方法就是有限元方法，由于塑性本构方程是非线性的，导出的有限元代数方程也是非线性的，本章将介绍塑性力学有限元方程的建立及其非线性方程的主要求解方法。

17.1　有限增量形式的基本方程

第 13 章介绍的塑性力学边值问题的基本方程是以无穷小的增量形式给出的，然而，在数值求解中，每个加载步中施加的荷载增量不是无穷小，而是一个有限值，产生的应力增量和应变增量也都是有限值。因此，必须对无穷小增量形式的所有基本方程在加载步的时间 Δt 内进行数值积分，给出有限应力增量 $\Delta\sigma_{ij}$、有限应变增量 $\Delta\varepsilon_{ij}$、有限位移增量 Δu_i 应满足的方程。

具体来说，在荷载的第 m 增量加载步末，若物体内的体积力是 ${}^{m}F_i$，在力边界 S_σ 上的面力是 ${}^{m}\overline{T}_i$，在位移边界 S_u 上的位移是 ${}^{m}\overline{u}_i$（左上标 m 表示第 m 个加载步），物体内的位移 ${}^{m}u_i$、应变 ${}^{m}\varepsilon_{ij}$ 和应力 ${}^{m}\sigma_{ij}$ 均已求出，在第 $m+1$ 加载步，给定体力增量 ΔF_i 和面积力增量 $\Delta\overline{T}_i$ 以及边界位移上的位移增量 $\Delta\overline{u}_i$，在第 $m+1$ 加载步末，有

$$
\begin{aligned}
{}^{m+1}F_i &= {}^{m}F_i + \Delta F_i \qquad && \text{在 } \Omega \text{ 内} \\
{}^{m+1}\overline{T}_i &= {}^{m}\overline{T}_i + \Delta\overline{T}_i && \text{在 } S_\sigma \text{ 上} \\
{}^{m+1}\overline{u}_i &= {}^{m}\overline{u}_i + \Delta\overline{u}_i && \text{在 } S_u \text{ 上}
\end{aligned}
$$

现在的问题就是求在第 $m+1$ 加载步物体内引起的位移增量 Δu_i、应变增量 $\Delta\varepsilon_{ij}$ 和应力增量 $\Delta\sigma_{ij}$。对式(13.1)～式(13.4)在增量步内积分得这些增量应满足的方程和边界条件，但考虑到增量前即 m 加载步末所得的物理量是近似满足方程和边界条件，为了减少解的累积误差，我们直接建立 $m+1$ 加载步末的物理量而不仅仅是增量步内的物理量增量应满足的方程和边界条件。在 $m+1$ 加载步末物体内的位移、应变和应力是

$$
{}^{m+1}u_i = {}^{m}u_i + \Delta u_i \tag{17.1a}
$$

$$
{}^{m+1}\varepsilon_{ij} = {}^{m}\varepsilon_{ij} + \Delta\varepsilon_{ij} \tag{17.1b}
$$

$$^{m+1}\sigma_{ij} = {}^{m}\sigma_{ij} + \Delta\sigma_{ij} \tag{17.1c}$$

它们应满足以下方程和边界条件：

1) 平衡方程

$$^{m}\sigma_{ij,i} + \Delta\sigma_{ij,i} + {}^{m}F_j + \Delta F_j = 0 \tag{17.2}$$

2) 几何方程

$$^{m}\varepsilon_{ij} + \Delta\varepsilon_{ij} = \frac{1}{2}({}^{m}u_{i,j} + {}^{m}u_{j,i}) + \frac{1}{2}(\Delta u_{i,j} + \Delta u_{j,i}) \tag{17.3}$$

3) 本构方程

对增量本构关系式(13.3)在加载步内进行数值积分，确定有限应变增量 $\Delta\varepsilon_{ij}$ 与有限应力增量 $\Delta\sigma_{ij}$ 的关系为

$$\Delta\sigma_{ij} = \int_m^{m+1} \mathrm{d}\sigma_{ij} = \int_m^{m+1} C_{ijkl}^{\mathrm{ep}}\,\mathrm{d}\varepsilon_{kl} \tag{17.4}$$

式中 C_{ijkl}^{ep} 是弹塑性张量，由式(13.3a)给出，它是应力 σ_{ij} 和内变量 ξ_β 的函数，而它们本身都是待求的未知量，因此，式(17.4)是非线性的。计算分析时，需要对它进行线性化处理，通常表示成

$$\Delta\sigma_{ij} = {}^{\tau}C_{ijkl}^{\mathrm{ep}}\,\Delta\varepsilon_{kl} \tag{17.5}$$

式中 τ 代表第 $m+1$ 加载步中间的某一状态。最简单的近似方法是使用增量加载前的 ${}^{\tau}C_{ijkl}^{\mathrm{ep}} = {}^{m}C_{ijkl}^{\mathrm{ep}}$，这相当于 Euler 法。

4) 边界条件

$$n_i({}^{m}\sigma_{ij} + \Delta\sigma_{ij}) = {}^{m}\overline{T}_j + \Delta\overline{T}_j \qquad \text{在力边界 } S_\sigma \text{ 上} \tag{17.6a}$$

$$^{m}u_i + \Delta u_i = {}^{m}\overline{u}_i + \Delta\overline{u}_i \qquad \text{在位移边界 } S_u \text{ 上} \tag{17.6b}$$

应当指出：①除本构方程外上述其他方程及边界条件都是线性的。②如果位移 ${}^{m}u_i$、应变 ${}^{m}\varepsilon_{ij}$ 和应力 ${}^{m}\sigma_{ij}$ 已精确满足 m 加载步末的所有方程和边界条件，则可以从中略去它们，得到只包含增量的一组方程。由于它们不一定能精确满足方程和边界条件，从后面的讨论我们将知道，将它们保留下来可减小累积误差，从而避免解的漂移。

17.2 增量有限元格式

对于 $m+1$ 加载步末物体所处的状态，假想它发生虚位移增量 $\delta(\Delta u_i)$，相应的虚应变增量是 $\delta(\Delta\varepsilon_{ij}) = \frac{1}{2}\delta(\Delta u_{i,j} + \Delta u_{j,i})$，根据虚位移原理，应有

$$\int_\Omega {}^{m+1}\sigma_{ij}\delta(\Delta\varepsilon_{ij})\,\mathrm{d}\Omega = \int_{S_\sigma} {}^{m+1}\overline{T}_i\delta(\Delta u_i)\,\mathrm{d}S + \int_\Omega {}^{m+1}F_i\delta(\Delta u_i)\,\mathrm{d}\Omega \tag{17.7}$$

建立方程式(17.7)的有限元格式的步骤和中篇 9.3 节中介绍的完全相同。

(1) 首先将每个单元内任意点的位移增量表示成节点位移增量的插值形式

$$\{\Delta u\} = [N]\{\Delta a\}^e \tag{17.8}$$

式中$\{\Delta a\}^e$是单元各节点的位移增量列阵。

(2) 利用几何关系，得到

$$\{\Delta\varepsilon\} = [B]\{\Delta a\}^e \tag{17.9}$$

式中

$$\{\Delta\varepsilon\} = \{\Delta\varepsilon_x \quad \Delta\varepsilon_y \quad \Delta\varepsilon_z \quad \Delta\gamma_{xy} \quad \Delta\gamma_{yz} \quad \Delta\gamma_{zx}\}^{\mathrm{T}}$$

(3) 将张量形式的本构方程式(17.5)转换成矩阵形式表示。记

$$\{\Delta\sigma\} = \{\Delta\sigma_x \quad \Delta\sigma_y \quad \Delta\sigma_z \quad \Delta\tau_{xy} \quad \Delta\tau_{yz} \quad \Delta\tau_{zx}\}^{\mathrm{T}}$$

$$\{\nabla f\} = \left\{\frac{\partial f}{\partial\sigma_x} \quad \frac{\partial f}{\partial\sigma_y} \quad \frac{\partial f}{\partial\sigma_z} \quad \frac{\partial f}{\partial\tau_{xy}} \quad \frac{\partial f}{\partial\tau_{yz}} \quad \frac{\partial f}{\partial\tau_{zx}}\right\}^{\mathrm{T}}$$

本构方程式(17.5)的矩阵形式为

$$\{\Delta\sigma\} = {}^{\tau}[D]^{\mathrm{ep}}\{\Delta\varepsilon\} \tag{17.10a}$$

式中${}^{\tau}[D]^{\mathrm{ep}}$是弹塑性矩阵，利用式(13.3a)，有

$${}^{\tau}[D]^{\mathrm{ep}} = [D]^{\mathrm{e}} - \frac{\alpha[D]^{\mathrm{e}}\{\nabla f\}\{\nabla f\}^{\mathrm{T}}[D]^{\mathrm{e}}}{h + \{\nabla f\}^{\mathrm{T}}[D]^{\mathrm{e}}\{\nabla f\}} \tag{17.10b}$$

式中$[D]^{\mathrm{e}}$是弹性矩阵。

对于非关联流动的情况，利用式(12.74)，材料的弹塑性矩阵将是

$${}^{\tau}[D]^{\mathrm{ep}} = [D]^{\mathrm{e}} - \frac{\alpha[D]^{\mathrm{e}}\{\nabla g\}\{\nabla f\}^{\mathrm{T}}[D]^{\mathrm{e}}}{h + \{\nabla f\}^{\mathrm{T}}[D]^{e}\{\nabla g\}} \tag{17.10c}$$

式中

$$\{\nabla g\} = \left\{\frac{\partial g}{\partial\sigma_x} \quad \frac{\partial g}{\partial\sigma_y} \quad \frac{\partial g}{\partial\sigma_z} \quad \frac{\partial g}{\partial\tau_{xy}} \quad \frac{\partial g}{\partial\tau_{yz}} \quad \frac{\partial g}{\partial\tau_{zx}}\right\}^{\mathrm{T}}$$

应当注意式(17.10b)是对称矩阵，而式(17.10c)是非对称矩阵。

将式(17.8)和式(17.9)代入式(17.7)，得有限元控制方程

$$\begin{aligned}&\sum_e \{\delta(\Delta a)\}^{e\mathrm{T}}\int_{\Omega^e}[B]^{\mathrm{T}}\cdot{}^{m+1}\{\sigma\}\mathrm{d}\Omega \\ &= \sum_e \{\delta(\Delta a)\}^{e\mathrm{T}}\left[\int_{S_\sigma^e}[N]^{\mathrm{T}}\cdot{}^{m+1}\{\overline{T}\}\mathrm{d}S + \int_{\Omega^e}[N]^{\mathrm{T}}\cdot{}^{m+1}\{F\}\mathrm{d}\Omega\right]\end{aligned} \tag{17.11}$$

式中$\{\delta(\Delta a)\}^e$是单元的虚位移增量列阵，它与其整体列阵$\{\delta(\Delta a)\}$的关系可写为

$$\{\delta(\Delta a)\}^e = [A]^e\{\delta(\Delta a)\}$$

式中$[A]^e$的意义见 9.3 节，代入式(17.11)，分别记

$${}^{m+1}\{f^{\mathrm{int}}\} = \sum_e [A]^{e\mathrm{T}}\int_{\Omega^e}[B]^{\mathrm{T}}\cdot{}^{m+1}\{\sigma\}\mathrm{d}\Omega \tag{17.12a}$$

$${}^{m+1}\{f^{\mathrm{ext}}\} = \sum_e [A]^{e\mathrm{T}}\left[\int_{S_\sigma^e}[N]^{\mathrm{T}}\cdot{}^{m+1}\{\overline{T}\}\mathrm{d}S + \int_{\Omega^e}[N]^{\mathrm{T}}\cdot{}^{m+1}\{F\}\mathrm{d}\Omega\right] \tag{17.12b}$$

于是,式(17.11)可写成

$$\{\delta(\Delta a)\}^{\mathrm{T}} \cdot {}^{m+1}\{f^{\mathrm{int}}\} = \{\delta(\Delta a)\}^{\mathrm{T}} \cdot {}^{m+1}\{f^{\mathrm{ext}}\}$$

式中${}^{m+1}\{f^{\mathrm{ext}}\}$和${}^{m+1}\{f^{\mathrm{int}}\}$分别是$m+1$加载步作用在节点上的外荷载和内力(应力)的等效节点力列阵。考虑到虚位移是任意的,有限元控制方程又可写为

$${}^{m+1}\{f^{\mathrm{int}}\} = {}^{m+1}\{f^{\mathrm{ext}}\} \tag{17.13}$$

将式(17.1c)代入式(17.11),得控制方程的另外一种形式

$$\sum_e [A]^{e\mathrm{T}} \int_{\Omega^e} [B]^{\mathrm{T}} \cdot \{\Delta\sigma\} \mathrm{d}\Omega = \{\Delta f\} + {}^m\{f^{\mathrm{ext}}\} - {}^m\{f^{\mathrm{int}}\} \tag{17.14}$$

式中$\{\Delta f\}$是外荷载增量的等效节点力;${}^m\{f^{\mathrm{ext}}\}$和${}^m\{f^{\mathrm{int}}\}$分别是m加载步结束时按式(17.12)计算的外力和内力的等效节点力,它们之差是m加载步结束时的不平衡节点力,记作

$${}^m\{\Psi\} = {}^m\{f^{\mathrm{ext}}\} - {}^m\{f^{\mathrm{int}}\} \tag{17.15}$$

若第m加载步结束时所有方程与边界条件都完全满足,则不平衡力${}^m\{\Psi\}$为零,通常它们并不能完全满足,则${}^m\{\Psi\}$不为零。若m加载步结束时的位移解为${}^m\{a\}$(节点位移的整体列阵),${}^m\{\sigma\}$可根据${}^m\{a\}$求得(见后面的17.5节),因此,${}^m\{f^{\mathrm{int}}\}$和${}^m\{\Psi\}$可表达成位移列阵${}^m\{a\}$的函数,

$${}^m\{f^{\mathrm{int}}\} = \{f^{\mathrm{int}}({}^m\{a\})\} \quad 及 \quad {}^m\{\Psi\} = \{\Psi({}^m\{a\})\} \tag{17.16}$$

将式(17.10)代入式(17.14),并考虑到式(17.9)和式(17.15),式(17.14)又可表示为

$${}^{\tau}[K]\{\Delta a\} = \{\Delta f\} + {}^m\{\Psi\} \tag{17.17a}$$

式中

$${}^{\tau}[K] = \sum_e [A]^{e\mathrm{T}} \left[\int_{\Omega^e} [B]^{\mathrm{T}} \cdot {}^{\tau}[D]^{\mathrm{ep}} \cdot [B] \mathrm{d}\Omega\right] [A]^e \tag{17.17b}$$

称之为整体切线刚度矩阵。$\{\Delta a\}$是节点位移增量的整体列阵。

求解方程式(17.17a)的方法将在下面介绍。顺便指出:在式(17.17a)中代入非关联弹塑性矩阵,得到的整体切线刚度矩阵${}^{\tau}[K]$也将是非对称的,这给数值计算带来很大的不方便,这是非关联流动法则的缺点之一。

17.3 增 量 法

增量解法是:对于每一个加载步,施加荷载增量$\{\Delta f\}$后(每个加载步的荷载增量可以不同),求解方程式(17.17a),将求解的位移增量、应变增量和应力增量叠加到上一步的位移、应变和应力中去。该方法在每一个加载步解一次线性方程组,其实质就是以一系列分段线性问题来近似非线性问题。对一个自由度的非线性问题,增量法求解过程如图17.1所示。

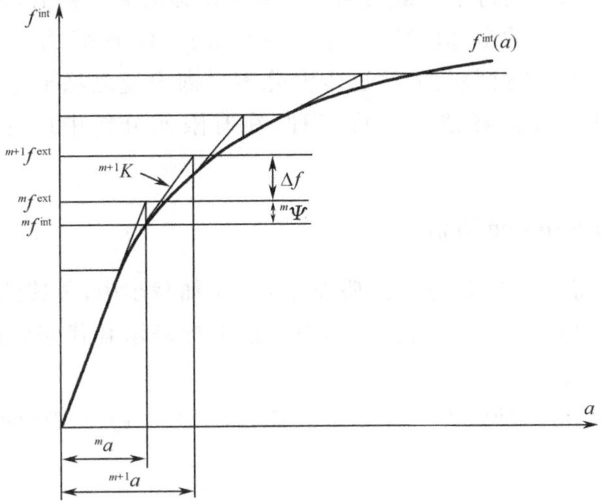

图 17.1　增量法

该方法主要的问题是如何选定$^{\tau}[K]$的值。最简单的方法就是:对于 $m+1$ 加载步,选取加载开始时(即第 m 加载步结束时)的$^{\tau}[K]={}^{m}[K]$。具体来说,是在$[K]$的表达式中代入加载开始时的弹塑性矩阵$^{m}[D]^{\text{ep}}$,这相当于 Euler 法。还有一些其他更好的近似估计$^{\tau}[K]$的方法,可参考有关文献。

总体来说,增量法的主要优点是它适用于各种类型的非线性状态,其缺点是计算效率不高。当要求得到足够精度的解答,必须采用足够小的荷载增量,这导致较大的计算量。

17.4　增量叠代法

为了提高计算效率,可将每个加载步内的荷载增量适当加大,但为了满足一定的求解精度,在每个加载步内使用适当的叠代方法进行若干次叠代,这就是所谓的增量叠代法。

假设第 m 加载步的解$^{m}\{a\}$,$^{m}\{\sigma\}$,$^{m}\{\varepsilon\}$已知,则在第 $m+1$ 加载步荷载增量$\{\Delta F\}$的作用下,若产生位移增量$\{\Delta a\}$和应力增量$\{\Delta\sigma\}$,$m+1$ 步末的位移和应力就是$^{m+1}\{a\}={}^{m}\{a\}+\{\Delta a\}$,$^{m+1}\{\sigma\}={}^{m}\{\sigma\}+\{\Delta\sigma\}$。

考虑到式(17.16),式(17.13)可用位移的函数形式写成

$$^{m+1}\{f^{\text{ext}}\}-\{f^{\text{int}}(^{m+1}\{a\})\}=0$$

或

$$^{m+1}\{\Psi\}=\{\Psi(^{m+1}\{a\})\}=0$$

问题归结为求${}^{m+1}\{a\}$，使得不平衡力为零。对于位移的某个初值，例如取上一步末的位移作为下一步的初值，${}^{m+1}\{a\}^{(0)}={}^{m}\{a\}$，不平衡力一般不为零，即$\{\Psi({}^{m+1}\{a\}^{(0)})\}\neq 0$，通过叠代方法逐步消除不平衡力使之趋于零，这种叠代法被称为平衡叠代法。叠代算法已有许多种，在有限元分析中广泛应用以下 3 种 Newton 叠代法。

17.4.1 Newton-Raphson 方法

该方法以下简称为 N-R 方法。假设在 $m+1$ 加载步中，位移的第 $i-1$ 次叠代近似值已经得到，用${}^{m+1}\{a\}^{(i-1)}$表示，其中右边上标表示叠代步。此时，不平衡力记作${}^{m+1}\{\Psi\}^{(i-1)}$，为

$$
{}^{m+1}\{\Psi\}^{(i-1)}=\{\Psi({}^{m+1}\{a\}^{(i-1)})\}={}^{m+1}\{f^{\text{ext}}\}-\{f^{\text{int}}({}^{m+1}\{a\}^{(i-1)})\} \tag{17.18a}
$$

式中

$$
\{f^{\text{int}}({}^{m+1}\{a\}^{(i-1)})\}=\sum_{e}[A]^{e\mathrm{T}}\int_{\Omega^e}[B]^{\mathrm{T}}\cdot{}^{m+1}\{\sigma\}^{(i-1)}\mathrm{d}\Omega \tag{17.18b}
$$

式中${}^{m+1}\{\sigma\}^{(i-1)}$表示对应于位移${}^{m+1}\{a\}^{(i-1)}$的应力。

使用 Taylor 级数将${}^{m+1}\{\Psi\}=\{\Psi({}^{m+1}\{a\})\}$在${}^{m+1}\{a\}^{(i-1)}$处展开，并忽略所有高于线性项的高次项，得

$$
\{\Psi({}^{m+1}\{a\}^{(i-1)})\}+\left.\frac{\partial(\Psi)}{\partial\{a\}}\right|_{{}^{m+1}\{a\}^{(i-1)}}({}^{m+1}\{a\}-{}^{m+1}\{a\}^{(i-1)})=0 \tag{17.19}
$$

记

$$
\{\Delta a\}^{(i)}={}^{m+1}\{a\}-{}^{m+1}\{a\}^{(i-1)}
$$

利用式(17.18a)，得

$$
\left.\frac{\partial(\Psi)}{\partial\{a\}}\right|_{{}^{m+1}\{a\}^{(i-1)}}=-\left.\frac{\partial\{f^{\text{int}}\}}{\partial\{a\}}\right|_{{}^{m+1}\{a\}^{(i-1)}}
$$

于是，式(17.19)可写成

$$
\left.\frac{\partial\{f^{\text{int}}\}}{\partial\{a\}}\right|_{{}^{m+1}\{a\}^{(i-1)}}\{\Delta a\}^{(i)}={}^{m+1}\{\Psi\}^{(i-1)}
$$

使用式(17.18b)，则有

$$
\begin{aligned}
\left.\frac{\partial\{f^{\text{int}}\}}{\partial\{a\}}\right|_{{}^{m+1}\{a\}^{(i-1)}}&=\sum_{e}[A]^{e\mathrm{T}}\int_{\Omega^e}[B]^{\mathrm{T}}\left[\frac{\partial\{\sigma\}}{\partial\{\varepsilon\}}\right]\left[\frac{\partial\{\varepsilon\}}{\partial\{a\}^e}\right]\left[\frac{\partial\{a\}^e}{\partial\{a\}}\right]\mathrm{d}\Omega\\
&=\sum_{e}[A]^{e\mathrm{T}}\left[\int_{\Omega^e}[B]^{\mathrm{T}}[D]^{\mathrm{ep}}\Big|_{{}^{m+1}\{a\}^{(i-1)}}[B]\mathrm{d}\Omega\right][A]^{e}\\
&={}^{m+1}[K]^{(i-1)}
\end{aligned} \tag{17.20}
$$

式中$[D]^{\mathrm{ep}}|_{{}^{m+1}\{a\}^{(i-1)}}$和${}^{m+1}[K]^{(i-1)}$分别是与位移${}^{m+1}\{a\}^{(i-1)}$相应的弹塑性矩阵和

整体切向刚度矩阵。因此，N-R 法的叠代格式可写为

$$^{m+1}[K]^{(i-1)}\{\Delta a\}^{(i)} = {}^{m+1}\{\Psi\}^{(i-1)} \tag{17.21}$$
$$^{m+1}\{a\}^{(i)} = {}^{m+1}\{a\}^{(i-1)} + \{\Delta a\}^{(i)}, \qquad i = 0, 1, 2, \cdots$$

式中

$$^{m+1}\{a\}^{(0)} = {}^{m}\{a\}, \quad {}^{m+1}[K]^{(0)} = {}^{m}[K], \quad {}^{m+1}\{\Psi\}^{(0)} = {}^{m+1}\{f^{\text{ext}}\} - {}^{m}\{f^{\text{int}}\}$$

整个叠代过程直到一个合适的收敛标准得到满足为止。收敛标准将在后面讨论。对一个自由度的非线性问题，叠代过程可用图 17.2 说明。

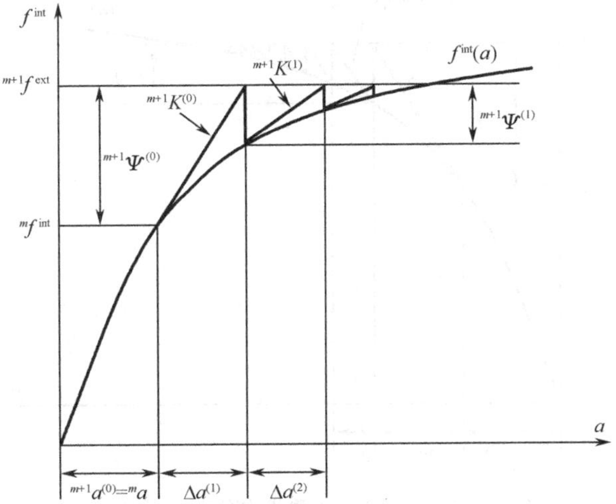

图 17.2　在一个增量加载步内的 N-R 法

N-R 算法有较高的二次收敛速率，但必须注意，根据方程(17.20)，切向刚度矩阵$^{m+1}[K]^{(i)}$在每个叠代步中都要重新计算和三角化分解(矩阵的三角化分解是矩阵求逆的一种方法)，对于大型结构问题，单元和节点数都比较多，这将花费大量的计算时间。而且，对于理想弹塑性材料或应变软化材料，切向刚度矩阵在叠代过程中可能变成奇异矩阵或病态矩阵，从而造成解非线性方程组的困难。

17.4.2　改进的 Newton-Raphson 法

为了减少刚度矩阵计算和三角化分解中的计算时间，N-R 法的一个改进方法，就是在方程(17.21)中使用在第 n 个($n<m+1$)加载步时计算所得的切向刚度矩阵$^{n}[K]$替代切向刚度矩阵$^{m+1}[K]^{(i)}$。如果在每一个加载步的每一次叠代中，始终采用初始弹性矩阵$[K]^{(0)}$进行计算，这种方法称为初应力法。这样，对于第 $m+1$ 步，其刚度矩阵可用

$$^{m+1}[K]^{(0)} = {}^{m}[K] = {}^{n}[K]$$

改进的 N-R 法的叠代方案可表示为

$$ {}^{n}[K]\{\Delta a\}^{(i)} = {}^{m+1}\{\Psi\}^{(i-1)} \tag{17.22} $$

$$ {}^{m+1}\{a\}^{(i)} = {}^{m+1}\{a\}^{(i-1)} + \{\Delta a\}^{(i)}, \qquad i = 1,2,\cdots \tag{17.23} $$

式中

$$ {}^{m+1}\{a\}^{(0)} = {}^{m}\{a\}, \quad {}^{m+1}\{\Psi\}^{(0)} = {}^{m+1}\{f^{\text{ext}}\} - {}^{m}\{f^{\text{int}}\} $$

叠代过程直到一个合适的收敛标准得到满足时停止，对一个自由度的非线性问题，改进后的叠代过程可用图 17.3 说明。

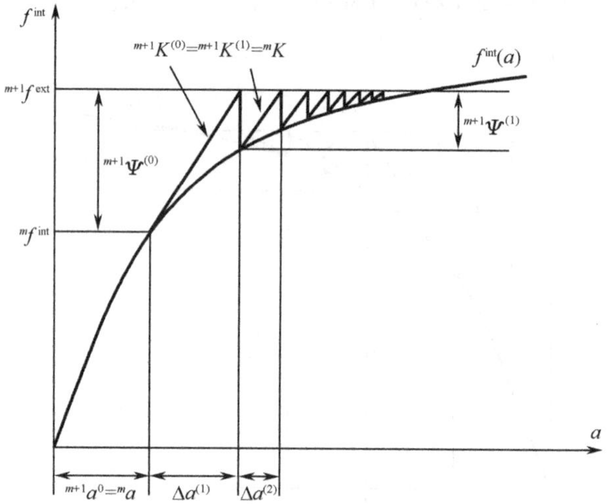

图 17.3 在一个增量加载步内的改进的 N-R 法

改进的 N-R 法比 N-R 法减少了刚度矩阵的计算和分解。但是，改进的 N-R 法是线性收敛，通常比 N-R 法收敛得慢，为达到收敛将需要更多的叠代次数。在某些情况下，如在分析应变软化材料时，收敛将会特别地慢。此外，刚度矩阵可能变成奇异矩阵或病态矩阵的问题仍然存在。改进的 N-R 法带来的另外一个问题是：如果物体内的某个区域出现卸载，应力状态从塑性状态卸载到弹性状态，这个算法可能得不到一个收敛结果，除非一旦卸载出现，刚度矩阵重新计算。

17.4.3 拟 Newton 法

N-R 法和改进的 N-R 法之间的一个折衷方法是拟 Newton 法。N-R 方法要求结构的刚度矩阵在每次叠代时都要重新计算和分解，需要大量的计算工作，但具有较高的收敛速率。另一方面，改进的 N-R 法为减少每次叠代循环中的计算工作量，在多次叠代循环中使用同一刚度矩阵，但收敛速度较慢。与上述两种方法不同，拟 Newton 法的主要思想是在每次叠代后用一个简单的方式更新刚度矩阵。

假设在 $m+1$ 加载步中，位移的第 i 次叠代的近似值 ${}^{m+1}\{a\}^{(i)}$ 已经得到，记位

移增量为

$$^{m+1}\{\delta\}^{(i)} = {}^{m+1}\{a\}^{(i)} - {}^{m+1}\{a\}^{(i-1)}, \qquad i = 1, 2, \cdots$$

不平衡力增量为

$$^{m+1}\{\Delta R\}^{(i)} = \{\Psi({}^{m+1}\{a\}^{(i-1)})\} - \{\Psi({}^{m+1}\{a\}^{(i)})\} = {}^{m+1}\{\Psi\}^{(i-1)} - {}^{m+1}\{\Psi\}^{(i)}$$

在进行下一次(第 $i+1$ 次)叠代前,需要更新刚度矩阵$^{m+1}[K]^{(i)}$。第 i 次叠代结束时,$^{m+1}\{\delta\}^{(i)}$ 和$^{m+1}\{\Delta R\}^{(i)}$ 已经得到,拟 Newton 法让更新的刚度矩阵$^{m+1}[K]^{(i)}$为叠代结果$^{m+1}\{\delta\}^{(i)}$和$^{m+1}\{\Delta R\}^{(i)}$所定义的割线刚度矩阵,即它们满足下面的方程

$$^{m+1}[K]^{(i)}\,{}^{m+1}\{\delta\}^{(i)} = {}^{m+1}\{\Delta R\}^{(i)} \tag{17.24}$$

如图 17.4 所示,这实质上是使用上一次(第 i 次)叠代的割线刚度作为下一次(第 $i+1$次)叠代所需要的刚度矩阵$^{m+1}[K]^{(i)}$。

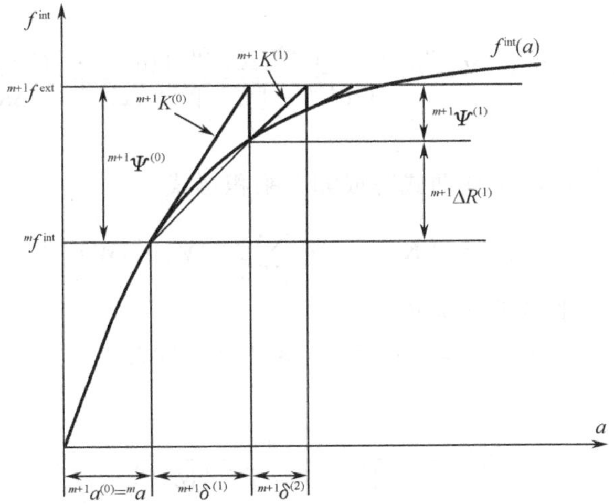

图 17.4　在一个增量加载步内的拟 Newton 法

如何利用上一次叠代的结果$^{m+1}\{\delta\}^{(i)}$和$^{m+1}\{\Delta R\}^{(i)}$包括$^{m+1}[K]^{(i-1)}$等,构造割线刚度$^{m+1}[K]^{(i)}$满足式(17.24),为下一次叠代所用,是拟 Newton 法的研究重点。为简便起见,本小节下面将变量右上角的上标 $m+1$ 省略。

Broyden-Fletcher-Goldfarb-Shanno 利用无约束最小优化方法,得出一种更新刚度矩阵的计算格式

$$[K]^{(i)} = [K]^{(i-1)} + \frac{\{\Delta R\}^{(i)}\{\Delta R\}^{(i)\mathrm{T}}}{\{\Delta R\}^{(i)\mathrm{T}}\{\delta\}^{(i)}} - \frac{[K]^{(i-1)}\{\delta\}^{(i)}\{\delta\}^{(i)\mathrm{T}}[K]^{(i-1)\mathrm{T}}}{\{\delta\}^{(i)\mathrm{T}}\{\Delta R\}^{(i)}\{\delta\}^{(i)}}$$

称为 BFGS 方法,它是拟 Newton 法中应用得比较广泛的格式。

Davidon-Fletcher-Powell 给出了另外一种更新刚度矩阵的计算格式

$$[K]^{(i)}=\left([I]-\frac{\{\Delta R\}^{(i)}\{\delta\}^{(i)\mathrm{T}}}{\{\Delta R\}^{(i)\mathrm{T}}\{\delta\}^{(i)}}\right)[K]^{(i-1)}\left([I]-\frac{\{\delta\}^{(i)}\{\Delta R\}^{(i)\mathrm{T}}}{\{\Delta R\}^{(i)\mathrm{T}}\{\delta\}^{(i)}}\right)+\frac{\{\Delta R\}^{(i)}\{\Delta R\}^{(i)\mathrm{T}}}{\{\Delta R\}^{(i)\mathrm{T}}\{\delta\}^{(i)}}$$

式中$[I]$是单位矩阵。上式称为 DFP 方法。

上面两种方法有一个共同的优点，就是更新后的刚度矩阵仍为对称形式。使用上述更新的刚度矩阵，在求解方程(17.21)时仍不方便，更有效的方法是直接去更新刚度矩阵${}^{m+1}[K]^{(i-1)}$的逆矩阵，得到${}^{m+1}[K^{-1}]^{(i)}$，

对于 BFGS 方法

$$[K^{-1}]^{(i)}=[K^{-1}]^{(i-1)}+\frac{(\{\delta\}^{(i)}-[K^{-1}]^{(i-1)}\{\Delta R\}^{(i)})\{\delta\}^{(i)\mathrm{T}}[K^{-1}]^{(i-1)}}{\{\delta\}^{(i)\mathrm{T}}[K^{-1}]^{(i-1)}\{\delta\}^{(i)}} \tag{17.25}$$

对于 DFP 方法

$$[K^{-1}]^{(i)}=[K^{-1}]^{(i-1)}+\frac{(\{\delta\}^{(i)}-[K^{-1}]^{(i-1)}\{\Delta R\}^{(i)})(\{\delta\}^{(i)}-[K^{-1}]^{(i-1)}\{\Delta R\}^{(i)})^{\mathrm{T}}}{(\{\delta\}^{(i)}-[K^{-1}]^{(i-1)}\{\Delta R\}^{(i)})^{\mathrm{T}}\{\Delta R\}^{(i)}} \tag{17.26}$$

为了便于计算机计算，将上述两式写成如下乘积形式

$$[K^{-1}]^{(i)}=[K^{-1}]^{(0)}+\sum_{n=1}^{i}\beta^{(n)}\{V\}^{(n)}\{W\}^{(n)\mathrm{T}} \tag{17.27a}$$

式中$\{V\}^{(n)}$和$\{W\}^{(n)}$称为修正矢量

$$\{V\}^{(n)}=\{\delta\}^{(n)}-[K^{-1}]^{(n-1)}\{\Delta R\}^{(n)} \tag{17.27b}$$

对于 BFGS 方法

$$\beta^{(n)}=\frac{1}{\{\delta\}^{(n)\mathrm{T}}[K^{-1}]^{(n-1)}\{\delta\}^{(n)}} \tag{17.28a}$$

$$\{W\}^{(n)\mathrm{T}}=\{\delta\}^{(n)\mathrm{T}}[K^{-1}]^{(n-1)} \tag{17.28b}$$

对于 DFP 方法

$$\beta^{(n)}=\frac{1}{(\{\delta\}^{n}-[K^{-1}]^{(n-1)}\{\Delta R\}^{(n)})^{\mathrm{T}}\{\Delta R\}^{(n)}} \tag{17.29a}$$

$$\{W\}^{(n)}=\{V\}^{(n)} \tag{17.29b}$$

利用拟 Newton 求解问题的步骤归纳为：

(1)使用方程(17.21)求位移增量$\{\Delta a\}^{(i)}$

$$\{\Delta a\}^{(i)}={}^{m+1}[K^{-1}]^{(i-1)}\cdot{}^{m+1}\{\Psi\}^{(i-1)}$$

以及

$$\{\delta\}^{(i)}=\{\Delta a\}^{(i)}$$

$${}^{m+1}\{a\}^{(i)}={}^{m+1}\{a\}^{(i-1)}+\{\Delta a\}^{(i)}$$

在叠代开始即$i=1$时，需要形成刚度矩阵${}^{m+1}[K]^{(0)}$，并进行一次三角化分解以得到

其逆矩阵${}^{m+1}[K^{-1}]^{(0)}$。在以后的叠代中，即 $i>1$ 时，直接采用式(17.27a)计算刚度矩阵的逆矩阵${}^{m+1}[K^{-1}]^{(i-1)}$，此时涉及到的计算仅是一系列矢量的内积，这就减少了 N-R 法中每一次叠代时进行刚度矩阵三角化分解所用的大量计算机时间。

(2)使用式(17.27b)，计算修正矢量$\{V\}^{(i)}$，再使用式(17.28)或式(17.29)计算$\{\beta\}^{(i)}$和修正矢量$\{W\}^{(i)}$为下一步叠代作准备。这里需要计算对应于位移状态${}^{m+1}\{a\}^{(i)}$的不平衡力${}^{m+1}\{\Psi\}^{(i)}$，以便计算不平衡力增量${}^{m+1}\{\Delta R\}^{(i)}$，

$$
{}^{m+1}\{\Psi\}^{(i)} = {}^{m+1}\{f^{\text{ext}}\} - \{f^{\text{int}}({}^{m+1}\{a\}^{(i)})\}
$$

$$
{}^{m+1}\{\Delta R\}^{(i)} = {}^{m+1}\{\Psi\}^{(i-1)} - {}^{m+1}\{\Psi\}^{(i)}
$$

(3)重复上面的叠代过程，直到一定的收敛准则得到满足。

拟 Newton 法就一次叠代中的计算工作量而言，与改进的 N-R 法相比要多，而与 N-R 法相比要少得多。但是拟 Newton 法比改进的 N-R 法有更好的收敛性质，它的收敛速率介于线性收敛和二次收敛之间。这个方法可适用于具有应变硬化、应变软化或理想弹塑性等材料的结构分析，而且卸载时不会引起任何麻烦。因此，这个方法为常规弹塑性材料的非线性联立方程组的求解提供了一个安全有效的方法。这是目前使用得最好的算法。

拟 Newton 法也称变尺度法，修正方法或校正方法等。提出的计算格式也较多，但是在非线性有限元问题的计算中 BFGS 方法应用得较多。

17.4.4　收敛准则

在一个加载步内，当每次叠代结束时，应检查得到的解是否满足收敛准则。若满足，则该加载步内的叠代停止，在施加下一个荷载增量后，进行下一个加载步的叠代计算。否则，该加载步内的叠代继续。

1) 位移准则

$$
\|\{\Delta a\}^{(i)}\|_2 \leqslant \varepsilon_D \|{}^{m+1}\{a\}^{(i)} - {}^{m}\{a\}\|_2
$$

式中$\{\Delta a\}^{(i)}$是第 i 步叠代求得的位移增量，$\|\ \|_2$ 表示矢量的内积(各元素的平方和)，ε_D是位移相对误差的允许值。

2) 力准则

通过平衡叠代，使得不平衡力的差值${}^{m+1}\{f^{\text{ext}}\} - {}^{m+1}\{f^{\text{int}}\}^{(i)}$变为零。但在数值计算过程中，通常是不可能得到且不需要达到不平衡力为零的状态。因而，力准则表示为

$$
\|{}^{m+1}\{f^{\text{ext}}\} - {}^{m+1}\{f^{\text{int}}\}^{(i)}\|_2 \leqslant \varepsilon_F \|{}^{m+1}\{f^{\text{ext}}\} - {}^{m}\{f^{\text{int}}\}\|_2
$$

不等式左边代表当前加载步第 i 次叠代结束时的不平衡力；右边是当前加载步叠代开始时的的不平衡力，ε_F是不平衡力的相对允许值。

3) 能量准则

能量准则是度量位移和力分别与它们的平衡值的接近程度，表示为

$$\{\Delta a\}^{(i)T}({}^{m+1}\{f^{\text{ext}}\}-{}^{m+1}\{f^{\text{int}}\}^{(i)})\leqslant \varepsilon_E\{\Delta a\}^{(i)T}({}^{m+1}\{f^{\text{ext}}\}-{}^{m}\{f^{\text{int}}\})$$

不等式左边代表当前加载步第 i 次叠代结束时的不平衡力在位移增量上所做的功；右边是当前加载步叠代开始时的的不平衡力在位移增量上所做的功。ε_E 是能量的相对允许值。

各种收敛准则的相对允许值必须谨慎选择，以免因允许值大而得到一个不精确的结果，同时也应避免因选择的允许值太小追求不必要的精度，而造成过大的计算工作量。

17.5 弹塑性状态判定与本构方程积分

从前面的讨论可知，对于 $m+1$ 加载步第 i 次叠代计算，其弹塑性矩阵和不平衡力的确定是基于上一次叠代结束时的应力 ${}^{m+1}\{\sigma\}^{(i-1)}$、应变 ${}^{m+1}\{\varepsilon\}^{(i-1)}$ 及内变量 ${}^{m+1}\{\xi\}^{(i-1)}$。因此，为了进行下一次叠代 $i+1$，需要得到第 i 次叠代结束时应力 ${}^{m+1}\{\sigma\}^{(i)}$、应变 ${}^{m+1}\{\varepsilon\}^{(i)}$ 及内变量 ${}^{m+1}\{\xi\}^{(i)}$。为得到这些量，首先根据当前加载步内（从 m 加载步末到 $m+1$ 加载步第 i 次叠代）求出的位移增量 $\{\Delta a\}$，确定应变增量 $\{\Delta\varepsilon\}$、应力增量 $\{\Delta\sigma\}$ 和内变量增量 $\{\Delta\xi\}$，然后与 m 加载步末的对应量相加。

在由应变增量计算应力增量的过程中，首先需要确定应力所处的状态，即是处于加载状态、弹性状态，还是卸载状态。只有形成加载状态的应变增量部分，才需要使用弹塑性本构关系通过数值积分计算相应的应力增量 $\{\Delta\sigma\}$。实现这个数值积分的算法与解非线性方程组的算法一起，构成了弹塑性有限元分析的核心算法。数值积分算法若选择不当，不仅会导致应力解的误差，而且会影响平衡叠代的收敛，甚至会导致叠代发散。应力积分计算通常占整个计算时间的很大一部分，因此，算法的效率也很重要。

有限元中积分计算总是在单元的高斯积分点上进行的。假设在第 m 个加载步结束后，各高斯点的应力 ${}^m\{\sigma\}$、应变 ${}^m\{\varepsilon\}$ 及内变量 ${}^m\{\xi\}$ 的解均为已知。对于第 $m+1$ 加载步的第 i 次叠代，位移 ${}^{m+1}\{a\}^{(i)}$ 的近似值已经求出。那么，高斯点上相应的应变和应变增量是

$${}^{m+1}\{\varepsilon\}^{(i)}=[B]\cdot{}^{m+1}\{a\}^{e(i)}$$

$$\{\Delta\varepsilon\}={}^{m+1}\{\varepsilon\}^{(i)}-{}^{m}\{\varepsilon\}$$

假设产生的是弹性变形，可用下式确定弹性应力增量，为

$$\{\Delta\sigma^e\}=[D]^e\{\Delta\varepsilon\}$$

下面分三种情况讨论如何根据各高斯点的应变增量 $\{\Delta\varepsilon\}$ 计算实际产生的应力增量 $\{\Delta\sigma\}$。

(1) 第 m 加载步末，高斯点的应力状态位于屈服面内，$f({}^m\{\sigma\},{}^m\xi)<0$，即处于弹性状态，在第 $m+1$ 步加载后，$f({}^m\{\sigma\}+\{\Delta\sigma^e\},{}^m\xi)<0$，即按弹性应力增量计

算,应力状态仍位于屈服面内,这说明该高斯点实际就处于弹性状态。那么,实际应力增量就是

$$\{\Delta\sigma\} = \{\Delta\sigma^e\}$$

(2) 第 m 加载步末,高斯点处于弹性状态,$f({}^m\{\sigma\},{}^m\xi)<0$,但在第 $m+1$ 加载步末,高斯点处于塑性状态,$f({}^m\{\sigma\}+\{\Delta\sigma^e\},{}^m\xi)>0$,即在第 $m+1$ 步中间,高斯点进入塑性状态。通常称该高斯点处于过渡状态,如图 17.5 所示。因此,存在一个比例因子 r,使得

$$f({}^m\{\sigma\} + r\{\Delta\sigma^e\},{}^m\xi) = 0 \tag{17.30}$$

应变增量因而被分成两部分,$r\{\Delta\varepsilon\}$和$(1-r)\{\Delta\varepsilon\}$。第一部分是纯弹性变形,第二部分包含弹性和塑性变形。于是,应力增量的积分式写为

$$\{\Delta\sigma\} = \int_{{}^m\{\varepsilon\}}^{{}^{m+1}\{\varepsilon\}} [D]^{\text{ep}}\{\text{d}\varepsilon\} = \int_{{}^m\{\varepsilon\}}^{{}^m\{\varepsilon\}+r\{\Delta\varepsilon\}} [D]^{\text{e}}\{\text{d}\varepsilon\} + \int_{{}^m\{\varepsilon\}+r\{\Delta\varepsilon\}}^{{}^{m+1}\{\varepsilon\}} [D]^{\text{ep}}\{\text{d}\varepsilon\}$$

或

$$\{\Delta\sigma\} = r[D]^{\text{e}}\{\Delta\varepsilon\} + \int_{{}^m\{\varepsilon\}+r\{\Delta\varepsilon\}}^{{}^{m+1}\{\varepsilon\}} [D]^{\text{ep}}\{\text{d}\varepsilon\} \tag{17.31}$$

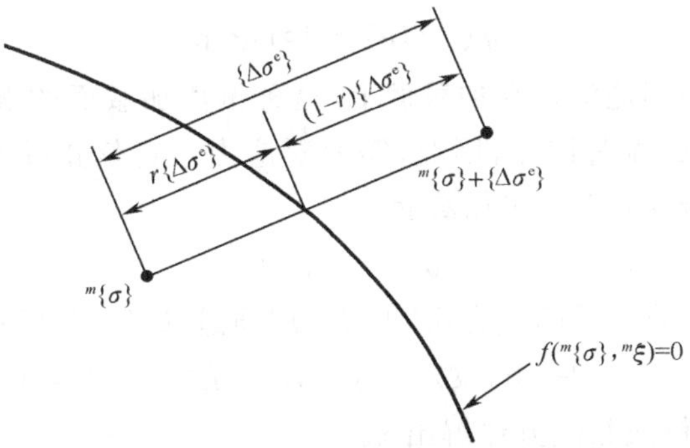

图 17.5　高斯点进入弹塑性过渡状态

对于给定的加载条件则可求出因子 r,例如 Mises 各向同性硬化材料的加载条件可表达为

$$f(\{\sigma\},\ \xi_\beta) = \frac{3}{2}\{s\}^{\text{T}}\{s\} - k^2(\xi_\beta) = 0$$

式中

$$\{s\} = \{s_x \quad s_y \quad s_z \quad \sqrt{2}\,s_{yz} \quad \sqrt{2}\,s_{zx} \quad \sqrt{2}\,s_{xy}\}^{\text{T}}$$

是偏应力矢量,定义偏应力增量矢量如下

$$\{\Delta s\} = \{\Delta s_x \quad \Delta s_y \quad \Delta s_z \quad \sqrt{2}\,\Delta s_{yz} \quad \sqrt{2}\,\Delta s_{zx} \quad \sqrt{2}\,\Delta s_{xy}\}^{\text{T}}$$

在这种情况下,式(17.30)变成

$$f\left({}^{m}\{\sigma\}+r\{\Delta\sigma^{e}\},{}^{m}\xi\right)=\frac{3}{2}\left({}^{m}\{s\}+r\{\Delta s\}\right)\left({}^{m}\{s\}+r\{\Delta s\}\right)-k^{2}(\xi_{\beta})=0$$

解以上一元二次方程可求出比例因子 r。

对于更复杂的加载面，可能得不到比例因子 r 的解析解，这时需要使用数值方法求出。

(3) 第 m 加载步末，高斯点处于塑性状态，$f\left({}^{m}\{\sigma\},{}^{m}\xi\right)=0$。在第 $m+1$ 步加载后，$f\left({}^{m}\{\sigma\}+\{\Delta\sigma^{e}\},{}^{m}\xi\right)<0$，则该高斯点处于卸载状态或中性变载状态，这时就应使用弹性本构关系计算其应力增量

$$\{\Delta\sigma\}=\{\Delta\sigma^{e}\}$$

如果 $f\left({}^{m}\{\sigma\}+\{\Delta\sigma^{e}\},{}^{m}\xi\right)>0$，则高斯点继续处于加载状态，在式(17.31)中取 $r=0$ 来计算应力增量。关于式(17.31)的数值积分方法可参考有关文献。

最后，对应于位移 ${}^{m+1}\{a\}^{(i)}$ 的应力是

$${}^{m+1}\{\sigma\}^{(i)}={}^{m}\{\sigma\}+\{\Delta\sigma\}$$

由于在增量本构方程的积分计算中有误差存在，求出的应力往往会违背一致性条件，即

$$f\left({}^{m+1}\{\sigma\},{}^{m+1}\xi\right)\neq 0$$

这就是说，应力状态不能保持在加载面上，这种偏离加载面的误差具有累积性，可能会导致弹塑性解的显著误差，因此，需要对应力进行修正使得它回到加载面上来，设应力的修正量 $\{\delta\sigma\}$ 垂直于加载面

$$\{\delta\sigma\}=\eta\{\nabla f\} \tag{17.32}$$

式中 η 是标量，通过修正后的应力 $\{\sigma\}+\{\delta\sigma\}$ 应通过满足一致性条件来确定。

$$f(\{\sigma\}+\{\delta\sigma\},\xi)=f(\{\sigma\}+\eta\{\nabla f\},\xi)=0 \tag{17.33}$$

该方程可以通过解析或数值方法解出 η。

最后用修正后的应力代替原来的应力

$$\{\sigma\}+\eta\{\nabla f\}\rightarrow\{\sigma\}$$

最后指出：非线性有限元方法原则上可以用来求解包括硬化材料($h>0$)、理想塑性材料($h=0$)和软化材料($h<0$)在内的弹塑性力学问题，然而，仅仅在求解硬化材料和理想弹塑性材料的相关问题时非常成功，在求解涉及到应变软化行为的问题时，常常导致网格敏感性，即通过不断细分网格，得不到收敛的结果。这一点并不奇怪，13.2.1 节表明，对于应变软化材料并不存在保证解的唯一性的相关定理。从物理上讲，当材料产生应变软化时，物体内将不可避免地出现变形局部化，或者说，材料试验中所测得的应变软化现象是试件中变形局部化(不均匀)的结果。在有限元计算中，变形局部化的程度严重依赖网格的尺寸，从而导致网格敏感性。关于克服这个问题的方案，可参考有关文献。

习　题

1. 如图 17.6 所示两端固定的杆系结构，两杆的截面均为 A，长度均为 l，弹性模量均为 E，杆 A 为理想弹塑性材料，杆 B 为线性硬化的弹塑性材料，屈服极限为 σ_s，硬化阶段的切线模量为 $E_t = E/2$，中间受集中荷载 $P = 3A\sigma_s$ 作用，试使用 Newton-Raphson 方法和改进的 Newton-Raphson 方法求解。

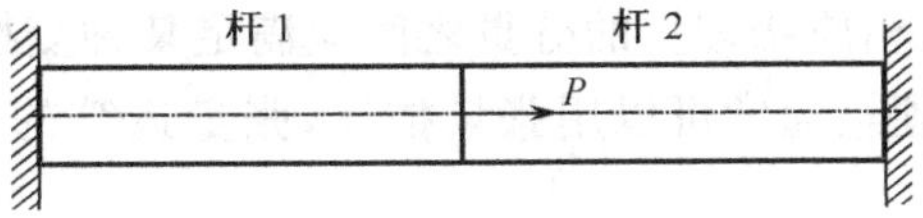

图 17.6

2. 对于 Drucker-Prager 屈服条件，给出求解比例因子 r 的表达式。

3. Mises 硬化材料，服从正交流动法则，它的弹性常数和屈服极限是 $E = 200\text{GPa}$，$\nu = 0.25$，$\sigma_s = 200\text{MPa}$，以及单轴拉伸下的应力-应变关系为

$$\varepsilon = \frac{\sigma}{E}, \qquad \sigma \leqslant \sigma_s$$

$$\varepsilon = \frac{\sigma}{E} + \left(\frac{\sigma - 100}{1000}\right)^2 - 0.01, \qquad \sigma > \sigma_s$$

材料受到双轴应变作用 $(\varepsilon_x, \varepsilon_y) = (0.001, 0.001)$ 处于弹性状态，再施加应变增量达到 $(\varepsilon_x, \varepsilon_y) = (0.0018, -0.0002)$，在应变增量的过程中，材料进入塑性状态，求比例因子 r。

附录 A1　张量的基本知识

人们通常总是在某一选取的坐标系中描述物理量，但是这些物理量及其遵循的规律是客观存在的，并不随坐标系的选取而改变，即应具有坐标不变性。因此，在不同参考坐标系中，相应物理量的分量之间应满足某种变换关系，以保证物理本质的不变性。这些物理量通常可以用张量描述，张量运算的目的就是研究坐标变换中的不变性关系。

在连续介质力学中，采用张量作为分析问题的工具是很有力的，它不仅使繁琐的数学公式变得简明、清晰，同时，由于张量的坐标不变性，还能使得分析问题不受具体的坐标系的限制，这在一些需要选用曲线坐标描述的问题中是非常有用的。这里只介绍张量的一些最简单最基本的概念，而且讨论仅限于参考系为笛卡尔坐标系的情况。

A1.1　指标与求和约定

一些物理量往往使用一组分量的集合来描述，如一点的位移在笛卡尔坐标系内使用 3 个坐标分量 u_x，u_y 和 u_z 来表示，一点的应力状态要使用 9 个分量 σ_x，σ_y，…，τ_{xy}…的集合来表示。为了书写简洁，这些集合通常使用下指标表示，例如对于 3 个位移分量的集合，表示为 $u_i(i=1,2,3)$，而对于 9 个应力分量的集合，使用两个下指标表示为 σ_{ij}，指标 i，j 可以取数值 1，2 和 3。又如，对于一点的 3 个空间坐标 x、y、z，表示为 $x_i(i=1,2,3)$，三个方向余弦 l、m、n，表示为 $n_i(i=1,2,3)$。

同一项中，重复出现两次的指标称为哑指标，表示将这个指标依次取为 1，2，3 时所得的各项进行累加求和，这就是求和约定，例如

$$U_iV_i = U_1V_1 + U_2V_2 + U_3V_3$$

$$\frac{\partial V_k}{\partial X_k} = \frac{\partial V_1}{\partial X_1} + \frac{\partial V_2}{\partial X_2} + \frac{\partial V_3}{\partial X_3}$$

$$\sigma_{ii} = \sigma_{11} + \sigma_{22} + \sigma_{33}$$

$$U_{ij}V_{ij} = \sum_{i=1}^{3}\sum_{j=1}^{3}U_{ij}V_{ij}$$

在同一项中不重复出现的指标称为自由指标。例如

$$A_{ij}x_i = B_j$$

式中 i 是哑指标，而 j 是自由指标，可以取 1，2，3，每变换一个数，就可以展开得到

一个代数方程。

A1.2　Kronecker 符号δ_{ij}

Kronecker 符号 δ_{ij} 是张量分析中的一个基本符号，它定义为

$$当\ i=j,\qquad \delta_{ij}=1$$

$$当\ i\neq j,\qquad \delta_{ij}=0$$

或使用矩阵形式写成

$$[\delta_{ij}]=\begin{bmatrix}1&0&0\\0&1&0\\0&0&1\end{bmatrix}$$

δ_{ij} 也称为单位张量，不难证明存在如下关系

$$\delta_{ij}\delta_{ij}=\delta_{ii}=\delta_{jj}=3,\quad \delta_{ij}\delta_{jk}=\delta_{ik}$$

$$\delta_{ij}\delta_{jk}\delta_{kl}=\delta_{il},\qquad A_{ij}\delta_{ij}=A_{ii}$$

$$A_{ij}\delta_{jk}=A_{ik},\qquad B_i\delta_{ij}=B_j$$

使用 $\boldsymbol{e}_i$，$\boldsymbol{e}_j$ 分别代表正交坐标系的两个单位基矢量，它们与 δ_{ij} 显然存在如下关系

$$\boldsymbol{e}_i\cdot\boldsymbol{e}_j=\delta_{ij}$$

式中“·”表示通常意义上的矢量点积。

A1.3　基矢量的坐标变换

设 $\boldsymbol{e}_i$，$\boldsymbol{e}'_{i'}$ 分别是旧、新坐标系的单位基矢量，它们之间夹角的方向余弦是

$$\beta_{i'j}=\boldsymbol{e}'_{i'}\cdot\boldsymbol{e}_j \tag{A1.1}$$

注：(1)$\beta_{i'j}$ 可理解为 $\boldsymbol{e}'_i$在 $\boldsymbol{e}_j$ 轴上的投影，$\beta_{i'j}\neq\beta_{j'i}$。(2)$\boldsymbol{e}'_{i'}\cdot\boldsymbol{e}_{k'}=\delta_{i'k'}$，因为带“′”的坐标系是直角坐标系。

为清楚 $\beta_{i'j}$ 的几何含义，列出下表

表 A1.1　新旧坐标轴之间夹角的方向余弦

	$\boldsymbol{e}_1$	$\boldsymbol{e}_2$	$\boldsymbol{e}_3$
$\boldsymbol{e}'_{1'}$	$\beta_{1'1}$	$\beta_{1'2}$	$\beta_{1'3}$
$\boldsymbol{e}'_{2'}$	$\beta_{2'1}$	$\beta_{2'2}$	$\beta_{2'3}$
$\boldsymbol{e}'_{3'}$	$\beta_{3'1}$	$\beta_{3'2}$	$\beta_{3'3}$

因此，两套坐标基矢量间的变换关系为

$$e'_{i'} = \beta_{i'j} e_j \tag{A1.2a}$$

或

$$e_j = \beta_{i'j} e'_{i'} \tag{A1.2b}$$

利用变换关系式(A1.2)，有

$$e'_{i'} \cdot e'_{k'} = (\beta_{i'j} e_j) \cdot e'_{k'} = \beta_{i'j}(e_j \cdot e'_{k'}) = \beta_{i'j}\beta_{k'j} = \delta_{i'k'} \tag{A1.3}$$

或写成

$$\beta_{i'1}\beta_{k'1} + \beta_{i'2}\beta_{k'2} + \beta_{i'3}\beta_{k'3} = \delta_{i'k'}$$

上式说明：上表中第 i'行的元素与 k'行的元素对应相乘后再相加时，其结果是，当 $i'=k'$时为 1，当 $i'\neq k'$时为零。

下面介绍矢量的坐标变换。设一矢量在旧坐标下的表示为

$$\boldsymbol{X} = X_j e_j \tag{A1.4}$$

根据坐标不变性，该矢量在新坐标下可表示为

$$\boldsymbol{X} = X'_{i'} e'_{i'} \tag{A1.5}$$

将式(A1.2)代入式(A1.5)，得

$$\boldsymbol{X} = X'_{i'} \beta_{i'j} e_j$$

将上式与式(A1.4)对照，则有

$$X_j = \beta_{i'j} X'_{i'} \tag{A1.6}$$

同理可得

$$X'_{i'} = \beta_{i'j} X_j \tag{A1.7}$$

从上面的推导可知：矢量在各坐标系下分量的变换是由基矢量的坐标变换决定的，这一结论也适用于任何张量。

A1.4 张量的定义

标量：如质量，温度和能量等，与坐标系选取无关。

矢量：是由 3 个分量所确定的物理量，分量与坐标系的选取有关，当坐标变换时，其分量之间服从一定的变换关系，这个变换关系就是式(A1.6)和式(A1.7)。因此，凡是分量之间满足此变换关系的量就定义为矢量。

将上述概念加以推广，可以定义张量。

二阶张量：在给定坐标系中具有 2 个指标共 9 个分量，当坐标系作任意变换时，2 套坐标系中的 9 个分量之间，若总能满足以下的坐标变换关系

$$T'_{i'j'} = \beta_{i'm}\beta_{j'n}T_{mn}, \qquad T_{mn} = \beta_{i'm}\beta_{j'n}T_{i'j'}$$

则这些分量的集合构成二阶张量。

由上面的描述可知，标量是零阶张量，矢量是一阶张量。类似地，将二阶张量的定义加以推广，定义 n 阶张量。例如，三阶张量可定义为：凡是不同坐标系下 27

个分量之间满足坐标变换关系

$$T'_{i'j'k'} = \beta_{i'm}\beta_{j'n}\beta_{k'p}T_{mnp}, \qquad T_{mnp} = \beta_{i'm}\beta_{j'n}\beta_{k'p}T'_{i'j'k'}$$

则这些分量的集合构成三阶张量。

归纳起来，张量具有如下性质：

(1) 它是描述客观存在的物理量，具有坐标不变性；

(2) 在不同参考坐标系下有不同的分量；

(3) 分量之间满足固定不变的变换关系。

张量除了使用前面介绍的分量形式表示外，还可以使用整体形式表示，一般用黑斜体同非张量加以区别，如：应力张量 $\boldsymbol{\sigma}$，应变张量 $\boldsymbol{\varepsilon}$ 等，整体形式的张量不涉及到具体的坐标系。

A1.5　代数运算

1. 加减

只有同阶张量之间才能进行加减，其结果仍为同阶张量。加减时，将分量进行加减，例如：二阶张量 $\boldsymbol{A}$ 与二阶张量 $\boldsymbol{B}$ 相加得到一个同阶的张量 $\boldsymbol{C}$，即 $\boldsymbol{A}+\boldsymbol{B}=\boldsymbol{C}$，$\boldsymbol{C}$ 的分量应是

$$C_{ij} = A_{ij} + B_{ij}$$

2. 数乘

若 $\boldsymbol{A}$ 是二阶张量，λ 是一个标量，两者的乘积得到一个二阶张量 $\boldsymbol{B}$，有

$$\boldsymbol{B} = \lambda\boldsymbol{A} = \boldsymbol{A}\lambda \quad \Leftrightarrow \quad B_{ij} = \lambda A_{ij} = A_{ij}\lambda$$

3. 并乘

并乘通常用符号"⊗"表示。若两个矢量分别为 $U=U_i\boldsymbol{e}_i$，$V=V_j\boldsymbol{e}_j$，它们的并乘定义一个二阶张量 $\boldsymbol{A}$，为

$$\boldsymbol{A} = \boldsymbol{U} \otimes \boldsymbol{V} = (U_i\boldsymbol{e}_i) \otimes (V_j\boldsymbol{e}_j) = U_iV_j\boldsymbol{e}_i \otimes \boldsymbol{e}_j \tag{A1.8}$$

该张量的分量是

$$A_{ij} = U_iV_j$$

式中指标和基矢量的顺序不能任意调换。

根据张量的求和约定，将式(A1.8)展开为

$$\begin{aligned}\boldsymbol{A} =& U_1V_1\boldsymbol{e}_1 \otimes \boldsymbol{e}_1 + U_1V_2\boldsymbol{e}_1 \otimes \boldsymbol{e}_2 + U_1V_3\boldsymbol{e}_1 \otimes \boldsymbol{e}_3 + U_2V_1\boldsymbol{e}_2 \otimes \boldsymbol{e}_1 + U_2V_2\boldsymbol{e}_2 \otimes \boldsymbol{e}_2 \\ &+ U_2V_3\boldsymbol{e}_2 \otimes \boldsymbol{e}_3 + U_3V_1\boldsymbol{e}_3 \otimes \boldsymbol{e}_1 + U_3V_2\boldsymbol{e}_3 \otimes \boldsymbol{e}_2 + U_3V_3\boldsymbol{e}_3 \otimes \boldsymbol{e}_3\end{aligned}$$

二阶张量可以理解为 9 维空间里的量，它有 9 个分量，9 个基，而每个基由 2 个基矢量并乘在一起。

4. 缩并

在张量的并乘记法中，若对其中的某两个基矢量进行点积，则原来的张量降低两阶，这一过程称为张量的缩并。例如，三阶张量 $\boldsymbol{T}=T_{ijk}\boldsymbol{e}_i\otimes\boldsymbol{e}_j\otimes\boldsymbol{e}_k$ 中，两个指标 i 和 j 缩并后为 $T_{ijk}(\boldsymbol{e}_i\cdot\boldsymbol{e}_j)\boldsymbol{e}_k=T_{ijk}\delta_{ij}\boldsymbol{e}_k=T_{iik}\boldsymbol{e}_k$，成为一个一阶张量；两个指标 i 和 k 缩并后为 $T_{ijk}\delta_{ik}\boldsymbol{e}_j=T_{iji}\boldsymbol{e}_j$，成为另一个一阶张量。

5. 点积

两个张量的点积定义为：首先将这两个张量并乘，然后进行缩并。具体地，将前一个张量的最后一个基矢量与后一张量的最前一个基矢量进行缩并，点积通常用符号"·"表示。例如，若存在二阶张量 $\boldsymbol{A}=A_{ij}\boldsymbol{e}_i\otimes\boldsymbol{e}_j$ 和矢量 $\boldsymbol{U}=U_i\boldsymbol{e}_i$，它们的点积就是

$$\boldsymbol{A}\cdot\boldsymbol{U}\Rightarrow(A_{ij}\boldsymbol{e}_i\otimes\boldsymbol{e}_j)\otimes(U_k\boldsymbol{e}_k)=A_{ij}U_k\boldsymbol{e}_i\otimes\boldsymbol{e}_j\otimes\boldsymbol{e}_k$$
$$\Rightarrow A_{ij}U_k\boldsymbol{e}_i(\boldsymbol{e}_j\cdot\boldsymbol{e}_k)=A_{ij}U_k\boldsymbol{e}_i\delta_{jk}=A_{ij}U_j\boldsymbol{e}_i$$

结果得到一个矢量，其分量是 $A_{ij}U_j$。点积使得张量的阶数降低。

又例如：两个二阶张量的点积

$$\boldsymbol{A}=A_{ij}\boldsymbol{e}_i\otimes\boldsymbol{e}_j,\qquad \boldsymbol{B}=B_{kl}\boldsymbol{e}_k\otimes\boldsymbol{e}_l$$
$$\boldsymbol{C}=\boldsymbol{A}\cdot\boldsymbol{B}\Rightarrow(A_{ij}\boldsymbol{e}_i\otimes\boldsymbol{e}_j)\otimes(B_{kl}\boldsymbol{e}_k\otimes\boldsymbol{e}_l)\Rightarrow A_{ij}B_{kl}(\boldsymbol{e}_j\cdot\boldsymbol{e}_k)\boldsymbol{e}_i\otimes\boldsymbol{e}_l$$
$$=A_{ij}B_{kl}\delta_{jk}\boldsymbol{e}_i\otimes\boldsymbol{e}_l=A_{ij}B_{jl}\boldsymbol{e}_i\otimes\boldsymbol{e}_l$$

所以有

$$\boldsymbol{C}=\boldsymbol{A}\cdot\boldsymbol{B}\quad\Leftrightarrow\quad C_{il}=A_{ij}B_{jl}$$

二阶张量与矢量的点积以及两个二阶张量的点积相当于矩阵乘法。

张量的双点积，定义为 $\boldsymbol{A}$ 的后两个基矢量与 $\boldsymbol{B}$ 的前两个基矢量进行缩并，有两种方式

并双点积 $\quad\boldsymbol{A}:\boldsymbol{B}=A_{ij}B_{kl}(\boldsymbol{e}_i\cdot\boldsymbol{e}_k)(\boldsymbol{e}_j\cdot\boldsymbol{e}_l)=A_{ij}B_{ij}$

串双点积 $\quad\boldsymbol{A}\cdot\cdot\boldsymbol{B}=A_{ij}B_{kl}(\boldsymbol{e}_i\cdot\boldsymbol{e}_l)(\boldsymbol{e}_j\cdot\boldsymbol{e}_k)=A_{ij}B_{ji}$

A1.6 正交张量

若二阶张量 $\boldsymbol{Q}$ 满足

$$\boldsymbol{Q}\cdot\boldsymbol{Q}^{\mathrm{T}}=\boldsymbol{Q}^{\mathrm{T}}\cdot\boldsymbol{Q}=\boldsymbol{1}\qquad(\mathrm{A1.9})$$

则称为正交张量。式(A1.9)中 $\boldsymbol{1}$ 代表单位张量，其对应的矩阵就是 σ_{ij}。正交张量与矢量的点积，称为对矢量的正交变换。若 $\boldsymbol{u},\boldsymbol{v}$ 是两个任意矢量，它们在经过正交变换后，其内积保持不变

$$(\boldsymbol{Q}\cdot\boldsymbol{u})\cdot(\boldsymbol{Q}\cdot\boldsymbol{v})=(\boldsymbol{u}\cdot\boldsymbol{Q}^{\mathrm{T}})\cdot(\boldsymbol{Q}\cdot\boldsymbol{v})=\boldsymbol{u}\cdot\boldsymbol{v}$$

由上式可知;正交变换下,矢量的长度保持不变,矢量之间的夹角也保持不变。由式(A1.3),分量 $\beta_{i'j}$ 构成的张量满足式(A1.9),所以,坐标变换是一种正交变换。

A1.7 张量函数

1. 定义

自变量是张量的函数称为张量函数。若函数值是标量,则该函数被称为标量值张量函数,如应变能函数 $W(\sigma_{ij})$ 和屈服函数 $f(\sigma_{ij})$ 等。若函数值是张量,则该函数被称为张量值张量函数,如本构关系中应变张量是应力张量的张量函数 $\varepsilon_{kl}(\sigma_{ij})$。

下面介绍一类特殊的张量值张量函数,即二阶张量的幂指数函数。一个二阶张量 $\boldsymbol{T}$ 的 n 次幂指数函数定义为 n 个 $\boldsymbol{T}$ 的连续点积

$$\boldsymbol{T}^2 = \boldsymbol{T}\cdot\boldsymbol{T}$$

$$\boldsymbol{T}^3 = \boldsymbol{T}\cdot\boldsymbol{T}\cdot\boldsymbol{T}$$

$$\cdots$$

$$\boldsymbol{T}^n = \underbrace{\boldsymbol{T}\cdot\boldsymbol{T}\cdot\cdots\cdot\boldsymbol{T}}_{n}$$

它们仍为二阶张量,且与二阶张量 $\boldsymbol{T}$ 共主轴;另一方面,二阶张量 $\boldsymbol{T}$ 的幂指数函数满足张量自身主值的特征方程。参照式(1.24),$\boldsymbol{T}$ 的主值的特征方程是

$$\lambda^3 - I_1^T\lambda^2 + I_2^T\lambda - I_3^T = 0 \tag{A1.10}$$

式中 I_1^T, I_2^T, I_3^T 是 $\boldsymbol{T}$ 的 3 个不变量,则 $\boldsymbol{T}$ 的幂指数函数满足

$$\boldsymbol{T}^3 - I_1^T\boldsymbol{T}^2 + I_2^T\boldsymbol{T} - I_3^T\boldsymbol{1} = 0 \tag{A1.11}$$

式(A1.11)称为 Hamilton-Cayley 定理,说明如下。

设二阶张量 $\boldsymbol{T}$ 的主轴为 $\boldsymbol{a}_1$,$\boldsymbol{a}_2$ 和 $\boldsymbol{a}_3$,其主值为 λ_1,λ_2 和 λ_3,在主轴构成的坐标系下,它表示为

$$\boldsymbol{T} = \lambda_1\boldsymbol{a}_1\otimes\boldsymbol{a}_1 + \lambda_2\boldsymbol{a}_2\otimes\boldsymbol{a}_2 + \lambda_3\boldsymbol{a}_3\otimes\boldsymbol{a}_3$$

根据 $\boldsymbol{T}$ 的幂指数函数的定义和点积的运算规则,故有

$$\boldsymbol{T}^2 = \boldsymbol{T}\cdot\boldsymbol{T} = (\lambda_1)^2\boldsymbol{a}_1\otimes\boldsymbol{a}_1 + (\lambda_2)^2\boldsymbol{a}_2\otimes\boldsymbol{a}_2 + (\lambda_3)^2\boldsymbol{a}_3\otimes\boldsymbol{a}_3$$

$$\boldsymbol{T}^3 = \boldsymbol{T}\cdot\boldsymbol{T}\cdot\boldsymbol{T} = (\lambda_1)^3\boldsymbol{a}_1\otimes\boldsymbol{a}_1 + (\lambda_2)^3\boldsymbol{a}_2\otimes\boldsymbol{a}_2 + (\lambda_3)^3\boldsymbol{a}_3\otimes\boldsymbol{a}_3$$

$$\cdots$$

$$\boldsymbol{T}^n = \underbrace{\boldsymbol{T}\cdot\boldsymbol{T}\cdot\boldsymbol{T}\cdots\cdot\boldsymbol{T}}_{n} = (\lambda_1)^n\boldsymbol{a}_1\otimes\boldsymbol{a}_1 + (\lambda_2)^n\boldsymbol{a}_2\otimes\boldsymbol{a}_2 + (\lambda_3)^n\boldsymbol{a}_3\otimes\boldsymbol{a}_3$$

上面的式子说明 $\boldsymbol{T}$ 的幂指数函数与 $\boldsymbol{T}$ 共主轴。将上面的式子代入式(A1.11)的左边,并考虑到在主轴构成的坐标系下单位张量可表示为 $\boldsymbol{1}=\boldsymbol{a}_1\otimes\boldsymbol{a}_1+\boldsymbol{a}_2\otimes\boldsymbol{a}_2+\boldsymbol{a}_3\otimes\boldsymbol{a}_3$,则有

$$\boldsymbol{T}^3-I_1^T\boldsymbol{T}^2+I_2^T\boldsymbol{T}-I_3^T\boldsymbol{I}=[(\lambda_1)^3-I_1^T(\lambda_1)^2+I_2^T\lambda_1-I_3^T]\,\boldsymbol{a}_1\otimes\boldsymbol{a}_1$$
$$+[(\lambda_2)^3-I_1^T(\lambda_2)^2+I_2^T\lambda_2-I_3^T]\boldsymbol{a}_1\otimes\boldsymbol{a}_1+[(\lambda_3)^3-I_1^T(\lambda_3)^2+I_2^T\lambda_3-I_3^T]\,\boldsymbol{a}_1\otimes\boldsymbol{a}_1$$

由于 λ_1,λ_2和 λ_3是 $\boldsymbol{T}$ 的主值,应满足特征方程式(A1.10),因此式(A1.11)成立。

2. 各向同性张量函数

由于张量的分量一般是因坐标变换而变化的,因此在描述张量与张量之间的函数关系时,同一个函数在不同坐标中将具有不同的形式。例如,标量 φ 是矢量 $\boldsymbol{u}$ 在某一特定坐标系 R 中的分量 u_1,u_2之和

$$\varphi=f_{(R)}(\boldsymbol{u})=f_{(R)}(u_1,u_2)=u_1+u_2$$

当坐标系由 x_1,x_2顺时针绕 x_3轴旋转 θ 角变换为另一笛卡儿坐标系 $x_{1'}$,$x_{2'}$,以后,由于矢量分量满足坐标变换关系

$$u_1=u_{1'}\cos\theta+u_{2'}\sin\theta,\qquad u_2=-u_{1'}\sin\theta+u_{2'}\cos\theta$$

上面的函数在笛卡儿坐标系 $R'(x_{1'},x_{2'})$中的形式为

$$\varphi=f_{(R')}(\boldsymbol{u})=f_{(R')}(u_{1'},u_{2'})=u_{1'}(\cos\theta-\sin\theta)+u_{2'}(\sin\theta+\cos\theta)$$

这里函数符号 f 的下标(R)和(R')用来区别不同坐标系中不同的函数形式。显然,在不同坐标下,它们的函数值相同,但函数形式一个为 $f_{(R)}(u_1,u_2)$,另一个为 $f_{(R')}(u_{1'},u_{2'})$,并不相同。

若函数形式不因坐标系的变换而改变,即有下式成立

$$f(u_{1'},u_{2'},u_{3'})=f(u_1,u_2,u_3)$$

则称该函数为各向同性张量函数。或者,对于自变量为二阶张量的情况,满足

$$f(B_{i'j'})=f(B_{ij})$$

的标量函数为各向同性函数。这里去掉了用来区别坐标系的下标,因为函数形式不依赖坐标系的变换,或者说,$f_{(R)}$和 $f_{(R')}$是同一函数。例如,二阶张量的 3 个不变量是标量值的各向同性函数,因为它们在不同坐标系的分量的表示式是一样的。

矢量的坐标变换可以理解为:坐标系不变,将矢量按照与坐标系旋转相反的方向进行相同角度的旋转,因此,矢量经过旋转后的旋转量可表示为

$$\tilde{\boldsymbol{u}}=\boldsymbol{Q}\cdot\boldsymbol{u}$$

二阶张量的旋转量则可表示为

$$\widetilde{\boldsymbol{B}}=B_{ij}(\boldsymbol{Q}\cdot\boldsymbol{e}_i)\otimes(\boldsymbol{Q}\cdot\boldsymbol{e}_j)=\boldsymbol{Q}\cdot\boldsymbol{B}\cdot\boldsymbol{Q}^{\mathrm{T}}$$

对于标量值的张量函数 $\varphi=\boldsymbol{f}(\boldsymbol{B})$,自变量 $\boldsymbol{B}$ 的旋转量变为$\widetilde{\boldsymbol{B}}$,若满足

$$\varphi=f(\widetilde{\boldsymbol{B}})$$

或者

$$\varphi=f(\boldsymbol{Q}\cdot\boldsymbol{B}\cdot\boldsymbol{Q}^{\mathrm{T}})$$

则称该函数为各向同性张量函数。

同样，对于张量值函数 $\boldsymbol{T}=f(\boldsymbol{B})$，自变量 $\boldsymbol{B}$ 和函数值 $\boldsymbol{T}$ 的旋转量分别变为 $\widetilde{\boldsymbol{B}}$ 和 $\widetilde{\boldsymbol{T}}$，若满足

$$\widetilde{\boldsymbol{T}} = f(\widetilde{\boldsymbol{B}})$$

或者

$$\boldsymbol{Q}\cdot\boldsymbol{T}\cdot\boldsymbol{Q}^{\mathrm{T}} = f(\boldsymbol{Q}\cdot\boldsymbol{B}\cdot\boldsymbol{Q}^{\mathrm{T}})$$

则称该函数为各向同性张量函数。

各向同性张量函数的实质就是，自变量和函数值在任意坐标变换下保持原有的函数关系不变。

3. 张量表示定理[24]

对于对称的二阶张量 $\boldsymbol{B}$，标量值张量函数 $f(\boldsymbol{B})$ 为各向同性的充分必要条件是 $f(\boldsymbol{B})$ 可以表示为 $\boldsymbol{B}$ 的 3 个不变量的函数。例如，对于各向同性材料，屈服函数 f 是应力的各向同性函数，因此，它应是应力的 3 个不变量的函数，一般表达式见式(11.2a)或式(11.2b)。

对于对称的二阶张量 $\boldsymbol{B}$，张量值张量函数 $f(\boldsymbol{B})$ 为各向同性的充分必要条件是 $f(\boldsymbol{B})$ 可以表示为

$$\boldsymbol{T} = f(\boldsymbol{B}) = \varphi_0\boldsymbol{1} + \varphi_1\boldsymbol{B} + \varphi_2\boldsymbol{B}^2 \tag{A1.12}$$

式中 φ_0，φ_1 和 φ_2 是 $\boldsymbol{B}$ 的 3 个不变量的函数。这就是说，3 个基张量 $\boldsymbol{1}$，$\boldsymbol{B}$，$\boldsymbol{B}^2$ 和 $\boldsymbol{B}$ 的 3 个不变量构成了各向同性张量函数的完备不可约表示。所谓完备是指任意一个各向同性函数 $f(\boldsymbol{B})$ 都可以由式(A1.12)表示；所谓不可约是指表述式(A1.12)中任意一项都不能由其他两项所表示。当 $\boldsymbol{T}$ 为 $\boldsymbol{B}$ 的线性函数时，例如线弹性体应力与应变为线性函数关系，则根据(A1.12)，$f(\boldsymbol{B})$ 一定可以表示为

$$\boldsymbol{T} = f(\boldsymbol{B}) = \lambda B_{kk}\boldsymbol{1} + 2G\boldsymbol{B}$$

式中 λ，G 为常数。上式就代表了线弹性体各向同性下的本构方程。

A1.8　标量值张量函数的导数

在塑性本构关系的分析中，经常要求屈服函数 $f(\sigma_{ij})$ 对应力张量 σ_{ij} 的偏导数。屈服函数的一般表达式见式(11.2a)或式(11.2b)，根据复合求导法则，我们需要求出应力第一不变量、偏应力第二不变量 J_2、第三不变量 J_3 和 Lode 角对应力张量 σ_{ij} 的偏导数，下面给出求导运算过程和结果。

(1) 应力第一不变量对应力偏导

$$\frac{\partial I_1}{\partial\sigma_{ij}} = \frac{\partial\sigma_{kk}}{\partial\sigma_{ij}} = \delta_{ki}\delta_{kj} = \delta_{ij} \tag{A1.13}$$

(2) 偏应力第二不变量对应力偏导

$$\begin{aligned}\frac{\partial J_2}{\partial \sigma_{ij}} &= \frac{\partial J_2}{\partial s_{kl}} \frac{\partial s_{kl}}{\partial \sigma_{ij}} \\ &= \frac{\partial}{\partial s_{kl}}\left(\frac{1}{2} s_{mn} s_{mn}\right) \frac{\partial}{\partial \sigma_{ij}}\left(\sigma_{kl} - \frac{1}{3}\sigma_{pp}\delta_{kl}\right) \\ &= \frac{1}{2}(\delta_{mk}\delta_{nl} s_{mn} + s_{mn}\delta_{mk}\delta_{nl})\left(\delta_{ki}\delta_{lj} - \frac{1}{3}\delta_{pi}\delta_{pj}\delta_{kl}\right) \\ &= s_{kl}\left(\delta_{kl}\delta_{lj} - \frac{1}{3}\delta_{ij}\delta_{kl}\right) \\ &= s_{ij}\end{aligned}$$

上面的推导中应用了下面的表达式

$$\frac{\partial s_{mn}}{\partial s_{kl}} = \delta_{mk}\delta_{nl} \quad \text{以及} \quad \delta_{mk}\delta_{nl} s_{mn} = s_{kl}$$

因此,我们有

$$\frac{\partial J_2}{\partial \sigma_{ij}} = s_{ij} \tag{A1.14}$$

(3) 偏应力第三不变量对应力偏导

$$\begin{aligned}\frac{\partial J_3}{\partial \sigma_{ij}} &= \frac{\partial J_3}{\partial s_{kl}} \frac{\partial s_{kl}}{\partial \sigma_{ij}} \\ &= \frac{\partial}{\partial s_{kl}}\left(\frac{1}{3} s_{mq} s_{qn} s_{nm}\right) \frac{\partial}{\partial \sigma_{ij}}\left(\sigma_{kl} - \frac{1}{3}\sigma_{pp}\delta_{kl}\right) \\ &= \frac{1}{3}(\delta_{mk}\delta_{ql} s_{qn} s_{nm} + s_{mq}\delta_{qk}\delta_{nl} s_{nm} + s_{mq} s_{qn}\delta_{nk}\delta_{ml})\left(\delta_{ki}\delta_{lj} - \frac{1}{3}\delta_{pi}\delta_{pj}\delta_{kl}\right) \\ &= \frac{1}{3}(s_{ln} s_{nk} + s_{mk} s_{lm} + s_{lq} s_{qk})\left(\delta_{ki}\delta_{lj} - \frac{1}{3}\delta_{ij}\delta_{kl}\right) \\ &= s_{mk} s_{lm}\left(\delta_{ki}\delta_{lj} - \frac{1}{3}\delta_{ij}\delta_{kl}\right) \\ &= s_{im} s_{mj} - \frac{1}{3}(s_{mk} s_{mk})\delta_{ij}\end{aligned}$$

于是

$$\frac{\partial J_3}{\partial \sigma_{ij}} = s_{im} s_{mj} - \frac{2}{3} J_2 \delta_{ij} \tag{A1.15}$$

式(A1.15)右边部分是一个偏张量,因为

$$s_{im} s_{mi} - \frac{2}{3} J_2 \delta_{ii} = 0$$

记

$$t_{ij} = \frac{\partial\theta_\sigma}{\partial\sigma_{ij}} \tag{A1.16}$$

由式(1.45)，有

$$t_{ij} = \frac{1}{3\cos 3\theta_\sigma}\frac{\partial}{\partial\sigma_{ij}}\left[\frac{-\sqrt{27}J_3}{2(J_2)^{3/2}}\right]$$
$$= -\frac{\sqrt{3}}{2J_2^3\cos 3\theta_\sigma}\left[\frac{\partial J_3}{\partial\sigma_{ij}}(J_2)^{3/2} - J_3\frac{\partial(J_2)^{3/2}}{\partial\sigma_{ij}}\right]$$
$$= -\frac{\sqrt{3}}{2(J_2)^{5/2}\cos 3\theta_\sigma}\left[\frac{\partial J_3}{\partial\sigma_{ij}}J_2 - \frac{3}{2}J_3\frac{\partial J_2}{\partial\sigma_{ij}}\right]$$

将式(A1.14)和式(A1.15)的结果带入上式，得

$$t_{ij} = -\frac{\sqrt{3}}{2(J_2)^{3/2}\cos 3\theta_\sigma}\left(s_{im}s_{mj} - \frac{2}{3}J_2\delta_{ij} - \frac{3}{2}\frac{J_3}{J_2}s_{ij}\right) \tag{A1.17}$$

显然

$$t_{kk} = -\frac{\sqrt{3}}{2(J_2)^{3/2}\cos 3\theta_\sigma}\left(s_{km}s_{mk} - \frac{2}{3}J_2\delta_{kk} - \frac{3}{2}\frac{J_3}{J_2}s_{kk}\right)$$
$$= -\frac{\sqrt{3}}{2(J_2)^{3/2}\cos 3\theta_\sigma}(s_{km}s_{mk} - 2J_2) = 0$$

根据上一小节，张量的幂指数函数与张量共主轴，$s_{im}s_{mj}$（偏应力的二次幂）与 s_{ij} 主轴相同。因此，t_{ij} 是一个偏张量，且与偏应力 s_{ij} 共主轴。

使用式(A1.17)和式(A1.14)的结果，考虑到 J_3 的定义式，得出

$$s_{ij}t_{ij} = \frac{\partial J_2}{\partial\sigma_{ij}}\frac{\partial\theta_\sigma}{\partial\sigma_{ij}}$$
$$= -\frac{\sqrt{3}}{2(J_2)^{3/2}\cos 3\theta_\sigma}\left(s_{im}s_{mj}s_{ij} - \frac{2}{3}J_2s_{ij}\delta_{ij} - \frac{3}{2}\frac{J_3}{J_2}s_{ij}s_{ij}\right) = 0 \tag{A1.18}$$

这说明在应力空间中，这两个偏导数代表的张量是相互垂直的。

由式(A1.14)和式(A1.17)，我们分别可得

$$\frac{\partial J_2}{\partial\sigma_{ij}}\frac{\partial J_2}{\partial\sigma_{ij}} = s_{ij}s_{ij} = 2J_2 \tag{A1.19}$$

$$t_{ij}t_{ij} = \frac{3}{4J_2^3\cos^2 3\theta_\sigma}\left(s_{im}s_{mj} - \frac{2}{3}J_2\delta_{ij} - \frac{3}{2}\frac{J_3}{J_2}s_{ij}\right)\left(s_{ik}s_{kj} - \frac{2}{3}J_2\delta_{ij} - \frac{3}{2}\frac{J_3}{J_2}s_{ij}\right)$$
$$= \frac{3}{4J_2^3\cos^2 3\theta_\sigma}\left(\frac{2}{3}J_2^2 - \frac{9}{2}\frac{J_3^2}{J_2}\right)$$
$$= \frac{1}{2J_2\cos^2 3\theta_\sigma}\left(1 - \frac{27J_3^2}{4J_2^3}\right)$$
$$= \frac{1}{2J_2} \tag{A1.20}$$

在上式的推导中应用了式(1.45),还应用了 Hamilton-Cayley 定理式(A1.11)导出的结果 $s_{im}s_{mj}s_{jk}s_{ki}=2J_2^2$。偏应力张量的三次幂用分量写为 $s_{im}s_{mj}s_{jk}$,零次幂为 δ_{ik},由于偏应力的第一不变量为零,代入式(A1.11),则

$$s_{im}s_{mj}s_{jk}-J_2s_{ik}-J_3\delta_{ik}=0$$

两边点积 s_{ki},由此导出 $s_{im}s_{mj}s_{jk}s_{ki}-J_2s_{ik}s_{ki}=0$,因此有 $s_{im}s_{mj}s_{jk}s_{ki}=2J_2^2$

附录 A2 场论与正交曲线坐标系的基本知识

A2.1 标量场与矢量场

在三维空间中的一个区域Ω,考察一个标量物理量Ψ,它在区域Ω内是空间位置的函数,即可表示为$\Psi(x, y, z)$,则称它为空间位置的标量函数或标量场,例如温度分布$T(x, y, z)$就是标量场。类似地,如果对于Ω内每一点存在矢量$\boldsymbol{A}(x, y, z)$,则称它为空间位置的矢量函数或矢量场,例如位移分布$\boldsymbol{u}(x, y, z)$就是矢量场。场的概念还可以推广到任意阶的张量,例如应力和应变分布都是二阶张量场。标量场的梯度、矢量场的散度和旋度在数学物理中的表达式经常会使用到,在弹塑性力学中也是这样。使用梯度和散度等的最大好处就是使得描述问题的表达式不依赖所选取的坐标系。

A2.2 梯度、散度和旋度的定义

如果Ψ是标量场,$\boldsymbol{A}$是矢量场,则我们定义梯度、散度和旋度如下

$$\mathrm{grad}\Psi = \nabla\Psi = \lim_{V\to 0}\frac{1}{V}\int_S \Psi\boldsymbol{n}\,\mathrm{d}S \tag{A2.1a}$$

$$\mathrm{div}\boldsymbol{A} = \nabla\cdot\boldsymbol{A} = \lim_{V\to 0}\frac{1}{V}\int_S \boldsymbol{A}\cdot\boldsymbol{n}\,\mathrm{d}S \tag{A2.1b}$$

$$\mathrm{curl}\boldsymbol{A} = \nabla\times\boldsymbol{A} = \lim_{V\to 0}\frac{1}{V}\int_S \boldsymbol{n}\times\boldsymbol{A}\,\mathrm{d}S \tag{A2.1c}$$

式中V是由表面S所包围的体积,$\boldsymbol{n}$是表面S上任意一点的外法线方向。从式(A2.1)可知,$\mathrm{grad}\Psi$、$\mathrm{div}\boldsymbol{A}$和$\mathrm{curl}\boldsymbol{A}$的定义并不联系到特定的坐标系。下面导出直角坐标系下$\mathrm{grad}\Psi$的表示。

如图 A2.1 所示,考虑微小的六面体,各边均与坐标轴平行,边长分别为a,b和c。在外法线为$-\boldsymbol{e}_x$的面上,$\Psi\boldsymbol{n}$的值是$-\boldsymbol{e}_x\Psi(x)$,在外法线为$\boldsymbol{e}_x$的面上,$\Psi\boldsymbol{n}$的值是$\boldsymbol{e}_x\Psi(x+a)$,使用 Taylor 级数展开,则有$\boldsymbol{e}_x\Psi(x+a)=\boldsymbol{e}_x[\Psi+(\partial\Psi/\partial x)a+(\partial^2\Psi/\partial x^2)a^2/2+\cdots]$,因此在平行于$yz$平面的面积积分为$\boldsymbol{e}_x abc[(\partial\Psi/\partial x)+(\partial^2\Psi/\partial x^2)a/2+\cdots]$,同理可以得到其他两对与坐标面平行的平面上的面积分,加起来可得在 6 个面上的面积分是

$$abc[\boldsymbol{e}_x(\partial\Psi/\partial x)+\boldsymbol{e}_y(\partial\Psi/\partial y)+\boldsymbol{e}_z(\partial\Psi/\partial z)$$
$$+\boldsymbol{e}_x a(\partial^2\Psi/\partial x^2)/2+\boldsymbol{e}_y b(\partial^2\Psi/\partial y^2)/2+\boldsymbol{e}_z c(\partial^2\Psi/\partial z^2)/2+\cdots]$$

将该积分值除以体积 $V=abc$，并取极限 $a,b,c\to 0$，则有

$$\mathrm{grad}\Psi = \nabla\Psi = \boldsymbol{e}_x \frac{\partial \Psi}{\partial x} + \boldsymbol{e}_y \frac{\partial \Psi}{\partial y} + \boldsymbol{e}_z \frac{\partial \Psi}{\partial z} = \boldsymbol{e}_i \frac{\partial \Psi}{\partial x_i} \tag{A2.2}$$

显然，标量场 Ψ 的梯度是一矢量。

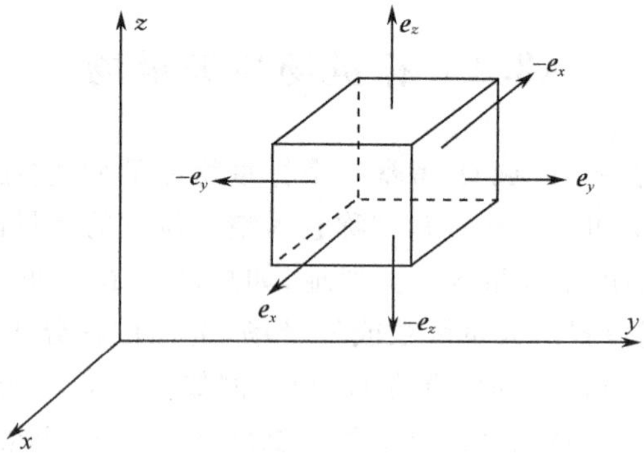

图 A2.1　直角坐标系下的体积元

在直角坐标下，梯度算子∇ 被定义为

$$\nabla = \boldsymbol{e}_x \frac{\partial}{\partial x} + \boldsymbol{e}_y \frac{\partial}{\partial y} + \boldsymbol{e}_z \frac{\partial}{\partial z} \tag{A2.3}$$

它是一个矢量算子。

若一个矢量为 $\boldsymbol{A}=A_x\boldsymbol{e}_x+A_y\boldsymbol{e}_y+A_z\boldsymbol{e}_z$，采用类似于导出式(A2.2)的方法，则可得

$$\mathrm{div}\boldsymbol{A} = \frac{\partial A_x}{\partial x} + \frac{\partial A_y}{\partial y} + \frac{\partial A_y}{\partial z} = \nabla \cdot \boldsymbol{A} \tag{A2.4}$$

矢量的散度就是梯度算子与它本身的点积。

在弹塑性力学中经常遇到被称作为 Laplace 的偏微分算子，它定义为

$$\nabla^2\Psi = \nabla \cdot \nabla\Psi = \frac{\partial^2 \Psi}{\partial x^2} + \frac{\partial^2 \Psi}{\partial y^2} + \frac{\partial^2 \Psi}{\partial z^2} \tag{A2.5}$$

它的数学含义是对一个函数进行梯度运算后再进行散度运算。

利用上面的式子可以得到下面 3 个重要的关系式

$$\nabla \times (\nabla\Psi) = 0 \tag{A2.6a}$$

$$\nabla \cdot (\nabla\Psi_1 \times \nabla\Psi_2) = 0 \tag{A2.6b}$$

$$\nabla \cdot (\Psi\boldsymbol{A}) = \Psi\nabla \cdot \boldsymbol{A} + \boldsymbol{A} \cdot \nabla\Psi \tag{A2.6c}$$

式中 Ψ、Ψ_1 和 Ψ_2 是任意的标量，“×”代表两个矢量的矢量积。

A2.3　正交曲线坐标基本知识

直角坐标 x、y、z,曲线坐标使用 α、β、γ 表示,两套坐标系之间存在下面关系

$$x = x(\alpha,\beta,\gamma),\qquad y = y(\alpha,\beta,\gamma),\qquad z = z(\alpha,\beta,\gamma)$$

例如在柱坐标 r,θ,Z 下,它们的具体关系是

$$x = x(r,\theta,Z) = r\cos\theta,\qquad y = y(r,\theta,Z) = r\sin\theta,\qquad z = z(r,\theta,Z) = Z$$

在空间中任意一点 P 既可由 (x,y,z) 确定,也可由 (α,β,γ) 确定。如果 P 移动仅仅只引起 α 变化,而 β、γ 保持不变,可得到一簇曲线,该曲线称之为 α 曲线,同样的道理,可得到 β 和 γ 曲线。因此,空间中任意一点 P 都有 3 簇曲线通过,这 3 簇曲线构成了曲线坐标的坐标线。这里只考虑 3 簇曲线互相垂直的情况,即正交曲线坐标系,如图 A2.2。

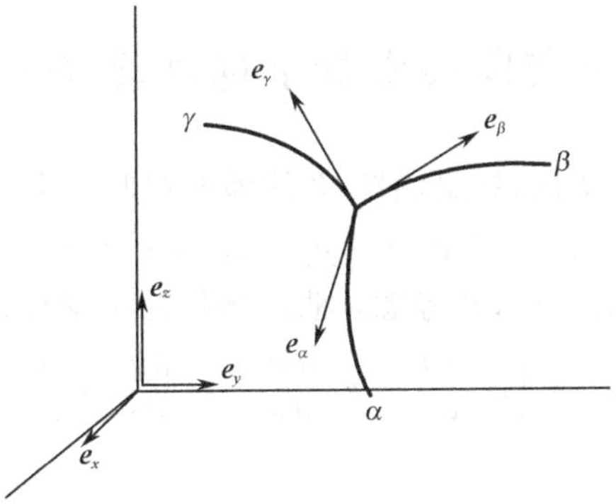

图 A2.2　正交曲线坐标

空间中一位置矢量(从原点出发)可表示为

$$\boldsymbol{R} = x\boldsymbol{e}_x + y\boldsymbol{e}_y + z\boldsymbol{e}_z = x(\alpha,\beta,\gamma)\boldsymbol{e}_x + y(\alpha,\beta,\gamma)\boldsymbol{e}_y + z(\alpha,\beta,\gamma)\boldsymbol{e}_z \tag{A2.7}$$

$$\left\|\frac{\partial \boldsymbol{R}}{\partial \alpha}\right\| = \sqrt{\left(\frac{\partial x}{\partial \alpha}\right)^2 + \left(\frac{\partial y}{\partial \alpha}\right)^2 + \left(\frac{\partial z}{\partial \alpha}\right)^2} = h_\alpha \tag{A2.8a}$$

$$\left\|\frac{\partial \boldsymbol{R}}{\partial \beta}\right\| = \sqrt{\left(\frac{\partial x}{\partial \beta}\right)^2 + \left(\frac{\partial y}{\partial \beta}\right)^2 + \left(\frac{\partial z}{\partial \beta}\right)^2} = h_\beta \tag{A2.8b}$$

$$\left\|\frac{\partial \boldsymbol{R}}{\partial \gamma}\right\| = \sqrt{\left(\frac{\partial x}{\partial \gamma}\right)^2 + \left(\frac{\partial y}{\partial \gamma}\right)^2 + \left(\frac{\partial z}{\partial \gamma}\right)^2} = h_\gamma \tag{A2.8c}$$

式中 h_α、h_β、h_γ 称为尺度因子,它们表示坐标 (α,β,γ) 分别变化 1 个单位时引起矢量 $\boldsymbol{R}$ 长度的改变量。

使用 $\boldsymbol{e}_\alpha$、$\boldsymbol{e}_\beta$、$\boldsymbol{e}_\gamma$ 表示沿坐标 α、β、γ 方向的单位基矢量,显然有

$$h_\alpha \boldsymbol{e}_\alpha = \frac{\partial \boldsymbol{R}}{\partial \alpha}, \qquad h_\beta \boldsymbol{e}_\beta = \frac{\partial \boldsymbol{R}}{\partial \beta}, \qquad h_\gamma \boldsymbol{e}_\gamma = \frac{\partial \boldsymbol{R}}{\partial \gamma} \tag{A2.9}$$

曲线坐标不同于直角坐标的特点是：

(1) 坐标基矢量 $\boldsymbol{e}_\alpha$、$\boldsymbol{e}_\beta$、$\boldsymbol{e}_\gamma$随点变化，即为局部坐标。

(2) 尺度因子不为1，即 h_α、h_β、$h_\gamma \neq 1$，且随点变化。

将式(A2.7)代入式(A2.9)，并考虑到 $\boldsymbol{e}_x$、$\boldsymbol{e}_y$、$\boldsymbol{e}_z$是常矢量，不随坐标变化，可确定曲线坐标基矢量 $\boldsymbol{e}_\alpha$、$\boldsymbol{e}_\beta$、$\boldsymbol{e}_\gamma$与直角坐标基矢量 $\boldsymbol{e}_x$、$\boldsymbol{e}_y$、$\boldsymbol{e}_z$的关系

$$h_\alpha \boldsymbol{e}_\alpha = \frac{\partial \boldsymbol{R}}{\partial \alpha} = \frac{\partial x}{\partial \alpha}\boldsymbol{e}_x + \frac{\partial y}{\partial \alpha}\boldsymbol{e}_y + \frac{\partial z}{\partial \alpha}\boldsymbol{e}_z \tag{A2.10a}$$

$$h_\beta \boldsymbol{e}_\beta = \frac{\partial \boldsymbol{R}}{\partial \beta} = \frac{\partial x}{\partial \beta}\boldsymbol{e}_x + \frac{\partial y}{\partial \beta}\boldsymbol{e}_y + \frac{\partial z}{\partial \beta}\boldsymbol{e}_z \tag{A2.10b}$$

$$h_\gamma \boldsymbol{e}_\gamma = \frac{\partial \boldsymbol{R}}{\partial \gamma} = \frac{\partial x}{\partial \gamma}\boldsymbol{e}_x + \frac{\partial y}{\partial \gamma}\boldsymbol{e}_y + \frac{\partial z}{\partial \gamma}\boldsymbol{e}_z \tag{A2.10c}$$

A2.4 正交曲线坐标下梯度算子∇的表示

根据张量的坐标不变性，标量函数 Ψ 的梯度在曲线坐标下可表示为

$$\boldsymbol{A} = \nabla \Psi = A_\alpha \boldsymbol{e}_\beta + A_\beta \boldsymbol{e}_\beta + A_\gamma \boldsymbol{e}_\gamma \tag{A2.11}$$

使用式(A2.2)和式(A2.10a)，并考虑到曲线坐标的正交性，得

$$A_\alpha = \boldsymbol{A} \cdot \boldsymbol{e}_\alpha = \nabla \Psi \cdot \boldsymbol{e}_\alpha = \left(\boldsymbol{e}_x \frac{\partial \Psi}{\partial x} + \boldsymbol{e}_y \frac{\partial \Psi}{\partial y} + \boldsymbol{e}_z \frac{\partial \Psi}{\partial z}\right) \cdot \frac{1}{h_\alpha}\left(\frac{\partial x}{\partial \alpha}\boldsymbol{e}_x + \frac{\partial y}{\partial \alpha}\boldsymbol{e}_y + \frac{\partial z}{\partial \alpha}\boldsymbol{e}_z\right)$$

经整理有

$$A_\alpha = \frac{1}{h_\alpha}\left(\frac{\partial \Psi}{\partial x}\frac{\partial x}{\partial \alpha} + \frac{\partial \Psi}{\partial y}\frac{\partial y}{\partial \alpha} + \frac{\partial \Psi}{\partial z}\frac{\partial z}{\partial \alpha}\right) = \frac{1}{h_\alpha}\frac{\partial \Psi}{\partial \alpha}$$

同理有

$$A_\beta = \frac{1}{h_\beta}\frac{\partial \Psi}{\partial \beta}, \qquad A_\gamma = \frac{1}{h_\gamma}\frac{\partial \Psi}{\partial \gamma}$$

将上面 A_α、A_β、A_γ的表达式代入式(A2.11)，得

$$\boldsymbol{A} = \nabla \Psi = \boldsymbol{e}_\alpha \frac{1}{h_\alpha}\frac{\partial \Psi}{\partial \alpha} + \boldsymbol{e}_\beta \frac{1}{h_\beta}\frac{\partial \Psi}{\partial \beta} + \boldsymbol{e}_\gamma \frac{1}{h_\gamma}\frac{\partial \Psi}{\partial \gamma} \tag{A2.12}$$

于是，正交曲线坐标下的梯度算子就是

$$\nabla = \boldsymbol{e}_\alpha \frac{1}{h_\alpha}\frac{\partial}{\partial \alpha} + \boldsymbol{e}_\beta \frac{1}{h_\beta}\frac{\partial}{\partial \beta} + \boldsymbol{e}_\gamma \frac{1}{h_\gamma}\frac{\partial}{\partial \gamma} \tag{A2.13}$$

因为 α、β 和 γ 是相互独立的标量，使用式(A2.13)，我们得

$$\nabla \alpha = \frac{\boldsymbol{e}_\alpha}{h_\alpha}, \qquad \nabla \beta = \frac{\boldsymbol{e}_\beta}{h_\beta}, \qquad \nabla \gamma = \frac{\boldsymbol{e}_\gamma}{h_\gamma} \tag{A2.14}$$

使用式(A2.14)，并考虑到矢量运算关系式(A2.6a)，我们有

$$\nabla\times\frac{\boldsymbol{e}_\alpha}{h_\alpha}=\nabla\times\frac{\boldsymbol{e}_\beta}{h_\beta}=\nabla\times\frac{\boldsymbol{e}_\gamma}{h_\gamma}=0$$

因为 $\boldsymbol{e}_\alpha=\boldsymbol{e}_\beta\times\boldsymbol{e}_\gamma$，使用式(A2.14)，我们将有

$$\frac{\boldsymbol{e}_\alpha}{h_\beta h_\gamma}=\frac{\boldsymbol{e}_\beta}{h_\beta}\times\frac{\boldsymbol{e}_\gamma}{h_\gamma}=\nabla\beta\times\nabla\gamma$$

考虑到矢量运算关系式(A2.6b)，根据上式我们很容易导出

$$\nabla\cdot\frac{\boldsymbol{e}_\alpha}{h_\beta h_\gamma}=\nabla\cdot\frac{\boldsymbol{e}_\beta}{h_\gamma h_\alpha}=\nabla\cdot\frac{\boldsymbol{e}_\gamma}{h_\alpha h_\beta}=0 \tag{A2.15}$$

为了得到矢量 $\boldsymbol{A}$ 在极坐标下的散度，可利用下式

$$\nabla\cdot\boldsymbol{A}=\nabla\cdot(A_\alpha\boldsymbol{e}_\alpha)+\nabla\cdot(A_\beta\boldsymbol{e}_\beta)+\nabla\cdot(A_\gamma\boldsymbol{e}_\gamma)$$

使用式(A2.6c)，式(A2.15)和式(A2.12)，得

$$\begin{aligned}\nabla\cdot(A_\alpha\boldsymbol{e}_\alpha)&=\nabla\cdot\left(\frac{\boldsymbol{e}_\alpha}{h_\beta h_\gamma}h_\beta h_\gamma A_\alpha\right)=(h_\beta h_\gamma A_\alpha)\left(\nabla\cdot\frac{\boldsymbol{e}_\alpha}{h_\beta h_\gamma}\right)+\frac{\boldsymbol{e}_\alpha}{h_\beta h_\gamma}\cdot\nabla(h_\beta h_\gamma A_\alpha)\\&=\frac{1}{h_\alpha h_\beta h_\gamma}\frac{\partial}{\partial\alpha}(h_\beta h_\gamma A_\alpha)\end{aligned}$$

同理求得 $\nabla\cdot(A_\beta\boldsymbol{e}_\beta)$ 和 $\nabla\cdot(A_\gamma\boldsymbol{e}_\gamma)$，因此有

$$\nabla\cdot\boldsymbol{A}=\frac{1}{h_\alpha h_\beta h_\gamma}\left[\frac{\partial}{\partial\alpha}(h_\beta h_\gamma A_\alpha)+\frac{\partial}{\partial\beta}(h_\alpha h_\gamma A_\beta)+\frac{\partial}{\partial\gamma}(h_\alpha h_\beta A_\gamma)\right]$$

若 $\boldsymbol{A}=\nabla\Psi$，结合式(A2.12)和上式，得

$$\nabla\cdot\nabla\Psi=\nabla^2\Psi=\frac{1}{h_\alpha h_\beta h_\gamma}\left[\frac{\partial}{\partial\alpha}\left(\frac{h_\beta h_\gamma}{h_\alpha}\frac{\partial\Psi}{\partial\alpha}\right)+\frac{\partial}{\partial\beta}\left(\frac{h_\alpha h_\gamma}{h_\beta}\frac{\partial\Psi}{\partial\beta}\right)+\frac{\partial}{\partial\gamma}\left(\frac{h_\alpha h_\beta}{h_\gamma}\frac{\partial\Psi}{\partial\gamma}\right)\right]$$

因此，曲线坐标下的 Laplace 算子为

$$\nabla^2=\frac{1}{h_\alpha h_\beta h_\gamma}\left[\frac{\partial}{\partial\alpha}\left(\frac{h_\beta h_\gamma}{h_\alpha}\frac{\partial}{\partial\alpha}\right)+\frac{\partial}{\partial\beta}\left(\frac{h_\alpha h_\gamma}{h_\beta}\frac{\partial}{\partial\beta}\right)+\frac{\partial}{\partial\gamma}\left(\frac{h_\alpha h_\beta}{h_\gamma}\frac{\partial}{\partial\gamma}\right)\right] \tag{A2.16}$$

在柱坐标下

$$x=r\cos\theta,\qquad y=r\sin\theta,\qquad z=Z$$

显然有

$$\begin{aligned}&\frac{\partial x}{\partial r}=\cos\theta,\qquad &&\frac{\partial y}{\partial r}=\sin\theta,\qquad &&\frac{\partial z}{\partial r}=0\\&\frac{\partial x}{\partial\theta}=-r\sin\theta,\qquad &&\frac{\partial y}{\partial\theta}=r\cos\theta,\qquad &&\frac{\partial z}{\partial\theta}=0\\&\frac{\partial x}{\partial Z}=0,\qquad &&\frac{\partial y}{\partial Z}=0,\qquad &&\frac{\partial z}{\partial Z}=1\end{aligned}$$

代入式(A2.8)，因此尺度因子是

$$h_r=1,\qquad h_\theta=r,\qquad h_Z=1$$

代入式(A2.13)和式(A2.16)，则得

$$\nabla=\boldsymbol{e}_r\frac{\partial}{\partial r}+\boldsymbol{e}_\theta\frac{1}{r}\frac{\partial}{\partial\theta}+\boldsymbol{e}_z\frac{\partial}{\partial Z} \tag{A2.17a}$$

$$\nabla^2 = \frac{1}{r}\left[\frac{\partial}{\partial r}\left(r\frac{\partial}{\partial r}\right) + \frac{\partial}{\partial \theta}\left(\frac{1}{r}\frac{\partial}{\partial \theta}\right) + \frac{\partial}{\partial Z}\left(r\frac{\partial}{\partial Z}\right)\right]$$

$$= \frac{\partial^2}{\partial r^2} + \frac{1}{r}\frac{\partial}{\partial r} + \frac{1}{r^2}\frac{\partial^2}{\partial \theta^2} + \frac{\partial^2}{\partial Z^2} \tag{A2.17b}$$

柱坐标单位基矢量与直角坐标单位基矢量的关系式是

$$\boldsymbol{e}_r = \boldsymbol{e}_x\cos\theta + \boldsymbol{e}_y\sin\theta, \qquad \boldsymbol{e}_\theta = -\boldsymbol{e}_x\sin\theta + \boldsymbol{e}_y\cos\theta, \qquad \boldsymbol{e}_Z = \boldsymbol{e}_z$$

从上式很容易导出

$$\begin{aligned} &\frac{\partial \boldsymbol{e}_r}{\partial r} = 0, \quad &&\frac{\partial \boldsymbol{e}_\theta}{\partial r} = 0, \quad &&\frac{\partial \boldsymbol{e}_Z}{\partial r} = 0 \\ &\frac{\partial \boldsymbol{e}_r}{\partial \theta} = \boldsymbol{e}_\theta, \quad &&\frac{\partial \boldsymbol{e}_\theta}{\partial \theta} = -\boldsymbol{e}_r, \quad &&\frac{\partial \boldsymbol{e}_Z}{\partial \theta} = 0 \\ &\frac{\partial \boldsymbol{e}_r}{\partial Z} = 0, \quad &&\frac{\partial \boldsymbol{e}_\theta}{\partial Z} = 0, \quad &&\frac{\partial \boldsymbol{e}_Z}{\partial Z} = 0 \end{aligned} \tag{A2.18}$$

式(A.2.18)表明:沿着 r 和 Z 坐标线,基矢量不变;而沿 θ 坐标线,$\boldsymbol{e}_r$、$\boldsymbol{e}_\theta$变化。

A2.5 散 度 定 理

考虑闭合曲面 Γ,它的外法线为 $\boldsymbol{n}$,它所包围的体积是 Ω,在该区域内存在一个矢量场 $\boldsymbol{A}$。将体积 Ω 分成许许多多微小的子区域,这些子区域的体积分别为 $\Delta\Omega_1$,$\Delta\Omega_2$,…,$\Delta\Omega_n$,它们的边界分别为 $\Delta\Gamma_1$,$\Delta\Gamma_1$,…,$\Delta\Gamma_n$。在任意一个微小的区域 $\Delta\Omega_i$(边界为 $\Delta\Gamma_i$)任取一点(α,β,γ),应用散度的定义式(A2.1b),可得

$$\Delta\Omega_i \operatorname{div}\boldsymbol{A}(\alpha,\beta,\gamma) \approx \int_{\Delta\Gamma_i} \boldsymbol{A}\cdot\boldsymbol{n}\mathrm{d}\Gamma$$

上式的近似等号在 $\Delta\Omega_i \to 0$ 时变为等号。将所有这些子区域的结果相加后,取极限 $\Delta\Omega_i \to 0$,并考虑到相邻两个子区域在交界面上的面积分相互抵消变为零(它们的外法线方向相反),则在整个区域 Ω 内的体积积分与整个边界的面积积分存在如下关系

$$\int_\Omega \operatorname{div}\boldsymbol{A}\mathrm{d}\Omega = \int_\Gamma \boldsymbol{A}\cdot\boldsymbol{n}\mathrm{d}\Gamma \tag{A2.19a}$$

在直角坐标下,式(A2.19a)使用分量的形式表示为

$$\int_\Omega A_{i,i}\mathrm{d}\Omega = \int_\Gamma A_i n_i \mathrm{d}\Gamma \tag{A2.19b}$$

进一步地可展开表示为

$$\int_\Omega \left[\frac{\partial A_x}{\partial x} + \frac{\partial A_y}{\partial y} + \frac{\partial A_z}{\partial z}\right]\mathrm{d}\Omega = \int_\Gamma [A_x l + A_y m + A_z n]\mathrm{d}\Gamma \tag{A2.20}$$

A2.6 推导柱坐标下平衡微分方程和几何方程

1. 推导平衡微分方程

从物体整体平衡的角度推导物体内任意一点的平衡微分方程。从物体中任意截取一个脱离体 Ω,它的边界为 Γ,在 Ω 内部作用有体积力矢量 $\boldsymbol{F}$,在边界 Γ 上作用有应力矢量 $\boldsymbol{T}(\boldsymbol{n})$。脱离体静力平衡要求作用在它上面的合力应为零,即

$$\int_{\Gamma}\boldsymbol{T}(\boldsymbol{n})\mathrm{d}\Gamma+\int_{\Omega}\boldsymbol{F}\mathrm{d}\Omega=0 \tag{A2.21}$$

在式(A2.21)中使用散度定理(A2.19a),考虑到 $\boldsymbol{T}(\boldsymbol{n})=\boldsymbol{n}\cdot\boldsymbol{\sigma}$,得由张量整体形式表示的平衡方程为

$$\nabla\cdot\boldsymbol{\sigma}+\boldsymbol{F}=0 \tag{A2.22}$$

该式与坐标无关,在任意坐标下都成立。

由于 $\nabla=\boldsymbol{e}_k\nabla_k$,$\sigma=\sigma_{ij}\boldsymbol{e}_i\otimes\boldsymbol{e}_j$,因此

$$\begin{aligned}\nabla\cdot\sigma&=\boldsymbol{e}_k\cdot\boldsymbol{e}_i(\nabla_k\sigma_{ij})\boldsymbol{e}_j+\sigma_{ij}\,\boldsymbol{e}_k\cdot(\nabla_k\boldsymbol{e}_i)\boldsymbol{e}_j+\sigma_{ij}\,\boldsymbol{e}_k\cdot\boldsymbol{e}_i(\nabla_k\boldsymbol{e}_j)\\&=\delta_{ki}(\nabla_k\sigma_{ij})\boldsymbol{e}_j+\sigma_{ij}(\boldsymbol{e}_k\nabla_k)\cdot\boldsymbol{e}_i\otimes\boldsymbol{e}_j+\sigma_{ij}\delta_{ki}(\nabla_k\boldsymbol{e}_j)\\&=(\nabla_i\sigma_{ij})\boldsymbol{e}_j+\sigma_{ij}(\nabla\cdot\boldsymbol{e}_i)\boldsymbol{e}_j+\sigma_{ij}(\nabla_i\boldsymbol{e}_j)\end{aligned} \tag{A2.23}$$

柱坐标下,矢量算子 ∇ 的分量 ∇_i 由式(A2.17a)给出,于是,上式右边的第一项展开表示为

$$\begin{aligned}(\nabla_i\sigma_{ij})\boldsymbol{e}_j=&\left(\frac{\partial\sigma_r}{\partial r}+\frac{1}{r}\frac{\partial\tau_{\theta r}}{\partial\theta}+\frac{\partial\tau_{Zr}}{\partial Z}\right)\boldsymbol{e}_r+\left(\frac{\partial\tau_{r\theta}}{\partial r}+\frac{1}{r}\frac{\partial\sigma_\theta}{\partial\theta}+\frac{\partial\tau_{Z\theta}}{\partial Z}\right)\boldsymbol{e}_\theta\\&+\left(\frac{\partial\tau_{rZ}}{\partial r}+\frac{1}{r}\frac{\partial\tau_{\theta Z}}{\partial\theta}+\frac{\partial\sigma_Z}{\partial Z}\right)\boldsymbol{e}_Z\end{aligned}$$

使用式(A2.17a),并结合(A2.18),则有

$$\nabla\cdot\boldsymbol{e}_r=\boldsymbol{e}_\theta\cdot(\nabla_\theta\boldsymbol{e}_r)=\frac{1}{r},\qquad\nabla\cdot\boldsymbol{e}_\theta=\boldsymbol{e}_\theta\cdot(\nabla_\theta\boldsymbol{e}_\theta)=0,\qquad\nabla\cdot\boldsymbol{e}_Z=0$$

因此,第二项展开表示为

$$\sigma_{ij}(\nabla\cdot\boldsymbol{e}_i)\boldsymbol{e}_j=\sigma_{rj}(\nabla\cdot\boldsymbol{e}_r)\boldsymbol{e}_j=\frac{\sigma_r}{r}\boldsymbol{e}_r+\frac{\tau_{r\theta}}{r}\boldsymbol{e}_\theta+\frac{\tau_{rZ}}{r}\boldsymbol{e}_Z$$

而第三项展开表示为

$$\sigma_{ij}(\nabla_i\boldsymbol{e}_j)=\tau_{\theta r}(\nabla_\theta\boldsymbol{e}_r)+\sigma_\theta(\nabla_\theta\boldsymbol{e}_\theta)=\frac{\tau_{\theta r}}{r}\boldsymbol{e}_\theta-\frac{\sigma_\theta}{r}\boldsymbol{e}_r$$

最后有

$$\begin{aligned}\nabla\cdot\boldsymbol{\sigma}=&\left(\frac{\partial\sigma_r}{\partial r}+\frac{\sigma_r-\sigma_\theta}{r}+\frac{1}{r}\frac{\partial\tau_{\theta r}}{\partial\theta}+\frac{\partial\tau_{Zr}}{\partial Z}\right)\boldsymbol{e}_r+\left(\frac{\partial\tau_{r\theta}}{\partial r}+\frac{2\tau_{\theta r}}{r}+\frac{1}{r}\frac{\partial\sigma_\theta}{\partial\theta}+\frac{\partial\tau_{Z\theta}}{\partial Z}\right)\boldsymbol{e}_\theta\\&+\left(\frac{\partial\tau_{rZ}}{\partial r}+\frac{\tau_{rZ}}{r}+\frac{1}{r}\frac{\partial\tau_{\theta Z}}{\partial\theta}+\frac{\partial\sigma_Z}{\partial Z}\right)\boldsymbol{e}_Z\end{aligned}$$

柱坐标下平衡方程具体表示为

$$\begin{aligned}&\frac{\partial\sigma_r}{\partial r}+\frac{\sigma_r-\sigma_\theta}{r}+\frac{1}{r}\frac{\partial\tau_{\theta r}}{\partial\theta}+\frac{\partial\tau_{Zr}}{\partial Z}+F_r=0\\&\frac{\partial\tau_{r\theta}}{\partial r}+\frac{2\tau_{\theta r}}{r}+\frac{1}{r}\frac{\partial\sigma_\theta}{\partial\theta}+\frac{\partial\tau_{Z\theta}}{\partial Z}+F_\theta=0\\&\frac{\partial\tau_{rZ}}{\partial r}+\frac{\tau_{rZ}}{r}+\frac{1}{r}\frac{\partial\tau_{\theta Z}}{\partial\theta}+\frac{\partial\sigma_Z}{\partial Z}+F_Z=0\end{aligned}\tag{A2.24}$$

对于平面问题，使用平面极坐标描述时，$\tau_{\theta Z}=\tau_{Z\theta}=\tau_{Zr}=\tau_{rZ}=0$，$\sigma_Z$沿 Z 没有变化，代入上式得平面问题极坐标下的平衡微分方程。

2. 几何方程

任意线元两端点的位移矢量差 d$\boldsymbol{u}$ 可表示为

$$\mathrm{d}\boldsymbol{u}=\frac{\partial\boldsymbol{u}}{\partial x_i}\mathrm{d}x_i=\left(\mathrm{d}x_i\frac{\partial}{\partial x_i}\right)\boldsymbol{u}=(\mathrm{d}\boldsymbol{r}\cdot\nabla)\boldsymbol{u}$$

式中 $\mathrm{d}\boldsymbol{r}=\mathrm{d}x_i\boldsymbol{e}_i$是变形前的线元矢量。使用上式，应变矢量(定义见式(2.10))可表示为

$$\boldsymbol{E}(\boldsymbol{n})=\frac{\mathrm{d}\boldsymbol{u}}{\|\mathrm{d}\boldsymbol{r}\|}=\left(\frac{\mathrm{d}\boldsymbol{r}}{\|\mathrm{d}\boldsymbol{r}\|}\cdot\nabla\right)\boldsymbol{u}=(\boldsymbol{n}\cdot\nabla)\boldsymbol{u}\tag{A2.25}$$

将在柱坐标下的梯度算子式(A2.17a)代入式(A2.25)，得径向、环向和轴向的应变矢量分别为

$$\begin{aligned}\boldsymbol{E}(\boldsymbol{r})&=(\boldsymbol{e}_r\cdot\nabla)\boldsymbol{u}=\frac{\partial\boldsymbol{u}}{\partial\boldsymbol{r}}\\\boldsymbol{E}(\boldsymbol{\theta})&=(\boldsymbol{e}_\theta\cdot\nabla)\boldsymbol{u}=\frac{1}{\boldsymbol{r}}\frac{\partial\boldsymbol{u}}{\partial\boldsymbol{\theta}}\\\boldsymbol{E}(\boldsymbol{Z})&=(\boldsymbol{e}_Z\cdot\nabla)\boldsymbol{u}=\frac{\partial\boldsymbol{u}}{\partial\boldsymbol{Z}}\end{aligned}$$

在柱坐标下 $\boldsymbol{u}=u_r\boldsymbol{e}_r+u_\theta\boldsymbol{e}_\theta+u_Z\boldsymbol{e}_Z$，代入上式，并考虑到式(A2.18)，得

$$\begin{aligned}\boldsymbol{E}(\boldsymbol{r})&=\boldsymbol{e}_r\frac{\partial u_r}{\partial\boldsymbol{r}}+\boldsymbol{e}_\theta\frac{\partial u_\theta}{\partial\boldsymbol{r}}+\boldsymbol{e}_Z\frac{\partial u_Z}{\partial\boldsymbol{r}}\\\boldsymbol{E}(\boldsymbol{\theta})&=\boldsymbol{e}_r\left(\frac{1}{\boldsymbol{r}}\frac{\partial u_r}{\partial\boldsymbol{\theta}}-\frac{u_\theta}{\boldsymbol{r}}\right)+\boldsymbol{e}_\theta\left(\frac{1}{\boldsymbol{r}}\frac{\partial u_\theta}{\partial\boldsymbol{\theta}}+\frac{u_r}{\boldsymbol{r}}\right)+\boldsymbol{e}_Z\left(\frac{1}{\boldsymbol{r}}\frac{\partial u_Z}{\partial\boldsymbol{\theta}}\right)\\\boldsymbol{E}(\boldsymbol{Z})&=\boldsymbol{e}_r\frac{\partial u_r}{\partial\boldsymbol{Z}}+\boldsymbol{e}_\theta\frac{\partial u_\theta}{\partial\boldsymbol{Z}}+\boldsymbol{e}_Z\frac{\partial u_Z}{\partial\boldsymbol{Z}}\end{aligned}$$

于是，使用式(2.9)和式(2.11)，则得应变分量是

$$\varepsilon_r=\boldsymbol{E}(\boldsymbol{r})\cdot\boldsymbol{e}_r=\frac{\partial u_r}{\partial\boldsymbol{r}}$$

$$\varepsilon_\theta=\boldsymbol{E}(\boldsymbol{\theta})\cdot\boldsymbol{e}_\theta=\frac{1}{\boldsymbol{r}}\frac{\partial u_\theta}{\partial\boldsymbol{\theta}}+\frac{u_r}{\boldsymbol{r}}$$

$$\varepsilon_Z = \boldsymbol{E}(\boldsymbol{Z}) \cdot \boldsymbol{e}_Z = \frac{\partial u_Z}{\partial \boldsymbol{Z}}$$

$$2\varepsilon_{\theta r} = \boldsymbol{E}(\boldsymbol{\theta}) \cdot \boldsymbol{e}_r + \boldsymbol{E}(\boldsymbol{r}) \cdot \boldsymbol{e}_\theta = \frac{1}{r}\frac{\partial u_r}{\partial \boldsymbol{\theta}} - \frac{u_\theta}{\boldsymbol{r}} + \frac{\partial u_\theta}{\partial \boldsymbol{r}}$$

$$2\varepsilon_{\theta Z} = \boldsymbol{E}(\boldsymbol{\theta}) \cdot \boldsymbol{e}_Z + \boldsymbol{E}(\boldsymbol{Z}) \cdot \boldsymbol{e}_\theta = \frac{1}{r}\frac{\partial u_Z}{\partial \boldsymbol{\theta}} + \frac{\partial u_\theta}{\partial \boldsymbol{Z}}$$

$$2\varepsilon_{rZ} = \boldsymbol{E}(\boldsymbol{r}) \cdot \boldsymbol{e}_Z + \boldsymbol{E}(\boldsymbol{Z}) \cdot \boldsymbol{e}_r = \frac{\partial u_Z}{\partial \boldsymbol{r}} + \frac{\partial u_r}{\partial \boldsymbol{Z}}$$

参 考 文 献

[1] Reismann H,Pawlik P S. Elasticity Theory and Applications. New york: John Wiley & Sons, Inc. ,1980
[2] Lubliner Jacob. Plasticity Theory. New York:Macmillan Publishing Company,1990
[3] Chen W F,Saleeb A F. Elasticity and Plasticity. 北京:中国建筑工业出版社,2005
[4] 王仁,熊祝华,黄文彬. 塑性力学基础. 北京:科学出版社,1998
[5] Kachnov L M. 塑性理论基础. 周承倜译. 北京:人民教育出版社,1982
[6] 陆明万,罗学富. 弹性理论基础(上、下册). 第二版. 北京:清华大学出版社,施普林格出版社,2001
[7] 王仁,黄文彬,黄筑平. 塑性力学引论. 修订版. 北京:北京大学出版社,1992
[8] 黄克智,黄永刚. 固体本构关系. 北京:清华大学出版社,1999
[9] Irving H Shames,Francis A Cozzarelli. Elastic and Inelastic Stress Analysis. New York:Prentice Hall, Inc. ,1992
[10] 杨桂通. 弹塑性力学引论. 北京:清华大学出版社. 施普林格出版社,2004
[11] 徐秉业. 塑性力学. 北京:高等教育出版社,1988
[12] Zienkiewicz O C,Taylor R L. The Finite Element Method. 4th edition. London:McGraw-Hill,1989
[13] Yang W,Lee W B. Mesoplasticity and Its Applications. Berlin: Springer-Verlag,1993
[14] 王自强,段祝平. 塑性细观力学. 北京:科学出版社,1995
[15] Matin J B. Plasticity:Fundamental and General Results. Cambridge: MIT Press, 1975
[16] 吴永礼. 计算固体力学方法. 北京:科学出版社,2003
[17] 王自强. 理性力学基础. 北京:科学出版社,2000
[18] 陈惠发,Saleeb A F. 土木工程材料的本构方程·第二卷 塑性与建模. 余天庆等译. 武汉:华中科技大学出版社,2001
[19] 孙炳楠,洪滔,杨骊先. 工程弹塑性力学. 杭州:浙江大学出版社,1998
[20] 吴家龙. 弹性力学. 上海:同济大学出版社,2002
[21] 夏志皋. 塑性力学. 上海:同济大学出版社,2002
[22] 杨伯源,张义同. 工程弹塑性力学. 北京: 机械工业出版社,2003
[23] 黄克智,薛明德,陆明万. 张量分析. 第 2 版. 北京:清华大学出版社,2003
[24] 郑泉水. 张量函数的表示理论——本构方程统一不变性研究. 力学进展,1996, 26(1,2)
[25] Chen M X, Zheng Q -S, Yang W. A micromechanical model of crystalline polymer in plane strain. Journal of the Mechanics and Physics of Solids,1996,44(2)
[26] 李咏偕,施泽华. 塑性力学. 北京:水利电力出版社,1987